60.-
29.80

7/92

AMERIKANISCHE TASCHENUHREN

Herausgeber: Roy Ehrhardt und Anton Kreuzer

BAND 1

UNIVERSITÄTSVERLAG CARINTHIA · KLAGENFURT

ANTON KREUZER

Die Uhr aus der Fabrik

DIE AMERICAN WALTHAM WATCH COMPANY

(1850–1957)

Mit 100 Abbildungen im Text und 40 Bildtafeln

UNIVERSITÄTSVERLAG CARINTHIA · KLAGENFURT

Schutzumschlag von Reinhard Brandner, Klagenfurt,
unter Verwendung des Blattes
SCHÖPFUNG III

ISBN 3-85378-283-3

Gesamtherstellung: Graphischer Betrieb Carinthia, Klagenfurt

Es begann in Roxbury

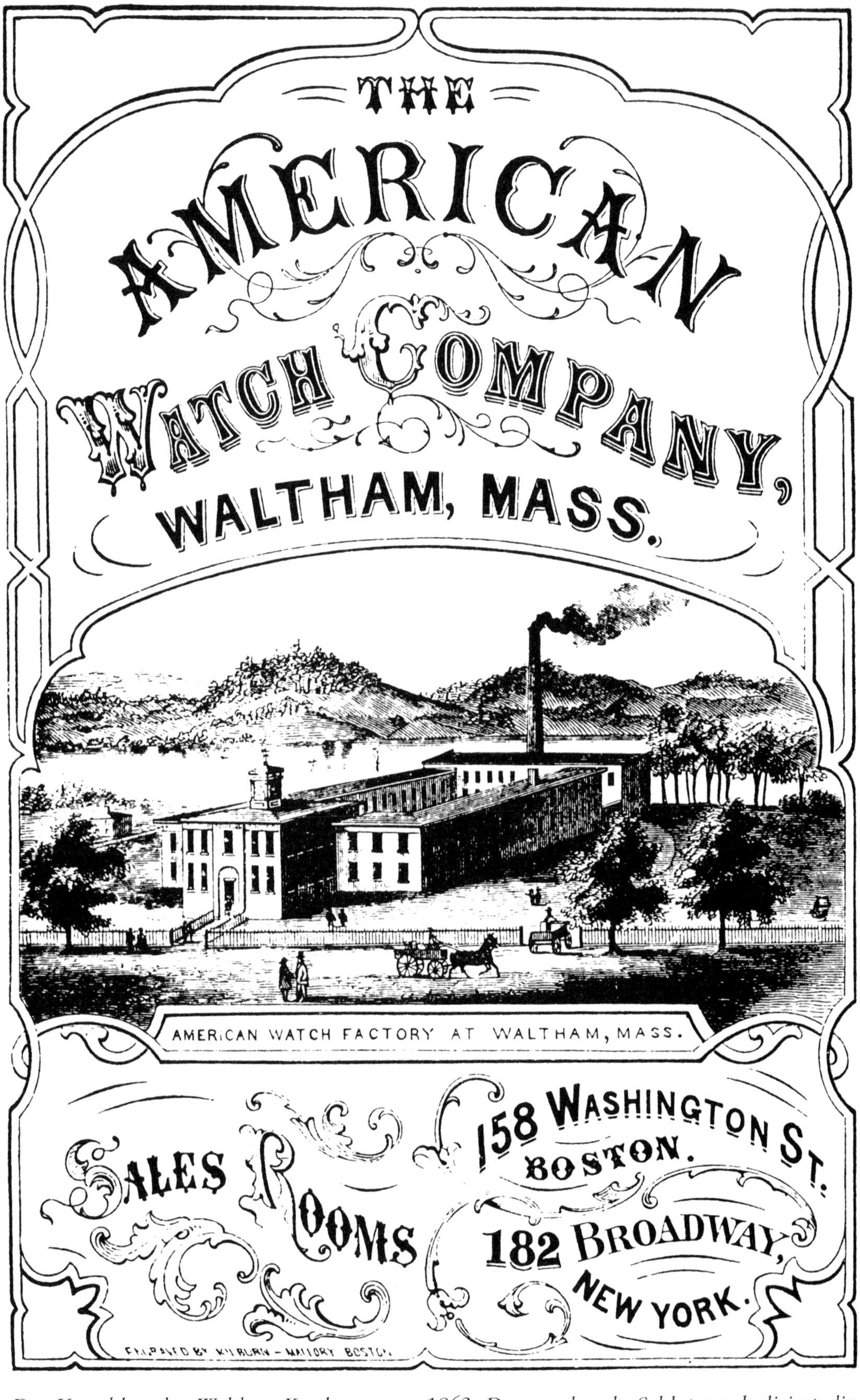

Der Umschlag des Waltham-Kataloges von 1862. Der rauchende Schlot symbolisiert die Prosperität des Unternehmens am Charles River.

WALTHAM, MASS. ist auch in Europa eine bekannte Uhrenmarke. Es gibt kaum einen Sammler, der nicht einmal eine mit dieser Signatur versehene Taschenuhr in Händen gehabt hätte und vom soliden Gehäuse, vom gefälligen Zifferblatt und vom damaszierten Werk mit den Lagern in geschraubten Chatons fasziniert gewesen wäre. So mag es an der Zeit sein, den Liebhabern von Kleinuhren einen Einblick in die Geschichte dieser berühmten und ältesten Uhrenfabrik der Vereinigten Staaten von Amerika zu geben, einer Fabrik, die in einem Zeitraum von 100 Jahren 35 Millionen Uhren in den Handel brachte. Der Werdegang dieses Unternehmens ist zugleich ein Stück Chronik der in großen Stückzahlen fabrikmäßig hergestellten Gebrauchsuhr, wobei es WALTHAM immer um ein Produkt von sehr guter Qualität ging.

Anzeichen einer Abkehr von der jahrhundertealten europäischen Tradition der handgefertigten Taschenuhr und einer Hinwendung zu einem mit Hilfe von Maschinen gebauten preiswerten Zeitmesser ließen sich in Amerika schon seit Jahrzehnten feststellen. Es waren mehrere technisch begabte Männer, die – unabhängig voneinander – in der Uhrmacherei eine derartige Entwicklung vorantrieben und eine rationellere Herstellung mit bis dahin unüblichen Methoden anstrebten. Zunächst betraten die Brüder Pitkin in Connecticut auf diesem Gebiet Neuland. Sie erprobten ab 1834 Maschinen zur serienmäßigen Fertigung von Uhrwerksteilen. Das Ergebnis von sieben Jahren Arbeit waren aber nur etwa 1000 Uhrwerke.

Edward Howard machte gegen Ende der zwanziger Jahre des vorigen Jahrhunderts seine Uhrmacherlehre und ließ schon früh geniale Fähigkeiten erkennen, indem er zum Staunen seiner Umgebung jeden Uhrtyp mühelos nachbaute. Auch der junge Howard träumte bald von Maschinen, die einen Fabrikanten in die Lage versetzten, Uhrwerksteile mit solcher Präzision zu erzeugen, daß sie praktisch austauschbar wurden, was einer Massenerzeugung rasch den Weg geebnet hätte.

Dieser Howard fand wiederum in Aaron Lufkin Dennison einen Gleichgesinnten, der offenbar ebenfalls von dem revolutionären Gedanken beseelt war, mit einer Kleinuhrenfabrik schnell zu Geld zu kommen.

Howard und David Davis, die schon ab 1842 eine Firma besaßen, sowie Dennison gründeten 1850 in ROXBURY (Stadt in dem an der nördlichen Atlantikküste gelegenen US-Bundesstaat Massachusetts) unter der Bezeichnung HOWARD, DAVIS & DENNISON ein neues Unternehmen, um sich ernstlich mit der Herstellung von Taschenuhren zu befassen. Als Geldgeber fungierte Samuel Curtis, ein New Yorker Spiegelmacher. Die Teilhaber wollten gleich hoch hinaus; ihnen schwebte keine gewöhnliche Taschenuhr vor, sondern eine ganz spezielle, bei der man den Schlüssel nur einmal in der Woche auf den Vierkant zu stecken brauchte, um sie aufzuziehen. Die Smithsonian Collection des „National Museum of American History" in Washington besitzt eine solche 8-Tage-Uhr, die von den Brüdern Oliver B. und David S. Marsh konstruiert und gebaut wurde. Sie verfügt auch über einen Kalender mit Datum und Wochentag.

Die junge Firma geriet freilich unversehens in Turbulenzen, die die Pioniere der amerikanischen Uhrenindustrie ein ganzes Jahrzehnt in Atem halten sollten. Überall traten Probleme auf, beim Hochglanzstahl ebenso wie bei der Verarbeitung der Rubine und der Herstellung der Zifferblätter. Die Verantwortlichen gelangten rasch zur Erkenntnis, daß die Pläne noch zuwenig weit gediehen waren, und stellten die Produktion wieder ein. Die vorhandenen 17 Taschenuhren wurden nicht verkauft, sondern den Gesellschaftern und Mitarbeitern überlassen. Signiert waren diese Uhren mit HOWARD, DAVIS & DENNISON, BOSTON. Boston war die Hauptstadt von Massachusetts und daher bekannter als das kleine Roxbury.

Die Idealisten gaben nach dem gescheiterten ersten Anlauf nicht auf. Die Maschinen wurden verbessert, 1851 war auch das Fabrikgebäude fertig. Die Firma trat nun unter dem Namen AMERICAN HOROLOGE COMPANY auf. Nun erkundete Dennison an einer englischen Taschenuhr die Möglichkeiten einer rationellen maschinellen Fertigung. Bei diesem zweiten Versuch konnten die erneut auftretenden Schwierigkeiten technischer Art weitestgehend gelöst werden, aber die Gesellschaft benötigte auch mehr Kapital, das schließlich aufgetrieben werden konnte. Die geänderten Verhältnisse hatten noch 1851 einen neuen Namen zur Folge: Die Firma nannte sich nach dem in der Schlacht bei Bunker Hill gefallenen General Warren THE WARREN MANUFACTURING COMPANY. Die Gravur auf den Platinen lautete nun WARREN, BOSTON. Die Werke trugen eine fortlaufende Nummer. Ab Nr. 110 wurde mit SAMUEL CURTIS, ROXBURY signiert, einige wenige Werke bekamen die Signatur FELLOWS & SCHELL. Dies macht wohl deutlich, wer das nötige Geld in die Gesellschaft eingebracht hatte. Für den Endverbraucher kosteten diese frühen, maschinell erzeugten Taschenuhren 40 Dollar.

Die Fabrik hatten bis 1853 fast 1000 Uhren verlassen, aber die Zukunft der Firma war ungewisser denn je. Im September des besagten Jahres erfuhr sie die Umbenennung in BOSTON WATCH COMPANY, was eben auf keine kontinuierliche Entwicklung hindeutet, und im Herbst 1854 kam es zur Übersiedlung der Firma nach WALTHAM, unweit der Hauptstadt Boston. Am Fluß Charles wurde mit einer aus 90 Personen bestehenden Belegschaft die Taschenuhrerzeugung aufgenommen. Der Tagesausstoß betrug 5 Stück, das waren 30 Taschen-

uhren in der Woche. Später konnte die Produktion gesteigert werden, 1857 war die Zählung bei 4000 angelangt. Die Werke trugen die Seriennummern 1001 bis 5000. Wer die wichtigsten Firmenteilhaber waren, geht aus den Signaturen auf den Werkplatinen hervor. Es gab drei Varianten: DENNISON, HOWARD & DAVIS (Dennison war an die erste Stelle gerückt), C. T. PARKER und P. S. BARTLETT.

Auf den Zifferblättern wurde bis 1857 nicht signiert. Die Werke, mit Ankerhemmung und Schlüsselaufzug, besaßen Vollplatine. Der Werkdurchmesser betrug 18 Size (= 44,87 mm).

Im Mai 1857 geriet die Boston Watch Co. in Konkurs – sie kam unter den Hammer. Ersteigert wurde die bankrotte Fabrik vom New Yorker Uhrenimporteur Royel E. Robbins, der dafür sorgte, daß in Waltham weitergearbeitet werden konnte. Dennison wurde zwar als Berater übernommen, aber er gab seinen Posten bald auf, weil sich zwischen der Firmenleitung und ihm unüberbrückbare Gegensätze herausstellten.

Die Firma änderte weiterhin in kurzen Abständen ihre Namen, und zwar in
TRACY BAKER & CO., WALTHAM, MASS. (1857),
APPLETON, TRACY & CO., WALTHAM, MASS. (1857) und
AMERICAN WATCH CO., WALTHAM, MASS. (1859).
Letztere Bezeichnung wurde bis 1885 beibehalten. Die Ortsangabe WALTHAM, MASS. fehlte im Signaturwortlaut nie. Die alten Firmenbezeichnungen wurden als Handelsmarken weiter benützt.

Das Kaliber Warren und Curtis war als MODELL 1857 übernommen worden. Noch im Jahr 1857 verließen die Fabrik rund 1000 Taschenuhren, im folgenden Jahr waren es 13.000 (nach anderen Quellen nur 5000), aber 1859 und 1860 ging die Produktion auf jeweils 3000 Stück zurück. Verkauft wurde die Taschenuhr für 12 Dollar. Die Ausstoßzahlen stiegen zwar allmählich wieder an, aber der Verkauf kam infolge des Krieges mit den Südstaaten vorübergehend völlig zum Erliegen.

1861 kam die J. WATSON in einer Auflage von 1200 Stück auf den Markt, ihr folgten die R. E. ROBBINS (2800 Stück) und die WM. ELLERY (erste

Das Modell der Brüder Marsh, das sie für Dennison und Howard konstruierten und bauten. Das 18karätige Goldgehäuse stammt von Jas. M. Durand. Das Werk trägt die Signatur O. B. Marsh, Roxbury. No. 1852. Die Signatur auf dem Zifferblatt lautet O. B. Marsh. Die Stunden werden auf dem Hilfszifferblatt in der unteren Hälfte angezeigt; die kleine Sekunde befindet sich in der oberen Hälfte; die Minuten sind von einem großen Zeiger aus der Mitte abzulesen. Zwei weitere Hilfszifferblätter dienen der Datums- und Wochentagsanzeige.
Die Brüder Marsh waren Gesellschafter der ersten Firma, schieden aber bei der Umbenennung des Unternehmens in American Horologe Co. 1851 aus.
Sammlung Smithsonian Institution, Washington, D.C.

Das Unterfangen, mit einer 8-Tage-Uhr in die Serienfertigung einzusteigen, erwies sich als Fehlschlag. Nach 17 Uhrwerken wurde die Produktion wieder eingestellt. Das Werk Nr. 1 befindet sich in der Sammlung Smithsonian Institution. Auf dem Unruhkloben befindet sich die Gravur „8 DAY".

Die Absicht, die Amerikaner mit einer preiswerten Taschenuhr zu versorgen, die eine ganze Woche lief, mußte vorerst fallengelassen werden. Die Warren hatte nur mehr eine normale Gangdauer von einem Tag. Die Taschenuhren mit den Nummern 18–110 zählen zu den teuersten Stücken einer Waltham-Sammlung. Ein amerikanischer Preisführer aus den siebziger Jahren dieses Jahrhunderts gibt den Wert eines solchen Objektes mit 40.000 Dollar an.

Obwohl von der Curtis nur maximal 900 Stück in den Handel kamen, beträgt der Liebhaberwert nur mehr ein Zehntel einer Warren.

Seriennummer 46.201). Vom Modell 1857 mit seiner typisch englischen Bauweise wurden bis 1880 fast 884.000 Werke hergestellt. Die letzte Seriennummer war 1,369.000.

Das Glanzstück der ersten Kollektion war eine Sport-Taschenuhr, das CHRONODROMETER. Von ihm wurden 598 Stück produziert. Als Basis diente das Kaliber 1857/18 Size, verkauft wurde diese Uhr im silbernen Savannottegehäuse. Da es der Zusatzmechanismus ermöglichte, die Geschwindigkeit von Pferden exakt zu messen, blieb dieser Zeitmesser einer ausgewählten Kundschaft vorbehalten. Wie sah er aus, und über welche Funktionen verfügte er? Das Zifferblatt ähnelte dem eines Regulators. Die Uhrzeit konnte von einem Hilfszifferblatt in der oberen Hälfte abgelesen werden. Die untere Hälfte beherrschte die kleine Sekunde, deren Zeiger für einen Umlauf aber nicht 60 Sekunden benötigte, sondern nur 4. Der Zeiger machte Viertelsekundenschritte, die von einer entsprechenden Skalenmarkierung gut ablesbar waren. Die Zählung der Zeit, die über 4 Sekunden hinausging, übernahm ein riesiger Zeiger aus der Mitte des Gesamtzifferblattes, der am äußersten Rand seine eigene Minuterie hatte. Er brauchte für eine Umrundung 4 Minuten. Der Zeiger sprang jeweils nach 4 Sekunden einen Schritt weiter; die Fünftelminuten (= 12 Sekunden) waren durch radial gestellte arabische Zahlen (12, 24, 36, 48, 60, 12 . . .) markiert. Jeweils unter der 60 stand die entsprechende Minutenzahl 1, 2, 3 und 4.

Die technische Beschreibung lautete damals:

„Der Sekundenzeiger macht eine Umdrehung in nur vier Sekunden und rückt bei jedem Ticken um ein Viertel einer Sekunde vor. So werden also jede Anzahl von Minuten, die kleiner als vier ist, und jede Anzahl von Sekunden, die größer als vier ist, durch den Zeiger aus der Mitte angezeigt, während die Sekunden unter vier und jede Viertelsekunde mit Hilfe des kleinen Sekundenzeigers abgelesen werden können. Die Stoppeinrichtung, die eine völlig neue Konstruktion darstellt, arbeitet mit wunderbarer Schnelligkeit und Exaktheit. Jeder, der das Chronodrometer gesehen hat, muß zugeben, daß es den Zweck eines solchen Zeitmessers zur vollen Zufriedenheit erfüllt und daß es den

Oben: Das Chronodrometer, das sich die Uhrenfabrik patentieren ließ.
Unten: Eine der ersten Taschenuhren des Kalibers 1857 (Werknummer 1009) und das sogenannte Dennison-Zifferblatt.
A. L. Dennison, der Vater der amerikanischen Uhrenindustrie, schied dann aus der Firma aus. Er durfte nicht ernten, was er gesät hatte, und nicht teilhaben am Aufschwung und Erfolg der Pioniere in Waltham.

Markt mit einem Artikel versorgt, wie es keinen zweiten dieser Art gibt."

Zum Verkaufsschlager wurde diese Taschenuhr dennoch nicht; sie kostete übrigens 50 Dollar. Das Uhrwerk allein verfügte über sieben Rubine, der Zusatzmechanismus über acht oder neun weitere. Die Unruh bestand aus Stahl und Gold.

Gegen Ende der fünfziger Jahre wurde das *Modell 1859/18 Size* vorgestellt, bei dem sich die Unruh innerhalb des Werkes befand. Beibehalten wurden die geschraubten Chatons in der Platine. Das erste Werk aus dieser Serie trägt die Nr. 28.711, das letzte die Nr. 8,458.000, bei einer Produktion von insgesamt 38.360 Werken. Der Aufzug war nach einem Patent von D. B. Fitt vom 30. November 1858 gestaltet. Von diesem Kaliber 1859/18 Size gab es auch ein flacheres Modell, ebenfalls mit Dreiviertelplatine, dessen erste Seriennummer 28.821 und dessen letzte 139.200 war; insgesamt wurden von diesem Werktyp zwischen 1859 und 1865 20.720 Uhren hergestellt. Sie kamen im soliden Gold- oder Silbergehäuse mit Sprungdeckel auf den Markt. Offene Uhren gab es bei Waltham damals noch nicht. Das Silbergehäuse war maschinell, das Goldgehäuse von Hand gefertigt.

Das Modell 1862 hatte gegenüber jenem von 1859 einen größeren Durchmesser, nämlich 20 Size (= 46,57 mm), und gleichfalls Dreiviertelplatine mit vier geschraubten Chatons. Das *Modell 1862/20 Size* begann mit der Serien-Nr. 50.001 und endete mit der Serien-Nr. 401.000; hergestellt wurden im ganzen 3500 Werke. Diese Uhr bildete das Renommierstück, mit dem die Fabrikanten in Waltham gegenüber den Europäern, hier vor allem den Engländern und Schweizern, konkurrieren konnten. Sie hielt Qualitätsvergleichen stand, und sie kostete weniger.

Dennison mag nach seinem Ausscheiden aus der Firma die Entwicklung in Waltham weiter mit Aufmerksamkeit verfolgt haben, denn die Fabrik war noch immer die einzige der Vereinigten Staaten, die eine industrielle Kleinuhrenfabrikation großen Stils betrieb. Dennison verließ 1863 seine Heimat und versuchte sein Glück in der Schweiz. Doch fünf Jahre später war er wieder in den USA, wo er sich nun in Boston aufhielt. Als es ihm auch dort nicht gelang, eine Taschenuhrproduktion aufzubauen, gab er endgültig auf und wanderte nach England aus. Hier war er dann bis zu seinem Tod im Jahr 1895 in Handsworth, Birmingham, erfolgreich auf dem Gebiet der maschinellen Herstellung von Taschenuhrgehäusen tätig.

Edward Howard hatte nach dem finanziellen Zusammenbruch des Jahres 1857 ebenfalls die Konsequenzen gezogen und war von Waltham weggegangen zurück nach Roxbury und hatte hier eine kleine Taschenuhrfabrik eingerichtet, die jährlich etwa 500 Uhren erzeugte. Sie bildete für die Fabrikanten in Waltham aber keine nennenswerte Konkurrenz.

Unterdessen begannen sich jedoch finanzkräftige Kreise außerhalb der Branche, für den neuen Industriezweig zu interessieren und weitere Uhrenfabriken zu errichten. Um sich das Know-how nicht erst mühsam erarbeiten zu müssen, kam es durch die 1863 gegründete United States Watch Co. in New Jersey zur Abwerbung von James Gerry von der Uhrenfabrik in Waltham.

Aus dem Jahr 1862 existiert ein illustrierter Firmenkatalog der American Watch Company. Die Vorderseite des Umschlages zeigt das Fabrikgebäude mit rauchendem Schlot, die Rückseite die Generalvertretung am Broadway in New York und die Vertretung für Neuengland und Kanada in der Washington Street in Boston. Eine solche Werbeschrift war unerläßlich: Mit ihr konnte sich das Unternehmen vorstellen; mit ihr konnte es aufzeigen, daß es dynamisch gewachsen war; mit ihr konnte es seine Geschäftsverbindungen nachweisen, und mit ihr konnte es einen Überblick über das Angebot geben. Die Waltham-Verantwortlichen versäumten denn auch nicht, ihre eigenen großen Verkaufsstellen in New York und Boston abzubilden und jene Uhrmacher aufzuzählen, die in ihren Läden Waltham-Taschenuhren führten. Die Liste umfaßt 1862 schon 200 Geschäftspartner.

Die American Watch Co. mußte ihren Namen bekannt machen, an ihrem Image arbeiten und zu den Uhrenimporteuren in Wettstreit treten. Sie mußte mit ihnen den Kampf um Marktanteile aufnehmen, aber sie griff sie nicht direkt an, sondern nur die europäischen Lieferanten. Sie zitierte in ihrer Broschüre eine Passage aus dem 1858 gegründeten englischen Uhrenjournal, in der zum Ausdruck kam, daß den europäischen Herstellern nur das Geschäft wichtig sei und die Qualität der Uhren vernachlässigt werde. „Die Uhrenerzeugung“ – las man in der Einleitung des Waltham-Kataloges – „ist ein ausgedehntes Gebiet, es leidet aber durch eine Vielzahl von Theorien und Spekulationen seitens der europäischen Produzenten, weshalb wir dazu übergegangen sind, in unseren Manufakturen beim Fabrizieren einer genauen und zuverlässigen Uhr nur jene einfachen und bekannten Prinzipien

Eine Neuheit des Waltham-Kataloges von 1862 war diese Appleton. Das 20-Size-Werk war entweder mit einem kurzen oder einem langen Rückerzeiger ausgestattet. Bei der letzteren Ausführung befand sich die Regulierskala auf der Platine. Dieses langen Rückerzeigers bedienten sich später auch andere Firmen. Das IWC-Kaliber Jones in Schaffhausen war ab 1868 gleichfalls mit einer ungewöhnlich langen Regulierungsvorrichtung ausgestattet.

anzuwenden, die erfahrungsgemäß für das Erreichen der gewünschten Resultate die besten sind. Wir richten uns danach und lassen große Sorgfalt bei der Anordnung und der Form der verschiedenen Teile und ihrer Verbindung walten, weil dies so wichtig ist und so entscheidend bei der Produktion eines so heiklen Produktes. Wie korrekt auch ein mechanisches Gesetz immer sein mag, das Resultat muß ein unbefriedigendes bleiben, wenn es nicht mit höchster Leistungsbereitschaft gepaart ist. Wir behaupten von uns, bei der Herstellung der American Watch den höchsten Grad an Vervollkommnung erreicht zu haben.“

Es wird auch erläutert, wie es dazu gekommen ist. „Wir haben zu einem perfekten System gefunden, dessen Ergebnis darin besteht, daß jedes eizelne Werkstück ein vollkommenes Duplikat eines anderen ist und für denselben Zweck hergestellt wird. Dies trifft zu auf Hemmung, Platine, Räder, Zifferblatt usw. Solange die Teile einer Uhr nicht zusammengesetzt sind und einen Zeitmesser mit eigener Individualität bilden, gehören sie nicht zu einer ganz bestimmten Uhr, sondern können – mit derselben Eignung und demselben Resultat – auch für jede andere Uhr Verwendung finden.“

Das hieß mit anderen Worten, daß die Waltham Company in der Lage war, Uhren in großen Stückzahlen mit gleichbleibender Qualität maschinell herzustellen. Oder wieder anders ausgedrückt: Die Automation hatte in der amerikanischen Uhrenherstellung jene Perfektion erreicht, die das nachträgliche Bearbeiten der „Rohlinge" entbehrlich machte. Setzten die Europäer die Uhren aus vielen Teilen zusammen, die von den verschiedensten Zulieferern stammten, so stellten die Amerikaner die besten Uhren fabrikmäßig her, wobei jeder Teil unter dem eigenen Dach erzeugt wurde. Die Europäer waren Uhrenzusammensetzer, die Amerikaner Uhrenfabrikanten. An die Stelle von guten Augen und geschickten Händen traten Maschinen, die eine so gleichbleibende Qualität lieferten, daß jedes einzelne Teilchen auswechselbar wurde. Die Taschenuhr war nicht mehr ein Unikat, sondern in Amerika ein seriengefertigtes Produkt. Das Tor zur billigen, aber guten Uhr und zu einer eigenen Versorgung des amerikanischen Marktes war damit aufgestoßen.

Zur Taschenuhr der American Watch Company stellten die Firmenverantwortlichen 1862 fest: „Unsere Modelluhr hat die beste und die am häufigsten verwendete Hemmung, alle Lager sind auf die feinen Zapfen abgestimmt und weisen äußerst geringe Reibungswerte auf. Die Aufzugsfeder ist so gefertigt, daß sie nur so viel Kraft abgibt, wie für den Gang der Uhr unbedingt nötig ist; Unruh und Spirale sind dieser Kraftübertragung optimal angepaßt. Das alles ergibt eine perfekte Uhr, welches uns auch die besten Uhrmacher des Landes bestätigt haben."

Für die Amerikaner gab es in Europa keinen Fortschritt bei der Uhrenherstellung. Vergegenwärtigt man sich, daß in der alten Welt ab 1850 allgemein die Zylinderhemmung verwendet wurde, die der Ankerhemmung unterlegen war, dann kann man durchaus verstehen, daß die Pioniere der amerikanischen Uhrenindustrie die Überheblichkeit der europäischen Konkurrenz ärgerte.

Wenn vom Kaliber 1862/20 Size die Rede ist, muß die NASHUA WATCH CO. in Nashua, im benachbarten New Hampshire, erwähnt werden. 1859 waren mehrere Mitarbeiter der American Watch Co. von Waltham nach Nashua gegangen, um dort eine eigene Uhrenfabrik zu gründen. Sie bauten jenes Kaliber, das unter der Bezeichnung *Modell 1862/20 Size* in die Geschichte der Uhrenindustrie eingehen sollte. Als die Produktion in Nashua nach drei Jahren wieder eingestellt wurde, übernahm Waltham die 1000 Nashua-Werke, numerierte sie neu (weshalb es vorkommen kann, daß ein derartiges Werk zwei Seriennummern trägt), signierte mit WALTHAM, MASS. und brachte die Uhren in den Handel.

Alle diese Uhren hatten Präzisionsankergang, Unruh mit Goldschrauben, häufig Breguetspirale, eine patentierte Reguliervorrichtung, mindestens drei Lager in geschraubten Chatons, insgesamt 15 bis 17 Steine und eine Antriebsausgleichsvorrichtung für die Aufzugsfeder. Das Aufziehen erfolgte mit dem Schlüssel. Es war üblich, den Namen des Patenterfinders auf der Platine zu vermerken. So kann man z. B. *„Foggs Patent"* oder *„Strattons Patent"* eingraviert finden. N. P. Stratton war einer der Firmengründer von Nashua.

Dieses Kaliber 1862/20 Size war das größte Taschenuhrwerk, das in Waltham produziert wurde. Im original Silber- oder Goldgehäuse ist diese Uhr heute kaum zu bekommen. Die mit NASHUA WATCH CO. signierten Taschenuhren fehlen meist überhaupt in Waltham-Sammlungen. Für eine feine Goldsavonnette sind daher mindestens 10.000 Dollar anzulegen, sollte einmal eine angeboten werden.

Ein Gegenstück zu dieser „großen" Taschenuhr war das *Modell 1861/10 Size* mit einem Durchmesser von 38,10 mm. Diese verhältnismäßig flache Damenuhr hatte auch ein geschraubtes Lager für den Aufzugsvierkant und je nach Ausstattung 13 bis 18 Steine. Die erste Seriennummer war 44.201, die letzte 234.000, hergestellt wurden davon insgesamt 11.600 Werke. Vom modifizierten *Modell 1865/10 Size* verkaufte die Firma 34.475 Uhren (erste Nr. 253.001, letzte 789.500).

1864 kostete die teuerste Waltham, eine silberne Savonnette mit Präzisionswerk, 160 Dollar und die einfachste Ausführung immer noch 20 Dollar. Der Bedarf an Uhren stieg unaufhörlich. Der Grund war ein zweifacher: Einerseits wußte man das Interesse an Uhren während des Sezessionskrieges (1861–1865) bei den Offizieren und Mannschaften zu wecken, andererseits schritt in den Nordstaaten die Industrialisierung rasch voran. Die Menschen mußten sich an genauere Zeiten gewöhnen und brauchten persönlich eine Uhr, um ihren Verpflichtungen ordnungsgemäß nachkommen zu können. Die American Watch Co. verkaufte so viele Taschenuhren wie noch nie. 1866 konnte das Unternehmen an die Aktionäre eine Dividende von 150% ausschütten. Die Fabrik erfreute sich endlich jener Prosperität, von der die Gründer geträumt haben mochten.

Seit Beginn der sechziger Jahre stand auch ein *Modell 1860/16 Size* (= 43,18 mm Durchmesser) zur Wahl. Die Serie begann mit der Nr. 50.094 und erreichte bis 1878 einen Ausstoß von 11.451 Stück. Das Kaliber hatte Dreiviertelplatine und Schlüsselaufzug. 1868 kamen die ersten Waltham-Uhren mit Kronenaufzug auf den Markt. Das *Modell 1868/16 Size* war flacher und gelangte nur in Savonnetteausführung zum Verkauf. Hergestellt wurden 2500 Stück (erste Nr. 410.001, letzte 470.500). Bei der nächsten Serie, dem *Modell 1872/16 Size*, befanden sich die Aufzugsräder auf der Platine; die Platine und die Aufzugsräder waren reich damasziert. Von diesem Werktyp verließen die Fabrik 59.000 Stück (erste Nr. 600.001, letzte 4,527.100). Mit dieser Taschenuhr schaffte die American Watch Co. endgültig den Durchbruch; sie trug ihr von allen

Die erste Eisenbahner-Taschenuhr bei Waltham. Aus einem Katalog von 1871.

Seiten Anerkennung ein und erschloß neue Absatzmärkte. Die europäischen Uhrenhersteller wurden immer hellhöriger und unternahmen nun gezielte Anstrengungen, um ihre Märkte in den USA und anderswo nicht zu verlieren. England setzte sich mit den geänderten Wettbewerbsbedingungen zu spät auseinander und mußte gewaltige Umsatzrückgänge in Kauf nehmen. Walthams hochwertige Taschenuhr hatte bis zu 21 Steine, eine Kompensationsunruh mit Goldschrauben oder die seltene Spezialunruh von Woerd eingebaut.

1870 wurde das Produktionsprogramm in Waltham um das Modell 1870/14 Size (= 41,49 mm Durchmesser) erweitert. Es besaß Dreiviertelplatine und Schlüsselaufzug und wurde in verschiedenen Ausführungen gefertigt. Obwohl 33.690 Stück hergestellt wurden, findet der Sammler in der Regel heute nur Werke ohne Originalgehäuse. Die erste Nr. war 525.001, die letzte 1,111.420. Das Modell 1876/14 Size hatte Vollplatine und ging vornehmlich in den Export.

Schon ab 1870 pries die Company eine „Eisenbahneruhr" an. Sie hieß CRESCENT STREET und war eine Weiterentwicklung des Standardmodells 1857/18 Size (Vollplatine mit verschiedenen Neuerungen, u. a. eine Feinregulierung). Die Serie A hatte Schlüsselaufzug und die spätere Serie B Kronenaufzug. Das neue Werk war bis 1879 im Fertigungsprogramm, hergestellt wurden davon 17.000 Stück (erste Nr. 500.001, letzte 1,324.000). Die Zielgruppe dieser speziellen Taschenuhr waren noch nicht so sehr die Eisenbahngesellschaften und ihr Personal, sondern die Geschäftsleute, die mit der Eisenbahn reisten und sich auf ihre Uhr verlassen mußten. Der unterste Preis lag bei 50 Dollar.

In den frühen Firmenkatalogen wurde weniger für die Taschenuhr selbst als für das Werk geworben. Den Fabrikanten war es wichtig, die einzelnen Kaliber zu beschreiben und abzubilden, damit sie betrachtet werden konnten. Der Kunde sollte wissen, was das Uhrgehäuse an Technik barg. Die Werke gliederten sich in zwei Gruppen, in jene mit Dreiviertelplatine und jene mit Vollplatine. Die

SERIAL NO.	DATE	SERIAL NO.	DATE	SERIAL NO.	DATE
1,000	1857	900,000	1876	15,000,000	1907
14,000	1858	1,000,000	1877	17,000,000	1908
17,000	1859	1,160,000	1878	18,000,000	1910
20,000	1860	1,351,000	1879	19,000,000	1913
23,000	1861	1,499,000	1880	20,000,000	1914
34.000	1862	1,675,000	1881	21,000,000	1917
46,000	1863	1.837,000	1882	22,000,000	1918
118,000	1864	2,000,000	1883	23,000,000	1919
190,000	1865	2,356,000	1884	24,000,000	1921
262,000	1866	2,650,000	1885	26,000,000	1927
335.000	1867	3.300.000	1887	27,000,000	1929
410,000	1868	4,000,000	1889	28,000,000	1934
470,000	1869	6,000,000	1892	29,000,000	1936
500,000	1870	7,000,000	1895	30,000,000	1939
550,000	1871	9,000,000	1899	31,000,000	1942
600,000	1872	10,000,000	1901	32.000,000	1945
691.000	1873	12,000,000	1903	33,600,000	1951
720,000	1874	13,000,000	1904	33,830,000	1953
800,000	1875	14,000,000	1905	35.000,000	1957

Die Tabelle stellt einen Versuch dar, die 35 Millionen Waltham-Uhren, die fortlaufend numeriert waren, den entsprechenden Produktionsjahren zuzuordnen. Die Produktionsspitzen von je einer Million Uhrwerke jährlich fielen (im Vergleich mit anderen Tabellen) in die Jahre 1892, 1902, 1903, 1904, 1905, 1913, 1914, 1918, 1919 und 1927. 1908 betrug der Ausstoß sogar zwei Millionen Uhrwerke.

Damenmodelle waren in der ersten Zeit nicht viel kleiner als die Herrenmodelle, aber nur mit dem fortschrittlicheren Dreiviertelplatinenwerk bestückt. Selbstverständlich wurden auch die Vollplatinenwerke ständig verbessert und weiterentwickelt, aber sie erinnerten in ihrem äußeren Erscheinungsbild doch stark an die Spindeltaschenuhr, die in England noch immer nicht ganz aus dem Programm genommen war.

Der besondere Stolz der Waltham-Fabrikanten in einem Katalog von 1862 war das Modell 20 Size, dessen herausragendsten Merkmale die Dreiviertelplatine und die ins Werk verlegte Unruh waren. Eine der Werkzeichnungen lenkt das Interesse auf die Reguliervorrichtung: Statt des kurzen Rückerzeigers auf dem Unruhkloben gibt es einen ungewöhnlich langen mit der Regulierskala auf der Platine, dies zu dem Zweck, um die Feineinstellung leichter bewerkstelligen zu können. In diesem besagten Katalog von 1862 findet sich auch eine Beschreibung des sportlichen Modells Chronodrometer. Für eines der Vollplatinenwerke lautet die Handelsmarke R. E. ROBBINS.

Die Handelsmarke Robbins scheint in einem Waltham-Katalog von 1871 nicht mehr auf. (Royel E. Robbins zählte aber nach wie vor zum Management, er ist 1871 der Finanzchef des Unternehmens.) Für das Vollplatinenwerk 18 Size finden sich indes neben den schon an anderer Stelle erwähnten zusätzliche Handelsmarken, wie HOME WATCH, WM. ELLERY und WALTHAM WATCH CO. Die beiden ersteren stehen für die unterste Preiskategorie (15 bis 19 Dollar für eine silberne Lépine mit 7 Steinen), die WALTHAM bildet die mittlere Qualität und kostet zwischen 31 und 95 Dollar. Die bekannteste Uhr dieses Typs war laut Katalog die BARTLETT ("The most Popular/Watch for the Million"). Sie war in der billigsten Ausführung für 23 Dollar, in der teuersten (goldenes Savonnettegehäuse in 18 Karat) für 80 Dollar zu haben.

Das absolute Spitzenprodukt stellten die Modelle 1862/20 Size, 1860/16 Size und 1868/16 Size dar. Sie kosteten das Zwanzigfache einer Home Watch. Verhältnismäßig hoch im Preis lagen die Damenuhren, sie waren im Silbergehäuse unter 32 Dollar nicht zu haben. Zum Sonderpreis von nur 19 Dollar konnte man hingegen das neue *Modell 1870/14 Size* erstehen. Es war für Knaben und junge Männer gedacht, die sich schon eine gute Taschenuhr wünschten, aber noch nicht über größere Barmittel verfügten. Für die Sprößlinge wohlhabenderer Leute gab es natürlich bessere Qualitäten.

Eine Preisliste von 1874 macht genaue Angaben über das Gewicht der Edelmetallgehäuse. Die silbernen Gehäuse für Savonnettes waren sehr schwer. Zur Wahl standen Ausführungen im Gewicht von ca. 57, 85, 142, 170, 198 und 227 g. Das goldene Savonnettegehäuse war leichter, es hatte in der Regel ein Gewicht von etwa 57 oder 71 g. Die Silber- und Goldgehäuse für die offene Uhr wogen rund 42 g. Der Gehäusepreis für Taschenuhren mit Kronenaufzug lag rund um ein Viertel höher als jener für Uhren, die mit dem Schlüssel aufgezogen wurden.

Die Silber-, Gold- und Platingehäuse waren gestempelt. Sie tragen nicht nur die Firmenbezeichnung, sondern geben auch Auskunft über den Feingehalt des verarbeiteten Edelmetalls. In Silbergehäusen findet sich z. B. der Hinweis STERLING (925 fein) oder COIN (Münzsilber, 900 fein), in Goldgehäusen gibt es die Karatangabe.

Die Mehrzahl der amerikanischen Uhrgehäuse ist jedoch aus unedlem Metall, etwa aus rostfreiem Stahl, aus Messing, Kupfer oder einer Mischung aus Nickel, Kupfer und Mangan. Viele von ihnen sind verchromt oder vergoldet. Die Vergoldung ist bisweilen so dick aufgebracht, daß man im ersten Augenblick meinen könnte, das Gehäuse bestehe aus massivem Gold, aber ein entsprechender Vermerk im Gehäuse belehrt einen rasch eines anderen. So bedeutet z. B. *14KGF-25Yrs*, daß die Vergoldung mit 14karätigem Gold erfolgte und eine sehr starke Auflage gewählt wurde. GF steht für gold filled und 25 Years für eine sehr gute Vergoldung. Die Jahresangabe sollte darauf hinweisen, daß eine Uhr mit dem entsprechenden Gehäuse 25 Jahre lang wie eine goldene Uhr getragen werden könne. Es gab auch Vergoldungen der Stufen 5, 10, 15 und 20 Years. Die Verwendung dieser Kennzeichnung wurde von der US-Regierung in den zwanziger Jahren dieses Jahrhunderts jedoch verboten.

Bei verschiedenen Modellen war das Werk herausklappbar, der Boden und der Glasring verschraubt. Uhrensammler, die keine Erfahrung mit amerikanischen Uhren haben, wundern sich nicht selten, daß der messerähnliche Gehäuseöffner versagt und sich das Gehäuse auf diese Weise nicht öffnen läßt.

Eine eigene Gehäusefertigung betrieb die Gesellschaft in Waltham nur bis zum Beginn der neunziger Jahre des vorigen Jahrhunderts.

Die Fabrik hatte bis zu diesem Zeitpunkt (1874), also in einem Zeitraum von 15 Jahren, eine halbe Million Taschenuhren auf dem Markt untergebracht. Die Jahresproduktion belief sich in den siebziger Jahren auf 50.000 bis 100.000 Uhren. Der gute Geschäftsgang ermunterte zu einer Vergrößerung der Produktpalette. Die Erweiterung des Programms erfolgte in Richtung kleinerer Kaliber.

Stempel der Fabrikanten und Feingehaltspunzen in Waltham-Taschenuhrgehäusen. Das Patent vom 22. April 1879 besagt, daß der Feingehalt des Edelmetalls an der Außenseite des Gehäuses höher ist als an der Innenseite.

AMERICAN WATCH CASE CO.

CA 1857 to 1892

Sold to Crescent Watch Case Co. & later Keystone Watch Case Co. In 1904

GOLD FILLED

CASHIER (14KGF - 20,21,25 Yrs.) **FORTUNE** (10KGF - 15 Yr.) **PREMIER** (14K - 21 Yr.)

SILVER

AM.WATCH CO.WALTHAM,MASS. WARRANTED COIN-SILVER

WALTHAM

AMERICAN WATCH CO. WALTHAM, MASS

A.W. Co. PAT.APR.17.79.

A.W.W.CO.

WALTHAM

A.W.W.CO. WALTHAM

A.W.CO.

AMERICAN WALTHAM WATCH CO. STERLING

AM.WATCH CO.WALTHAM,MASS. WARRANTED STERLING SILVER.

AMERICAN WALTHAM WATCH CO. STERLING

A.W. CO. STERLING

A.W.W.CO. WALTHAM. STERLING.

A.W.W.CO. WALTHAM. STERLING.

A.W. CO. STERLING.

STERLING SILVER

AMERICAN WALTHAM, MASS. WATCH CO. STERLING

A.W.W.CO. WALTHAM COIN.

A.W.W.CO. COIN.

A.W.W.CO. COIN

A.W.W.CO. COIN.

A.W.CO. COIN.

A.W.W.CO.COIN

A.W. CO. COIN.

A.W. CO. WALTHAM PAT.APR.22.79. COIN.

A.W. CO. COIN.

A.W.W.CO. WALTHAM. COIN.

A.W.W.CO. WALTHAM COIN.

---

*Waltham cases with these marks are solid gold and test to be 14K outside and 8K inside according to Waltham's Patent.

GOLD.

* WALTHAM

* PAT'D APR. 22 1879

K. 18

A.W. CO.

* A.W.W.Co. WALTHAM MASS. U.S.A.

* WALTHAM

14K

18K

14K

14K

18K

AMERICAN WALTHAM WATCH CO.
Waltham, Mass. 1859-1885

HOWARD, DAVIS & DENNISON
Roxbury, Mass. 1850

AMERICAN HOROLOGE CO.
Roxbury, Mass. 1851

THE WARREN MANUFACTURING CO.
Roxbury, Mass. 1851-1853
"Warren",

BOSTON WATCH CO.
Roxbury & Waltham, Mass. 1853-1857
"Dennison, Howard & Davis", "Samuel Curtis",
"Fellows & Schell"

TRACY, BAKER & CO.
Waltham, Mass. 1857

APPLETON, TRACY & COMPANY
Waltham, Mass. 1857-1859
"Appleton, Tracy & Co.", "C.T. Parker"
"Chronodrometer", "P.S.Bartlett"

AMERICAN WATCH COMPANY
Waltham, Mass. 1859-1885

AMERICAN WALTHAM WATCH CO.
Waltham, Mass. 1885-1960

GRADE NAMES FOUND ON WALTHAM MOVEMENTS

American Waltham Watch Co.
Am. W. Co.
Am. W. W. Co.
A. W. Co.
A. W. W. Co.
Amern Watch Co.
American Waltham
American Watch Co.
Amn. Watch Co.
American Waltham U.S.A.
A. T. & Co.
Appleton Tracy & Co.
Adams Street
America
Astronomical Sidereal
Beacon
Bond St.
Broadway
Boston, Mass.
Ball
P. S. Bartlett
Boston Watch Co.
C. T. Parker
Crescent Street
Central Park
Commercial Standard
Crescent Garden
Chronometer
Church Street
Chronodrometer
Cronometro Victoria
Cronometro Supremo
Cronometro Superior
Colonial
Colonial "A"
Colonial "B"
Commander
Champion
Canadian Pacific Railroad
Canadian Pacific
C. P. R.
Canadian Railway Time Service
C. R. T. S.
Dennison, Howard, Davis
Diamond
Day
Duke
Equity
Giant
Equity Giant
Earl
Empress
Ensign
Envoy
Wm. Ellery
Empire State Special
Franklin
Favorite
Fellows & Schell
Gentleman
Home W. Co. Boston
Hillside
H. A. Lugrins Pat.
J. Watson
Jewel Series
Lady Waltham
"Lossier Inner Terminal Hairspring"
Martyn Square
Maxim
Maximus
Marsh Patent
Marquis
Official Standard
Perfect
Premier
Park Road
P. S. Bartlett
Peer
Pioneer
Perfection
Pennsylvania Special
C. T. Parker
Premier Maximus
Night Clock
Non-Magnetic
Railroader
Railway King
Regina
Repeater
R. E. Robbins
Royal
Roadmaster
Royal Special
Roys
Riverside
Riverside Maximus
Ruby
Sante Fe Route
Samuel Curtis
Sapphire
Seaside
Sol
Special
Sporting
Special Railroad King
Sterling
Tennison
Time Clock
Tourist
Traveler
V-J
Vanguard
Waltham
Waltham U. S. A.
Waltham Watch Co.
Warren
Wm. Ellery
"645"
"845"
"16-A"

WALTHAM
THE SCIENTIFICALLY BUILT WATCH

Im Jahr 1873 wurden Werkgrößen von *8 Size* (= 36,41 mm Durchmesser) und *6 Size* (= 34,71 mm Durchmesser) eingeführt. Zugleich wählte man für die gehobene Qualität eine recht eigenwillige Bauweise.

Die Neukonstruktion hatte fast eine Halbplatine und erlaubte die Sicht auf einen Großteil des Räderwerkes, die preiswerteren Ausführungen besaßen hingegen die übliche Dreiviertelplatine. Eine Ellery hatte noch den Schlüsselaufzug.

Aus demselben Jahr stammt das *Modell 1873/1 Size* (= 30,48 mm Durchmesser). Es stellte die kleinere Version des 8-Size-Kalibers dar und hatte ebenfalls die halbplatinenähnliche Bauweise.

Vom Kaliber 10 Size wurde 1874 die Serie III aufgelegt. Produziert wurden in drei Jahren 37.547 Stück (erste Nr. 796.501, letzte 1,121.000).

Vom *Modell 1877/18 Size* (Vollplatine, Handaufzug, Savonnettegehäuse) wurden innerhalb eines Jahrzehnts über eine Million Stück hergestellt. Die 1879 folgende Lépine-Ausführung brachte es bis 1887 auf 108.375 Stück. 1883 kam das *Modell 1883/18 Size* hinzu. Es blieb bis 1918 im Fertigungsprogramm, die Produktion erreichte die sagenhafte Zahl von 4,457.467 Werken.

Vom modifizierten *Modell 1882/1 Size* konnten 96.000 Stück abgesetzt werden. Im Werknummernverzeichnis erscheint dieses Kaliber letztmalig im Jahr 1891. Es wurde vom *Modell 1891/0 Size* (= 29,63 mm Durchmesser) abgelöst. Dieses erreichte bis 1914 eine Auflage von 1,520.836 Stück. Es handelte sich um eine typische Uhr im Savonnettegehäuse. Das Aufzugssperrad ist bei dieser Konstruktion fast ganz unter der Platine angeordnet und deshalb an anderer Stelle plaziert.

Vom *Modell 1889/6 Size* wurden in einem Zeitraum von nicht einmal drei Jahren 108.700 Stück auf den Markt gebracht; vom *Modell 1890/6 Size* bis 1916 nicht weniger als 1,632.209. Das teuerste Modell der damaligen Kollektion war die Riverside Maximus.

Beim *Modell 1888/16 Size* war die Dreiviertelplatine in mehrere Kloben unterteilt. Die neue Serie erzielte großartige Verkaufserfolge, bis 1905 wurden fast 810.000 Werke auf den Markt geworfen. 1899 gab es abermals eine Neukonstruktion für das 16-Size-Kaliber: Die Dreiviertelplatine wich Brücken und Kloben. Diese Bauweise war bei kleineren Kalibern schon 1894 angewendet worden. Die Werke wirkten nun nüchterner, da auf eine Damaszierung der Oberflächen weitgehend ver-

Signaturen und Firmenstempel auf Waltham-Werkplatinen. Sie waren verwirrend vielfältig. Oben die Firmennamen von 1850 bis zur Stillegung der Fabrik 1957. Die Beifügung 1885–1960 zu American Waltham Watch Co. ist nicht korrekt, da der Firmenname ab 1923 Waltham Watch Company lautete.

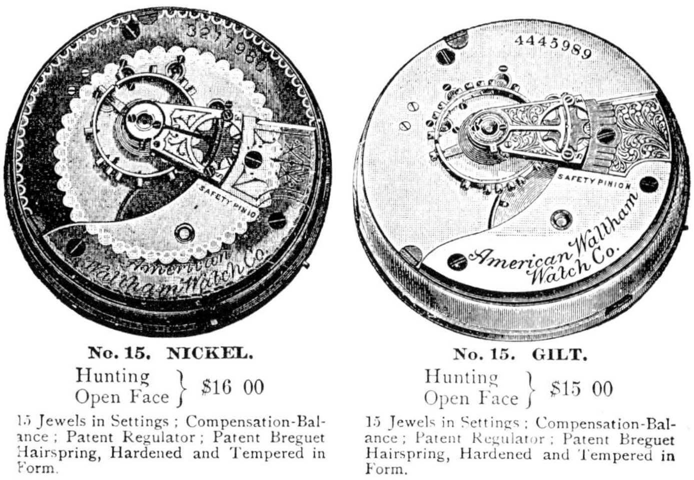

18-Size-Uhrwerke der Baureihe 1883. Aus einem Katalog der achtziger Jahre des vorigen Jahrhunderts.

zichtet wurde. Von diesem Kaliber verließen die Fabrik über anderthalb Millionen Stück. Die Modelle von 1908 und 1912 hatten zum Teil auch eine Anzeige der Gangreserve. Sie erfolgte mit Hilfe einer halbrunden Skala unter der Stundenzahl 12. Ein kleiner Zeiger informierte den Träger der Uhr darüber, wie viele Stunden seit dem letzten Aufziehen vergangen waren. Das war eine praktische Zusatzeinrichtung, denn man setzte sich nicht der Gefahr aus, einmal ohne genaue Zeit dazustehen, weil man vergessen hatte, die Uhr rechtzeitig aufzuziehen.

Etwa ab 1880 zeichneten sich alle Waltham-Uhren durch eine höhere Schwingungszahl aus.

Die amerikanische Uhrenindustrie expandierte in den achtziger Jahren kräftig, 1885 produzierten neun Fabriken pro Tag etwa 3650 Uhren. In diesem Jahr änderte die American Watch Company ihren Firmennamen in American Waltham Watch Company. Sie war nun ein gigantisches Unternehmen, auch der Gebäudekomplex hatte riesenhafte Ausmaße angenommen: Er zählte an der Hauptfront rund 170 Fensterachsen.

Nach 1888 traten an die Stelle der Gravuren auf den Platinen teilweise Firmenstempel, die aber nicht einheitlich sind und bisweilen auch den Namen des Uhrwerkes (Riverside, Royal, Crescent Street etc.) enthalten.

Zu Beginn der neunziger Jahre fanden die antimagnetischen Werke Eingang in die Produktion.

Für 1892 meldete die Firmenchronik erstmals einen Ausstoß von einer Million Uhren in einem Jahr. Das waren 19.200 Uhren pro Woche oder 3200 pro Wochentag. Zum Vergleich: Junghans in Deutschland brachte es 1890 auf 851.000 Wand-, Tisch- und Weckeruhren. Die gesamte Schweiz belieferte den Markt 1881 mit eineinhalb Millionen Taschenuhren; England stellte im besagten Jahr

200.000 Uhren her; Frankreich brachte es dagegen auf eine Million, die Hälfte der Produktion waren Taschenuhren. Durch die Unmengen von Waltham-Uhren gerieten die großen Absatzmärkte um 1900 völlig durcheinander.

Neben feinen Uhren aus der Fabrik gab es bei Waltham Spezialitäten wie Taschenuhren mit Chronograph. Für sie wurde das Kaliber 14 Size aus dem Jahr 1874 verwendet. Das Werk hatte 14 bis 19 Steine, der Chronographenmechanismus war sichtbar auf der Rückplatine angeordnet. Für die Anzeige gab es einen Zeiger aus der Mitte mit einer Sekundenmarkierung am Außenrand des Zifferblattes, die in Fünftelsekunden unterteilt war. Angeboten wurde dieser einfache Chronograph vorwiegend im für amerikanische Verhältnisse typischen Savonnettegehäuse, das eben einen optimalen Schutz in vielerlei Hinsicht bot. In einem Verkaufskatalog von 1890 ist eine ganze Reihe dieser Uhren mit Chronographen zu finden. Es gab Ausführungen mit oder ohne Minutenzähler. Besondere Modelle besaßen einen Schleppzeiger (Rattrapante) und Minutenzähler.

Waltham produzierte sogar Taschenuhren mit Schlagwerk. Dieses Zusatzwerk besaß entweder 5-Minuten-Repetition oder auch Minuten-Repetition, einige gab es in Verbindung mit Chronographen. Weiters wurden Taschenuhren mit Kalender und Chronograph oder mit ewigem Kalender und Mondphasenanzeige gebaut.

Ein Schwerpunkt der Firmenpolitik blieb aber die Eisenbahner-Taschenuhr. Ihre Qualität wurde denn auch gerühmt. Wegen ihrer Verläßlichkeit wurden diese Uhren von den Gesellschaften als Dienstuhren angeschafft. Die britische Regierung hatte sich schon gegen Ende der siebziger Jahre für die Waltham-Taschenuhr entschieden, als es darum ging, das Personal der staatlichen Eisenbahnen Indiens mit preiswerten Präzisionsuhren auszustatten. Die unbestrittene Qualität aus Waltham sprach sich herum, und die meisten Eisenbahngesellschaften der Vereinigten Staaten und in Kanada vertrauten der Taschenuhr der American Waltham Watch Co. 1892 war die Entwicklung eines neuen 18-Size-Kalibers mit Dreiviertelplatine abgeschlossen, das sich ganz hervorragend bewährte. Worin bestanden die Qualitätsmerkmale dieser Konstruktion? – Sie werden in einem Prospekt von 1900 aufgezählt. Es heißt darin:

„*1. Das massive Werk.* Während die Platinen und die Verbindungsteile ansonsten aus sieben Einzelteilen bestehen, sind es bei der Eisenbahner-Taschenuhr nur vier. Da die Werkpfeiler in die obere Platine integriert sind, ergibt sich eine besondere Stabilität. (Die Werkplatten waren aus Neusilber und nicht etwa nur vernickelt.)

2. Die Unruh ist vor Magnetismus schon dadurch *geschützt,* daß sie möglichst weit vom Federhaus entfernt liegt und ihre Schwingungen daher geringeren Schwankungen unterworfen sind.

3. Die Reibung der Hemmung ist wesentlich *vermindert*, da eine doppelte Rolle Verwendung findet.

4. Die Steinlager sind ganz präzise gefertigt und montiert.

5. Ein spezielles Federhaus aus gehärtetem Stahl bewahrt das Uhrwerk bei einem Federbruch vor Schaden. Die lange Feder garantiert eine Gangdauer von 40 Stunden. Das Federhaus kann ausgebaut werden, ohne die Unruh zuvor entfernen zu müssen."

Die höchste Qualität repräsentierte die VANGUARD mit 23 Diamanten, feinen Rubinen und Saphiren, geschraubten Goldchatons, Breguet-Spirale, Spezialfeinstellung, Regulierung in 5 Lagen und bei verschiedenen Temperaturen. Dann kamen die CRESCENT STREET, die APPLETON, TRACY & CO. sowie 845, die zwei Steine weniger aufwiesen. Die RAILROADER, RIVERSIDE, ROADMASTER, ROYAL und SPECIAL hatten allgemein 17 Steine. Wie erstklassig die Güte dieser reich damaszierten Werke war, ist auch daraus zu ersehen, daß die jeweils eingebaute Unruh mit einer patentierten Waltham-Breguet-Spirale bestückt war. Diese Spirale war gleichfalls ein maschinelles Produkt, im Gegensatz zu jenen Spiralen in Europa, deren Ende von Hand nach oben gebogen wurde.

Wie sehr sich Besitzer von Waltham-Eisenbahner-Taschenuhren auf diese verlassen konnten, beleuchten zwei Episoden, die gern erzählt werden. Die eine Geschichte hat ihren Schauplatz in England, die andere in Japan. Mr. Thomas White stellte am 8. März 1894 bei einem Blick auf seine Waltham fest, daß die Zeit mit jener des Observatoriums von Greenwich nicht übereinstimmte. Die Abweichung betrug 18 Sekunden! Ähnlich verhielt es sich am 30. Januar 1918 im japanischen Seehafen Kobe. Der Generaldirektor des Central Meteorological Observatory stellte auf seiner privaten Riverside fest, daß die offizielle Zeit, die für die ein- und auslaufenden Schiffe durchgegeben wurde, nicht stimmen konnte. Die Uhren der „Seaport Authorities" gingen um acht Sekunden nach. Als er auf diesen Fehler aufmerksam machen wollte und sich von einer Rischka dorthin bringen ließ, wurde er mit der Bemerkung „Das sei Unsinn" abgefertigt, aber schon Stunden später entschuldigte man sich in aller Form.

Auch die japanische Eisenbahn, die seit eh und je für ihre genauen Fahrpläne bekannt war, hatte sich für die Waltham-Zeitmesser entschieden. Nachdem alle damals verfügbaren Marken in bezug auf Ganggenauigkeit, Haltbarkeit und Stoßsicherheit eingehend geprüft worden waren, hatten die Angestellten der Eisenbahn und jene des Verkehrsministeriums Waltham-Eisenbahner-Taschenuhren erhalten. Bis nach dem Zweiten Weltkrieg blieben sie die Dienstuhr im Land der aufgehenden Sonne.

Ab 1907 hatte die American Waltham Watch Company einen neuen Verkaufsschlager: eine 8-Tage-Uhr mit Werkdurchmesser 60, 98 mm. Das *37-Size-Werk* war für eine amerikanische Taschenuhr zu groß – wenn auch die großen Schweizer Eisenbahner-Taschenuhren einen Gehäusedurchmesser von 70 mm aufwiesen –, aber es eignete sich vortrefflich für andere Zwecke; es konnte in Tisch-, Reise-, Nachtwächter- und Industrieuhren eingebaut werden. Zu jener Zeit war natürlich nicht abzusehen, wo diese Spezialuhr einmal überall Verwendung finden würde. Als der Autofahrer erwartete, daß am Armaturenbrett seines Wagens auch eine Uhr montiert war, griff Waltham auf dieses Kaliber zurück und baute Autouhren mit 7, 9 und 15 Steinen.

Diese Spezialuhr bewährte sich auch als Borduhr in Flugzeugen. Sie erfüllte die extremen Anforderungen in einem Flugzeug glänzend, dank einer eingehenden Prüfung, der jede Uhr durch 24 Tage hindurch unterzogen worden war. Diese Uhr hatte sich nicht nur bei großen Temperaturunterschieden zu bewähren, sondern sie mußte auch Härtetests anderer Art bestehen. Aber selbst die unsanfteste Behandlung vertrug das Werk, ohne Schaden zu nehmen. Die Waltham-Fliegeruhr wurde 1927 über Nacht bekannt, als Charles Lindbergh in seiner „St. Louis" im Alleinflug von Amerika nach Frankreich den Atlantik überquerte, und der Waltham-Zeitmesser sowohl während des Hin- als auch des Rückfluges einwandfrei funktionierte. Die Flugzeuguhr stellte ihre Verläßlichkeit auch im Jahr darauf eindrucksvoll unter Beweis, als Kingsford Smith mit seiner „Southern Cross" einen Alleinflug von den USA nach Australien unternahm.

In den Militärflugzeugen tickte diese unverwüstliche Uhr später ebenso wie in den schweren Panzern, wo sie stärksten Erschütterungen ausgesetzt war. Waltham kam aber auch mit Schiffahrtsgesellschaften und anderen Großkunden ins Geschäft. In diesen Fällen konnte es vorkommen, daß die Signatur entfiel oder um den Namen des Geschäftspartners auf dem Zifferblatt oder auf der Platine erweitert wurde, die Waltham-Werknummer war jedoch stets eingestanzt.

Der Konstrukteur der 8-Tage-Uhr bei Waltham war der Amerikaner Duane H. Church. Die Vorrichtung für die Zeigerstellung und den Aufzug variierte, einmal befand sie sich auf der Zifferblattseite links unten, ein andermal auf der Rückseite des Werkes. Es gab eine Sekunde aus der Mitte und auf Wunsch ein 24-Stunden-Zifferblatt.

Die Nachfrage nach dieser Uhr war so enorm, daß davon bis 1953 1,800.700 Stück hergestellt werden mußten, dies waren mehr als 10% der Gesamtproduktion in diesem Zeitraum.

Schon früh kam in Waltham die Armbanduhr hinzu. Erstmals wurde eine Uhr für das Handgelenk in einem Katalog von 1912 angeboten. Es war ein Anhängeührchen der Werkgröße 6/0 Size (=

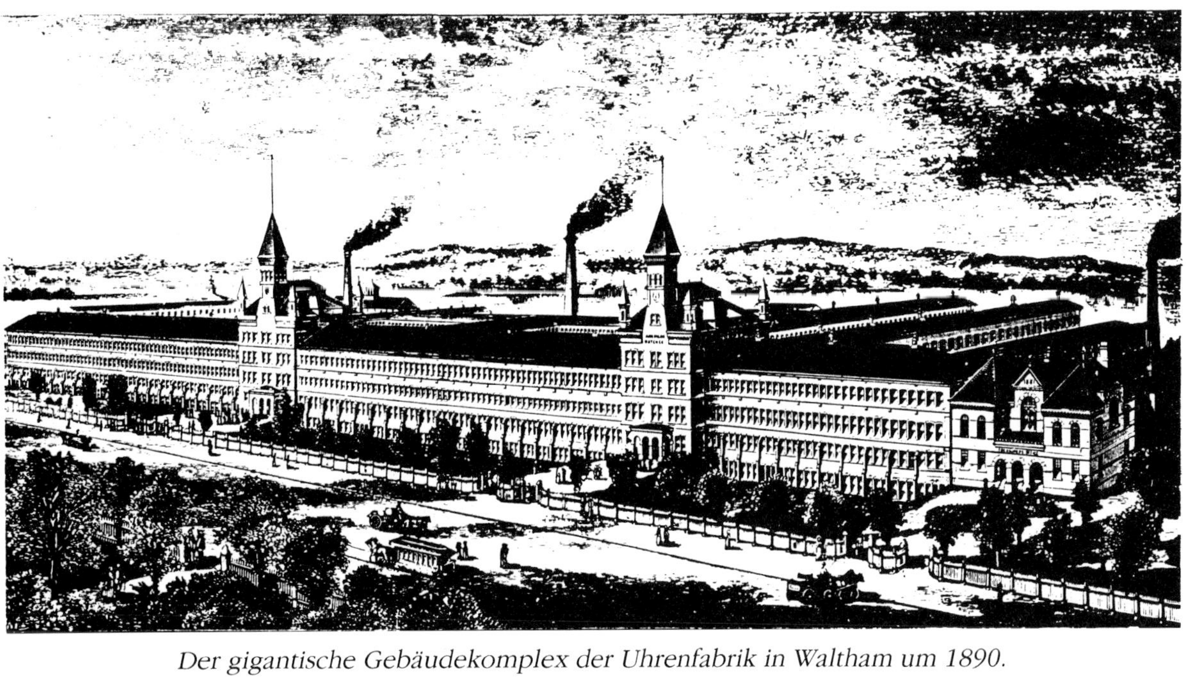

Der gigantische Gebäudekomplex der Uhrenfabrik in Waltham um 1890.

25,40 mm Durchmesser), dessen Gehäuse so gestaltet war, daß bei der Stundenzahl 6 und in den Bügelring ein metallenes Zugband eingehakt werden konnte. Der Zeitmesser konnte – je nach Laune der Besitzerin – entweder als Anhängeuhr oder aber als Armbanduhr getragen werden. Bei einer anderen Ausführung konnte ein Lederband mit den am Gehäuse angebrachten Bügeln fest verbunden werden. Die etwas größere Militär-Armbanduhr mit einer Werkgröße von 0 Size (= 29,63 mm Durchmesser) besaß eine kleine Sekunde und ein Zifferblatt mit kräftigen Zahlen, die ein einwandfreies Ablesen der Zeit auch bei ungünstiger Beleuchtung erlaubten. Die Aufzugskrone befand sich nun bei der Stundenzahl 3.

Zu Beginn der zwanziger Jahre war bereits eine Auswahl zwischen größeren und kleineren Kalibern möglich. Zum runden Werktyp kam bald eine Rechteckform. Die Schmuckuhren des Art Deco fanden auch bei der Waltham Watch Company, wie die Uhrenfabrik ab 1923 offiziell hieß, Eingang in die Kollektionen. Es gab viele Damenmodelle in Edelmetallgehäusen, die reich mit Edelsteinen besetzt waren und ein Stoffarmband besaßen. Um 1925 waren die Modelle mit Leuchtziffern und Leuchtzeigern große Mode. Gegen Ende der zwanziger Jahre bestach das Angebot durch viele goldene Herrenmodelle. Um von der runden Form des Taschenuhrgehäuses wegzukommen, griff man häufig zu einer achteckigen Gestaltung desselben. Die Lünette wurde in das Design mit einbezogen, indem sie ziseliert oder mit Email verziert war, wobei auch die Zahlen des Zifferblattes bisweilen auf die Lünette verlegt wurden. In der zweiten Hälfte der dreißiger Jahre waren Anlehnungen an europäische Modelle spürbar. Die SWAGGER ähnelte der Rolex Prince, war aber ohne kleine Sekunde. Auch ein dem Handgelenk angepaßtes, leicht gewölbtes Gehäuse gab es bei Waltham. Zu den Spezialitäten zählte die „Doktor-Uhr" am Handgelenk, die das Zählen des Pulses sehr erleichterte. Gegen Ende des Zweiten Weltkrieges wurde von der Waltham Watch Company die Kalender-Armbanduhr entwickelt.

In den vierziger und fünfziger Jahren verließen die Fabrik jährlich im Schnitt nur noch 300.000 Uhren. Der gigantische Höhenflug von Amerikas ältester Uhrenfabrik, der unverhältnismäßig lang angehalten hatte, war vorbei. Der Zenith des Erfolges war längst durchschritten. Wahrscheinlich bedingt durch die geänderten Verhältnisse in den Kriegs- und Nachkriegsjahren kam es nicht mehr zu neuen Ideen und deren Verwirklichung und dadurch zu einem neuen Aufschwung. Was dieses Unternehmen in zehn Jahrzehnten seines Bestehens hervorgebracht hatte, gehörte der Vergangenheit an und konnte nun in Museen besichtigt werden. Die Gesellschaft in Waltham war es, die an ein und demselben Ort und in ein und derselben Fabrik eine komplette Uhr aus genormten Teilen in großen Stückzahlen erzeugte; diese Gesellschaft war es, die die Aufzugfeder aus langen Stahlrollen gleichmäßiger Qualität schnitt, sie elastisch härtete und in ein aus gehärtetem Stahl bestehendes Federhaus legte; diese Gesellschaft war es, die nach der John-Logan-Methode die Endkurve der Spirale in einem mechanisch formte; diese Gesellschaft war es, die die Herstellung der Schrauben – auch der kleinsten – automatisierte und die Köpfe auf Hochglanz polierte. In Waltham war Industriegeschichte gemacht worden. 35 Millionen Uhren waren das Ergebnis von Idealisten, denen Finanzleute das Umsetzen ihrer Träume und Vorhaben in die Tat ermöglichten. Pioniergeist, verbunden mit finanzieller Risikobereitschaft, hatte mehrere Generationen von Uhrenfabrikanten zu ungeahnten Leistungen beflügelt.

Nach 100 Jahren ihres Bestehens beendete diese große Uhrenfabrik der Vereinigten Staaten, die als eines der wenigen namhaften Unternehmen der Branche die Zeiten überdauert hatte, 1957 ihre Tätigkeit. Die WALTHAM WATCH COMPANY wurde von der eidgenössischen INVICTA SA erworben und unter der Firmenmarke WALTHAM INTERNATIONAL in der Schweiz neu etabliert. Später gehörte die Firma der SGT an, zu der sich mehrere Fabriken zusammengeschlossen hatten, um im Wettbewerb leichter bestehen zu können. Die in Neuchâtel produzierten Armbanduhren gingen bald zu einem Großteil nach Japan, wo sie von der Handelsgesellschaft Heiwado Trading vertrieben wurden. Dieses riesige Diamanten- und Schmuckimportunternehmen der Familie Takagi in Tokio war 1868 gegründet worden und versorgte die Japaner seit Generationen mit Schmuckuhren von Piaget und Baume & Mercier. Einen besseren Teilhaber und Geschäftspartner hätte sich Waltham International nicht wünschen können, denn Katsuji Takagi und sein Sohn Tsuneo überzogen das Land mit einem Vertriebsnetz, das heute 18.000 Verkaufsstellen umfaßt. 1981 konnte die Heiwado Trading sämtliche Anteile der Schweizer Firma in ihren Besitz bringen. Der neue Direktionsausschuß setzte sich aus sehr bekannten Persönlichkeiten zusammen: Für die Firma verantwortlich zeichneten als Präsident G. E. Piaget (Besitzer der gleichnamigen Uhrenmarke), als Vizepräsident K. Takagi, als Generaldirektor T. Takagi und als Direktor G. Nardin (Sohn des berühmten Uhrmachers Ulysse Nardin). Verwaltung und Produktion blieben in Neuchâtel, der Vertrieb wurde in das Land der aufgehenden Sonne verlegt. Der Absatz der Uhren von WALTHAM INTERNATIONAL beschränkt sich aber keineswegs auf Japan.

Waltham-Uhrwerke

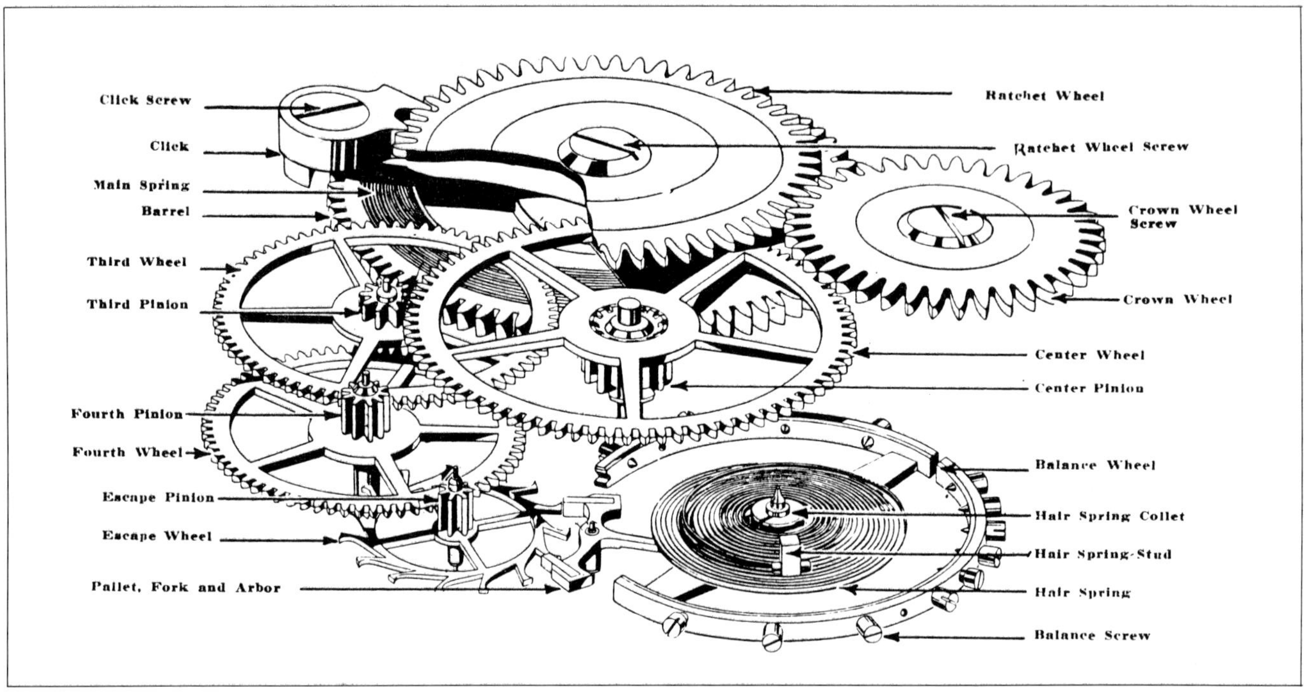

Die Teile eines Gehwerkes und ihre englischsprachigen Bezeichnungen:

Click Screw = Schraube des Sperrkegels
Click = Sperrkegel
Main Spring = Aufzugsfeder
Barrel = Federhaus
Third Wheel = Kleinbodenrad
Third Pinion = Trieb des Kleinbodenrades
Fourth Pinion = Trieb des Sekundenrades
Fourth Wheel = Sekundenrad
Escape Pinion = Trieb des Ankerrades
Escape Wheel = Ankerrad
Pallet, Fork and Arbor = Ankerstein, Ankergabel, Ankerwelle
Ratchet Wheel = Sperrad
Ratchet Wheel Screw = Federkernschraube
Crown Wheel Screw = Schraube des Kronrades
Crown Wheel = Kronrad, auch Aufzugsrad
Center Wheel = Minutenrad
Center Pinion = Trieb des Minutenrades
Balance Wheel = Unruhreif
Hair Spring Collet = Spiralrolle
Hair Spring Stud = Spiralklötzchen
Hair Spring = Spirale
Balance Screws = Gewichtschrauben am Unruhreif

Das englische Wort Size bedeutet Größe, Maß. Im gegenständlichen Fall steht es für ein Nummernsystem zur Angabe des Werkdurchmessers. Die Zählung begann bei „naught", das war 0 Size oder $1\frac{5}{30}$ Inches (29,63 mm). Bei jeder Nummer nach oben oder unten wurde $\frac{1}{30}$ Inch (rund 0,84668 mm) hinzu- oder weggezählt.

Uhrwerke 20 Size/46,57 mm/~20¾"

Es war das größte Taschenuhrkaliber, das in Waltham erzeugt wurde. Es zählt zu den begehrten Sammlerstücken. In Produktion ging dieses Uhrwerk 1859 bei der Nashua Watch Co. Nach Schließung der Firma wurde es in Waltham als *Modell 1862* weiter fabriziert. Die Handelsmarken für diese hochwertige Taschenuhr lauteten American Watch Co. (Am'n W.Co) und Appleton Tracy & Co. (AT&Co).

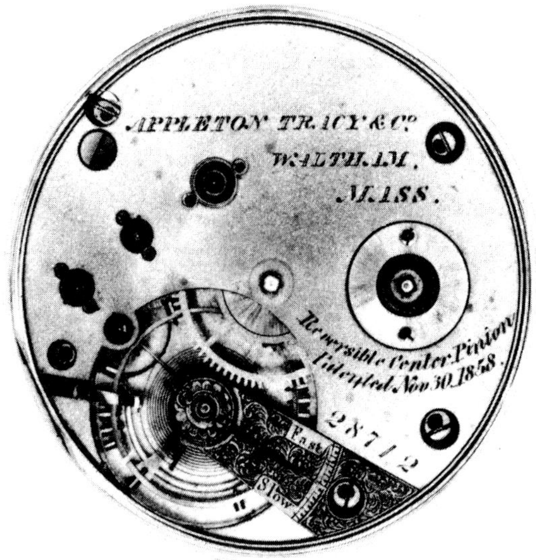

Mit dem Modell 1859/18 Size schuf Waltham das erste Werk mit Dreiviertelplatine. Das Federhaus war mit der Sicherheitsaufzugsfeder von D. B. Fitt bestückt. 1862 wurde von der liquidierten Nashua Watch Co. ein fast identes Werk der Größe 20 Size übernommen, das mehrere Jahre im Waltham-Programm blieb.

Uhrwerke 18 Size/44,87 mm/~20"

Die Uhrenproduktion in Waltham wurde mit einem Vollplatinenwerk aufgenommen, dem sogenannten *Modell 1857.* Die Weiterentwicklungen trugen die Bezeichnung *Modell 1870, 1877, 1879, 1883 und 1892.* Von 1859 bis 1865 gab es außerdem ein Modell mit Dreiviertelplatine, das sich vom Nashua-Modell kaum unterschied. Der Kunde konnte zwischen verschiedenen Ausführungen wählen. Die Signaturen Broadway, Sterling, Home, Watson, Special und Ellery standen in der Regel für gute Gebrauchsuhren. Zu den unter den 20-Size-Modellen bereits erwähnten Handelsmarken kommen u. a. P. S. Bartlett (PSB), Central Park, Crescent Park, Crescent Street, Dennison, Howard & Davis (DH&D); Sq. Martyn, C. T. Parker, Riverside, R. E. Robbins (RER), Tracy Baker & Co (TB&Co), Waltham Watch Co. (W.W.Co.).

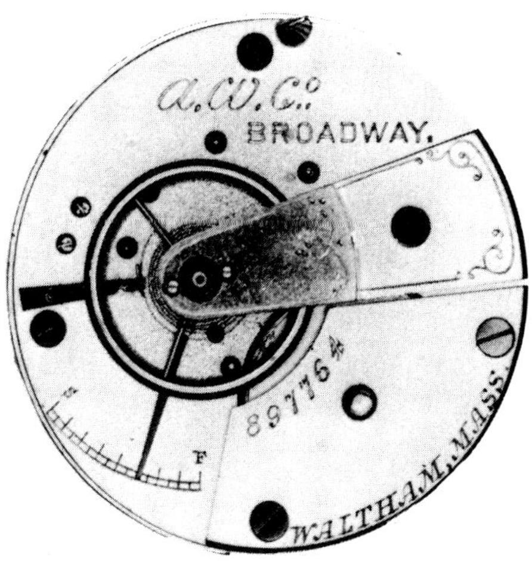

Bei dieser Broadway mit sieben Steinen handelt es sich um einen frühen Typ: Die Spirale liegt unter der Unruh, ebenso der Rückerzeiger (Regulierskala auf der Platine). A. W. Co. steht für American Watch Co.

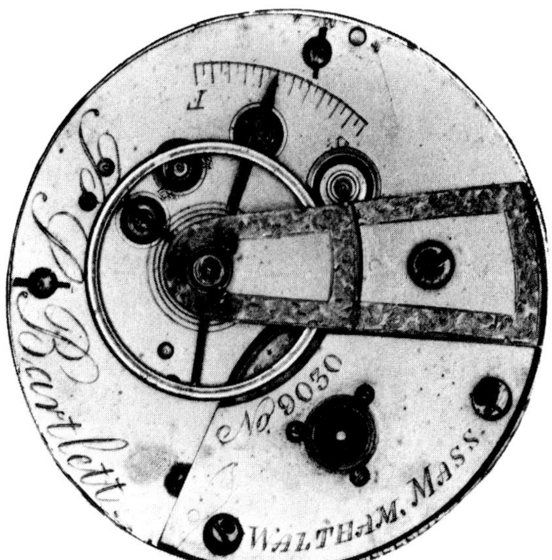

Im Gegensatz zum Broadway-Typ liegt die Spirale bei dieser frühen Bartlett über der Unruh. Der Rückerzeiger befindet sich auf der Platine.

Dieser Typ der Bartlett hat 15 Steine, eine große Unruh mit Gewichtschrauben; die Spirale liegt über den Unruhschenkeln, auch der Rückerzeiger ist darüber angeordnet.

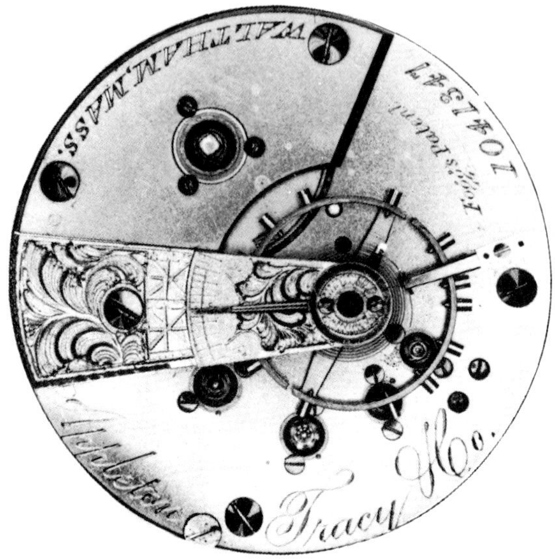

Bei dieser 15steinigen Appleton ist der Rückerzeiger auf den Unruhkloben verlegt. Die Uhr hat Kompensationsunruh mit Gewichtschrauben.

Diese Crescent Street des Modells 1870/18 Size hat Schlüsselaufzug. Mit solchen Werken waren die frühen Eisenbahner-Taschenuhren bestückt. Der erste größere Abnehmer war die Pennsylvania Railroad Company.

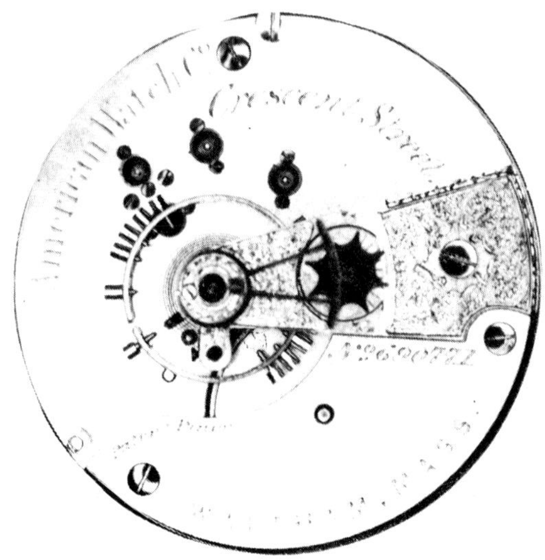

Diese Crescent Street des Modells 1870/18 Size war bereits über die Krone aufzuziehen. Zu den Merkmalen zählen eine aufgeschnittene Kompensationsunruh mit eigenwillig angeordneten Gewichtschrauben und eine Feinregulierung.

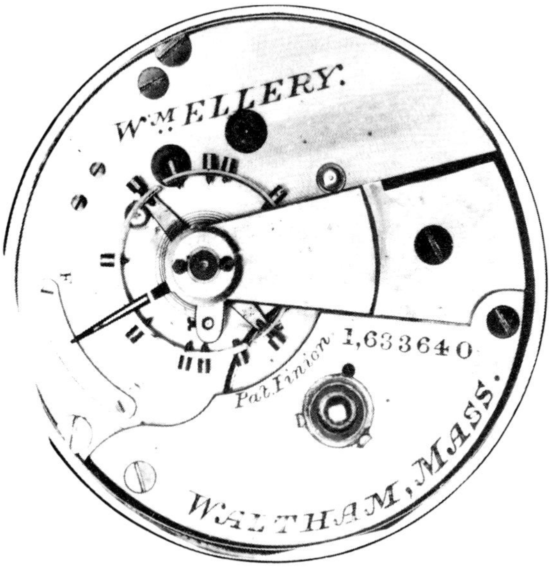

Eine Ellery aus der Produktion des Modells 1877/18 Size. Bei dieser Ausführung ist der Rückerzeiger über der Unruh angeordnet.

Eine Robbins des Modells 1877/18 Size hat die Reguliervorrichtung auf dem schön gestalteten Unruhkloben, und zwar in einer patentierten Ausführung.

Die Ellery des Modells 1879/18 Size unterscheidet sich kaum von der um zwei Jahre älteren Produktion. Das abgebildete Werk hat 11 Steine.

Die 820 des Modells 1883/18 Size hatte die „altmodische" Reguliervorrichtung, aber geschraubte Chatons und 17 Steine.

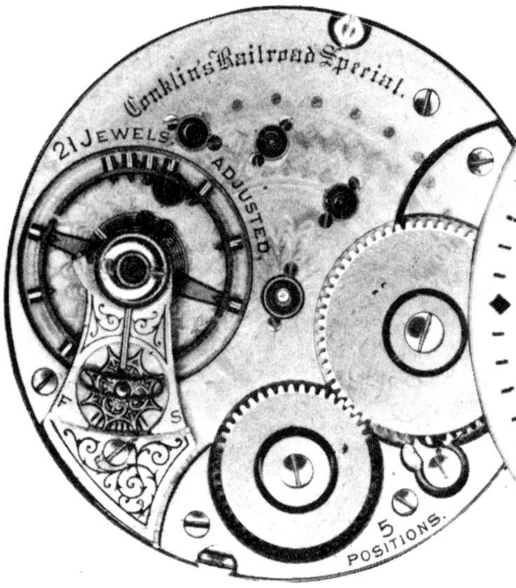

Conklins Railroad Special
18S–21J–ON92L–A–"Vanguard"
15,003,794 Richard Vye

Special factory dial to convert
Hunting to Open Face

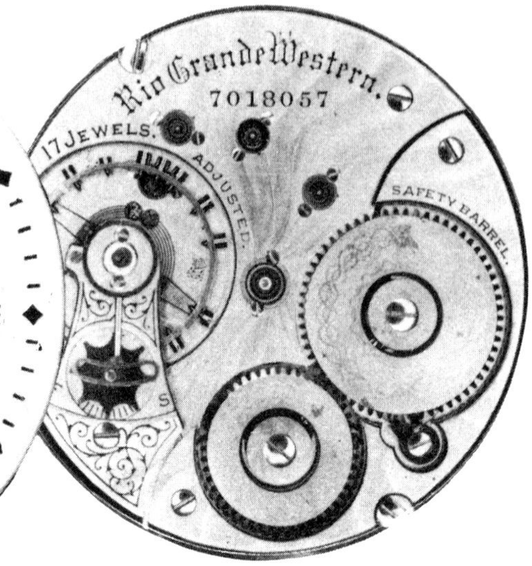

Rio Grande Western
J. H.Leyson Co., Salt Lake City (Dial)
18S–17J–ON92L–A–"Vanguard"
7,018,057 Bill Meggers

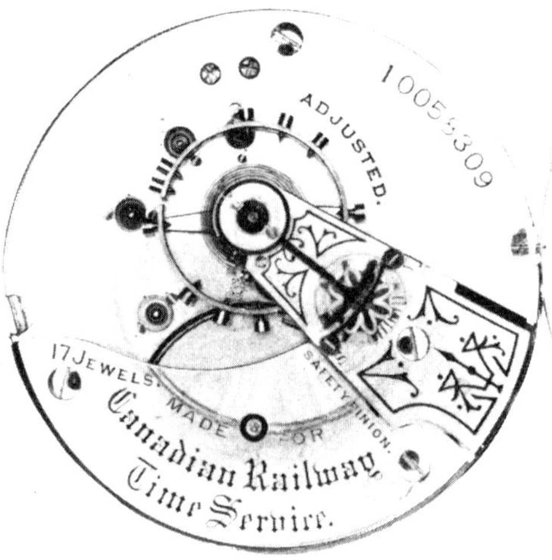

Canadian Railway Time Service
18S–17J–ON83P–A–"AT&Co."
10,058,309

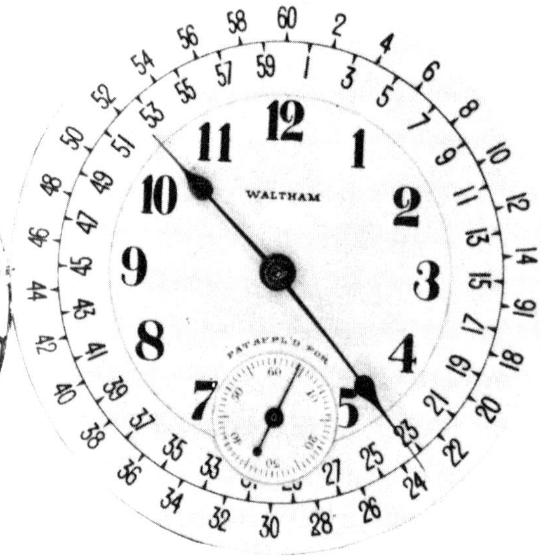

Special Montgomery type dial
Made in both red & black numerals
and white and black background.

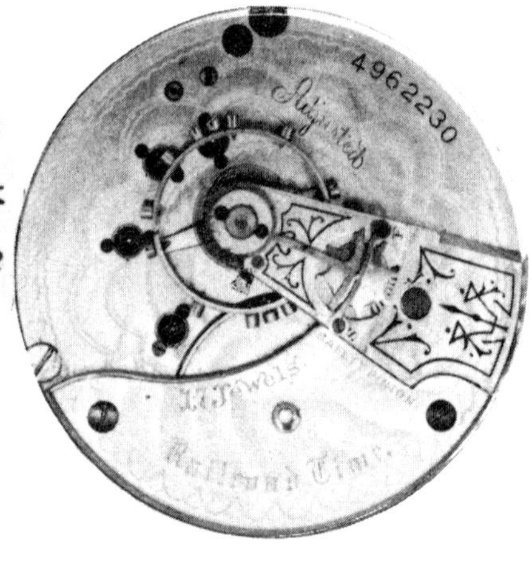

Railroad Time
18S–15J–ON83L–A–"15"
4,962,230 Miles Sandler

Die Waltham-Eisenbahner-Taschenuhren erfreuten sich ob ihrer Qualität eines ausgezeichneten Rufes und wurden von den Eisenbahngesellschaften als Dienstuhren angeschafft. In solchen Fällen gab es bisweilen ganz spezielle Zifferblätter.

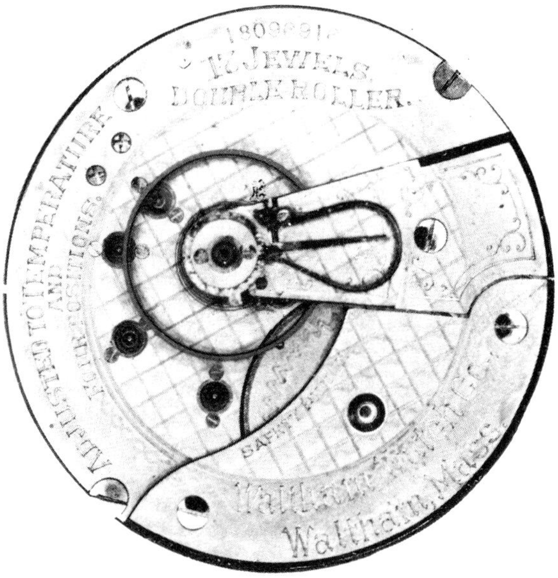

Die 836 des Modells 1883/18 Size besaß Schwanenhalsregulierung, 17 Steine und eine doppelte Hebelscheibe (Double Roller) auf der Unruhwelle. Reeds patentierte Feinregulierung fand in Waltham nur selten Verwendung.

Die Riverside des Modells 1892/18 Size hat vier Steine weniger als die Pennsylvania Special; auf das bei Waltham übliche Sicherheitsfederhaus (Safety Barrel) wird auf der Platine eigens hingewiesen.

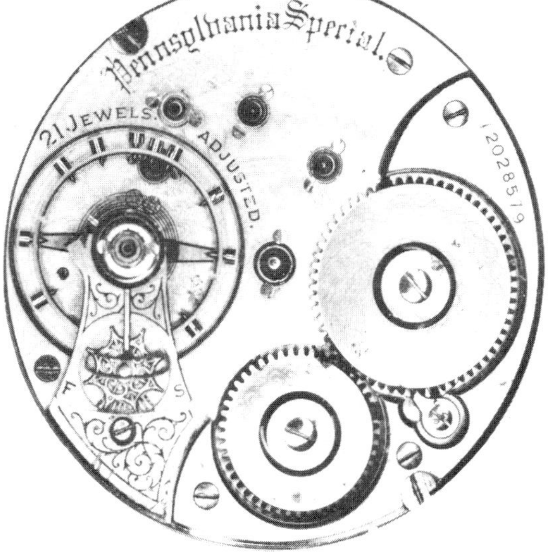

Die Pennsylvania Special (Penn Spl) des Modells 1892/18 Size zählt zu den begehrten Sammlerstücken. Sie hat 21 Steine, Kompensationsunruh mit Goldschrauben, Feinregulierung und ist in fünf Lagen reguliert. (Die reiche Damaszierung ist auf der Abbildung nur schlecht zu erkennen.)

Ein beliebtes Sammlerstück ist auch die 17steinige Roadmaster Modell 1892/18 Size.

Uhrwerke 16 Size/43,18 mm/19 ¼"

Auf das Modell 1859/18 Size Dreiviertelplatine folgte schon 1860 das etwas kleinere *Modell 16 Size Dreiviertelplatine.* Es glich dem 18-Size-Modell und wurde *1868, 1872, 1888, 1899, 1908, 1912, 1943* und letztmalig *1945* modifiziert. Ab 1872 war dieses Uhrwerk reich damasziert. Neue Handelsmarken sind HILLSIDE, PARK ROAD, BOND STREET, CHRONOMETRO VICTORIA, MAXIMUS, PREMIER, VANGUARD, SOL, CHRONOMETRO SUPREMO, EQUITY, STONE (sehr rar) usw.

Bisweilen wurde diese Werkgröße für Taschenuhren mit Chronograph oder Schlagwerk verwendet. Die American Watch Co. blieb die einzige Fabrik der Vereinigten Staaten, die Taschenuhren mit Repetition baute.

Von 1885 bis 1892 gab es in Elizabeth, New Jersey, die AMERICAN REPEATING WATCH FACTORY, die Taschenuhren mit 5-Minuten-Repetition verkaufte. Ein Teil der Basiswerke der Größe 16 Size kam aus der Waltham-Fabrik der American Watch Co.

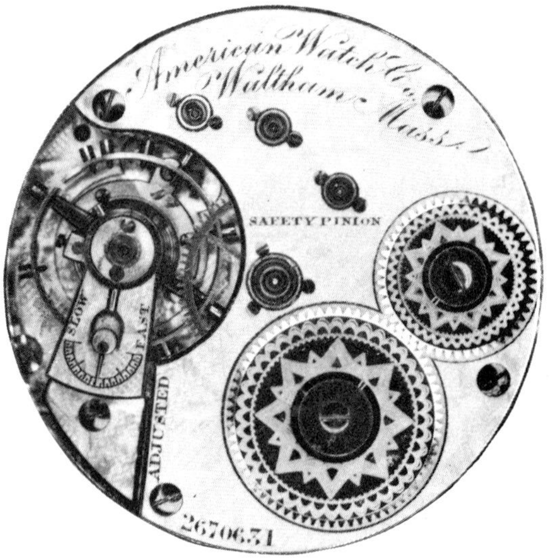

Diese American Watch des Modells 1872/16 Size mit 21 Steinen zählt zu den besseren Sammlerstücken. Hier sind die Aufzugsräder erstmals auf der Platine angeordnet. Die Uhr ist über die Krone aufzuziehen.

Die American Watch des Modells 1872/16 Size mit 19 Steinen und der Kompensationsunruh von Woerd stellt ein begehrtes Sammelobjekt dar.

Die Am'n W. Co. des Modells 1872/16 Size ist, obwohl sie nur 16 Steine hat, eine sehr feine Ausführung.

Diese Riverside Maximus stammt aus der Modellreihe 1888. Der Platinenteil mit dem Federhaus ist von jenem des Laufwerkes getrennt. Das Werk hat 21 Steine.

Diese Special mit 17 Steinen ist „anonym", es fehlt auf der Platine der Name der Uhr.

Eine Royal der Modellreihe 1888; sie hat 17 Steine. Der Unruhkloben ist nur zum Teil verziert, die Feinregulierung weicht von jener der Special ab.

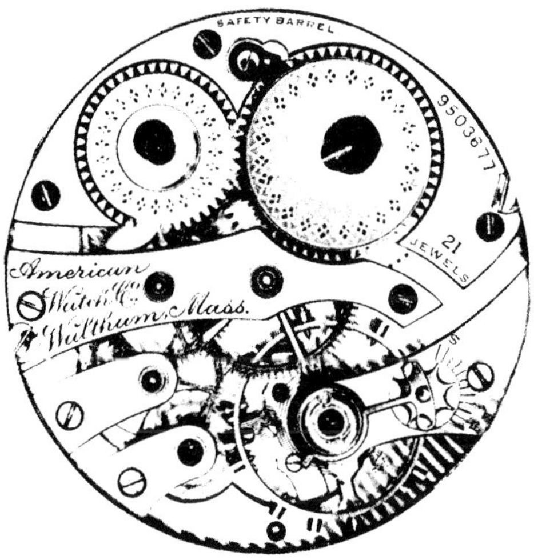

Gegenüber dem Modell 1888/16 Size hatte jenes von 1899 eine weitere Aufgliederung der Platine erfahren. Es gab nun zusätzliche Kloben und eine Räderbrücke. Die Lager sind auch bei den feinen Modellen nicht mehr immer geschraubt.

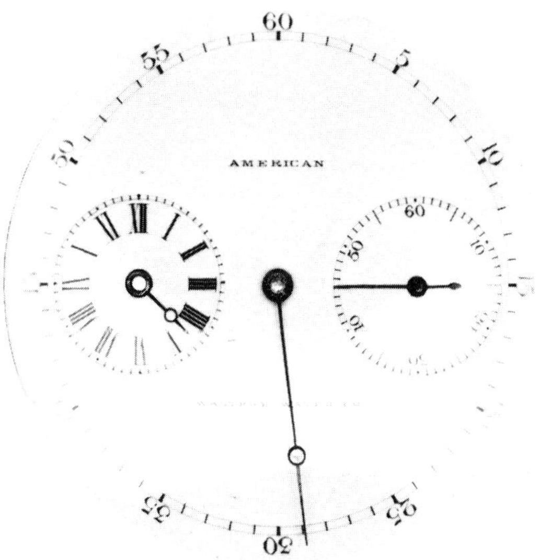

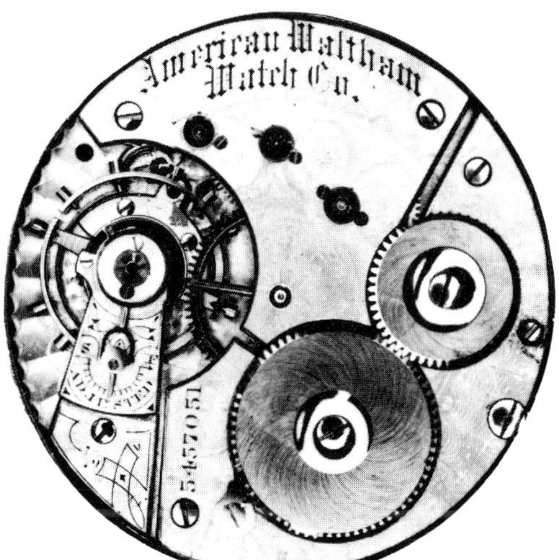

Bei diesem 16-Size-Werk aus Waltham handelt es sich um ein Modell, das mit einem Regulatorzifferblatt auf den Markt kommen sollte. Von einer Serienproduktion wurde jedoch Abstand genommen. Sammlung Smithsonian Collection, Washington.

Eine American Waltham Watch der Größe 16 Size im 18karätigen Goldgehäuse. Diese Taschenuhr trägt die Werk-Nr. 3,793.207 und verfügt über folgende Zusatzeinrichtungen: Chronograph, Mondphase, ewigen Kalender und 5-Minuten-Schlagwerk.

Blick auf das Werk dieses Spitzenproduktes der Waltham-Fabrik, das gegen Ende der achtziger Jahre des vorigen Jahrhunderts gefertigt wurde.

WALTHAM
TRADE MARK.

VANGUARD (16 size)
Open Face, Lever Setting,
23 Jewels, Adjusted
to Temperature and 6 positions.

16 SIZE GRADES — No. 1623, Vanguard,

23 Jewels, Adjusted to Temperature and 6 positions.

No. 1621, Riverside, 21 Jewels, Adjusted to Temperature.

No. 1609, 9 Jewels

MOVEMENT
No. 1609
9 Jewels, Open Face

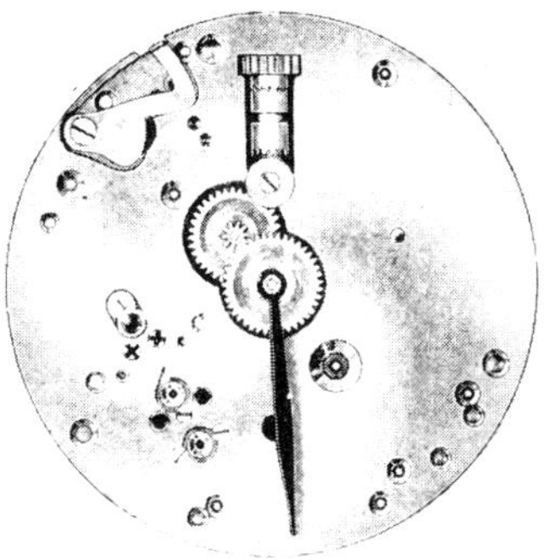

WALTHAM VANGUARD
16 SIZE MODEL A

Grade No. 1623 — 23 Jewel
(1944-1947) Eight Adjustments
Jeweled Main Wheel — Steel Barrel

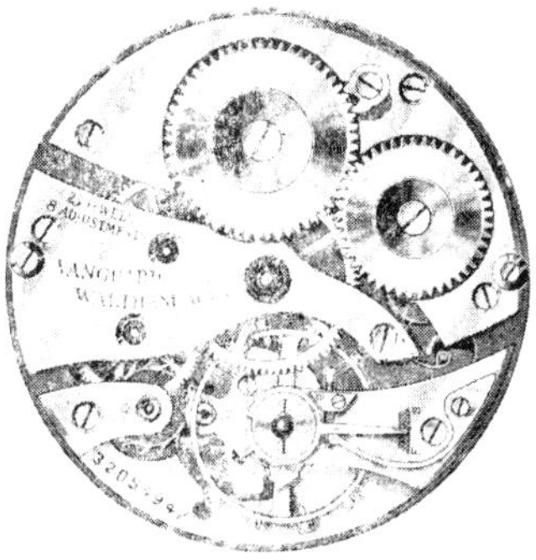

First Movement in this Model, May, 1944, was numbered 32,054,001

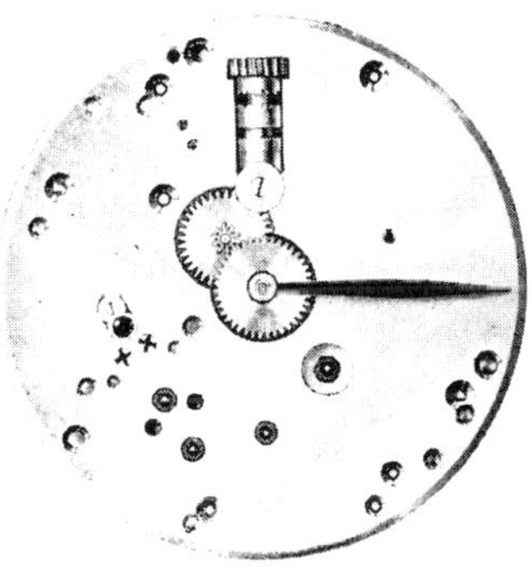

16 SIZE — MODEL A (1945)
RUNNING BARREL

16 A Grade No. 1617-17 Jewel
Five Adjustments

First Movement made in Model A was 32,029,001

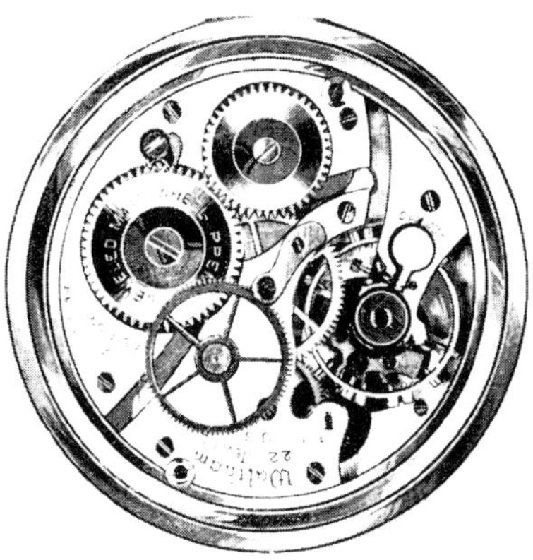

Model 1622-S-12

Waltham Model 1622 - S - 12
Deck Watch - WTS - 16
Sweep Second - 22 Jewel - 16 Size

16-Size-Modelle in Spitzenqualität aus der zweiten Hälfte der vierziger Jahre dieses Jahrhunderts.

W T S 16

Beim Modell 1908/16 Size wurde auf den separaten Sekundenradkloben des Modells 1899 verzichtet; das Sekundenrad liegt unter der verbreiterten Räderbrücke. Diese Bauart wurde für Eisenbahneruhren häufig verwendet. (Bei anderen Ausführungen bildet auch der Ankerradkloben mit der Räderbrücke eine Einheit.)
Die Vanguard mit Gangreserveanzeige wurde auch an die U.S. Armee geliefert (rechtes Werk).
Zum abgebildeten Zifferblatt: Die Uhr ist nicht aufgezogen, der Zeiger der Gangreserveanzeige steht außerhalb der Skala (Gangdauer 40 Stunden). Beim Aufziehen der Feder wandert der Zeiger auf 0 (UP), um dann später jeweils anzuzeigen, wie viele Stunden seit dem letzten Aufziehen vergangen sind.

Uhrwerke 14 Size/41, 49 mm/ 18½"

Zur Einführung eines *14-Size-Kalibers* kam es *1870*. Es hatte in den ersten Jahren entweder eine Dreiviertel- oder fast schon eine Halbplatine und Schlüsselaufzug. Geänderte Serien mit Kronenaufzug gab es *1874, 1884, 1895, 1897, 1904* und *1912*. Dieses Kaliber bildete in der Regel das Basiswerk für die Chronographenkollektion. Ergänzt wurde das 14-Size-Programm 1876 um ein Modell mit Vollplatine und Schlüsselaufzug. Es wurde erst nach 30 Jahren und einem Ausstoß von 232.400 Werken aus dem Programm genommen. Die größte Auflage mit 480.376 Werken in etwa zehn Jahren erreichte das *Modell 1884/14 Size,* das in Savonnette- und Lépinegehäuse montiert werden konnte. Die 14-Size-Modelle erschienen unter Bezeichnungen wie Adams Street, Crescent Garden, Bond Street, Hillside, Time Clock, Night Clock, Export, Perfection, Church Street, Seaside usw.

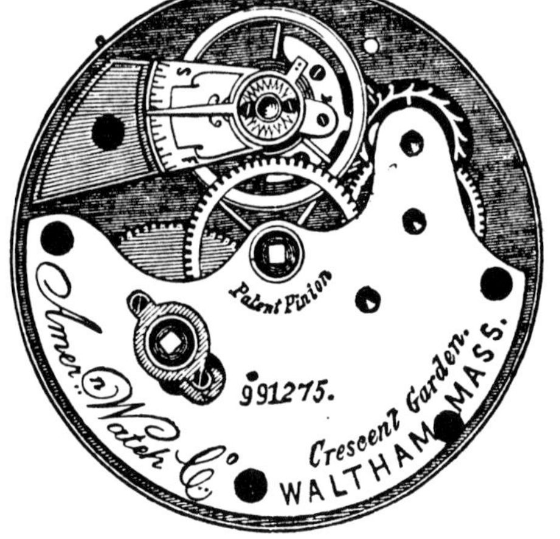

Diese Crescent Garden des Modells 1870 hatte 7 Steine, einen nüchtern gestalteten Unruhkloben mit Flachspirale und einfacher Reguliervorrichtung. Aufzuziehen war diese Uhr mit dem Schlüssel von der Werkseite her.

Die Crescent Garden des Modells 1870 mit traditioneller Dreiviertelplatine hatte 7, 11 oder 15 Steine, geschraubte Lager, Kompensationsunruh mit Gewichtschrauben und Schlüsselaufzug.

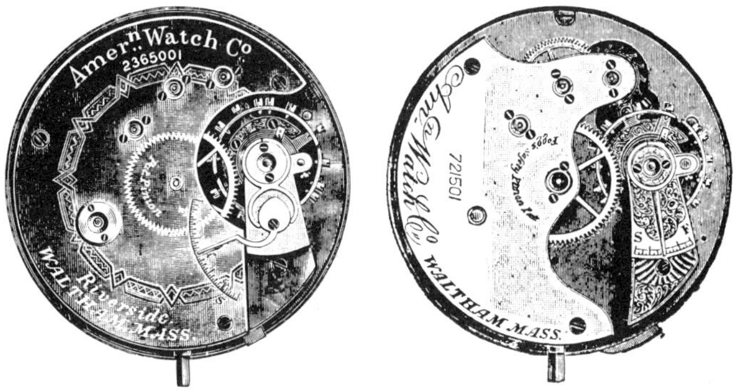

14-Size-Werke für das Lépine-Gehäuse.

Eine Bond Street des Modells 1895/14 Size in Savonnetteversion mit 17 Steinen, einfacher Reguliervorrichtung und auf der Platine angeordneten Aufzugsrädern.

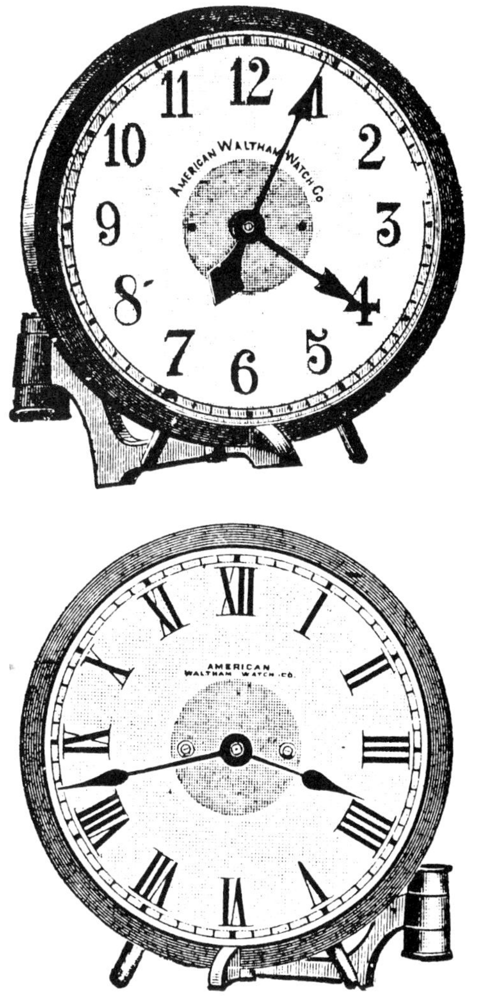

Zwei Night-Clocks, die mit 14-Size-Werken bestückt sind.

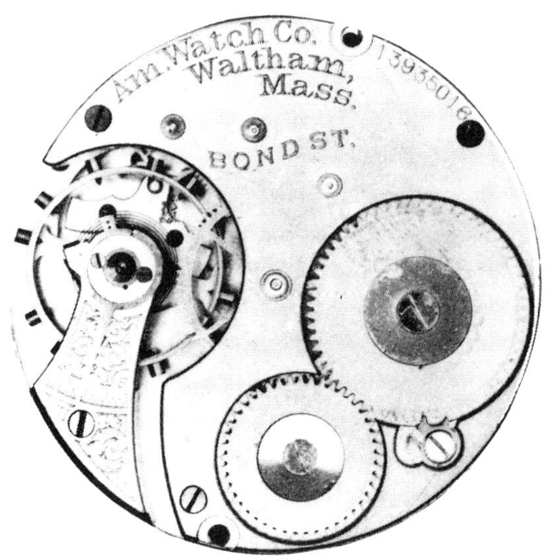

Bei der Bond Street von 1904 haben die Aufzugsräder die Plätze getauscht und der Unruhkloben besitzt eine leicht geschwungene Form. Das abgebildete Werk verfügt über 7 Steine.

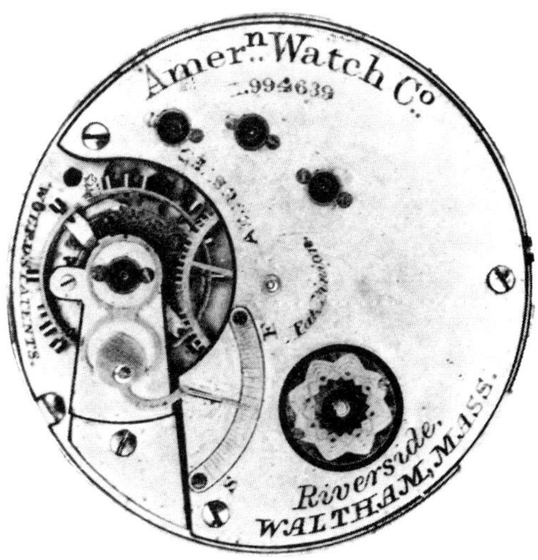

Eine Riverside des Modells 1874/14 Size. Ihre Feinregulierung ist anders konstruiert: Die herzförmige Kurvenscheibe geht mit einem gebogenen Stück in den Zeiger über, damit dieser die Regulierskala auf der Platine erreicht. Die Aufzugsräder sind verdeckt.

Eine Gebrauchsuhr mit 7 Steinen, die auch in den Export ging.

Eine Riverside der Colonial-Serie.

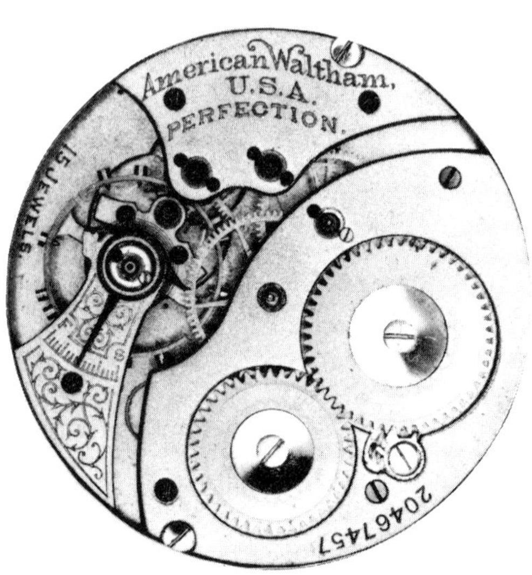

Eine Perfection der Modellreihe 1912/14 Size; sie unterscheidet sich äußerlich kaum von den Vorgängermodellen 1897 und 1904. Das Federhaus ist mit einem Teil des Gehwerkes von der übrigen Platine abgetrennt. Die Perfection hat 15 Steine, das Minutenradlager ist nicht geschraubt.

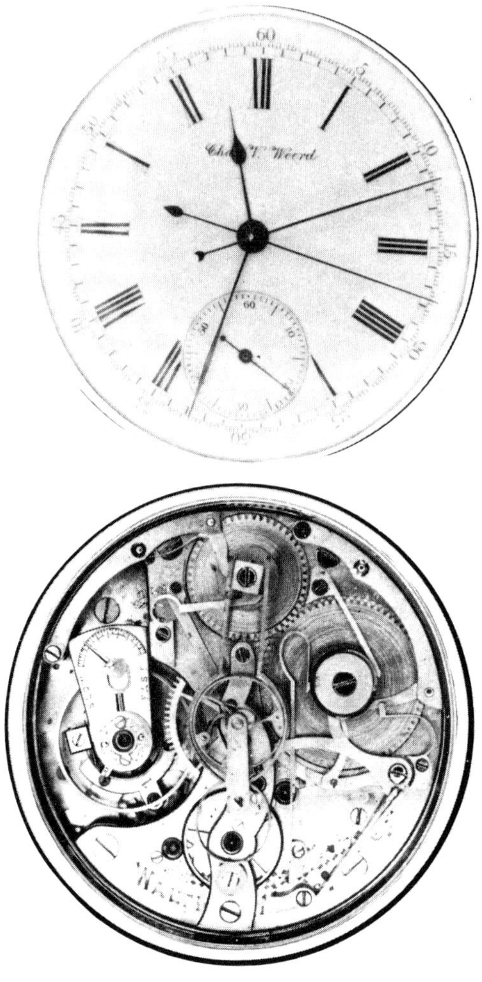

Ein Experimentiermodell, das auf dem Zifferblatt die Signatur Chas. V. Woerd trägt.

Eine Waltham mit 5-Minuten-Repetition und einfachem Chronograph aus der Mitte der achtziger Jahre des vorigen Jahrhunderts.

Werk mit der Nr. 3,038.096: einfacher Chronograph mit Minutenzähler.

Eine Waltham 1420 mit 15 Steinen aus der Zeit um 1918. Sie gehört zur Colonial-Serie.

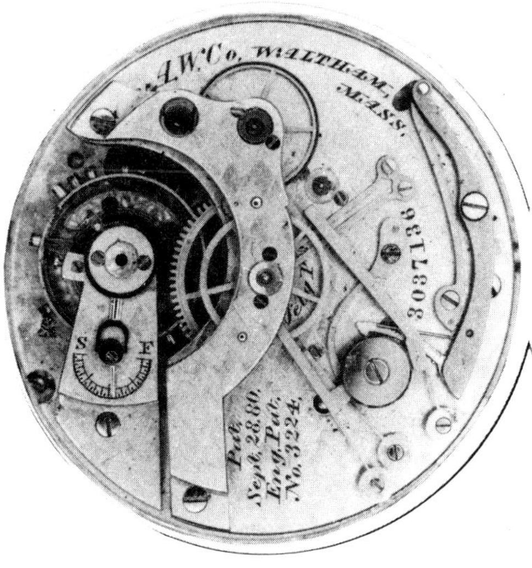

Eine Waltham-Taschenuhr mit Chronograph (Schleppzeiger) ohne Minutenzähler.

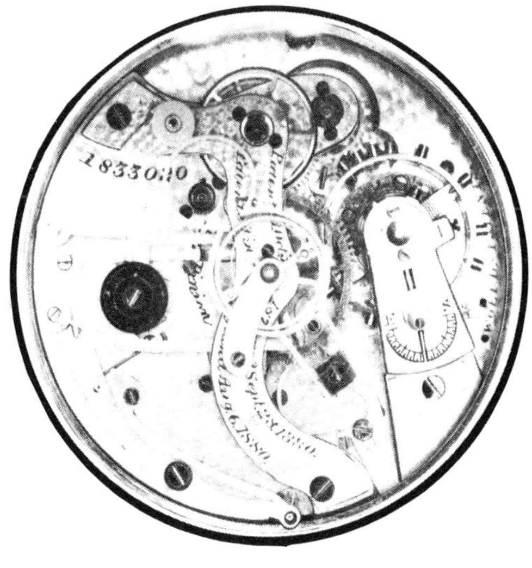

Ein 14-Size-Kaliber mit Chronographenmechanismus.

Uhrwerke 12 Size/39,79 mm/~17¾"

Das Modell 1884/14 Size gab es ab 1894 in leicht abgewandelter Form auch in der Werkgröße 12 Size. Daneben wurde in diesem Jahr (1894) die Produktion eines Brückenmodells und einer Colonial der Größe 12 Size aufgenommen. 1924 folgte auf die Serie Colonial A die Serie Colonial B.

Nun tauchen immer häufiger Kaliber-Nummern auf, wie 250, 239, 225, 1425, 428, 220, 210 usw.

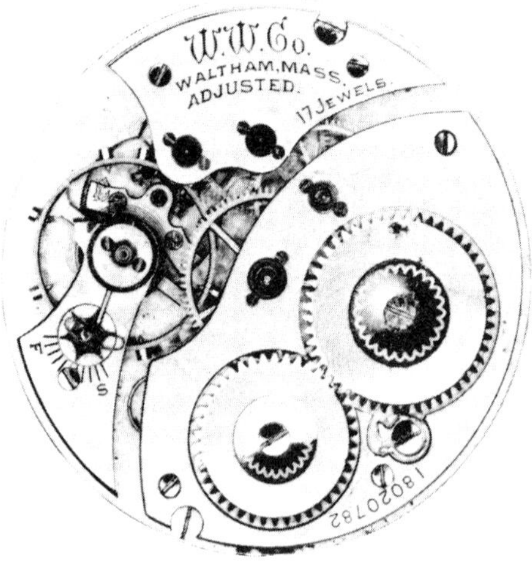

Diese Waltham 235 gehört der Modellreihe 1894 an; das Werk hat 17 Steine.

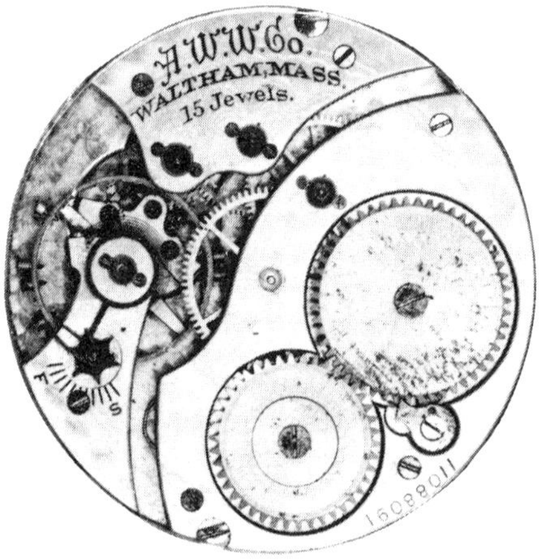

Eine Waltham 220 der Modellreihe 1894.

Uhrwerke 10 Size/38,10 mm/~17"

Damenuhren dieser Werkgröße erzeugte Waltham seit den frühen sechziger Jahren des vorigen Jahrhunderts. Die Serie I von 1861 wurde durch eine Serie II im Jahr 1865, diese durch die Serie III im Jahr 1874 und diese durch die Serie IV im Jahr 1878 abgelöst. Alle Werke hatten Dreiviertelplatine und waren mit dem Schlüssel aufzuziehen. 1918 bediente sich auch die Colonial-Serie dieser Werkgröße. Vom Modell 1945/10 Size Colonial R verließen die Fabrik 40.000 Stück.

Eine Bartlett des Modells 1861 in der besten Ausführung. Das Aufziehen und Zeigerstellen erfolgten mittels Schlüssels.

Eine Ellery des Modells 1874. Mit sieben Steinen bildete sie die unterste Qualitätsstufe der Waltham-Kollektionen.

Die Crescent Garden, Modell 1874, unterschied sich von der Ellery durch eine wesentlich größere Unruh, die jedoch keine Gewichtschrauben hatte.

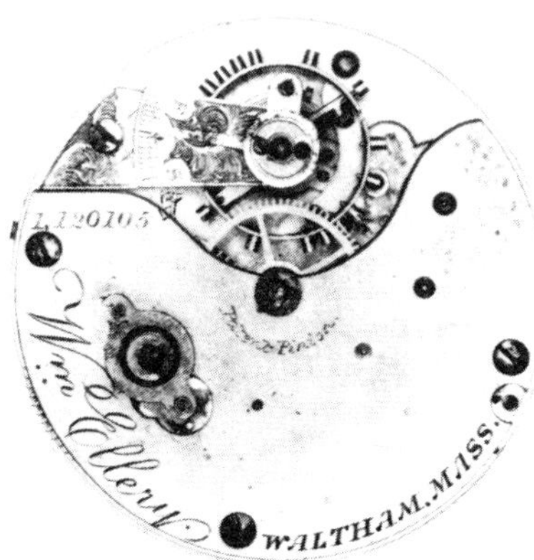

Uhrwerke 8 Size/36,41 mm/~16¼"

Sie zählten zu den gängigen Kalibern der siebziger und achtziger Jahre des vorigen Jahrhunderts. Vom *Modell 1873/8 Size* wurden 270.520 Stück hergestellt. Die 8-Size-Werke glichen in der Ausführung jenen der Größe 6 Size.

Uhrwerke 6 Size/34,71 mm/~15½"

Sie erschienen *1873* erstmals in der Werkgrößenliste und sind mit jenen der Größe 8 Size vergleichbar. Die Qualitätspalette reichte auch hier von unadjusted bis zur 1. Qualität. Ein neuer Name war die Lady Waltham mit 16 Steinen. Erzeugt wurden vom 6-Size-Kaliber 282.212 Stück. *1889* folgte ein geändertes Modell mit 108.700 Stück und *1890* eine weitere Serie mit 1,632.209 Stück. Bei den Kaliberbezeichnungen griff man immer häufiger auf Buchstaben zurück. So gab es Werke mit der Marke *J, S, H, K, V, W.*

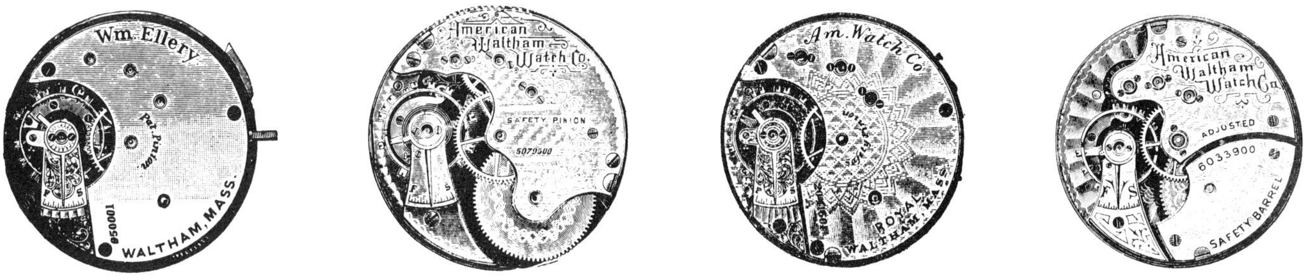

Drei Werke des Modells 1889/6 Size in verschiedenen Qualitätsstufen. Abbildung rechts: Das Modell 1890 wurde rasch zum Verkaufsschlager. Es gab davon – wie immer bei Waltham – mehrere Ausführungen und Qualitätsstufen. Im gegenständlichen Fall waren es 22. Das abgebildete Werk zählt zu den hochwertigen Angeboten.

Uhrwerke 4 Size/33,02 mm/14¾"

Das Waltham-Werk der Größe 4 Size schien eine Sonderanfertigung gewesen zu sein. Bekannt ist ein Modell mit durchsichtiger Rückplatine (Crystal Top Plate) aus der Zeit um 1890.

Dieses Spitzenstück hat Kompensationsunruh mit Breguet-Spirale, 16 Steine, die Lagerfutter und die Gangräder sind aus Gold. Der Liebhaberwert einer derartigen Waltham im Goldgehäuse und in bester Erhaltung liegt bei rund 4000 Dollar. Die Fabrikanten nannten dieses Modell Stone Movement.

Auch vom Modell 1872/16 Size gab es eine solche Ausführung: Crystal Top & Bottom Plates, 16 Steine, Lager mit Goldfutter, Regulierung bei zwei Temperaturen und in 5 Lagen.

Uhrwerke 3 Size/32,17 mm/~14¼"

Bei diesem Werk handelt es sich um ein spezielles Modell mit der geringen Auflage von 499 Stück (Werk-Nr. 1,767.001 – 1,767.500). Die Werke mit der Signatur Amn. W. Co. hatten 16 Steine.

Uhrwerke 1 Size/30,48 mm/13½"

Sie gehören zu jenen Werken, die *1873* eingeführt und *1882* geändert wurden. Von der ersten Serie wurden 14.000 Stück hergestellt, von der zweiten 96.000.

Die kleinkalibrigen Waltham-Werke haben nur selten den Namen des Modells auf der Werkplatte eingraviert oder eingestanzt.

RIVERSIDE,

Nickel Movement; 15 Ruby Jewels in Gold Settings; Exposed Pallets; Compensation Balance, Adjusted to Temperature and Isochronism; Patent Breguet Hairspring, Hardened and Tempered in Form.

ROYAL,

Nickel Movement; 13 Ruby Jewels in Settings; Exposed Pallets; Compensation Balance, Adjusted to Isochronism; Patent Breguet Hairspring, Hardened and Tempered in Form.

1071

1105

1074

" F,"

Nickel Movement; 9 Jewels in Settings; Exposed Pallets; Compensation Balance.

Damen-Taschenuhren der Modellreihe 1882/1 Size. Bei der Riverside und der Royal enthält der Firmenstempel auf der Platine auch den Namen der Uhr.

Uhrwerke 0 Size/29,63 mm/~13¼"

Die Waltham-Werke dieser Größe erreichten bemerkenswert hohe Auflagen. Vom *Modell 1882* verließen die Fabrik 79.300 Stück; das *Modell 1891* brachte es auf 1,520.836 Stück; das *Modell 1900* erreichte einen Ausstoß von 564.563 Stück und jenes von *1907* einen solchen von 727.290 Stück.

Das alte Kaliber.

Die neuen Kaliber nach der Jahrhundertwende.

Uhrwerke 00 Size/28,79 mm/12¾"

1891 tauchte ein Modell 00 Size auf. Es handelte sich bei ihm um ein Werk 1. Qualität, von dem nur 1600 Stück produziert wurden.

Uhrwerke 3/0 Size/27,94 mm/~12½"

Wir haben es hier mit einer Zwischengröße zu tun. In den Katalogen der zwanziger Jahre dieses Jahrhunderts stößt man auf sie bei den Herren-Armbanduhr-Modellen. Die Werke gleichen den 0-Size-Modellen von 1900 und 1907.

Uhrwerke 6/0 Size/25,40 mm/~11¼"

Sie sind besser bekannt unter der Bezeichnung *Jewel-Serien.* Der Start zu dieser Werkgröße erfolgte *1898,* die erste Werknummer war 10,000.000. Das schöne und feine Werk wurde *1912* modifiziert und kam insgesamt in einer Stückzahl von 1,263.243 in den Handel. Die Royal, Ruby und Sapphire hatten jeweils 15 Steine; Riverside, Diamond oder Maximus hatten jeweils 17 Steine. Es fand auch in Herren-Armbanduhren Verwendung.

Uhrwerke für Armbanduhren

Für die ersten Waltham-Armbanduhren wurden Werke der Größe 6/0 Size und 0 Size herangezogen. In den zwanziger Jahren waren Herren-Armbanduhren häufig mit einem 3/0-Size-Kaliber bestückt. Zu ihnen kamen dann rechteckige, an den Ecken abgeschrägte, ovale, tonneauförmige Kaliber sowie kleindimensionierte Werke für Damen-Armbanduhren. Neben den in Waltham produzierten Armbanduhren befanden sich in den Armbanduhr-Kollektionen der Waltham Watch Company auch Schweizer Modelle.

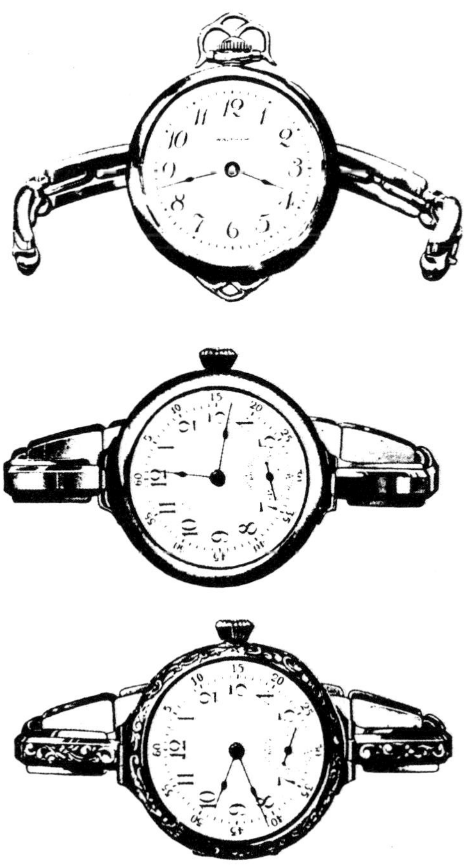

Mit diesen Damen-Armbanduhren eröffnete Waltham noch vor dem Ersten Weltkrieg seine Produktion für das Handgelenk.

Herrenmodelle von 1917 und 1931. Die Gehäuse lieferte 1917 die Illinois Watch Case Co.

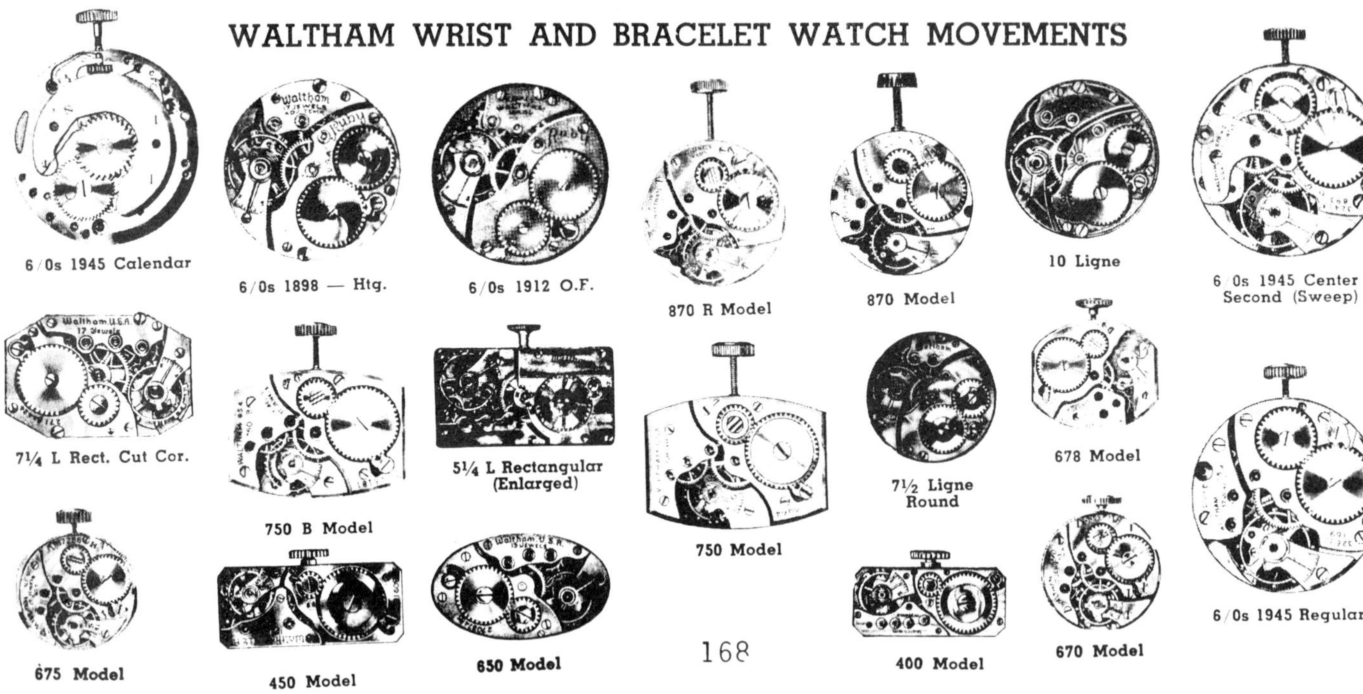

Kaliber für Armbanduhren und Schmuckuhren für das Handgelenk aus dem Jahr 1948.

Uhrwerke 37 Size/60,98 mm/~27"

Dieses Kaliber wurde 1907 ins Programm genommen und für verschiedenste Zwecke verwendet. Es war ein 8-Tage-Werk, das in Auto- und Reiseuhren ebenso eingebaut wurde wie in Flugzeuge und schwere Panzer. Das Kaliber machte sich einen Namen und erreichte große Stückzahlen. Das Modell 1907 wurde 1910, 1926 und 1942 leicht verändert und verbessert.

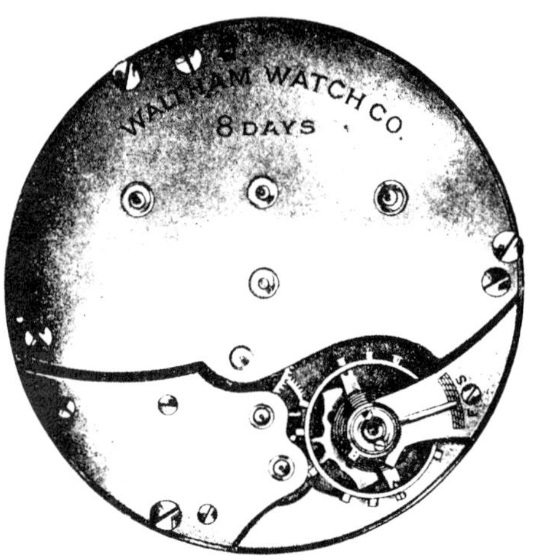

37-Size-Werke der Modellreihe 1910. Links ein Werk für Auto-, Reise- oder Tischuhren, rechts ein solches, das höchsten Ansprüchen genügen mußte und daher feinreguliert war.

Aus Katalogen

<u>Zur Beachtung:</u>
In den Originalkatalogen sind den Abbildungen häufig Kommentare, Nummern und neue Preisangaben beigefügt. Aus letzteren ist zu ersehen, welche Beträge der Uhrenliebhaber heute für Waltham-Werke und komplette Waltham-Uhren in etwa auf den Tisch zu legen hat.
Der Hinweis <u>Mint</u> in diesem Zusammenhang gibt Auskunft über den Erhaltungszustand der Uhr. Der amerikanische Sammler unterscheidet folgende Abstufungen:

Pristine (im Originaletui, absolut ungebraucht)
Mint plus
Mint (neuwertige Uhr)
Near Mint (Uhr mit geringen Gebrauchsspuren)
Extra fine
Above average (original bis auf Zeiger und Zifferblatt)
Average
Fair plus (Haarrisse im Zifferblatt)
Poor (Uhrwerk ohne Gehäuse und defekt)
Scrap (unvollständiges Uhrwerk)

Aus einem Verkaufskatalog vom Jahr 1888. Zu S. 43: Damenuhren mit Kronenaufzug. Die Auswahl vermittelt einen Eindruck von der Vielfalt der künstlerisch gestalteten Gehäuseoberflächen. Sie bilden das faszinierende Gegenstück zu den meist reich damaszierten Werkplatten. Obwohl die American Waltham Watch Co. über eine eigene Uhrgehäusefertigung verfügte, kamen nicht alle Gehäuse aus dem eigenen Haus, da viele Großkunden – wie es in Amerika üblich war – nur die Uhrwerke einkauften und die genormten Gehäuse von den eigenständigen Gehäusefabrikanten bezogen. Viele Uhrwerkfabrikanten besaßen überhaupt keine Gehäusefertigung. Die beiden Doublégehäuse der oberen Reihe stammten von der bekannten <u>Crescent Watch Case Co.</u> in New York. Die Gehäusefabrik kam dann in die Hände der Philadelphia Case Co. in Philadelphia, Pennsylvania, und wurde 1904 von der Keystone Watch Case Co. in Riverside, New Jersey, erworben. – Zu S. 44: Uhrwerke mit Vollplatine der Größe 18 Size. Die Modelle der oberen Reihe sind vergoldet, jene der unteren bestehen aus Nickel.

Aus einem Katalog von 1890. Zu S. 46/47: Das Angebot an Taschenuhren mit Chronograph war vielfältig. Auch Modelle mit Schleppzeiger (Split Seconds, Rattrapante) gab es in der Spezialitätenkollektion.

WALTHAM WATCH CO. COMPLETE WATCHES.

6 Size, Stem Wind.

1888 LAPP & FLERSHEM CATALOG CHICAGO

CENTER ENGRAVED.

Assorted Patterns.

1

Hunting Only.

No.			
846.	Crescent Filled, "E" Movement,	$32.00	$60.00 to $80.00
847.	" " "D" "	34.50	
848.	" " "F" "	35.00	
849.	" " "C" "	38.00	
850.	" " "B" "	40.00	
850½.	" " "A" "	51.00	

VERMICELLI STAR.

2

Hunting Only.

No.			
851.	Crescent Filled, "E" Movement,	$34.00	$60.00 to $80.00
852.	" " "D" "	36.50	
853.	" " "F" "	37.00	
854.	" " "C" "	40.00	
855.	" " "B" "	42.00	
855½.	" " "A" "	53.00	

3

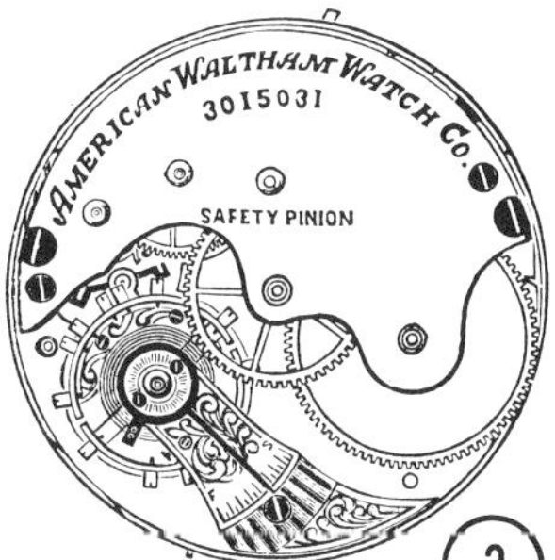

"E."

$20.00	E.	7 Jewel Gilt Movement.
20.00	D.	11 " "
25.00	F.	9 " Nickel "

ASSORTED ENGRAVINGS.

FULL OPEN FACE OR SKYLIGHT.

4

$60.00

No. 856. Crescent Filled, Engraved, $27.00
" 857. 14K., Gold Engraved...... $38.00
N.B.—The above contains "E" Movement.

5

"C and B."

C. 13 Jewels in Gold Settings, Gilt.
B. 13 " " " Nickel.
A. 15 " " " Adjusted "

ASSORTED ENGRAVINGS.

6

	No.		10k. 16 dwt.	14k. 18 dwt.	
10K	858.	With "E" Movement,	$44.00	$53.00	18 K
$120.00	859.	" "F" "	47.00	56.00	$140.00
to	860.	" "D" "	46.50	55.50	to
$140.00	861.	" "C" "	50.00	59.00	$160.00
	862.	" "B" "	52.00	61.00	
	863.	" "A" "	63.00	72.00	

7

No.		14k. 18 dwt.	
864.	With "E" Movement........	$64.00	14 K
865.	" "F" "	67.00	$130.00
866.	" "D" "	66.50	to
867.	" "C" "	70.00	$150.00
868.	" "B" "	72.00	
869.	" "A" "	83.00	

Variations in weight will be added or deducted at rate of $2.00 per dwt. for 18k, $1.60 for 14k, $1.20 for 10k.

WALTHAM WATCH CO.'S MOVEMENTS.

18 Size Full Plate, Gilded, Hunting or Open Face.

$25.00 (1)

P. S. BARTLETT.

$25.00 (2)

No. 15.

$20.00 (3)

No. 3.

	Key Wind.	Stem Wind.
APPLETON, TRACY & CO., 15 jewels, 4 pairs in settings, adjusted to heat, cold and position; patent regulator; hardened Breguet hair spring, double sunk dial	$30.00	$40.00
P. S. BARTLETT, 15 jewels, 4 pairs in settings, patent regulator, hardened Breguet hair spring	19.00	25.00
R. E. ROBBINS, 13 jewels, 3 pairs in settings, patent regulator	17.00	40.00
WM. ELLERY, 11 jewels, 2 pairs in settings	13.50	25.00
STERLING, 7 jewels	11.00	25.00
BROADWAY, 7 jewels	$7.00 -----	30.00
No. 15. Nameless (same as Bartlett)	17.00	25.00
" 3. " (same as Ellery)	12.50	20.00
" 1. " (same as Sterling)	10.00	10.00

18 Size, Full Plate Nickel, Hunting or Open Face.

$50.00 (4)

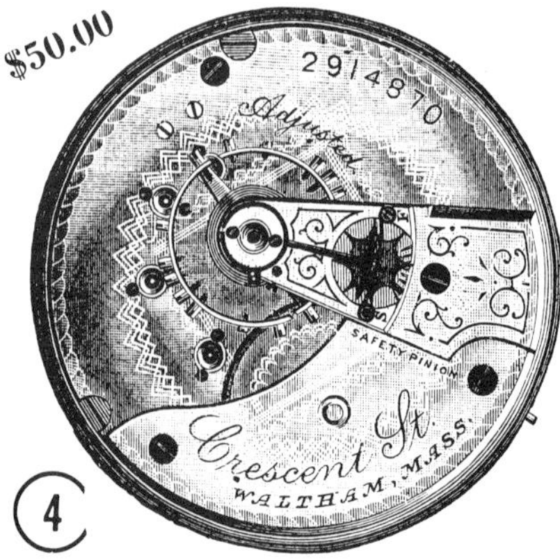

CRESCENT STREET.

$50.00 (5)

APPLETON, TRACY & CO.

$40.00 (6)

No. 35.

	Stem Wind.	
CRESCENT STREET, 15 ruby jewels, 4 pairs in settings, adjusted to heat, cold and position, patent regulator, hardened Breguet hair spring, double sunk dial	$50.00	$50.00
APPLETON, TRACY & CO., 15 jewels, 4 pairs in settings (same as gilt movement)	40.00	50.00
WALTHAM WATCH CO., 15 jewels, 4 pairs in settings (same as gilt movement)	30.00	30.00
No. 35. Nameless. 15 ruby jewels, patent regulator adjusted to all positions	36.00	40.00
" 25. " 15 jewels " " " three "	24.00	30.00
" 15. " 15 " " "	18.00	25.00
" 3. " 11 "	14.00	25.00

Waltham Open Face Movements are made Pendant Set only, and to wind at XII.

WALTHAM 16 SIZE, NAMED, STEM WINDING, HUNTING AND OPEN FACE MOVEMENTS.
Lever Setting.

1872 Model

1890 WALTHAM FACTORY CATALOG

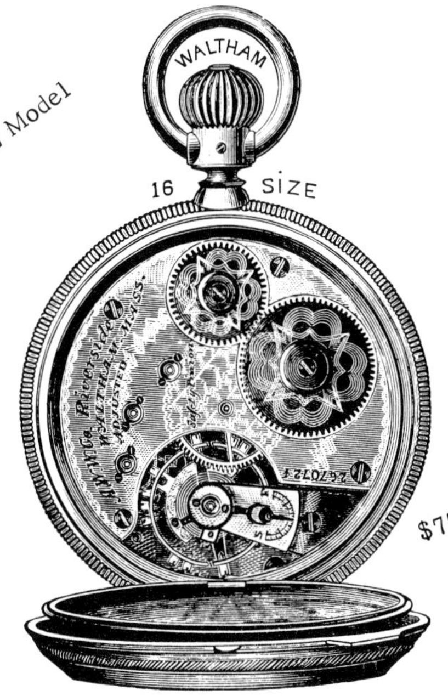

$75.00

1033

(1)

RIVERSIDE,

Nickel Movement ; 15 Jewels in Settings ; Exposed Pallets ; Patent Regulator ; Compensation Balance, Adjusted to Temperature, Isochronism and Position ; Patent Breguet Hairspring, Hardened and Tempered in Form.

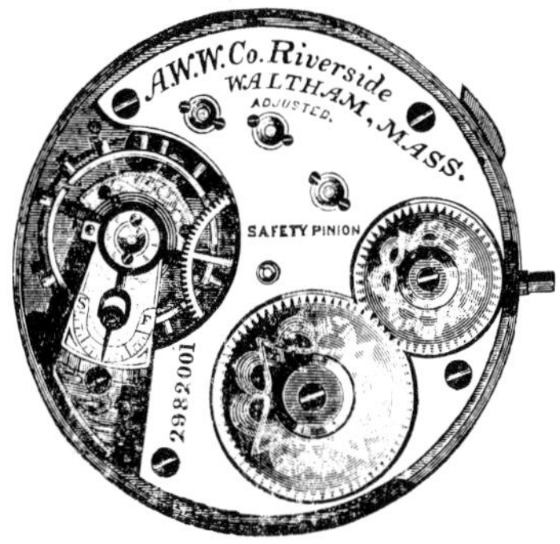

$45.00

1086

RIVERSIDE, (2)

Gilded Movement ; 15 Jewels in Settings ; Exposed Pallets ; Patent Regulator ; Compensation Balance, Adjusted to Temperature, Isochronism and Position ; Patent Breguet Hairspring, Hardened and Tempered in Form.

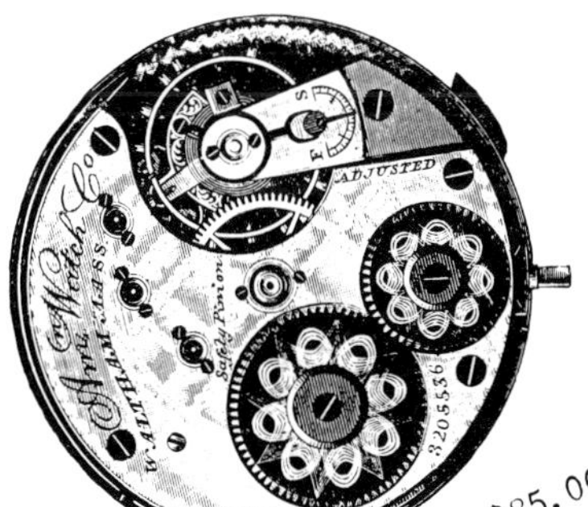

$85.00

(3)

1057

AMN. WATCH CO.,

Fine Nickel Movement ; 16 Fine Ruby Jewels in Gold Settings ; Exposed Pallets ; Patent Regulator ; Compensation Balance, Adjusted to Temperature, Isochronism and Position ; Patent Breguet Hairspring, Hardened and Tempered in Form.

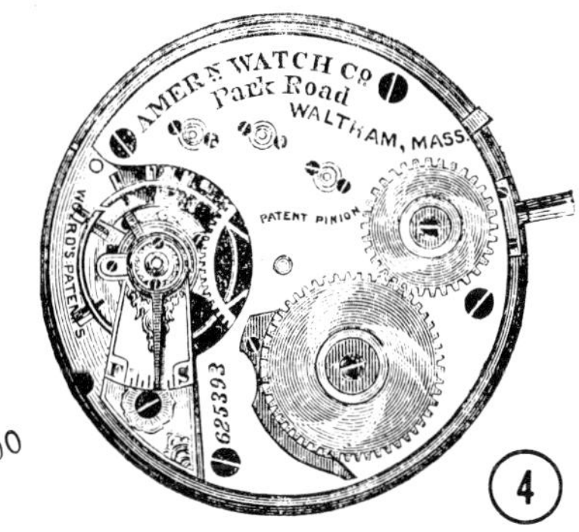

$35.00

(4)

"Amer'n Watch Co., Park Road," ¾ Plate, Lever Movement, 17 Jewels, Chronometer Balance, Patent Pinion, Adjusted to heat and cold.

Stem Winder

In 2½ oz. 18 karat Gold Hunting Case, $145

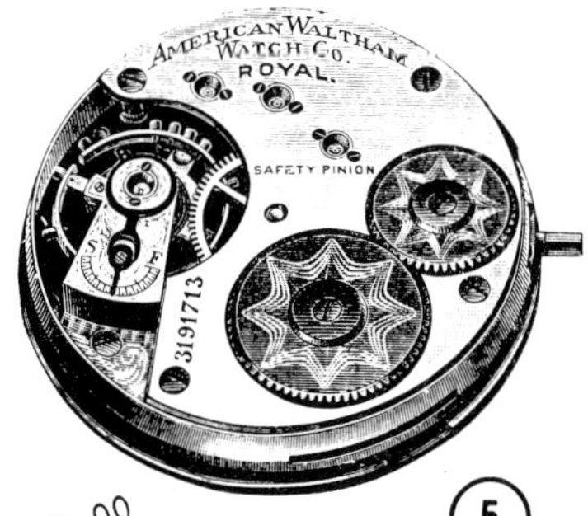

$30.00

1101

(5)

ROYAL,

Gilded Movement; 15 Jewels in Settings ; Patent Regulator ; Compensation Balance, Adjusted to Isochronism ; Patent Breguet Hairspring, Hardened and Tempered in Form.

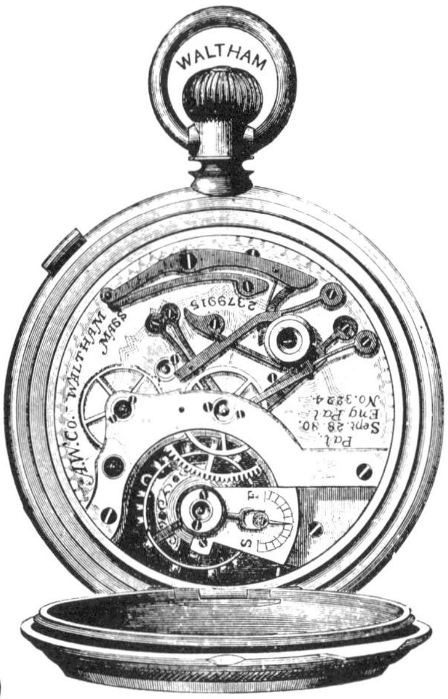

1

1036

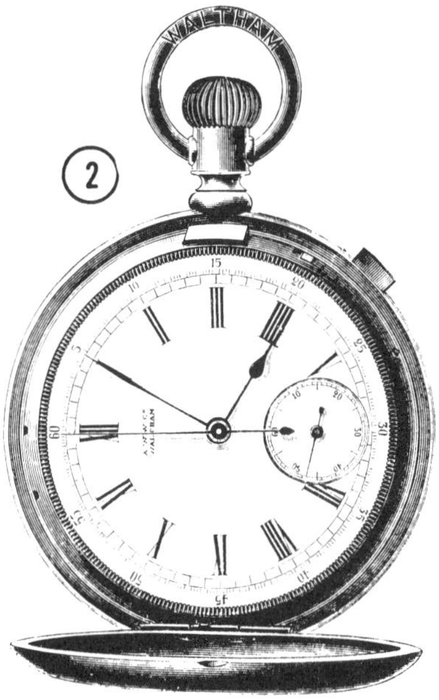

2

8120

3

1085

NICKEL MOVEMENT;

14 Jewels in Settings; Exposed Pallets: Patent Regulator: Compensation Balance, Adjusted to Temperature, Isochronism and Position; Patent Breguet Hairspring, Hardened and Tempered in Form.

BEST QUALITY NICKEL MOVEMENT;

17 Jewels in Gold Settings; Gold Train; Exposed Pallets; Patent Regulator; Compensation Balance, Adjusted to Temperature, Isochronism and Position; Patent Breguet Hairspring, Hardened and Tempered in Form.

14-SIZE 1884 MODELS FROM THE 1890 WALTHAM FACTORY CATALOG

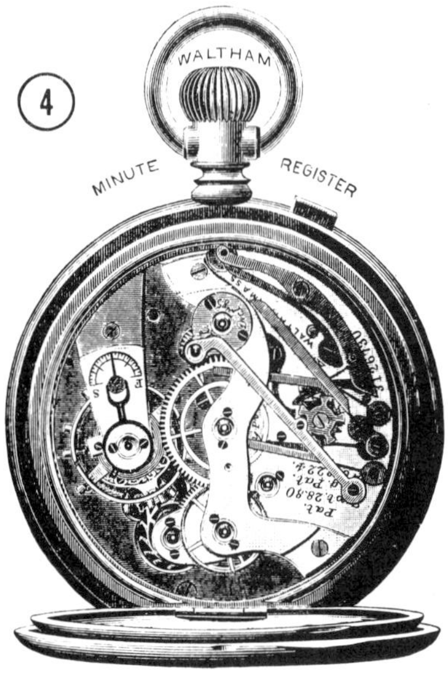

4

1082

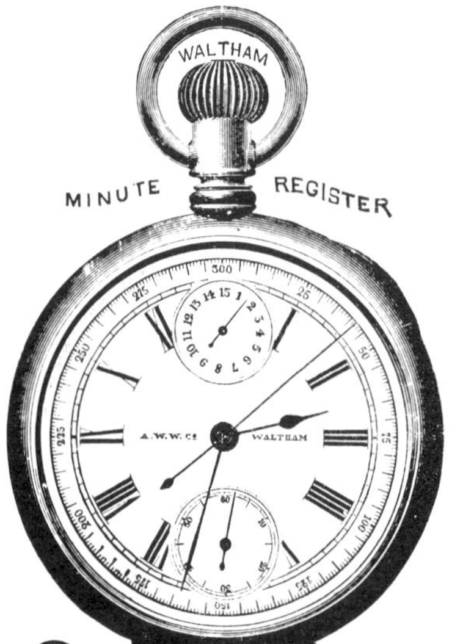

5

8018

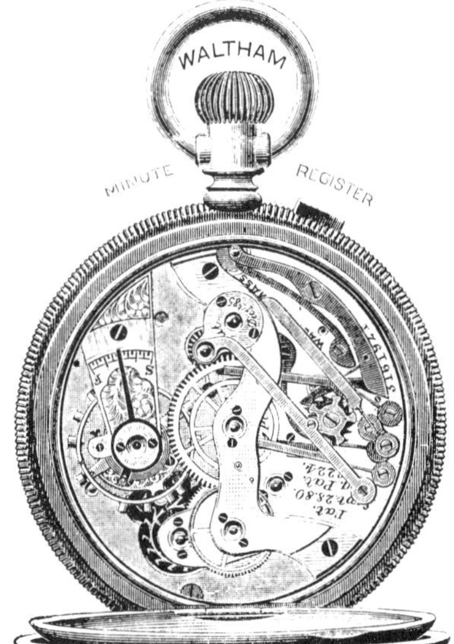

1067

6

GILDED MOVEMENT; MINUTE REGISTER;

14 Jewels in Settings; Exposed Pallets; Compensation Balance.

NICKEL MOVEMENT; MINUTE REGISTER;

14 Jewels in Settings; Exposed Pallets; Patent Regulator; Compensation Balance, Adjusted to Temperature and Isochronism; Patent Breguet Hairspring, Hardened and Tempered in Form.

WALTHAM HUNTING AND OPEN FACE CHRONOGRAPHS.
Lever Setting.

1060

In the past two years I have seen a few of these watches offered for sale. They don't appear enough though to get a real feel for the value. The highest grade split seconds in original 18K Hunting mint about $1000.00. The low grade, like #1058, in open face gold filled about $125.00. Must be in original case and running to bring top money.

8019

BEST QUALITY NICKEL MOVEMENT; SPLIT SECONDS; MINUTE REGISTER;

19 Jewels in Gold Settings; Gold Train; Exposed Pallets; Patent Regulator; Compensation Balance, Adjusted to Temperature and Isochronism; Patent Breguet Hairspring, Hardened and Tempered in Form.

GILDED MOVEMENT;

14 Jewels in Settings; Exposed Pallets; Compensation Balance.

14-SIZE 1884 MODEL

From the 1890 Waltham Factory Catalog.

8121

1083

1058

BEST QUALITY NICKEL MOVEMENT; SPLIT SECONDS;

17 Jewels in Gold Settings; Gold Train; Exposed Pallets; Patent Regulator; Compensation Balance, Adjusted to Temperature and Isochronism; Patent Breguet Hairspring, Hardened and Tempered in Form.

Aus einem Katalog von 1899. Obwohl die American Waltham Watch Co. schon seit 20 Jahren Taschenuhrwerke mit 18.000 Halbschwingungen in der Stunde baute, wurde dies durch einen eigenen Hinweis auf der Seite unten (Quick Trains) noch unterstrichen. Sieht man von der Vollplatinenkollektion ab, bildete die Größe 16 Size das beliebteste Kaliber. Diese Seite bringt eine Auswahl des Angebots dieser Größe.

WALTHAM WATCHES

THE UNITED STATES JEWELERS - 1913-14

18 SIZE

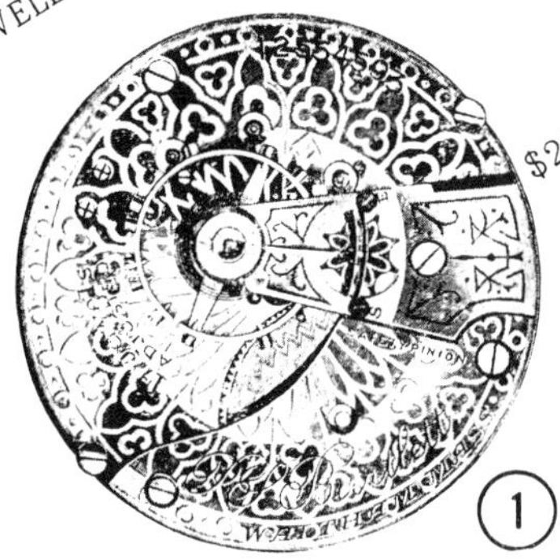

P. S. BARTLETT. No. 87. Nickel

Adjusted to temperature.

P. S. B. 17 Jewels, Hunting, Lever Setting	$15.30
P. S. B. 17 Jewels Open Face, Pendant Setting	15.30
No. 87. 17 Jewels, Hunting, Lever Setting	15.30
No. 87. 17 Jewels, Open Face, Pendant Setting	15.30

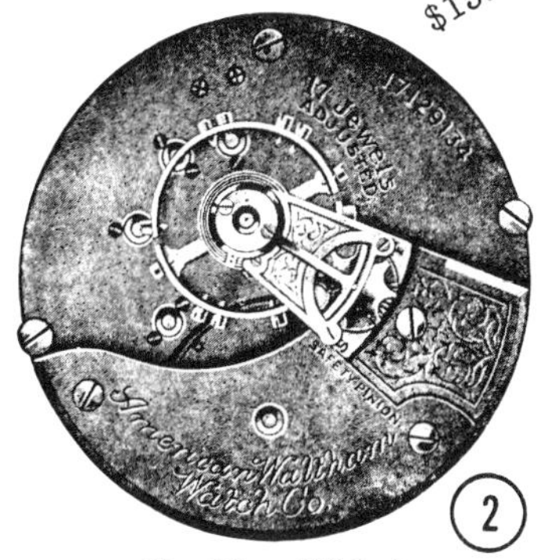

No. 85. Gilded

Adjusted to temperature.

17 Jewels, Open Face, Pendant Set.	$13.50

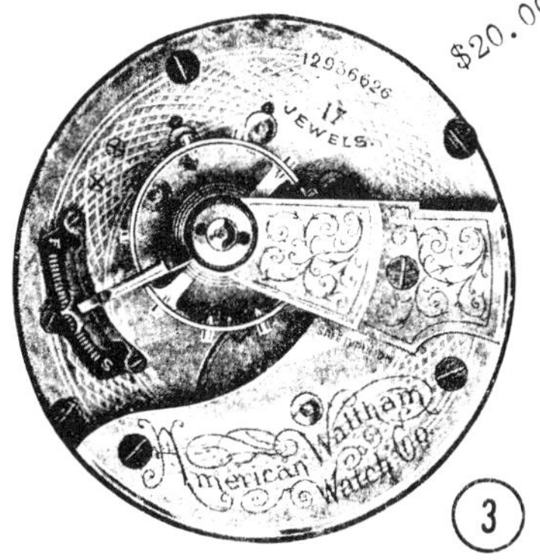

No. 825. Nickel

17 Jewels, Hunting, Lever Setting	$11.70
17 Jewels, Open Face, Pendant Set.	11.70

No. 820. Nickel

15 Jewels, Hunting, Lever Set.	$ 9.90
15 Jewels, Open Face, Pendant Set.	9.90
15 Jewels, Non-Magnetic Hunting, Lever Setting	14.40
15 Jewels, Non-Magnetic, Open Face, Pendant Setting	14.40

No. 81. Gilded

15 Jewels, Hunting, Lever Setting	$9.00
15 Jewels, Open Face, Pendant Set.	9.00

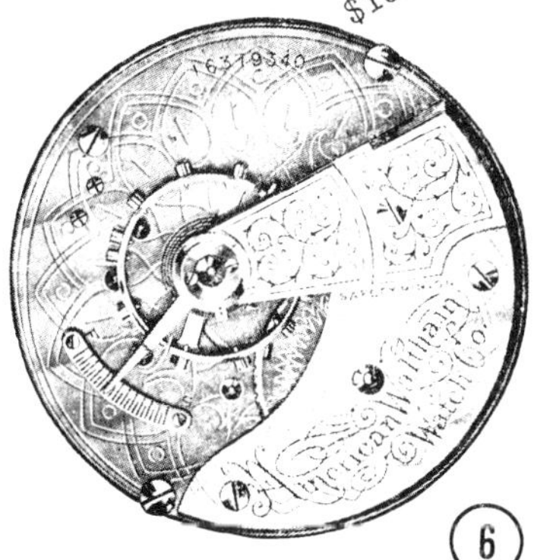

No. 18. Nickel

7 Jewels, Hunting, Lever Setting	$7.20
7 Jewels, Open Face, Pendant Set.	7.20

16 SIZE

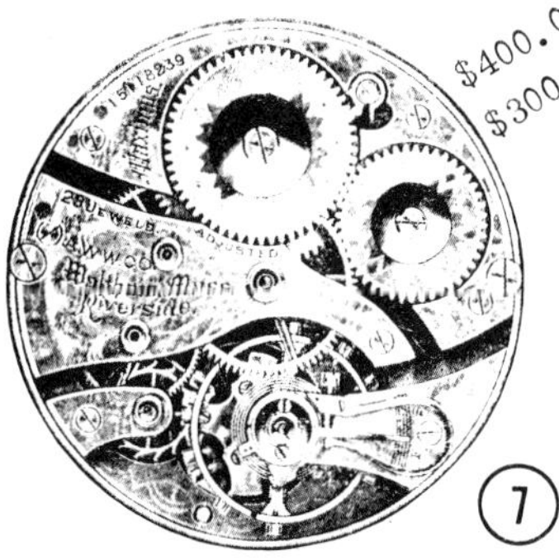

RIVERSIDE MAXIMUS. Nickel

Adjusted to temperature, isochronism and five positions; double roller, steel escape wheel, gold train; diamond, fine ruby and sapphire jewels.

23 Jewels, Hunting, Pendant Set.	$123.00
23 Jewels, Open Face, Pendant Set.	123.00
23 Jewels, Open Face, Lever Setting	123.00
23 Jewels, Non-Magnetic, Hunting, Pendant Setting	146.00
23 Jewels, Non-Magnetic, Open Face, Pendant Setting	146.00

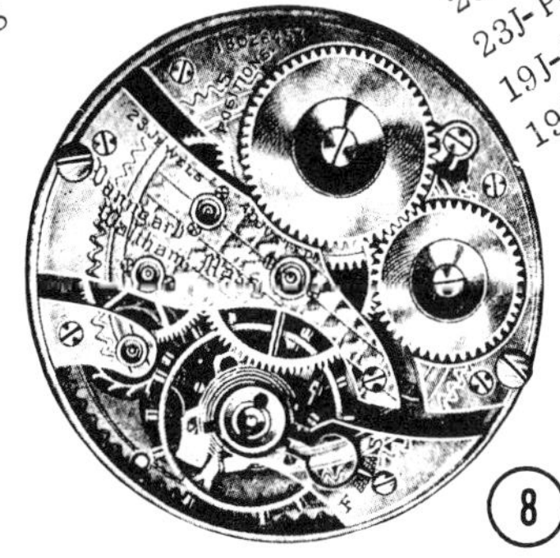

VANGUARD. Nickel

Adjusted to temperature, isochronism and five positions; double roller, steel escape wheel; diamond, fine ruby and sapphire jewels.

23 Jewels, Hunting, Pendant Setting	$54.00
23 Jewels, Hunting, Lever Setting	54.00
23 Jewels, Open Face, Pendant Setting	54.00
23 Jewels, Open Face, Lever Setting	54.00
19 Jewels, Hunting, Lever Setting	46.80
19 Jewels, Open Face, Lever Setting	46.80
19 Jewels, Hunting, Pendant Setting	46.80
19 Jewels, Open Face, Pendant Set.	46.80

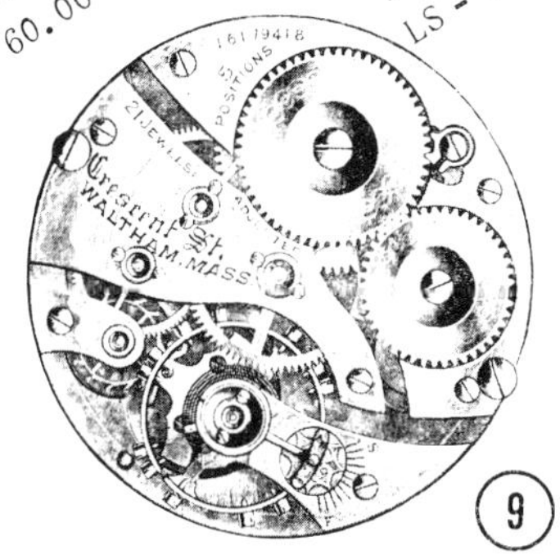

CRESCENT ST. Nickel

Adjusted to temperature, isochronism and five positions; double roller, steel escape wheel; fine ruby and sapphire jewels.

21 Jewels, Hunting, Pendant Setting	$41.90
21 Jewels, Hunting, Lever Setting	41.90
21 Jewels, Open Face, Pendant Set.	41.90
21 Jewels, Open Face, Lever Setting	41.90

All orders accepted, subject to prices ruling on date of delivery.

WALTHAM WATCHES

18 SIZE

THE UNITED STATES JEWELERS - 1913-14

$160.00
70.00
90.00
160.00

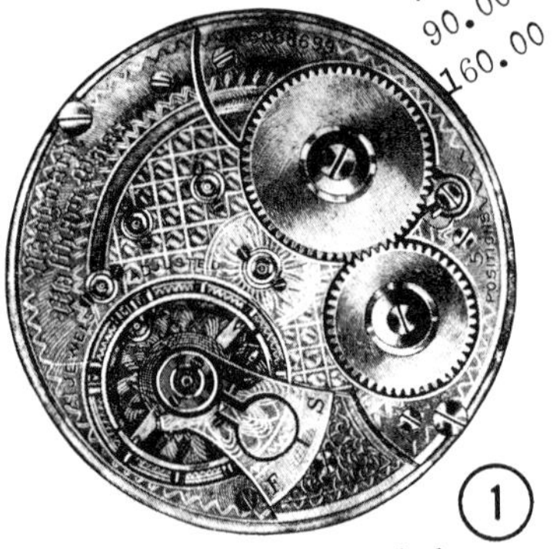

(1)

VANGUARD. Nickel

Adjusted to temperature, isochronism and five positions; double roller, steel escape wheel; diamond, fine ruby and sapphire jewels.

23 Jewels, Hunting, Lever Setting	$54.00
23 Jewels, Open Face, Lever Setting	54.00
21 Jewels, Hunting, Lever Setting	50.90
21 Jewels, Open Face, Lever Setting	50.90
19 Jewels, Hunting, Lever Setting	46.80
19 Jewels, Open Face, Lever Setting	46.80
23 Jewels, Non-Magnetic, Hunting Lever Setting	72.00
23 Jewels, Non-Magnetic, Open Face Pendant Setting	72.00

$70.00

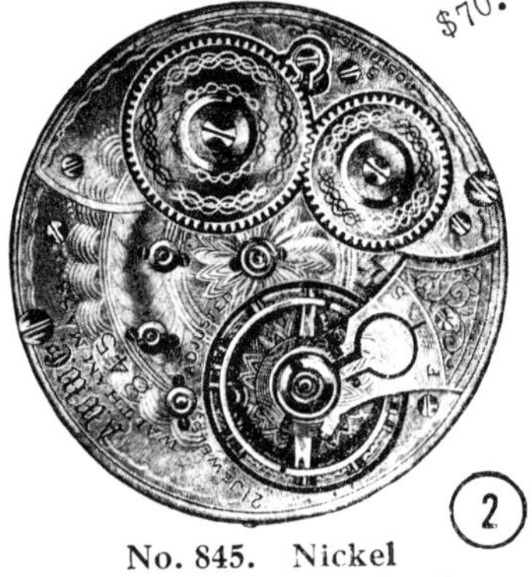

(2)

No. 845. Nickel

Adjusted to temperature, isochronism and five positions; double roller, steel escape wheel; fine ruby and sapphire jewels.

21 Jewels, Hunting, Lever Setting	$36.00
21 Jewels, Open Face, Lever Setting	36.00

$65.00
75.00

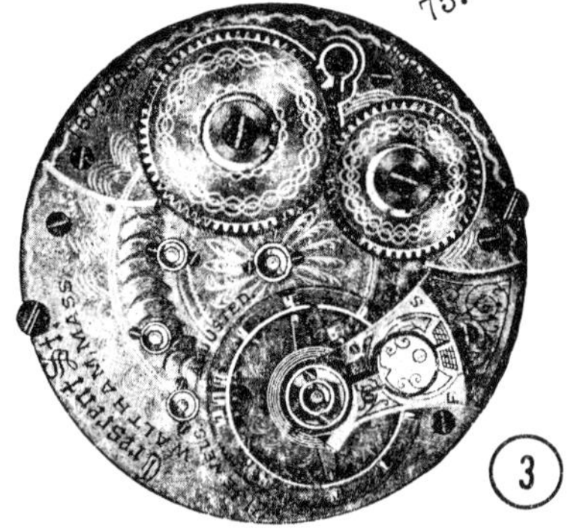

(3)

CRESCENT STREET. Nickel

Adjusted to temperature, isochronism and five positions; double roller, steel escape wheel; fine ruby and sapphire jewels.

21 Jewels, Hunting, Lever Setting	$41.90
21 Jewels, Open Face, Lever Setting	41.90
19 Jewels, Hunting, Lever Setting	40.50
19 Jewels, Open Face, Lever Setting	40.50

Movements are valued as if they were in a case but you must add the value of the case for the total value of your watch.

18 SIZE
23J - $450.00
21J - $400.00
Plus Case

16 SIZE
23J - $225.00
21J - $250.00
Plus Case

(6)

VANGUARD
With Winding Indicator
18 Size

Delivered from factory in nickel skeleton case.

23 Jewels, Open Face, Lever Setting	$61.00
21 Jewels, Open Face, Lever Setting	58.00

16 Size

23 Jewels, Open Face, Lever Setting	61.00

$50.00

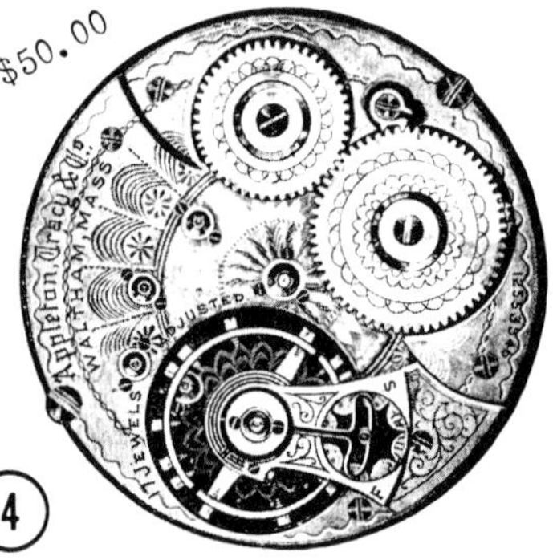

(4)

APPLETON, TRACY & CO.
Nickel

Adjusted to temperature and three positions; double roller, steel escape wheel.

17 Jewels, Hunting, Lever Setting	$27.00
17 Jewels Open Face, Lever Setting	27.00

$40.00

(5)

P. S. BARTLETT
Gilded and Nickeled Damaskeened

17 Jewels, Open Face, Lever Setting	$18.90
17 Jewels, O. F., Pendant Setting	18.90

All orders accepted, subject to prices ruling on date of delivery.

WALTHAM WATCHES

THE UNITED STATES JEWELERS 1913-14

16 SIZE

$50.00
$50.00
$70.00
$60.00
$60.00

1

RIVERSIDE. Nickel.

Adjusted to temperature, isochronism and five positions; double roller, steel escape wheel; fine ruby and sapphire jewels.

19 Jewels, Hunting, Pendant Set	$43.00
19 Jewels, Open Face, Pendant Set	43.00
19 Jewels, Open Face, Lever Set	43.00
19 Jewels, Non-Magnetic, Hunting, Pendant Set	62.00
19 Jewels, Non-Magnetic, Open Face, Pendant Set	62.00

$70.00

2

No. 645. Nickel.

Adjusted to temperature, isochronism and five positions; double roller, steel escape wheel; fine ruby and sapphire jewels.

21 Jewels, Open Face, Lever Set	$40.00

$35.00

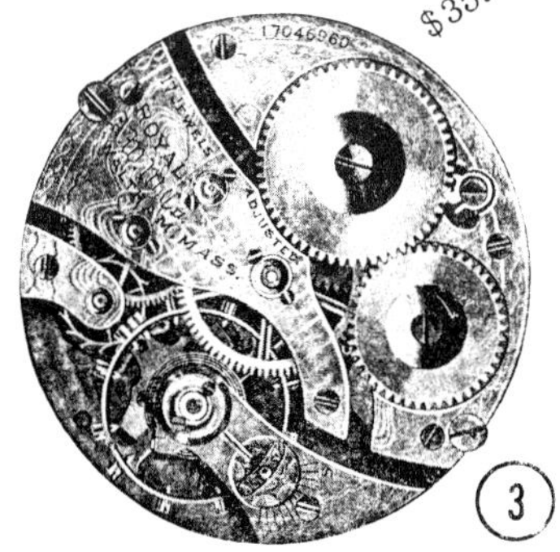

3

ROYAL. Nickel.

Adjusted to temperature and three positions.

17 Jewels, Hunting, Pendant Set	$26.10
17 Jewels, Open Face, Pendant Set	26.10

$25.00

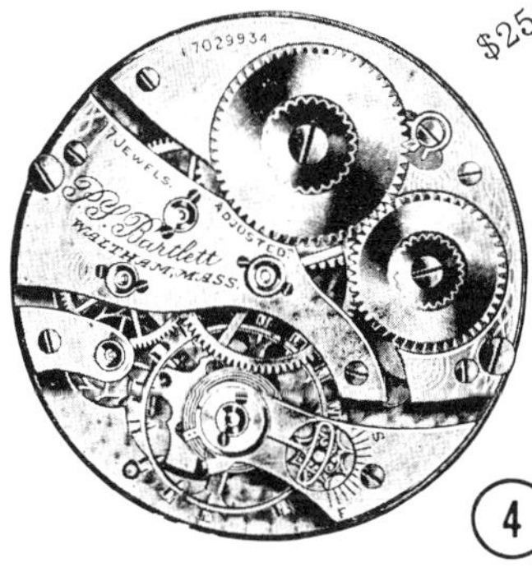

4

P. S. BARTLETT. Nickel.

Adjusted to temperature.

17 Jewels, Hunting, Pendant Set	$22.50
17 Jewels, Open Face, Pendant Set	22.50
17 Jewels, Open Face, Lever Set	22.50

$20.00

5

No. 635. Nickel.

Adjusted to temperature; steel escape wheel, sapphire pallets.

17 Jewels, Hunting, Pendant Set	$20.00
17 Jewels, Open Face, Pendant Set	20.00
17 Jewels, Open Face, Lever Set	20.00

$20.00

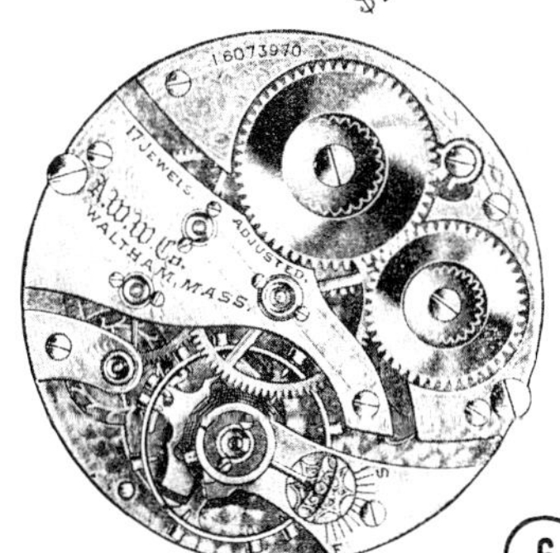

6

No. 630. Nickel.

Adjusted to temperature.

17 Jewels, Hunting, Pendant Set	$18.90
17 Jewels, Open Face, Pendant Set	18.90
17 Jewels, Open Face, Lever Set	18.90

$20.00

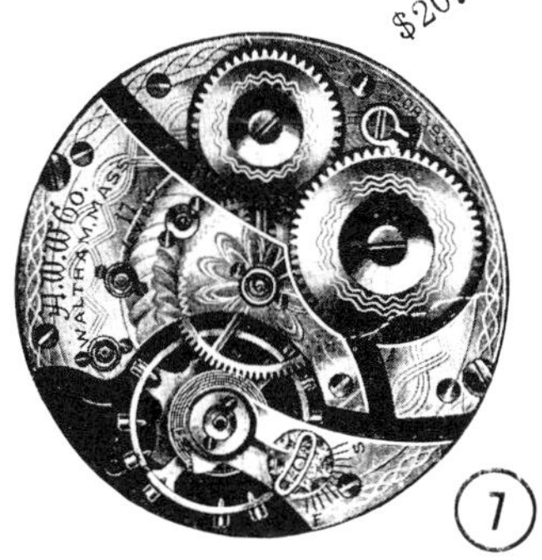

7

No. 625. Nickel.

17 Jewels, Hunting, Pendant Set	$17.10
17 Jewels, Open Face, Pendant Set	17.10

$15.00

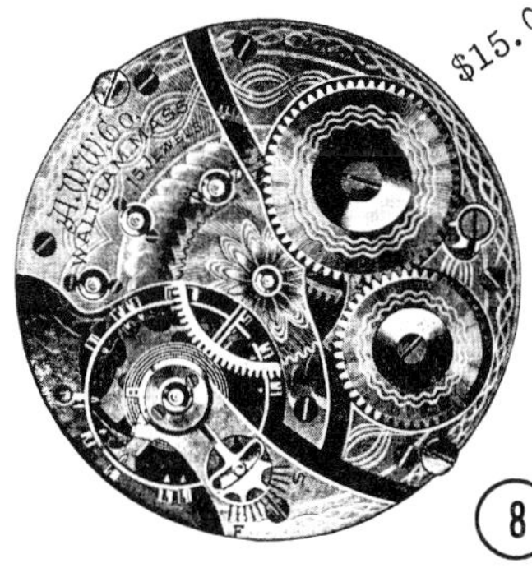

8

No. 620. Nickel.

15 Jewels, Hunting, Pendant Set	$13.50
15 Jewels, Open Face, Pendant Set	13.50

$15.00

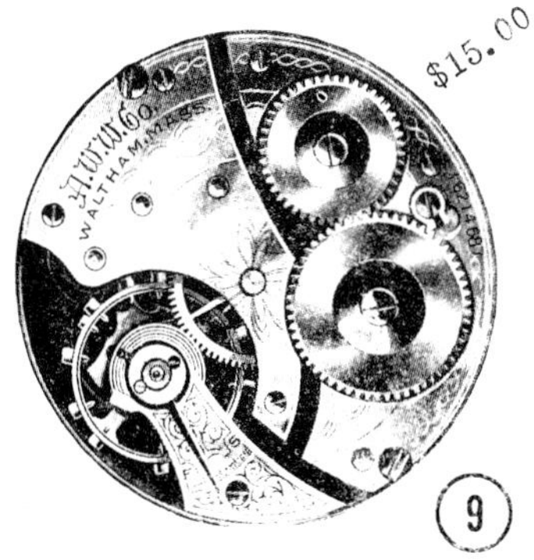

9

No. 610. Nickel.

7 Jewels, Hunting, Pendant Set	$8.50
7 Jewels, Open Face, Pendant Set	8.50

All orders accepted, subject to prices ruling on date of delivery.

COLONIAL SERIES

The demand for a superfine watch, somewhat smaller and very much thinner than American watches had ever been made for men, was met in the COLONIAL. It is the thin model—as thin as a reliable timepiece can safely be made.

RIVERSIDE MAXIMUS, 23 Jewels, adjusted to temperature, isochronism and five positions.
RIVERSIDE, 19 Jewels, adjusted to temperature, isochronism and five positions.
ROYAL, 17 Jewels, adjusted to temperature and three positions.
No. 1425, 17 Jewels. No. 1420, 15 Jewels.

PRICE LIST—COMPLETE WATCHES

18K. SOLID GOLD HUNTING CASE

No. 101	Riverside Maximus	$300.	$214.00
103	Riverside	$150.	130.00
105	Royal	$135.	118.00

18K. SOLID GOLD OPEN FACE JOINTED CASE —WITH CAP

No. 102	Riverside Maximus	$189.00
104	Riverside	112.00
106	Royal	100.00

14K. SOLID GOLD HUNTING CASE

No. 107	Riverside Maximus	$185.00
109	Riverside	110.00
111	Royal	90.00
113	No. 1425	80.00

14K. SOLID GOLD OPEN FACE JOINTED CASE—WITH CAP

No. 108	Riverside Maximus	$168.00
110	Riverside	96.00
112	Royal	80.00
114	No. 1425	69.00
116	No. 1420	61.00

14K. SOLID GOLD OPEN FACE CALUMET CASE

No. 118	Riverside	$84.00
120	Royal	68.00
122	No. 1425	54.00
124	No. 1420	48.00

GOLD FILLED HUNTING CASE

No. 211	Riverside	$65.00
213	Royal	50.00
215	No. 1425	41.00

GOLD FILLED OPEN FACE

No. 221	Riverside	$64.00
223	Royal	49.00
225	No. 1425	40.00
227	No. 1420	34.00

GOLD FILLED OPEN FACE CALUMET

No. 229	Riverside	$64.00
231	Royal	49.00
233	No. 1425	40.00
235	No. 1420	34.00

All Gold Filled Colonial Series cases are Guaranteed for Twenty-five Years
The above cases are Bassine, Plain Polished, or Engine-Turned
Engraved Hunting cases, $1.80 extra. Engraved Open Face cases, $1.40 extra
Colonial Series Enamel Dials or Metal Dials gilded or silvered at no extra charge

All orders accepted, subject to prices ruling on date of delivery.

WALTHAM WATCHES

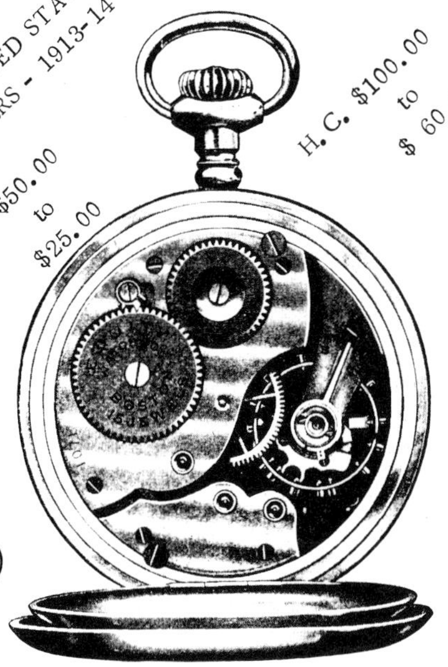

(1)

Equity WATCH

JOINTED CASE—ACTUAL SIZE

Seven and fifteen selected jewels, plate jewels in settings; solid nickel plates, finely damaskeened; expansion balance; patent Breguet hairspring; patent detachable balance staff; patent safety steel barrel; exposed pallets; exposed winding wheels; enameled dial.

Equity watch movements are cased at the factory, and delivered DIRECT FROM THE FACTORY TO THE JEWELER. The Equity Watch cannot be interchanged, the movement cannot be put into other cases, and sold at a different price.

The Equity is the most thoroughly constructed and finely finished low-priced watch ever put on the market.

Made in 7 and 15 jewel grade in Hunting and Open Face, Gold-Filled, Silver, Gun Metal and Nickel Cases, as described in the following price list.

HUNTING

2011	15 Jewel, in Gold-Filled, Engraved	$20.00
2009	15 Jewel, in Gold-Filled, Engine Turned	20.00
2007	15 Jewel, in Gold-Filled, Plain Bassine	20.00
2005	7 Jewel, in Gold-Filled, Engraved	15.30
2003	7 Jewel, in Gold-Filled, Engine Turned	15.30
2001	7 Jewel, in Gold-Filled, Plain Bassine	15.30

JOINTED OPEN FACE

1011	15 Jewel, in Gold-Filled, Engraved	$17.20
1009	15 Jewel, in Gold-Filled, Engine Turned	17.20
1007	15 Jewel, in Gold-Filled, Plain Bassine	17.20
1013	15 Jewel, in Silver, Plain Bassine	16.00
1005	7 Jewel, in Gold-Filled, Engraved	13.20
1003	7 Jewel, in Gold-Filled, Engine Turned	13.20
1001	7 Jewel, in Gold-Filled, Plain Bassine	13.20
999	7 Jewel, in Silver, Plain Bassine	12.00

S. B. & B. OPEN FACE

1012	15 Jewel, in Gold-Filled, Engraved	$16.00
1010	15 Jewel, in Gold-Filled, Engine Turned	16.00
1008	15 Jewel, in Gold-Filled, Plain Bassine	16.00
1014	15 Jewel, in Nickel, Plain Bassine	10.50
1006	7 Jewel, in Gold-Filled, Engraved	12.00
1004	7 Jewel, in Gold-Filled, Engine Turned	12.00
1002	7 Jewel, in Gold-Filled, Plain Bassine	12.00
1000	7 Jewel, in Nickel, Plain Bassine	6.00

$20.00

GUN METAL OPEN FACE

Jointed Back, Snap Bezel
With American Made Gold Filled Bows and Crowns

1020	7 Jewel movement, Gun Metal case	$7.50
1024	15 Jewel movement, Gun Metal case	13.00

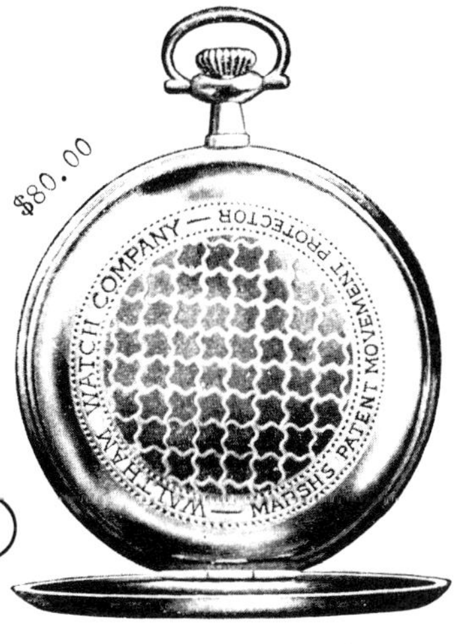

(2)

THE MARSH WATCH
Actual Size

COMPLETE WATCH IN SOLID 14K CASE—12 SIZE
In Solid 14K O F. Pl. Pol. Case

No. 1225—225 Movement		$37.00
1220—220	"	33.20
1210—210	"	29.00

Solid 14K O. F. Engine Turned Case

E 1225—225 Movement		$38.00
E 1220—220	"	34.20
E 1210—210	"	30.00

The illustration shows the nickel and gold damaskeened movement protector used in Marsh Watches. This protector forms a part of the movement, being attached to the dust band, and is no part of the case. Marsh Watches are sold at a price as low as movements of corresponding grades in light weight, undesirable and unsafe cases.

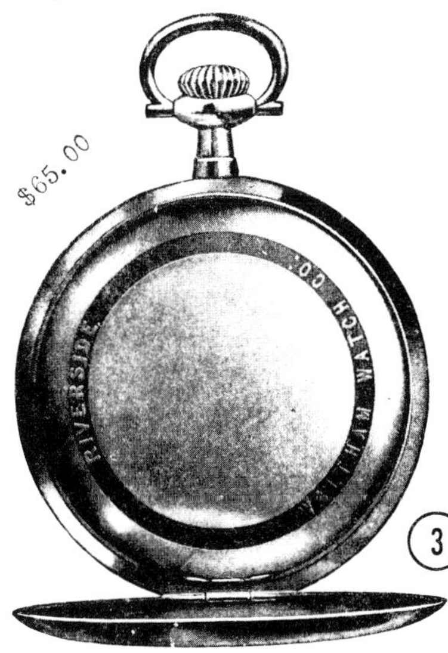

(3)

RIVERSIDE No. 1240
12 Size

A complete Riverside Watch in a Special 25-year Gold Filled, Open Face Case,

Price, $60.00

All orders accepted, subject to prices ruling on date of delivery.

Aus einem Uhrenkatalog von 1916. Zu S. 61: Um in der ultraflachen Frackuhr ein Uhrwerk aus der regulären Produktion unterbringen zu können, verwendete man ein Damenuhrwerk der Größe 6/0 Size (Ruby). Dadurch kam die kleine Sekunde gegen die Zifferblattmitte zu liegen, was als störend, zumindest aber als ungewohnt empfunden wird.

Essential Features Found in all Waltham Watches

All Nickel plates are made of Nickel, not Brass Nickel-Plated.
All Waltham watches have Breguet Hairsprings, hardened and tempered in form.
All Waltham watches, except 1883 Model, in 7 Jewel, are fitted with Meantime Screws.
All Waltham watches, double roller, Riverside grade and above, have Sapphire Roller Pins permanently driven into the roller.
All Waltham watches, except 1883 Model, have Steel Tempered Safety Barrels.
All Waltham watches in Vanguard and Maximus grades have Diamond Endstones.
All Waltham watches have Plate Jewels in Settings.
All Waltham watches, with steel escape wheels, have Sapphire Pallet Stones.

18 SIZE

With up and down Indicator $300.00

1917 OSKAMP–NOLTING
The Great American Jewelry Co.

(1)

VANGUARD. Nickel

Adjusted to temperature, isochronism and five positions; double roller; steel escape wheel; diamond, fine ruby and sapphire jewels.

$160.00	23 Jewels, Hunting, Lever Setting	$60.00
160.00	23 Jewels, Open Face, Lever Setting	60.00
80.00	21 Jewels, Hunting, Lever Setting	56.60
80.00	21 Jewels, Open Face, Lever Setting	56.60
80.00	19 Jewels, Hunting, Lever Setting	52.00
80.00	19 Jewels, Open Face, Lever Setting	52.00
80.00	23 Jewels, Non-magnetic, Hunting, Lever Setting	67.80
180.00	23 Jewels, Non-magnetic. Open Face, Pendant Setting	67.80
180.00		

$150.00
17 Jewels
Premier

(2)

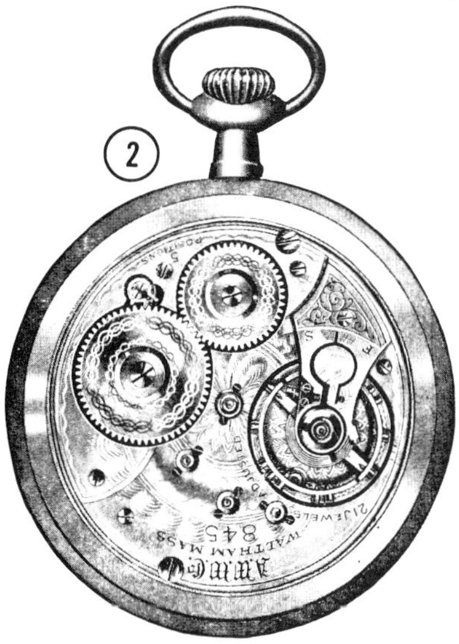

No. 845. Nickel

Adjusted to temperature, isochronism and five positions; double roller; steel escape wheel; fine ruby and sapphire jewels.

21 Jewels, Hunting, Lever Setting	$40.00	$70.00
21 Jewels, Open Face, Lever Setting	40.00	70.00

(3)

CRESCENT STREET. Nickel

Adjusted to temperature, isochronism and five positions; double roller; steel escape wheel; fine ruby and sapphire jewels.

21 Jewels, Hunting, Lever Setting	$46.60	$70.00
21 Jewels, Open Face, Lever Setting	46.60	70.00
19 Jewels, Hunting, Lever Setting	45.00	70.00
19 Jewels, Open Face, Lever Setting	45.00	70.00

(4)

$70.00
early Ser. No.'s

APPLETON, TRACY & CO.
Nickel

Adjusted to temperature and three positions; double roller; steel escape wheel.

17 Jewels, Hunting, Lever Setting	$30.00
17 Jewels, Open Face, Lever Setting	30.00

(5)

P. S. BARTLETT
Gilded and Nickeled Damaskeened

Adjusted to temperature.

17 Jewels, Open Face, Pendant Setting	$21.00	$45.00
17 Jewels, Hunting, Pendant Setting	21.00	45.00

Non-magnetic movements, extra, $7.80
Above movements supplied either Lever or Pendant Setting.
All orders accepted subject to prices ruling on date of delivery.

1916

OSKAMP–NOLTING CO.
1917

18 SIZE

(1)

$30.00
30.00
25.00
25.00

P. S. BARTLETT or No. 87. Nickel

Adjusted to temperature.

P. S. B. 17 Jewels, Hunting, Lever Setting	$17.00
P. S. B. 17 Jewels, Open Face, Pendant or Lever Setting	17.00
No. 87. 17 Jewels, Hunting, Lever Setting	17.00
No. 87. 17 Jewels, Open Face, Pendant or Lever Setting	17.00

(2)

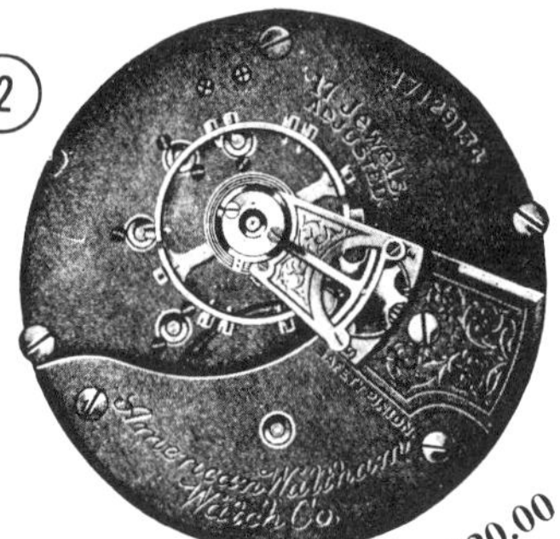

$20.00

No. 85. Gilded

Adjusted to temperature.

17 Jewels, Open Face, Pendant or Lever Setting	$15.00

(3)

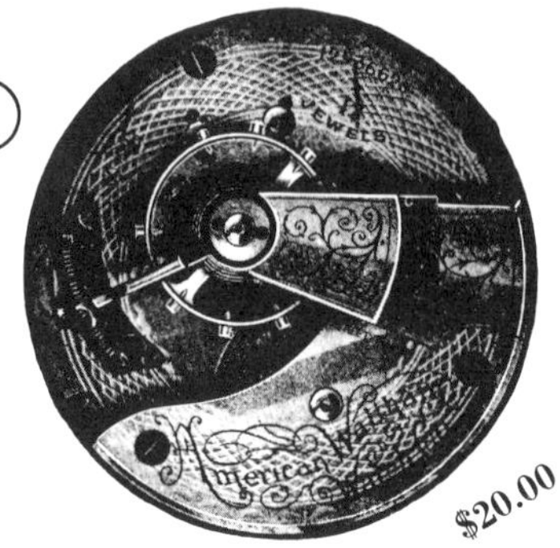

$20.00

No. 825. Nickel

17 Jewels, Hunting, Lever Setting	$13.00
17 Jewels, Open Face, Pendant Setting	13.00

(4)

$20.00
20.00
25.00
25.00

No. 820. Nickel

15 Jewels, Hunting, Lever Setting	$11.00
15 Jewels, Open Face, Pendant Setting	11.00
15 Jewels, Non-magnetic, Hunting, Lever Setting	18.80
15 Jewels, Non-magnetic, Open Face, Pendant Setting	18.80

(5)

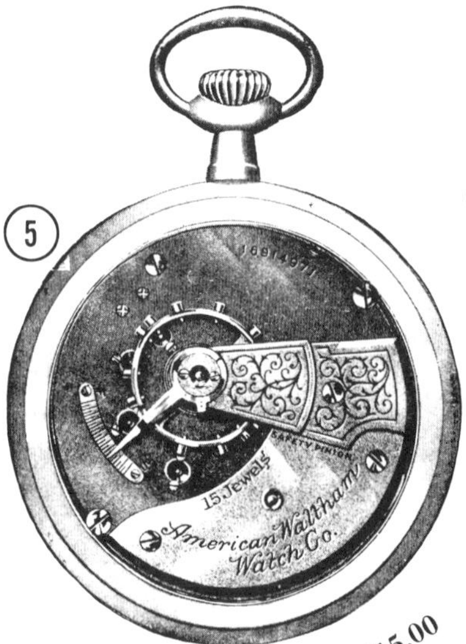

$15.00

No. 81. Gilded

15 Jewels, Hunting, Lever Setting	$10.00
15 Jewels, Open Face, Pendant Setting	10.00

(6)

$15.00

No. 18. Nickel

7 Jewels, Hunting, Lever Setting	$8.00
7 Jewels, Open Face, Pendant Setting	8.00

16 SIZE

Model 1899

(7)

$300.00

MAXIMUS. Nickel

Adjusted to temperature, isochronism and five positions; double roller; steel escape wheel; gold train; diamond, fine ruby and sapphire jewels.

23 Jewels, Hunting, Pendant Setting	$136.70
23 Jewels, Open Face, Pendant Setting	136.70
23 Jewels, Open Face, Lever Setting	136.70
23 Jewels, Non-magnetic, Hunting, Pendant Setting	144.50
23 Jewels, Non-magnetic, Open Face, Pendant Setting	144.50

$220.00
Movement only
R R Grade

(8)

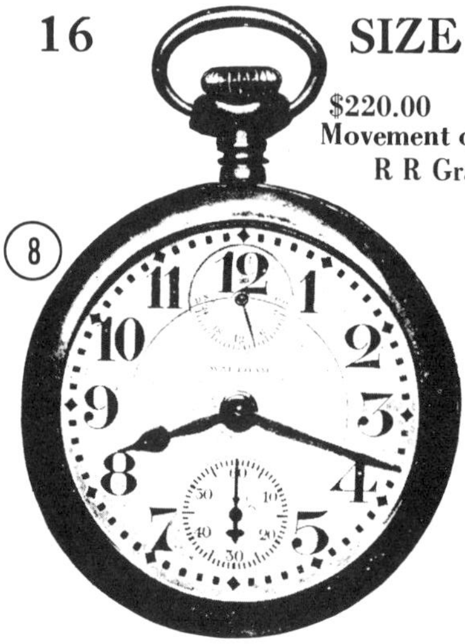

VANGUARD
With Winding Indicator

23 Jewels, Open Face, Pendant or Lever Setting	$67.80

Model 1908

(9)

L-Set
R R Grade

VANGUARD. Nickel

Adjusted to temperature, isochronism and five positions; double roller; steel escape wheel; diamond, fine ruby and sapphire jewels.

23 Jewels, Hunting, Pendant Setting	$60.00	$ 90.00
23 Jewels, Hunting, Lever Setting	60.00	110.00
23 Jewels, Open Face, Pendant Setting	60.00	90.00
23 Jewels, Open Face, Lever Setting	60.00	110.00
19 Jewels, Hunting, Lever Setting	52.00	90.00
19 Jewels, Open Face, Lever Setting	52.00	90.00
19 Jewels, Hunting, Pendant Setting	52.00	80.00
19 Jewels, Open Face, Pendant Setting	52.00	80.00

1916

Non-magnetic movements, extra, $7.80
All orders accepted subject to prices ruling on date of delivery.

See Page 4

16 SIZE

OSKAMP—NOLTING CO.
1917

Model 99

17 J Riv.
$40.00

(1)

$50.00
70.00
50.00
50.00

CRESCENT ST. Nickel

Adjusted to temperature, isochronism and five positions; double roller; steel escape wheel; fine ruby and sapphire jewels.

21 Jewels, Hunting, Pendant Setting $46.60
21 Jewels, Hunting, Lever Setting 46.60
21 Jewels, Open Face, Pendant Setting 46.60
21 Jewels, Open Face, Lever Setting 46.60

(2)

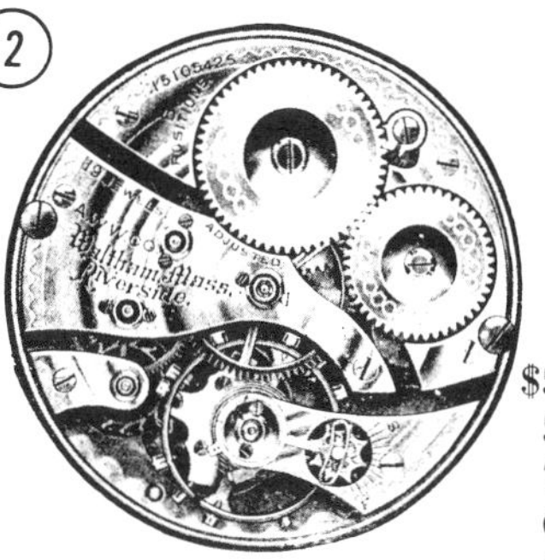

$50.00
50.00
70.00
60.00
60.00

RIVERSIDE. Nickel

Adjusted to temperature, isochronism and five positions; double roller; steel escape wheel; fine ruby and sapphire jewels.

19 Jewels, Hunting, Pendant Setting $47.80
19 Jewels, Open Face, Pendant Setting 47.80
19 Jewels, Open Face, Lever Setting 47.80
19 Jewels, Non-magnetic, Hunting, Pendant Setting 55.60
19 Jewels, Non-magnetic, Open Face, Pendant Setting 55.60

(3)

$70.00

No. 645. Nickel

Adjusted to temperature, isochronism and five positions; double roller; steel escape wheel; fine ruby and sapphire jewels.

21 Jewels, Open Face, Pendant or Lever Setting $44.50

(4)

$30.00

ROYAL. Nickel

Adjusted to temperature and three positions.

17 Jewels, Hunting, Pendant Setting $29.00
17 Jewels, Open Face, Pendant Setting 29.00

(5)

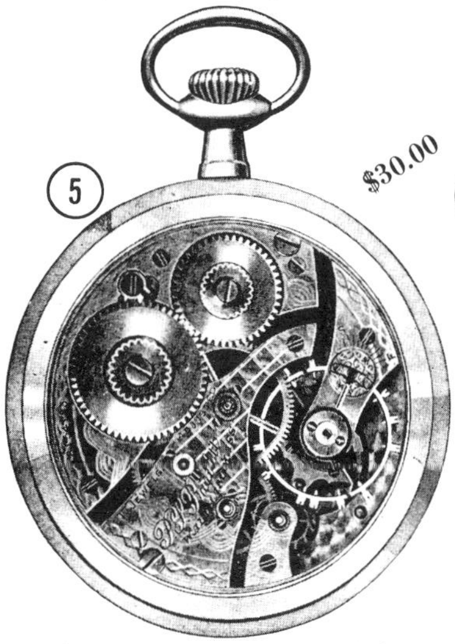

$30.00

P. S. BARTLETT. Nickel

Adjusted to temperature; steel escape wheel; sapphire pallets.

17 Jewels, Hunting, Pendant Setting $25.00
17 Jewels, Open Face, Pendant Setting 25.00
17 Jewels, Open Face, Lever Setting 25.00

(6)

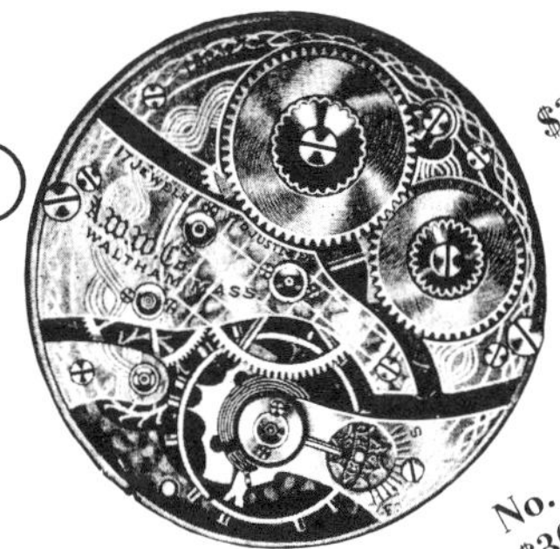

$30.00

No. 630
$30.00

No. 635. Nickel

Adjusted to temperature; steel escape wheel; sapphire pallets.

17 Jewels, Hunting, Pendant Setting $22.30
17 Jewels, Open Face, Pendant Setting 22.30
17 Jewels, Open Face, Lever Setting 22.30

(7)

$25.00

No. 625. Nickel

17 Jewels, Hunting, Pendant Setting $19.70
17 Jewels, Open Face, Pendant Setting 19.70

(8)

$25.00

No. 620. Nickel

15 Jewels, Hunting, Pendant Setting $15.50
15 Jewels, Open Face, Pendant Setting 15.50

(9)

$20.00

No. 610. Nickel

7 Jewels, Hunting, Pendant Setting $9.80
7 Jewels, Open Face, Pendant Setting 9.80

1916

Non-magnetic movements, extra, $7.80
All orders accepted subject to prices ruling on date of delivery.

OSKAMP–NOLTING CO.
1917

See Page 4

12 SIZE

$40.00

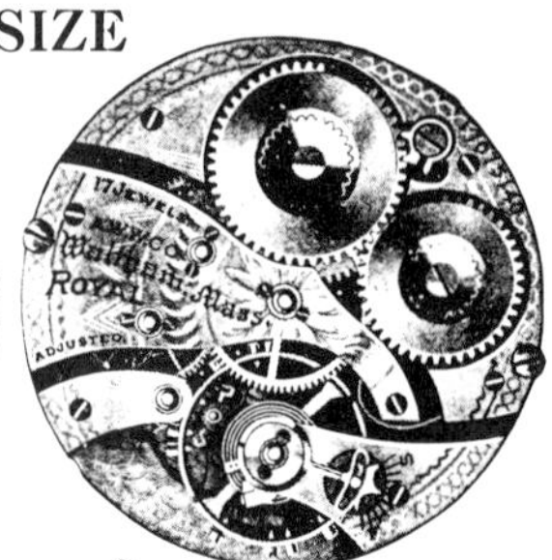

(1) MAXIMUS $225.00
Nickel

Adjusted to temperature, isochronism and five positions; double roller; steel escape wheel; gold train; diamond and fine ruby jewels.

23 Jewels, Hunting, Pendant Setting . $136.70
23 Jewels, Open Face, Pendant Setting . 136.70

(2) RIVERSIDE
Nickel

Adjusted to temperature and five positions; double roller; steel escape wheel; fine ruby jewels.

19 Jewels, Hunting, Pendant Setting .. $47.80
19 Jewels, Open Face, Pendant Setting .. 47.80

$30.00 ROYAL (3)
Nickel

Adjusted to temperature and three positions; steel escape wheel; sapphire pallets.

17 Jewels, Hunting, Pendant Setting .. $29.00
17 Jewels, Open Face, Pendant Setting .. 29.00

(4) No. 235 $25.00
Nickel

Adjusted to temperature; steel escape wheel; sapphire pallets.

17 Jewels, Hunting, Pendant Setting .. $22.30
17 Jewels, Open Face, Pendant Setting .. 22.30

$25.00

(5) No. 225
Nickel

17 Jewels, Hunting, Pendant Setting $19.70
17 Jewels, Open Face, Pendant Setting 19.70

$20.00

(6) No. 220 Nickel

15 Jewels, Hunting, Pendant Setting $15.50
15 Jewels, Open Face, Pendant Setting 15.50

(7) No. 210 $15.00
Nickel

7 Jewels, Hunting, Pendant Setting $10.90
7 Jewels, Open Face, Pendant, Setting 10.90

6 SIZE

$40.00

(8) LADY WALTHAM. Nickel

Adjusted; ruby jewels.

16 Jewels, Hunting, Pendant Setting $17.00
16 Jewels, Open Face, Pendant Setting 17.00

$20.00

(9) V. Nickel

15 Jewels, Hunting, Pendant Setting $12.30
15 Jewels, Open Face, Pendant Setting 12.30

$20.00

(10) Y. Nickel

7 Jewels, Hunting, Pendant Setting. $8.70
7 Jewels, Open Face, Pendant Setting 8.70

J. Gilt

7 Jewels, Hunting, Pendant Setting. $8.50
7 Jewels, Open Face, Pendant Setting 8.50

0 SIZE

$120.00

(11) MAXIMUS. Nickel

Adjusted; double roller; steel escape wheel; gold train; diamond and fine ruby jewels.

19 Jewels, Hunting, Pendant Setting $64.50
19 Jewels, Open Face, Pendant Setting 64.50

$50.00

(12) RIVERSIDE. Nickel

Adjusted; double roller; ruby jewels; steel escape wheel; sapphire pallets.

17 Jewels, Hunting, Pendant Setting $44.50
17 Jewels, Open Face, Pendant Setting 44.50

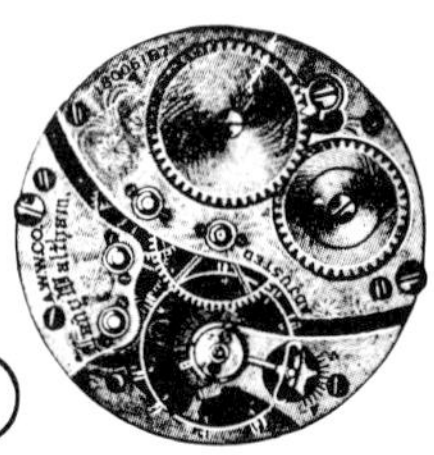

$40.00

(13) LADY WALTHAM. Nickel

Adjusted; double roller; ruby jewels; steel escape wheel; sapphire pallets.

16 Jewels, Hunting, Pendant Setting $26.00
16 Jewels, Open Face, Pendant Setting 26.00

1916

All orders accepted subject to prices ruling on date of delivery.

OSKAMP–NOLTING CO. 1917

Thin Watches for Men

14S Dial
12S Mvt.

COLONIAL SERIES

RIVERSIDE MAXIMUS, 23 Jewels, adjusted to temperature, isochronism and five positions.
RIVERSIDE, 19 Jewels, adjusted to temperature, isochronism and five positions.
ROYAL, 17 Jewels, adjusted to temperature, isochronism and three positions.
No. 1425, 17 Jewels. No. 1420, 15 Jewels.

PRICE LIST—COMPLETE WATCHES

18K. SOLID GOLD HUNTING CASE

$300.00	No. 101	Riverside Maximus	$238.00
175.00	103	Riverside	144.50
150.00	105	Royal	131.00

18K. SOLID GOLD OPEN FACE JOINTED CASE—WITH CAP

No. 102	Riverside Maximus	$210.00
104	Riverside	124.50
106	Royal	111.10

14K. SOLID GOLD HUNTING CASE

No. 107	Riverside Maximus	$205.60	$275.00
109	Riverside	122.30	150.00
111	Royal	100.00	130.00
113	No. 1425	89.00	110.00

GOLD FILLED HUNTING CASE

No. 209	Maximus	$151.10	$180.00
211	Riverside	72.30	80.00
213	Royal	55.60	70.00
215	No. 1425	45.60	60.00

GOLD FILLED OPEN FACE WITH CAP

No. 219	Maximus	$152.30
221	Riverside	71.10
223	Royal	54.50
225	No. 1425	44.50
227	No. 1420	37.80

14K. SOLID GOLD OPEN FACE JOINTED CASE—WITH CAP

No. 108	Riverside Maximus	$186.70	
110	Riverside	106.70	$110.00
112	Royal	89.00	100.00
114	No. 1425	76.70	100.00
116	No. 1420	68.00	

14K. SOLID GOLD OPEN FACE CALUMET CASE

No. 117	Maximus	$179.00
118	Riverside	93.50
120	Royal	75.50
122	No. 1425	60.00
124	No. 1420	53.50

GOLD FILLED OPEN FACE CALUMET

No. 228	Maximus	$152.30
229	Riverside	71.10
231	Royal	54.50
233	No. 1425	44.50
235	No. 1420	37.80

All Gold Filled Colonial Series cases are Guaranteed for Twenty-five years. The above cases are Bassine Plain Polished or Engine Turned. Engraved Hunting cases, $2.00 extra. Engraved Open Face cases, $1.60 extra. Colonial Series Enamel, Gilded or Silvered Dials, no extra charge. Colonial Series Watches are Cased and Timed at the Factory and are sent out in either Mahogany or Leather Display Boxes.

"COLONIAL A" WATCHES

18K. OPEN FACE JOINTED CASE

No. 254	Maximus 21 Jewels, 5 positions	$266.70	$275.00
256	Riverside, 19 Jewels, 5 positions	156.00	165.00

14K. OPEN FACE JOINTED CASE

No. 262	Maximus, 21 Jewels, 5 positions	$244.50	$265.00
264	Riverside, 19 Jewels, 5 positions	138.90	165.00

Supplied with Gilded or Silvered Metal Dials only.

"Colonial A" Watches can be supplied in special hand-made cases. Prices on application.

Delivered from factory in attractive display boxes.

THE OPERA WATCH

Complete Watches
Must be Extra Fine
And Running

The Thinnest RELIABLE Watch made.
Special Ruby Movement 17 Jewels.
Adjusted to Temperature and 2 Positions.

18K. OPEN FACE CASE $150.00

No. 708 Regular, Plain Polished ... $120.00

14K. OPEN FACE CASE $140.00

No. 730 Regular, Plain Polished ... $96.00
735 Decorated (Prices on application)

25-YEAR O. F. FILLED CASE $75.00

No. 740 Regular, Plain Polished ... $62.50
745 Regular, Engraved ... 65.00

Supplied with Gilded or Silvered Metal Dials only.

Delivered from the factory in attractive display boxes.

OSKAMP–NOLTING CO.
1917

O SIZE—(*Continued*)

See Page 4

$25.00

No. 165, HUNTING
No. 115, OPEN FACE

No. 165, HUNTING and No. 115, OPEN FACE—Nickel

Double roller;
15 Jewels, Hunting, Pendant Setting $18.00
15 Jewels, Open Face, Pendant Setting 18.00

No. 161, HUNTING and No. 110, OPEN FACE—Nickel

7 Jewels, Hunting, Pendant Setting $12.00
7 Jewels, Open Face, Pendant Setting 12.00

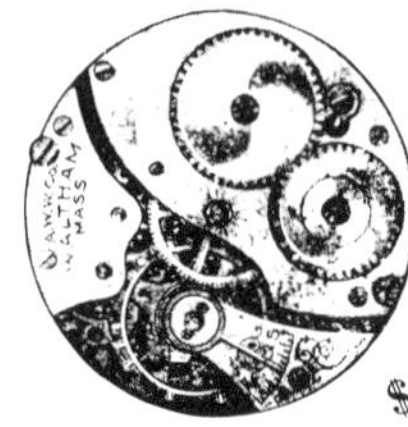

$20.00

No. 161, HUNTING
No. 110, OPEN FACE

3/O SIZE

MAXIMUS—Nickel $100.00

Adjusted; double roller; steel escape wheel; sapphire pallets; gold train; diamond and fine ruby jewels.
19 Jewels, Hunting or Open Face Pendant Setting $64.50

LADY WALTHAM—Nickel $40.00

Adjusted; double roller; steel escape wheel; sapphire pallets; ruby jewels.
16 Jewels, Hunting or Open Face, Pendant Setting $26.00

No. 365, HUNTING and No. 315 OPEN FACE—Nickel $25.00

Double roller;
15 Jewels, Pendant Setting $18.40

RIVERSIDE—Nickel $40.00

Adjusted; double roller; steel escape wheel; sapphire pallets; ruby jewels.
17 Jewels, Hunting or Open Face, Pendant Setting $44.50

No. 361, HUNTING and No. 310 OPEN FACE—Nickel $20.00

Double roller;
7 Jewels, Pendant Setting $12.30

JEWEL SERIES

Priced as if cased in solid 14K plain polished case

$140.00
$ 80.00

DIAMOND—Nickel

Adjusted; steel escape wheel; sapphire pallets; gold train; diamond and ruby jewels.
17 Jewels, Hunting, Pendant Setting $66.70
17 Jewels, Open Face, Pendant Setting 66.70

$120.00
$60.00

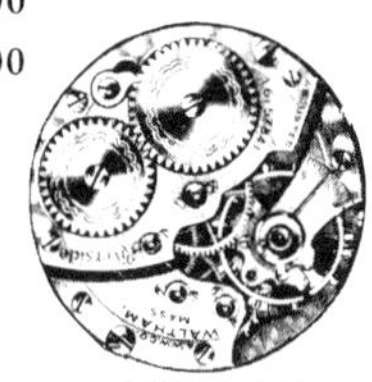

RIVERSIDE

$120.00
60.00

RUBY

RIVERSIDE—Nickel

Adjusted; steel escape wheel; sapphire pallets; fine ruby jewels.
17 Jewels, Hunting, Pendant Setting $46.70
17 Jewels, Open Face, Pendant Setting 46.70

RUBY—Nickel

17 Jewels, Hunting, Pendant Setting $30.00
17 Jewels, Open Face, Pendant Setting 30.00

$120.00
$ 60.00

SAPPHIRE—Nickel

15 Jewels, Hunting, Pendant Setting $27.00
15 Jewels, Open Face, Pendant Setting 27.00

Prices given are for movements only. Prices for complete Jewel Series watches given on application.

Equity—16 Size

JOINTED OPEN FACE

The Equity is the most thoroughly constructed and finely finished low-priced watch ever put on the market.

No.				
No. 1013	15 Jewels, in Silver, Plain Bassine	$17.80	$50.00
999	7 Jewels, in Silver, Plain Bassine	13.40	$45.00

S. B. & B. OPEN FACE

	No.		
$40.00	1008	15 Jewels, in Gold Filled, Plain Bassine	17.80
25.00	1014	15 Jewels, in Nickel, Plain Bassine	11.70
40.00	1002	7 Jewels, in Gold Filled, Plain Bassine	13.40
20.00	1000	7 Jewels, in Nickel, Plain Bassine	7.40

Equity Filled Cases are 20-Year Quality.

GUN METAL OPEN FACE

Jointed Back, Snap Bezel.
With American-made Gold Bows, Crowns and Joints.

	No.		
$25.00	1024	15 Jewel movement, Gun Metal Case	$14.50
20.00	1020	7 Jewel movement, Gun Metal Case	8.40

16 Size

Equity WATCH
ACTUAL SIZE

Equity—12 Size

S. B. & B. OPEN FACE

	No.		
$20.00	No. 1030	7 Jewels, in Nickel, Plain Bassine	$8.50
20.00	1040	7 Jewels, in Gun Metal, Plain Bassine	10.00

1916

Marsh Patent Watches

12 Size

14K. Open Face Plain Polished or Engine Turned Cases, Nickeled and Gilded Protector.

No.			
No. 1250	Riverside 19 Jewels, 5 Positions	$70.00	$100.00
1225	225 Movement, 17 Jewels	41.10	85.00
1210	210 Movement, 7 Jewels	32.30	75.00

20-Year Gold-Filled Open Face Plain Polished Case.

No.			
No. 1206	225 Movement, 17 Jewels	$26.00	40.00
1200	210 Movement, 7 Jewels	17.80	30.00

No. 1250 is supplied with Gilded or Silvered Metal Dials at no extra charge.

All orders accepted subject to prices ruling on date of delivery.

Aus einem Uhrenkatalog von 1925. Zu S. 64: Die Kollektion der Eisenbahner-Taschenuhren führte die Vanguard mit Gangreserveanzeige an. – Zu S. 67: Das Spitzenstück aus der Waltham-Produktion stellte die Premier Maximus dar. Sie hatte auch den stolzen Preis von 620 Dollar. – Zu S. 67/68: Zu den Taschenuhren stoßen nun die Damen- und Herrenmodelle der Armbanduhren mit ihrem gefälligen Design.

WALTHAM RAILROAD MOVEMENTS

Waltham was the first to manufacture watch movements for railroad service.

GF Case $275.00

(1) Movement only
Vanguard Price $80.00
Open Face, Winding Indicator, 23 Fine Ruby and Sapphire Jewels, adjusted to temperatures and 6 positions. Lossier inner-terminal hairspring (exclusive Waltham feature) double roller and steel escape wheel; lever or pendant setting.

GF Case $100.00

(2) Movement only
Crescent St. Price $58.00
Open Face, 21 Fine Ruby and Sapphire Jewels, adjusted to temperatures and 5 positions, double roller and steel escape wheel; lever or pendant setting

SIXTEEN SIZE MOVEMENTS

Waltham Railroad grades are distributed from the Factory as movements only. Railroad model cases—especially adapted for these movements—may be obtained from jobbers.

AISENSTEIN-WORONOCK & SONS
1925-26 CATALOG

$110.00

$70.00

(3) Movement only
Vanguard Price $74.00
Open Face, 23 Fine Ruby and Sapphire Jewels, adjusted to temperatures and 5 positions, double roller and steel escape wheel; lever or pendant setting.

(4) Movement only
Riverside Price $52.00
Open Face, 19 Fine Ruby and Sapphire Jewels, adjusted to temperatures and 5 positions, double roller and steel escape wheel; lever or pendant setting.

GF Case $50.00

(5) Movement only
No. 640 Price $38.70
Special Electric Railway Model—Open Face—17 Jewels—adjusted to temperature and 3 positions—double roller—steel escape wheel—lever or pendant setting.

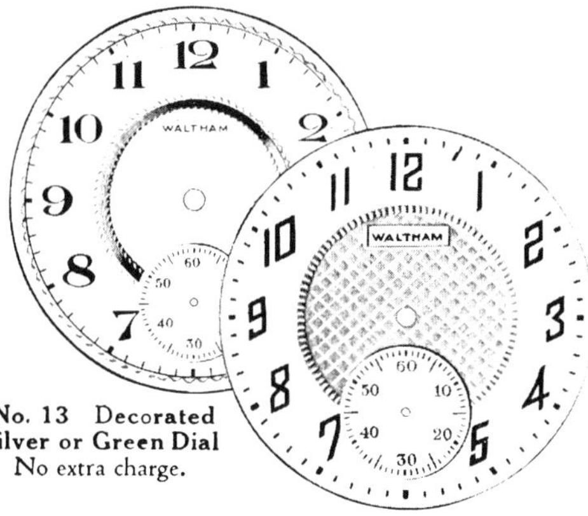

No. 13 Decorated Silver or Green Dial
No extra charge.

Basket Center Silver, Yellow or Green Dial
No extra charge.

$20.00

(6) Movement only
No. 625 Price $25.80
Hunting and Open Face—17 Jewels—pendant setting.

(7) Movement only
No. 610 Price $13.50
Hunting and Open Face — 7 Jewels—pendant setting.

$15.00

COLONIAL WATCHES

AISENSTEIN-WORONOCK & SONS 1925-25 CATALOG

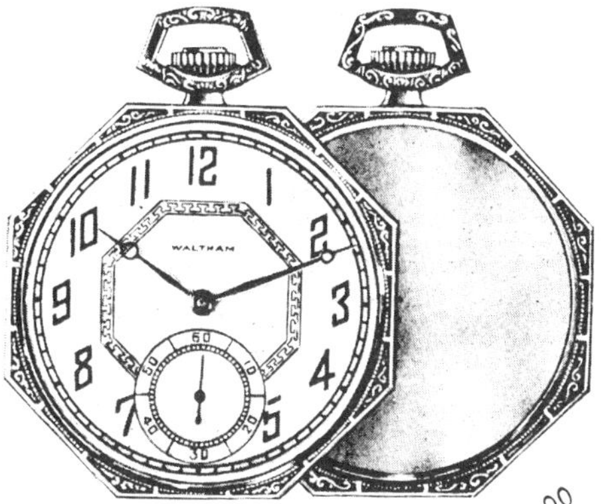

No. 75 **Price $93.00**
Octagon Butler Finish Case
Movement :—17 Jewels Temperature adjusted.
Dial :—Butler or Moire—designed for this model
Case :—14-k Octagon White or Green—attractively carved.
$80.00
(1)

(2)
$80.00
No. 60 Price $76.30
Scratch Brush Finish Case.
Movement :—17 Jewels Temperature adjusted.
Dial :—Silver or Green—Scratch Brush to harmonize with case.
Case :— 14-k White or Green—carved center—burnished bezels—scratch brush finish.

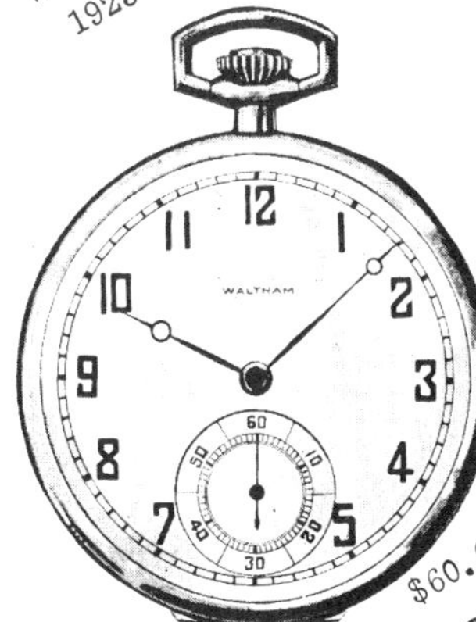

$60.00
No. 57 Price $72.50
Plain Bassine Case.
(4)
Movement :—17 Jewels Temperature adjusted.
Dial: —Butler or Brocaded.
Case :—14-k Green Gold—Plain Polish.

$70.00
No. 45 Price $58.50
Butler Finish—Engraved Edge Case.
(3)

$70.00
No. 45 Price $58.50
Straight Line—Rectangular Shield Case.
(5)

$60.00
(7)
No. 50 Price $65.60
Cushion Butler Finish Case.
Movement :—17 Jewels Temperature adjusted.
Dial :—Butler or Moire—designed for this model—Silver or Green finish.
Case :—14-k Filled White or Green Gold—Cushion Engraved—Butler finish.

$50.00
No. 45 Price $58.50
Brocaded Diamond Shield Case.
(6)
Movement :—17 Jewels Temperature adjusted.
Dial :—Butler or Brocaded—Silver or Green finish.
Case :—14-k Filled White or Green Gold—Engraved newest designs.

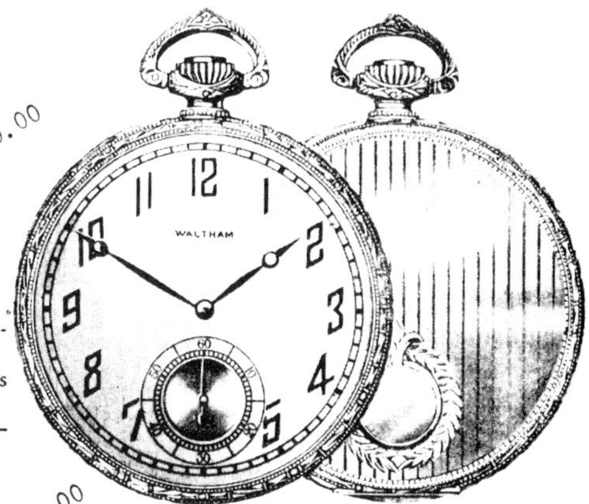

$50.00
No. 45 Price $58.50
Straight Line—Drop Shield Case.
(8)
Movement :—17 Jewels Temperature adjusted.
Dial :—Butler or Brocaded—Silver or Green finish.
Case :—14-k Filled White or Green Gold—Engraved newest designs.

Colonial Watches are cased and timed at Factory. Delivered in distinctive display boxes

COLONIAL WATCHES

THE COLONIAL represents the present day demand for thinner and finer watches.

Waltham Colonials are cased and timed at the factory, and delivered to the purchaser in attractive presentation packages.

AISENSTEIN-WORONOCK & SONS 1925-26 CATALOG

(1)

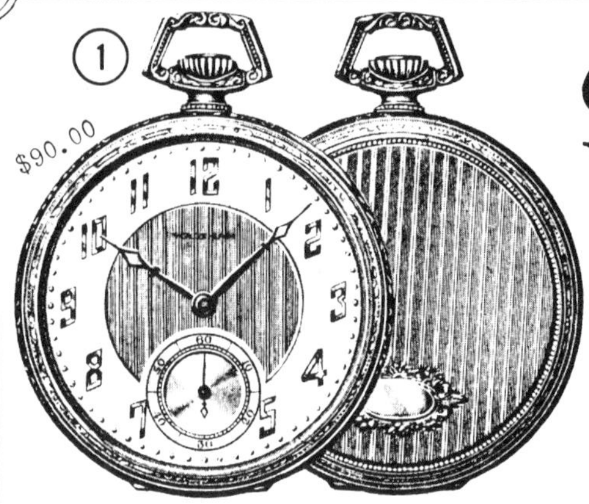

$90.00

No. 150 Price $192.00

Straight Line Engine Turned, Border Engraved Case.

Movement: — Riverside 19 jewels. Temperature adjusted and 5 positions.

Dial: — Sterling Silver — Fine Butler Finish — Applied 18-k Gold or Blued Steel Figures.

Case: — 14-k White or Green Gold — Double Cap — Plain Polished — Brush Finish, Engine Turned — or Panel Engine Turned.

(2)

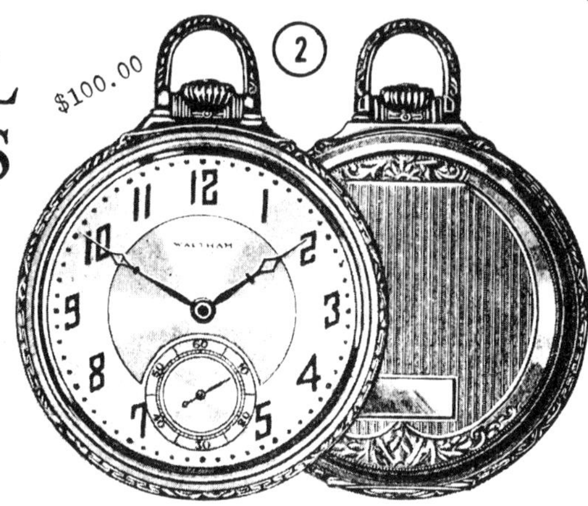

$100.00

No 150 Price $192.00

Panel Engine Turned, Border Engraved Case

Movement: — Riverside 19 jewels. Temperature adjusted and 5 positions.

Dial: — Sterling Silver — Fine Butler Finish — Applied 18-k Gold or Blued Steel Figures.

Case: — 14-k White or Green Gold — Double Cap — Plain Polished — Brush Finish, Engine Turned — or Panel Engine Turned.

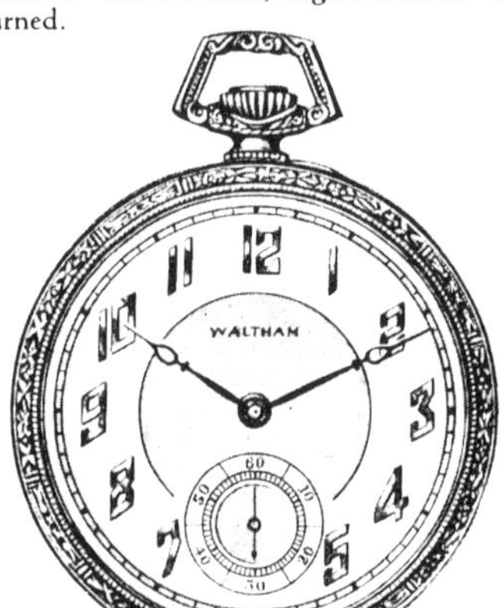

$80.00

(3)

No. 100 Round Price $128.80

Butler Finish Case.

Movement: — Royal 17 jewels. Temperature adjusted and 3 positions.

Dial: — Butler — Hand Engraved Center or Raised Figures

Case: — 14-k White or Green Gold — Double Cap — Plain Polished or Engraved in latest finishes.

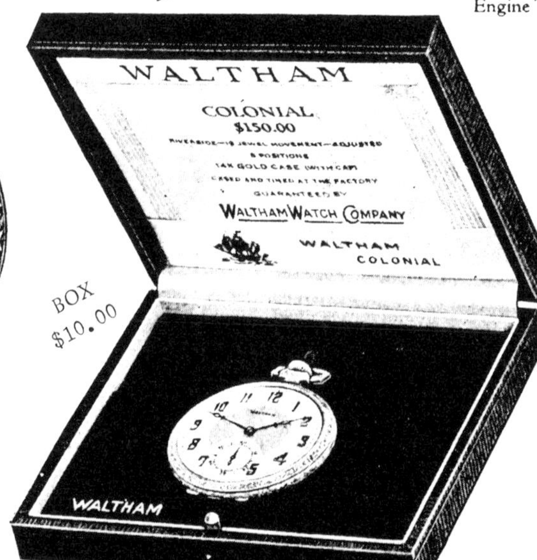

BOX $10.00

One-half Size

$80.00

(4)

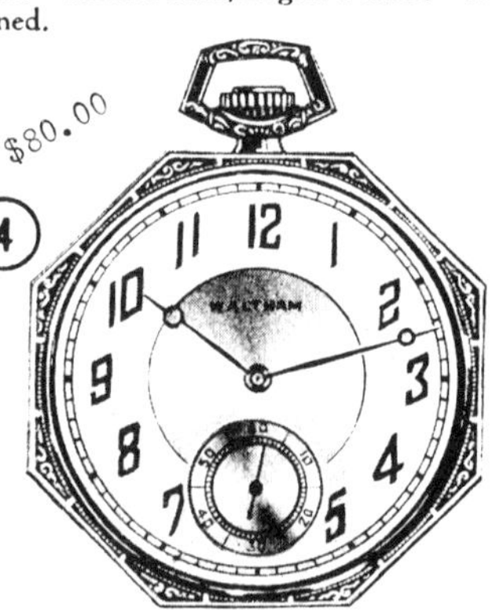

No. 100 Octagon Price $128.80

Butler Finish Case

Movement: — Royal 17 jewels. Temperature adjusted and 3 positions.

Dial: — Butler — Hand Engraved Center or Raised Figures.

Case: — 14-k White or Green Gold — Butler or Plain — Engraved Bezels.

$80.00

(5) **No. 80 Price $102.40**

Butler Finish Case.

Movement: — Royal 17 jewels. Temperature adjusted and 3 positions.

Dial: — Butler — Hand Engraved Center or Raised Figures.

Case: — 14-k White or Green Gold — Carved Center — Burnished Bezels — Butler Finish.

$80.00

(6) **No. 65 Cushion / No. 65 Round** } **$83.80**

Movement: — Royal 17 jewels. Temperature adjusted and 3 positions.

Dial: — Butler — Hand Engraved Center or Raised Figures.

Case: — 14-k Filled — White or Green Gold Engraved — latest designs in Round or Cushion Shape.

WALTHAM
THE SCIENTIFICALLY BUILT WATCH

AISENSTEIN-WORONOCK & SONS 1925-26 CATALOG

WALTHAM MASTERPIECES

COLONIAL "A"

The thinnest reliable watch made in America with full size movement. Essentially a gentleman's timepiece reflecting the renowned Waltham superiority of precision, durability and refinement. Clothed in the latest designs of special hand carved cases in White or Green Solid Gold, with the famous Maximus movement of 21 jewels or the Riverside movement of 19 jewels.

The Colonial "A" is cased, timed, adjusted at the Factory and delivered in an appropriate leather display package.

$250.00

Edge

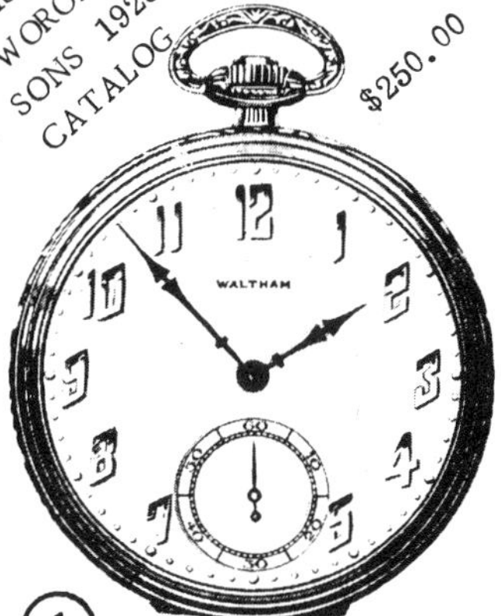

(1) **Frodsham Model**
Carved Center
Front View

No. 250 Price $300.00

Movement:—Maximus, 21 Jewels. Adjusted to temperature and 5 positions.
Dial:—Fine Sterling Silver 18-k Applied Raised Gold or Blued Steel Figures.
Case:—14-k Green, White, Yellow; Green and White combination. Exclusive shapes, exquisitely hand carved or severely plain; double capped. Enamel Inlay $18.00 to be added.

$120.00

(2) **Frodsham Model**
Carved Center
Enamel Inlay
Back View

No. 175 Price $210.00

Movement:—Riverside 19 Jewels. Adjusted to temperature and 5 positions.
Dial:—Fine Sterling Silver 18-k Applied Raised Gold or Blued Steel Figures.
Case:—14-k Green, White, Yellow; Green and White combination. Exclusive shapes, exquisitely hand carved or severely plain; double capped. Enamel Inlay $18.00 to be added.

PREMIER MAXIMUS

MINT WATCH AND BOX $4,000.00

(3)

The Premier Maximus Watch is never spoken of in terms of equality with any other watch. It is universally recognized as the crowning achievement of timepiece construction.

No. 500 Price $620.00
Heavy Hand Made Case.

Movement:—23 fine Diamond, Ruby and Sapphire Jewels—adjusted to isochronism—changes in temperature and 6 positions—with winding indicator.
Case:—Heavy 14-k solid gold hand-made invisible joint—White Green or Yellow—severely plain or carved
Dial:—Hand-painted enamel or 18-k gold applied figures on fine silver.

Delivered from the Factory in a special mahogany box with two extra mainsprings and crystal.

7½ Ligne Round
17 Jewels (movement only) **$180.00**

5¼ Ligne Rectangular
17 Jewels (movement only) **$206.00**

These illustrations are suggestions for casings of Platinum or White Gold, with diamond, sapphire, emerald or onyx ornamentation, suited to the tastes of the most discriminating purchaser. Case quotations may be obtained from the best case manufacturers. Cases must be sent to Factory to have the movements fitted and timed.

WALTHAM WATCH COMPANY

WALTHAM
THE SCIENTIFICALLY BUILT WATCH

TWELVE SIZE MOVEMENTS

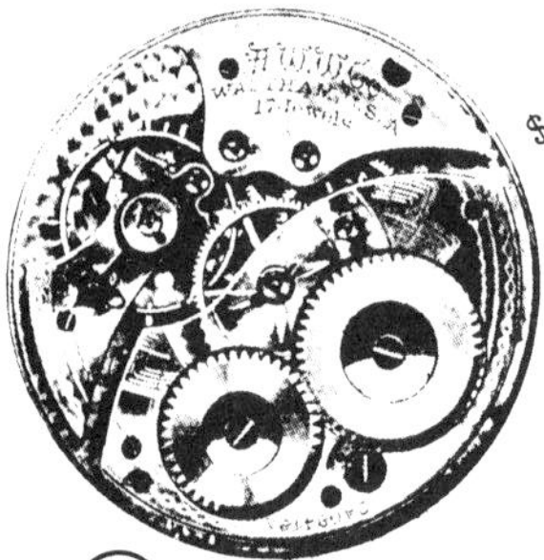
$15.00
(1) No. 225
17 Jewels.

Dial No. 701 (2)
Price 70c extra

Dial
No. 703 (3)
Price 70c extra

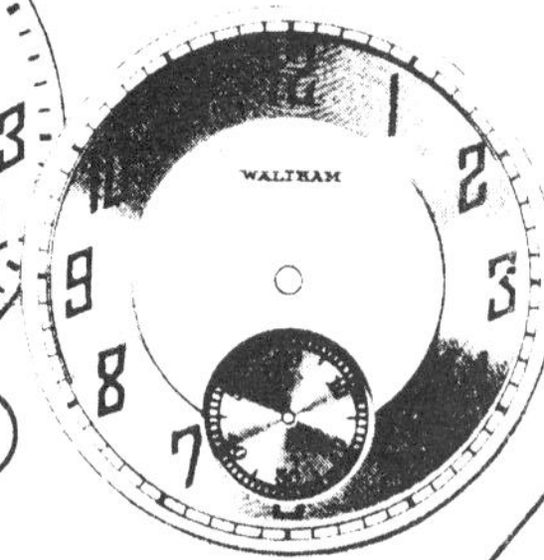
Dial No. 698
Price 70c extra
(4)

$15.00
No. 220 (5)
15 Jewels

Dial No. 696 (6)
Raised Figured Dials
$4.00 extra
Applied Figured Dials
$10.50 extra

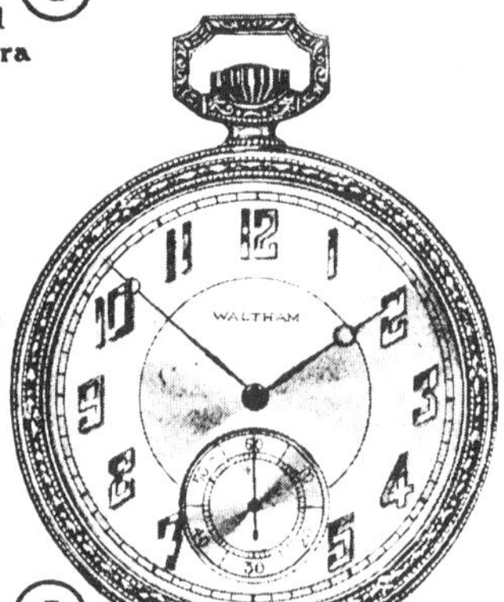
(7)

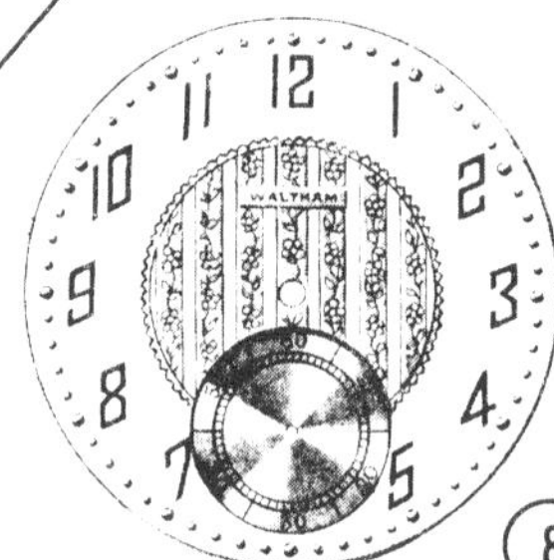
(8)
Dial No. 702
Brocaded, Water – Line Turned
or Inlaid Figures
70c. extra

AISENSTEIN-WORONOCK
& SONS 1925-26
CATALOG

No. 225 $26.40 $60.00
17 Jewels—Hunting and Open Face
No. 220 $22.30 $50.00
15 Jewels—Open Face
No. 210 $15.50 $40.00
7 Jewels—Hunting and Open Face
Movements only.

Strap Watches
$5.00 to $15.00

GENTLEMEN'S STRAP WATCHES

3/0 AND 6/0 SIZE MOVEMENTS

Waltham Movements, appropriately dialed, furnish a dependable and sturdy timepiece as an "extra" watch for sport purposes.

Dial No. 680

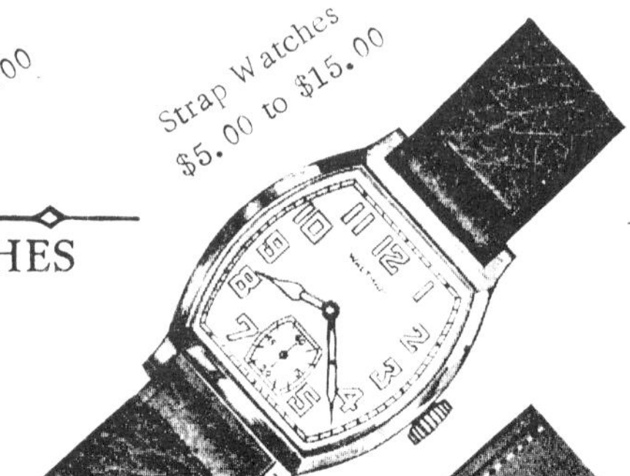
Dial No. 683

Dial No. 712

No. 365 Hunting $24.50
15 Jewels.
No. 361 Hunting $17.00
7 Jewels.

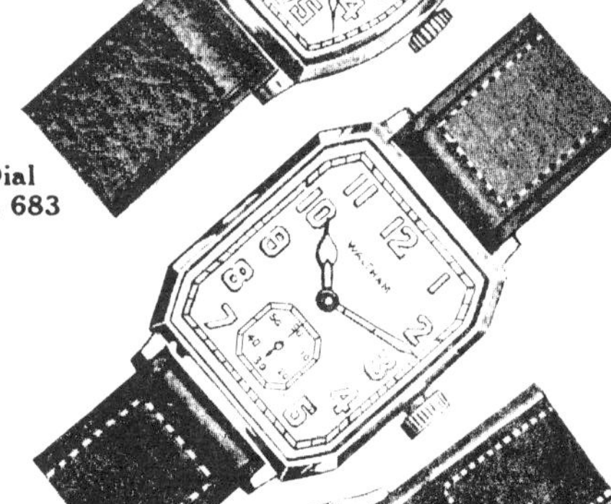
Dial No. 672

Sapphire Hunting $34.80
15 Jewels.
No. 561 Hunting $25.80
7 Jewels.
Movements only.

Butler Finish Luminous Dials and Hands $5.00 extra

Dial No. 690

Dial No. 706

WALTHAM WATCH COMPANY

Aus der Waltham-Kollektion von 1928. Zu S. 70: Die beiden hochwertigen Eisenbahner-Taschenuhren Vanguard und Crescent Street verfügen über eine spezielle Aufzugskrone, die das Eindringen von Staub über die Aufzugswelle verhindert. – Zu S. 71/72: Die Modelle der Colonial-Serie verließen die Fabrik nur als komplette Uhr im Etui. Es gab bei der Colonial keinen Verkauf von Werken, die dann irgendwer irgendwo mit einem Gehäuse versah. Die Gehäuse wurden zugeliefert.

WALTHAM RAILROAD WATCH

Waltham was the first to manufacture watch movements for railroad service

Cases of exclusive and unusual design
Special Heavy Bow—Dustproof Crown

Complete—Original
$400–450
Mint Dial, $100–125

Grade Listings on P. 49–54

Enamel Engineer
Dial No. 11E

VANGUARD

Winding Indicator
23 Jewels
Jeweled Mainwheel
Steel Safety Barrel
Inner-Terminal Hairspring
Adjusted to Temperature
6 positions
14K. Filled Green or White Gold
Plain or Engraved Border
and Back
Price $83.50
10K. Filled Yellow
Plain or Engraved Border and
Back
Price $76.20

Complete—Original
$150–200
Mint Dial, $20–40

Enamel Montgomery—
Numerical
Dial No. 14E

CRESCENT STREET

21 Jewels
Jeweled Mainwheel
Steel Safety Barrel
Adjusted to Temperature
5 Positions
14K. Filled Green or White Gold
Plain or Engraved Border
and Back
Price $70.60
10K. Filled Yellow
Plain or Engraved Border
and Back
Price $63.30

Quality *Dependability* *Accuracy*

Movement Only
$300–350

Vanguard-Winding Indicator
23 Jewels
(Movement View)

Mint Case Only
$100–125

Butler Finish or Plain Polished—
Engraved Border

Movement Only
$100–125

Crescent Street-21 Jewels
(Movement View)

Illustrations Actual Size

Waltham Railroad Watches are CASED and TIMED at the factory and packed in individual containers.

PREMIER MAXIMUS

The Premier Maximus Watch is never spoken of in terms of equality with any other watch. It is universally recognized as the crowning achievement of timepiece construction.

No. 500 Price $610.00
18K Heavy Hand-Made Case

Movement:—23 fine Diamond, Ruby and Sapphire Jewels—adjusted to isochronism—changes in temperature and 6 positions—with winding indicator

Case:—Heavy, 18K solid gold handmade invisible joint—White, Green or Yellow—severely plain or hand carved

Dial:—Hand-painted enamel or 18K gold applied figures on fine silver

Delivered from the Factory in a special leather box with two extra mainsprings and crystal.

Mint—Original
$8,000–10,000

WALTHAM
THE SCIENTIFICALLY BUILT WATCH

COLONIAL "A"

The thinnest reliable watch made in America with full size movement. Essentially a gentleman's timepiece reflecting the renowned Waltham superiority of precision, durability and refinement. Clothed in the latest designs of special hand-carved cases in White or Green Solid Gold, with the famous Maximus movement of 21 jewels or the Riverside movement of 19 jewels. The Colonial "A" is cased, timed, adjusted at the Factory and delivered in an appropriate leather display package

Maximus—14K
$250–300

Waltham No. 200
Maximus—Price $237.60
Butlered—Carved Case
Dial No. 460

No. 200-1 Green Gold
No. 200-2 White Gold
Movement:—Maximus, 21 Jewels, Adjusted to temperature and 5 positions.
No. 175-3 Green Gold
No. 175-4 White Gold
Movement:—Riverside 19 Jewels, Adjusted to temperature and 5 positions.
Dial:—Fine Sterling Silver 18K Applied Raised Gold Figures.
Case:—14K. Green or White, exclusive shapes, exquisitely hand carved or severely plain.

Riverside—14K
$175–225

Waltham No. 175
Riverside—Price $187.00
Butlered—Burnished Bezels
Dial No. 500

RECTANGULAR WRIST WATCH

Waltham No. 60

Price $64.10

Oval—Engraved
Style No. 1

Wrist—14K
$75–125

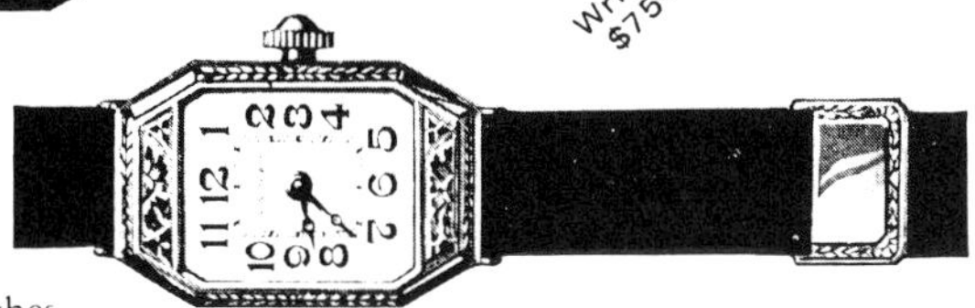

Rectangular—Square Engraved
Style No. 2

Rectangular—Engraved
Style No. 3

These 7¼ Ligne Watches have 15 Jewels cased in 14K White Gold—
Silk Ribbon and Heavy 14K Gold Clasp
Engraved, Enameled or Burnished Bezels—completed with corresponding dials
Raised Gold or Etched Figures
Each Watch is enclosed in a fine leather gift package

Illustrations Actual Size

WALTHAM WATCH COMPANY

COLONIAL WATCHES

No. 60–14K
$125–150

No. 60-19 Green Gold
No. 60-20 White Gold
Brocaded Case
Price $64.10
Dial No. 697

Grade Listings on P. 69

Waltham No. 60
Price $64.10
17 Jewels
Temperature Adjusted
14K. Green or White Gold
Brocaded or Butler—engraved center, burnished bezels
Etched, hand engraved center on Butler finished dials

No. 60–14K
$125–150

No. 60-13 Green Gold
No. 60-14 White Gold
Butler Finish Case
Price $64.10
Dial No. 8

No. 45–Filled
$75–100

No. 45-15 Green Gold
No. 45-16 White Gold
Butler Finish—Cushion Case
Price $51.20
17 Jewels. Temperature Adjusted
14K. Filled Green or White Cushion Case
Engraved Bezels
Etched Dial No. 705

Mint Box
$25–50

No. 60–14K
$125–150

No. 60-25 Green Gold
Plain Bassine Case
Price $64.10
Dial No. 2

No. 40–Filled
$75–100

No. 40-26 Green Gold
No. 40-27 White Gold
Straight Line—Etched Panel Case
Price $45.70
17 Jewels. Temperature Adjusted
14K Filled Green or White
New Designs
Etched figures, hand engraved or Butler Dials
Dial No. 727

No. 40–14K
$125–150

No. 40-17 Green Gold
No. 40-18 White Gold
Butler Finish Case
Price $45.70
Dial No. 697

No. 40–Filled
$75–100

No. 40-28 Green Gold
No. 40-29 White Gold
Etched Finish Case
Price $45.70
17 Jewels. Temperature Adjusted
14K. Filled Green or White
New Designs
Etched figures, engraved center or Butler Dials.
Dial No. 2

Distinctive Display Boxes

Colonial Watches are Cased and Timed at the Factory

Illustrations Actual Size

SIXTEEN SIZE MOVEMENTS

These movements are supplied with appropriate dials to harmonize with your choice of case.

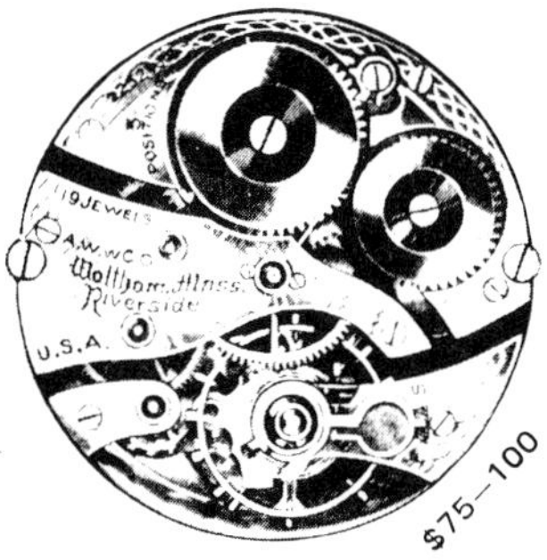

$75–100

Riverside Price $48.00
19 Jewels. Adjusted to Temperature—5 positions

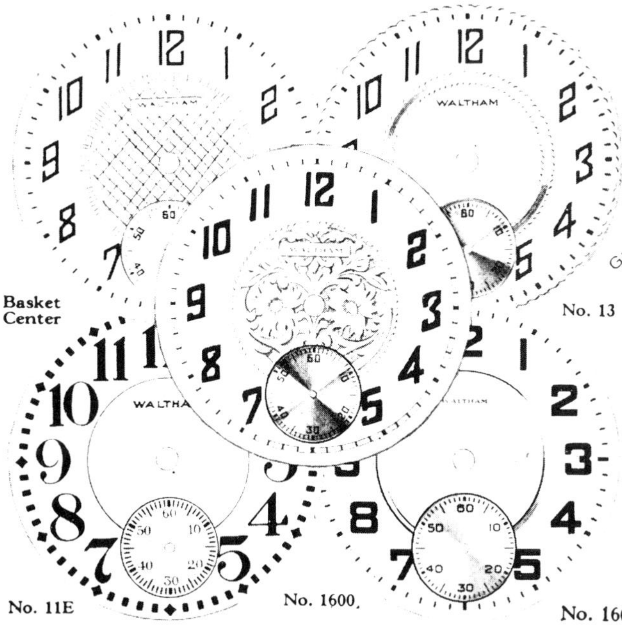

Basket Center

No. 13

No. 11E

No. 1600

No. 1601

Enamel, Metal Dials Gilt or Silver
No Extra Charge

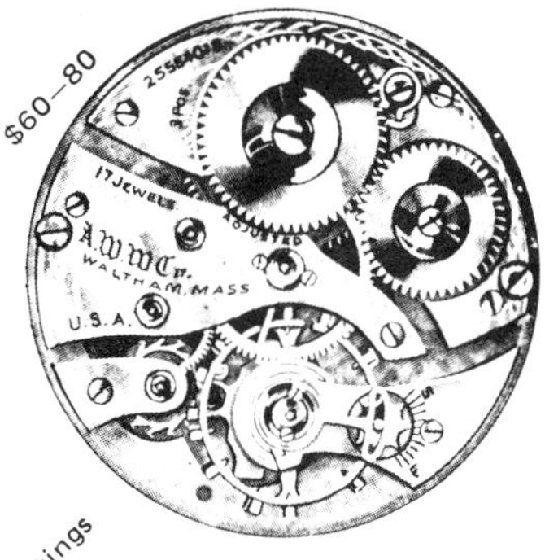

$60–80

Grade Listings on P. 53

No. 640 Price $30.00
17 Jewels. Adjusted to Temperature—3 Positions
Open Face only Lever Setting

Hunting Pendant Setting

Open Face Lever Setting

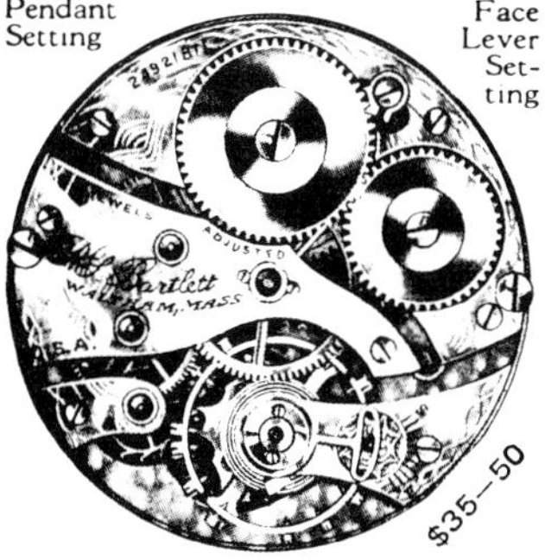

$35–50

P. S. Bartlett Price $26.40
17 Jewels Adjusted to Temperature
Hunting and Open Face

1899–1908 Models

$25–45

No. 625 Price $23.90
17 Jewels—Hunting and Open Face

WALTHAM WATCH COMPANY

$25–45

No. 620 Price $20.70
15 Jewels—Hunting and Open Face

WRIST WATCHES

3/0 Size Strap

No. 365—15 Jewel

No. 361 7 Jewel

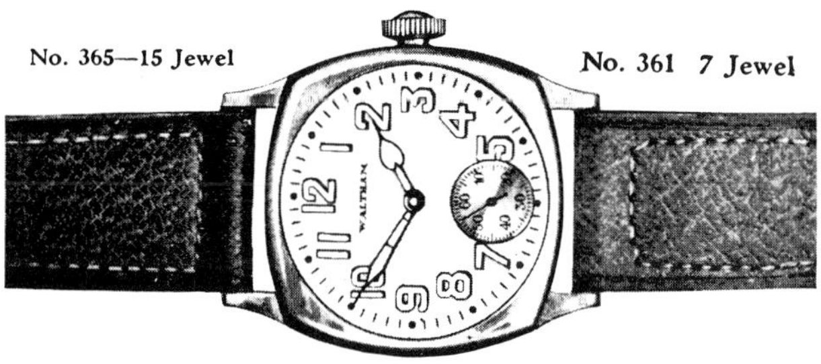

14K. Solid Gold
14K. Filled—Green or White
Dial No. 712

$25–45

No. 610 Price $12.90
7 Jewels—Hunting and Open Face

Wrist–14K $75–100

14K Solid Gold
14K Filled—Green or White
Dial No. 680

14K. Filled
Green or White
Dial No. 690

14K. Solid Gold
14K. Filled—Green or White
Dial No. 301

Wrist–Filled $40–60

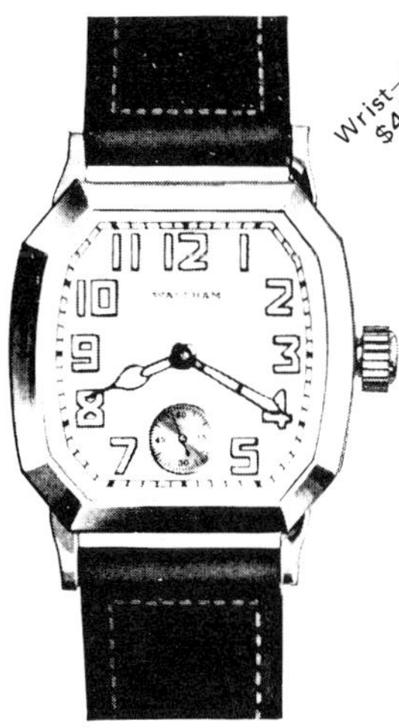

14K. Filled
Green or White
Dial No. 714

14K. Filled
Green or White
Dial No. 303

Illustrations Actual Size

Luminous or Plain Dials

Aus einem Katalog von 1936. Die 12-Size-Modelle sind sehr flach. Ein Teil der Kollektion hatte nicht das traditionelle Sekundenzifferblatt in der unteren Hälfte der Uhr, sondern die Sekundenanzeige erfolgte in einem bogenförmigen Fensterausschnitt an der üblichen Stelle.

WALTHAM
FIRST AMERICAN WATCHMAKER

No. E6701—High-grade 17-jewel Waltham movement in 10-kt. natural rolled gold plate, plain case. Complete in handsome gift case.
Price **$34.00**
No. E6702—Same as above with 7-jewel Waltham movement.
Price **$26.00**

THE WALTHAM FACTORY

"AMERICA'S MASTER TIMEPIECE"
THOROUGHLY TIMED AND TESTED
12 SIZE THIN MODEL POCKET WATCHES

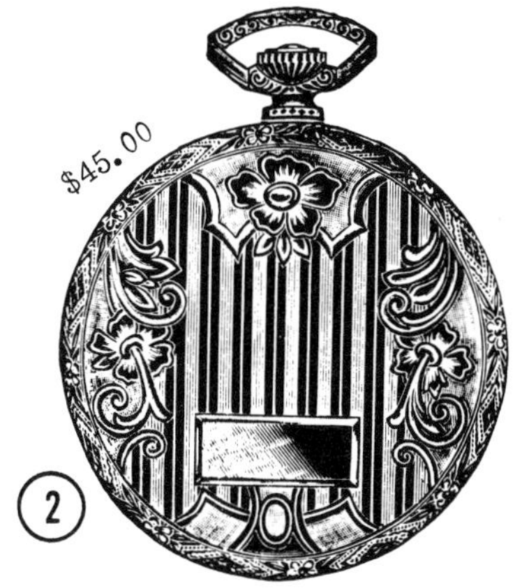

No. E6703—High-grade 17-jewel Waltham movement in a 10-kt. rolled gold plate, engraved case. Complete in handsome gift case.
Price **$35.00**
No. E6704—Same as above with 7-jewel movement.
Price **$27.00**

No. E6705—High-grade 17-jewel adjusted Waltham movement, attractive silver dial, 14-kt. solid white gold, plain, very neat thin model case. Complete in handsome gift case. A lifetime timepiece and ideal watch for presentation or a gift.
Price **$81.50**
No. E6706—Same as above in 14-kt. natural gold case.
Price **$81.50**

No. E6707—High-grade 17-jewel Waltham movement, 14-kt. natural gold filled case. Complete in handsome gift case.
Price **$47.00**
No. E6708—Same as above in white gold filled case
Price **$47.00**

No. E6709 — High-grade 17-jewel Waltham movement, sterling silver, raised figure dial, in 14-kt. natural gold filled thin model case. Complete in handsome gift case.
Price **$54.00**

16 Size Waltham Pocket Watches

MAY & MALONE
REDBOOK - 1936

COMPLETE CASE AND
WATCH MUST BE MINT

No. E6710—High-grade 7-jewel Waltham movement in a 10-kt. natural rolled gold plate case. Complete in gift case.
Price **$24.50**

No. E6711—High-grade 7-jewel Waltham movement in a 10-kt. natural rolled gold plate case. Complete in gift case.
Price **$25.20**

No. E6712 — Very high-grade 23-jewel Waltham Vanguard movement with winding indicator in a 14-kt. natural gold filled railroad model case. Complete in gift case.
Price **$84.00**
No. E6713—Same as above in 10-kt. natural gold filled case.
Price **$79.00**

TIMER Model 11609 — 9 Jewel — 16 Size

Type A

Nos. 105 to 130
Nos. 1100 to 1150

No. 105

Start, Stop and Flyback from Crown. 1/5 Second — 30 Minute Register. Large hand shows fifths of a second, making one revolution in one minute. Standard Dial.

Type B

Nos. 205 to 210

No. 205

Start and Stop from Crown; Flyback from Push Pin. Time-out. 1/5 Second — 30 Minute Register. Large hand shows fifths of a second, making one revolution in one minute. Standard Dial.

Type C

Nos. 305 to 308

No. 305

Start and Stop from Side Lever; Flyback from Crown. Time-out. 1/5 Second — 30 Minute Register. Large hand shows fifths of a second, making one revolution in one minute. Standard Dial.

No. 1100

Start, Stop and Flyback from Crown. 1/100 Second — 90 Second Register. Large hand shows hundredths of a second, making one revolution in 3 seconds.

No. 308

Start and Stop from Side Lever; Flyback from Crown. Time-out. 1/5 Second — 30 Minute Register. Large hand shows hundredths of a minute, making one revolution in one minute. Decimal Dial.

No. 1150

1/50 Second — 3 Minute Register. Large hand shows fiftieths of a second, making one revolution in 6 seconds.

1948 WALTHAM PARTS CATALOG

Waltham Timer cases are chrome-plated nickel silver, fitted with a screw back and bezel and a snap, dustproof inside cap. Crystals are unbreakable.

No. 306

Start and Stop from Side Lever; Flyback from Crown. Time-out. 1/5 Second — 30 Minute Register. Large hand shows fifths of a second, making one revolution in one minute. Standard Dial with Inner Decimal Track graduating minute into hundredths.

Aus einem Katalog von 1948. Zu S. 76/77: Waltham-Stoppuhren im Taschenuhrformat mit verschiedenen Bedienungsvarianten. Die Werke besaßen 9 Steine. – Zu S. 78: 8-Tage-Uhren als Flugzeuguhren in verschiedenen Gehäusen und in verschiedenen Ausführungen in bezug auf die Zeigerstell- und Aufzugsmöglichkeit.

VALUE OF THESE TIMES IN MINT UNDER $40.00

No. 206

Start and Stop from Crown; Flyback from Push Pin. Time-out. 1/5 Second — 30 Minute Register. Large hand shows fifths of a second, making one revolution in one minute. Standard Dial with Inner Decimal Track graduating minute into hundredths.

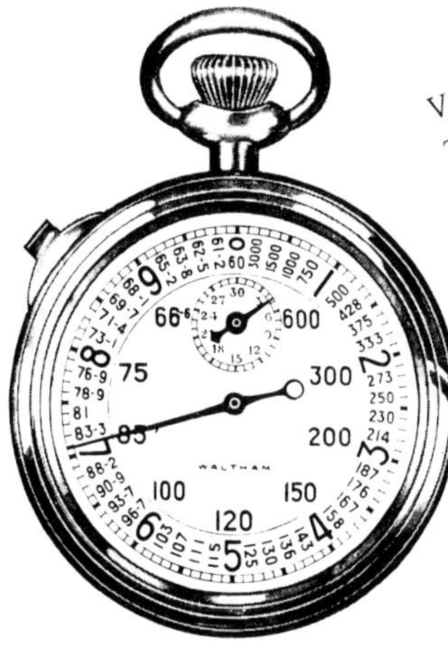

No. 307

Start and Stop from Side Lever; Flyback from Crown. Time-out. 1/5 Second — 30 Minute Register. Large hand shows hundredths of a minute, making one revolution in one minute. Time Study Dial. Basis of Timing: 60 pieces per hour.

All Waltham Timer illustrations are shown seven-eighths actual size

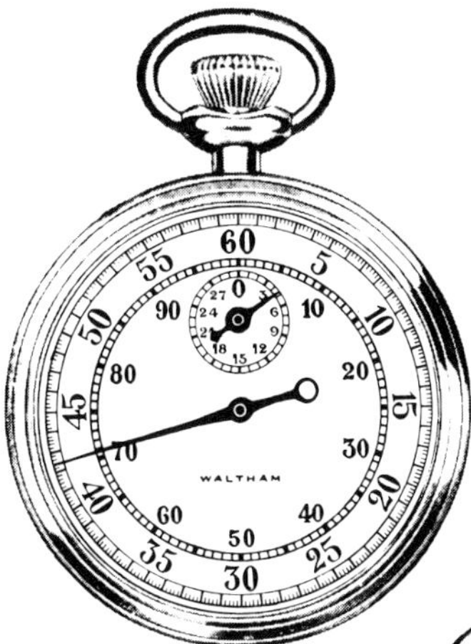

No. 106

Start, Stop and Flyback from Crown. 1/5 Second — 30 Minute Register. Large hand shows fifths of a second, making one revolution in one minute. Standard Dial with Inner Decimal Track graduating minute into hundredths.

Waltham Timers are made to rigid specifications and meet U. S. Government requirements.

No. 110

Start, Stop and Flyback from Crown. 1/10 Second — 15 Minute Register. Large hand shows tenths of a second, making one revolution in 30 seconds.

1948 WALTHAM PARTS CATALOG

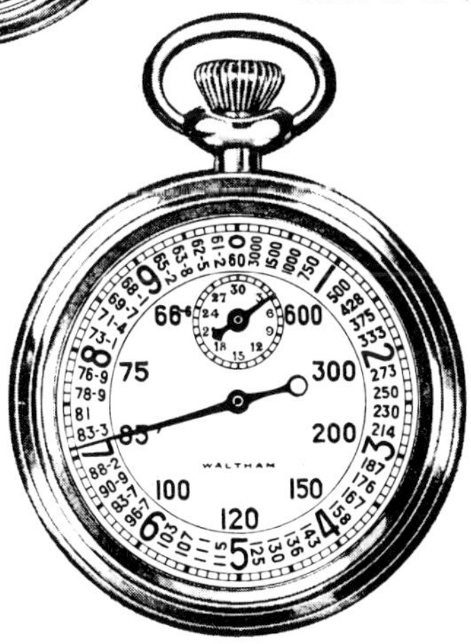

No. 107

Start, Stop and Flyback from Crown. 1/5 Second — 30 Minute Register. Large hand shows hundredths of a minute, making one revolution in one minute. Time Study Dial. Basis of Timing: 60 pieces per hour.

No. 130

Start, Stop and Flyback from Crown. 1/30 Second Frequency — 5 Minute Register. Large hand shows tenths of a second, making one revolution in 10 seconds. 1/10 Second Dial.

No. 108

Start, Stop and Flyback from Crown. 1/5 Second — 30 Minute Register. Large hand shows hundredths of a minute, making one revolution in one minute. Decimal Dial.

Waltham Timer movements are 16 size, non-magnetic and have 9 jewels. Compensation is made for temperature changes.

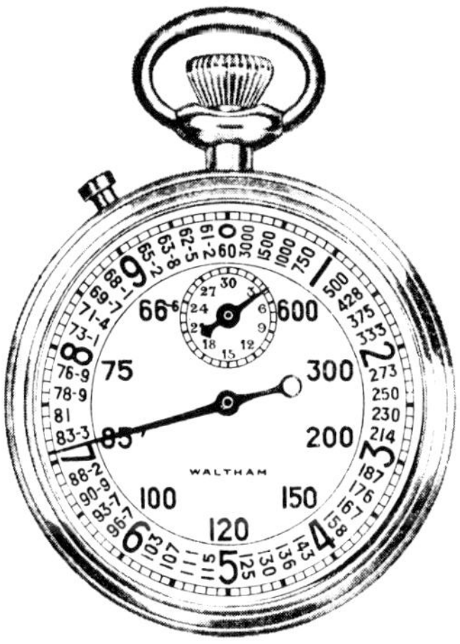

No. 207

Start and Stop from Crown; Flyback from Push Pin. Time-out. 1/5 Second — 30 Minute Register. Large hand shows hundredths of a minute, making one revolution in one minute. Time Study Dial. Basis of Timing: 60 pieces per hour.

WALTHAM AIRCRAFT CLOCK—37 SIZE—8-DAY—1942

C.D.I.A. CLOCK MATERIAL

8 Day

Center Second

24 Hour

FRONT WIND AND SET

(1)

C.D.I.A. Clock Complete, 24 Hour, 15 Jewel (about ¾ Size)

(2)

Illustrations Reduced

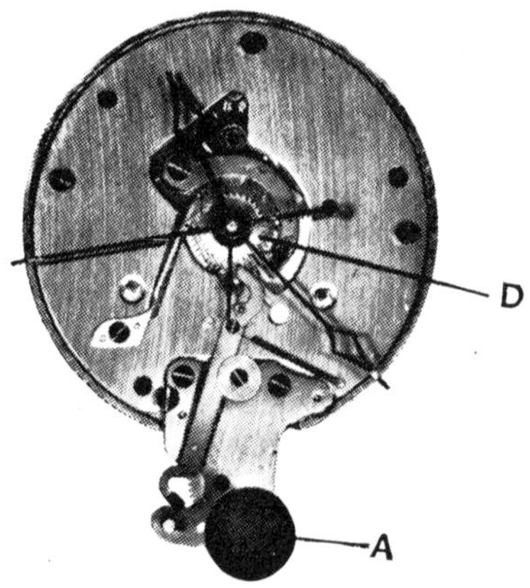

C.D.I.A. Movement Dial Side

C.D.I.A. Movement Shows Location Wind. Parts

(about ⅔ Size)

Side View

Diameter of Dial is 2¾″ O. A.
Diameter of Crystal 3″

WALTHAM AIRPLANE CLOCK NO. XP

8-Day — 37 Size — 1942 Model

WALTHAM AIRCRAFT CLOCK

(3)

Illustrations Reduced

FRONT VIEW

VIEW SHOWING WINDING PARTS

WALTHAM MODEL 12815-S-12 — Case is 3⅛″. Movement is 8 Day. Plain Crystal. (Illustrated above)

WALTHAM MODEL 12815-S-TT.-12 — Similar to above but with Elapsed Time Hands fitted to Crystal. (Illustrated on page 49)

Werknummernverzeichnis 1857–1957

Das Werknummernverzeichnis der Kleinuhrenfabrik American Waltham Watch Company in Waltham wurde einer englischsprachigen Publikation (Waltham Pocket Watch. Identification and Price Guide using Serial Numbers and Pictures of Waltham Watch Movements. By Roy Ehrhardt, Kansas City, 1976) entnommen.

Spalte 1 (Serial Number): Eingestanzte Nummer auf Waltham-Uhrwerken.

Spalte 2 (Size): Größe des Uhrwerkes.

Spalte 3 (Model): Baureihe, der das Werk zuzuzählen ist.

Spalte 4 (Grade): Handelsmarke oder Modellbezeichnung, meist abgekürzt.

Spalte 5 (Plate): Ausführung der rückwärtigen Werkplatte (Vollplatine, Dreiviertelplatine). Lépine- oder Savonnetteversion (O.F. = Open Face = Offene Uhr, Htg = Hunting = Savonnette). Bisweilen auch Hinweis auf Aufzugsart und Zeigerstellmechanismus (KW = Key Winding = Schlüssel, SW = Stem Winding = Kronenaufzug). Ab der Werknummer 1,110.001 stehen diese Angaben oft in einer eigenen Spalte Setting (Zeigerstellung). Ab Werknummer 3,306.001 heißt diese Spalte Winding (Aufzug).
Die Abkürzungen lauten:
PS = Pendant Set = Früher Kronenaufzug
LS = Lever Set = Kronenaufzug
BS = Back Set = Aufzug von der Rückseite her
WI = Winding Indicator = Anzeige der Gangreserve
POS = Position Adjusted = Präzisionsuhr

Spalte 6 (Jewels): Anzahl der Lagersteine.

Spalte 7 (Balance): Beschaffenheit der Unruh. Mit der Werknummer 1,339.901 tritt an die Stelle der Spalte Balance die Spalte Style, die Auskunft darüber gibt, ob das Werk für die Savonnette oder die offene Uhr bestimmt ist. Siehe auch Spalte 5!

Spalte 8 (Grade of Material): Qualitätsangabe.
P = Adjusted to Positions or Finest Quality = Feinste Qualität. Bei den frühen Modellen steht P für 1. Qualität.
A = Adjusted = Präzisionsuhr. Bei den frühen Modellen 2. Qualität.
U = Unadjusted = Gebrauchsuhr.

Ab der Nummer 1,098.401 gibt es durch die Einführung der Spalte Setting insgesamt 9 Spalten. Später entfällt die Spalte Plate, und es sind wieder 8 Spalten, die die wichtigsten Daten eines Waltham-Uhrwerkes enthalten.

In den letzten Jahren wurde bei Waltham von der fortlaufenden Numerierung abgegangen; es kam zu neuen Nummernserien mit Buchstabenkombinationen.

Numbers and Descriptions of Waltham Watch Movements. I

Serial Number.	Size.	Model.	Grade.	Plate.	Jewels.	Balance.	Grade of Material.
1– 1000	18		Bos.W.Co.				P
1001– 2600	18	1857	P.S.B.		7–11	Flat-Steel	A
2601– 5000	18	57	D.H.& D.			Flat-Steel	A
5001– 8100	18	57	A.T.& Co.		16–18	Gold-Exp.	P
8101– 8300	18	57	C.T.Parker			Steel-Gold	P
8301–13700	18	57	P.S.B.		7–15	Steel-Gold	A
13701–13900	18	57	Sporting		16	Steel-Gold	P
13901–14500	18	57	P.S.B.		7	Steel	A
14501–14900	18	57	Sporting		15–16	Steel-Gold	P
14901–23600	18	57	P.S.B. A.T.& Co.		7–16	Assorted	A-P
23601–24300	18	57	Watson		7	Steel	A
24301–25100	18	57	P.S.B.		7–11	Assorted	A
25101–25300	18	57	R.E.R.		11	Assorted	A
25301–25400	18	57	Specials		11–15	Gold-Exp.	A
25401–26800	18	57	P.S.B.		7–11	Steel-Gold	A
26801–27400	18	57	R.E.R.		11	Steel	A
27401–27800	18	57	P.S.B.		11	Assorted	A
27801–28200	18	57	A.T.& Co.		16	Gold-Exp.	P
28201–28700	18	57	Watson		7–11	Steel	A
28701–28710	18	57	A.W. Co.		17	Exp.	P
28711–28820	18	K.W.	A.T.& Co.	¾	17	Gold-Exp.	P
28821–28900	18	Thin	P.S.B.	¾	15	Steel	A
28901–31900	18	57	P.S.B.		7–11	Steel-Gold	A
31901–32200	18	Thin	A.T.& Co. A.W. Co.	¾	16–17	Assorted	P
32201–36100	18	57	P.S.B.		7–11	Steel-Gold	A
36101–36300	18	K.W.	A.T.& Co.	¾	15–16	Gold-Exp.	P
36301–36350	18		P.S.B.	¾	15	Gold-Steel	A
36351–36390	18		Amn.W.	¾	17	Exp.	P
36391–36500	18		A.T.& Co.	¾	15	Gold-Exp.	P
36501–39800	18	57	P.S.B, A.T.& Co.		11–15	Gold-Exp.	A-P
39801–40100	18		P.S.B.	¾	7	Steel	A
40101–40200	18		A.T.& Co.	¾	15–17	Exp.	P
40201–41800	18		P.S.B.	¾	15	Assorted	A
41801–43500	18	57	P.S.B. A.T.& Co.		7–15	Assorted	A-P
43501–44200	18		P.S.B. A.T.& Co.	¾	15	Assorted	A-P
44201–45800	10	K.W.	P.S.B. A.T.& Co.		13–15	Steel-Gold	A-P
45801–46200	10	Special	P.S.B.		13–15	Gold	A
46201–46600	18	57	Wm.E.		7–15	Steel	A
46601–48500	18	K.W.	Wm.E.	¾	7–11	Steel	A
48501–48680	18	57	Wm.E.		7–11	Steel-Exp.	A
48681–48690	18	K.W.	Wm.E.	8/4	11	Steel-Exp.	A
48691–49100	18	57	Wm.E.		7–11	Steel	A
49101–49420	18	K.W.	Wm.E.	¾	7–11	Steel	A
49421–49430	18	57	Wm.E.		11	Steel	A
49431–50000	18	K.W.	Wm.E.	¾	7–11	Steel	A
50001–50093	20	K.W.	A.W. Co.	¾	15–17	Assorted	P
50094–	16	K.W.	Am,W. Co.	¾	15	Exp.	P
50095–50100	20	K.W.	A.W. Co.	¾	7–15	Exp.	P
50101–50200	20	K.W.	A.T. Co.	¾	15	Exp.-Gold	P
50201–50300	20	K.W.	A.W. Co.	¾	17	Exp.-Gold	P
50301–50400	16	K.W.	A.W. Co.	¾	17	Exp.	P
50401–50500	16	K.W.	A.T.& Co.	¾	15	Gold-Exp.	P
50501–51100	18	57	Wm. E.		7–11	Steel	A
51101–51700	18	K.W.	Wm. E.	¾	7–11	Steel	A
51701–52300	18	57	P.S.B.		7	Steel	A
52301–52400	18	K.W.	Wm.E.	¾	7	Steel	A
52401–52700	18	57	Wm.E.		7	Steel	A
52701–53000	18	K.W.	Wm.E.	¾	7–11	Steel	A
53001–53100	18	57	Wm.E.		7	Steel	A
53101–53200	18	K.W.	Wm.E.	¾	11	Steel	A
53201–53600	10	K.W.	P.S.B.		7–13	Gold	A
53601–54000	18	57	A.T.& Co.		15	Gold-Exp.	P
54001–54100	10	K.W.	P.S.B.		13	Gold	A
54101–55000	18	57	Wm.E.		7–11	Steel	A
55001–55500	16	K.W.	A.T.& Co.	¾	15–17	Assorted	P
55501–56600	18	57	Wm.E.		7–11	Steel	A
56601–58300	18	57	P.S.B. A.T.& Co.		7–15	Assorted	A-P
58301–58400	10	K.W.	P.S.B.	¾	13	Gold	A
58401–59800	18	57	Wm.E.		7–11	Steel	A

Serial Number.	Size.	Model.	Grade.	Plate.	Jewels.	Balance.	Grade of Material.
59801–60600	18	K.W.	Wm.E.	¾	7–11	Steel	A
60601–62100	18	57	Wm.E.		7–11	Steel	A
62101–62110	18	K.W.	Wm.E.	¾	7	Steel	A
62111–63540	18	57	P.S.B. Wm.E.		7–11	Steel	A
63541–63550	18	K.W.	Wm.E.	¾	7	Steel	A
63551–64300	18	57	Wm.E.		7–11	Steel	A
64301–64800	18	57	A.T.& Co.		15	Gold-Exp.	P
64801–65600	18	K.W.	Wm.E.	¾	7–11	Steel	A
65601–66000	18	57	P.S.B.		7	Steel	A
66001–66500	16	K.W.	A.T.& Co.	¾	15	Gold-Exp.	P
66501–67500	18	K.W.	Wm.E.	¾	7–11	Steel	A
67501–70000	18	57	P.S.B. Wm.E.		7–11	Steel	A
70001–70500	18	K.W.	Wm.E.	¾	7	Steel	A
70501–71500	18	57	P.S.B. Wm.E.		7–11	Steel	A
71501–71800	18	K.W.	Wm.E.	¾	7–11	Steel	A
71801–72200	10	K.W.	P.S.B.		7	Gold	A
72201–73000	18	57	Wm.E.		7–11	Steel	A
73001–73800	18	K.W.	Wm.E.	¾	7–11	Steel	A
73801–75000	18	57	P.S.B. Wm.E.		7–11	Steel	A
75001–75600	16	K.W.	A.T.& Co.	¾	15	Gold-Exp.	P
75601–77400	18	57	P.S.B. Wm.E.		7–11	Steel	A
77401–78300	18	K.W.	Wm.E.	¾	7–11	Steel	A
78301–80000	18	57	P.S.B. Wm.E.		7–11	Assorted	A
80001–80200	20	K.W.	A.T.& Co.	¾	15–17	Gold-Exp.	P
80201–80500	16	K.W.	A.T.& Co.	¾	15	Gold-Exp.	P
80501–84200	18	57	P.S.B. Wm.E.		7–11	Steel	A
84201–84700	18	K.W.	Wm.E.	¾	7–11	Steel	A
84701–85200	18	57	A.T.& Co.		15	Gold-Exp.	P
85201–87900	18	57	Wm.E.		7–11	Steel	A
87901–88000	10	K.W.	A.T.& Co.		15	Gold-Exp.	P
88001–88100	10	K.W.	P.S.B.		7	Gold	A
88101–88200	18	57	Wm.E.		7	Gold	A
88201–88300	10	K.W.	P.S.B.		13	Gold	A
88301–88800	18	57	P.S.B. Wm.E.		11	Gold	A
88801–89300	18	K.W.	Wm.E.	¾	7	Steel	A
89301–90800	18	57	P.S.B. Wm.E.		7–11	Steel	A
90801–91300	18	57	Wm.E.		7	Steel	A
91301–91800	18	K.W.	Wm.E.	¾	7	Steel	A
91801–95400	18	57	P.S.B. Wm.E.		7–11	Steel	A
95401–95900	18	K.W.	Wm.E.	¾	7	Steel	A
95901–98100	18	57	P.S.B. Wm.E.		7–11	Gold-Steel	A
98101–98900	18	57	A.T.& Co.		7–15	Gold-Exp.	P
98901–99300	10	K.W.	P.S.B.		7–13	Gold	A
99301–99400	10	K.W.	A.T.& Co.		15	Gold-Exp.	P
99401–100000	18	57	Wm.E.		7	Steel	A
100001–100700	16	K.W.	A.T.& Co.	¾	15	Exp.	P
100701–101000	20	K.W.	A.T.& Co.	¾	15	Exp.	P
101001–102430	18	K.W.	P.S.B. Wm.E.	¾	7–11	Assorted	A
102431–103400	18	57	P.S.B. Wm.E.		7–11	Assorted	A
103401–104000	18	K.W.	Wm.E.	¾	7	Steel	A
104001–107000	18	57	P.S.B. Wm.E.		7–15	Assorted	A
107001–108000	18	57	A.T.& Co.		15	Assorted	P
108001–108400	18	K.W.	Wm.E.	¾	7	Steel	A
108401–110000	18	57	P.S.B. Wm.E.		7–11	Assorted	A
110001–110500	10	K.W.	P.S.B.	¾	7–13	Gold	A
110501–110600	10	K.W.	A.T.& Co.	¾	15	Gold-Exp.	P
110601–111600	18	57	Wm.E.		7–11	Steel	A
111601–112200	18	K.W.	Wm.E.	¾	7–11	Steel	A
112201–115000	18	57	P.S.B. Wm.E.		7–11	Steel	A

Numbers and Descriptions of Waltham Watch Movements.

Serial Number.	Size.	Model.	Grade.	Plate.	Jewels.	Balance.	Grade of Material.
115001-116000	18	K.W.	Wm.E.	¾	7-11	Steel	A
116001-118000	18	57	P.S.B. / Wm.E.		7-11	Assorted	A
118001-119000	18	57	A.T.&Co.		15	Assorted	A
119001-120000	18		P.S.B.		7-11	Steel-Gold	P
120001-120500	10	K.W.	P.S.B.		7-13	Gold	A
120501-121500	18	57	Wm.E.		7-11	Steel	A
121501-123300	18	K.W.	Wm.E.	¾	7-11	Steel	A
123301-125000	18	57	P.S.B.		7-11	Assorted	A
125001-125400	20	K.W.	A.T.&Co.	¾	15	Exp.	P
125401-125500	16	K.W.	A.W.Co.	¾	17	Exp.	P
125501-125800	18	57	P.S.B.		11	Assorted	A
125801-126300	10	K.W.	P.S.B.		7	Gold	A
126301-128300	18	57	P.S.B. / Wm.E.		7-11	Steel	A
128301-128600	10	K.W.	P.S.B.		13	Gold	A
128601-129600	18	57	Wm.E.		7-11	Steel	A
129601-130600	18	K.W.	Wm.E.	¾	7-11	Steel	A
130601-132600	18	57	Wm.E. / P.S.B.		7-11	Assorted	A
132601-133600	18	57	A.T.&Co.		15	Exp.-Gold	P
133601-134600	18	57	Wm.E.		7-11	Steel	A
134601-134900	10	K.W.	P.S.B.		13	Gold	A
134901-135000	10	K.W.	A.T.&Co.		15	Exp.-Gold	P
135001-135200	10	K.W.	P.S.B.		7	Gold	A
135201-138200	18	57	Wm.E. / P.S.B.		7-11	Assorted	A
138201-139200	18	K.W.	Wm.E.	¾	11	Steel	A
139201-140000	18	57	Wm.E.		7-11	Steel	A
140001-14050c	16	K.W.	A.T.&Co.	¾	15	Exp.	P
140501-141700	18	57	P.S.B. / Wm.E.		7	Steel	A
141701-142300	10	K.W.	P.S.B.		7-13	Gold	A
142301-150000	18	57	P.S.B. / Wm.E.		7-11	Steel	A
150001-150100	20	K.W.	A.W.Co.	¾	17	Exp.	P
150101-150500	16	K.W.	A.T.&Co.	¾	15	Exp.	P
150501-158800	18	57	P.S.B. / Wm.E.		11	Steel	A
158801-159300	10	K.W.	P.S.B.		13	Gold-Exp.	A
159301-159400	10	K.W.	A.T.&Co.		15	Exp.	P
159401-159800	10	K.W.	P.S.B.		7	Gold	A
159801-163800	18	57	P.S.B. / Wm.E.		7-11	Assorted	A
163801-164800	18	57	A.T.&Co.		15	Assorted	P
164801-167800	18	57	P.S.B. / Wm.E.		11	Assorted	A
167801-168800	18	57	A.T.&Co.		15	Gold-Exp.	P
168801-170200	18	57	P.S.B.		15	Assorted	A
170201-170500	16	K.W.	A.T.&Co.	¾	15	Exp.	P
170501-172300	18	57	P.S.B.		11	Assorted	A
172301-173300	10	K.W.	P.S.B. / A.T.&Co.		13-15	Gold-Exp.	A-P
173301-175000	10	K.W.	P.S.B.		11	Assorted	A
175001-175200	16	K.W.	A.T.&Co.	¾	15	Exp.	P
175201-175700	20	K.W.	A.T.&Co.	¾	15	Exp.	P
175701-176000	16	K.W.	A.T.&Co.	¾	15	Exp.	P
176001-181300	18	57	P.S.B. / Wm.E.		7-11	Steel	A
181301-182300	10	K.W.	P.S.B.	¾	7-13	Gold	A
182301-189300	18	57	P.S.B. / Wm.E.		7-11	Assorted	A
189301-190000	10	K.W.	P.S.B.		7-13	Gold	A
190001-190300	16	K.W.	A.T.&Co.	¾	15	Exp.	P
190301-190400	16	K.W.	A.W.Co.	¾	17	Exp.	P
190401-190500	20	K.W.	A.T.&Co.	¾	15	Exp.	P
190501-200000	18	57	P.S.B. / Wm.E.		11-15	Steel	A
200001-200150	20	K.W.	A.T.&Co.	¾	15-17	Exp.	P
200151-200500	16		A.T.&Co.	¾	15	Exp.	P
200501-210000	18	57	P.S.B. / Wm.E.		7-15	Steel	A
210001-210500	16	K.W.	A.T.&Co.	¾	15-17	Exp.	P
210501-220000	18	57	P.S.B. / Wm.E.		7	Steel	A

Serial Number.	Size.	Model.	Grade.	Plate.	Jewels	Balance.	Grade of Material.
220001-220500	16	K.W.	A.T.&Co.	¾	15	Exp.	P
220501-221000	18	57	Wm.E.		11	Assorted	A
221001-222000	18	57	A.T.&Co.		15	Assorted	A
222001-233000	18	57	P.S.B.		7-11	Assorted	A
233001-233700	10	K.W.	P.S.B.	¾	13	Gold	A
233701-234000	10	K.W.	A.T.&Co.	¾	15	Exp.	P
234001-250000	18	57	P.S.B. / Wm.E.		7-11	Assorted	A
250001-250500	20	K.W.	A.T.&Co.	¾	15-17	Exp.	P
250501-251000	16	K.W.	A.T.&Co.	¾	15	Exp.	P
251001-252000	18	57	P.S.B.		11	Assorted	A
252001-253000	18	57	A.T.&Co.		15	Assorted	P
253001-254000	10	K.W.	P.S.B.	¾	13-15	Exp.	A
254001-265000	18	57	P.S.B. / Wm.E.		7-11	Steel	A
265001-266000	18	57	A.T.&Co.		15	Exp.	P
266001-267000	10	K.W.	P.S.B.	¾	13	Gold	A
267001-279000	18	57	P.S.B. / Wm.E.		7-15	Steel	A
279001-280000	18	57	A.T.&Co.		15	Assorted	P
280001-281000	16	K.W.	A.T.&Co.	¾	15	Exp.	P
281001-283000	18	57	P.S.B.		11	Assorted	A
283001-284000	18	57	Home		7-11	Steel	A
284001-288000	18	57	P.S.B.		7-15	Exp.	A
288001-288400	10	K.W.	P.S.B.	¾	13	Gold	A
288401-288600	10	K.W.	A.T.&Co.	¾	15	Exp.	P
288601-289000	10	K.W.	P.S.B.	¾	13	Gold	A
289001-300000	18	57	Home / P.S.B.		7-15	Gold-Steel	A
300001-300500	16	K.W.	A.T.&Co.	¾	15	Exp.	P
300501-301000	20	K.W.	A.T.&Co. / Am.W.Co.	¾	15	Exp.	P
301001-304000	18	57	Home / P.S.B.		7-15	Exp.-Steel	A
304001-305000	18	57	A.T.&Co.		15	Exp.-Gold	P
305001-311000	18	57	Home / P.S.B.		7-15	Exp.-Steel	A
311001-312000	18	57	A.T.&Co.		15	Exp.-Gold	P
312001-312800	10	K.W.	P.S.B.	¾	13	Gold	A
312801-313000	10	K.W.	A.T.&Co.	¾	15	Exp.	P
313001-328000	18	57	Home / P.S.B.		7-15	Assorted	A
328001-328800	10	K.W.	P.S.B.	¾	13	Gold	A
328801-329000	10	K.W.	A.T.&Co.		15	Exp.	P
329001-330000	18	57	Home		11	Steel	A
330001-331000	16	K.W.	A.T.&Co.	¾	15	Exp.	P
331001-332000	18	57	Home		7	Steel	A
332001-334000	18	57	P.S.B. / Wm.E.		11	Steel	A
334001-335000	18	57	W.W.Co.		15	Exp.	P
335001-336000	18	57	A.T.&Co.		15	Exp.-Gold	P
336001-340000	18	57	Home / P.S.B.		7-15	Exp.-Steel	A
340001-341000	18	57	Wm.E.		11	Exp.-Gold	A
341001-342000	18	57	W.W.Co.		15	Exp.-Steel	P
342001-343000	18	57	A.T.&Co.		15	Assorted	P
343001-354000	18	57	Home / P.S.B.		7-15	Exp.-Steel	A
354001-354800	10	K.W.	P.S.B.	¾	13-15	Gold	A
354801-355000	10	K.W.	A.T.&Co.	¾	15	Exp.	P
355001-359000	18	57	Home / P.S.B.		11	Exp.-Steel	A
359001-360000	18	57	A.T.&Co.		15	Exp.	P
360001-361000	16	K.W.	A.T.&Co. / Am.W.Co.	¾	15	Exp.	P
361001-365000	18	57	P.S.B. / Wm.E.		7-11	Exp.-Steel	A
365001-366000	18	57	A.T.&Co.		15	Exp.-Gold	P
366001-369000	18	57	P.S.B. / Wm.E.		7-11	Exp.-Steel	A
369001-370000	18	57	Home		7	Steel	A
370001-370500	10	K.W.	A.T.&Co.	¾	15	Exp.	P
370501-377000	18	57	P.S.B. / Wm.E.		7-15	Assorted	A
377001-378000	18	57	Home		7	Steel	A

Serial Number.	Size.	Model.	Grade.	Plate.	Jewels.	Balance.	Grade of Material.
378001–379000	18	57	W.W.Co.		15	Steel	P
379001–380000	18	57	P.S.B. / Wm.E.		11	Exp.-Steel	A
380001–380500	16		A.T.&Co.	¾	15	Exp.	P
380501–380590	18	57	P.S.B. / W.W.Co.		15	Assorted	A-P
380591–388000	18	57	P.S.B. / Wm.E.		7–15	Assorted	A
388001–388500	10	K.W.	A.T.&Co.	¾	15	Exp.	P
388501–399000	18	57	P.S.B. / Wm.E.		7–15	Assorted*	A
399001–400000	10	K.W.	P.S.B. / A.T.&Co.	¾	11	Exp.	A
400001–400500	16	K.W.	Amn W.Co.	¾	11	Exp.	A
400501–401000	20	K.W.	Amn W.Co.	¾	11	Exp.	A
401001–407000	18	57	Wm.E. / P.S.B.		7–11	Assorted	A
407001–408000	10	K.W.	P.S.B. / A.T.&Co.	¾	11	Gold-Exp.	A-P
408001–409000	18	57	P.S.B.		11	Assorted	A
409001–410000	18	57	Wm.E.		7	Steel	A
410001–411000	16	68	A.T.&Co. / AmnW.Co	¾	15–17	Exp.	P
411001–420000	18	57	W.W.Co. / P.S.B.		7–15	Assorted	A
420001–421000	16	68	AmnW.Co / A.W.Co.	¾	15–17	Exp.	P
421001–425000	18	57	W.W.Co. / P.S.B.		11–15	Assorted	A
425001–427000	18	57	W.W.Co. / Home		7–15	Steel	A
427001–429000	18	57	P.S.B.		11	Assorted	A
429001–430000	18	57	A.T.&Co.		15	Exp.	P
430001–435000	18	57	P.S.B. / W.W.Co.		7–15	Assorted	A
435001–436000	10	K.W.	P.S.B. / A.T.&Co.	¾	15	Gold	A-P
436001–437000	18	57	W.W.Co.		15	Exp.	P
437001–440000	18	57	P.S.B. / Home		7–11	Steel	A
440001–443000	18	57	W.W.Co. / A.T.&Co.		15	Exp.	P
443001–445000	18	57	P.S.B.		11	Exp.	A
445001–446000	10	K.W.	P.S.B. / A.T.&Co.	¾	15	Gold	A-P
446001–447000	18	57	W.W.Co.		15	Exp.	P
447001–450000	18	57	Home / A.T.&Co.		7–15	Steel	A-P
450001–452000	18	57	Wm.E.		11	Exp.-Steel	A
452001–454000	18	57	Home / W.W.Co.		7–15	Steel	A-P
454001–455000	10	K.W.	P.S.B. / A.T.&Co.	¾	15	Gold	A-P
455001–456000	18	57	W.W.Co.		15	Exp.	P
456001–458000	18	57	Wm.E. / Home		7–11	Steel	A
458001–459000	18	57	P.S.B.		11	Exp.	A
459001–460000	18	57	A.T.&Co.		15	Steel	P
460001–463000	18	57	Wm.E. / Home		7–11	Steel	A
463001–464000	18	57	W.W.Co.		15	Exp.	P
464001–465000	10	K.W.	P.S.B. / A.T.&Co.	¾	15	Gold	A-P
465001–469000	18	57	Home / P.S.B.		7–11	Exp.	A
469001–470000	18	57	A.T.&Co.		15	Exp.	P
470001–470500	16	68	A.W.Co.	¾	15	Exp.	P
470501–471200	18	57	W.W.Co. / Cres.St.		15	Exp.	P
471201–471500	18	57	Wm.E. / P.S.B.		7–11	Assorted	A
471501–474000	18	57	Wm.E. / W.W.Co.		11–15	Exp.	A-P
474001–475000	18	57	Home		7	Steel	A
475001–476000	10	K.W.	P.S.B. / A.T.&Co.	¾	15	Gold	A-P

Serial Number.	Size.	Model.	Grade.	Plate	Jewels.	Balance.	Grade of Material.
476001–479000	18	57	Home / P.S.B.		11	Exp.	A
479001–480000	18	57	Wm.E.		11	Exp.-Steel	A
480001–481000	18	57	A.T.&Co.		15	Exp.	P
481001–484000	18	57	Wm.E. / Home		7–11	Steel	A
484001–485000	18	57	P.S.B.		11	Exp.	A
485001–486000	10	K.W.	P.S.B. / A.T.&Co.	¾	15	Exp.-Gold	A-P
486001–488000	18	57	Wm.E. / P.S.B.		11	Exp.	A
488001–489000	18	57	W.W.Co.		15	Exp.	P
489001–490000	18	57	Home		7	Steel	A
490001–491000	18	57	A.T.&Co.		15	Exp.	P
491001–493000	18	57	Wm.E. / P.S.B.		11	Exp.	A
493001–495000	18	57	P.S.B. / Home		11	Steel	A
495001–496000	10	K.W.	P.S.B. / A.T.&Co.	¾	15	Gold	A-P
496001–499000	18	57	Home / Wm.E.		7–11	Exp.-Steel	A
499001–500000	18	57	A.T.&Co.		15	Steel	P
500001–502000	18	1870 Ser.B	A.W.Co. / Cres.St.		15–17	Exp.	P
502001–503000	18	57	A.T.&Co.		15	Exp.	P
503001–506000	18	57	P.S.B. / Home		11	Steel	A
506001–508000	18	57	Home		7	Steel	A
508001–509000	10	57	P.S.B. / A.T.&Co.		15	Exp.-Gold	A-P
509001–512000	18	57	P.S.B. / Wm.E.		7–11	Steel	A
512001–513000	18	57	A.T.&Co.		15	Exp.	P
513001–517000	18	57	Wm.E. / P.S.B.		7–11	Steel-Exp.	A
517001–518000	10	K.W.	P.S.B. / A.T.&Co.	¾	15	Gold-Exp.	A-P
518001–519000	18	57	P.S.B.		11	Exp.	A
519001–520000	18	57	Home		7	Steel	A
520001–521000	18	Ser.A	Cres.St.		15	Exp.	P
521001–523000	18	57	P.S.B. / Wm.E.		11	Assorted	A
523001–524000	18	57	A.T.&Co.		15	Exp.	P
524001–525000	18	57	Wm.E.		7–11	Assorted	A
525001–526000	14	K.W.	Adams St.	¾	11	Gold	A
526001–527000	18	57	P.S.B.		11	Assorted	A
527001–529000	18	57	Home		7	Steel	A
529001–530000	10	K.W.	P.S.B. / A.T.&Co.	¾	15	Exp.-Gold	A-P
530001–533000	18	57	P.S.B. / Wm.E.		7–11	Exp.-Steel	A
533001–534000	18	57	Home		7	Steel	A
534001–535000	14	K.W.	Cres.Gar.	¾	7–15	Assorted	P
535001–536000	18	57	A.T.&Co.		15	Exp.	P
536001–538000	18	57	P.S.B. / Wm.E.		11	Assorted	A
538001–540000	18	57	Home		7–11	Steel	A
540001–541000	10	K.W.	P.S.B. / A.T.&Co.	¾	15	Exp.-Gold	A-P
541001–542000	18	57	W.W.Co.		15	Exp.	P
542001–544000	18	57	P.S.B. / Wm.E.		11	Exp.-Steel	A
544001–545000	18	57	Home		7–11	Steel	A
545001–545800	14	K.W.	Cres.Gar.	¾	15	Assorted	P
545801–546000	14	K.W.	Adams St.	¾	7	Steel	A
546001–547000	18	57	A.T.&Co.		15	Exp.	P
547001–548100	14	K.W.	Adams St.	¾	11	Exp.-Gold	A
548101–548600	18	57	Broadway		7	Nickel	A
548601–549000	14	K.W.	A.W.Co.	¾	7	Steel	A
549001–550000	18	57	P.S.B.		11	Exp.	A
550001–555000	18	1870 SerB	Cres. St.		15	Exp.	P
555001–556000	18	57	P.S.B. / Wm.E.		7–15	Exp.-Steel	A
556001–558000	18	57	Home		7–11	Steel	A

Numbers and Descriptions of Waltham Watch Movements.

Serial Number.	Size.	Model.	Grade.	Plate.	Jewels.	Balance.	Grade of Material.
558001–559000	10	K.W.	P.S.B.	¾	15	Exp.-Gold	A
559001–561000	18	57	P.S.B. Wm.E.		11	Exp.-Steel	A
561001–563000	18	57	Home		7–11	Steel	A
563001–565000	14	K.W.	Adams St.	¾	7–11	Assorted	A
565001–566000	18	57	A.T.&Co.		15	Exp.	P
566001–569000	18	57	Home Wm.E.		7–11	Exp.-Steel	A
569001–570000	18	57	P.S.B.		11	Exp.	A
570001–571000	14	K.W.	Adams St.	¾	7–11	Exp.-Steel	A
571001–572000	10	K.W.	P.S.B. A.T.&Co.	¾	15	Exp.-Gold	A-P
572001–575000	18	57	Home P.S.B.		7–11	Exp.	A
575001–577000	14	K.W.	Adams St.	¾	7–11	Exp.-Steel	A
577001–578000	18	57	A.T.&Co.		15	Exp.	P
578001–582000	18	57	Home P.S.B.		7–11	Steel-Exp.	A
582001–584000	14	K.W.	Adams St.	¾	7–11	Exp.-Steel	A
584001–588000	18	57	P.S.B. Home		7–11	Exp.-Steel	A
588001–589500	14	K.W.	Adams St.	¾	7–11	Assorted	A
589501–590000	14	K.W.	Cres.Gar.	¾	15	Exp.	P
590001–591000	10	K.W.	P.S.B.	¾	15	Exp.	A
591001–595000	18	57	Home P.S.B.		7–15	Exp.-Steel	A
595001–596500	14	K.W.	Adams St.	¾	7–11	Assorted	A
596501–596900	14	K.W.	Cres. Gar.	¾	15	Exp.	P
596901–597000	18	57	Broadway		7	Nickel	A
597001–598000	18	57	W.W. Co.	SW.	15	Exp.	P
598001–600000	18	57	P.S.B.		11	Exp.	A
600001–600500	16	72	Amn W.Co.	¾	15	Exp.	P
600501–602000	18	Ser.A	Cres. St.		15	Exp.	P
602001–603000	18	57	W.W. Co.		15	Exp.	P
603001–604000	18	57	Wm.E.		11	Exp.	A
604001–605000	18	57	Home		7	Steel	A
605001–606400	14	K.W.	Adams St.	¾	7–11	Steel-Exp.	A
606401–606430	18	57	Broadway		7	Nickel	A
606431–606450	14	K.W.	Adams St.	¾	7	Exp.	A
606431–606450	18	57	Broadway		7	Nickel	A
606451–607000	18	57	Broadway		7	Nickel	A
607001–613000	18	57	P.S.B. Wm.E.		7–15	Exp.-Steel	A
613001–613700	14	K.W.	Adams St.	¾	11	Exp.-Steel	A
613701–614000	18	57	Broadway		7	Nickel	A
614001–619000	18	57	P.S.B.		11–15	Exp.-Steel	A
619001–620000	18	57	Wm.E.		7	Steel	A
620001–621000	18	57	Broadway		7	Nickel	A
621001–625000	18	57	P.S.B.		11–15	Exp.-Steel	A
625001–626000	16	72	Park Road	¾	15	Exp.	A
626001–627000	18	1870 SerB	Cres. St.		15	Exp.	P
627001–629000	18	57	Home Wm.E.		7	Steel	A
629001–630000	18	57	Broadway		7	Nickel	A
630001–633000	18	57	P.S.B. Wm.E.		11	Exp.-Steel	A
633001–635000	18	57	W.W.Co.		15	Exp.	P
635001–639000	18	57	Home P.S.B.		7–11	Steel	A
639001–641000	18	57	W.W.Co.		15	Exp.	P
641001–643000	18	57	Home Wm.E.		7	Steel	A
643001–649000	18	57	Wm.E. P.S.B.		11	Assorted	A
649001–650000	18	57	Home		7–11	Steel	A
650001–651000	18	1870 SerB	Cres.St.	SW.	15	Exp.	P
651001–656000	18	57	Wm.E. P.S.B.		11	Assorted	A
656001–658000	18	57	Home		7–11	Steel	A
658001–660000	18	57	Wm.E. P.S.B.		11	Exp.-Steel	A
660001–661000	18	57	Home		7–11	Steel	A
661001–662000	18	57	W.W.Co.		15	Exp.	P

Serial Number.	Size.	Model.	Grade.	Plate.	Jewels.	Balance.	Grade of Material.
662001–666000	18	57	Home P.S.B.		7–11	Exp.	A
666001–670000	18	57	Wm.E. P.S.B.		11	Exp.-Steel	A
670001–671000	16	72	A.W.Co.	¾	15–17	Exp.	P
671001–673000	18	1870 SerB	Cres.St.		15	Exp.	P
673001–676000	18	57	Home P.S.B.		7–11	Exp.	A
676001–680000	18	57	Wm.E. P.S.B.		11	Exp.-Steel	A
680001–682000	18	57	Home		7–11	Steel	A
682001–686000	18	57	Wm.E. P.S.B.		11	Assorted	A
686001–690000	18	57	P.S.B. Home		7–11	Steel	A
690001–691000	18	1870 SerB	Cres.St.		15	Exp.	P
691001–692000	8	73	Riverside A.W.Co.	¾	15	Exp.	P
692001–694000	18	57	Wm.E. P.S.B.		11	Exp.-Steel	A
694001–695000	18	57	W.W.Co.		15	Exp.	P
695001–695500	18	57	Wm.E. P.S.B.		11	Exp.	A
695501–695800	18	57	W.W.Co.		15	Exp.	P
695801–696500	18	57	P.S.B. Wm.E.		7	Steel	A
696501–697100	18	57	Home		7–11	Exp.-Steel	A
697101–701000	18	57	Wm.E. P.S.B.		11	Assorted	A
701001–702000	18	57	Home		7–11	Steel	A
702001–703000	10	K.W.	P.S.B. A.T.&Co.	¾	15	Gold	A-P
703001–707000	18	57	Wm.E. P.S.B.		11	Exp.-Steel	A
707001–709000	18	57	W.W.Co.	SW.	15	Exp.	P
709001–712000	18		Wm.E. P.S.B.		11	Exp.-Steel	A
712001–717000	18	·	P.S.B. Home		7–11	Steel	A
717001–718000	18	57	A.T.&Co.		15	Exp.	P
718001–719000	10	K.W.	P.S.B. A.T.&Co.	¾	15	Exp.	A-P
719001–720000	18	57	Home		7	Steel	A
720001–721500	8	73	A.W.Co.	¾	15	Exp.	P
721501–721950	14	74	Riverside	¾	7–15	Exp.	P
721951–722000	14	74	A.W.Co.	¾	15	Exp.	P
722001–726000	18	57	P.S.B. Home		7	Steel	A
726001–728000	18		Home Wm.E.		7–11	Exp.	A
728001–732000	18		Wm.E. P.S.B.		7–11	Exp.-Steel	A
732001–734000	10	K.W.	P.S.B. A.T.&Co.	¾	15	Exp.-Gold	A-P
734001–735000	18	57	Home		7	Steel	A
735001–737000	18	57	Wm.E. P.S.B.		11	Exp.	A
737001–738000	18	57	Home		7	Steel	A
738001–741000	18	57	Wm.E. P.S.B.		7	Exp.-Steel	A
741001–742000	18	57	W.W.Co.		15	Exp.	P
742001–743000	18	57	Wm.E.		11	Exp.-Steel	A
743001–744000	10	K.W.	P.S.B.	¾	15	Exp.-Gold	A
744001–745000	18	57	W.W.Co.		15	Exp.	P
745001–746000	18	57	Wm.E.		7	Exp.-Steel	A
746001–747000	18	57	Home		7	Steel	A
747001–748000	18	57	P.S.B.		11	Exp.	A
748001–749000	18	57	A.T.&Co.		15	Exp.	P
749001–749500	18	57	Home	SW.	11	Steel	A
749501–750000	18	57	Broadway		7	Nickel	A
750001–751000	16	72	Park Road	¾	15	Exp.	P
751001–755000	18	57	Wm.E.		7–11	Exp.-Steel	A
755001–756000	10	K.W.	P.S.B. A.T.&Co.	¾	15	Exp.-Gold	A-P

Serial Number.	Size.	Model.	Grade.	Plate.	Jewels.	Balance.	Grade of Material.
756001–758000	18	57	Home	SW.	7–11	Steel	A
758001–759000	10	K.W.	Wm.E.	¾	7–11	Exp.	A
759001–759500	18	57	Wm.E.	SW.	7–11	Exp.-Steel	A
759501–759800	18	57	W.W.Co.	SW.	15	Exp.	P
759801–760000	18	57	A.T.&Co.		15	Exp.	P
760001–762000	18	57	Home		7–11	Steel	A
762001–762500	18	57	Wm.E. P.S.B.		7–11	Steel	A
762501–762700	18	57	W.W.Co.		15	Steel	P
762701–763000	18	57	A.T.&Co.		15	Steel	P
763001–765000	18	57	Home		7–11	Steel	A
765001–766000	18	57	A.T.&Co		15	Exp.	P
766001–767800	10	K.W.	Wm.E.	¾	7–15	Exp.	A
767801–768000	10	K.W.	P.S.B. A.T.&Co.	¾	15	Exp.	A-P
768001–769000	18	57	Wm.E.		7–11	Exp.-Steel	A
769001–770000	18	57	Home		7–11	Steel	A
770001–771000	18	1870 SerB	Cres.St.	SW.	15	Exp.	P
771001–771300	18	57	Wm.E. P.S.B.		7–11	Exp.	A
771301–771400	14	K.W.	Cres.Gar.	¾	7–11	Exp.-Nkl.	A
771401–771600	18	57	Wm.E. P.S.B.		7–11	Exp.	A
771601–771700	18	57	W.W.Co.		15	Exp.	P
771701–771800	10	K.W.	Wm.E.	¾	15	Exp.	A
771801–771900	18	57	Wm.E.		7	Gold	A
771901–772000	18	57	W.W.Co.		15	Exp.	P
772001–773000	10	K.W.	Wm.E.		7–11	Exp.	A
773001–773100	14	K.W.	Cres.Gar.	¾	15	Exp.	P
773101–773200	18	57	Broadway		7	Nickel	A
773201–774000	14	K.W.	Cres.Gar.	¾	7–11	Assorted	A
774001–775000	18	57	Home		7–11	Steel	A
775001–775500	18	57	P.S.B.		11	Exp.	A
775501–775800	18	57	W.W.Co.		15	Exp.	P
775801–776000	18	57	Wm.E.		7–11	Exp.	A
776001–777000	18	57	W.W.Co.		15	Exp.	P
777001–778600	18	57	Wm.E. P.S.B.		7–11	Assorted	A
778601–778800	18	57	W.W.Co.		15	Exp.	P
778801–779000	18	57	A.T.&Co.		15	Exp.	P
779001–779500	10	K.W.	Wm.E. P.S.B.	¾	7–15	Exp.	A
779501–779800	18	57	Wm.E.		7–11	Steel-Exp.	A
779801–780000	18	57	W.W.Co.		11	Exp.	A
780001–781000	8	73	Riverside	¾	7–11	Exp.	A
781001–781500	14	74	A.W.Co.	¾	16	Exp.	P
781501–782000	14	74	Riverside	¾	11	Exp.	A
782001–783000	18	57	Home		7–11	Steel	A
783001–784800	18	57	Wm.E. P.S.B.		7–11	Exp.-Steel	A
784801–784900	18	57	W.W.Co.		15	Exp.	P
784901–785000	18	57	A.T.&Co.		15	Exp.	P
785001–785300	14	K.W.	Cres.Gar.	¾	7	Exp.	A
785301–785500	18	57	Broadway		7	Nickel	A
785501–785800	10	K.W.	Wm.E.	¾	7–11	Exp.	A
785801–786000	10	K.W.	P.S.B.	¾	15	Exp.	A
786001–786500	18	57	A.T.&Co.		15	Exp.	P
786501–787800	18	57	Wm.E. P.S.B.		7–11	Exp.-Steel	A
787801–788000	18	57	W.W.Co.		15	Exp.	P
788001–789000	18	57	Home		7–11	Steel	A
789001–789500	10	K.W.	Wm.E. P.S.B.	¾	7–11	Exp.	A
789501–790000	14	K.W.	Cres.Gar.	¾	7–11	Exp.	A
790001–792000	8	73	Riverside	SW.	7–15	Exp.	A
792001–792028	14	74	Riverside	SW.	7	Exp.	A
792029–792030	14	74	A.W.Co.	O.F.	16	Exp.	P
792031–792625	14	74	Riverside	SW.	11	Exp.	A
792626–792640	14	74	A.W.Co.	SW.	16	Exp.	P
792641–793000	14	74	Riverside	SW.	7–11	Exp.	A
793001–794800	18	57	Wm.E. P.S.B.		7–11	Exp.-Steel	A
794801–795000	18	57	W.W.Co.		15	Exp.	P
795001–796000	18	57	Home		7–11	Steel	A
796001–796500	14	K.W.	Cres.Gar.	¾	7–11	Exp.-Gold	A
796501–797000	10	K.W.	Wm.E. P.S.B.	¾	7–15	Exp.	A
797001–798000	18	57	Wm.E. P.S.B.	SW.	7–11	Exp.	A
798001–798200	10	K.W.	A.T.&Co.	¾	15	Exp.	P
798201–799000	10	K.W.	Wm.E. P.S.B.	¾	7–11	Exp.-Nkl.	A
799001–800000	18	57	A.T.&Co.		15	Exp.	P
800001–803000	18	57	Home Broadway		7–11	Steel	A
803001–804000	14	K.W.	Cres.Gar.	¾	7–11	Exp.-Steel	A
804001–805000	18	57	Sterling		7	Steel	A
805001–807000	18	57	Home P.S.B.		7–11	Assorted	A
807001–808000	10	K.W.	P.S.B. A.T.&Co.	¾	7–15	Gold-Exp.	A-P
808001–809000	18	57	W.W.Co.		15	Assorted	P
809001–812000	18	57	Sterling		7–11	Assorted	A
812001–813000	18	57	P.S.B. Wm.E.		7–11	Exp.	A
813001–814000	14	K.W.	Cres.Gar.	¾	7–11	Exp.	A
814001–815000	18	57	Broadway Wm.E.		7	Steel	A
815001–816000	10	K.W.	P.S.B. A.T.&Co.	¾	7–15	Nkl.-Exp.	A-P
816001–816400	18	57	A.T.&Co. Amn W Co		15	Exp.	P
816401–816500	18	57	Broadway		7	Nickel	A
816501–816800	18	57	Martyn Sq.		7–11	Nickel	A
816801–817000	18	57	Cres.Park MartynSq.		15	Exp.-Gold	P
817001–819000	18	57	Broadway		7	Steel	A
819001–820000	14	K.W.	Cres.Gar.	¾	7–11	Assorted	A
820001–820500	16	72	Amn W.Co.	¾	16	Exp.	P
820501–821000	14	74	Riverside	¾	11	Exp.	A
821001–822000	8	73	Riverside	¾	7–11	Exp.	A
822001–823000	18	57	Home Wm.E.		7–11	Steel-Exp.	A
823001–823500	18	57	Broadway		7	Steel	A
823501–824000	18	57	W.W.Co.		15	Exp.-Nkl.	P
824001–824550	10	K.W.	Wm.E. P.S.B.	¾	7–15	Exp.	A
824551–824560	10	K.W.	A.T.&Co.	¾	15	Exp.	P
824561–824800	10	K.W.	P.S.B.	¾	15	Exp.	A
824801–825000	10	K.W.	Martyn Sq.	¾	7–11	Exp.-Gold	A
825001–827000	18	57	Broadway		7	Steel	A
827001–828000	18	57	Home		7	Steel	A
828001–829000	14	K.W.	Cres.Gar.	¾	7–11	Assorted	A
829001–830000	10	K.W.	Martyn Sq. Wm.E.	¾	7–11	Assorted	A
830001–831000	8	73	Riverside	SW.	7–11	Exp.	A
831001–832000	14	74	Riverside	SW.	7–11	Exp.	A
832001–832500	18	57	A.T.&Co. W.W.Co.		15	Exp.	P
832501–837000	18	57	MartynSq. Sterling		7–11	Steel	A
837001–837600	10	K.W.	Martyn Sq.	¾	7–11	Exp.-Gold	A
837601–838000	14	K.W.	Cres.Gar.	¾	7	Exp.-Gold	A
838001–839000	18	57	W.W.Co. MartynSq.		7–15	Assorted	A
839001–840000	18	57	Broadway		7	Steel	A
840001–842000	8	73	Riverside	¾	7–11	Exp.	A
842001–842400	18	57	Wm.E.		7	Sp'gUnder	A
842401–842800	10	K.W.	Wm.E. MartynSq.	¾	7–11	Assorted	A
842801–842875	18	57	Central Pk.		15	Exp.	P
842876–842910	10	K.W.	Wm.E.	¾	11	Exp.-Gold	A
842911–843000	18	57	Wm.E. P.S.B.		11	Exp.	A
843001–847000	18	57	Wm.E. Broadway		7–11	Steel	A
847001–847500	10	K.W.	Martyn Sq.	¾	7–11	Exp.-Gold	A
847501–848000	14	K.W.	Cres.Gar.	¾	7–11	Gold-Exp.	A
848001–848500	18	57	W.W.Co.		15	Exp.	P

Serial Number.	Size.	Model.	Grade.	Plate.	Jewels.	Balance.	Grade of Material.
848501–848600	12	K.W.	Martyn Sq.	¾	7	Exp.-Gold	A
848601–848800	18	57	Broadway		7	Nickel	A
848801–848900	12	K.W.	Martyn Sq.	¾	11	Exp.	A
848901–853000	18	57	Broadway / Home		7	Steel	A
853001–853700	18	57	Wm.E.		11	Exp.	A
853701–854000	18	57	A.T.& Co.		15	Exp.	P
854001–854400	10	K.W.	Martyn Sq.	¾	7–11	Gold-Exp.	A
854401–855000	14	K.W.	Cres.Gar.	¾	7–11	Gold-Exp.	A
855001–856000	18	57	Broadway		7	Steel	A
856001–857000	18	57	W.W.Co.		15	Exp.	P
857001–860000	18	57	Broadway		7	Steel-Nkl.	A
860001–861000	14	K.W.	Cres.Gar.	¾	7–11	Assorted	P
861001–862000	10	K.W.	Wm.E. / Martyn Sq.	¾	7–11	Assorted	A
862001–868400	18	57	Special		7–11	Assorted	A
868401–869000	14	K.W.	Cres.Gar.	¾	7–11	Assorted	A
869001–870000	10	K.W.	Wm.E. / P.S.B.	¾	7–15	Exp.	A
870001–871000	8	73	Riverside	K W	7–11	Exp.	A
871001–871200	16	72	A.W.Co.	¾	16–17	Exp.	P
871201–871220	14	74	Riverside	¾	11	Exp.	A
871221–871260	8	73	Riverside	S W.	7–11	Exp.	A
871261–871273	16	72	Park Road	¾	15–16	Exp.	P
871274–871283	8	73	Riverside	¾	11	Exp.	A
871284–871288	14	74	Riverside	¾	11	Exp.	A
871289–871294	8	73	Riverside	¾	7	Exp.	A
871295–871340	14	74	Riverside	¾	7–15	Exp.	A
871341–871464	8	73	Riverside	¾	7–11	Exp.	A
871465–871475	16	72	A.W.Co.	¾	15–16	Exp.	P
871476–871500	8	73	Riverside	S W.	11	Exp.	A
871501–871600	14	74	A.W.Co.	¾	16	Exp.	P
871601–871800	8	73	Riverside	S W.	7–11	Exp.	A
871801–871810	16	72	Park Road	¾	11	Exp.	A
871811–871840	14	74	Riverside	¾	7–11	Exp.	A
871841–	16	72	A.W.Co.	¾	16	Exp.	P
871842–871850	14	74	Riverside	¾	11	Exp.	A
871851–871900	16	72	A.W.Co.	¾	16	Exp.	P
871901–872000	14	74	A.W.Co.	¾	16	Exp.	P
872001–875000	8	73	Riverside / A.W.Co.	S W.	7–15	Exp.	A-P
875001–875500	16	72	A.W.Co.	¾	15–16	Exp.	P
875501–876000	8	73	Riverside	K W	7–11	Exp.Gold	A
876001–877000	18	57	Broadway		7	Steel-Nkl.	A
877001–877150	10	K.W.	Martyn Sq.	¾	7–11	Exp.-Gold	A
877151–877200	14	K.W.	Cres.Gar.	¾	15	Exp.	P
877201–877227	18	57	P.S.B. / W.W.Co.	S W.	11–15	Exp.	A-P
877228–877238	10	K.W.	Wm.E.	¾	7	Exp.	A
877239–877240	10	K.W.	P.S.B.	¾	15	Exp.	A
877241–877250	18	57	W.W.Co.	S W.	15	Exp.	P
877251–877255	10	K.W.	Wm.E.	¾	7	Exp.	A
877256–877286	18	57	W.W.Co.	S W.	15	Exp.	P
877287–877290	10	K.W.	P.S.B.	¾	15	Exp.	A
877291–877600	18	57	P.S.B. / Wm.E.		7–11	Steel-Exp.	A
877601–877650	14	K.W.	Cres.Gar.	¾	11	Exp.	P
877651–877800	18	57	Wm.E. / P.S.B.		11–15	Exp.	A
877801–877900	10	K.W.	Wm.E. / P.S.B.	¾	7–15	Exp.	A
877901–880000	18	57	Broadway / Wm.E.	S W.	7–11	Nkl.-Exp.	A
880001–882500	18	57	P.S.B. / W.W.Co.		11–15	Exp.	A-P
882501–883000	10	K.W.	Cres.Gar.	¾	7	Gold-Exp.	A
883001–887000	18	57	Wm.E.		7–11		A
887001–888000	14	K.W.	Cres.Gar.	¾	7–11		A
888001–889000	8	73	Riverside	S W.	7–11	Exp.	A
889001–890000	14	74	Riverside / AmnWCo.	¾	7–16	Exp.	A-P
890001–891000	10	K.W.	Wm.E.	¾	7–15	Nickel	A
891001–896000	18	57	Wm.E.		7–11		A
896001–897000	10	K.W.	Wm.E.	¾	7–11		A
897001–897600	14	K.W.	Cres.Gar.	¾	7	Gold-Exp.	A
897601–898000	18	57	Broadway		7	Nickel	A
898001–898500	10	K.W.	Cres.Gar.	¾	7–11	Gold-Exp.	A
898501–900000	18	57	Broadway		7	Nickel	A
900001–901000	18	57	W.W.Co.		15	Exp.	P
901001–906000	18	57	Wm.E.		7–11	Assorted	A
906001–907000	10	K.W.	Wm.E.	¾	7	Nkl.-Exp.	A
907001–907400	18	57	Broadway		7	Nickel	A
907401–908000	14	K.W.	Cres.Gar.	¾	7–11		A
908001–908400	18	57	Broadway		7	Nickel	A
908401–909000	10	K.W.	Wm.E.	¾	7–15		A
909001–910000	14	F.P.	Am.W.Co.	K W	7–11		A
910001–912000	8	73	Riverside	S W.	7–15	Exp.	A
912001–913000	14	74	Riverside	S W.	7–11	Exp.	A
913001–914000	16	72	Park Road / AmnWCo.	¾	15–16	Exp.	P
914001–914020	18	57	P.S.B. / Wm.E.		11	Exp.	A
914021–914600	10	K.W.	Wm.E.		7–15	Exp.	A
914601–914870	18	57	Wm.E. / P.S.B.		7–15	Exp.	A
914871–915000	10	K.W.	Wm.E. / P.S.B.	¾	11–15	Exp.	A
915001–916000	18	57	A.T.& Co. / W.W.Co.		15	Exp.	P
916001–917000	18	57	Home		7–15	Steel	A
917001–917500	14	F.P.	Am.W.Co.	K W	7–11	Assorted	A
917501–918000	14	K.W.	Cres.Gar.	¾	7–11	Gold-Exp.	A
918001–918800	18	57	A.T.& Co. / W.W.Co.		15	Exp.	P
918801–920000	18	57	Sterling		7–11	Steel-Exp.	A
920001–922000	8	73	Riverside	S W.	7–13	Exp.	A
922001–923800	18	57	Wm.E. / P.S.B.		7–11	Steel-Exp.	A
923801–924200	18	57	A.T.& Co.	S W.	15	Exp.	P
924201–924900	18	57	MartynSq. / Home		7		A
924901–925000	10	K.W.	Cres.Gar.	¾	11	Exp.	A
925001–926000	14	F.P.	Home / Am W.Co.	K W	7		A
926001–928000	18	57	P.S.B. / Wm.E.	S W.	7–11	Exp.	A
928001–931000	18	57	MartynSq. / Broadway		7–11	Nickel	A
931001–932000	8	73	Amn WCo. / Riverside	S W.	7–15	Exp.	A
932001–933000	16	72	Amn WCo. / Park Road	¾	15–16	Exp.	P
933001–933500	18		W.W.Co. / P.S.B.	S W.	11–15	Exp.	A
933501–933605	10	K.W.	P.S.B.	¾	15	Exp.	A
933606–933610	18	57	A.T.& Co.	S W.	15	Exp.	P
933611–933955	18	57	P.S.B. / Wm.E.	S W.	11	Exp.-Steel	A
933956–934000	10	K.W.	Wm.E.	¾	11	Exp.	A
934001–934700	18	57	Broadway		7	Nickel	A
934701–934900	18	57	A.T.& Co.		15	Exp.	P
934901–935000	10	K.W.	Cres.Gar.	¾	11	Gold	A
935001–936000	18	57	Broadway		7	Nickel	A
936001–937000	10	K.W.	Wm.E.	¾	7	Exp.-Nkl.	A
937001–937100	18	57	A.T.& Co.	S W.	15	Exp.	P
937101–938000	18	57	Home / Wm.E.	S W.	7–11	Exp.	A
938001–938500	14	F.P.	A.W.Co.	K W	7–11		A
938501–941600	18	57	Broadway / P.S.B.		7–11	Exp.-Nkl.	A
941601–942000	18	57	A.T.& Co.		15	Exp.	P
942001–943600	18	57	Broadway		7–11	Nickel	A
943601–943900	10	K.W.	Wm.E. / P.S.B.	¾	11–15	Exp.	A
943901–947000	18	57	Broadway		7–11	Exp.	A
947001–947500	18	57	W.W.Co. / A.T.& Co.		15	Exp.	P
947501–948000	18	57	Wm.E.		7	Exp.	A
948001–948100	18	57	W.W.Co.	S W.	15	Exp.	A
948101–948600	18	57	Wm.E. / P.S.B.		11	Exp.	A

Serial Number.	Size.	Model.	Grade.	Plate.	Jewels.	Balance.	Grade of Material.
948601–950000	10	K.W.	P.S.B. Wm.E.	¾	7–15	Exp.-Nkl.	A
950001–951700	8	73	Riverside Wm.E.	¾	7–11	Assorted	A
951701–952000	8	73	A.W.Co.	S W.	15–16	Exp.	P
952001–955000	18	57	P.S.B. Wm.E.		7–11	Assorted	A
955001–955400	18	57	A.T.&Co.		15	Exp.	P
955401–957000	18	57	Wm.E. MartynSq.		7–11	Assorted	A
957001–958000	10	K.W.	Wm.E. P.S.B.		7–15	Exp.-Nkl.	A
958001–958100	14	F.P.	A.W.Co.	K W	7	Steel	A
958101–958200	14	K.W.	Cres.Gar.	¾	15	Exp.	P
958201–958500	10	K.W.	P.S.B. Cres.Gar.	¾	11–15	Exp.	A
958501–958600	14	F.P.	A.W.Co.	K W	11	Exp.	A
958601–959000	18	57	W.W.Co.		11–15	Exp.	P
959001–961800	18	57	Home P.S.B.		7–11	Steel	A
961801–962000	18	57	W.W.Co.	S W.	15	Exp.	P
962001–963600	18	57	Wm.E.	S W.	7–11	Exp.	A
963601–964000	18	57	A.T.& Co.		15	Exp.	P
964001–965300	10	K.W.	P.S.B. Wm.E.	¾	7–11	Exp.-Nkl.	A
965301–966000	14	F.P.	A.W.Co.	K W	7–11	Assorted	A
966001–967000	18	57	Broadway		7	Nickel	A
967001–967200	18	57	A.T.& Co.	S W.	15	Exp.	P
967201–969000	18	57	Wm.E. P.S.B.	S W.	11	Exp.	A
969001–969700	18	57	A.T.& Co.	S W.	15	Exp.	P
969701–970000	18	57	Martyn Sq.		7	Assorted	A
970001–971000	10	K.W.	Wm.E.	¾	7	Exp.-Nkl.	A
971001–972000	18	57	Home Wm.E.		7	Exp.	A
972001–972100	18	57	W.W.Co.	S W.	15	Exp.	P
972101–972500	10	K.W.	P.S.B. A.T.& Co.	¾	15	Exp.	A-P
972501–972800	10	K.W.	Wm.E.	¾	11	Exp.	A
972801–974000	14	F.P.	Home A.W.Co.	K W	7–11	Exp.	A
974001–976000	18	57	Home Broadway		7	Nickel	A
976001–976400	18	57	A.T.& Co.	S W.	15	Exp.	P
976401–979000	18	57	Broadway P.S.B.		7–11	Exp.	A
979001–979400	18	57	W.W.Co. A.T.& Co.		15	Exp.	P
979401–980000	18	57	MartynSq. Wm.E.	S W.	7–11	Exp.	A
980001–980100	10	K.W.	P.S.B. A.T.& Co.	¾	15	Exp.	A-P
980101–981000	10	K.W.	Wm.E.	¾	7–11	Exp.-Nkl.	A
981001–982000	14	F.P.	Home A.W.Co.	K W	7–11	Assorted	A
982001–983600	18	57	P.S.B. A.T.& Co.	S W.	11–15	Exp.	A-P
983601–985000	18	57	Broadway MartynSq.		7–11	Assorted	A
985001–985500	8	73	A.W.Co.	¾	15–16	Exp.	P
985501–985800	14	74	A.W.Co.	¾	16	Exp.	P
985801–986000	16	72	A.W.Co.	¾	16	Exp.	P
986001–987000	18	70	Cres.St.	S W.	15	Exp.	P
987001–987100	14	74	A.W.Co.	¾	16	Exp.	P
987101–987400	16	72	A.W.Co.	¾	16	Exp.	P
987401–987600	14	74	A.W.Co.	¾	16	Exp.	P
987601–988000	8	73	Riverside	K W	7–11	Gold-Exp.	A
988001–989000	18	57	Home		7	Steel	A
989001–989400	18	57	A.T.& Co. W.W.Co.		15	Exp.	P
989401–989700	18	57	W.W.Co.	S W.	7–15	Exp.	A
989701–990000	14	F.P.	Cres.Gar.	¾	7	Gold-Exp.	A
990001–990070	14	74	A.W.Co.	¾	7	Exp.	A
990071–991200	14	F.P.	Home A.W.Co.	K W	7	Exp.	A
991201– 991400	14	K.W.	Cres.Gar.	¾	7	Nickel	A
991401– 991500	10	K.W.	P.S.B. A.T.& Co.	¾	15	Exp.	A-P
991501– 992000	10	K.W.	Cres.Gar. Wm.E.	¾	7–11	Exp.-Nkl.	A
992001– 992500	18	57	P.S.B. Broadway		7–11	Nickel	A
992501– 993000	18	77	P.S.B.		11	Exp.	A
993001– 994000	18	57	W.W.Co. A.T.& Co.	S W.	15	Exp.	P
994001– 995000	18	57	P.S.B. Wm.E.	S W.	11	Exp.	A
995001– 996400	18	57	Broadway Wm.E.		7–11	Nickel	A
996401– 997000	18	57	W.W.Co.		15	Exp.	P
997001– 997500	18	57	Wm.E. Home		7–11	Exp.	A
997501– 997700	18	57	Home MartynSq.		7	Steel	A
997701– 998000	14	F.P.	Home A.W.Co.	K W	7	Steel	A
998001– 998500	18	77	P.S.B.		11	Exp.	A
998501– 999000	18	77	A.T.& Co.		15	Exp.	P
999001– 999200	14	F.P.	A.W.Co.	K W	7	Exp.-Gold	A
999201– 999300	14	K.W.	Cres.Gar.	¾	7	Exp.	A
999301– 999900	10	K.W.	P.S.B. Wm.E.		7–11	Exp.-Nkl.	A
999901–1000000	16	72	A.W.Co.	¾	17	Exp.	P
1000001– 1505	18	57	P.S.B.		11	Exp.	A
1001506– 2000	18	77	W.W.Co.		15	Exp.	P
1002001– 2800	18	77	Home MartynSq.		7	Steel	A
1002801– 3300	18	57	A.T.& Co. W.W.Co.	S W.	15	Exp.	P
1003301– 600	18	57	P.S.B.	S W.	11	Exp.	A
1003601– 4200	10	K.W.	P.S.B. Wm.E.		7–15	Exp.-Nkl.	A
1004201– 800	14	K.W.	A.W.Co. Cres.Gar.	¾	7–11	Gold	A
1004801– 5000	14	F.P.	Home	K W	7	Steel	A
1005001– 7000	18	57	Broadway Wm.E.	S W.	7–11	Exp.	A
1007001– 8000	18	57	P.S.B.		11	Exp.	A
1008001– 9000	18	77	MartynSq. P.S.B.		7–11	Assorted	A
1009001– 800	18	57	Home		7	Steel	A
1009801– 10000	18	57	W.W.Co.		15	Exp.	P
1010001– 11000	14	74	Riverside	¾	7–11	Exp.	A
1011001– 12500	8	73	Royal Riverside	S W.	7–13	Exp.	A
1012501– 900	8	73	P.S.B. A.W.Co.	¾	15–16	Exp.	P
1012901– 3800	8	73	Wm.E. Riverside	K W	7–11	Exp.	A
1013801– 4000	8	73	Riverside	S W.	13	Exp.	A
1014001– 5900	8	73	Wm.E. Riverside	K W	7–11	Exp.-Gold	A
1015901– 7000	14	74	Chron. A.W.Co.	¾	16	Exp.	P
1017001– 100	18	57	Martyn Sq.		11	Exp.	A
1017101– 600	10	K.W.	Cres. Gar.	¾	7–11	Exp.-Gold	A
1017601– 700	18	57	Home Wm.E.		11	Exp.	A
1017701– 800	10	K.W.	Cres. Gar.	¾	7	Gold	A
1017801– 900	14	K.W.	Cres. Gar.	¾	11	Gold	A
1017901– 8000	10	K.W.	Wm.E. Cres.Gar.	¾	11	Exp.	A
1018001– 9000	18	57	W.W.Co. A.T.& Co.		15	Exp.	P
1019001– 20000	18	57	Broadway		7	Nickel	A
1020001– 1000	18	77	A.T.& Co. W.W.Co.	S W.	11–15	Exp.	P
1021001– 2500	18	57	Broadway P.S.B.		7–11	Exp.	A
1022501– 3000	18	57	Wm.E. W.W.Co.		7–15	Exp.	A

Numbers and Descriptions of Waltham Watch Movements.

Serial Number.		Size.	Model.	Grade.	Plate.	Jewels.	Balance.	Grade of Material.
1023001–	900	18	57	A.T.&Co. W.W.Co.	S W.	11–15	Exp.	P
1023901–	4200	14	K.W.	Cres.Gar.	¾	7		A
1024201–	5400	10	K.W.	A.T.&Co. Wm.E.	¾	15	Exp.-Nkl.	P
1025401–	700	14	K.W.	Cres.Gar.	¾	7	Exp.-Nkl.	A
1025701–	6400	14	F.P.	Home	K W	7	Steel	A
1026401–	500	10	K.W.	Cres.Gar.	¾	11	Exp.-Gold	A
1026501–	31000	18	57	W.W.Co. P.S.B.		11	Exp.	A
1031001–	2000	18	57	Broadway		7	Nickel	A
1032001–	3000	18	57	P.S.B. Wm.E.	S W.	11–15	Exp.	A
1033001–	300	14	K.W.	Cres.Gar.	¾	7–11	Assorted	A
1033301–	4900	10	K.W.	Wm.E. Cres.Gar.	¾	7–11	Exp.-Gold	A
1034901–	5000	10	K.W.	Cres.Gar. A.T.&Co.	¾	11–15	Gold-Exp.	P
1035001–	800	18	77	P.S.B. A.T.&Co.	S W.	11–15	Exp.	P
1035801–	7000	18	77	Home MartynSq.	F. P.	7–11	Exp.-Gold	A
1037001–	700	18	57	P.S.B.	F. P.	11	Exp.	A
1037701–	8000	14	F.P.	Home	K W	7	Steel-Exp.	A
1038001–	9000	18	57	P.S.B.	F. P.	7–11	Nkl.-Exp.	A
1039001–	40000	18	57	Broadway		7	Exp.	A
1040001–	800	18	57	P.S.B.		11	Exp.	A
1040801–	1700	18	57	A.T.&Co. AWWCo.		15	Exp.	P
1041701–	2100	18	57	Home Wm.E.		11	Exp.	A
1042101–	700	14	K.W.	Cres.Gar.	¾	7–11	Exp.-Gold	A
1042701–	3600	10	K.W.	P.S.B. Wm.E.	¾	7–15	Exp.-Nkl.	A
1043601–	4000	14	F.P.	Home A.W.Co.	K W	7	Assorted	A
1044001–	5000	18	77	Sterling		7–11	Exp.-Steel	A
1045001–	6000	18	57	Broadway		7	Nickel	A
1046001–	8000	18	77	Sterling		7	Exp.	A
1048001–	500	18	77	W.W.Co. A.T.&Co.		15	Exp.	P
1048501–	50000	18	77	P.S.B.		11	Exp.	A
1050001–	600	14	74	Riverside	S W.	11–16	Exp.	P
1050601–	950	14	74	Riverside		7	Exp.	A
1050951–	1000	14	74	Chron. Riverside	O.F.	16	Exp.	P
1051001–	4000	8	73	Riverside	S W.	7–13	Exp.	A
1054001–	5000	10	K.W.	P.S.B. A.W.Co.	¾	7–11	Gold-Exp.	A
1055001–	200	8	73	Amn W.Co.	S W.	16	Exp.	P
1055201–	6000	8	73	Riverside	¾	7–13	Exp.	A
1056001–	300	16	72	Amn W.Co.	¾	16	Nkl.-Exp.	P
1056301–	500	8	73	Amn W.Co.	S W.	16	Nkl.-Exp.	P
1056501–	520	14	74	Riverside	¾	13	Exp.	A
1056521–	7000	8	73	Riverside	S W.	13	Exp.	A
1057001–	500	14	74	Hillside	O.F.	13	Exp.	A
1057501–	8000	16	72	Park Road	¾	15	Exp.	P
1058001–	500	14	74	Amn W.Co.	¾	16	Exp.	P
1058501–	9000	8	73	P.S.B.	¾	15	Exp.	A
1059001–	500	14	74	Riverside	¾	15	Exp.	P
1059501–	800	14	74	Riverside	¾	11–13	Exp.	A
1059801–	60000	8	73	Riverside	K W	11	Exp.	A
1060001–	500	18	57	W.W.Co.		15	Exp.	P
1060501–	1100	18	57	Wm.E. P.S.B.	S W.	11	Exp.	A
1061101–	400	14	K.W.	Cres.Gar.	¾	7–11	Assorted	A
1061401–	900	10	K.W.	Wm.E. P.S.B.	¾	7–11	Exp.	A
1061901–	2000	18	57	Wm.E. P.S.B.		11	Exp.	A
1062001–	100	18	77	Home		7	Steel	A
1062101–	300	10	K.W.	Cres.Gar.	¾	7–11	Exp.-Gold	A
1062301–	500	14	F.P.	Am.W.Co.	K W	7–11	Gold-Exp.	A
1062501–	600	16	K.W.	Hillside		7	Gold-Exp.	A
1062601–	700	14	74	Riverside	O.F.	13	Nki.-Exp.	A
1062701–	900	10	K.W.	Cres.Gar.	¾	7	Exp.	A
1062901–	3000	14	74	Riverside	Htg.	15	Exp.-Nkl.	P
1063001–	5000	18	57	Broadway P.S.B.		7–11	Exp.	A
1066001–	300	18	77	W.W.Co.		15	Exp.-Nkl.	P
1066301–	8000	18	77	Sterling		7–11	Gold-Exp.	A
1068001–	500	14	K.W.	Cres.Gar.	¾	7–15	Nkl.-Exp.	A
1068501–	600	14	F.P.	Home		7	Steel	A
1068601–	9000	10	K.W.	Wm.E.	¾	7–11	Nkl.-Exp.	A
1069001–	70000	18	57	P.S.B. W.W.Co.		11–15	Exp.	A
1070001–	400	18	77	W.W.Co. A.T.&Co.		15	Exp.	P
1070401–	900	18	77	P.S.B. Wm.E.		11	Exp.	A
1070901–	50	18	77	A.T.&Co. W.W.Co.		15	Exp.	P
1070951–	1500	18	77	P.S.B. Wm.E.		11	Exp.	A
1071501–	3500	18	77	Sterling P.S.B.		7–11	Exp.	A
1073501–	4000	18	77	W.W.Co. A.T.&Co.		15	Exp.	P
1074001–	5500	18	57	Broadway		7	Nickel	A
1075501–	6100	10	K.W.	Wm.E.	¾	7–11	Nkl.-Exp.	A
1076101–	300	10	K.W.	P.S.B.	¾	15	Exp.	A
1076301–	700	10	K.W.	Cres.Gar.	¾	7–11	Gold-Exp.	A
1076701–	900	14	K.W.	Cres.Gar.	¾	7–11	Gold	A
1076901–	7700	14	F.P.	Home		7	Steel	A
1077001–	900	18	77	Home Wm.E.		7–11	Exp.	A
1077901–	8100	18	77	Martyn Sq.		11–15	Gold-Exp.	A
1078101–	500	18	77	W.W.Co. A.T.&Co.		15	Exp.	P
1078501–	9000	18	77	P.S.B. Wm.E.		11	Exp.	A
1079001–	80000	18	77	Sterling		7–11	Nickel	A
1080001–	2000	18	57	Home Broadway		7	Steel-Nkl.	A
1082001–	3000	18	77	Wm.E. MartynSq.		7–11	Steel-Gold	A
1083001–	500	18	77	W.W.Co. A.T.&Co.		15	Exp.	P
1080501–	6000	18	77	Broadway P.S.B.		7–11	Nkl.-Exp.	A
1086001–	200	10	K.W.	P.S.B.	¾	15	Exp.	A
1086201–	800	10	K.W.	Cres.Gar. Wm.E.	¾	7	Exp.-Nkl.	A
1086801–	7400	14	K.W.	Cres.Gar.		7–15	Assorted	A
1087401–	7500	14	F.P.	Am.W.Co.	K W	7	Exp.	A
1087501–	50	18	77	W.W.Co. A.T.&Co.	S W.	15	Exp.	P
1087551–	700	18	77	Wm.E. P.S.B.	S W.	11	Exp.	A
1087701–	800	18	77	Sterling		7	Nickel	A
1087801–	8000	18	77	P.S.B. A.T.&Co.		11–15	Exp.	A-P
1088001–	90000	18	57	Broadway		7	Nickel	A
1090001–	800	14	74	Riverside Chron.	¾	7–13	Exp.	A-P
1090801–	1000	8	73	A.W.Co.	S W.	16	Exp.	P
1091001–	900	8	73	Royal Riverside	S W.	11–13	Exp.	A
1091901–	2	14	74	Amn W.Co.	¾	16	Exp.	P
1091903–	2000	14	74	Riverside	¾	7–13	Exp.	A
1092001–	4000	8	73	Riverside	S W.	7–13	Exp.	A
1094001–	200	8	73	P.S.B.	¾	15	Exp.	A
1094201–	700	8	73	Wm.E.	¾	7–11	Exp.	A
1094701–	5000	16	72	Amn W.Co.	¾	15–16	Exp.-Nkl.	P
1095001–	6000	18	77	P.S.B.	S W.	11	Exp.	A
1096001–	7000	18	77	W.W.Co. A.T.&Co.	S W.	15	Exp.	P
1097001–	8000	18	77	Sterling Wm.E.	S W.	7–11	Exp.	A
1098001–	400	18	77	A.T.&Co. W.W.Co.		15	Exp.	P

Serial Number	Size.	Model.	Grade.	Plate.	Jewels.	Setting.	Balance.	Grade of Material
1098401– 9500	18	77	P.S.B. Wm.E.		11		Exp.	A
1099501– 1100000	18	77	Broadway		7		Nickel	A
1100001– 100	14	K.W.	Cres.Gar.	¾	11		Exp.	A
1100101– 200	10	K.W.	P.S.B.	¾	15		Exp.	A
1100201– 1000	10	K.W.	Wm.E.	¾	7–11		Nkl.-Exp.	A
1101001– 2000	18	57	Broadway		7		Nickel	A
1102001– 500	14	F.P.	Am.W.Co.	K W	11		Exp.	A
1102501– 900	10	K.W.	Wm.E. P.S.B.	¾	11–15		Exp.	A
1102901– 3000	10	K.W.	Cres.Gar.	¾	7		Gold	A
1103001– 700	18	77	A.T.& Co.	S W.	15		Exp.	P
1103701– 5500	18	77	Wm.E. Sterling	S W.	7–11		Nickel	A
1105501– 7000	18	77	P.S.B.	S W.	11		Exp.	A
1107001– 800	10	K.W.	Wm.E.	¾	7		Nkl.-Exp.	A
1107801– 8000	14	F.P.	Home	K W	7		Steel	A
1108001–10000	18	77	Broadway Home		7		Steel	A
1110001– 1000	14	74	Hillside	¾	7–15	Htg.	Exp.	A
1111001– 184	18	77	Wm.E.		7–11	S W.	Steel-Nkl.	A
1111185– 200	18	57	Sterling		7	S W.	Exp.	A
1111201– 400	18	77	Wm.E.		11	S W.	Exp.	A
1111401– 20	14	K.W.	Cres.Gar.	¾	7		Exp.-Gold	A
1111421– 600	18	77	Martyn Sq. Wm.E.		11		Nickel	A
1111601– 700	10	K.W.	Cres.Gar.	¾	7		Gold	A
1111701– 2000	18	77	Wm.E. P.S.B.	S W.	15		Nkl.-Exp.	A
1112001– 3000	18	57	Sterling		7–11		Nickel	A
1113001– 5000	18	77	P.S.B.		7–11		Exp.	A
1115001– 6000	18	57	Broadway		7		Nickel	A
1116001– 300	18	77	W.W.Co. A.T.& Co.	S W.	15		Exp.	P
1116301– 8000	18	77	Wm.E. P.S.B.	S W.	11		Exp.	A
1118001– 9700	18	77	Broadway		7		Nickel	A
1119701– 800	18	77	A.T.& Co.		15		Exp.	P
1119801–21000	10	K.W.	P.S.B.	¾	7–11		Exp.-Nkl.	A
1121001– 2000	18	77	Home		7		Steel	A
1122001– 4000	18	57	Broadway		7,		Nickel	A
1124001– 7000	18	77	Wm.E.	S W.	11		Exp.	A
1127001– 8000	8	73	Royal	¾	7	S W.	Exp.	A
1128001–33000	18	77	Sterling		7–11		Exp.	A
1133001– 5000	8	73	Wm.E. Royal	¾	7–13		Exp.	A
1135001– 9000	18	77	Sterling		7–11		Assorted	A
1139001– 300	18	77	A.T.& Co.		15		Exp.	P
1139301– 500	14	F.P.	Home	K W	7		Steel	A
1139501– 600	18	77	Wm.E.		11		Exp.	A
1139601– 900	14	F.P.	Am.W.Co.		7		Exp.	A
1139901–40000	18	77	Wm.E.		11		Nickel	A
1140001– 500	18	'70 SB.	Cres.St.	S W.	15		Exp.	P
1140501– 600	16	72	Amn W.Co.	¾	16		Exp.-Nkl.	P
1140601– 1000	8	73	Wm.E. P.S.B.	¾	11–15		Exp.	A
1141001– 6900	14	74	Hillside Riverside	¾	7–13	Htg. O.F.	Gold-Exp.	A
1146901– 7000	14	74	Amn W.Co.	¾	16		Exp.-Nkl.	P
1147001– 9000	14	74	Hillside Riverside	¾	7–13		Nickel	A
1149001– 600	8	73	Am.W.Co. Royal	¾	11	S W.	Gold-Exp.	A
1149601– 800	14	74	Amn W.Co.	¾	16		Nkl.-Exp.	P
1149801–52000	8	73	Riverside		7–11	S W.	Nickel	A
1152001– 100	14	74	Amn W.Co.	¾	16		Exp.	P
1152101–53000	14	74	Riverside	¾	7–11		Exp.	A
1153001– 7300	8	73	Royal Wm.E.	¾	7–11		Assorted	A
1157301– 500	14	74	Riverside	¾	7		Exp.-Nkl.	A
1157501– 700	8	73	Riverside	¾	13	S W.	Exp.-Nkl.	P
1157701– 800	14	74	Amn W.Co.	¾	16	Htg. O.F.	Exp.-Nkl.	P
1157801– 8000	8	73	A.W.Co.	¾	16		Exp.	P
1158001– 9000	8	73	Wm.E.	¾	7		Exp.-Nkl.	A
1159001–60500	18	77	P.S.B. Wm.E.		11		Exp.	A
1160501– 1000	14	F.P.	Home	K W	7		Steel	A
1161001– 4500	18	77	P.S.B. Wm.E.		11		Exp.	A
1164501– 6000	18	77	Broadway		7		Nickel	A
1166001– 300	18	77	A.T.& Co.		15		Exp.	P
1166301– 7000	18	77	Sterling		7		Nickel	A
1167001– 600	18	77	W.W.Co.		15		Exp.	P
1167601– 8000	18	77	P.S.B. Wm.E.		11		Exp.	A
1168001–70500	18	77	Broadway		7		Nickel	A
1170501– 3000	18	77	Wm.E. P.S.B.		11		Exp.	A
1173001– 500	18	77	W.W.Co. A.T.& Co.		15		Exp.	P
1173501– 4100	18	77	Broadway		7–11		Nickel	A
1174101– 300	14	F.P.	Home W.M.	K W	7		Steel	A
1174301– 500	18	77	Martyn Sq.		11		Exp.	A
1174501– 600	18	77	A.T.& Co.		15		Exp.	P
1174601– 6100	18	77	Sterling		7–11		Exp.	A
1176101– 900	14	F.P.	A.W.Co. Home	K W	7		Steel	A
1176901– 9000	18	77	Broadway P.S.B.		7–11		Exp.	A
1179001– 700	18	77	W.W.Co. A.T.& Co.	F.P.	15		Exp.	P
1179701–81000	18	77	P.S.B. Wm.E.		11		Exp.	A
1181001– 3000	8	73	Royal	¾	11		Exp.	A
1183001– 9000	18	77	Sterling	F.P.	7–11		Exp.	A
1189001–90000	14	F.P.	Home A.W. Co.	K W	7		Steel	A
1190001– 1500	8	73	Wm.E. Royal	¾	7–11	S W.	Exp.	A
1191501– 2000	14	74	Amn W.Co.	¾	13–16	Htg.	Exp.	P
1192001– 8300	18	77	Sterling		7–11	S W.	Exp.	A
1198301– 350	18	77	W.W.Co.		15	S W.	Exp.-Nkl.	A
1198351– 700	18	77	P.S.B. Wm.E.		11		Exp.-Nkl.	A
1198701– 9000	18	77	W.W.Co.		15	S W.	Exp.	A
1199001– 1200000	14	74	Hillside	¾	7–13	S W. Htg.	Exp.	A
1201001– 200	8	73	P.S.B.		15		Exp.	A
1201201– 2000	8	73	Wm.E.		7–11		Exp.	A
1202001– 8500	18	77	Sterling		7–11		Exp.-Nkl.	A
1208501– 9600	14	F.P.	Home Hillside	K W	7–11		Gold	A
1209001– 700	14	74	Home Hillside	¾	7–11		Assorted	A
1209701–10000	8	73	Amn W.Co.	¾	16	S W.	Exp.-Nkl.	P
1210001– 2000	14	74	Hillside	¾	7–13	O.F.	Exp.	A
1212001– 4000	8	73	Wm.E. Royal	¾	7–11	S W.	Exp.	A
1214001–21000	18	77	Sterling		7–11		Nickel	A
1221001– 700	18	77	W.W.Co. A.T.& Co.		15	S W.	Nkl.-Exp.	P
1221701– 2500	18	77	Wm.E. P.S.B.		11	S W.	Nkl.-Exp.	A
1222501– 3900	14	74	Hillside	SW	7–13	Htg.	Exp.	A
1223901– 4000	14	74	Hillside		7–13	O.F.	Exp.	A
1224001– 5000	14	74	Hillside		7–13	Htg.	Exp.	A
1225001– 7000	8	73	Wm.E. Royal	¾	7–11		Exp.	A
1227001–33000	18	77	Sterling		7		Nickel	A
1233001– 500	18	77	W.W.Co.		15		Exp.	P
1233501– 5500	18	77	Wm.E. P.S.B.		11		Exp.	A
1235501– 8000	18	77	Broadway Home		7		Steel	A
1238001– 400	18	77	A.T.& Co. W.W.Co.		15	SW.	Exp.-Nkl.	P

Numbers and Descriptions of Waltham Watch Movements.

Serial Number.	Size.	Model.	Grade.	Plate.	Jewels.	Setting.	Balance.	Grade of Material.
1238401–40300	18	77	Wm.E. P.S.B.		11		Exp.-Nkl.	A
1240301– 800	14	F.P.	Home Am.W.Co		7	K W	Exp.	A
1240801– 1000	10	K.W.	Am.W.Co.	¾	11		Gold	A
1241001– 200	8	73	Am.W.Co.	¾	7		Gold	A
1241201– 2100	14	74	Hillside	¾	11–15	O.F. S W.	Exp.	A
1242101– 200	16	72	A.W.Co.	¾	15		Exp.	P
1242201– 3000	16	72	A.W.Co.	¾	7–11		Exp.	A
1243001– 4000	8	73	Wm.E. Royal	¾	7	S W.	Exp.	A
1244001– 600	14	74	Hillside	¾	7–13	O.F.	Exp.	A
1244601– 700	14	74	AmnW.Co.	¾	16	O.F.	Nkl.	P
1244701– 800	14	74	Hillside	¾	7	O.F.	Exp.	A
1244801–52450	18	77	Sterling		7–11	S W.	Exp.	A
1252451– 500	8	73	Am.W.Co.	¾	7		Exp.	A
1252501–60600	18	77	Sterling		7–11	S W.	Assorted	A
1260601– 800	18	77	Martyn Sq.		11–15		Exp.	A
1260801– 900	18	77	Martyn Sq.		7		Gold	A
1260901– 1000	14	F.P.	Am.W. Co.	K W	7		Exp.	A
1261001– 100	18	77	W.W.Co.		15		Exp.	P
1261101– 6[illegible]	18	77	Wm.E. P.S.B.		11–13		Exp.-Nkl.	A
1261601– 800	14	74	Hillside	¾	13	O.F.	Exp.-Nkl.	A
1261801– 2000	14	74	Hillside	¾	13	Htg.	Exp.-Nkl.	A
1262001– 3100	14	74	Riverside	¾	13–16	O.F.	Exp.-Nkl.	P
1263101– 200	14	74	Riverside	¾	13–16	Htg.	Exp.-Nkl.	P
1263201– 900	8	73	A.W. Co. Wm.E.	¾	7–13	S W.	Exp.	A
1263901– 4100	8	73	Royal Riverside	¾	13–15	S W.	Nkl.-Exp.	A-P
1264101– 600	8	73	Wm.E.	¾	7		Exp.	A
1264601– 900	14	74	Hillside	¾	7–11		Exp.	A
1264901– 5000	10	K.W.	Am.W.Co.	¾	11		Exp.-Gold	A
1265001– 400	8	73	Am.W.Co.	¾	7–11	K W	Exp.-Gold	A
1265401– 500	18	77	A.T.& Co.	O.F.	15	S W.	Exp.	P
1265501– 800	18	77	Wm.E. P.S.B.	O.F.	11	S W.	Exp.	A
1265801– 900	18	77	Home	O.F.	7	S W.	Exp.	A
1265901– 50	16	72	A.W.Co.	Htg.	17	¾	Exp.	P
1265951– 6000	14	74	Hillside	O.F.	15	¾	Exp.	A
1266001– 8000	18	77	Home Wm.E.		7–11		Steel-Exp.	A
1268001– 500	18	77	W.W.Co. A.T.& Co.		15		Exp.	P
1268501–70000	18	77	Wm.E. P.S.B.		11		Exp.	A
1270001– 5500	18	77	Sterling		7		Exp.	A
1275501– 700	18	77	W.W.Co. A.T.& Co.		15	S W.	Exp.	P
1275701– 6200	18	77	Wm.E. P.S.B.		11		Exp.	A
1276201– 300	14	74	Amn W.Co.	¾	16	O.F.	Exp.	P
1276301– 400	16	72	Am.W.Co.	¾	15	O.F.	Exp.	P
1276401– 600	74	74	Riverside	¾	15	O.F.	Exp.	P
1276601– 800	14	74	Hillside	¾	13	O.F.	Exp.	A
1276801– 7000	14	74	Hillside	¾	13	Htg.	Exp.	A
1277001– 500	14	74	Hillside	¾	13	O.F.	Exp.	A
1277501– 700	8	73	Royal	¾	13	S W.	Exp.	A
1277701– 9200	8	73	Wm.E. Royal	¾	7–11	S W.	Exp.	A
1279201– 300	14	74	Chron. AmnWCo.	¾	16	O.F.	Exp.	P
1279301– 600	14	74	Hillside	¾	7–11		Exp.	A
1279601– 900	18	77	Wm.E.		11		Exp.	A
1279901–80000	14	74	Hillside	¾	11		Exp.	A
1280001–91000	18	77	Sterling		7–11		Exp.	A

Serial Number.	Size.	Model.	Grade.	Plate.	Jewels.	Setting.	Balance.	Grade of Material.
1291001– 2000	14	F.P.	Home	K W	7		Steel	A
1292001– 100	18	77	A.T.& Co.	O.F.	15		Exp.	P
1292101– 500	18	77	Wm.E. P.S.B.	O.F.	11		Exp.	A
1292501– 3000	18	57	Home	O.F.	7		Exp.	A
1293001– 400	18	77	MartynSq.		11		Exp.	A
1293401– 600	14	74	Hillside	¾	7		Gold	A
1293601– 700	14	74	Amn W.Co.	¾	13–16	Htg.	Exp.	P
1293701– 900	10	K. W.	Am.W.Co.	¾	7		Gold	A
1293901– 4300	8	73	Am.W.Co. Royal	¾	7–13	S W.	Exp.	A
1294301– 5000	18	77	Wm.E. P.S.B.	Htg.	11	S W.	Exp.	A
1295001– 7000	18	77	Wm.E. P.S.B.	O.F.	11	S W.	Exp.	A
1297001– 1301000	18	77	Wm.E. P.S.B.	Htg.	11	S W.	Exp.	A
1301001– 5000	18	77	Sterling		7		Nickel	A
1305001– 500	14	F.P.	Home	K W	7		Exp.	A
1305501– 800	18	77	W.W.Co. A.T.& Co.		15		Exp.	P
1305801– 6100	18	77	Wm.E. P.S.B.		11		Exp.	A
1306101– 200	18	77	Sterling		7		Exp.	A
1306201– 400	14	74	Hillside	¾	13	O.F.	Exp.	A
1306401– 600	14	74	Hillside	¾	13	Htg.	Exp.	A
1306601– 800	8	73	Royal	¾	13		Exp.	A
1306801– 900	14	74	Hillside	¾	15		Exp.	A
1306901– 7000	14	74	Hillside	¾	7		Exp.	A
1307001– 9000	8	73	Wm.E. Royal	¾	7–11	S W.	Exp.	A
1309001– 500	14	74	Hillside	¾	7–13	Htg.	Exp.	A
1309501– 700	8	73	Am.W.Co.	¾	7–11		Exp.	A
1309701– 900	18	77	Wm.E.	K W	11	Htg.	Exp.	A
1309901–10100	18	77	Wm.E. P.S.B.	K W	11–15	S. T.	Exp.	A
1310101– 300	18	77	Sterling		7	S W.	Exp.	A
1310301– 500	16	72	Am.W.Co.	¾	15	S W.	Exp.	P
1310501– 700	14	74	Riverside	¾	15	O.F.	Exp.	P
1310701– 900	14	74	Riverside	¾	15	Htg.	Exp.	P
1310901– 1100	14	74	Amn W.Co.	¾	16	O.F.	Exp.	P
1311001– 5000	18	77	Wm.E. P.S.B.	S W.	11	Htg.	Exp.	A
1315001– 7000	18	77	Wm.E. P.S.B.		11	O.F.	Exp.	A
1317001– 500	18	77	Home		7		Steel	A
1317501– 8000	14	F.P.	Home	K W	7		Steel	A
1318001–20000	18	77	P.S.B.		11		Exp.	A
1320001– 3000	18	77	Broadway		7		Exp.	A
1323001– 500	18	77	P.S.B.		11	S W.	Exp.	A
1323501– 4000	18	'70 SB.	Cres.St.		15	S W.	Exp.	P
1324001– 5500	8	73	Wm.E.	¾	7–11		Exp.-Nkl.	A
1325501– 600	14	74	Hillside	¾	7		Exp.	A
1325601– 900	10	K. W.	Am.W.Co.	¾	7–11		Exp.	A
1325901– 6000	8	73	Am.W.Co.	¾	11		Gold	A
1326001– 300	18	77	A.T.& Co.	O.F.	15	S W.	Exp.	P
1326301– 800	18	77	Sterling	O.F.	7	S W.	Exp.	A
1326801– 7000	18	77	A.T.& Co.	Htg.	15	S W.	Exp.	P
1327001– 9000	18	77	Wm.E. P.S.B.	O.F.	11	S W.	Exp.	A
1329001– 500	18	77	Home		7		Steel	A
1329501–30000	14	F.P.	Home	K W	7		Steel	A
1330001– 5000	18	77	Wm.E. P.S.B.		11		Exp.	A
1335001– 9500	18	77	Sterling		7	S W.	Nkl.-Exp.	A
1339501– 800	18	77	A.T.& Co.		15		Exp.	P

Serial Number.	Size.	Model.	Grade.	Plate.	Jewels.	Setting.	Style.	Grade of Material.
1339801- 50	18	77	Wm.E.	S.T.	11	SW.		A
1339851- 900	18	77	A.T.& Co.		15			P
1339901-40300	14	74	Hillside / Amn W.Co.	¾	13-16	SW.	O.F.	A-P
1340301- 600	14	74	Hillside	¾	13	SW.	Htg.	A
1340601- 900	8	73	Royal	¾	13	SW.		A
1340901-41000	10		A.W.Co.	¾	15	KW		P
1341001- 500	14	74	Hillside	¾	7-13	SW.	Htg.	A
1341501- 2000	8	73	Royal	¾	7	SW.		A
1342001- 100	14	74	Amn W.Co.	¾	16	SW.	Htg.	P
1342101- 400	14	74	Hillside	¾	7-11			A
1342401- 700	18	77	Martyn Sq.		11	SW.		A
1342701- 3000	18	77	A.T.& Co.	Q.T.	15			P
1343001- 6500	18	77	Wm. E. / P.S.B.	Q.T.	11-15	SW.		A
1346501-51000	18	77	Sterling	Q.T.	7-11			A
1351001- 3300	18	79	Wm. E. / P.S.B.		11-15	SW.	O.F.	A
1353301- 4300	18	77	P.S.B.	Q.T.	11-15		Htg.	A
1354301- 500	16	72	A.W.Co.	¾	15	SW.		P
1354501- 5000	14	74	Riverside	¾	13	O.F.		A
1355001- 6000	8	73	Wm.E. / Royal	¾	7-11	SW.		A
1356001- 300	14	74	Riverside	¾	15	SW.	O.F.	P
1356301- 600	14	74	Riverside	¾	15	SW,	Htg.	P
1356601- 7200	14	74	Hillside	¾	7-11			A
1357201- 700	14	74	Riverside	¾	13	SW.	Htg.	A
1357701- 8000	18	77	A.T.& Co.	Q.T.	15			P
1358001- 9200	18	77	Wm.E.		11	SW.		A
1359201- 500	18	79	Wm.E.		11	KW		A
1359501-61000	18	77	P.S.B.	Q.T.	15	SW.	O.F.	A
1361001- 7500	18	77	Sterling / Wm.E.	Q.T.	7-11			A
1367501- 9000	18	57	Sterling	Q.T.	7	SW.		A
1369001- 500	18	77	W.W.Co. / A.T.& Co.	Q.T.	15			P
1369501- 800	18	77	Wm.E.	Q.T.	11			A
1369801-70000	18	77	Sterling		7			A
1370001- 500	14		Home	F.P.	7	KW		A
1370501- 1100	18	77	Home	Q.T.	7			A
1371101- 2000	18	79	Wm.E. / P.S.B.		11	SW.	O.F.	A
1372001- 800	18	79	A.T.& Co.		15		O.F.	P
1372801- 3000	14	74	Hillside	¾	7		Htg.	A
1373001- 4000	8	73	Wm.E. / Royal	¾	7	SW.		A
1374001- 200	10		A.W.Co.	¾	7	KW		A
1374201- 700	8	73	A.W.Co.	¾	7			A
1374701- 5000	14	74	Hillside	¾	13	SW.	O.F.	A
1375001- 800	14	74	Hillside	¾	13	SW.	Htg.	A
1375801- 6300	8	73	Royal / A.W.Co.	¾	7-13	SW.		A
1376301- 8500	18	77	Sterling	Q.T.	7-11			A
1378501- 700	14	74	Amn W.Co.	¾	16	SW.	O.F.	P
1378701-84000	18	77	P.S.B. / Wm.E.	Q.T.	11			A
1384001- 500	18	77	A.T.& Co.	Q.T.	15	SW.		P
1384501- 6500	18	77	Sterling	Q.T.	7			A
1386501- 700	14		Am.W.Co.	F.P.	7	KW		A
1386701- 7000	14	74	Hillside	¾	7-13	SW.	O.F.	A
1387001- 8000	14		Home	F.P.	7	KW		A
1388001- 9000	18	77	Wm.E. / P.S.B.	Q.T	11			A
1389001- 100	18	77	A.T.& Co.	Q.T.	15	SW.	Htg.	P
1389101- 200	18	79	A.T.& Co.		15	SW.	O.F.	P
1389201- 600	18	79	Wm.E. / P.S.B.		11	SW.	O.F.	A
1389601- 654	18	77	P.S.B. / A.T.& Co.	Q.T.	15	SW.	Htg.	A-P
1389655- 800	18	79	P.S.B.	Q.T.	17-15	SW.	O.F.	A
1389801-90900	18	77	Wm.E.	Q.T.	11			A
1390901- 2000	8	73	Royal / Wm.E.	¾	7-11			A
1392001- 100	14	74	Hillside	¾	15			A
1392101- 800	14	74	Hillside	¾	7-11			A
1392801- 3000	16	72	A.W.Co.	¾	15	SW.		P
1393001- 200	8	73	Riverside	¾	13	SW.		A
1393201- 450	18	77	P.S.B. / Wm.E.	Q.T.	11-15	SW.		A
1393451- 500	18	79	Wm.E.	Q.T.	11	SW.	O.F.	A
1393501-1400000	18	77	Broadway / P.S.B.	Q.T.	7-11	SW.	Htg.	A
1400001- 1000	18	79	Wm.E. / P.S.B.		11	SW.	O.F.	A
1401001- 5600	18	77	Wm.E.	Q.T.	11			A
1405601- 6800	14		Home / A.W.Co.	F.P.	7-11	KW		A
1406801- 7000	14	74	Riverside	¾	15	SW.	O.F.	P
1407001- 200	14	74	Riverside	¾	15	SW.	Htg	P
1407201- 9500	8	73	Wm.E. / Royal	¾	7-13			A
1409501-10000	14	74	Hillside	¾	7-11			A
1410001- 400	8	73	Am.W.Co.	¾	7-11			A
1410401- 500	18	77	Wm.E.	Q.T.	11			A
1410501- 1000	18	77	A.T.& Co.	Q.T.	15			P
1411001- 2000	18	79	Sterling		7	SW.	O.F.	A
1412001-20000	18	77	Sterling	Q.T.	7-11			A
1420001- 200	18	77	Martyn Sq.	Q.T.	11-15			A
1420201- 600	14		Am.W.Co.	F.P.	7	KW		A
1420601- 2000	18	77	P.S.B.	Q.T.	11-15			A
1422001- 800	18	77	Wm.E.	Q.T.	11			A
1422801- 900	18	77	A.T.& Co.	Q.T.	15	SW.		P
1422901- 3000	18	79	A.T.& Co.		15	SW.	O.F.	P
1423001- 500	18	79	Wm.E. / P.S.B.		11	SW.	O.F.	A
1423501- 800	16	72	Amn W.Co.	¾	15-16	SW.		P
1423801- 900	8	73	Amn W.Co.	¾	16	SW.		P
1423901- 4000	18	79	Wm.E.		11	SW.	O.F.	A
1424001- 5400	8	73	Royal / Riverside	¾	11-13	SW.		A
1425401- 6400	8	73	Royal	¾	7	SW.		A
1426401- 900	14	74	Hillside	¾	7			A
1426901- 7000	14		Am.W.Co.	F.P.	11	KW		A
1427001- 700	8	73	Wm.E.	¾	11			A
1427701- 900	18	77	P.S.B.	Q.T.	11-15	SW.		A
1427901- 50	16	72	Amn W.Co. / A.W.Co.	¾	16-17	SW.	O.F.	P
1427951- 8000	18	79	Wm.E.		11	SW.	O.F.	A
1428001-29800	8	73	Wm.E.		7			A
1429801-30000	10		Am.W.Co.	¾	7	KW		A
1430001- 3000	18	77	Wm.E. / P.S.B.	Q.T.	11	SW.		A
1433001- 6500	18	77	Broadway / Home	Q.T.	7-11			A
1436501- 7000	18	77	A.T.& Co.	Q.T	15			P
1437001-40000	18	77	Wm.E. / P.S.B.	Q.T.	11	SW.		A
1440001- 6000	18	77	Sterling	Q.T.	7	SW.		A
1446001- 7000	18	79	Wm.E. / P.S.B.		11	SW.	O.F.	A
1447001- 100	18	77	Martyn Sq.	Q.T	11			A
1447101- 300	14		Am.W.Co.	F.P.	7	KW		A
1447301- 400	18	77	A.T.& Co.	Q.T	15	SW.		P
1447401- 8500	18	77	Wm.E. / P.S.B.	Q.T.	11	SW.		A
1448501- 600	18	79	A.T.& Co.		15	SW.	O.F.	P
1448601- 9000	18	79	Wm.E. / P.S.B.		11	SW.	O.F.	A
1449001-51000	8	73	Wm.E. / Royal	¾	7-13	SW.		A
1451001- 200	14	74	Hillside	¾	7-13	SW.	O.F.	A
1451201- 400	14	74	Hillside	¾	13	SW.	Htg.	A
1451401- 500	10		Am.W.Co.	¾	15	KW		P
1451501- 800	10		Am.W.Co.	¾	7-11	KW		A
1451801-52000	16	72	Am.W.Co.	¾	15	SW.		P
1452001- 3000	8	73	Royal / Am.W.Co.		7-11			A
1453001- 500	18	77	A.T.& Co.	Q.T.	15			P
1453501- 8500	18	77	Sterling / P.S.B.	Q.T.	7-11	SW.		A

Serial Number.	Size.	Model.	Grade.	Plate.	Jewels.	Setting.	Style.	Grade of Material.
1458501– 9000	14		Home	F.P.	7	K W		A
1459001–63000	18	77	Broadway	Q.T.	7			A
1463001– 4000	18	79	Wm.E. P.S.B.		11	SW.	O.F.	A
1464001– 5450	18	77	Home Wm.E.	Q.T.	7–11			A
1465451– 500	18	77	P.S.B.	Q.T.	11–15	SW.		A
1465501– 600	18	79	Wm.E.		11	SW.	O.F.	A
1465601– 800	18	77	Wm.E.	Q.T.	11	SW.		A
1465801– 6000	18	79	Wm.E.		11		O.F.	A
1466001– 675	18	77	Wm.E.	Q.T.	11			A
1466676– 700	18	79	Wm.E.		11	SW.	O.F.	A
1466701– 7000	8	73	Riverside Amn W.Co.	¾	11–16	SW.		A-P
1467001– 800	8	73	Royal	¾	7–11	SW.		A
1467801– 8000	14	74	Hillside	¾	11–15			A
1468001– 9000	8	73	Wm.E.	¾	7–11			A
1469001– 300	8	73	P.S.B.	¾	15			A
1469301– 500	8	73	Wm.E.	¾	7			A
1469501–70000	8	73	Royal	¾	7–13	SW.		A
1470001– 400	14	74	Hillside	¾	7			A
1470401– 1000	14		A.W. Co.	F.P.	7–11	K W		A
1471001– 4000	18	77	Wm.E. P.S.B.	Q.T.	11	SW.		A
1474001– 500	18	77	A.T.& Co.	Q.T.	15	SW.		P
1474501– 6000	18	77	P.S.B. Wm.E.	Q.T.	11			A
1476001– 9000	18	77	Broadway	Q.T.	7			A
1479001–80000	18	79	Wm.E. P.S.B.		11	SW.	O.F.	A
1480001– 1500	18	77	Sterling	Q.T.	7	SW.		A
1481501– 2000	14		Home	F.P.	7	K W		A
1482001– 100	18	77	A.T.& Co.	Q.T.	15	SW.		P
1482101– 3000	18	77	Wm.E. P.S.B.	Q.T.	11	SW.		A
1483001– 100	18	79	A.T.& Co.		15	SW.	O.F.	P
1483101– 400	18	79	Wm.E. P.S.B.		11	SW.	O.F.	A
1483401– 750	18	77	Martyn Sq. Wm.E.	Q.T.	11			A
1483751– 800	18	77	Wm.E.	Q.T.	11	SW.		A
1483801– 900	18	79	Wm.E.		11	SW.	O.F.	A
1483901– 4000	14	74	Hillside	¾	7	SW.	O.F.	A
1484001– 6000	8	73	Royal	¾	7–13	SW.		A
1486001– 7500	8	73	Wm.E.	¾	7–11			A
1487501– 700	16	72	Am.W.Co.	¾	15	SW.		P
1487701– 8000	14	74	Hillside Riverside	¾	13–15	SW.	Htg.	A
1488001– 500	18	79	A.T.& Co.		15	SW.	O.F.	P
1488501– 9000	18	77	P.S.B.	Q.T.	11			A
1489001–92000	18	77	P.S.B. A.T.& Co.	Q.T.	11–15	K W SW.		A-P
1492001– 1500000	18	77	Sterling	Q.T.	7–11	SW.		A
1500001– 1000	18	79	Wm.E.		11	SW.	O.F.	A
1501001– 600	18	77	Home	Q.T.	7			A
1501601– 800	14	74	Hillside	¾	7	SW.	Htg.	A
1501801– 2000	8	73	Royal	¾	7–11	SW.		A
1502001– 500	14		Home	F.P.	7	K W		A
1502501– 700	14	74	Riverside	¾	15	SW.	O.F.	P
1502701– 800	8	73	Amn W.Co.	¾	16	SW.		P
1502801– 3800	8	73	Royal Riverside	¾	11–13	SW.		A
1503801– 50	14	74	Amn W.Co.	¾	16	SW.	Htg.	P
1503851– 900	8	73	Am.W.Co. Wm.E.	¾	11			A
1503901– 4000	14	74	Riverside Hillside	¾	13–15	SW.	Htg.	A
1504001– 5000	8	73	Wm.E. Royal		7–17			A
1505001 200	14		Am.W.Co.	F.P	11	K W		A
1505201– 300	14	74	Hillside	¾	13	SW.	O.F.	A
1505301– 700	18	79	P.S.B. A.T.& Co.		11–15	SW.	O.F.	A-P
1505701– 6000	18	79	Wm.E.		11	SW.	O.F.	A
1506001– 7000	8	73	Wm.E.	¾	7			A
1507001–10000	18	77	P.S.B. A.T.& Co.	Q.T.	11–15			A-P
1510001– 8000	18	77	Sterling Wm.E.	Q.T.	7–11			A
1518001– 500	18	79	A.T.& Co.		15	SW.	O.F.	P
1518501–20000	18	79	P.S.B. Wm.E.		11	SW.	O.F.	A
1520001– 1000	18	77	Wm.E.	Q.T.	11			A
1521001– 2000	14	73	Hillside		7–13	SW.	Htg.	A
1522001– 100	16	72	AmnW.Co.	¾	16	SW.		P
1522101– 200	8	73	Amn W.Co.	¾	16	SW.		P
1522201– 900	8	73	Royal Riverside	¾	13	SW.		A
1522901– 4400	8	73	Royal Wm.E.	¾	7–11			A
1524401– 600	14	74	Hillside	¾	11	SW.	O.F.	A
1524601– 800	14	74	Hillside	¾	13	SW.	Htg.	A
1524801– 5000	10		Am.W.Co.	¾	7	K W		A
1525001– 6000	8	73	Wm.E.	¾	7			A
1526001– 500	18	77	A.T.& Co.	Q.T.	15			P
1526501– 7000	18	79	A.T.& Co.		15	SW.	O.F.	P
1527001– 800	18	77	A.T.& Co.	Q.T.	15	SW.		P
1527801– 8000	14		Am.W.Co.	F.P.	7	K W		A
1528001– 9500	18	77	P.S.B.	Q.T.	11	K W		A
1529501–31000	18	77	Wm.E. P.S.B.	Q.T.	11	SW.		A
1531001– 6000	18	77	Broadway Wm.E.	Q.T.	7–11			A
1536001– 8000	18	77	Sterling	Q.T.	7	SW.		A
1538001– 9000	18	79	Wm.E.		11	SW.	O.F.	A
1539001– 800	18	77	Home Martyn Sq.	Q.T.	7–11	SW.		A
1539801– 900	14		Am.W.Co.	F.P.	11	K W		A
1539901–40000	14	74	Hillside	¾	13	SW.	O.F.	A
1540001– 1000	14		Home	F.P.	7	K W		A
1541001– 2500	8	73	Royal Riverside		11–13	SW.		A
1542501– 3000	14	74	Hillside	¾	7–11			A
1543001– 200	14	74	Amn W.Co.	¾	16	SW.	O.F.	P
1543201– 600	8	73	Am.W.Co.		7–11			A
1543601– 800	8	73	Royal		7–11	SW.		A
1543801– 4200	18	77	Sterling Wm.E.	Q.T.	11	SW.		A
1544201– 5000	14		Home Am.W.Co.	F.P.	7–11	K W		A
1545001– 500	8	77	Home	Q.T.	7			A
1545501– 800	8	77	A.T.& Co.	Q.T.	15	K W		P
1545801– 6500	18	77	P.S.B. A.T.& Co.	Q.T.	11–15	SW.		A-P
1546501– 900	18	77	Wm.E.	Q.T.	11	K W		A
1546901– 7000	18	79	Wm.E.		11	SW.	O.F.	A
1547001– 700	18	77	Wm.E.	Q.T.	7–11	SW.		A
1547701– 8000	8	73	Am.W.Co.	¾	7–11			A
1548001–50000	18	77	Wm.E.	Q.T.	11			A
1550001– 2000	18	77	Wm.E.	Q.T.	11	SW.		A
1552001– 4000	18	77	Broadway	Q.T.	7			A
1554001– 5000	18	77	Sterling	Q.T.	7	SW.		A
1555001– 300	18	77	A.T.& Co.	Q.T.	15	SW.		P
1555301– 600	18	79	A.T.& Co.		15	SW.	O.F.	P
1555601– 6000	18	77	P.S.B.	Q.T.	11	SW.		A
1556001– 300	18	79	P.S.B.		11	SW.	O.F.	A
1556301– 7500	18	77	Wm.E.	Q.T.	11			A
1557501– 8000	18	79	Wm.E.		11	SW.	O.F.	A
1558001– 500	8	73	Riverside Amn W.Co.	¾	13–16	SW.		A-P
1558501–60000	8	73	Royal	¾	7–13	SW.		A
1560001– 100	16	72	Amn W.Co	¾	16	SW.	Htg.	P
1560101– 300	14	74	Hillside	¾	13	SW.	O.F.	A
1560301– 500	14	74	Hillside	¾	13	SW.	Htg.	A
1560501– 1000	14	74	Hillside	¾	7–15			A
1561001– 200	10		Am.W.Co.	¾	11–15	K W		A
1561201– 550	8	73	Royal	¾	7–11	SW.		A
1561551– 600	18	77	Martyn Sq.	Q.T.	7			A
1561601– 800	16	72	Amn W.Co.	¾	16	SW.	Htg.	P

Serial Number.	Size.	Model.	Grade.	Plate.	Jewels.	Setting.	Style.	Grade of Material.
1561801– 2000	18	77	Wm.E.	Q.T.	11	SW.		A
1562001– 3000	8	73	Wm.E.	¾	7			A
1563001– 8000	18	77	P.S.B.	Q.T.	11–15			A
1568001– 500	18	77	A.T.&Co.	Q.T.	15			P
1568501– 72000	18	77	Wm.E.	Q.T.	11			A
1572001– 7000	18	77	Sterling	Q.T.	7			A
1577001– 8000	18	79	Wm.E. / P.S.B.		11	SW.	O.F.	A
1578001– 100	18	77	P.S.B.	Q.T.	11–15	SW.		A
1578101– 400	18	77	Wm.E.	Q.T.	11	KW		A
1578401– 600	18	77	Sterling	Q.T.	7	SW.		A
1578601– 9200	14		Home / Am.W. Co.	F.P.	7	KW		A
1579201– 900	14	74	Hillside	¾	7–13	SW.	Htg.	A
1579901– 80000	8	73	Am.W.Co.	¾	7			A
1580001– 1500	8	73	Royal	¾	7	SW.		A
1581501– 2000	8	73	Riverside	¾	13	SW.		A
1582001– 300	8	73	Amn W.Co.	¾	16	SW.		P
1582301– 3000	8	73	Royal / Riverside	¾	13	SW.		A
1583001– 100	10		Am.W. Co.	¾	7	KW		A
1583101– 400	14	74	Riverside	¾	13	SW.	Htg.	A
1583401– 600	14	74	Riverside	¾	13	SW.	O.F.	A
1583601– 700	16	72	A.W. Co.	¾	17	SW.	O.F.	P
1583701– 4000	14	74	Hillside	¾	7–11			A
1584001– 6500	18	77	P.S.B. / A.T.&Co.	Q.T.	11–15			A-P
1586501– 975	18	77	Home / Wm.E.		7–11			A
1586976– 7000	18	79	Wm.E.		11	SW.	O.F.	A
1587001– 9000	18	77	Wm.E.	Q.T.	11			A
1589001– 90000	18	77	Wm.E.	Q.T.	11	SW.		A
1590001– 3000	18	77	Broadway		7			A
1593001– 5000	18	77	Sterling		7	SW.		A
1595001– 6000	18	79	Wm.E. / P.S.B.		11	SW.	O.F.	A
1596001– 500	18	79	A.T.&Co.	Q.T.	15	SW.	O.F.	P
1596501– 7000	18	79	Wm.E.		11	SW.	O.F.	A
1597001– 8000	18	77	Wm.E.	Q.T.	11			A
1598001– 9200	18	77	P.S.B. / Wm.E.	Q.T.	11–15	SW.		A
1599201– 400	10		Am.W.Co.	¾	7–11	KW		A
1599401– 600	8	73	Am.W.Co.	¾	7			A
1599601– 700	14	74	Hillside	¾	7	SW.	Htg.	A
1599701– 800	8	73	Royal	¾	13	SW.	Htg.	A
1599801–600000	14	74	Hillside	¾	13	SW.	O.F.	A
1600001– 3000	8	73	Royal / Riverside	¾	13	SW.		A
1603001– 4000	8	73	Wm.E.	¾	7			A
1604001– 500	18	77	Wm,E.	Q.T.	11			A
1604501– 5000	18	77	Sterling		7	SW.		A
1605001– 300	18	77	Wm.E.	Q.T.	11	SW.		A
1605301– 6000	8	73	Royal / Am.W.Co.	¾	7–11			A
1606001– 9400	18	77	P.S.B. / Wm.E.	Q.T.	15			A
1609401– 800	18	77	Sterling	Q.T.	7	SW.		A
1609801– 900	14	74	Chron. / Riverside	¾	15	SW.	O.F.	P
1609901– 12000	18	77	Wm.E.	Q.T.	11			A
1612001– 3000	18	77	Wm.E.	Q.T.	11	SW.		A
1613001– 6000	18	77	Broadway		7			A
1616001– 7000	18	77	Sterling		7	SW.		A
1617001– 8900	18	79	Wm.E.		11	SW.	O.F.	A
1618001– 500	14	74	Hillside	¾	7	SW.	Htg.	A
1618501– 21000	8	73	Wm.E. / Royal	¾	7–13	SW.		A
1621001– 300	14	74	Hillside	¾	13	SW.	Htg.	A
1621301– 500	14	74	Chron. / Riverside	¾	15	SW.	Htg.	P
1621501– 600	18	77	P.S.B.	Q.T.	11–15	SW.		A
1621601– 800	18	77	P.S.B.	Q.T.	11			A
1621801– 2000	18	77	Wm.E.	Q.T.	11	SW.		A
1622001– 500	18	77	P.S.B.	Q.T.	15			A
1622501– 4000	18	77	P.S.B.	Q.T.	11–15	SW.	F.S.	A
1624001– 5600	18	77	P.S.B. / Martyn Sq.	Q.T.	7–11			A
1625601– 6000	14		Am.W.Co.	F.P.	7–11	KW		A
1626001– 30000	18	77	Broadway		7			A
1630001– 2000	18	77	Sterling		7	SW.		A
1632001– 3000	18	79	Wm.E. / P.S.B.		11	SW.	O.F.	A
1633001– 4500	18	77	Wm.E.	Q.T.	11	KW		A
1634501– 5000	18	77	Wm.E.	Q.T.	11	SW.		A
1635001– 6000	18	79	Wm.E.		11	SW.	O.F.	A
1636001– 500	18	77	Home		7			A
1636501– 7000	14		Home	F.P.	7	KW		A
1637001– 50	18	77	Wm.E.	Q.T.	11	SW.		A
1637051– 200	18	77	P.S.B. / Martyn Sq.	Q.T.	11–15			A
1637201– 300	18	79	Wm.E.		11	SW.	O.F.	A
1637301– 400	16	72	Amn W.Co.	¾	16	SW.	Htg.	P
1637401– 500	16	72	Amn W.Co.	¾	16	SW.	O.F.	P
1637501– 8000	16	72	Am. W.Co.	¾	15	SW.		P
1638001– 200	18	77	A.T.& Co.	Q.T.	15			P
1638201– 500	18	77	A.T.& Co.	Q.T.	15	SW.	F.S.	P
1638501– 9000	18	77	P.S.B.	Q.T.	15	SW.	F.S.	A
1639001– 41000	18	77	Wm.E. / P.S.B.	Q.T.	11–15			A
1641001– 3500	18	77	Broadway	Q.T.	7			A
1643501– 4000	18	77	Sterling		7	SW.		A
1644001– 200	18	77	Martyn Sq.	Q.T.	11–15			A
1644201– 900	14		Home / Am.W.Co.	F.P.	7	KW		A
1644901– 5000	18	77	Martyn Sq.	Q.T.	7			A
1645001– 500	18	79	P.S.B.		11	SW.	O.F.	A
1645501– 6800	8	73	Wm.E. / Royal	¾	7–11	SW.		A
1646801– 7000	10		Am.W.Co.	¾	7	KW		A
1647001– 9000	8	73	Am.W.Co. / Royal	¾	7	KW / SW.		A
1649001– 500	8	73	Riverside / Amn W.Co.	¾	13–16	SW.		P
1649501– 50000	8	73	Wm.E.	¾	7			A
1650001– 400	14	74	Hillside	¾	7–13	SW.	O.F.	A
1650401– 1100	14	74	Hillside	¾	7–13			A
1651101– 900	14		Home / Am.W.Co.	F.P.	7–11	KW		A
1651901– 2000	10		Am.W.Co.	¾	7	KW		A
1652001– 4000	18	77	P.S.B.	Q.T.	11			A
1654001– 500	18	77	P.S.B.	Q.T.	15	SW.		A
1654501– 6000	18	77	Sterling		7	SW.		A
1656001– 8000	18	77	Wm.E. / P.S.B.	Q.T.	11			A
1658001– 63000	18	77	Broadway		7			A
1663001– 5000	18	79	Sterling		7–11	SW.	O.F.	A
1665001– 500	18	77	Wm.E.	Q.T.	11			A
1665501– 6000	18	77	Wm.E.	Q.T.	11	SW.		A
1666001– 300	18	77	A.T.& Co.	Q.T.	15	SW.	F.S.	P
1666301– 600	18	77	P.S.B.	Q.T.	15			A
1666601– 900	18	77	P.S.B.	Q.T.	15	SW.	F.S.	A
1666901– 7200	18	77	P.S.B.	Q.T.	11			A
1667201– 500	18	77	P.S.B.	Q.T.	11	SW.	F.S.	A
1667501– 600	18	77	P.S.B.	Q.T.	11			A
1667601– 8000	14	74	Hillside	¾	7–13	SW.	O.F.	A
1668001– 500	18	77	Home		7			A
1668501– 9000	14	74	Hillside	¾	7–13	SW.	Htg.	A
1669001– 500	8	73	Riverside	¾	13	SW.		P
1669501– 70000	8	73	Wm.E.	¾	7			A
1670001– 700	8	73	Royal	¾	11	SW.		A
1670701– 800	14	74	Hillside	¾	15			A
1670801– 1000	14	74	Hillside	¾	7–11			A
1671001– 2500	8	73	Royal	¾	7	SW.		A
1672501– 900	8	73	Am.W.Co.	¾	7–11			A
1672901– 3000	18	77	Wm.E.	Q.T.	11	SW.		A
1673001– 100	16	72	AmnW.Co.	¾	16	SW.	O.F.	P
1673101– 600	16	72	Am.W.Co.	¾	15	SW.		P
1673601– 8500	18	77	P.S.B.	Q.T.	15			A
1678501– 80000	18	79	Wm.E.		11	SW.	O.F.	A
1680001– 3000	18	77	Wm.E.	Q.T.	11			A

Numbers and Descriptions of Waltham Watch Movements.

Serial Number.	Size.	Model.	Grade.	Plate.	Jewels.	Setting.	Style.	Grade of Material.
1683001– 9675	18	77	Sterling		7–11			A
1689676– 700	18	79	Wm.E.		11	SW.	O.F.	A
1689701– 800	18	77	Wm.E.	Q.T.	11			A
1689801– 900	18	77	Wm.E.	Q.T.	11	SW.		A
1689901– 00000	10		Am.W.Co.	¾	7	K W		A
1690001– 1200	14		Home	F.P.	7	K W		A
1691201– 2000	14	74	Hillside	¾	7–13	SW.	O.F.	A
1692001– 3000	14	74	Hillside	¾	7–13	SW.	Htg.	A
1693001– 4000	8	73	Wm.E. Royal		7–11	K W		A
1694001– 5600	8	73	Wm.E. Royal		7	SW.		A
1695601– 800	14	74	Hillside	¾	7–13	SW.	Htg.	A
1695801– 6100	14	74	Hillside	¾	7–11	K W		A
1696101– 7000	14	74	Hillside	¾	7–13	SW.	Htg.	A
1697001– 1704000	18	77	Wm.E. P.S.B.	Q.T.	11–15	SW.		A
1704001– 9000	18	77	Broadway		7			A
1709001– 10000	18	77	Sterling		7	SW.		A
1710001– 2000	18	79	P.S.B.		11–15	SW.	O.F.	A
1712001– 3200	18	77	Home		7			A
1713201– 400	18	79	Wm.E.		11	SW.	O.F.	A
1713401– 4000	14		Home	F.P.	7	K W		A
1714001– 5500	18	77	Home		7			A
1715501– 6000	14	74	Hillside	¾	7–13	SW.	O.F.	A
1716001– 500	8	73	Riverside	¾	11	SW.		A
1716501– 7000	8	73	Wm.E.	¾	7			A
1717001– 9000	8	73	Royal	¾	7–13	SW.		A
1719001– 50	16	72	A.W.Co.	¾	17		O.F.	P
1719051– 100	18	77	Martyn Sq.	Q.T.	15			P
1719101– 200	16	72	Amn W.Co.	¾	16	SW.	O.F.	P
1719201– 400	14	74	Hillside	¾	13	SW.	Htg.	A
1719401– 900	14	74	Hillside	¾	7–13	SW.	O.F.	A
1719901– 20000	10		Am.W.Co.	¾	7	K W		A
1720001– 1000	18	77	P.S.B. A.T.&Co.	Q.T.	15	SW.	F.S.	A-P
1721001– 2000	18	77	Wm.E.	Q.T.	11	SW.	F.S.	A
1722001– 6000	18	77	Broadway		7			A
1726001– 7000	18	77	Sterling		7	SW.		A
1727001– 8500	18	79	P.S.B. A.T.&Co.	S.T.	11–15	SW.	O.F.	A-P
1728501– 9000	14		Am.W.Co.	F.P.	7	K W		A
1729001– 30000	18	79	Wm.E.	S.T.	11	SW.	O.F.	A
1730001– 1300	18	77	Wm.E.	Q.T.	11			A
1731301– 400	18	79	Wm.E.	S.T.	11	SW.	O.F.	A
1731401– 800	18	77	P.S.B. A.T.&Co.	Q.T.	15	SW.	F.S.	A-P
1731801– 2000	18	79	P.S.B.	S.T.	15	SW.	O.F.	A
1732001– 3000	18	77	Wm.E.	Q.T.	11			A
1733001– 4000	18	77	Wm.E.	Q.T.	11	SW.		A
1734001– 500	18	79	Wm.E.	S.T.	11	SW.	O.F.	A
1734501– 50	18	77	A.T.&Co.	Q.T.	15	SW.	F.S.	P
1734551– 600	18	79	A.T.&Co.	S.T.	15	SW.	O.F.	P
1734601– 800	18	77	P.S.B.	Q.T.	11	SW.	F.S.	A
1734801– 900	18	79	P.S.B.	S.T.	15	SW.	O.F.	A
1734901– 5000	18	79	Wm.E.	S.T.	11	SW.	O.F.	A
1735001– 400	18	77	Martyn Sq.	Q.T.	11			A
1735401– 700	18	77	Martyn Sq.	Q.T.	11	SW.		A
1735701– 6000	14		Am.W.Co.	F.P.	7–11	K W		A
1736001– 7000	18	77	Home		7			A
1737001– 700	14		Home	F.P.	7	K W		A
1737701– 800	14	74	Riverside	¾	13–16	SW.	O.F.	P
1737801– 900	14	74	Riverside	¾	15	SW.	Htg.	P
1737901– 8000	14		Am.W.Co.	F.P.	11	K W		A
1738001– 600	16	72	Amn W.Co.	¾	15–16	SW.		P
1738601– 800	14	74	Hillside	¾	13	SW.	O.F.	A
1738801– 40100	14	74	Hillside	¾	13	SW.	Htg.	A
1740101– 400	14	74	Hillside	¾	7–11			A
1740401– 900	14	74	Hillside	¼	13	SW.	O.F.	A
1740901– 1000	14	74	Hillside	¾	13	SW.	Htg.	A
1741001– 900	8	73	Royal	¾	11–15	SW.		A
1741901– 2000	18	77	Home		7	SW.		A
1742001– 3000	8	73	Royal Am.W.Co.	¾	7	SW.		A
1742901– 3000	10		Am.W.Co.	¾	7	K W		A
1743001– 500	8	73	Wm.E.	¾	7	SW.		A
1743501– 700	8	73	A.W.Co.	¾	11			A
1743701– 800	18	77	Home		7	SW.		A
1743801– 4000	8	73	Am.W.Co.		7			A
1744001– 500	18	77	A.T.&Co.	Q.T.	15	SW.	F.S.	P
1744501– 5000	18	79	A.T.&Co.	S.T.	15	SW.	O.F.	P
1745001– 6000	18	77	P.S.B.	Q.T.	15	SW.	F.S.	A
1746001– 500	18	77	P.S.B.	Q.T.	11	SW.		A
1746501– 50000	18	77	Wm.E.	Q.T.	11			A
1750001– 2000	18	77	Wm.E.	Q.T.	11	SW.		A
1752001– 7000	18	77	Broadway		7			A
1757001– 8000	18	77	Sterling		7	SW.		A
1758001– 61000	18	79	Wm.E. P.S.B.	S.T.	11–15	SW.	O.F.	A
1761001– 100	18	77	Martya Sq.	Q.T.	11			A
1761101– 2000	18	77	Home		7			A
1762001– 500	14		Home	F.P.	7	K W		A
1762501– 3000	8	73	Riverside	¾	13	SW.		A
1763001– 100	16	72	Amn,W.Co.	¾	16	SW.	Htg.	P
1763101– 200	16	72	Amn W.Co.	¾	16	SW.	O.F.	P
1763201– 700	16	72	Am.W.Co.	¾	15	SW.		A
1763701– 900	14	74	Riverside	¾	15	SW.	O.F.	P
1763901– 5000	14	74	Hillside	¾	7–13			A
1765001– 6000	8	73	Wm.E.	¾	7	SW.		A
1766001– 7000	14	74	Hillside	¾	7–11	SW.	Htg.	A
1767001– 500	3		Amn W.Co.	¾	16	SW.		P
1767501– 8000	8	73	Royal	¾	13	SW.		A
1768001– 500	18	77	A.T.&Co.	Q.T.	15			P
1768501– 9000	18	79	A.T.&Co.	S.T.	15	SW.	O.F.	P
1769001– 70500	18	77	P.S.B. A.T.&Co.	Q.T.	15	SW.	F.S.	A-P
1770501– 3000	18	77	P.S.B.	Q.T.	11			A
1773001– 4500	18	77	P.S.B.	Q.T.	11	SW.		A
1774501– 6000	18	77	Wm.E.	Q.T.	11			A
1776001– 7000	18	77	Wm.E.	Q.T.	11	SW.		A
1777001– 500	18	79	Wm.E.	S.T.	11	SW.	O.F.	A
1777501– 81000	18	77	Broadway		7			A
1781001– 2000	18	77	Sterling		7	SW.		A
1782001– 3200	18	79	P.S.B.	S.T.	11–15	SW.	O.F.	A
1783201– 4300	18	77	Home		7			A
1784301– 500	18	77	Martyn Sq.	Q.T.	11			A
1784501– 6000	14	F.P.	Home Am.W.Co.		7	K W		A
1786001– 600	8	73	Am. W.Co.		7–11			A
1786601– 7000	8	73	Royal		7–11	SW.		A
1787001– 700	14	74	Hillside Riverside	¾	7–13	SW.	Htg.	A
1787701– 8000	8	73	Amn W.Co.		7			A
1788001– 9000	14	F.P.	Home		7	K W		A
1789001– 90000	18	77	P.S.B. A.T.&Co.	Q.T.	15	SW.	F.S.	A-P
1790001– 1000	18	77	P.S.B.	Q.T.	11	SW.	F.S.	A
1791001– 4000	18	77	P.S.B.	Q.T.	11			A
1794001– 5000	18	77	Wm.E.	Q.T.	11	SW.		A
1795001– 7000	18	77	Broadway		7			A
1797001– 8500	18	77	Sterling		7	SW.		A
1798501–800000	18	79	P.S.B.	S.T.	11–15		O.F.	A
1800001– 500	18	77	A.T.&Co.	Q.T.	15	SW.	F.S.	P
1800501– 1000	18	77	Wm.E.	Q.T.	11	SW.		A
1801001– 300	18	77	P.S.B.	Q.T.	15	SW.	F.S.	A
1801301– 800	18	79	P.S.B. A.T.&Co.	S.T.	15	SW.	O.F.	A-P
1801801– 2000	16	72	Am.W.Co.	¾	15	SW.	O.F.	A
1802001– 3000	18	79	Wm.E.	S.T.	11	SW.	O.F.	A
1803001– 800	18	77	Home		7			A
1803801– 4000	14	74	Hillside	¾	7	SW.	Htg.	A
1804001– 5400	14	F.P.	Am.W.Co. Home		7	K W		A
1805401– 500	16	72	Amn W.Co.	¾	16	SW.	Htg.	P
1805501– 600	16	72	Amn W.Co.	¾	16	SW.	O.F.	P
1805601– 800	16	72	Am.W.Co.	¾	15	SW.		A
1805801– 6000	14	74	Hillside	¾	7			A
1806001– 7500	8	73	Riverside	¾	13	SW.		A
1807501– 9000	8	73	Wm.E. Royal	¾	7–11	SW.		A

Serial Number.	Size.	Model.	Grade.	Plate.	Jewels	Setting.	Style	Grade of Material.
1809001– 300	14	74	Riverside	¾	15	SW.	Htg.	A
1809301– 600	14	74	Hillside	¾	11–15			A
1809601– 10000	14	74	Hillside	¾	7			A
1810001– 1000	18	77	P.S.B. A.T.&Co.	Q.T.	15	SW.	F.S.	A-P
1811001– 3000	18	77	P.S.B.	Q.T.	11			A
1813001– 4000	18	77	P.S.B.	Q.T.	11	SW.	F.S.	A
1814001– 6000	18	77	Wm.E.	Q.T.	11			A
1816001– 7500	18	77	Wm.E.	Q.T.	11	SW.		A
1817501– 8000	8	73	Royal	¾	13	SW.		A
1818001– 23000	18	77	Broadway		7			A
1823001– 5000	18	77	Sterling		7	SW.		A
1825001– 7000	18	79	P.S.B. A.T.&Co.	S.T.	11–15	SW.	O.F.	A-P
1827001– 100	18	77	Martyn Sq.	Q.T.	7			A
1827101– 8000	18	77	Home		7			A
1828001– 700	14	F.P.	Am.W.Co.		7–11	KW		A
1828701– 9000	10	K.W.	Am.W.Co.	¾	11			A
1829001– 30000	14	F.P.	Home		7	KW		A
1830001– 1000	8	73	Wm.E.	¾	7	SW.		A
1831001– 300	16	72	Amn W.Co.	¾	15–16	SW.		P
1831301– 800	8	73	Riverside	¾	13	SW.		A
1831801– 2000	14	74	Hillside	¾	7			A
1832001– 600	8	73	Royal	¾	7–11	SW.		A
1832601– 900	8	73	Am.W.Co.	¾	7–11			A
1832901– 3000	14	74	Hillside	¾	11			A
1833001– 500	14	74	Chron. Riverside	¾	15	SW.	O.F.	P
1833501– 800	16	72	Amn W.Co.	¾	15–16	SW.	Htg.	P
1833801– 4000	14	F.P.	Home		7	KW		A
1834001– 200	8	73	Royal		7–11	SW.		A
1834201– 500	8	73	Am.W.Co.		7			A
1834501– 8000	8	73	Wm.E. Royal		7–11	SW.		A
1838001– 9000	18	77	A.T.&Co.	Q.T.	15	SW.	F.S.	P
1839001– 40000	18	77	P.S.B.	Q.T.	11			A
1840001– 500	18	77	P.S.B.	Q.T.	11	SW.	F.S.	A
1840501– 1000	14	F.P.	Am.W.Co.		7–11			A
1841001– 2000	18	77	Wm.E.	Q.T.	11			A
1842001– 3000	18	77	Wm.E.	Q.T.	11	SW.		A
1843001– 6000	18	77	Broadway		7			A
1846001– 7000	18	77	Sterling		7	SW.		A
1847001– 500	18	79	A.T.&Co.	S.T.	15	SW.	O.F.	P
1847501– 9000	18	79	Wm.E. P.S.B.	S.T.	11–15	SW.	O.F.	A
1849001– 500	18	77	A.T.&Co.	Q.T.	15	SW.	F.S.	P
1849501– 700	18	79	A.T.&Co.	S.T.	15	SW.	O.F.	P
1849701– 50000	18	77	P.S.B.	Q.T.	15	SW.	F.S.	A
1850001– 500	18	77	Wm.E.	Q.T.	11			A
1850501– 1000	18	77	Wm.E.	Q.T.	11	SW.		A
1851001– 800	18	79	Wm.E. P.S.B.	S.T.	11–15	SW.	O.F.	A
1851801– 4000	18	77	Home		7			A
1854001– 5000	14	F.P.	Home		7	KW		A
1855001– 6000	8	73	Wm.E.	¾	7			A
1856001– 7000	18	77	A.T.&Co.	Q.T.	15	SW.	F.S.	P
1857001– 62000	18	77	Wm.E. P.S.B.	Q.T.	11			A
1862001– 3000	18	77	P.S.B.	Q.T.	11	SW.	F.S.	A
1863001– 4000	18	77	Wm.E.	Q.T.	11	SW.		A
1864001– 7500	18	77	Broadway		7			A
1867501– 9000	18	77	Sterling		7	SW.		A
1869001– 72000	18	79	Wm.E. P.S.B.	S.T.	11–15	SW.	O.F.	A
1872001– 3200	18	77	Home		7			A
1873201– 5600	14	F.P.	Am.W.Co.		7–11	KW		A
1875601– 6000	8	73	Am.W.Co.	¾	7			A
1876001– 200	14	74	Am.W.Co.	¾	7	SW.	O.F.	A
1876201– 500	14	74	Am.W.Co.	¾	7	SW.	Htg.	A
1876501– 7000	8	73	Riverside Amn W.Co.	¾	13–16	SW.		A-P
1877001– 9000	8	73	Wm.E. Royal	¾	7–13	SW.		A
1879001– 200	14	74	Hillside	¾	7–13	SW.	Htg.	A
1879201– 300	14	74	Hillside	¾	7	SW.	O.F.	A

Serial Number.	Size.	Model.	Grade.	Plate.	Jewels	Size.	Style	Grade of Material.
1879301– 80000	14	74	Hillside	¾	7–11			A
1880001– 100	16	72	Amn W.Co.	¾	16	SW		P
1880101– 500	16	72	Am.W.Co.	¾	15	SW		A
1880501– 700	8	73	Royal	¾	7–11	SW		A
1880701– 1000	14	74	Hillside	¾	7			A
1881001– 500	18	77	A.T.&Co.	Q.T.	15			P
1881501– 2000	8	73	Royal	¾	11	SW		A
1882001– 3000	18	77	A.T.&Co.	Q.T.	15			P
1883001– 8000	18	77	P.S.B.	Q.T.	11			A
1888001– 91000	18	77	Broadway		7			A
1891001– 4000	18	79	Sterling	S.T.	7–11	SW	O.F.	A
1894001– 200	18	77	P.S.B.	Q.T.	11	SW	F.S.	A
1894201– 500	18	77	Wm.E.	Q.T.	11			A
1894501– 800	18	77	Wm.E.	Q.T.	11	SW	F.S.	A
1894801– 5100	18	79	P.S.B. A.T.&Co.	S.T.	15	SW	O.F.	A-P
1895101– 700	18	79	Wm.E.	S.T.	7–11	SW	O.F.	A
1895701– 800	18	77	Home		7	SW	F.S.	A
1895801– 7000	18	77	Home		7	KW		A
1897001– 9700	14		Home Am. W.Co.	F.P.	7–11	KW		A
1899701– 800	10		Am.W.Co.	¾	7	KW		A
1899801– 50	8	73	Royal	¾	11	SW		A
1899851– 900	16	72	Am.W.Co.	¾	15	SW		A
1899901– 1902400	8	73	Am.W.Co. Royal	¾	7–11	SW		A
1902401– 600	16	72	Am.W.Co.	¾	15	SW	O.F.	A
1902601– 3000	14	74	Hillside	¾	7–13			A
1903001– 4000	8	73	Royal		11	SW		A
1904001– 500	18	77	A.T.&Co.	Q.T.	15	SW	F.S.	P
1904501– 6000	18	77	P.S.B.	Q.T.	11			A
1906001– 7000	18	77	P.S.B.	Q.T.	11	SW	F.S.	A
1907001– 8000	18	77	Wm.E.	Q.T.	11			A
1908001– 10000	18	77	Sterling	Q.T.	11	SW	F.S.	A
1910001– 1400	18	77	Home		7			A
1911401– 3000	14		Home Am.W.Co.	F.P.	7	KW		A
1913001– 500	8	73	Wm.E. Riverside		7–13	SW		A
1915501– 800	16	72	Amn W.Co.	¾	16	SW†	Htg.	P
1915801– 6000	16	72	Am.W.Co.	¾	15	SW	O.F.	A
1916001– 7500	8	73	Royal		13	SW		A
1917501– 600	14	74	Hillside	¾	7	SW	Htg.	A
1917601– 700	8	73	Am.W.Co.		7			A
1917701– 8000	18	77	P.S.B.	Q.T.	15	SW	O.F.	A
1918001– 21500	18	77	P.S.B.	Q.T.	11–15			A
1921501– 3000	18	77	Wm.E.	Q.T.	11			A
1923001– 6000	18	77	P.S.B.	Q.T.	11	SW	F.S.	A
1926001– 9000	18	77	Broadway		7			A
1929001– 32500	18	79	P.S.B.	S.T.	11	SW	O.F.	A
1932501– 3000	18	77	Wm.E.	Q.T.	11			A
1933001– 500	18	77	Wm.E.	Q.T.	11	SW		A
1933501– 4300	18	79	Wm.E. P.S.B.	S.T.	11–15	SW	O.F.	A
1934301– 5900	18	77	Home		7			A
1935901– 6000	18	77	Home		7	SW	F.S.	A
1936001– 500	14		Am.W.Co.	F.P.	7–11	KW		A
1936501– 700	14	73	Home		7			A
1937701– 900	16	72	Amn W.Co.	¾	15–16	SW†	O.F.	P
1937901– 8000	16	72	Am.W.Co.	¾	15	SW	O.F.	A
1938001– 41000	8	73	Royal Riverside	¾	11–13	SW		A
1941001– 3000	8	73	Wm.E.	¾	7	SW		A
1943001– 400	14	74	Hillside	¾	7–11			A
1943401– 500	10		Am.W.Co.	¾	7	KW		A
1943501– 900	8	73	Am.W.Co.	¾	7–11			A
1943901– 4100	8	73	Royal	¾	7–11	SW		A
1944101– 300	16	72	Am.W.Co.	¾	15	SW		A
1944301– 500	14	74	Am.W.Co.	¾	7		O.F.	A
1944501– 700	8	73	Royal		7–11	SW		A
1944701– 50	14	74	Hillside	¾	13	SW	O.F.	A
1944751 800	18	77	Martyn Sq.	Q.T.	11			A
1944801– 5000	14	74	Hillside	¾	7	SW	O.F.	A
1945001– 9000	18	77	P.S.B.	Q.T.	11–15			A
1949001– 51000	18	77	P.S.B.	Q.T.	11	SW	F.S.	A

† Breguet Spring.

Serial Number.	Size.	Model.	Grade.	Plate.	Jewels.	Setting.	Style.	Grade of Material.
1951001– 2000	18	77	P.S.B.	Q.T.	11			A
1952001– 5000	18	77	P.S.B. A.T.&Co.	S.T.	15	SW	O.F.	A-P
1955001– 500	18	77	A.T.&Co.	Q.T.	15			P
1955501– 6000	18	77	A.T.&Co.	Q.T.	15	SW	F.S.	P
1956001– 7000	18	77	Wm.E.	Q.T.	11			A
1957001– 8500	18	77	Sterling		7	SW	F.S.	A
1958501– 600	18	77	Martyn Sq.	Q.T.	11–15			A
1958601– 9000	18	77	Home		7			A
1959001– 61000	18	79	Wm.E.	S.T.	11	SW	O.F.	A
1961001– 2000	18	77	Home		7			A
1962001– 4400	14		Am.W.Co.	F.P.	7	KW		A
1964401– 700	18	77	P.S.B.	Q.T.	15	SW		A
1964701– 65000	18	79	P.S.B.	S.T.	15	SW	O.F.	A
1965001– 9000	8	73	Royal	¾	7–11	SW		A
1969001– 70000	8	73	Am.W.Co.	¾	13–15	SW		A
1970001– 300	14	74	Am.W.Co.	¾	7	SW	Htg.	A
1970301– 500	14	74	Hillside	¾	7			A
1970501– 700	14	74	Hillside	¾	7–13	SW	Htg.	A
1970701– 800	10		Am.W.Co.	¾	11	KW		A
1970801– 1000	8	73	Am.W.Co.	¾	7			A
1971001– 500	18	77	A.T.&Co.	Q.T.	15	SW	F.S.	P
1971501– 4000	18	77	Wm.E.	Q.T.	11			A
1974001– 5000	18	77	Wm.E.	Q.T.	11	SW	F.S.	A
1975001– 6000	18	77	P.S.B.	Q.T.	11			A
1976001– 8000	18	77	Sterling	Q.T.	7–11	SW	F.S.	A
1978001– 80500	18	77	Broadway		7			A
1980501– 81000	18	79	A.T.&Co.	S.T.	15	SW	O.F.	P
1981001– 4000	18	79	Wm.E. P.S.B.	S.T.	11	SW	O.F.	A
1984001– 500	18	77	Wm.E.	Q.T.	11			A
1984501– 5000	18	77	Wm.E.	Q.T.	11	SW		A
1985001– 500	18	79	Wm.E.	Q.T.	11	SW	O.F.	A
1985501– 8000	18	77	Home		7			A
1988001– 100	18	79	Home	S.T.	7	SW	O.F.	A
1988101– 9700	14		Home Am.W.Co.	F.P.	7–11	KW		A
1989701– 90000	8	73	Am.W.Co.	¾	7			A
1990001– 2000	8	73	Royal	¾	11–13	SW		A
1992001– 4000	8	73	Wm.E.	¾	7	SW		A
1994001– 200	16	72	Am.W.Co.	¾	15	SW	O.F.	A
1994201– 400	14	74	Amn W.Co.	¾	15–16	SW	O.F.	P
1994401– 900	14	74	Amn W.Co.	¾	13–16	SW	Htg.	P
1994901– 5000	14	74	Hillside	¾	7	SW	Htg.	A
1995001– 200	14	74	Hillside	¾	11–15			A
1995201– 600	14	74	Hillside	¾	7			A
1995601– 700	10		Am.W.Co.	¾	7	KW		A
1995701– 6000	8	73	Am.W.Co.	¾	7–11			A
1996001– 8000	18	77	Wm.E.	Q.T.	11			A
1998001– 9500	18	77	P.S.B.	Q.T.	15			A
1999501– 2000000	18	77	A.T.&Co.	Q.T.	15	SW	F.S.	P
2000001– 1000	18	77	P.S.B.	Q.T.	11			A
2001001– 3000	18	77	Wm.E.	Q.T.	11			A
2003001– 5000	18	77	Wm.E.	Q.T.	11	SW	F.S.	A
2005001– 7000	18	77	Broadway		7			U
2007001– 8500	18	77	Sterling		7			U
2008501– 10000	18	77	Home		7			U
2010001– 3000	18	79	P.S.B.	S.T.	11–15	SW	O.F.	A
2013001– 4600	14		Home Am.W.Co.	F.P.	7–11	KW		U
2014601– 700	18	77	Home		7	SW	F.S.	U
2014701– 5000	14		Home	F.P.	7	KW		U
2015001– 400	14	74	Hillside	¾	7	SW	O.F.	U
2015401– 6000	14	74	Hillside	¾	7	SW	Htg.	U
2016001– 300	8	73	Am.W.Co.	¾	15	SW		A
2016301– 400	6	73	Am.W.Co.	¾	15	SW		A
2016401– 500	8	73	Am.W.Co.	¾	15	SW		A
2016501– 7000	8	73	Royal	¾	13	SW		A
2017001– 20000	8	73	Wm.E.	¾	7	SW		U
2020001– 100	16	72	Amn W.Co.	¾	16	SW	O.F.	P
2020101– 600	14	74	Hillside	¾	7–11			U
2020601– 800	10		Am.W.Co.	¾	7–11	KW		A
2020801– 1000	8	73	Royal	¾	7–11	SW		A
2021001– 2500	18	77	P.S.B. A.T.&Co.	Q.T.	15	†		A-P
2022501– 6000	18	77	Wm.E.	Q.T.	11			A
2026001– 7500	18	77	Wm.E.	Q.T.	11	SW		A
2027501– 9000	18	77	Sterling		7	SW		U
2029001– 32000	18	77	Broadway		7			U
2032001– 3500	18	79	Wm.E.	S.T.	11–15	SW	O.F.	A
2033501– 4000	18	77	Martyn Sq.	Q.T.	7–11			U
2034001– 800	18	77	P.S.B. A.T.&Co.	Q.T.	15	SW		A-P
2034801– 5000	18	77	Wm.E.	Q.T.	11			A
2035001– 6300	18	79	P.S.B. A.T.&Co.	S.T.	15	SW	O.F.	A-P
2036301– 600	18	77	Wm.E.	Q.T.	11	SW		A
2036601– 8000	18	77	Home		7			U
2038001– 9200	14		Home	F.P.	7	KW		U
2039201– 500	14	74	Hillside	¾	7			U
2039501– 700	14	74	Hillside	¾	7–13	SW	O.F.	A
2039701– 900	10		Am.W.Co.	¾	7	KW		U
2039901– 40000	8	73	Am.W.Co.	¾	7			U
2040001– 500	16	72	Am.W.Co.	¾	15	SW	O.F.	A
2040501– 700	14	74	Hillside	¾	13	SW	O.F.	A
2040701– 1000	14	74	Hillside	¾	13	SW	Htg.	A
2041001– 500	8	73	Riverside	¾	13	SW		A
2041501– 5000	6–8	73	Royal	¾	13	SW		A
2042501– 6000	8	73	Wm.E.		7	SW		U
2046001– 8000	18	77	P.S.B. A.T.&Co.	Q.T.	15	SW †		A-P
2048001– 500	18	77	P.S.B.	Q.T.	15			A
2048501– 53000	18	77	Wm.E.	Q.T.	11			A
2053001– 6000	18	77	Wm.E.	Q.T.	11	SW		A
2056001– 60000	18	77	Broadway		7			
2060001– 2000	18	77	Sterling		7	SW		U
2062001– 3000	18	79	P.S.B. A.T.&Co.	S.T.	15	SW	O.F.	A-P
2063001– 4000	18	79	Wm.E.	S.T.	11	SW	O.F.	A
2064001– 5200	18	77	Home		7			U
2065201– 400	18	77	MartynSq.	Q.T.	7–11			U
2065401– 500	18	77	Home		7	SW	F.S.	U
2065501– 7000	14		Home Am.W.Co.	F.P.	7	KW		U
2067001– 200	16	72	Am.W.Co.	¾	15	SW	O.F.	A
2067201– 500	14	74	Hillside	¾	7	SW	O.F.	A
2067501– 8200	14	74	Am.W.Co. Riverside	¾	13–15	SW	Htg.	A
2068201– 500	14	74	Riverside	¾	7–11			A
2068501– 9000	6–8	73	Royal		13	SW		A
2069001– 73000	8	73	Wm.E. Royal		7–11	SW		A
2073001– 200	14	74	Chron. Hillside	¾	13	SW	O.F.	P
2073201– 500	14	74	Chron. Hillside	¾	13	SW	Htg.	P
2073501– 4000	14	74	Riverside Am.W.Co.	¾	13–15	SW	O.F.	A
2074001– 6000	18	77	P.S.B.	Q.T.	11	SW		A
2076001– 500	18	77	P.S.B.	Q.T.	15			A
2076501– 7500	18	77	P.S.B.	Q.T.	11–15	SW		A
2077501– 80000	18	77	Wm.E.	Q.T.	11			A
2080001– 3500	18	77	Broadway		7			U
2083501– 7500	18	79	Sterling	S.T.	7–11	SW	O.F.	U
2087501– 8000	18	77	Home		7			U
2088001– 9000	18	77	A.T.&Co.	Q.T.	15	SW†		P
2089001– 800	18	77	Wm.E.	Q.T.	11			A
2089801– 90600	18	77	Wm.E.	Q.T.	11	SW		A
2090601– 700	18	77	Martyn Sq.	Q.T.	7–11			U
2090701– 800	18	77	Home		7	SW		U
2090801– 900	14		Am.W.Co.	F.P.	11	KW		A
2090901– 1000	18	77	Home		7			U
2091001– 2000	14		Home	F.P.	7			U
2092001– 300	14	74	Hillside	¾	7	SW	O.F.	U
2092301– 900	14	74	Am.W.Co.	¾	13–15	SW	Htg.	A
2092901– 3000	18	77	Home		7	SW	Htg.	U
2093001– 4000	14	74	Riverside	¾	7–13	SW	Htg.	A
2094001– 8000	8	73	Wm.E. Royal	¾	7–13	SW		A
2098001– 100	14	74	Hillside	¾	15			A

† Breguet Spring.

Serial Number.	Size.	Model.	Grade.	Plate.	Jewels.	Setting.	Style.	Grade of Material.
2098101– 600	14	74	Hillside	¾	7–11			U
2098601– 700	10		A.W.Co.	¾	7	KW		U
2098701– 900	8	73	A.W.Co.	¾	7			U
2098901– 9000	14		Am.W.Co.	F.P.	7	KW		U
2099001– 500	18	77	A.T.&Co.	Q.T.	15	SW †		P
2099501–100000	18	77	P.S.B.	Q.T.	15			A
2100001– 3000	18	77	P.S.B.	Q.T.	11–15	SW		A
2103001– 5500	18	77	Wm.E.	Q.T.	11			A
2105501– 7000	18	77	Wm.E.	Q.T.	11	SW		A
2107001– 300	18	77	Broadway		7			U
2107301– 400	18	77	Specials					A
2107401– 10000	18	77	Broadway		7			U
2110001– 500	18	79	A.T.&Co.	S.T.	15	SW	O.F.	P
2110501– 4000	18	79	Wm.E.	S.T.	11	SW	O.F.	A
2114001– 500	18	77	Sterling		7	SW	O.F.	U
2114501– 5200	18	77	Martyn Sq.	Q.T.	11–15			A
2115201– 7100	18	77	Home		7			U
2117101– 200	18	79	Home		7	SW	O.F.	U
2117201– 900	14		Am.W.Co	F.P.	11	KW		A
2117901– 8000	10		Am.W.Co.	¾	7	KW		U
2118001– 20000	14		Home	F.P.	7	KW		U
2120001– 300	14		Am.W.Co.	F.P.	15	SW	O.F.	A
2120301– 500	14	74	Riverside	¾	13	SW	O.F.	A
2120501– 1000	14	74	Am.W.Co.	¾	13–15	SW	Htg.	A
2121001– 2000	8	73	Royal		13	SW		A
2122001– 500	14	74	Hillside	¾	7	SW	O.F.	U
2122501– 3400	14	74	{Hillside Riverside}	¾	7–13	SW †	Htg.	A
2123401– 600	14	74	Hillside	¾	13	SW	O.F.	A
2123601– 4000	8	73	Am.W.Co.		7			U
2124001– 5000	8	74	Wm.E.		7	SW		U
2125001– 400	14	74	Hillside	¾	11–15			A
2125401– 900	14	74	Hillside		7			U
2125901– 6000	8	73	Royal	¾	7	SW		U
2126101– 200	8	73	Am.W.Co.	¾	11			A
2126201– 7000	14	74	Hillside	¾	13	SW	Htg.	A
2127001– 500	18	77	P.S.B.	Q.T.	15	SW		A
2127501– 8000	18	77	P.S.B.	Q.T.	11	SW		A
2128001– 500	18	77	P.S.B.	Q.T.	11			A
2128501– 9000	18	77	Home		7			U
2129001– 32000	18	77	Wm.E.	Q.T.	11			A
2132001– 4000	18	77	Wm.E.	Q.T.	11	SW		A
2134001– 6000	18	77	Broadway		7			U
2136001– 7000	18	77	Sterling		7	SW		U
2137001– 9500	18	79	Wm.E.	S.T.	11	SW	O.F.	A
2139501– 40000	18	77	Sterling		7	SW	O.F.	U
2140001– 500	18	77	A.T.& Co.	Q.T.	15	SW		P
2140501– 1300	18	77	Wm.E.	Q.T.	11			A
2141301– 2100	18	77	Wm.E.	Q.T.	11	SW		A
2142101– 600	18	79	Wm.E.	S.T.	11	SW	O.F.	A
2142601– 3000	14		Am.W.Co.	F.P.	7	KW		U
2143001– 4000	18	77	Home		7			U
2144001– 5400	14		Home	F.P.	7	KW		U
2145401– 700	14	74	Hillside	¾	7	SW	O.F.	U
2145701– 800	14	74	Hillside	¾	13	SW	O.F.	A
2145801– 6000	8	73	Am.W.Co.	¾	7			U
2146001– 7000	14	74	Hillside	¾	7	SW	Htg.	U
2147001– 500	8	73	Wm.E.	¾	7	SW		U
2147501– 8000	6–8	73	Royal	¾	13	SW		A
2148001– 51000	8	73	Wm.E.	¾	7	SW		U
2151001– 400	14	74	Hillside	¾	7–11			U
2151401– 600	8	73	Royal	¾	7	SW		U
2151601– 2000	18	77	Martyn Sq.	Q.T.	7–11			U
2152001– 3000	18	77	A.T.&Co.	Q.T.	15	SW †		P
2153001– 500	18	77	P.S.B.	Q.T.	15			A
2153501– 5000	18	77	P.S.B.	Q.T.	15	SW		A
2155001– 7000	18	77	P.S.B.	Q.T.	11			A
2157001– 8000	18	77	P.S.B.	Q.T.	11	SW		A
2158001– 61500	18	77	Wm.E.	Q.T.	11			A
2161501– 3000	18	77	Broadway		7			U
2163001– 6000	18	77	Wm.E.	Q.T.	11	SW		A
2166001– 7500	18	77	Sterling		7	SW		U
2167501– 9000	18	79	Sterling		7		O.F.	U
2169001– 900	18	77	Home		7			U
2169901– 70000	18	77	Home		7	SW		U

Serial Number.	Size.	Model.	Grade.	Plate.	Jewels.	Setting.	Style.	Grade of Material.
2170001– 1600	14		{Home Am.W.Co.}	F.P.	7–11	KW		U
2171601– 800	16	72	Am.W.Co.	¾	15	SW	Htg.	P
2171801– 2000	10		Am.W.Co.	¾	7–11	KW		U
2172001– 3000	14	74	Hillside	¾	7	SW	Htg.	U
2173001– 4500	6–8	73	Royal	¾	11–13	SW		A
2174501– 7000	6–8	73	Wm.E.	¾	7			U
2177001– 600	14	74	Hillside	¾	7–13	SW	Htg.	A
2177601– 8000	14	74	Hillside	¾	7–11			U
2178001– 300	8	73	Am.W.Co.	¾	7			U
2178301– 9000	8	74	{Wm.E. Royal}	¾	7–11	SW		A
2179001– 80000	18	77	A.T.&Co.	Q.T.	15	SW †		P
2180001– 500	18	77	P.S.B.	Q.T.	15			A
2180501– 2000	18	77	P.S.B.	Q.T.	11–15	SW		A
2182001– 4500	18	77	{Wm.E. P.S.B.}	Q.T.	11			A
2184501– 6000	18	77	Wm.E.	Q.T.	11	SW		A
2186001– 8000	18	77	Broadway		7			U
2188001– 9500	18	77	Sterling		7	SW		U
2189501– 90000	18	79	Sterling		7	SW	O.F.	U
2190001– 2000	18	79	Wm.E.	S.T.	11	SW	O.F.	A
2192001– 500	18	77	A.T.&Co.	Q.T.	15	SW		P
2192501– 3100	18	77	Wm.E.	Q.T.	11			A
2193101– 700	18	77	Wm.E.	Q.T.	11	SW		A
2193701– 900	18	79	A.T.&Co.	S.T.	15	SW	O.F.	P
2193901– 4600	18	79	Wm.E.	S.T.	11	SW	O.F.	A
2194601– 900	18	77	Martyn Sq.	Q.T.	7–11			U
2194901– 6100	18	77	Home		7			U
2196101– 300	14		Am.W.Co.	F.P.	7	KW		U
2196301– 8500	14		Home	F.P.	7	KW		U
2198501– 9000	8	73	Am.W.Co.	¾	7–11			U
2199001– 400	16	72	Am.W.Co.	¾	15	SW †		P
2199401–200000	8	73	Royal	¾	13	SW		A
2200001– 1000	14	74	Hillside	¾	7	SW	Htg.	U
2201001– 4000	8	73	Wm.E.	¾	7–11	SW		U
2204001– 400	14	74	Hillside	¾	13	SW	Htg.	A
2204401– 700	14	74	Hillside	¾	7			U
2204701– 5000	8	73	Am.W.Co.	¾	7			U
2205001– 500	18	77	A.T &Co.	Q.T.	15	SW		P
2205501– 6000	18	77	P.S.B.	Q.T.	15			A
2206001– 7000	18	77	P.S.B.	Q.T.	15	SW		A
2207001– 9000	18	77	P.S.B.	Q.T.	11			A
2209001– 10000	18	77	P.S.B.	Q.T.	11	SW		A
2210001– 2500	18	77	Wm.E.	Q.T.	11			A
2212501– 5000	18	77	Sterling		7	SW		U
2215001– 8000	18	77	Wm.E.	Q.T.	11	SW		A
2218001– 21000	18	77	Broadway		7			U
2221001– 2000	18	79	Sterling		7	SW	O.F.	U
2222001– 3200	18	77	Home		7			U
2223201– 400	18	77	Martyn Sq.	Q.T.	11			A
2223401– 500	18	77	Home		7	SW		U
2223501– 5000	14		{Home A.W.Co.}	F.P.	7	KW		U
2225001– 500	14	74	Hillside	¾	13	SW	Htg.	A
2225501– 31000	8	73	{Wm.E. Royal}	¾	7–13	SW		A
2231001– 2400	14	74	Hillside	¾	7	SW	Htg.	U
2232401– 600	14	74	Hillside	¾	7			U
2232601– 700	10		Am.W.Co.	¾	7	KW		U
2232701– 800	8	73	Royal	¾	7	SW		U
2232801– 3000	18	77	Martyn Sq.	Q.T.	11			A
2233001– 5000	18	77	P.S.B.	Q.T.	11	SW		A
2235001– 9000	18	77	P.S.B.	Q.T.	11			A
2239001– 500	18	77	A.T.&Co.	Q.T.	15	SW	Htg.	P
2239501– 40000	18	77	P.S.B.	Q.T.	15			A
2240001– 3000	18	77	{Wm.E. P.S.B.}	Q.T.	11–15	SW		A
2243001– 5000	18	77	Wm.E.	Q.T.	11			A
2245001– 8000	18	77	Broadway		7			U
2248001– 9500	18	77	Sterling		7	SW		U
2249501– 900	18	77	Home		7			U
2249901– 50000	14		Am.W.Co.	F.P.	11	KW		A
2250001– 1000	18	79	Wm.E.	S.T.	11	SW	O.F.	A
2251001– 2000	18	79	Sterling		7	SW	O.F.	U

† Breguet Spring.

Serial Number.	Size.	Model.	Grade.	Plate.	Jewels.	Setting.	Style.	Grade of Material.
2252001- 3000	18	77	Home		7			U
2253001- 4300	14		Home	F.P.	7	KW		U
2254301- 600	16	72	Am.W.Co.	¾	15	SW	Htg.	P
2254601- 700	14	74	Hillside	¾	7			U
2254701- 8c0	14	74	Hillside	¾	7	SW	Htg.	U
2254801- 5000	14	74	Hillside	¾	7	SW	O.F.	U
2255001- 7000	14	74	Hillside	¾	7-13	SW	Htg.	A
2257001- 8000	8	73	Royal	¾	7-11	SW		A
2258001- 500	6-8	73	Royal	¾	13	SW		A
2258501- 61000	8	73	Wm.E.	¾	7	SW		U
2261001- 500	14	74	Hillside	¾	7-13	SW	O.F.	A
2261501- 800	8	73	Am.W.Co.	¾	7			U
2261801- 2000	14	74	Hillside	¾	7-13	SW	O.F.	A
2262001- 5500	18	77	P.S.B.	Q.T.	11-15			A
2265501- 7000	18	79	Sterling		7	SW	O.F.	U
2267001- 9000	18	77	Broadway		7			U
2269001- 70000	18	77	Sterling		7	SW		U
2270001- 1000	18	79	Wm.E.	S.T.	11	SW	O.F.	A
2271001- 2000	18	77	Wm.E.	Q.T.	11			A
2272001- 3500	18	77	Wm.E. P.S.B.	Q.T.	11-15	SW		A
2273501- 700	18	77	Martyn Sq.	Q.T.	11	SW		A
2273701- 900	18	77	Martyn Sq.	Q.T.	7			U
2273901- 5600	18	77	Home		7			U
2275601- 7000	14		Home	F.P.	7	KW		U
2277001- 80000	14	73	Hillside	¾	7-13	SW	Htg.	A
2280001- 300	16	72	Am.W.Co.	¾	15	SW	Htg.	P
2280301- 900	6-8	73	Royal	¾	13	SW		A
2280901- 1000	18	77	P.S.B.	Q.T.	11-15	SW	Htg.	A
2281001- 800	8	73	Royal	¾	11	SW		A
2281801- 2000	8	73	Am.W.Co.	¾	7			U
2282001- 5000	8	73	Wm.E.	¾	7	SW		U
2285001- 100	18	77	Sterling	Q.T.	7	SW		U
2285101- 6000	14		Home	F.P.	7	KW		U
2286001- 8000	18	77	Wm.E. P.S.B.	Q.T.	11-15	SW		A
2288001- 9000	18	77	Sterling	Q.T.	7			U
2289001- 500	18	77	P.S.B. A.T.&Co.	Q.T.	15			A-P
2290501- 1000	18	77	P.S.B.	Q.T.	15	SW	Htg.	A
2291001- 4500	18	77	Wm.E.	Q.T.	11			A
2294501- 8500	18	77	Broadway		7	KW		U
2298501- 900	18	77	Sterling	Q.T.	7	SW		U
2298901- 50	14	74	Am.W.Co.	¾	15	SW	O.F.	P
2298951- 9000	14	74	Am.W.Co.	¾	15	SW	Htg.	P
2299001-300000	18	79	Wm.E.	S.T.	11	SW	O.F.	A
2300001- 2000	18	77	Sterling	S.T.	7	SW	O.F.	U
2302001- 3500	18	77	Sterling		7	SW		U
2303501- 50	18	77	A.T.&Co.	Q.T.	15			P
2303551- 600	18	77	A.T.&Co.	Q.T.	15	SW	Htg.	P
2303601- 700	18	77	P.S.B.	Q.T.	15			A
2303701- 800	18	77	P.S.B.	Q.T.	11-15	SW		A
2303801- 4300	18	77	Wm.E. P.S.B.	Q.T.	11			A
2304301- 700	18	77	Wm.E.	Q.T.	11	SW		A
2304701- 6100	18	77	Home		7			U
2306101- 200	18	77	Home		7	SW		U
2306201- 800	14		Am.W.Co.	F.P.	7-11	KW		U
2306801- 900	16	72	Amn W.Co.	¾	16	SW	Htg.	P
2306901- 7000	10		Am.W.Co.	¾	7	KW		U
2307001- 8900	14	74	Hillside	¾	7-13	SW	Htg.	A
2308901- 9000	14	74	Hillside	¾	7	SW	O.F.	U
2309001- 13600	8	73	Wm.E. Royal	¾	7-13	SW		A
2313601- 800	14	74	Hillside	¾	11-15			A
2313801- 4000	14	74	Hillside	¾	7			U
2314001- 300	8	73	Am.W.Co.	¾	7-11			U
2314301- 700	14	74	Hillside	¾	7-11			U
2314701- 5000	8	73	Am.W.Co.	¾	7			U
2315001- 500	18	77	P.S.B.	Q.T.	15			A
2315501- 6000	18	77	P.S.B.	Q.T.	15	SW	Htg.	A
2316001- 8500	18	77	Wm.E.	Q.T.	11			A
2318501- 21000	18	77	Wm.E.	Q.T.	11	SW		A
2321001- 4000	18	77	Broadway		7			U
2324001- 7000	18	77	Sterling		7	SW		U
2327001- 9000	18	79	Sterling		7	SW	O.F.	U
2329001- 500	18	77	P.S.B. A.T.&Co.	Q.T.	15	SW	Htg.	A-P
2329501- 30500	18	77	Wm.E.	Q.T.	11			A
2330501- 1700	18	77	Martyn Sq. Wm.E.	Q.T.	11-15	SW	Htg.	A
2331701- 800	18	77	Home	Q.T.	7	SW	Htg.	U
2331801- 3500	18	77	Home	Q.T.	7			U
2333501- 5000	14		Home Am.W.Co.	F.P.	7			U
2335001- 900	14	74	Hillside	¾	7-13	SW	Htg.	A
2335901- 6000	14	74	Am.W.Co.	¾	13-15	SW	Htg.	A
2336001- 8000	14	74	Hillside		7	SW	Htg.	U
2338001- 600	8	73	Royal		13	SW		A
2338601- 800	14	74	Hillside	¾	7-13	SW	O.F.	A
2338801- 900	8	73	Royal		11			A
2338901- 43200	8	73	Wm.E. Royal	¾	7-11	SW		A
2343201- 700	14	74	Chron.	¾	13	SW	Htg.	P
2343701- 950	14	74	Chron.	¾	13	SW	O.F.	P
2343951- 4000	14	77	Chron.	¾	15	SW	Htg.	P
2344001- 500	18	77	P.S.B.	Q.T.	15			A
2344501- 5000	18	77	Wm.E.	Q.T.	11	SW		A
2345001- 6000	18	77	P.S.B.		15	SW	Htg.	A
2346001- 9000	18	77	Wm.E.	Q.T.	11			A
2349001- 51000	18	77	Wm.E.	Q.T.	11	SW		A
2351001- 3000	18	77	Sterling		7	SW		U
2353001- 4000	18	79	Sterling		7	SW	O.F.	U
2354001- 500	18	83	A.T.&Co.	P.S.	15	SW	O.F.	P
2354501- 5000	18	83	P.S.B.		15	SW	O.F.	A
2355001- 100	18	77	P.S.B. A.T.&Co.	Q.T.	15	SW	Htg.	A-P
2355101- 200	18	77	Wm.E.	Q.T.	11	SW	Htg.	A
2355201- 400	18	75	Martyn Sq.	Q.T.	7-11			U
2355401- 500	18	77	Martyn Sq.		11	SW		A
2355501- 600	18	79	Martyn Sq.	S.T.	11	SW	O.F.	A
2355601- 7100	18	77	Home		7			U
2357101- 200	18	77	Home		7	SW	Htg.	U
2357201- 300	18	79	Home		7	SW	O.F.	U
2357301- 800	18	77	Home		7			U
2357801- 60400	14		Am.W.Co.	F.P.	7-11	KW		U
2360401- 600	16	72	Am.W.Co.		15	SW	Htg.	P
2360601- 900	18	77	Wm.E.	Q.T.	11			A
2360901- 1000	14	74	Chron.	¾	15	SW	O.F.	P
2361001- 100	18	79	Wm.E.	S.T.	11	SW	O.F.	A
2361101- 400	18	77	Wm.E.	Q.T.	11	SW		A
2361401- 2000	18	77	Wm.E.	Q.T.	11			A
2362001- 5000	8	73	Wm.E.		7	SW		U
2365001- 8000	14	84	Bd. St.	¾	7	SW	O.F.	U
2368001- 500	14	84	Hillside	¾	7-13	SW	Htg.	A
2368501- 700	14	84	Hillside	¾	7	SW	O.F.	U
2368701- 9300	14	84	Hillside		7-11	KW		U
2369301- 600	10		Am.W.Co.	¾	7-11	KW		U
2369601- 70200	8	73	Am.W.Co.	¾	7	KW		U
2370201- 500	8	73	Royal	¾	7-11	SW		U
2370501- 2000	14	84	Hillside	¾	7-13	SW	Htg.	A
2372001- 4200	8	73	Wm.E.	¾	7	SW		U
2374201- 700	14	84	Hillside	¾	7-13	SW	Htg.	A
2374701- 5000	14	84	Hillside	¾	7-13	SW	O.F.	A
2375001- 100	14	84	Hillside	¾	15	KW		A
2375101- 800	14	84	Hillside	¾	7-11	KW		U
2375801- 6000	10		Am.W.Co.	¾	7	KW		U
2376001- 900	8	73	Am.W.Co.	¾	7-11	KW		U
2376901- 7400	8	73	Royal		7-11	SW		U
2377401- 9900	14	84	Bd. St.	¾	7	SW	O.F.	U
2379901- 80000	14	84	Chron.	¾	15	SW	Htg.	P
2380001- 500	18	77	P.S.B.	Q.T.	15			A
2380501- 1000	18	77	P.S.B.	Q.T.	15	SW		A
2381001- 2500	18	77	Wm.E.	Q.T.	11			A
2382501- 7000	18	77	Wm.E.	Q.T.	11	SW		A
2387001- 91000	18	77	Broadway		7			U
2391001- 7000	18	77	Sterling		7	SW		U
2397001- 8000	18	79	Sterling		7	SW	O.F.	U
2398001- 300	18	77	Martyn Sq.	Q.T.	11-15			A
2398301-401000	18	77	Home Martyn Sq.		7			U

Serial Number	Size.	Model.	Grade.	Plate.	Jewels.	Setting.	Style.	Grade of Material.
2401001– 100	18	77	Home		7	SW		U
2401101– 3000	14		Home Am.W.Co.	F.P.	7–11	KW		A
2403001– 300	14	84	Chron.	¾	13	SW	Htg.	A
2403301– 500	14	84	Chron.	¾	13	SW	O.F.	A
2403501– 600	18	79	Sterling	S.T.	7	SW	O.F.	U
2403601– 920	18	77	Wm.E.	Q.T.	11			A
2403921– 4000	18	77	Wm.E.	Q.T.	11	SW	Htg.	A
2404001– 500	18	77	P.S.B.	Q.T.	15			A
2404501– 6000	18	77	P.S.B.	Q.T.	15	SW	Htg.	A
2406001– 9000	18	77	Wm.E.	Q.T.	7–11			U
2409001– 14000	18	77	Wm.E.	Q.T.	11	SW	Htg.	A
2414001– 8000	18	77	Broadway		7			U
2418001– 22000	18	77	Sterling		7	SW		U
2422001– 4000	18	79	Sterling		7	SW	O.F.	U
2424001– 5000	18	83	P.S.B.	S.T.	15	SW	O.F.	A
2425001– 6000	18	77	Wm.E. P.S.B.	Q.T.	15	SW	Htg.	A
2426001– 200	18	77	Martyn Sq.		7–11			U
2426201– 400	18	77	Home		7	SW		U
2426401– 7000	14		Home Am.W.Co.	F.P.	11	KW		A
2427001– 8000	18	77	Home		7			U
2428001– 9000	14		Home	F.P.	7	KW		U
2429001– 400	16	72	Am.W.Co.	¾	15	SW	Htg.	P
2429401– 900	14	84	Riverside	¾	13	SW	Htg.	A
2429901– 30000	10		Am.W.Co.	¾	7	KW		U
2430001– 500	8	73	Riverside	¾	15	SW		A
2430501– 4000	8	73	Wm.E.	¾	7	SW		U
2434001– 400	14	84	Hillside	¾	7	KW		U
2434401– 700	14	84	Hillside	¾	13	SW	Htg.	A
2434701– 800	14	84	Hillside	¾	13	SW	O.F.	A
2434801– 5100	8	73	Royal	¾	7–11	SW		U
2435101– 600	8	73	Am.W.Co.	¾	7–11	KW		U
2435601– 700	18	79	Wm.E.	S.T.	11	SW	O.F.	A
2435701– 6000	14		Am.W.Co.	F.P.	7	KW		U
2436001– 9000	14	84	Bd.St.	¾	7	SW	O.F.	U
2439001– 300	18	77	Wm.E.	Q.T.	11			A
2439301– 640	18	77	Wm.E. P.S.B.	Q.T.	11–15	SW	Htg.	A
2439641– 50	18	77	W.W.Co.	Q.T.	15	SW		P
2439650– 700	18	77	P.S.B.	Q.T.	15	SW	Htg.	A
2439701– 900	18	77	Broadway		7			U
2439901– 40000	18	77	A.T.&Co.		15	SW	Htg.	P
2440001– 400	18	77	Sterling	Q.T.	7	SW	Htg.	U
2440401– 500	18	79	Wm.E.	S.T.	11	SW	O.F.	A
2440501– 1000	18	77	Broadway	Q.T.	7			U
2441001– 3000	18	77	P.S.B.	Q.T.	15			A
2443001– 5000	18	77	P.S.B.	Q.T.	15	SW	Htg.	A
2445001– 8000	18	77	Wm.E.	Q.T.	11	KW		A
2448001– 50000	18	77	Wm.E.	Q.T.	11	SW	Htg.	A
2450001– 2000	18	77	Broadway	Q.T.	7			U
2452001– 6000	18	77	Sterling	Q.T.	7	SW	Htg.	U
2456001– 8000	18	79	Sterling	S.T.	7	SW	O.F.	U
2458001– 9000	18	83	P.S.B. A.T.&Co.		15	SW	O.F.	A-P
2459001– 60000	18	83	Wm.E.		11	SW	O.F.	A
2460001– 2000	18	77	Home	Q.T.	7			U
2462001– 3500	14		Home	F.P.	7	KW		U
2463501– 4000	14	84	Bd. St.	¾	7	KW		U
2464001– 800	8	73	Royal	¾	7–11	SW		U
2465801– 6000	10		Am.W.Co.	¾	7	KW		U
2466001– 9000	8	73	Wm.E.	¾	7	SW		U
2469001– 800	14	84	Chron.	¾	13	SW	Htg.	A
2469801– 70000	14	84	Chron.	¾	13	SW	O.F.	A
2470001– 300	14	84	Hillside	¾	7–13	SW	Htg.	A
2470301– 500	14	84	Hillside	¾	7–13	SW	O.F.	A
2470501– 900	14	84	Hillside	¾	7–11	KW		U
2470901– 1000	18	79	Sterling	S.T.	7	SW	O.F.	U
2471001– 3000	14	84	Bd. St.	¾	7	SW	O.F.	U
2473001– 200	16	72	Am.W.Co.	¾	15	SW	Htg.	A
2473201– 600	8	73	Am.W.Co.	¾	7	KW		U
2473601– 750	18	77	Wm.E.	Q.T.	11			A
2473751– 76	18	77	Wm.E.	Q.T.	11	SW	Htg.	A
2473777– 800	14	84	Bd. St.		9	SW	Htg.	U
2473801– 4000	18	79	Sterling Wm.E.	S.T.	7–11	SW	O.F.	U
2484001– 800	8	73	Wm.E. Royal		7–11	SW		A
2483801– 900	10		Am.W.Co.	¾	7	KW		U
2483901– 4000	18	79	Home	S.T.	7	SW	O.F.	U
2484001– 300	14	84	Hillside	¾	7–13	SW	Htg.	A
2484301– 600	14	84	Hillside	¾	7–11	KW		U
2484601– 5000	8	73	Am.W.Co.		7	KW		U
2485001– 500	16	72	Am.W.Co.	Q.T.	15	SW	Htg.	A
2485501– 6000	18	77	Home	Q.T.	7			U
2486001– 8600	14	84	Bd.St.	¾	7	SW	O.F.	U
2488601– 900	18	77	Martyn Sq.	Q.T.	11			A
2488901– 9000	18	77	Home	Q.T.	7	SW	Htg.	U
2489001– 300	18	77	A.T.&Co.	Q.T.	15	•		P
2489301– 800	18	77	A.T.&Co.	Q.T.	15	SW •	Htg.	P
2489801– 90000	14		Home	F.P.	7	KW		U
2490001– 1000	18	77	P.S.B.	Q.T.	15			A
2491001– 700	18	77	P.S.B.	Q.T.	15	SW	Htg.	A
2491701– 2000	18	77	W.W.Co. P.S.B.	Q.T.	15	SW •	Htg.	A
2492001– 4000	18	77	Broadway Wm.E.	Q.T.	7–11			U
2494001– 6000	18	77	Wm.E.	Q.T.	11	SW	Htg.	A
2496001– 9000	18	77	Broadway	Q.T.	7			U
2499001–502000	18	77	Sterling		7	SW	Htg.	U
2502001– 3000	18	79	Sterling	S.T.	7	SW	O.F.	U
2503001– 4000	18	83	P.S.B. A.T.&Co.	P.S.	15	SW •	O.F.	A-P
2504001– 5000	18	83	Wm.E.	P.S.	11	SW •	O.F.	A
2505001– 500	18	77	P.S.B.	Q.T.	15	SW •	Htg.	A
2505501– 6000	18	77	Wm.E.	Q.T.	11	SW	Htg.	A
2506001– 200	18	77	A.T.&Co.	Q.T.	15	SW •	Htg.	P
2506201– 800	18	83	P.S.B. A.T.&Co.	P.S.	15	SW.	O.F.	A-P
2506801– 7000	18	83	A.T.&Co.	L.S.	15	SW	O.F.	P
2507001– 8000	18	83	Home	Q.T.	7			U
2508001– 500	14		Am.W.Co.	F.P.	7	KW.		U
2508501– 600	18	77	Special	Q.T.	11			A
2508601– 700	18	77	Special	Q.T.	11	SW	Htg.	A
2508701– 800	18	79	Special	S.T.	11	SW	O.F.	A
2508801– 900	8	73	Riverside	¾	15	SW		P
2508901– 9000	14	84	Am.W.Co.	¾	15	SW •	O.F.	A
2509001– 10000	14		Home	F.P.	7	KW		U
2510001– 500	18	83	P.S.B.	L.S.	15	SW	O.F.	A
2510501– 1000	18	83	Wm.E.	L.S.	11	SW	O.F.	A
2511001– 3000	18	77	P.S.B.	Q.T.	15	•		A
2513001– 5000	18	77	P.S.B.	Q.T.	15	SW •	Htg.	A
2515001– 21000	18	77	Broadway	Q.T.	7			U
2521001– 7000	18	77	Sterling	Q.T.	7	SW	Htg.	U
2527001– 9100	18	77	Home	Q.T.	7			U
2529101– 200	18	79	Home	S.T.	7	SW	O.F.	U
2529201– 500	18	77	Martyn Sq.	Q.T.	7–11			U
2529501– 31400	14		Home Am.W.Co.	F.P.	7	KW		U
2531401– 500	14	84	Riverside	¾	13	SW •	O.F.	A
2531501– 800	14	84	Am.W.Co. Riverside	¾	13–15	SW •	Htg.	A.P
2531801– 2000	6–8	73	Am.W.Co.	¾	15	SW		A
2532001– 4000	8	73	Wm.E.	¾	7	SW		U
2534001– 100	14	84	Hillside	¾	13	SW	Htg.	A
2534101– 200	14	84	Hillside	¾	7		Htg.	U
2534201– 300	14	84	Hillside	¾	13		O.F.	A
2534301– 400	14	84	Hillside	¾	7	SW	O.F.	U
2534401– 900	14	84	Hillside	¾	7–11	KW		U
2534901– 5000	8	73	Royal	¾	11	SW		A
2535001– 300	10		Am.W.Co.	¾	7	KW		U
2535301– 800	8	73	Am.W.Co.	¾	7	KW		U
2535801– 6000	8	73	Royal	¾	7	SW		U
2536001– 42000	14		Home	F.P.	7	KW		U
2542001– 6000	18	77	Special	Q.T.	7			U
2546001– 200	18	83	P.S.B. A.T.&Co.	L.S.	15	SW •	O.F.	A-P
2546201– 600	18	79	W.W.Co.	L.S.	15	SW	O.F.	A
2546601– 900	18	77	Martyn Sq.	Q.T.	7–11			U

• Patent Regulator–Breguet Spring.

Serial Number.	Size.	Model.	Grade.	Plate.	Jewels.	Setting.	Style.	Grade of Material.
2546901– 7000	18	79	Wm.E.	S.T.	11	SW	O.F.	A
2547001– 500	18	77	A.T.&Co.	Q.T.	15	*		P
2547501– 8000	18	77	P.S.B.	Q.T.	15	SW	Htg.	A
2548001– 9000	18	77	P.S.B.	Q.T.	15	*		A
2549001– 51000	18	77	P.S.B.	Q.T.	15	SW	Htg.	A
2551001– 3000	18	77	Home	Q.T.	7			U
2553001– 200	18	77	Home	Q.T.	7	SW	Htg.	U
2553201– 800	14	F.P.	Am.W.Co.	Q.T.	7–11	KW		U
2553801– 5600	10		Home / Am.W.Co.	¾	7	KW		U
2555601– 6000	8	73	Am.W.Co.	¾	7	KW		U
2556001– 300	16	72	Am.W.Co.	¾	15	SW *	Htg.	A
2556301– 500	16	72	Riverside / Am.W.Co.	¾	15	SW *	O.F.	P
2556501– 7000	14	84	Bd.St.	¾	7	KW		U
2557001– 9000	8	73	Wm.E.		7	SW		U
2559001– 400	14	84	Hillside	¾	7–13	SW	Htg.	A
2559401– 700	14	84	Hillside	¾	7–13	SW	O.F.	A
2559701– 60000	8	73	Royal	¾	7–11	SW		U
2560001– 600	14	84	Hillside	¾	7–11	KW		U
2560601– 920	18	77	Wm.E.	Q.T.	11			A
2560921– 40	14		A.W.Co.	F.P.	7–11			U
2560941– 90	14	84	Hillside	¾	7–13			A
2560991– 1000	8	73	Am.W.Co.		11	KW		A
2561001– 4000	18	77	W.W.Co. / P.S.B.	Q.T.	15	SW *	Htg.	A
2564001– 5000	18	77	W.W.Co. / A.T.& Co.	Q.T.	15	SW *	Htg.	P
2565001– 7000	18	77	P.S.B.	Q.T.	15	*		A
2567001– 9000	18	77	P.S.B.	Q.T.	15	SW	Htg.	A
2569001– 73000	18	77	Broadway	Q.T.	7			U
2573001– 6000	18	77	Sterling	Q.T.	7	SW	Htg.	U
2576001– 7000	18	83	W.W.Co. / A.T.& Co.	P.S.	15	SW *	O.F.	P
2577001– 8000	18	83	P.S.B.	P.S.	15	SW	O.F.	A
2578001– 9000	18	83	Wm.E.	P.S.	11	SW	O.F.	A
2579001– 700	18	77	A.T.& Co. / W.W.Co.	Q.T.	15	SW *	Htg.	P
2579701– 860	8	73	Am.W.Co.	¾	7–11	KW		U
2579861– 900	14	84	Bd.St.	¾	9–13	SW	Htg.	U
2579901– 80000	8	73	Am.W.Co.	¾	7	KW		U
2580001– 500	18	77	A.T.&Co.	Q.T.	15	SW *	Htg.	P
2580501– 700	18	83	A.T.&Co.	L.S.	15	SW *	O.F.	P
2580701– 64	8	73	Wm.E.		7	SW		U
2580765– 800	6	73	Wm.E.		11	SW		A
2580801– 900	8	73	Wm.E.	¾	11	SW		A
2580901– 1000	6	73	Wm.E.	¾	11	SW		A
2581001– 2000	14	84	Hillside	¾	7–13	SW	O.F.	A
2582001– 4000	18	77	P.S.B.	Q.T.	15	SW	Htg.	A
2584001– 8000	18	77	Wm.E.	Q.T.	11			A
2588001– 9000	18	77	Wm.E.	Q.T.	11	SW	Htg.	A
2589001– 93000	18	77	Broadway	Q.T.	7			U
2593001– 7000	18	77	Sterling	Q.T.	7	SW	Htg.	U
2597001– 8000	18	83	P.S.B. / W.W.Co.	L.S.	15	SW *	O.F.	A
2598001– 9000	18	83	Wm.E.	L.S.	11	SW *	O.F.	A
2599001– 400	18	77	Wm.E. / MartynSq.	Q.T.	7–11			U
2599401– 600	14		Home	F.P.	7	KW		U
2599601–602000	18	77	Home	Q.T.	7			U
2602001– 4000	14		Home / Am.W.Co.	F.P.	7	KW		U
2604001– 5000	18	77	Home	Q.T.	7			U
2605001– 700	16	72	A.W.Co.	¾	15–17	SW *	O.F.	P
2605701– 6000	16	72	Riverside	¾	13	SW *	Htg.	A
2606001– 7000	14	84	Hillside	¾	7–13	SW	O.F.	A
2607001– 500	14	84	Hillside	¾	13	SW	Htg.	A
2607501– 700	6	73	Am.W.Co.		15	SW		A
2607701– 8000	6	73	Royal		11	SW		A
2608001– 9000	14	84	Hillside	¾	7	SW	Htg.	U
2609001– 10000	8	73	Wm.E.		7	SW		U
2610001– 5000	14	84	Bd.St.		7	SW	O.F.	U
2615001– 56	8	73	Royal	¾	13	SW		A
2615057– 100	6	73	Royal	¾	13	SW		A
2615101– 19	8	73	Royal	¾	11	SW		A

Serial Number.	Size.	Model.	Grade.	Plate.	Jewels.	Setting.	Style.	Grade of Material.
2615120– 300	6–8	73	Royal	¾	13	SW		A
2615301– 400	14	84	Hillside	¾	7	SW	Htg.	U
2615401– 6000	14	84	Hillside	¾	7–11	KW		U
2616001– 200	10		Am.W.Co.	¾	7	KW		U
2616201– 800	8	73	Am.W.Co.	¾	7–11	KW		U
2616801– 70	10		Am.W.Co.	¾	7	KW		U
2616871– 80	14	84	Hillside	¾	13	SW	Htg.	A
2616881– 900	8	73	Am.W.Co.	¾	11	KW		A
2616901– 50	14		Am.W.Co.	F.P.	11	KW		A
2616951– 7000	14	84	Bd.St.	¾	7	SW	Htg.	U
2617001– 20000	18	77	P.S.B. / W.W.Co.	Q.T.	15	SW *	Htg.	A
2620001– 2000	18	77	Wm.E.	Q.T.	11			A
2622001– 3000	18	77	Wm.E.	Q.T.	11	SW	Htg.	A
2623001– 7000	18	77	Broadway	Q.T.	7			U
2627001– 30000	18	77	Sterling	Q.T.	7	SW	Htg.	U
2630001– 500	18	83	A.T.& Co.	L.S.	15	SW *	O.F.	P
2630501– 1000	18	83	W.W.Co.	P.S.	15	SW *	O.F.	P
2631001– 500	18	83	W.W.Co.	L.S.	15	SW *	O.F.	P
2631501– 2000	18	83	Wm.E.	L.S.	11	SW	O.F.	A
2632001– 3000	18	83	P.S.B.	L.S.	15	SW *	O.F.	A
2633001– 4000	18	83	Wm.E.	L.S.	11	SW	O.F.	A
2634001– 200	18	77	No. 35	Q.T.	15	SW *	Htg.	P
2634201– 400	18	83	A.T.& Co.	L.S.	15	SW *	O.F.	P
2634401– 700	18	83	W.W.Co.	P.S.	15	SW *	O.F.	P
2634701– 5000	16	72	Am.W.Co.	¾	15	SW *	Htg.	A
2635001– 6000	18	77	Home		7			U
2636001– 200	18	77	Home	Q.T.	7	SW	Htg.	U
2636201– 400	18	77	Home	S.T.	7	SW	O.F.	U
2636401– 500	14		Am.W.Co.	F.P.	11	KW		A
2636501– 700	18	77	Am.W.Co.		7–11			U
2636701– 41000	14		Am.W.Co. / Home	F.P.	7	KW		U
2641001– 2800	18	77	Special	Q.T.	7			U
2642801– 3000	16	72	A.W.Co.	¾	16–17	SW *	Htg.	P
2643001– 100	16	72	Am.W.Co.	¾	15	SW *	O.F.	A
2643101– 4500	14	84	Hillside	¾	7–13	SW	O.F.	U-A
2644501– 5000	14	84	Hillside	¾	13	SW	Htg.	A
2645001– 100	8	73	Royal	¾	11	SW		A
2645101– 10	6	73	Royal	¾	11	SW		A
2645111– 6000	8	73	Royal	¾	11	SW		A
2646001– 8000	8	73	Wm.E.	¾	7			U
2648001– 55300	14	84	Bd.St.	¾	7	SW	O.F.	U
2655301– 400	14	84	Hillside	¾	7	SW	Htg.	U
2655401– 600	14	84	Hillside	¾	7	SW	O.F.	U
2655601– 6000	8	73	Am.W.Co.	¾	7	KW		U
2656001– 500	18	77	W.W.Co.	Q.T.	15	SW *	Htg.	P
2656501– 7000	18	83	R.E.R.	P.S.	13	SW *	O.F.	A
2657001– 900	14	84	Hillside	¾	7	SW	O.F.	U
2657901– 8000	18	83	Home	L.S.	7	SW	O.F.	U
2658001– 61000	14		Home	F.P.	7	SW	O.F.	U
2661001– 5000	18	77	Broadway	Q.T.	7			U
2665001– 8000	18	77	R.E.R.	Q.T.	13	SW §	Htg.	A
2668001– 70000	18	77	Broadway	Q.T.	7			U
2670001– 600	18	83	P.S.B.		15	SW *	O.F.	A
2670601– 900	16	72	Riverside / A.W.Co.	¾	15–17	SW *	Htg.	P
2670901– 1000	16	72	Am.W.Co.	¾	15	SW *	O.F.	A
2671001– 500	18	83	R.E.R.	P.S.	13	SW §	O.F.	A
2671501– 2000	18	83	Sterling	L.S.	7	SW	O.F.	U
2672001– 500	18	83	Cres.St.	L.S.	15	SW *	Htg.	P
2672501– 800	18	83	Cres.St.		15	SW *	O.F.	P
2672801– 3000	18	77	Home	Q.T.	7	SW	Htg.	U
2673001– 6000	18	77	Home	Q.T.	7			U
2676001– 8000	14		Home	F.P.	7	KW		U
2678001– 500	14	84	Hillside	¾	7	SW	O.F.	U
2678501– 80500	6–8	73	Wm.E. / Royal	¾	11–13	SW		A
2680501– 1000	14	84	Bd.St.	¾	7	SW	O.F.	U
2681001– 2000	18	77	W.W.Co.	Q.T.	15	SW *	Htg.	P
2682001– 9000	14	84	Bd.St.	¾	7	SW	O.F.	U
2689001– 91500	18	77	R.E.R. / W.W.Co.		15	SW *	Htg.	P
2691501– 2000	14	84	Hillside	¾	7	SW	O.F.	U
2692001– 3000	18	77	P.S.B.	Q.T.	15	SW *	Htg.	A

* Patent Regulator–Breguet Spring. § Patent Regulator.

Serial Number.	Size.	Model.	Grade.	Plate.	Jewels.	Setting.	Style.	Grade of Material.
2693001– 7000	18	77	Broadway	Q.T.	7			U
2697001– 600	18	83	W.W.Co. A.T.&Co.	L.S.	15	SW •	O.F.	P
2697601– 800	16	72	Amn W.Co.	¾	15–16	SW •	Htg.	P
2697801– 8000	16	72	Am.W.Co.	¾	15	SW •	O.F.	A
2698001– 500	18	83	P.S.B.	L.S.	13	SW •	O.F.	A
2698501– 9000	18	83	R.E.R.	P.S.	13	SW §	O.F.	A
2699001–700000	18	83	Wm.E.	L.S.	11	SW	O.F.	A
2700001– 800	18	77	Home	Q.T.	7			U
2700801– 2000	14		Home Am.W.Co.	F.P.	7–11	KW		U
2702001– 3000	18	83	R.E.R.	L.S.	13	SW §	O.F.	A
2703001– 700	14		Home	F.P.	7	KW		U
2703701– 4000	14	84	Hillside	¾	13	SW	O.F.	A
2704001– 6000	6	73	Wm.E. Royal	¾	11–13	SW		A
2706001– 13000	14	84	Bd.St.	¾	7	SW	O.F.	U
2713001– 50	16	72	Am.W.Co.	¾	15	SW •	Htg.	A
2713051– 100	16	72	Am.W.Co.	¾	15	SW •	O.F.	A
2713101– 50	14	84	Am.W.Co.	¾	15	SW •	O.F.	A
2713151– 200	14	84	Am.W.Co.	¾	15	SW •	Htg.	A
2713201– 900	14	84	Hillside	¾	7–11	KW		U
2713901– 4000	14	84	Bd.St.	¾	9	SW	O.F.	U
2714001– 800	8	73	Am.W.Co.	¾	7	KW		U
2714801– 5000	8	73	Royal	¾	11	SW		A
2715001– 8000	6–8	73	Seaside	¾	7	SW		U
2718001– 9000	14	84	Chron.	¾	13	SW	Htg.	A
2719001– 500	14	84	Chron.	¾	13	SW	O.F.	A
2719501– 800	14	84	Chron.	¾	13	SW •	Htg.	P
2719801– 20000	14	84	Chron.	¾	13–15	SW •	O.F.	P
2720001– 50	14	84	Chron.	¾	15	SW •	Htg.	P
2720051– 100	14	84	Chron.	¾	15	SW •	O.F.	P
2720101– 1000	18	83	A.T.&Co.	P.S.	15	SW •	O.F.	P
2721001– 6000	18	77	R.E.R. W.W.Co.	Q.T.	13–15	SW •	Htg.	A-P
2726001– 32000	18	77	Broadway	Q.T.	7			U
2732001– 3000	18	83	W.W.Co.	P.S.	15	SW •	O.F.	P
2733001– 500	18	83	W.W.Co.	L.S.	15	SW		P
2733501– 4000	18	83	P.S.B.	L.S.	15	•	O.F.	A
2734001– 5000	18	83	P.S.B.	P.S.	15	•	O.F.	A
2735001– 6000	18	83	R.E.R.	P.S.	13	SW	O.F.	A
2736001– 7000	18	83	R.E.R.	L.S.	13			A
2737001– 300	18	83	A.T.&Co.	L.S.	15	SW •	O.F.	P
2737301– 400	16	72	A.W.Co.	¾	17	SW •	Htg.	P
2737401– 500	16	72	A.W.Co.	¾	17	SW •	O.F.	P
2737501– 600	16	72	Amn W.Co.	¾	16	SW •	Htg.	P
2737601– 800	16	72	Riverside	¾	15	SW •	O.F.	P
2737801– 900	14	84	Riverside	¾	13	SW †	O.F.	A
2737901– 8500	6	73	Royal	¾	13	SW		A
2738501– 43000	14	84	B.St. Hillside	¾	7–13	SW	O.F.	A
2743001– 4000	6	73	Wm.E.	¾	11	SW		A
2744001– 7000	6–8	73	Seaside	¾	7	SW		U
2747001– 200	6	73	Wm.E.	¾	11	SW		A
2747201– 300	18	77	Wm.E.	Q.T.	11			A
2747301– 800	18	77	P.S.B.		15	SW	Htg.	A
2747801– 900	16	72	A.W.Co.	¾	17	SW •	Htg.	P
2747901– 8000	16	72	A.W.Co.	¾	17	SW •	O.F.	P
2748001– 50000	18	77	R.E.R.	Q.T.	13	•		A
2750001– 3000	18	77	R.E.R. P.S.B.	Q.T.	13–15	SW •	Htg.	A
2753001– 7000	18	77	Broadway	Q.T.	7			U
2757001– 800	18	83	W.W.Co.	P.S.	15	SW •	O.F.	P
2757801– 900	16	72	AmnW.Co.	¾	16	SW •	Htg.	P
2757901– 8000	16	72	AmnW.Co.	¾	16	SW •	O.F.	P
2758001– 9000	18	83	P.S.B.	P.S.	15	SW •	O.F.	A
2759001– 500	18	83	P.S.B.	L.S.	15	SW •	O.F.	A
2759501– 60000	18	83	R.E.R.	P.S.	13	SW §	O.F.	A
2760001– 500	18	83	R.E.R.	L.S	13			A
2760501– 1000	18	83	Sterling	L.S.	7	SW •	O.F.	U
2761001– 200	18	83	Cres.St.	L.S.	15	SW •	Htg.	P
2761201– 2000	18	83	W.W.Co. Cres.St.	P.S.	15	SW •	O.F.	P
2762001– 200	16	72	Am.W.Co.	¾	15	SW •	Htg.	A
2762201– 400	16	72	Am.W.Co.	¾	15	SW •	O.F.	A
2762401– 500	14	84	Riverside	¾	13	SW •	Htg.	P
2762501– 600	14	84	Riverside	¾	13	SW •	O.F.	P
2762601– 700	18	77	Wm.E.	Q.T.	11			A
2762701– 3000	18	83	W.W.Co.	P.S.	15	SW •	O.F.	P
2763001– 4000	14	84	Hillside	¾	7	SW	Htg.	U
2764001– 7000	14	84	Bd.St.	¾	7	SW	O.F.	U
2767001– 75000	6	73	Seaside Royal	¾	7–13	SW		A
2775001– 7000	18	77	P.S.B.	Q.T.	15	SW •	Htg.	A
2777001– 8500	18	77	R.E.R.	Q.T.	13	§		A
2778501– 9000	18	77	R.E.R.		13	SW §	Htg.	A
2779001– 84000	18	77	Broadway	Q.T.	7			U
2784001– 5000	18	83	P.S.B.	P.S.	15	SW •	O.F.	A
2785001– 7000	18	83	P.S.B.	L.S.	15	•		A
2787001– 500	18	83	R.E.R.	P.S.	13	SW §	O.F.	A
2787501– 8000	18	83	R.E.R.	L.S.	13	SW §	O.F.	A
2788001– 100	16	72	A.W.Co.	¾	17	SW •	Htg.	P
2788101– 200	16	72	A.W.Co.	¾	17	SW •	O.F.	P
2788201– 300	16	72	AmnW.Co.	¾	16	SW •	Htg.	P
2788301– 400	16	72	AmnW.Co.	¾	16	SW •	O.F.	P
2788401– 600	16	72	Am.W.Co.	¾	15	SW •	Htg.	A
2788601– 800	16	72	Am.W.Co.	¾	15	SW •	O.F.	A
2788801– 900	18	77	Martyn Sq.	Q.T.	11			U
2788901– 9000	18	77	Martyn Sq.	Q.T.	11	SW	Htg.	U
2789001– 800	14	84	Hillside	¾	7–13	SW	O.F.	A
2789801– 90000	14		Am.W.Co.	F.P.	7	KW		U
2790001– 1000	14	84	Hillside	¾	7	SW	Htg.	U
2791001– 5000	6	73	Wm.E. Royal	¾	11–1	SW		A
2795001–802000	6	73	Seaside	¾	7	SW		U
2802001– 3500	18	77	P.S.B.	Q.T.	15	SW •	Htg.	A
2803501– 4000	18	77	R.E.R.	Q.T.	13	§		A
2804001– 6000	18	77	Broadway	Q.T.	7			U
2806001– 8000	18	83	R.E.R. P.S.B.	P.S.	13–15	SW •	O.F.	A
2808001– 500	18	83	Wm.E.	P.S.	11			A
2808501– 9000	18	83	Wm.E.	L.S.	11	SW	O.F.	A
2809001– 200	16	72	Am.W.Co.	¾	15	SW •	Htg.	A
2809201– 400	16	72	Am.W.Co.	¾	15	SW •	O.F.	A
2809401– 500	14	84	Am.W.Co.	¾	15	SW •	O.F.	A
2809501– 700	14	84	Am.W.Co.	¾	13–15	SW •	Htg.	A
2809701– 800	14	84	Riverside	¾	13	SW •	O.F.	P
2809801– 900	14		Am.W.Co.	F.P.	11	KW		A
2809901– 10000	14	18	Chron.	¾	15	SW †	Htg.	P
2810001– 1000	14	84	Bd. St.	¾	7	SW	O.F.	U
2811001– 2000	14	84	Hillside	¾	7	SW	Htg.	U
2812001– 3000	14	84	Hillside	¾	13	SW	Htg.	U
2813001– 6000	6	73	Wm.E. Royal	¾	11–13	SW		A
2816001– 300	14	84	Hillside	¾	13	SW	O.F.	U
2816301– 400	14	84	Hillside	¾	11	KW		U
2816401– 500	10		Am.W.Co.	¾	7	KW		U
2816501– 7000	8	73	Am.W.Co.	¾	7–11	KW		U
2817001– 20000	6	73	Seaside	¾	7			U
2820001– 23000	8	73	Seaside	¾	7			U
2823001– 500	14	84	Chron.	¾	13	SW •	Htg.	P
2823501– 4200	14	84	Chron.	¾	13	SW •	O.F.	A
2824201– 5000	14	84	Chron.	¾	13	SW	Htg.	A
2825001– 300	6	73	Wm.E. Royal	¾	11–13	SW		A
2825301– 75	18	79	A.W.Co.	Q.T.	11	SW	O.F.	U
2825376– 500	18	83	A.W.Co.	L.S.	11	SW	O.F.	U
2825501– 6000	18	83	Sterling	P.S.	7	SW	O.F.	U
2826001– 7000	18	77	P.S.B.	Q.T.	15	•		A
2827001– 8000	18	77	P.S.B.	Q.T.	15	SW •	Htg.	A
2828001– 9000	18	77	R.E.R.	Q.T.	13	§		A
2829001– 30000	18	77	Wm.E.	Q.T.	11	KW		U
2830001– 1000	18	83	P.S.B.	P.S.	15	SW •	O.F.	A
2831001– 500	18	83	Wm.E.	P.S.	11	SW	O.F.	U
2831501– 2000	18	83	Wm.E.	L.S.	11	SW	O.F.	U
2832001– 3000	18	83	Sterling	P.S.	7	SW	O.F.	U
2833001– 4000	18	83	Sterling	L.S.	7	SW	O.F.	U
2834001– 5000	14	84	Bd. St.	¾	7–13	SW	O.F.	U
2835001– 6000	14	84	Bd. St.	¾	7	KW		U
2836001– 8000	6	73	Wm.E. Royal	¾	11–13	SW		A

• Patent Regulator–Breguet Spring. † Breguet Spring. § Patent Regulator.

Numbers and Descriptions of Waltham Watch Movements.

Serial Number.	Size.	Model.	Grade.	Plate.	Jewels.	Setting.	Style.	Grade of Material
2838001– 700	14	84	Hillside	¾	7–13	SW §	O.F.	U
2838701– 800	14	84	Hillside	¾	15	KW		A
2838801– 900	10		Am.W.Co.	¾	11	KW		U
2838901– 9400	8	73	Am.W.Co.	¾	7–11	KW		U
2839401– 600	8	73	Royal	¾	11	SW		A
2839601– 800	8	73	Royal	¾	7			U
2839801– 40000	14		Am.W.Co.	F.P.	7	KW		U
2840001– 1000	6	73	Seaside	¾	7			U
2841001– 3000	18	77	Home	Q.T.	7			U
2843001– 4000	14		Home	F.P.	7	KW		U
2844001– 100	18	77	Martyn Sq.	Q.T.	11			U
2844101– 200	18	77	Home	Q.T.	7	SW	Htg.	U
2844201– 300	18	83	Home	L.S.	7	SW	O.F.	U
2844301– 500	18	77	Am.W.Co.		7			U
2844501– 700	14		Am.W.Co.	F.P.	7	KW		U
2844701– 50	18	77	Wm.E.	Q.T.	11	SW	Htg.	U
2844751– 800	18	83	Wm.E.	L.S.	11	SW	O.F.	U
2844801– 900	14		Am.W.Co.	F.P.	7	KW		U
2844901– 5000	18	77	Home	Q.T.	7			U
2845001– 6000	18	77	A.T.&Co.	Q.T.	15	*		P
2846001– 7000	18	77	P.S.B.	Q.T.	15	SW *	Htg.	A
2847001– 500	18	77	R.E.R	Q.T.	13	§		A
2847501– 8000	18	77	P.S.B.	Q.T.	15	SW *	Htg.	A
2848001– 9000	18	77	P.S.B.	Q.T.	11	KW		A
2849001– 50000	18	77	Wm.E.	Q.T.	11			U
2850001– 2000	18	83	Wm.E. / P.S.B.	P.S.	11–15	SW *	O.F.	A
2852001– 3000	18	83	Wm.E.	L.S.	11	SW	O.F.	U
2853001– 5000	18	83	Sterling	P.S.	7	SW	O.F.	U
2855001– 7000	18	83	Sterling	L.S.	7	SW	O.F.	U
2857001– 9000	18	83	Wm.E.		11	SW	O.F.	U
2859001– 63000	18	83	Sterling		7	SW	O.F.	U
2863001– 4000	18	77	R.E.R.	Q.T.	11–13	§		A
2864001– 5000	18	77	Broadway	Q.T.	7			U
2865001– 7000	18	77	Wm.E. / Sterling	Q.T.	7–11	SW	Htg.	U
2867001– 9000	18	77	Home	Q.T.	7			U
2869001– 71000	14		Home	F.P.	7	KW		U
2871001– 3000	14	84	Hillside	¾	7	SW	Htg.	U
2873001– 7000	14	84	Bd.St.	¾	7	SW	O.F.	U
2877001– 300	6	73	Royal	¾	13	SW		A
2877301– 700	8	73	Royal	¾	7–11	SW		A
2877701– 800	14	84	Riverside	¾	13	SW *	O.F.	A
2877801– 8000	14	84	Hillside / Riverside	¾	13	SW *	Htg.	A
2878001– 500	6	73	Wm.E.	¾	11			U
2878501– 9000	8	73	Wm.E.	¾	7			U
2879001– 400	14	84	Hillside	¾	7–13	SW	O.F.	A
2879401– 80000	14	84	Hillside	¾	7–11	KW		U
2880001– 200	10		Am.W.Co.	¾	7–11	KW		U
2880201– 1000	8	73	Am.W.Co.	¾	7–11	KW		U
2881001– 4500	18	77	Broadway	Q.T.	7			U
2884501– 900	18	83	A.T.&Co.	P.S.	15	SW *	O.F.	P
2884901– 5000	18	77	Home	Q.T.	7			U
2885001– 7000	18	77	Sterling	Q.T.	7	SW	Htg.	U
2887001– 91000	18	83	Sterling / Wm.E.		7–11	SW	O.F.	U
2891001– 500	18	77	Home / Wm.E.	Q.T.	7–11			U
2892501– 3000	14		Am.W.Co.	F.P.	7–11	KW		U
2893001– 4000	18	77	Home	Q.T.	7			U
2894001– 5000	14		Home	F.P.	7	KW		U
2895001– 6000	14	84	Hillside	¾	7	SW	Htg.	U
2896001–901000	14	84	Bd.St.	¾	7	SW	O.F.	U
2901001– 4000	8	73	Seaside		7	SW		U
2904001– 500	14	84	Hillside	¾	7–13	SW	O.F.	U
2904501– 900	14	84	Hillside	¾	7–13	SW	Htg.	U
2904901– 5000	14	84	Hillside	¾	7	KW		U
2905001– 6000	8	73	Wm.E. / Royal	¾	7–11	SW		U
2906001– 600	14	84	B.St. / Hillside	¾	7	KW		U
2906601– 7000	18	83	Sterling	P.S.	7	SW	O.F.	U
2907001– 11000	18	77	Broadway	Q.T.	7			U
2911001– 2500	18	77	Sterling	Q.T.	7	SW	Htg.	U

Serial Number.	Size.	Model.	Grade.	Plate.	Jewels.	Setting.	Style.	Grade of Material.
2912501– 4500	18	83	Wm.E. / R.E.R.	P.S.	11–13	SW§	O.F.	A
2914501– 700	18	83	Cres.St.	L.S.	15	SW*	Htg.	P
2914701– 5000	18	83	Cres.St.	P.S.	15	SW*	O.F.	P
2915001– 8000	18	83	Sterling	P.S.	7	SW	O.F.	U
2918001– 9500	18	77	Home / Wm.E.	Q.T.	7–11			U
2919501– 20000	14		Am.W.Co.	F.P.	11	KW		U
2920001– 1000	18	77	Home	Q.T.	7			U
2921001– 3000	14		Home	F.P.	7	KW		U
2923001– 700	18	77	Home / Wm.E.	Q.T.	7–11			U
2923701– 4000	18	83	Sterling / Am.W.Co.		7–13	SW *	O.F.	U
2924001– 9000	14	84	Bd.St.	¾	7	SW	O.F.	U
2929001– 33000	14	84	Bd.St.	¾	7	SW	Htg.	U
2933001– 5000	6	73	Seaside	¾	7	SW		U
2935001– 9000	18	77	Broadway	Q.T.	7			U
2939001– 41000	18	77	Sterling	Q.T.	7	SW	Htg.	U
2941001– 2000	18	83	Sterling	P.S.	7	SW	O.F.	U
2942001– 6000	18	77	Home	Q.T.	7			U
2946001– 51000	14		Home	F.P.	7	KW		U
2951001– 62000	14	84	Bd.St.	¾	7	SW	O.F.	U
2962001– 3000	14	84	Bd.St.	¾	7	KW		U
2963001– 5000	18	77	Broadway	Q.T.	7			U
2965001– 8500	18	83	Sterling / Wm.E.	P.S.	7–11	SW	O.F.	U
2968501– 800	18	83	Am.W.Co.		13	KW*		U
2968801– 70000	18	83	Am.W.Co. / P.S.B.	L.S.	13–15	SW *	Htg.	A
2970001– 500	18	83	Am.W.Co.		11	KW†		U
2970501– 1000	14		Am.W.Co.	F.P.	11	KW		U
2971001– 3000	18	77	Home	Q.T.	7			U
2973001– 81000	14		Home / Am.W.Co.	F.P.	7–11	KW†		U
2981001– 3000	16	72	Riverside	¾	15	SW *	Htg.	P
2983001– 200	14	84	Riverside	¾	13	SW *	O.F.	A
2983201– 300	14	84	Riverside	¾	13	SW *	Htg.	A
2983301– 500	14	84	Hillside	¾	13	SW †	O.F.	U
2983501– 4000	14	84	Hillside	¾	7	SW †	Htg.	U
2984001– 91000	14	84	Hillside / Bd. St.	¾	7–13	SW †	O.F.	U
2991001– 600	14	84	Hillside	¾	11–15	KW†		A
2991601– 2000	10		Am.W.Co.	¾	7–11	KW†		U
2992001– 4000	14	84	Hillside	¾	7	KW†		U
2994001– 6000	18	83	P.S.B.	P.S.	15	SW *	O.F.	A
2996001– 9500	18	83	Sterling / Wm.E.	P.S.	7–11	SW	O.F.	U
2999501– 3000000	18	83	No. 35	L.S.	15	SW *	Htg.	P
3000001– 500	18	83	No. 35	SW.	15	PS *	O.F.	P
3000501– 1000	18	83	P.S.B.	Q.T.	15	KW*		A
3001001– 2000	18	83	No. 25	SW.	15	LS *	Htg.	A
3002001– 3000	18	83	No. 25	SW.	15	PS *	O.F.	A
3003001– 4200	18	77	Home	Q.T.	7			U
3004201– 700	18	77	Am.W.Co.		7	†		U
3004701– 800	18	83	Wm.E.		11	SW	O.F.	U
3004801– 5000	16	72	Riverside	¾	15	SW *	O.F.	P
3005001– 10000	14		Am.W.Co. / Home	F.P.	7	KW†		U
3010001– 500	6	73	Amn W.Co.	¾	16	SW †		P
3010501– 900	6	73	Wm.E.	¾	13	SW		U
3010901– 1900	6	73	Special	¾	16	SW †		P
3011901– 2000	6	73	A.W.W.Co.	¾	16	SW †		P
3012001– 9000	6	73	Wm.E.	¾	13	SW		U
3019001– 22500	6	73	Seaside E.	¾	7	SW		U
3022501– 4000	14	84	Am.W.Co.	¾	7–13	SW †	Htg.	U
3024001– 6000	18	77	Wm.E. / Sterling	Q.T.	7–13	SW	Htg.	U
3026001– 7000	18	83	No. 15	SW.	15	LS *	Htg.	A
3027001– 30000	18	83	No. 15	SW.	15	PS *	O.F.	A
3030001– 6000	18	83	Wm.E. / Sterling	SW.	7–13	PS *	O.F.	U
3036001– 7000	14		Home	F.P.	7	KW		U
3037001– 100	14	84	Chron.	¾	15	SW *	O.F.	P

* Patent Regulator-Breguet Spring. † Breguet Spring. § Patent Regulator.

Numbers and Descriptions of Waltham Watch Movements.

Serial Number.	Size.	Model.	Grade.	Plate.	Jewels.	Setting.	Style.	Grade of Material.
3037101– 700	14	84	Chron.	¾	13–15	SW •	Htg.	P
3037701– 50	14	84	Chron.	¾	15	SW •	O.F.	P
3037751– 800	14	84	A.W.W.Co.	¾	7	LS / SW	O.F.	U
3037801– 8500	14	84	Chron.	¾	13	SW •	O.F.	P
3038501– 700	14	84	Chron.	¾	13	SW	O.F.	P
3038701– 9300	14	84	Chron.	¾	13	SW	Htg.	P
3039301– 800	18	83	No. 5	SW.	13	PS §	O.F.	A
3039801– 40000	16	72	Riverside	¾	15	SW •	Htg.	P
3040001– 2000	6	73	A.W.W.Co.	¾	13	SW		A
3042001– 5000	6	73	Seaside	¾	7	SW		U
3045001– 5500	6	73	Royal	¾	11	SW †		A
3045501– 7000	6	73	Am.W.Co.	¾	7	SW †		U
3047001– 51000	6	73	Am.W.Co.	¾	7–11	KW†		U
3051001– 4000	18	77	Wm.E. / Sterling	Q.T.	7–11	SW	Htg.	U
3054001– 8000	18	83	No. 15	SW.	15	LS •	Htg.	A
3058001– 61000	18	83	No. 5 / No. 15	SW.	13–15	PS •	O.F.	A
3061001– 3000	18	83	Wm.E. / Sterling	SW.	7–11	PS	O.F.	U
3063001– 500	18	83	Cres.St.	SW.	15	LS •	Htg.	P
3063501– 4000	18	83	Cres.St.	SW.	15	PS •	O.F.	P
3064001– 4500	18	83	No. 35	SW.	15	LS •	Htg.	P
3064501– 5000	18	83	No. 35	SW.	15	PS •	O.F.	P
3065001– 6000	18	83	No. 25	SW.	15	LS •	Htg.	A
3066001– 7000	18	83	No. 25	SW.	15	PS •	O.F.	A
3067001– 200	14	84	Riverside	¾	13	SW •	O.F.	A
3067201– 500	14	84	Riverside	¾	13	SW •	Htg.	A
3067501– 8000	6	73	A.W.W.Co.	¾	13	SW		A
3068001– 9000	6	73	A.W.W.Co.	¾	15	SW †		A
3069001– 73000	6	73	A.W.W.Co.	¾	13	SW		A
3073001– 80000	6	73	Seaside	¾	7	SW		U
3080001– 300	16	72	Riverside	¾	15	SW •	O.F.	P
3080301– 600	16	72	Riverside	¾	15	SW •	Htg.	P
3080601– 900	18	77	P.S.B.	Q.T.	15	KW		A
3080901– 1000	18	77	Home	Q.T.	7	SW	Htg.	U
3081001– 2000	18	77	Broadway	Q.T.	7	KW		U
3082001– 5000	18	77	Sterling	Q.T.	7	SW	Htg.	U
3085001– 6000	18	83	A.T.& Co.	SW.	15	LS •	Htg.	P
3086001– 8000	18	83	P.S.B.	SW.	15	LS •	Htg.	A
3088001– 9000	18	83	P.S.B.	SW.	15	PS •	O.F.	A
3089001– 90500	18	83	No. 5	SW.	13	LS §	Htg.	A
3090501– 1000	18	83	No. 35	SW.	15	LS •	Htg.	P
3091001– 2000	18	83	Sterling	SW.	7	PS	O.F.	U
3092001– 500	18	83	No. 35	SW.	15	PS •	O.F.	P
3092501– 600	18	83	Home	Q.T.	7	SW	Htg.	U
3092601– 800	14	84	Chron.	¾	13	SW	O.F.	P
3092801– 3000	6	73	Royal	¾	13	SW †		A
3093001– 4000	18	83	No. 25	SW.	15	LS •	Htg.	A
3094001– 5000	18	83	No. 25	SW.	15	PS •	O.F.	A
3095001– 7000	14		Home	F.P.	7	KW		U
3097001– 300	16	72	Riverside	¾	15	SW •	O.F.	P
3097301– 500	16	72	Riverside	¾	15	SW •	Htg.	P
3097501– 800	16	72	Riverside	¾	15	SW •	O.F.	P
3097801– 8400	16	72	Riverside	¾	15	SW •	Htg.	P
3098401– 500	16	72	Riverside	¾	15	SW •	O.F.	P
3098501– 9000	14	84	Am.W.Co.	¾	7	SW †	Htg.	U
3099001–100000	6	73	A.W.W.Co.	¾	15	SW †		A
3100001– 5000	6	73	Special	¾	13	SW		A
3105001– 10100	6	73	Special	¾	7–11	SW		U
3110101– 500	8	73	Royal	¾	7–11	SW †		A
3110501– 1000	18	83	A.T.&Co.	SW.	15	LS •	Htg.	P
3111001– 2000	18	83	P.S.B.	SW.	15	LS •	Htg.	A
3112001– 3000	18	83	P.S.B.	SW.	15	PS •	O.F.	A
3113001– 4000	18	83	No. 5	SW.	13	LS §	Htg.	A
3114001– 5000	18	83	No. 5	SW.	13	PS §	O.F.	A
3115001– 6000	18	77	Broadway	Q.T.	7	KW		U
3116001– 8500	18	77	Sterling		7	SW	Htg.	U
3118501– 9000	18	83	Am.W.Co.	SW.	13	LS •	O.F.	A
3119001– 20000	18	83	No. 35	SW.	15	LS •	Htg.	P
3120001– 1000	18	83	No. 35	SW.	15	PS •	O.F.	P
3121001– 500	18	83	Am.W.Co.		13	KW•		U
3121501– 2000	16	72	Riverside	¾	15	SW •	Htg.	P
3122001– 3000	18	83	Wm.E.	F.P.	11	KW†		U
3123001– 6000	14		Home.	F.P.	7	KW		U
3126001– 400	14	84	Chron.	¾	15	SW •	O.F.	P
3126401– 500	14	84	Chron.	¾	15	SW •	Htg.	P
3126501– 7100	14	84	Chron.	¾	13	SW •	O.F.	P
3127101– 700	14	84	Chron.	¾	13	SW •	Htg.	P
3127701– 900	18	83	Am.W.Co.	SW.	13	LS •	Htg.	U
3127901– 8000	16	72	A.W.Co.	SW.	17		Htg.	P
3128001– 30000	14	84	Bd. St.	¾	7	SW •	Htg.	U
3130001– 2000	6	73	A.W.W.Co.	¾	13	SW		A
3132001– 8000	6	73	"E"	¾	7	SW		U
3138001– 9000	18	83	A.T.&Co.	SW.	15	PS •	O.F.	P
3139001– 40000	18	83	A.T.&Co.	SW.	15	LS •	Htg.	P
3140001– 2000	18	83	P.S.B.	SW.	15	LS •	Htg.	A
3142001– 5000	18	83	No. 15 / P.S.B.	SW.	15	PS •	O.F.	A
3145001– 6000	18	83	No. 15	SW.	15	LS •	Htg.	A
3146001– 7000	18	83	No. 5	SW.	13	LS §	Htg.	A
3147001– 8000	18	83	No. 5	SW.	13	PS §	O.F.	A
3148001– 9000	18	77	Broadway	Q.T.	7	KW		U
3149001– 51000	18	77	Sterling	Q.T.	7	SW	Htg.	U
3151001– 3000	18	79	Sterling	Q.T.	7	PS	O.F.	U
3153001– 500	18	83	A.T.&Co.	SW.	15	PS •	O.F.	P
3153501– 4000	18	83	No. 25	SW.	15	LS •	Htg.	A
3154001– 500	18	83	No. 25	SW.	15	PS •	O.F.	A
3154501– 6000	14		Am.W.Co.	F.P.	7–11	KW†		U
3156001– 7000	14		Home	F.P.	7–	KW		U
3157001– 8000	16	72	Riverside	¾	15	SW •	Htg.	P
3158001– 500	16	72	Riverside	¾	15	SW •	O.F.	P
3158501– 9000	14	84	Riverside	¾	13	SW •	Htg.	A
3159001– 300	14	84	Riverside	¾	13	SW •	O.F.	A
3159301– 800	14	84	Chron.	¾	13	SW §	O.F.	P
3159801– 60000	14	84	Am.W.Co.	¾	7	SW §	Htg.	U
3160001– 1000	14	84	Chron.	¾	13	SW	Htg.	P
3161001– 2800	14	84	Chron.	¾	13	SW	O.F.	P
3162801– 4000	14	84	B.St. / Am.W.Co.	¾	7	SW §	Htg.	U
3164001– 70000	6	73	"E"	¾	7			U
3170001– 100	14	84	Amn W.Co.	¾	7	SW §	Htg.	U
3170101– 600	18	83	A.T.& Co.	SW.	15	LS •	Htg.	P
3170601– 1000	6	73	Royal	¾	7	SW †		A
3171001– 500	18	83	A.T.&Co.	SW.	15	PS •	O.F.	P
3171501– 3000	18	83	P.S.B.	SW.	15	LS •	Htg.	A
3173001– 4500	18	83	P.S.B.	SW.	15	PS •	O.F.	A
3174501– 5000	18	83	Sterling	SW.	7	PS	O.F.	U
3175001– 500	18	83	No. 15	SW.	15	LS •	Htg.	A
3175501– 6000	18	83	No. 15	SW.	15	PS •	O.F.	A
3176001– 500	18	83	No. 5	SW.	13	LS §	Htg.	A
3176501– 7000	18	83	No. 5	SW.	13	PS §	O.F.	A
3177001– 9000	18	77	No. 3	Q.T.	11	SW §	Htg.	U
3179001– 81000	18	83	Sterling		7–11	SW	O.F.	U
3181001– 3000	18	77	Sterling	Q.T.	7	SW	Htg.	U
3183001– 5000	18	77	Broadway	Q.T.	7	KW		U
3185001– 6000	18	83	No. 25	SW.	15	LS •	Htg.	A
3186001– 7000	18	83	No. 25	SW.	15	PS •	O.F.	A
3187001– 9000	18	77	Home	Q.T.	7	KW		U
3189001– 500	16	72	Riverside	¾	15	SW •	Htg.	P
3189501– 90000	16	72	Riverside	¾	15	SW •	Q.T.	P
3190001– 500	16	72	Riverside	¾	15	SW •	Htg.	P
3190501– 1000	16	72	Riverside	¾	15	SW •	O.F.	P
3191001– 2000	16	72	Royal	¾	13	SW •	Htg.	A
3192001– 500	14	84	Hillside	¾	13	O.F.	Htg.	U
3192501– 3000	6	73	Royal	¾	15	SW †		A
3193001– 4000	14	84	Bd.St.	¾	7	SW	Htg.	U
3194001– 8000	6	73	Seaside		7–13	SW		U
3198001– 600	14	84	Am.W. Co.	¾	7–13	SW †	O.F.	U
3198601– 9200	6	73	Royal	¾	11–13	SW †		A
3199201–200000	6	73	Am.W.Co.	¾	7	SW †		U
3200001– 1500	6	73	Am.W.Co.	¾	7	KW†		U
3201501– 2000	6	73	Special	¾	13	SW		A
3202001– 6000	18	83	P.S.B. / A.T.&Co.	SW.	15	LS •	Htg.	A-P
3206001– 7000	18	83	P.S.B.	SW.	15	PS •	O.F.	A
3207001– 8500	18	83	P.S.B.	SW.	13–15	LS •	Htg.	A
3208501– 9000	18	83	No. 5	SW.	13	PS §	O.F.	A
3209001– 12000	18	83	Wm.E.	SW.	11	LS	Htg.	U

• Patent Regulator–Breguet Spring. † Breguet Spring. § Patent Regulator.

Serial Number.	Size.	Model.	Grade.	Plate.	Jewels.	Setting.	Style.	Grade of Material.
3212001– 3000	18	83	Sterling	SW.	7	L S	Htg.	U
3213001– 4000	18	83	Sterling	SW.	7	P S	O.F.	U
3214001– 5000	18	83	No. 1	SW.	7	L S	Htg.	U
3215001– 6000	18	83	No. 1	SW.	7	P S	O.F.	U
3216001– 7000	18	83	P.S.B.		11	K W		A
3217001– 9000	18	83	Nos. 25–35	SW.	15	L S *	Htg.	P
3219001– 20000	14		Home	F. P.	7	K W		U
3220001– 1000	16	72	Riverside	¾	15	SW *	Htg.	P
3221001– 3000	16	72	Royal	¾	13	SW *	Htg.	A
3223001– 4000	14	84	Bd. St.	¾	7	SW	O.F.	U
3224001– 5000	14	84	Bd. St.	¾	7	SW	Htg.	U
3225001– 32500	6	73	Seaside		7–11	SW		U
3232501– 33000	18	83	A.T.& Co.	SW.	15	L S *	Htg.	P
3233001– 7000	18	83	Broadway	F. P.	7	K W		U
3237001– 500	18	83	No. 5	SW.	13	L S §	Htg.	A
3237501– 8000	18	83	No. 5	SW.	13	P S §	O.F.	A
3238001– 9000	18	83	Wm.E.	SW.	11	L S	Htg.	U
3239001– 40000	18	83	Wm.E.	SW.	11	P S	O.F.	U
3240001– 1000	18	83	No. 3	SW.	11	L S	Htg.	U
3241001– 2000	18	83	No. 3	SW.	11	P S	O.F.	U
3242001– 3000	18	83	Sterling	SW.	7	L S	Htg.	U
3243001– 4000	18	83	Sterling	SW.	7	P S	O.F.	U
3244001– 5500	18	83	No. 1	SW.	7	L S	Htg.	U
3245501– 6000	18	83	A.T.& Co.	SW.	15	L S *	Htg.	P
3246001– 7000	18	83	No. 1	SW.	7	P S	O.F.	U
3247001– 500	18	83	No. 35	SW.	15	P S *	O.F.	P
3247501– 8000	16	72	Riverside	¾	15	SW *	Htg.	P
3248001– 9000	18	83	No. 25	SW.	15	L S *	Htg.	A
3249001– 50000	18	83	No. 25	SW.	15	P S *	O.F.	A
3250001– 1000	16	72	Royal	¾	13	SW *	Htg.	A
3251001– 500	14	84	Hillside	¾	13	SW	O.F.	U
3251501– 800	14	84	Riverside	¾	13	SW *	Htg.	A
3251801– 2000	6	73	Royal	¾	11	SW †		A
3252001– 3000	14	84	Bd.St.	¾	7	SW	O.F.	U
3253001– 7000	18	84	Bd.St.	¾	7	SW	Htg.	U
3257001– 8000	8	73	Seaside	¾	7	SW		U
3258001– 500	6	73	Royal	¾	15	SW †		A
3258501– 63000	6	73	Seaside	¾	7–11	SW		U
3263001– 500	18	83	A.T.& Co.	SW.	15	L S *	Htg.	P
3263501– 4000	18	83	No. 1	SW.	7	P S	O.F.	U
3264001– 5000	18	83	Wm.E.	SW.	11	L S	Htg.	U
3265001– 6000	18	83	Wm.E.	SW.	11	P S	O.F.	U
3266001– 7000	18	83	No. 3	SW.	11	L S	Htg.	U
3267001– 8000	18	83	No. 3	SW.	11	P S	O.F.	U
3268001– 9000	18	83	Sterling	SW.	7	L S	Htg.	U
3269001– 70000	18	83	Sterling	SW.	7	P S	O.F.	U
3270001– 2000	18	83	No. 1	SW.	7	L S	Htg.	U
3272001– 3000	18	83	No. 1	SW.	7	P S	O.F.	U
3273001– 5000	18	83	Broadway		7	K W		U
3275001– 6000	18	83	Cres.St.	SW.	15	L S *	Htg.	P
3276001– 500	18	83	No. 35	SW.	15	P S *	O.F.	P
3276501– 7000	18	83	No. 25	SW.	15	L S *	Htg.	A
3277001– 500	18	83	No. 25	SW.	15	P S *	O.F.	A
3277501– 8000	18	83	No. 15	SW.	15	L S *	Htg.	A
3278001– 500	18	83	No. 15	SW.	15	P S *	O.F.	A
3278501– 9000	18	83	No. 3	SW.	11	L S	Htg.	U
3279001– 500	18	83	No. 3	SW.	11	P S	O.F.	U
3279501– 83000	14	84	☾*	¾	7	SW	Htg.	U
3283001– 4000	8	73	Seaside	¾	7	SW		U
3284001– 91000	6	73	Seaside	¾	7–9	SW		U
3291001– 900	1	82	Amn W.Co.	¾	16	SW †		P
3291901– 2000	1	82	Amn W.Co.	¾	16	SW †	O.F.	P
3292001– 400	6	73	Royal	¾	7	SW †		A
3292401– 800	18	83	Special		7	K W		U
3292801– 3000	14	84	Riverside	¾	13	SW *	Htg.	A
3293001– 4000	18	83	A.T.& Co.	SW.	15	L S *	Htg.	P
3294001– 500	18	83	A.T.& Co.	SW.	15	P S *	O.F.	P
3294501– 5000	18	83	No. 3	SW.	11	L S	Htg.	U
3295001– 6000	18	83	P.S.B.		13	K W*		A
3296001– 8000	18	83	No. 3	SW.	11	L S	Htg.	U
3298001– 9500	18	83	No. 3	SW.	11	P S	O.F.	U
3299501–302000	18	83	No. 1	SW.	7	L S	Htg.	U
3302001– 3500	18	83	No. 1	SW.	7	P S	O.F.	U
3303501– 4000	18	83	Cres.St.	SW.	15	L S *	Htg.	P
3304001– 6000	18	83	Broadway		7	K W		U

Serial Number.	Size.	Model.	Grade.	Wind.	Jewels.	Setting.	Style.	Grade of Material.
3306001– 500	18	83	No. 35	SW.	15	L S *	Htg.	P
3306501– 7000	18	83	No. 35	SW.	15	P S *	O.F.	P
3307001– 500	18	83	No. 25	SW.	15	L S *	Htg.	A
3307501– 8000	18	83	No. 25	SW.	15	P S *	O.F.	A
3308001– 500	18	83	No. 15	SW.	15	L S *	Htg.	A
3308501– 9000	18	83	No. 15	SW.	15	P S *	O.F.	A
3309001– 500	18	83	No. 3	SW.	11	L S *	Htg.	U
3309501– 10000	18	83	No. 3	SW.	11	P S *	O.F.	U
3310001– 2000	14	84	Hillside	¾	7	SW	Htg.	U
3312001– 3000	14	84	Bd.St.	SW.	7	Pin	O.F.	U
3313001– 4500	14	84	B.St.	¾	7	SW	Htg.	U
3314501– 21000	6	73	Seaside	¾	7–9	SW		U
3321001– 2000	1	82	Special	¾	15	SW †		A
3322001– 3000	1	82	Special	¾	11	SW †		U
3323001– 4000	18	83	No. 3	SW.	11	L S	Htg.	U
3324001– 5000	18	83	No. 3	SW.	11	P S	O.F.	U
3325001– 7500	18	83	No. 1	SW.	7	L S	Htg.	U
3327501– 9000	18	83	No. 1	SW.	7	P S	O.F.	U
3329001– 32000	18	83	Sterling	F. P.	7–11	K W		U
3332001– 500	18	83	A.T.& Co.	SW.	15	L S *	Htg.	P
3332501– 3000	18	83	A.T.& Co.	SW.	15	P S *	O.F.	P
3333001– 500	18	83	No. 35	SW.	15	L S *	Htg.	P
3333501– 4000	18	83	No. 35	SW.	15	P S *	O.F.	P
3334001– 5000	18	83	No. 25	SW.	15	L S *	Htg.	A
3335001– 6000	18	83	{No. 25 P.S.B.}	SW.	15	P S *	O.F.	A
3336001– 7000	18	83	P.S.B.	SW.	15	L S *	Htg.	A
3337001– 8000	14	84	A.W.W.Co.	¾	7–11	{SW P S}	O.F.	U
3338001– 9000	14	84	Hillside	¾	7	SW	Htg.	U
3339001– 500	14	84	Bd.St.	¾	7	Pin.	O.F.	U
3339501– 40500	14	84	Bd.St.	SW.	7	☾*	Htg.	U
3340501– 1000	6	73	Amn W.Co.	SW.	16	†		P
3341001– 5000	6	73	"E"	SW.	7			U
3345001– 7000	1	82	{Riverside Amn W.Co.}	SW.	15–16	†		P
3347001– 9000	1	82	Royal	SW.	11	†		A
3349001– 200	16	72	A.W. Co.	SW.	17	*	Htg.	P
3349201– 300	18	83	No. 3	SW.	11	L S	Htg.	U
3349301– 400	18	83	No. 3	SW.	11	P S	O.F.	U
3349401– 50000	18	83	Home	K W	7			U
3350001– 1000	18	83	Wm.E.	SW.	11	L S	Htg.	U
3351001– 2000	18	83	Wm.E.	SW.	11	P S	O.F.	U
3352001– 3000	18	83	Sterling	SW.	7	L S	Htg.	U
3353001– 4000	18	83	Sterling	SW.	7	P S	O.F.	U
3354001– 6000	18	83	No. 1	SW.	7	L S	Htg.	U
3356001– 8000	18	83	No. 1	SW.	7	P S	O.F.	U
3358001– 61000	18	83	Broadway	K W	7			U
3361001– 500	18	83	Cres.St.	SW.	15	L S *	Htg.	P
3361501– 2000	18	83	Cres.St.	SW.	15	P S *	O.F.	P
3362001– 3000	18	83	No. 25	SW.	15	L S *	Htg.	A
3363001– 4000	18	83	No. 25	SW.	15	P S *	O.F.	A
3364001– 5000	18	83	Home	SW.	7	P S	O.F.	U
3365001– 7000	18	83	Home	K W	7			U
3367001– 9000	14	84	Hillside	SW.	7–13	†	Htg.	U
3369001– 70000	14	84	Bd.St.		7	Pin	O.F.	U
3370001– 500	14	84	Bd.St.	SW.	7		Htg.	U
3370501– 1000	14	84	A.W.Co.	SW.	7	☾*	Htg.	U
3371001– 8000	6	73	Seaside	SW.	7–11			U
3378001– 9000	1	82	Riverside	SW.	15	†		P
3379001– 81000	1	82	Royal	SW.	11	†		A
3381001– 200	16	72	Amn W.Co.	SW.	16	*	Htg.	P
3381201– 700	6	73	Special	SW.	15	†		A
3381701– 6000	18	83	{No. 3 Am.W.Co.}	K W	11	†		U
3386001– 8000	18	83	No. 15	K W	15	*		A
3388001– 9000	18	83	No. 3	SW.	11	L S	Htg.	U
3389001– 90000	18	83	No. 3	SW.	11	P S	O.F.	U
3390001– 2000	18	83	No. 1	SW.	7	L S	Htg.	U
3392001– 3000	18	83	No. 1	SW.	7	P S	O.F.	U
3393001– 5000	18	83	Broadway	K W	7	.		U
3395001– 6500	18	83	A.T.& Co.	SW.	15	L S *	Htg.	P
3396501– 7500	18	83	Nos. 25–15	SW.	15	L S *	Htg.	A
3397501– 8000	18	83	No. 15	SW.	15	P S *	O.F.	A
3398001– 500	18	83	Home	SW.	7	P S	O.F.	U

* Patent Regulator–Breguet Spring. † Breguet Spring. § Patent Regulator.

Serial Number.	Size.	Model.	Grade.	Wind.	Jewels.	Setting.	Style.	Grade of Material.
3398501-400000	18	83	Home	K W	7			U
3400001- 1500	14	84	Hillside	SW.	7-13	†		U
3401501- 700	1	82	Royal	SW.	11	†	Htg.	A
3401701- 2000	1	82	Royal	SW.	11	†	O.F.	A
3402001- 3000	14	84	Bd.St.	SW.	7		Htg.	U
3403001- 500	14	84	A.W.W.Co.	SW.	7	☾*		U
3403501- 5000	14	84	Bond St.	SW.	7	Pin	O.F.	U
3405001- 11000	6	73	Seaside	SW.	7-13			U
3411001- 2000	1	82	Riverside	SW.	15	†		P
3412001- 4000	1	82	Royal	SW.	13	†		A
3414001- 100	6	73	Royal	SW.	15	†		A
3414101- 50	14	84	Riverside	SW.	13	*	Htg.	A
3414151- 200	14	84	Riverside	SW.	13	*	O.F.	A
3414201- 500	14	84	Am.W.Co.	SW.	7		Htg.	U
3414501- 700	14	84	Special		16	P S *	O.F.	P
3414701- 5000	14	84	A.W.W.Co.	SW.	13	P S *	O.F.	A
3415001- 6000	18	83	A.T.&Co.	K W	15	*		P
3416001- 7000	18	83	P.S.B.	SW.	15	L S *	Htg.	A
3417001- 8500	18	83	No. 3	SW.	11	L S	Htg.	U
3418501- 20000	18	83	No. 3	SW.	11	P S	O.F.	U
3420001- 2500	18	83	No. 1	SW.	7	L S	Htg.	U
3422501- 3000	18	83	Broadway	K W	7			U
3423001- 5000	18	83	No. 1	SW.	7	P S	O.F.	U
3425001- 500	18	83	Sterling	SW.	7	L S	Htg.	U
3425501- 6000	18	83	Sterling	SW.	7	P S	O.F.	U
3426001- 8000	18	83	Broadway	K W	7			U
3428001- 30500	18	83	A.T.&Co.	SW.	15	L S *	Htg.	P
3430501- 1000	18	83	P.S.B.	SW.	15	P S *	O.F.	A
3431001- 500	18	83	No. 3	SW.	11	L S	Htg.	U
3431501- 2000	18	83	No. 3	SW.	11	P S	O.F.	U
3432001- 4000	14	84	Seaside	SW.	7-11	P S	O.F.	U
3434001- 4500	14	84	Hillside	SW.	7-13	†	Htg.	U
3434501- 6000	14	84	Hillside	SW.	7		Htg.	U
3436001- 500	14	84	A.W.W.Co.	SW.	7	☾*	Htg.	U
3436501- 7000	14	84	Bd.St.	SW.	7	Pin	O.F.	U
3437001- 43500	6	73	Special	SW.	7-11			U
3443501- 4000	18	83	A.T.&Co.	SW.	15	L S *	Htg.	P
3444001- 5000	1	82	Special	SW.	13			A
3445001- 6000	18	83	P.S.B.	K W	11			A
3446001- 7000	18	83	P.S.B.	SW.	15	L S *	Htg.	A
3447001- 9000	18	83	No. 3	K W	11			U
3449001- 50500	18	83	No. 1	SW.	7	L S	Htg.	U
3450501- 3000	18	83	No. 1	SW.	7	P S	O.F.	U
3453001- 500	18	83	Sterling	SW.	7	L S	Htg.	U
3453501- 4000	18	83	Sterling	SW.	7	P S	O.F.	U
3454001- 7000	18	83	Broadway	K W	7			U
3457001- 8000	18	83	No. 35	SW.	15	L S *	Htg.	P
3458001- 9000	18	83	No. 25	SW.	15	P S *	O.F.	A
3459001- 500	18	83	No. 3	SW.	15	L S	Htg.	U
3459501- 60000	18	83	No. 3	SW.	15	P S	O.F.	U
3460001- 200	14	84	Amn W.Co.	SW.	16	P S *	O.F.	P
3460201- 500	14	84	A.W.W.Co.	SW.	13	P S *	O.F.	A
3460501- 2000	14	84	A.W.W.Co.	SW.	7-11	P S	O.F.	U
3462001- 72000	6	84	Seaside	SW.	7-11			U
3472001- 3000	18	83	P.S.B.	K W	13	*		A
3473001- 4000	18	83	No. 3	K W	11			U
3474001- 100	14	84	Special	SW.	16	*	O.F.	P
3474101- 200	14	84	Hillside	SW.	7		Htg.	U
3474201- 300	8	73	Riverside	SW.	15	†		P
3474301- 50	14	84	Riverside	SW.	13	*	Htg.	A
3474351- 400	14	84	Riverside	SW.	13	*	O.F.	A
3474401- 5000	18	83	{P.S.B. / No. 3}	SW.	11		O.F.	A
3475001- 6000	18	83	P.S.B.	K W	11			A
3476001- 7000	18	83	A.T.&Co.	SW.	15	P S *	O.F.	P
3477001- 8000	18	83	P.S.B.	SW.	15	L S *	Htg.	A
3478001- 80000	18	83	No. 1	SW.	7	L S	Htg.	U
3480001- 2000	18	83	No. 1	SW.	7	P S	O.F.	U
3482001- 500	18	83	Sterling	SW.	7	L S	Htg.	U
3482501- 3000	18	83	Sterling	SW.	7	P S	O.F.	U
3483001- 7500	18	83	Broadway	K W	7			U
3487501- 9000	18	83	A.T.&Co.	SW.	15	L S *	Htg.	P
3489001- 90000	18	83	No. 25		15	P S *	O.F.	A
3490001- 500	18	83	No. 3	SW.	11	L S	Htg.	U
3490501- 1000	18	83	No. 3	SW.	11	P S	O.F.	U
3491001- 1500	14	84	Amn W.Co.	SW.	13-16	P S *	O.F.	P
3491501- 3000	14	84	A.W.W.Co.	SW.	7-11	P S	O.F.	U
3493001- 4000	14	84	B.St.	SW.	7	☾*	Htg.	U
3494001- 5000	14	84	Bd.St.	SW.	7		Htg.	U
3495001- 7000	14	84	Bd.St.	SW.	7	Pin	O.F.	U
3497001-506000	6	73	Seaside	SW.	7-13			U
3506001- 7000	18	83	No. 3	SW.	11	L S	Htg.	U
3507001- 9500	18	83	No. 3	SW.	11	P S	O.F.	U
3509501- 10000	14	84	{Riverside / A.W.W Co.}	SW.	7-13	*	O.F.	A
3510001- 2000	18	83	No. 1	SW.	7	L S	Htg.	U
3512001- 5000	18	83	No. 1	SW.	7	P S	O.F.	U
3515001- 7000	18	83	Broadway	K W	7-11			U
3517001- 500	18	83	Cres.St.	SW.	15	L S *	Htg.	P
3517501- 8500	18	83	Cres.St.	SW.	15	P S *	O.F.	P
3518501- 9000	18	83	No. 15	SW.	11-15	L S †	Htg.	A
3519001- 500	18	83	No. 3	SW.	15	L S	Htg.	U
3519501- 20000	18	83	No. 3	SW.	11	P S	O.F.	U
3520001- 1000	18	83	Home	K W	7			U
3521001- 2000	18	83	P.S.B.	SW.	15	L S *	Htg.	A
3522001- 3000	18	83	{P.S.B. / W.W.Co.}	SW.	15	P S *	O.F.	A
3523001- 5000	18	83	No. 3	SW.	11	P S	O.F.	U
3525001- 7000	18	83	No. 1	SW.	7	L S	Htg.	U
3527001- 9000	18	83	No. 1	SW.	7	P S	O.F.	U
3529001- 31000	18	83	P.S.B.	K W	13-15	*		A
3531001- 4500	18	83	{Broadway / Wm.E.}	K W	7-11			U
3534501- 5000	18	83	A.T.&Co.	SW.	15	L S *	Htg.	P
3535001- 500	18	83	No. 35	SW.	15	P S *	O.F.	P
3535501- 6000	18	83	P.S.B.	SW.	15	L S *	Htg.	A
3536001- 500	18	83	P.S.B.	SW.	15	P S *	O.F.	A
3536501- 7000	18	83	No. 15	SW.	15	L S *	Htg.	A
3537001- 500	18	83	No. 15	SW.	15	P S *	O.F.	A
3537501- 8000	18	83	No. 3	SW.	11	L S	Htg.	U
3538001- 500	18	83	No. 3	SW.	11	P S	O.F.	U
3538501- 9000	14	84	Amn W.Co.	SW.	13-16	P S *	O.F.	P
3539001- 40000	18	83	Home	K W	7			U
3540001- 1000	14	84	A.W.W.Co.	SW.	7-11	P S	O.F.	U
3541001- 500	14	84	A.W.W.Co.	SW.	7	☾*	O.F.	U
3541501- 3000	14	84	Bd.St.	SW.	7		Htg.	U
3543001- 500	14	84	A.W.W.Co.	SW.	7	☾*	Htg.	U
3543501- 9000	6	73	"E"	SW.	7			U
3549001- 51000	6	73	"E"	SW.	7	☾*		U
3551001- 2500	6	73	"B"	SW.	13			A
3552501- 3000	18	83	A.T.&Co.	SW.	15	P S *	O.F.	P
3553001- 6000	1	82	Riverside	SW.	13-15	†		P
3556001- 7000	18	83	P.S.B.	SW.	15	L S *	Htg.	A
3557001- 8000	18	83	P.S.B.	SW.	15	P S *	O.F.	A
3558001- 60000	18	83	No. 3	SW.	11	P S	O.F.	U
3560001- 2000	18	83	No. 1	SW.	7	L S	Htg.	U
3562001- 5500	18	83	No. 1	SW.	7	P S	O.F.	U
3565501- 8500	18	83	Wm.E.	K W	7-11			U
3568501- 800	18	83	Cres.St.	SW.	15	L S *	Htg.	P
3568801- 9000	18	83	Cres.St.	SW.	15	P S *	O.F.	P
3569001- 70500	18	83	P.S.B.	SW.	15	L S *	Htg.	A
3570501- 2000	18	83	P.S.B.	SW.	15	P S *	O.F.	A
3572001- 500	18	83	No. 3	SW.	11	L S	Htg.	U
3572501- 3000	18	83	No. 3	SW.	11	P S	O.F.	U
3573001- 500	18	83	Home	K W	7			U
3573501- 4000	14	F.P.	Home	K W	7			U
3574001- 5000	16	88	{Riverside / A.W.Co.}	SW.	15-17	P S *	O.F.	P
3575001- 7000	14	84	Bd.St.	SW.	7	Pin	O.F.	U
3577001- 9000	14	84	Bd.St.	SW.	7		Htg.	U
3579001- 500	14	84	A.W.W.Co.	SW.	7	☾*	Htg.	U
3579501- 83500	6	73	"E"	SW.	7			U
3583501- 8500	1	73	Seaside	SW.	9-13	†		A
3588501- 800	18	83	A.W.W.Co.	K W	11	†		U
3588801- 900	14	84	Riverside	SW.	13	*	O.F.	A
3588901- 9200	6	73	"E"	SW.	7			U
3589201- 400	14	84	Riverside	SW.	13	*	Htg.	A
3589401- 500	14	84	Riverside	SW.	13	*	O.F.	A
3589501- 700	14	84	Hillside	SW.	7	Pin	O.F.	U
3589701- 90100	8	73	Royal	SW.	7-11	†		A

* Patent Regulator–Breguet Spring. † Breguet Spring.

Serial Number.	Size.	Model.	Grade.	Wind.	Jewels.	Setting.	Style.	Grade of Material.
3590101– 700	18	83	No. 3	K W	7–11			U
3590701– 900	14	84	Riverside	SW.	13	•	Htg.	A
3590901– 1000	14	84	Riverside	SW.	13	•	O.F.	A
3591001– 500	18	83	A.T.&Co.	SW.	15	L S •	Htg.	P
3591501– 2000	18	83	A.T.&Co.	SW.	15	P S •	O.F.	P
3592001– 500	18	83	P.S.B.	SW.	15	L S •	Htg.	A
3592501– 3000	18	83	No. 15	SW.	15	P S •	O.F.	A
3593001– 6000	18	83	No. 3	SW.	11	P S §	O.F.	U
3596001– 8000	18	83	No. 1	SW.	7	L S	Htg.	U
3598001–600500	18	83	No. 1	SW.	7	P S	O.F.	U
3600501– 800	18	83	Cres.St.	SW.	15	L S •	Htg.	P
3600801– 1000	18	83	Cres.St.	SW.	15	P S •	O.F.	P
3601001– 7000	18	83	Broadway	K W	7–11			U
3607001– 500	18	83	P.S.B.	SW.	15	L S •	Htg.	A
3607501– 8000	18	83	P.S.B.	SW.	15	P S •	O.F.	A
3608001– 500	18	83	No. 3	SW.	11	L S	Htg.	U
3608501– 9000	18	83	No. 3	SW.	11	P S	O.F.	U
3609001– 500	18	83	Home	K W	7			U
3609501– 11500	14	84	A.W.W.Co.	SW.	7–11	P S	O.F.	U
3611501– 2000	18	83	A.W.W.Co.	SW.	7	☾*	Htg.	U
3612001– 3000	14	84	Bd.St.	SW.	7		Htg.	U
3613001– 8000	6	73	"E"	SW.	7			U
3618001– 9000	1	82	"B"	SW.	13	†		A
3619001– 24000	1	82	"F"&"G"	SW.	9			U
3624001– 500	18	83	A.T.&Co.	SW.	15	L S •	Htg.	P
3624501– 5000	18	83	A.T.&Co.	SW.	15	P S •	O.F.	P
3625001– 500	18	83	No. 15	SW.	15	P S •	O.F.	A
3625501– 7000	18	83	Nos. 1–3	SW.	7–11	L S	Htg.	U
3627001– 9000	18	83	No. 3	SW.	11	P S	O.F.	U
3629001– 30000	18	83	No. 1	SW.	7	L S	Htg.	U
3630001– 3500	18	83	No. 1	SW.	7	P S	O.F.	U
3633501– 8500	18	83	Broadway	K W	7–11			U
3638501– 700	18	83	Cres.St.	SW.	15	L S •	Htg.	P
3638701– 9500	18	83	Cres.St.	SW.	15	P S •	O.F.	P
3639501– 40000	18	83	No. 25	SW.	15	P S •	O.F.	A
3640001– 1500	18	83	P.S.B.	SW.	15	L S •	Htg.	A
3641501– 3000	18	83	No. 15	SW.	15	P S •	O.F.	A
3643001– 500	14	84	Hillside	SW.	7		Htg.	U
3643501– 5000	14	84	Bd.St.	SW.	7	Pin	O.F.	U
3645001– 6000	14	84	Bd.St.	SW.	7		Htg.	U
3646001– 500	14	84	A.W.Co.	SW.	7	☾*	Htg.	U
3646501– 8000	6	73	"E"	SW.	7	☾*		U
3648001– 52000	6	73	"E"	SW.	7			U
3652001– 3000	1	82	"B"	SW.	13	†		A
3653001– 7000	1	82	"F"&"G"	SW.	9			U
3657001– 500	18	83	A.T.&Co.	SW.	15	L S •	Htg.	P
3657501– 8000	18	83	A.T.&Co.	SW.	15	P S •	O.F.	P
3658001– 9000	18	83	No. 15	SW.	15	L S •	Htg.	A
3659001– 60000	18	83	No. 15	SW.	15	P S •	O.F.	A
3660001– 1000	18	83	No. 3	SW.	11	L S	Htg.	U
3661001– 2500	18	83	No. 3	SW.	11	P S	O.F.	U
3662501– 6000	18	83	No. 1	SW.	7	P S	O.F.	U
3666001– 8000	18	83	No. 1	SW.	7	L S	Htg.	U
3668001– 9800	18	83	Broadway	K W	7			U
3669801– 900	18	83	No. 3	SW.	11	L S	Htg.	U
3669901– 70000	18	83	No. 3	SW.	11	P S	O.F.	U
3670001– 500	18	83	No. 35	SW.	15	L S •	Htg.	P
3670501– 1000	18	83	No. 35	SW.	15	P S •	O.F.	P
3671001– 500	18	83	No. 25	SW.	15	P S •	O.F.	A
3671501– 3000	18	83	P.S.B.	SW.	15	L S •	Htg.	A
3673001– 4500	18	83	No. 15	SW.	15	P S •	O.F.	A
3674501– 5000	18	83	No. 3	SW.	11	L S	Htg.	U
3675001– 500	18	83	No. 3	SW.	11	P S	O.F.	U
3675501– 700	14	84	Amn W.Co.	SW.	16	P S •	O.F.	P
3675701– 6000	14	84	Royal	SW.	13	P S •	O.F.	A
3676001– 500	14	84	Hillside	SW.	7	P S	O.F.	U
3676501– 7000	14	84	A.W.W.Co.	SW.	7	☾*	Htg.	U
3677001– 8000	14	84	Bd.St.	SW.	7		Htg.	U
3678001– 9000	14	84	Bd.St.	SW.	7	Pin	O.F.	U
3679001– 83500	6	73	"E"	SW.	7			U
3683501– 5000	6	73	"E"	SW.	7	☾*		U
3685001– 8000	1	82	"F"&"G"	SW.	9			U
3688001– 500	18	83	A.T.& Co.	SW.	15	L S •	Htg.	P
3688501– 9000	18	83	A.T.&Co.	SW.	15	P S •	O.F.	P
3689001– 90500	18	83	P.S.B.	SW.	15	L S •	Htg.	A
3690501– 2000	18	83	P.S.B.	SW.	15	P S •	O.F.	A
3692001– 3000	18	83	No. 3	SW.	11	L S	Htg.	U
3693001– 4000	18	83	No. 3	SW.	11	P S	O.F.	U
3694001– 7000	18	83	No. 1	SW.	7	L S	Htg.	U
3697001–700000	18	83	No. 1	SW.	7	P S	O.F.	U
3700001– 3500	18	83	Broadway	K W	7–11			U
3703501– 4000	18	83	Cres.St.	SW.	15	P S •	O.F.	P
3704001– 5000	18	83	No. 35	SW.	15	P S •	O.F.	P
3705001– 6000	18	83	No. 25	SW.	15	L S •	Htg.	A
3706001– 7000	18	83	No. 25	SW.	15	P S •	O.F.	A
3707001– 500	18	83	P.S.B.	SW.	15	L S •	Htg.	A
3707501– 8000	18	83	P.S.B.	SW.	15	P S •	O.F.	A
3708001– 9000	14	84	Amn W.Co.	SW.	13–16	P S •	O.F.	P
3709001– 500	14	84	A.W.W.Co.	SW.	11	P S	O.F.	U
3709501– 10000	14	84	A.W.W.Co.	SW.	7	☾*	Htg.	U
3710001– 1000	14	84	Bd.St.	SW.	7		Htg.	U
3711001– 2000	14	84	Bd.St.	SW.	7	Pin	O.F.	U
3712001– 7000	6	73	"E"	SW.	7			U
3717001– 8000	6	73	"E"	SW.	7	☾*		U
3718001– 20000	1	82	"B"	SW.	13	†		A
3720001– 3000	1	82	"F"&"G"	SW.	9			U
3723001– 4000	6	73	"B"	SW.	13			A
3724001– 500	18	83	P.S.B.	K W	11			A
3724501– 5000	16	88	Riverside	SW.	15	•	Htg.	P
3725001– 6000	18	83	A.T.&Co.	SW.	15	L S •	Htg.	P
3726001– 7000	18	83	A.T.&Co.	SW.	15	P S •	O.F.	P
3727001– 30000	18	83	P.S.B.	SW.	15	L S •	Htg.	A
3730001– 1000	18	83	P.S.B.	SW.	15	P S •	O.F.	A
3731001– 4000	18	83	Sterling	SW.	7–11	L S	Htg.	U
3734001– 7000	18	83	Sterling	SW.	7	P S	O.F.	U
3737001– 8500	18	83	Broadway	K W	7			U
3738501– 9000	18	83	No. 3	SW.	11	L S	Htg.	U
3739001– 40000	18	83	No. 35	SW.	15	P S •	O.F.	P
3740001– 1000	18	83	No. 25	SW.	15	L S •	Htg.	A
3741001– 2000	18	83	No. 25	SW.	15	P S •	O.F.	A
3742001– 500	18	83	Home	K W	7			U
3742501– 3000	14	F.P.	Home	K W	7			U
3743001– 200	18	83	Am.W.Co.	K W	11			U
3743201– 900	14	84	Bd.St.	SW.	7	Sl'd	O.F.	U
3743901– 4400	14	84	Riverside	SW.	13	•	Htg.	A
3744401– 500	14	84	No. 8	SW.	7	P S	O.F.	U
3744501– 5000	14	84	Bd.St.	SW.	7		Htg.	U
3745001– 6000	14	84	A.W.W.Co.	SW.	7	☾*	Htg.	U
3746001– 8000	14	84	"E"	SW.	7			U
3748001– 50000	14	84	Seaside	SW.	7	☾*		U
3750001– 2000	1	82	Royal	SW.	13	†		A
3752001– 5000	1	82	"F" & "G"	SW.	9			U
3755001– 100	14	84	Riverside	SW.	13	•	Htg.	A
3755101– 700	14	84	Hillside	SW.	7–13	†	Htg.	U
3755701– 6000	1	82	Royal	SW.	11	†		A
3756001– 7000	18	83	A.T.&Co.	SW.	15	P S •	O.F.	P
3757001– 500	18	83	A.T.&Co.	SW.	15	L S •	Htg.	P
3757501– 8000	18	83	No. 15	SW.	15	P S •	O.F.	A
3758001– 63000	18	83	P.S.B.	SW.	15	L S •	Htg.	A
3763001– 7000	18	83	P.S.B.	SW.	15	P S •	O.F.	A
3767001– 70000	18	83	Nos. 1–3	SW.	7–11	L S	Htg.	U
3770001– 1800	18	83	No. 1	SW.	7	P S	O.F.	U
3771801– 2000	18	83	P.S.B.	K W	15	•		A
3772001– 350	18	83	P.S.B.	K W	11			A
3772351– 500	18	83	No. 3	K W	11			U
3772501– 4000	18	83	Broadway	K W	7			U
3774001– 500	18	83	No. 35	SW.	15	L S •	Htg.	P
3774501– 5000	18	83	No. 35	SW.	15	P S •	O.F.	P
3775001– 6000	18	83	No. 25	SW.	15	L S •	Htg.	A
3776001– 7000	18	83	No. 25	SW.	15	P S •	O.F.	A
3777001– 300	14	84	Riverside	SW.	13	•	Htg.	A
3777301– 500	14	84	Riverside	SW.	13	•	O.F.	A
3777501– 8000	14	84	No. 8	SW.	7	P S	O.F.	U
3778001– 9000	14	84	Nos. 8–12	SW.	7–11	L S	Htg.	U
3779001– 80000	14	84	Bd.St.	SW.	7		Htg.	U
3780001– 500	14	84	Bd.St.	SW.	7	☾*	Htg.	U
3780501– 1000	6	73	"E"	SW.	7	☾*		U
3781001– 2000	14	84	Bd.St.	SW.	7	Pin	O.F.	U
3782001– 3000	8	73	Seaside	SW.	7			U
3783001– 7000	6	73	"E"	SW.	7			U

• Patent Regulator–Breguet Spring. † Breguet Spring.

Serial Number.	Size.	Model.	Grade.	Wind.	Jewels.	Setting.	Style.	Grade of Material.
3787001– 8000	6	73	"E"	SW.	7	☾*		U
3788001– 90000	1	82	"B"	SW.	13	†		A
3790001– 3000	1	82	"F" & "G"	SW.	9			U
3793001– 3400	16		Chron.	SW.	17	•	Htg.	P
3793401– 4200	16		Repeater	SW.	17	•	Htg.	P
3794201– 500	18	83	P.S.B.	KW	15	•		A
3794501– 5000	18	83	A.T.&Co.	SW.	15	LS •	Htg.	P
3795001– 6000	18	83	A.T.&Co.	SW.	15	PS •	O.F.	P
3796001– 8000	18	83	P.S.B.	SW.	15	LS •	Htg.	A
3798001– 9500	18	83	No. 15	SW.	15	LS •	Htg.	A
3799501–801000	18	83	No. 15	SW.	15	PS •	O.F.	A
3801001– 3000	18	83	P.S.B.	SW.	15	PS •	O.F.	A
3803001– 6500	18	83	Nos. 3–1	SW.	7–11	LS	Htg.	U
3806501– 10000	18	83	Sterling	SW.	7	PS	O.F.	U
3810001– 500	18	83	P.S.B.	KW	13	•		A
3810501– 3500	18	83	Broadway	KW	7			U
3813501– 700	18	83	Cres.St.	SW.	15	LS •	Htg.	P
3813701– 4500	18	83	Cres.St.	SW.	15	PS •	O.F.	P
3814501– 5000	18	83	No. 15	SW.	15	PS •	O.F.	A
3815001– 6000	18	83	No. 25	SW.	15	PS •	O.F.	A
3816001– 7000	18	83	No. 15	SW.	15	LS •	Htg.	A
3817001– 8000	18	83	No. 15	SW.	15	PS •	O.F.	A
3818001– 500	14	84	No. 8	SW.	7	PS	O.F.	U
3818501– 9000	14	84	Royal	SW.	13	PS •	O.F.	A
3819001– 500	14	84	No. 8	SW.	7	PS	O.F.	U
3819501– 20000	14	84	No. 12	SW.	11	LS	Htg.	U
3820001– 500	14	84	No. 8	SW.	7	LS	Htg.	U
3820501– 2000	14	84	Bd.St.	SW.	7	Pin	O.F.	U
3822001– 3000	14	84	Bd.St.	SW.	7		Htg.	U
3823001– 4000	14	84	A.W.W.Co.	SW.	7	☾*	Htg.	U
3824001– 500	6	73	"E"	SW.	7			U
3824501– 31000	6	73	Seaside	SW.	7	☾*		U
3831001– 3000	1	82	"B"	SW.	13	†		A
3833001– 6000	1	82	"F"&"G"	SW.	9			U
3836001– 7000	18	83	Home	KW	7			U
3837001– 8000	18	83	A.T.&Co.	SW.	15	LS •	Htg.	P
3838001– 9000	18	83	A.T.&Co.	SW.	15	PS •	O.F.	P
3839001– 40000	18	83	P.S.B.	SW.	15	LS •	Htg.	A
3840001– 1000	18	83	No. 15	SW.	15	LS •	Htg.	A
3841001– 3000	18	83	P.S.B.	SW.	15	PS •	O.F.	A
3843001– 4500	18	83	No. 3	SW.	11	LS	Htg.	U
3844501– 7000	18	83	No. 1	SW.	7	PS	O.F.	U
3847001– 50000	18	83	No. 1	SW.	7	LS	Htg.	U
3850001– 2500	18	83	Broadway	KW	7			U
3852501– 700	18	83	Cres.St.	SW.	15	LS •	Htg.	P
3852701– 3000	18	83	Cres.St.	SW.	15	PS •	O.F.	P
3853001– 500	18	83	No. 35	SW.	15	LS •	Htg.	P
3853501– 4000	18	83	A.T.&Co.	SW.	15	PS •	O.F.	P
3854001– 5000	18	83	No. 25	SW.	15	LS •	Htg.	A
3855001– 6000	18	83	No. 25	SW.	15	PS •	O.F.	A
3856001– 500	18	83	No. 15	SW.	15	LS •	Htg.	A
3856501– 7000	18	83	No. 15	SW.	15	PS •	O.F.	A
3857001– 500	18	83	No. 3	SW.	11	PS	O.F.	U
3857501– 8000	18	83	Home	KW	7			U
3858001– 9100	14	84	No. 8	SW.	7	PS	O.F.	U
3859101– 200	14	84	Hillside	SW.	13	PS †	O.F.	U
3859201– 500	14	84	Hillside	SW.	7	PS †	O.F.	U
3859501– 60000	14	84	No. 8	SW.	7	LS	Htg.	U
3860001– 2000	14	84	Bd.St.	SW.	7	Pin	O.F.	U
3862001– 4000	14	84	Bd.St.	SW.	7		Htg.	U
3864001– 5000	14	84	A.W.W.Co.	SW.	7	☾*	Htg.	U
3865001– 7000	6	73	"E"	SW.	7			U
3867001– 71000	6	73	Seaside	SW.	7	☾*		U
3871001– 2000	1	82	"B"	SW.	13	†		A
3872001– 4000	1	82	"F"&"G"	SW.	9			U
3874001– 5000	18	83	A.T.&Co.	SW.	15	PS •	O.F.	P
3875001– 6000	18	83	P.S.B.	SW.	15	LS •	Htg.	A
3876001– 8000	18	83	P.S.B.	SW.	15	PS •	O.F.	A
3878001– 82000	18	83	Sterling	SW.	7–11	LS	Htg.	U
3882001– 4000	18	83	Sterling	SW.	7	PS	O.F.	U
3884001– 6000	18	83	Broadway	KW	7			U
3886001– 400	18	83	Cres.St.	SW.	15	LS •	Htg.	P
3886401– 8000	18	83	Cres.St.	SW.	15	PS •	O.F.	P
3888001– 9000	18	83	No. 15	SW.	15	LS •	Htg.	A
3889001– 90000	18	83	No. 15	SW.	15	PS •	O.F.	A

Serial Number.	Size.	Model.	Grade.	Wind.	Jewels.	Setting.	Style.	Grade of Material.
3890001– 1000	18	83	No. 3	SW.	11	LS	Htg.	U
3891001– 2000	18	83	No. 3	SW.	11	PS	O.F.	U
3892001– 3000	18	83	Home	KW	7			U
3893001– 500	14	84	Riverside	SW.	15	PS •	O.F.	P
3893501– 4000	14	84	No. 14	SW.	13	PS •	O.F.	A
3894001– 5000	14	84	No. 14	SW.	11–13	LS •	Htg.	A
3895001– 6000	14	84	No. 8	SW.	7	LS	Htg.	U
3896001– 7000	14	84	Hillside	SW.	7	PS	O.F.	U
3897001– 9000	14	84	Bd.St.	SW.	7	Pin	O.F.	U
3899001–903800	6	73	Seaside	SW.	7			U
3903801– 4000	14	84	Riverside	SW.	13	†	Htg.	A
3904001– 7000	1	82	"F"&"G"	SW.	9			U
3907001– 8000	14	84	Hillside	SW.	7–13	†	Htg.	U
3908001– 500	18	83	A.T.&Co.	SW.	15	LS •	Htg.	P
3908501– 9000	18	83	A.T.&Co.	SW.	15	PS •	O.F.	P
3909001– 10000	18	83	No. 15	SW.	15	LS •	Htg.	A
3910001– 1000	18	83	No. 15	SW.	15	PS •	O.F.	A
3911001– 5000	18	83	Sterling	SW.	7–11	LS	Htg.	U
3915001– 8000	18	83	No. 1	SW.	7	PS	O.F.	U
3918001– 20000	18	83	Broadway	KW	7			U
3920001– 200	18	83	Cres.St.	SW.	15	LS •	Htg.	P
3920201– 1000	18	83	Cres.St.	SW.	15	PS •	O.F.	P
3921001– 500	18	83	A.T.&Co.	SW.	15	LS •	Htg.	P
3921501– 2000	18	83	A.T.&Co.	SW.	15	PS •	O.F.	P
3922001– 500	18	83	No. 25	SW.	15	LS •	Htg.	A
3922501– 3000	18	83	No. 25	SW.	15	PS •	O.F.	A
3923001– 5000	18	83	No. 15	SW.	15	LS •	Htg.	A
3925001– 6000	18	83	No. 15	SW.	15	PS •	O.F.	A
3926001– 500	18	83	No. 3	SW.	11	LS	Htg.	U
3926501– 7000	18	83	No. 3	SW.	11	PS	O.F.	U
3927001– 8000	18	83	Home	KW	7			U
3928001– 9000	14	F.P.	Home	KW	7			U
3929001– 30000	14	84	Riverside	SW.	13–15	LS •	Htg.	P
3930001– 1000	14	84	No. 8	SW.	7	LS	Htg.	U
3931001– 2000	14	84	No. 8	SW.	7	PS	O.F.	U
3932001– 3000	14	84	Bd.St.	SW.	7		Htg.	U
3933001– 4000	14	84	Bd.St.	SW.	7	Pin	O.F.	U
3934001– 8000	6	73	Seaside	SW.	7			U
3938001– 43000	1	73	"F"&"G"	SW.	9			U
3943001– 400	6	73	"E"	SW.	7			U
3943401– 600	14	84	Riverside	SW.	13	•	Htg.	A
3943601– 800	14	84	Hillside	SW.	13	†	Htg.	U
3943801– 4000	14	84	Hillside	SW.	7		Htg.	U
3944001– 200	18	83	No. 3	SW.	11	PS	O.F.	U
3944201– 400	18	83	No. 3	SW.	11	LS	Htg.	U
3944401– 800	14	84	Hillside	SW.	7–13	PS †	O.F.	U
3944801– 5000	1	82	Royal	SW.	11	†		A
3945001– 500	18	83	A.T.&Co.	SW.	15	LS •	Htg.	P
3945501– 6000	18	83	A.T.&Co.	SW.	15	PS •	O.F.	P
3946001– 8500	18	83	No. 15	SW.	15	LS •	Htg.	A
3948501– 9500	18	83	No. 15	SW.	15	PS •	O.F.	A
3949501– 50000	18	83	No. 3	SW.	11	LS	Htg.	U
3950001– 1000	18	83	No. 3	SW.	11	PS	O.F.	U
3951001– 4000	18	83	Sterling	SW.	7	LS	Htg.	U
3954001– 7000	18	83	Sterling	SW.	7	PS	O.F.	U
3957001– 500	18	83	A.T.&Co.	SW.	15	PS •	O.F.	P
3957501– 8000	18	83	No. 25	SW.	15	LS •	Htg.	A
3958001– 9000	18	83	No. 15	SW.	15	PS •	O.F.	A
3959001– 60500	18	83	No. 15	SW.	15	LS •	Htg.	A
3960501– 1000	18	83	No. 3	SW.	11	LS	Htg.	U
3961001– 500	18	83	Home	KW	7			U
3961501– 2000	14	F.P.	Home	KW	7			U
3962001– 3000	18	83	Home	KW	7			U
3963001– 4000	14	F.P.	Home	KW	7			U
3964001– 5000	14	84	{Amn W.Co. / Riverside}	SW.	15–16	LS •	Htg.	P
3965001– 500	14	84	Riverside	SW.	15	PS •	O.F.	P
3965501– 8000	14	84	Nos. 8–14	SW.	7–13	LS •	Htg.	A
3968001– 70000	14	84	No. 8	SW.	7	PS	O.F.	U
3970001– 1000	14	84	Bd.St.	SW.	7	Pin	O.F.	U
3971001– 2000	14	84	Bd.St.	SW.	7		Htg.	U
3972001– 4000	6	73	Seaside	SW.	7			U
3974001– 8000	1	82	"F"&"G"	SW.	9			U
3978001– 200	16	88	Riverside	SW.	15	•	Htg.	P
3978201– 350	14	84	No. 12	SW.	13	†	Htg.	A

• Patent Regulator-Breguet Spring. † Breguet Spring.

Serial Number.	Size.	Model.	Grade.	Wind.	Jewels.	Setting.	Style.	Grade of Material.
3978351– 400	14	84	No. 8	SW.	7		O.F.	U
3978401– 600	14	84	No. 8	SW.	7	L S	Htg.	U
3978601– 800	1	82	"B"&"G"	SW.	9–13	†		A
3978801– 900	14	84	No. 14	SW.	13	*		A
3978901– 9000	16	72	Riverside	SW.	15	*	O.F.	P
3979001– 500	18	83	A.T.&Co.	SW.	15	L S *	Htg.	P
3979501– 80000	18	83	A.T.&Co.	SW.	15	P S *	O.F.	P
3980001– 1000	18	83	No. 15	SW.	15	L S *	Htg.	A
3981001– 3000	18	83	No. 15	SW.	15	P S *	O.F.	A
3983001– 500	18	83	No. 3	SW.	11	L S	Htg.	U
3983501– 4000	18	83	No. 3	SW.	11	P S	O.F.	U
3984001– 8000	18	83	No. 1	SW.	7	L S	Htg.	U
3988001– 92000	18	83	No. 1	SW.	7	P S	O.F.	U
3992001– 500	18	83	Cres.St.	SW.	15	P S *	O.F.	P
3992501– 3000	18	83	A.T.&Co.	SW.	15	L S *	Htg.	P
3993001– 4000	18	83	Nos. 15–35	SW.	15	P S *	O.F.	A-P
3994001– 5000	18	83	No. 25	SW.	15	L S *	Htg.	A
3995001– 6000	18	83	No. 25	SW.	15	P S *	O.F.	A
3996001– 500	18	83	No. 3	SW.	11	L S	Htg.	U
3996501– 7000	18	83	No. 3	SW.	11	P S	O.F.	U
3997001– 8000	18	83	Home	KW	7			U
3998001– 9000	14	F.P.	Home	KW	7			U
3999001– 200	16	72	Amn W.Co.	SW.	16	*	Htg.	P
3999201– 400	6	73	Seaside	SW.	7			U
3999401– 500	14	84	Riverside	SW.	13	*	O.F.	A
3999501– 4000000	16	88	Riverside / A.W.Co.	SW.	15–17	P S *	O.F.	P
4000001– 500	14	84	No. 14	SW.	13	L S *	Htg.	A
4000501– 2000	14	84	No. 8	SW.	7	L S	Htg.	U
4002001– 4000	14	84	No. 8	SW.	7	P S	O.F.	U
4004001– 5000	14	84	Bd.St.	SW.	7	Pin	O.F.	U
4005001– 6000	14	84	Bd.St.	SW.	7		Htg.	U
4006001– 8000	6	73	"E" / Seaside	SW.	7			U
4008001– 12000	1	73	"F"&"G"		9			U
4012001– 200	14	84	Riverside	SW.	13	*	Htg.	A
4012201– 700	14	84	Hillside	SW.	7–13	†	Htg.	U
4012701– 3000	1	82	Royal	SW.	11	†		A
4013001– 4000	18	83	A.T.&Co.	SW.	15	L S *	Htg.	P
4014001– 500	18	83	A.T.&Co.	SW.	15	P S *	O.F.	P
4014501– 5000	18	83	No. 3	SW.	11	L S	Htg.	U
4015001– 6000	18	83	P.S.B.	SW.	15	L S *	Htg.	A
4016001– 7000	18	83	No. 15	SW.	15	P S *	O.F.	A
4017001– 8000	18	83	No. 3	SW.	11	P S	O.F.	U
4018001– 23000	18	83	Sterling	SW.	7	L S	Htg.	U
4023001– 7000	18	83	Sterling	SW.	7	P S	O.F.	U
4027001– 300	18	83	Cres.St.	SW.	15	L S *	Htg.	P
4027301– 8000	18	83	No. 35	SW.	15	P S *	O.F.	P
4028001– 9000	18	83	No. 35	SW.	15	L S *	Htg.	P
4029001– 30000	18	83	No. 25	SW.	15	L S *	Htg.	A
4030001– 1000	18	83	No. 25	SW.	15	P S *	O.F.	A
4031001– 500	18	83	No. 15	SW.	15	L S *	Htg.	A
4031501– 2000	18	83	No. 15	SW.	15	P S *	O.F.	A
4032001– 500	18	83	No. 3	SW.	11	L S	Htg.	U
4032501– 3000	18	83	No. 3	SW.	11	P S	O.F.	U
4033001– 600	18	83	Home	KW	7			U
4033601– 4000	14	F.P.	Home	KW	7			U
4034001– 500	16	88	Riverside	SW.	15	P S *	O.F.	P
4034501– 5000	16	72	Riverside	SW.	15	L S *	Htg.	P
4035001– 500	14	84	Royal	SW.	13	P S *	O.F.	A
4035501– 6000	14	84	No. 8	SW.	7	P S	O.F.	U
4036001– 7000	14	84	No. 12	SW.	11	L S	Htg.	U
4037001– 8000	14	84	No. 12	SW.	11	P S	O.F.	U
4038001– 40000	14	84	No. 8	SW.	7	P S	O.F.	U
4040001– 2000	14	84	No. 8	SW.	7	L S	Htg.	U
4042001– 3000	14	84	Bd.St.	SW.	7		Htg.	U
4043001– 4000	14	84	Bd.St.	SW.	7	Pin	O.F.	U
4044001– 6000	6	89	"H"	SW.	11	P S †		U
4046001– 7000	6	89	Amn W.Co.	SW.	16	†		P
4047001– 9100	6	89	"J"	SW.	7	P S		U
4049101– 50200	6	89	Royal	SW.	7–11	Pin †		A
4050201– 1000	6	89	Am.W.Co.	KW	7	†		U
4051001– 500	18	83	A.T.&Co.	SW.	15	L S *	Htg.	P
4051501– 2000	18	83	A.T.&Co.	SW.	15	P S *	O.F.	P
4052001– 3000	18	83	No. 15	SW.	15	L S *	Htg.	A

Serial Number.	Size.	Model.	Grade.	Wind.	Jewels.	Setting.	Style.	Grade of Material.
4053001– 4000	18	83	No. 3	SW.	11	L S	Htg.	U
4054001– 5000	18	83	No. 3	SW.	11	P S	O.F.	U
4055001– 9000	18	83	No. 1	SW.	7	L S	Htg.	U
4059001– 62500	18	83	No. 1	SW.	7	P S	O.F.	U
4062501– 3000	18	83	A.T.&Co.	KW	15	*		P
4063001– 6000	18	83	No. 35	SW.	15	L S *	Htg.	P
4066001– 7000	18	83	No. 25	SW.	15	P S *	O.F.	A
4067001– 8000	18	83	No. 15	SW.	15	L S *	Htg.	A
4068001– 600	18	83	Home	KW	7			U
4068601– 9000	14	F.P.	Home	KW	7			U
4069001– 500	16	88	Riverside	SW.	15	P S *	O.F.	P
4069501– 70000	16	88	Royal	SW.	13	P S *	O.F.	A
4070001– 500	16	72	Riverside	SW.	15	*	Htg.	P
4070501– 1500	14	84	No. 14	SW.	11–13	L S *	Htg.	A
4071501– 2000	14	84	No. 12	SW.	11	P S	O.F.	U
4072001– 3500	14	84	No. 8	SW.	7	L S	Htg.	U
4073501– 5000	14	84	No. 8	SW.	7	P S	O.F.	U
4075001– 7000	14	84	Bd.St.	SW.	7	Pin	O.F.	U
4077001– 9000	6	89	"H"	SW.	11	P S †		U
4079001– 81000	6	73	"E"	SW.	7			U
4081001– 3000	1	82	"F"	SW.	9			U
4083001– 100	16	72	Royal	SW.	13	*	Htg.	A
4083101– 200	14	84	Hillside	SW.	13	†	O.F.	U
4083201– 300	16	72	Riverside	SW.	15	*	Htg.	P
4083301– 400	16	88	Riverside	SW.	15	P S *	O.F.	P
4083401– 500	14	84	Hillside	SW.	13	†	Htg.	U
4083501– 600	6	89	Special	SW.	11–16	P S †		A
4083601– 800	16	72	Riverside	SW.	15	*	Htg.	P
4083801– 4000	14	84	Hillside	KW	11	†		U
4084001– 500	18	83	A.T.&Co.	SW.	15	L S *	Htg.	P
4084501– 5000	18	83	A.T.&Co.	SW.	15	P S *	O.F.	P
4085001– 6000	18	83	No. 15	SW.	15	L S *	Htg.	A
4086001– 7000	18	83	No. 15	SW.	15	P S *	O.F.	A
4087001– 8500	18	83	No. 3	SW.	11	L S	Htg.	U
4088501– 90000	18	83	No. 3	SW.	11	P S	O.F.	U
4090001– 4000	18	83	Sterling	SW.	7	L S	Htg.	U
4094001– 8000	18	83	Sterling	SW.	7	P S	O.F.	U
4098001– 9000	18	83	Broadway	KW	7			U
4099001– 500	18	83	Cres.St.	SW.	15	L S *	Htg.	P
4099501–100000	18	83	Cres.St.	SW.	15	P S *	O.F.	P
4100001– 500	18	83	No. 35	SW.	15	L S *	Htg.	P
4100501– 1000	18	83	No. 25	SW.	15	L S *	Htg.	A
4101001– 2000	18	83	Nos. 25–15	SW.	15	P S *	O.F.	A
4102001– 3000	18	83	No. 3	SW.	11	L S	Htg.	U
4103001– 4000	18	83	No. 3	SW.	11	P S	O.F.	U
4104001– 5000	18	83	Home	KW	7			U
4105001– 6000	14	F.P.	Home	KW	7			U
4106001– 500	16	88	Riverside	SW.	15	P S *	O.F.	P
4106501– 7000	16	88	Royal	SW.	13	P S *	O.F.	A
4107001– 500	16	72	Riverside	SW.	15	*	Htg.	P
4107501– 10000	16	72	Royal	SW.	13	*	Htg.	A
4110001– 500	14	84	No. 12	SW.	11	L S	Htg.	U
4110501– 1000	14	84	No. 12	SW.	11	P S	O.F.	U
4111001– 2000	14	84	No. 8	SW.	7	L S	Htg.	U
4112001– 3000	14	84	No. 8	SW.	7	P S	O.F.	U
4113001– 5000	14	84	Bd.St.	SW.	7	Pin	O.F.	U
4115001– 7000	6	89	"H"&"J"	SW.	7–11	P S †		U
4117001– 20000	6	89	"E"	SW.	7			U
4120001– 2000	1	82	"F"	SW.	9			U
4122001– 3000	1	82	Royal	SW.	11	†		A
4123001– 500	18	83	A.T.&Co.	SW.	15	L S *	Htg.	P
4123501– 900	18	83	A.W.W.Co.	SW.	11	P S *	O.F.	U
4123901– 4000	18	83	A.W.W.Co.	SW.	11	L S §	Htg.	U
4124001– 5000	18	83	No. 15	SW.	15	L S *	Htg.	A
4125001– 6000	18	83	Wm.E.	SW.	11	L S	Htg.	U
4126001– 7000	18	83	Wm.E.	SW.	11	P S	O.F.	U
4127001– 9000	18	83	No. 1	SW.	7	L S	Htg.	U
4129001– 31000	18	83	No. 1	SW.	7	P S	O.F.	U
4131001– 4000	18	83	Broadway	KW	7			U
4134001– 5000	18	83	No. 15	SW.	15	L S *	Htg.	A
4135001– 7500	18	83	No. 3	SW.	11	L S	Htg.	U
4137501– 9100	18	83	No. 3	SW.	7–11	P S	O.F.	U
4139101– 300	18	83	Home	SW.	7	L S	Htg.	U
4139301– 600	18	83	Am.W.Co.	KW	11	†		U
4139601– 40000	14	84	Hillside	SW.	7–13	P S †	O.F.	U

* Patent Regulator–Breguet Spring. † Breguet Spring.

Serial Number.	Size.	Model.	Grade.	Wind.	Jewels.	Setting.	Style.	Grade of Material.
4140001– 3000	18	83	Home	K W	7			U
4143001– 5000	14	F.P.	Home	K W	7			U
4145001– 500	16	88	{Riverside AmnW.Co.}	SW.	15–16	P S *	O.F.	P
4145501– 6000	16	88	Royal	SW.	15	P S *	O.F.	A
4146001– 500	16	72	{Riverside AmnW.Co.}	SW.	15–16	*	Htg.	P
4146501– 7000	16	72	Royal	SW.	15	*	Htg.	A
4147001– 8000	14	84	No. 12	SW.	11	L S	Htg.	U
4148001– 50000	14	84	No. 12	SW.	11	P S	O.F.	U
4150001– 2000	14	84	Bd.St.	SW.	7		Htg.	U
4152001– 5000	6	89	"H"	SW.	11	P S †		U
4155001– 8000	1	82	"G"	SW.	9			U
4158001– 500	14	84	Hillside	SW.	7	†	Htg.	U
4158501– 9000	6	89	Am.W.Co.	K W	7	†		U
4159001– 100	16	72	Riverside	SW.	15	*		P
4159101– 400	18	83	P.S.B.	K W	11			A
4159401– 500	18	83	No. 3	K W	11	†		U
4159501– 60000	18	83	P.S.B.	K W	13	*		A
4160001– 500	18	83	A.T.&Co.	SW.	15	L S *	Htg.	P
4160501– 1000	18	83	A.T.&Co.	SW.	15	P S *	O.F.	P
4161001– 3000	18	83	No. 15	SW.	15	L S *	Htg.	A
4163001– 4000	18	83	No. 15	K W	15	P S *	O.F.	A
4164001– 6000	18	83	No. 3	SW.	11	L S	Htg.	U
4166001– 8000	18	83	No. 3	SW.	11	P S	O.F.	U
4168001– 71000	18	83	Sterling	SW.	7			U
4171001– 4000	18	83	Sterling	SW.	7	P S	O.F.	U
4174001– 7000	18	83	Broadway	K W	7			U
4177001– 500	18	83	Cres.St.	SW.	15	L S *	Htg.	P
4177501– 8000	18	83	A.T.&Co.	SW.	15	P S *	O.F.	P
4178001– 80000	18	83	No. 15	SW.	15	L S *	Htg.	A
4180001– 1000	18	83	Home	K W	7			U
4181001– 2000	14	F.P.	Home	K W	7			U
4182001– 500	16	88	Riverside	SW.	15	P S *	O.F.	P
4182501– 3000	16	88	Royal	SW.	15	P S *	O.F.	A
4183001– 500	16	72	Royal	SW.	15	*	Htg.	A
4183501– 4000	6	89	"J"	SW.	7	P S		U
4184001– 5000	14	84	No. 12	SW.	11	L S	Htg.	U
4185001– 6000	14	84	No. 12	SW.	11	P S	O.F.	U
4186001– 8000	14	84	Bd. St.	SW.	7		Htg.	U
4188001– 91000	6	73	"E"&"C"	SW.	7–13			U
4191001– 2000	6	73	"H"	SW.	11	P S †		U
4192001– 4000	6	89	"J"	SW.	7	P S		U
4194001– 8000	1	82	"F"&"G"	SW.	9			U
4198001– 200	14	84	Hillside	SW.	13	P S †	O.F.	U
4198201– 500	16	72	Riverside	SW.	15	*	Htg.	P
4198501– 9000	18	83	No. 3	K W	11	†		U
4199001– 500	18	83	A.T.&Co.	SW.	15	L S *	Htg.	P
4199501–200000	18	83	A.T.&Co.	SW.	15	P S *	O.F.	P
4200001– 2000	18	83	No. 15	SW.	15	L S *	Htg.	A
4202001– 3000	18	83	No. 15	SW.	15	P S *	O.F.	A
4203001– 5000	18	83	No. 3	SW.	11	L S	Htg.	U
4205001– 7000	18	83	No. 3	SW.	11	P S	O.F.	U
4207001– 10000	18	83	No. 1	SW.	7	L S	Htg.	U
4210001– 3000	18	83	No. 1	SW.	7	P S	O.F.	U
4213001– 5000	18	83	Broadway	K W	7			U
4215001– 200	18	83	Cres.St.	SW.	15	L S *	Htg.	P
4215201– 6000	18	83	No. 25	SW.	15	P S *	O.F.	A
4216001– 8500	18	83	No. 25	SW.	15	L S *	Htg.	A
4218501– 9000	18	83	P.S.B.	SW.	15	P S *	O.F.	A
4219001– 500	18	83	No. 3	SW.	11	L S	Htg.	U
4219501– 20000	18	83	No. 3	SW.	11	P S	O.F.	U
4220001– 1000	18	83	Home	K W	7			U
4221001– 2000	14	F.P.	Home	K W	7			U
4222001– 200	16	88	Amn W.Co.	SW.	16	P S *	O.F.	P
4222201– 500	16	72	Riverside	SW.	15	*	Htg.	P
4222501– 3000	16	72	Royal	SW.	15	*	Htg.	A
4223001– 4000	14	84	No. 12	SW.	11	P S	O.F.	U
4224001– 5000	14	84	No. 12	SW.	11	L S	Htg.	U
4225001– 6000	6	73	"H"	SW.	11	P S †		U
4226001– 33000	6	73	"J"	SW.	7	P S		U
4233001– 41000	1	82	"F"&"G"	SW.	9			U
4241001– 100	14	84	No. 8	SW.	7	P S	O.F.	U
4241101– 400	14	84	No. 8	SW.	7	L S	Htg.	U
4241401– 500	18	83	P.S.B.	K W	11			A
4241501– 2000	18	83	Home	K W	11	†		U
4242001– 3000	00		A.W.W.Co.	SW.	16	†	Htg.	P
4243001– 500	18	83	A.T.&Co.	SW.	15	L S *	Htg.	P
4243501– 4000	18	83	A.T.&Co.	SW.	15	P S *	O.F.	P
4244001– 6000	18	83	No. 15	SW.	15	L S *	Htg.	A
4246001– 7000	18	83	P.S.B.	SW.	15	P S *	O.F.	A
4247001– 8500	18	83	No. 3	SW.	11	L S †	Htg.	U
4248501– 50000	18	83	No. 3	SW.	11	P S	O.F.	U
4250001– 3000	18	83	No. 1	SW.	7	L S	Htg.	U
4253001– 6000	18	83	No. 1	SW.	7	P S	O.F.	U
4256001– 8000	18	83	Broadway	K W	7			U
4258001– 500	18	83	Cres.St.	SW.	15	L S *	Htg.	P
4258501– 9000	18	83	Cres.St.	SW.	15	P S *	O.F.	P
4259001– 500	18	83	No. 35	SW.	15	L S *	Htg.	P
4259501– 60000	18	83	A.T.&Co.	SW.	15	P S *	O.F.	P
4260001– 1000	18	83	No. 25	SW.	15	L S *	Htg.	A
4261001– 2000	18	83	No. 25	SW.	15	P S *	O.F.	A
4262001– 3000	18	83	No. 15	SW.	15	L S *	Htg.	A
4263001– 4000	18	83	No. 3	SW.	7–11	P S	O.F.	U
4264001– 500	14	84	Hillside	K W	11	†		U
4264501– 5000	14	84	Hillside	SW.	7	L S †	Htg.	U
4265001– 6000	18	83	Home	K W	7			U
4266001– 7000	14	F.P.	Home	K W	7			U
4267001– 8000	16	88	Riverside	SW.	15	P S *	O.F.	P
4268001– 500	16	72	Riverside	SW.	15	*	Htg.	P
4268501– 9000	16	72	Royal	SW.	15	*	Htg.	A
4269001– 70000	14	84	Bd.St.	SW.	7	Pin	O.F.	U
4270001– 1000	14	84	No. 8	SW.	7	L S	Htg.	U
4271001– 2000	14	84	No. 8	SW.	7	P S	O.F.	U
4272001– 3000	6	89	"H"	SW.	11	P S †		U
4273001– 9000	6	89	"J"	SW.	7	P S		U
4279001– 81000	0	82	"F"	SW.	9			U
4281001– 3000	1	82	"G"	SW.	9			U
4283001– 4000	6	73	Am.W.Co.	K W	7	†		U
4284001– 5000	18	83	No. 15	SW.	15	L S *	Htg.	A
4285001– 6000	18	83	No. 15	SW.	15	P S *	O.F.	A
4286001– 7500	18	83	No. 3	SW.	11	L S	Htg.	U
4287501– 90000	18	83	No. 3	SW.	11	P S	O.F.	U
4290001– 2000	18	83	Sterling	SW.	7	L S	Htg.	U
4292001– 6000	18	83	No. 1	SW.	7	P S	O.F.	U
4296001– 7000	18	83	Broadway	K W	7			U
4297001– 8000	18	83	P.S.B.	K W	15	*		A
4298001– 500	18	83	Cres.St.	SW.	15	L S *	Htg.	P
4298501– 9000	18	83	Cres.St.	SW.	15	P S *	O.F.	P
4299001– 500	18	83	A.T.&Co.	SW.	15	L S *	Htg.	P
4299501–300000	18	83	No. 35	SW.	15	P S *	O.F.	P
4300001– 1000	18	83	No. 25	SW.	15	L S *	Htg.	A
4301001– 2000	18	83	No. 25	SW.	15	P S *	O.F.	A
4302001– 3000	18	83	No. 15	SW.	15	L S *	Htg.	A
4303001– 5000	18	83	Home	K W	7			U
4305001– 7000	14	F.P.	Home	K W	7			U
4307001– 8000	16	88	Riverside	SW.	15	P S *	O.F.	P
4308001– 500	16	88	Royal	SW.	15	P S *	O.F.	A
4308501– 9500	16	72	Riverside	SW.	15	*	Htg.	P
4309501– 10000	16	72	Royal	SW.	15	*	Htg.	A
4310001– 1000	6	89	"H"	SW.	11	P S †		U
4311001– 8000	6	89	"J"	SW.	7	P S		U
4318001– 23000	0	82	"F"&"G"	SW.	9			U
4323001– 100	18	83	P.S.B.	K W	11			A
4323101– 400	14	84	Hillside		15			A
4323401– 500	18	83	Home	SW.	7	P S	O.F.	U
4323501– 800	14	84	Hillside	SW.	15	*	Htg.	A
4323801– 4000	14	84	Hillside	SW.	15	*	O.F.	A
4324001– 5000	18	83	P.S.B.	SW.	15	L S *	Htg.	A
4325001– 6000	18	83	P.S.B.	SW.	15	P S *	O.F.	A
4326001– 8000	18	83	No. 3	SW.	11	L S	Htg.	U
4328001– 30000	18	83	No. 3	SW.	11	P S	O.F.	U
4330001– 2000	18	83	No. 1	SW.	7	L S	Htg.	U
4332001– 5000	18	83	No. 1	SW.	7	P S	O.F.	U
4335001– 6000	18	83	Broadway	K W	7			U
4336001– 7000	18	83	P.S.B.	K W	11			A
4337001– 500	18	83	Cres.St.	SW.	15	L S *	Htg.	P
4337501– 8000	18	83	Cres.St.	SW.	15	P S *	O.F.	P
4338001– 500	18	83	No. 35	SW.	15	L S *	Htg.	P
4338501– 40000	18	83	No. 25	SW.	15	L S *	Htg.	A

* Patent Regulator–Breguet Spring. † Breguet Spring.

Serial Number	Size.	Model.	Grade.	Wind.	Jewels.	Setting.	Style.	Grade of Material.
4340001– 2000	18	83	No. 15	SW.	15	P S •	O.F.	A
4342001– 3500	18	83	No. 15	SW.	15	L S •	Htg.	A
4343501– 4000	18	83	No. 3	SW.	11	L S	Htg.	U
4344001– 5000	18	83	No. 3	SW.	11	P S	O.F.	U
4345001– 6000	18	83	Home	K W	7			U
4346001– 7000	14	F.P.	Home	K W	7			U
4347001– 500	16	88	Riverside	SW.	15	P S •	O.F.	P
4347501– 9000	16	88	Riverside	SW.	15	P S •	Htg.	P
4349001– 52000	16	88	Royal	SW.	15	P S •	Htg.	A
4352001– 3000	16	88	Royal	SW.	15	P S •	O.F.	A
4353001– 4000	14	84	No. 8	SW.	7	P S	O.F.	U
4354001– 5500	14	84	Bd.St.	SW.	7	L S	Htg.	U
4355501– 6000	14	84	Bd.St.	SW.	7	Pin	O.F.	U
4356001– 7000	6	73	"H"	SW.	11	P S †		U
4357001– 61000	6	73	"J"	SW.	7	P S		U
4361001– 5000	0	82	"F"&"G"	SW.	9			U
4365001– 6000	18	83	P.S.B.	K W	11			A
4366001– 500	18	83	A.T.&Co.	SW.	15	L S •	Htg.	P
4366501– 7000	18	83	A.T.&Co.	SW.	15	P S •	O.F.	P
4367001– 8000	18	83	P.S.B.	SW.	15	L S •	Htg.	A
4368001– 500	18	83	Wm.E.	SW.	11	L S	Htg.	U
4368501– 9000	18	83	Wm.E.	K W	11			U
4369001– 70000	18	83	No. 3	SW.	11	L S	Htg.	U
4370001– 2000	18	83	No. 3	SW.	11	P S	O.F.	U
4372001– 4000	18	83	No. 1	SW.	7	L S	Htg.	U
4374001– 7000	18	83	No. 1	SW.	7	P S	O.F.	U
4377001– 8000	18	83	Broadway	K W	7			U
4378001– 500	18	83	Cres.St.	SW.	15	L S •	Htg.	P
4378501– 9000	18	83	No. 3	SW.	11	P S	O.F.	U
4379001– 500	18	83	A.T.&Co.	SW.	15	L S •	Htg.	P
4379501– 80000	18	83	A.T.&Co.	SW.	15	P S •	O.F.	P
4380001– 1000	18	83	No. 25	SW.	15	L S •	Htg.	A
4381001– 2000	18	83	No. 25	SW.	15	P S •	O.F.	A
4382001– 3000	18	83	No. 15	SW.	15	L S •	Htg.	A
4383001– 4000	18	83	No. 15	SW.	15	P S •	O.F.	A
4384001– 5000	18	83	No. 3	SW.	11	L S	Htg.	U
4385001– 6000	18	83	Home	K W	7			U
4386001– 8000	14	F.P.	Home	K W	7–11			U
4388001– 90000	14	84	No. 8	SW.	7	L S	Htg.	U
4390001– 3000	6	73	"E"	SW.	7			U
4393001– 4000	6	73	"H"	SW.	11	P S †		U
4394001– 6000	6	73	"J"	SW.	7	P S		U
4396001–402000	1	82	"F"&"G"	SW.	9			U
4402001– 500	14	84	Hillside	SW.	7	P S †	O.F.	U
4402501– 700	18	83	Home	SW.	7	P S	O.F.	U
4402701– 3000	0	82	"G"&"F"	SW.	9			U
4403001– 500	14	84	Hillside	SW.	7	L S †	Htg.	U
4403501– 4000	14	84	Hillside	K W	11	†		U
4404001– 500	6	73	Am.W.Co.	K W	7	†		U
4404501– 5000	6	89	Royal	SW.	7	P S †		A
4405001– 500	18	83	A.T.&Co.	SW.	15	L S •	Htg.	P
4405501– 6000	18	83	A.T.&Co.	SW.	15	P S •	O.F.	P
4406001– 7000	18	83	No. 15	SW.	15	L S •	Htg.	A
4407001– 8000	18	83	No. 15	SW.	15	P S •	O.F.	A
4408001– 9500	18	83	No. 3	SW.	11	L S	Htg.	U
4409501– 12000	18	83	No. 3	SW.	11	P S	O.F.	U
4412001– 6000	18	83	No. 1	SW.	7	L S	Htg.	U
4416001– 20000	18	83	No. 1	SW.	7	P S	O.F.	U
4420001– 1000	18	83	No. 25	SW.	15	L S •	Htg.	A
4421001– 2000	18	83	No. 25	SW.	15	P S •	O.F.	A
4422001– 3000	18	83	No. 15	SW.	15	L S •	Htg.	A
4423001– 4000	18	83	No. 15	SW.	15	P S •	O.F.	A
4424001– 500	18	83	No. 3	SW.	11	L S	Htg.	U
4424501– 5000	18	83	No. 3	SW.	11	P S	O.F.	U
4425001– 6000	18	83	Home	K W	7			U
4426001– 7000	14	F.P.	Home	K W	7			U
4427001– 500	16	88	Riverside	SW.	15	•	Htg.	P
4427501– 8000	16	88	Riverside	SW.	15	•	O.F.	P
4428001– 500	16	88	Royal	SW.	15	P S •	O.F.	A
4428501– 9000	14	84	Hillside	SW.	13	P S †	O.F.	U
4429001– 32000	14	84	No. 8	SW.	7	L S	Htg.	U
4432001– 3000	6	89	"K"	SW.	15	P S †		A
4433001– 6000	6	89	"H"	SW.	11	P S †		U
4436001– 40000	6	89	"J"	SW.	7	P S		U
4440001– 2000	0	82	"G"	SW.	9			U
4442001– 3000	14	84	Hillside	SW.	7	P S †	O.F.	U
4443001– 500	14	84	Hillside	SW.	7	L S †	Htg.	U
4443501– 4000	6	89	Royal	SW.	7	P S †		A
4444001– 500	18	83	A.T.&Co.	SW.	15	L S •	Htg.	P
4444501– 5000	18	83	A.T.&Co.	SW.	15	P S •	O.F.	P
4445001– 6000	18	83	No. 15	SW.	15	L S •	Htg.	A
4446001– 7500	18	83	No. 3	SW.	11	L S	Htg.	U
4447501– 9000	18	83	No. 3	SW.	11	P S	O.F.	U
4449001– 52000	18	83	No. 1	SW.	7	L S	Htg.	U
4452001– 5000	18	83	No. 1	SW.	7	P S	O.F.	U
4455001– 7000	18	83	Broadway	K W	7			U
4457001– 500	18	83	P.S.B.	K W	11			A
4457501– 8000	18	83	No. 3	K W	11			U
4458001– 500	18	83	No. 25	SW.	15	L S •	Htg.	A
4458501– 9000	18	83	No. 25	SW.	15	P S •	O.F.	A
4459001– 61000	18	83	P.S.B.	SW.	15	L S •	Htg.	A
4461001– 2000	18	83	No. 15	SW.	15	P S •	O.F.	A
4462001– 3000	18	83	No. 3	SW.	11	L S	Htg.	U
4463001– 4000	18	83	No. 3	SW.	11	P S	O.F.	U
4464001– 7000	18	83	Home	K W	7			U
4467001– 8000	14	F.P.	Home	K W	7			U
4468001– 9000	16	88	{Riverside / Amn W.Co.}	SW.	15–16	P S •	Htg.	P
4469001– 71000	16	88	Royal	SW.	15	P S •	Htg.	A
4471001– 6000	14	84	No. 12	SW.	7–11	L S	Htg.	U
4476001– 7000	6	89	"K"	SW.	15	P S †		A
4477001– 83000	6	89	"H"&"J"	SW.	7–11	P S †		U
4483001– 7000	0	82	"G"	SW.	9			U
4487001– 91000	18	83	No. 15	SW.	15	L S •	Htg.	A
4491001– 2000	18	83	No. 3	SW.	11	L S	Htg.	U
4492001– 3000	18	83	No. 3	SW.	11	P S	O.F.	U
4493001– 5500	18	83	No. 1	SW.	7	L S	Htg.	U
4495501– 8000	18	83	No. 1	SW.	7	P S	O.F.	U
4498001–500000	18	83	Broadway	K W	7			U
4500001– 500	18	83	No. 25	SW.	15	L S •	Htg.	A
4500501– 1000	18	83	No. 25	SW.	15	P S •	O.F.	A
4501001– 4000	18	83	No. 15	SW.	15	L S •	Htg.	A
4504001– 5500	18	83	No. 3	SW.	11	L S	Htg.	U
4505501– 7000	18	83	No. 3	SW.	11	P S	O.F.	U
4507001– 9000	18	83	Home	K W	7			U
4509001– 10000	14	F.P.	Home	K W	7			U
4510001– 1000	16	88	Riverside	SW.	15	P S •	Htg.	P
4511001– 2000	16	88	Royal	SW.	15	P S •	Htg.	A
4512001– 6000	14	84	Nos. 8–12	SW.	7–11	L S	Htg.	U
4516001– 20000	6	89	"H"&"J"	SW.	7–11	P S †		U
4520001– 3000	0	82	"F"&"G"	SW.	9			U
4523001– 4000	14	84	Hillside	SW.	7	P S †	O.F.	U
4524001– 5000	14	84	Hillside	SW.	7	L S †	Htg.	U
4525001– 6000	6	89	Am.W.Co.	K W	7	†		U
4526001– 7000	6	73	Lady W.	SW.	16	L S †		A
4527001– 200	16	72	Special	SW.	16	L S •	O.F.	P
4527201– 8000	14	84	T. Lock	SW.	7–15	P S †	O.F.	A
4528001– 500	18	83	A.T.&Co.	SW.	15	L S •	Htg.	P
4528501– 9000	18	83	A.T.&Co.	SW.	15	P S •	O.F.	P
4529001– 32000	18	83	No. 15	SW.	15	L S •	Htg.	A
4532001– 3000	18	83	No. 15	SW.	15	P S •	O.F.	A
4533001– 4000	18	83	No. 3	SW.	11	L S	Htg,	U
4534001– 6000	18	83	No. 3	SW.	11	P S	O.F.	U
4536001– 40000	18	83	No. 1	SW.	7	L S	Htg.	U
4540001– 4000	18	83	No. 1	SW.	7	P S	O.F.	U
4544001– 6000	18	83	Broadway	K W	7			U
4546001– 500	18	83	No. 25	SW.	15	L S •	Htg.	A
4546501– 7000	18	83	No. 25	SW.	15	P S •	O.F.	A
4547001– 9000	18	83	No. 15	SW.	15	L S •	Htg.	A
4549001– 50000	18	83	No. 15	SW.	15	P S •	O.F.	A
4550001– 1000	18	83	No. 3	SW.	11	L S †	Htg.	U
4551001– 2000	18	83	No. 3	SW.	11	P S †	O.F.	U
4552001– 3000	18	83	Home	K W	7			U
4553001– 4000	14	F.P.	Home	K W	7			U
4554001– 500	16	88	Riverside	SW.	15	P S •	Htg.	P
4554501– 5000	14	84	No. 14	SW.	13	L S •	Htg.	A
4555001– 6000	16	88	Royal	SW.	15	P S •	Htg.	A
4556001– 7000	16	88	Royal	SW.	15	P S •	O.F.	A
4557001– 60000	14	84	Nos. 8–12	SW.	7–11	L S †	Htg.	U
4560001– 1000	6	89	"K"	SW.	15	P S †		A

• Patent Regulator–Breguet Spring. † Breguet Spring.

Serial Number.	Size.	Model.	Grade.	Wind.	Jewels.	Setting.	Style.	Grade of Material.
4561001– 3000	6	89	"J"	SW.	7	P S		U
4563001– 70000	0	82	"F"&"G"	SW.	9			U
4570001– 1000	6	89	A.W.Co.	SW.	7	P S †		U
4571001– 500	1	82	Royal	SW.	11	†	O.F.	A
4571501– 2000	1	82	Royal	SW.	11	†	Htg.	A
4572001– 5000	18	83	P.S.B.	SW.	15	L S •	Htg.	A
4575001– 7000	18	83	No. 15	SW.	15	P S •	O.F.	A
4577001– 83000	18	83	Nos. 1–3	SW.	7–11	L S	Htg.	U
4583001– 6000	18	83	No. 1	SW.	7	P S	O.F.	U
4586001– 8000	18	83	Broadway	K W	7			U
4588001– 9000	18	83	No. 25	SW.	15	L S •	Htg.	A
4589001– 90000	18	83	No. 25	SW.	15	P S •	O.F.	A
4590001– 2000	18	83	P.S.B.	SW.	15	L S •	Htg.	A
4592001– 4000	18	83	No. 15	SW.	15	P S •	O.F.	A
4594001– 6000	18	83	Home	K W	7			U
4596001– 7000	14	F.P.	Home	K W	7			U
4597001– 500	16	88	Riverside	SW.	15	P S •	Htg.	P
4597501– 8000	14	84	No. 14	SW.	13	L S •	Htg.	A
4598001–600000	16	88	Royal	SW.	15	P S •	Htg.	A
4600001– 1000	16	88	Royal	SW.	15	P S •	O.F.	A
4601001– 4000	14	84	No. 8	SW.	7	L S	Htg.	U
4604001– 6000	6	89	"J"	SW.	7	P S		U
4606001– 12000	0	82	"F"&"G"	SW.	9			U
4612001– 500	14	84	Hillside	SW.	13	L S †	Htg.	U
4612501– 4000	14	84	Hillside	SW.	13	P S †	O.F.	U
4614001– 500	18	83	A.T.&Co.	SW.	15	L S •	Htg.	P
4614501– 5000	18	83	A.T.&Co.	SW.	15	P S •	O.F.	P
4615001– 7000	18	83	No. 15	SW.	15	L S •	Htg.	A
4617001– 9000	18	83	No. 15	SW.	15	P S •	O.F.	A
4619001– 20000	18	83	No. 3	SW.	11	L S	Htg.	U
4620001– 4000	18	83	No. 1	SW.	7	L S	Htg.	U
4624001– 7000	18	83	No. 1	SW.	7	P S	O.F.	U
4627001– 9000	18	83	Broadway	K W	7			U
4629001– 30500	18	83	P.S.B.	K W	15	•		A
4630501– 1000	18	83	Home	K W	7			U
4631001– 2000	18	83	No. 25	SW.	15	L S •	Htg.	A
4632001– 3000	18	83	No. 25	SW.	15	P S •	O.F.	A
4633001– 5500	18	83	No. 15	SW.	15	L S •	Htg.	A
4635501– 7000	18	83	No. 15	SW.	15	P S •	O.F.	A
4637001– 9000	18	83	Home	K W	7			U
4639001– 40000	14	F.P.	Home	K W	7	†		U
4640001– 500	16	88	Riverside	SW.	15	P S •	O.F.	P
4640501– 1000	16	88	Royal	SW.	15	P S •	O.F.	A
4641001– 2000	16	88	Royal	SW.	15	P S •	Htg.	A
4642001– 5000	14	84	No. 8	SW.	7	L S	Htg.	U
4645001– 7000	6	89	"J"	SW.	7	P S		U
4647001– 52000	0	82	"F"&"G"	SW.	9			U
4652001– 5000	14	84	Hillside	SW.	7–13	L S †	Htg.	U
4655001– 8000	14	84	Am.W.Co.	K W	7	†		U
4658001– 500	18	83	A.T.&Co.	K W	15	•		P
4658501– 600	14	84	T.Lock		15	†		A
4658601– 9000	18	83	Broadway	K W	7			U
4659001– 62500	18	83	No. 15	SW.	15	L S •	Htg.	A
4662501– 4000	18	83	No. 15	SW.	15	P S •	O.F.	A
4664001– 500	18	83	No. 3	SW.	11	L S	Htg.	U
4664501– 5000	18	83	No. 3	SW.	11	P S	O.F.	U
4665001– 70000	18	83	No. 1	SW.	7	L S	Htg.	U
4670001– 4000	18	83	No. 1	SW.	7	P S	O.F.	U
4674001– 6000	18	83	Broadway	K W	7			U
4676001– 500	18	83	A.T.&Co.	SW.	15	L S •	Htg.	P
4676501– 7000	18	83	A.T.&Co.	SW.	15	P S •	O.F.	P
4677001– 8500	18	83	No. 25	SW.	15	L S •	Htg.	A
4678501– 80000	18	83	No. 25	SW.	15	P S •	O.F.	A
4680001– 2000	18	83	No. 15	SW.	15	L S •	Htg.	A
4682001– 3000	18	83	No. 15	SW.	15	P S •	O.F.	A
4683001– 500	18	83	No. 3	SW.	11	L S	Htg.	U
4683501– 600	8	73	Royal	SW.	7	L S †		A
4683601– 800	6	73	Royal	SW.	7	L S †		A
4683801– 4000	6	73	Royal	SW.	7	Pin †		A
4684001– 7000	18	83	Home	K W	7			U
4687001– 8000	16	88	Royal	SW.	15	P S •	O.F.	A
4688001– 9000	16	88	Royal	SW.	15	P S •	Htg.	A
4689001– 90000	14	84	No. 8	SW.	7	L S	Htg.	U
4690001– 1000	14	84	No. 8	SW.	7	P S	O.F.	U
4691001– 3000	6	73	"E"	SW.	7			U
4693001–703000	6	89	"J"	SW.	7	P S		U
4703001– 6000	1	82	"G"	SW.	9			U
4706001– 7000	6	89	Royal	SW.	7	P S †		A
4707001– 8000	6	89	Am.W.Co.	K W	7	†		U
4708001– 500	18	83	A.T.&Co.	SW.	15	L S •	Htg.	P
4708501– 9000	18	83	A.T.&Co.	SW.	15	P S •	O.F.	P
4709001– 11000	18	83	No. 15	SW.	15	L S •	Htg.	A
4711001– 2000	18	83	No. 15	SW.	15	P S •	O.F.	A
4712001– 3000	18	83	No. 3	SW.	11	L S	Htg.	U
4713001– 4000	18	83	No. 3	SW.	11	P S	O.F.	U
4714001– 8000	18	83	No. 1	SW.	7	L S	Htg.	U
4718001– 22000	18	83	No. 1	SW.	7	P S	O.F.	U
4722001– 4000	18	83	Broadway	K W	7			U
4724001– 500	18	83	Cres.St.	SW.	15	L S •	Htg.	P
4724501– 5000	18	83	Cres.St.	SW.	15	P S •	O.F.	P
4725001– 500	18	83	No. 35	SW.	15	L S •	Htg.	P
4725501– 6000	18	83	No. 35	SW.	15	P S •	O.F.	P
4726001– 500	18	83	No. 25	SW.	15	L S •	Htg.	A
4726501– 7000	18	83	No. 25	SW.	15	P S •	O.F.	A
4727001– 8000	18	83	No. 15	SW.	15	L S •	Htg.	A
4728001– 30000	18	83	No. 15	SW.	15	P S •	O.F.	A
4730001– 500	18	83	No. 3	SW.	11	L S	Htg.	U
4730501– 4000	18	83	Home	K W	7			U
4734001– 5000	16	88	Riverside	SW.	15	P S •	O.F.	P
4735001– 7000	16	88	Royal	SW.	15	P S •	O.F.	A
4737001– 42000	14	84	No. 8	SW.	7	L S	Htg.	U
4742001– 9000	14	84	No. 8	SW.	7	P S	O.F.	U
4749001– 50000	14	F.P.	Am.W.Co.	K W	7	†		U
4750001– 1000	14	84	Am.W.Co.	SW.	11	L S †	Htg.	U
4751001– 2000	18	83	No. 15	SW.	15	L S •	Htg.	A
4752001– 3000	18	83	No. 15	SW.	15	P S •	O.F.	A
4753001– 4000	18	83	No. 3	SW.	11	L S †	Htg.	U
4754001– 5000	18	83	No. 3	SW.	11	P S †	O.F.	U
4755001– 9000	18	83	No. 1	SW.	7	L S †	Htg.	U
4759001– 65000	18	83	No. 1	SW.	7	P S †	O.F.	U
4765001– 9000	18	83	Broadway	K W	7			U
4769001– 70000	18	83	No. 25	SW.	15	P S •	O.F.	A
4770001– 1000	18	83	No. 15	SW.	15	L S •	Htg.	A
4771001– 2000	18	83	No. 15	SW.	15	P S •	O.F.	A
4772001– 4000	18	83	No. 3	SW.	11	L S	Htg.	U
4774001– 5000	18	83	No. 3	SW.	11	P S	O.F.	U
4775001– 6000	18	83	Home	K W	7			U
4776001– 7000	16	88	Riverside	SW.	15	P S •	O.F.	P
4777001– 8000	16	88	No. 22	SW.	11	P S †	O.F.	U
4778001– 82000	16	88	Nos. 20–22	SW.	7–11	P S †	Htg.	U
4782001– 5000	16	88	No. 20	SW.	7	P S †	O.F.	U
4785001– 92000	0	82	"F"&"M"	SW.	7–9			U
4792001– 500	14	84	Church St.	SW.	7	Pin	O.F.	U
4792501– 3000	18	83	Broadway	K W	7			U
4793001– 4000	14	84	Am.W.Co.	SW.	11	L S †	Htg.	U
4794001– 5000	14	84	Am.W.Co.	K W	7	†		U
4795001– 6000	18	83	No. 3	SW.	11	L S	Htg.	U
4796001– 7000	18	83	No. 3	SW.	11	P S	O.F.	U
4797001–802000	18	83	No. 1	SW.	7	L S	Htg.	U
4802001– 8000	18	83	No. 1	SW.	7	P S	O.F.	U
4808001– 12000	18	83	Broadway	K W	7			U
4812001– 5000	18	83	No. 3	SW.	11	L S	Htg.	U
4815001– 7000	18	83	No. 3	SW.	11	P S	O.F.	U
4817001– 8000	18	83	Home	K W	7			U
4818001– 23000	14	F.P.	Home	K W	7			U
4823001– 8000	14	84	No. 8	SW.	7	L S	Htg.	U
4828001– 33000	14	84	No. 8	SW.	7	P S	O.F.	U
4833001– 9000	6	89	"J"	SW.	7	P S		U
4839001– 42000	0	82	"M"	SW.	7	P S		U
4842001– 3000	18	83	No. 15	SW.	15	L S •	Htg.	A
4843001– 4000	18	83	No. 15	SW.	15	P S •	O.F.	A
4844001– 6000	18	83	No. 3	SW.	11	L S †	Htg.	U
4846001– 8000	18	83	No. 3	SW.	11	P S	O.F.	U
4848001– 52000	18	83	No. 1	SW.	7	L S	Htg.	U
4852001– 7000	18	83	No. 1	SW.	7	P S	O.F.	U
4857001– 62000	18	83	Broadway	K W	7			U
4862001– 3500	18	83	No. 15	SW.	15	L S •	Htg.	A
4863501– 5000	18	83	No. 15	SW.	15	P S •	O.F.	A
4865001– 6000	18	83	No. 3	SW.	11	L S	Htg.	U
4866001– 7000	18	83	No. 3	SW.	11	P S	O.F.	U

• Patent Regulator–Breguet Spring. † Breguet Spring.

Serial Number.	Size.	Model.	Grade.	Wind.	Jewels.	Setting.	Style.	Grade of Material.
4867001- 9000	18	83	Home	K W	7	†		U
4869001- 70000	16	88	Riverside	SW.	15	P S •	O.F.	P
4870001- 2000	16	88	Royal	SW.	15	P S •	O.F.	A
4872001- 82000	6	89	"J"	SW.	7	P S		U
4882001- 4000	6	90	"J"	SW.	7	P S		U
4884001- 5000	0	82	"R"	SW.	15	†		A
4885001- 7000	0	82	"M"	SW.	7			U
4887001- 8000	6	89	Royal	SW.	7	P S †		A
4888001- 9200	18	83	No. 15	SW.	15	L S •	Htg.	A
4889201- 90000	18	83	No. 15	SW.	15	P S •	O.F.	A
4890001- 2000	18	83	No. 3	SW.	11	L S	Htg.	U
4892001- 4000	18	83	No. 3	SW.	11	P S	O.F.	U
4894001- 7000	18	83	No. 1	SW.	7	L S	Htg.	U
4897001-903000	18	83	No. 1	SW.	7	P S	O.F.	U
4903001- 8000	18	83	Broadway	K W	7			U
4908001- 500	18	83	A.T.& Co.	SW.	15	L S •	Htg.	P
4908501- 10000	18	83	Nos. 3-15	SW.	11-15	L S •	Htg.	U-A
4910001- 2000	18	83	Nos. 3-15	SW.	11-15	P S •	O.F.	U-A
4912001- 7000	18	83	Home	K W	7			U
4917001- 9000	16	88	Royal	SW.	15	P S •	O.F.	A
4919001- 21000	14	84	No. 8	SW.	7	L S	Htg.	U
4921001- 3000	14	84	No. 8	SW.	7	P S	O.F.	U
4923001- 9000	6	89	"J"	SW.	7	P S		U
4929001- 32000	6	90	"J"	SW.	7	P S		U
4932001- 3000	0	82	"R"	SW.	15	†		A
4933001- 5000	0	82	"M"	SW.	7	P S †		U
4935001- 6000	14	84	N.Clock	K W	7			U
4936001- 500	1	82	Royal	SW.	13	†		A
4936501- 7000	18	83	Home	SW.	7	P S	O.F.	U
4937001- 8000	1	82	Royal	SW.	11	†		A
4938001- 500	18	83	A.T.& Co.	SW.	15	P S •	O.F.	P
4938501- 9000	18	83	P.S.B.	SW.	15	L S •	Htg.	A
4939001- 41000	18	83	No. 3	SW.	11	L S	Htg.	U
4941001- 3000	18	83	No. 3	SW.	11	P S	O.F.	U
4943001- 7000	18	83	No. 1	SW.	7	L S	Htg.	U
4947001- 54000	18	83	No. 1	SW.	7	P S	O.F.	U
4954001- 61000	18	83	Broadway	K W	7			U
4961001- 2000	18	83	No. 15	SW.	15	L S •	Htg.	A
4962001- 3000	18	83	No. 15	SW.	15	P S •	O.F.	A
4963001- 4000	18	83	No. 3	SW.	11	L S	Htg.	U
4964001- 5000	18	83	No. 3	SW.	11	P S	O.F.	U
4965001- 8000	18	83	Home	K W	7			U
4968001- 9000	16	88	Riverside	SW.	15	P S •	O.F.	P
4969001- 71000	16	88	Royal	SW.	15	P S •	O.F.	A
4971001- 2000	16	88	Royal	SW.	15	P S •	Htg.	A
4972001- 5000	14	84	No. 8	SW.	7	L S	Htg.	U
4975001- 8000	14	84	No. 8	SW.	7	P S	O.F.	U
4978001- 83000	6	90	"J"	SW.	7	P S		U
4983001- 7000	0	82	"M"	SW.	7			U
4987001- 9000	6	89	Am.W.Co.	K W	7	†		U
4989001- 20	18	83	A.T.& Co.	SW.	15	P S •	O.F.	P
4989021- 40	18	83	A.T.& Co.	SW.	15	L S •	Htg.	P
4989041- 60	18	83	No. 1	SW.	7	P S	O.F.	U
4989061- 80	18	83	No. 1	SW.	7	L S	Htg.	U
4989081- 91000	18	83	Broadway	K W	7			U
4991001- 4000	18	83	No. 1	SW.	7	L S	Htg.	U
4994001- 9000	18	83	No. 1	SW.	7	P S	O.F.	U
4999001- 999	18	83	Broadway	K W	7			U
5000000- 100	16	88	A.W.Co.	SW.	17	P S •	O.F.	P
5000101- 300	16	88	A.W.Co.	SW.	17	P S •	Htg.	P
5000301- 700	16	88	A.W.Co.	SW.	16-17	P S •	O.F.	P
5000701- 1000	16	88	Amn W.Co.	SW.	16	P S •	Htg.	P
5001001- 6000	18	83	No. 1	SW.	7	P S	O.F.	U
5006001- 8000	18	83	No. 3	SW.	11	L S	Htg.	U
5008001- 12000	18	83	Nos. 3-15	SW.	11-15	P S •	O.F.	U-A
5012001- 3000	18	83	No. 3	SW.	11	L S	Htg.	U
5013001- 6000	18	83	Nos. 3-15	SW.	11-15	P S •	O.F.	U-A
5016001- 7000	18	83	Home	K W	7	†		U
5017001- 8000	16	88	Royal	SW.	15	P S •	Htg.	A
5018001- 9000	16	88	Royal	SW.	15	P S •	O.F.	A
5019001- 29000	6	89	Seaside	SW.	7	P S		U
5029001- 31000	0	82	"M"	SW.	7			U
5031001- 500	14	84	Riverside	SW.	15	P S •	O.F.	P
5031501- 3000	14	84	Hillside	SW.	7-13	P S †	O.F.	U
5033001- 500	6	89	Royal	SW.	13	P S †		A

Serial Number.	Size.	Model.	Grade.	Wind.	Jewels.	Setting.	Style.	Grade of Material.
5033501- 4000	18	83	P.S.B.	K W	13	•		A
5034001- 5000	18	83	No 15	SW.	15	L S •	Htg.	A
5035001- 6000	18	83	No. 15	SW.	15	P S •	O.F.	A
5036001- 7500	18	83	No 3	SW.	11	L S	Htg.	U
5037501- 9000	18	83	No. 3	SW.	11	P S	O.F.	U
5039001- 43000	18	83	No. 1	SW.	7	L S	Htg.	U
5043001- 8000	18	83	No. 1	SW.	7	P S	O.F.	U
5048001- 52000	18	83	Broadway	K W	7			U
5052001- 3000	18	83	No. 15	SW.	15	L S •	Htg.	A
5053001- 4000	18	83	No. 15	SW.	15	P S •	O.F.	A
5054001- 5000	18	83	No. 3	SW.	11	L S	Htg.	U
5055001- 6000	18	83	No. 3	SW.	11	P S	O.F.	U
5056001- 8000	18	83	Home	K W	7			U
5058001- 68000	6	90	Seaside	SW.	7	P S		U
5068001- 72000	0	82	"M"	SW.	7			U
5072001- 5000	16	88	Royal	SW.	15	P S •	Htg.	A
5075001- 7000	16	88	Royal	SW.	15	P S •	O.F.	A
5077001- 8000	14	84	Hillside	SW.	7	P S †	O.F.	U
5078001- 9000	6	89	Royal	SW.	7	P S †		A
5079001- 500	6	89	Am.W.Co.	SW.	11	P S †		A
5079501- 84000	18	83	Broadway	K W	7			U
5084001- 5000	18	83	No. 15	SW.	15	L S •	Htg.	A
5085001- 7000	18	83	No. 15	SW.	15	P S •	O.F.	A
5087001- 8000	18	83	No. 3	SW.	11	L S	Htg.	U
5088001- 9000	18	83	No. 3	SW.	11	P S	O.F.	U
5089001- 93000	18	83	No. 1	SW.	7	L S	Htg.	U
5093001- 8000	18	83	No. 1	SW.	7	P S	O.F.	U
5098001- 9000	18	83	No. 15	SW.	15	P S •	O.F.	A
5099001-100000	18	83	No. 3	SW.	11	L S	Htg.	U
5100001- 1000	18	83	No. 3	SW.	11	P S	O.F.	U
5101001- 4000	18	83	Home	K W	7			U
5104001- 16000	6	90	Seaside	SW.	7-11	P S		U
5116001- 9000	0	82	"M"	SW.	7	P S		U
5119001- 21000	16	88	Royal	SW.	15	P S •	Htg.	A
5121001- 2000	16	88	Royal	SW.	15	P S •	O.F.	A
5122001- 3000	16	88	No. 22	SW.	11	P S †	Htg.	U
5123001- 4000	16	88	No. 22	SW.	11	P S †	O.F.	U
5124001- 5000	16	88	No. 20	SW.	7	P S †	Htg.	U
5125001- 6000	16	88	No. 20	SW.	7	P S †	O.F.	U
5126001- 8000	18	83	No. 15	SW.	15	L S •	Htg.	A
5128001- 31000	18	83	No. 15	SW.	15	P S •	O.F.	A
5131001- 2000	18	83	No. 3	SW.	11	L S	Htg.	U
5132001- 3000	18	83	No. 3	SW.	11	P S	O.F.	U
5133001- 6000	18	83	No. 1	SW.	7	L S	Htg.	U
5136001- 40000	18	83	No. 1	SW.	7	P S	O.F.	U
5140001- 3000	18	83	No. 3	K W	7-11			U
5143001- 4500	18	83	No. 15	SW.	15	L S •	Htg.	A
5144501- 6000	18	83	No. 15	SW.	15	P S •	O.F.	A
5146001- 8000	18	83	Home	K W	7			U
5148001- 53000	14	84	No. 8	SW.	7	L S	Htg.	U
5153001- 8000	14	84	No. 8	SW.	7	P S	O.F.	U
5158001- 71000	6	90	Seaside	SW.	7-11	P S		U
5171001- 3000	0	82	"M"	SW.	7	P S		U
5173001- 5000	18	83	No. 15	SW.	15	L S •	Htg.	A
5175001- 80000	18	83	Nos. 3-15	SW.	11-15	P S •	O.F.	U-A
5180001- 4000	18	83	No. 1	SW.	7	L S	Htg.	U
5184001- 8000	18	83	No. 1	SW.	7	P S	O.F.	U
5188001- 95000	18	83	Broadway	K W	7			U
5195001- 6000	18	83	Am.W.Co.	K W	11	†		U
5196001-213000	6	90	Seaside	SW.	7-11	P S		U
5213001- 8000	0	82	Seaside	SW.	7-11			U
5218001- 22500	14	84	No. 8	SW.	7	L S	Htg.	U
5222501- 3000	14	84	Hillside	SW.	7	Pin †	O.F.	U
5223001- 4000	16	88	No. 22	SW.	11	P S †	Htg.	U
5224001- 5000	16	88	No. 22	SW.	11	P S †	O.F.	U
5225001- 8000	16	88	No. 20	SW.	7	P S †	Htg.	U
5228001- 33000	16	88	No. 20	SW.	7	P S †	O.F.	U
5233001- 5000	16	88	No. 20	SW.	7	P S †	Htg.	U
5235001- 7000	18	83	P.S.B.	SW.	15	L S •	Htg.	A
5237001- 9000	18	83	P.S.B.	SW.	15	P S •	O.F.	A
5239001- 40000	18	83	P.S.B.	SW.	15	L S •	Htg.	A
5240001- 1000	18	83	P.S.B.	SW.	15	P S •	O.F.	A
5241001- 6000	18	83	Home	K W	7			U
5246001- 51000	14	F.P.	Home	K W	7	†		U
5251001- 7000	14	84	Bd. St.	SW.	7	L S †	Htg.	U

• Patent Regulator–Breguet Spring. † Breguet Spring.

Serial Number.	Size.	Model.	Grade.	Wind.	Jewels.	Setting.	Style.	Grade of Material.
5257001- 61000	14	84	Bd. St.	SW.	7	P S †	O.F.	U
5261001- 75000	6	90	Seaside	SW.	7-11	P S		U
5275001- 6000	14	84	Am.W.Co.	SW.	11	P S †	O.F.	U
5276001- 7000	14	84	Hillside	SW.	7	L S †	Htg.	U
5277001- 8000	18	83	P.S.B.	SW.	15	L S *	Htg.	A
5278001- 9000	18	83	P.S.B.	SW.	15	P S *	O.F.	A
5279001- 80000	18	83	No. 15	SW.	15	L S *	Htg.	A
5280001- 1000	18	83	No. 15	SW.	15	P S *	O.F.	A
5281001- 2000	18	83	No. 3	SW.	11	P S	O.F.	U
5282001- 3000	18	83	No. 1	SW.	7	L S	Htg.	U
5283001- 4000	18	83	No. 15	SW.	15	L S *	Htg.	A
5284001- 5000	18	83	No. 15	SW.	15	P S *	O.F.	A
5285001- 88000	18	83	Home	K W	7			U
5288001- 9000	14	F.P.	Home	K W	7			U
5289001- 98000	14	F.P.	Home	K W	7	†		U
5298001-301000	16	88	No. 22	SW.	11	P S †	Htg.	U
5301001- 4000	16	88	No. 22	SW.	11	P S †	O.F.	U
5304001- 6000	16	88	No. 20	SW.	7	P S †	Htg.	U
5306001- 8000	16	88	No. 20	SW.	7	P S †	O.F.	U
5308001- 11000	14	84	Bd. St.	SW.	7	L S †	Htg.	U
5311001- 3000	14	84	Bd. St.	SW.	7	P S †	O.F.	U
5313001- 24000	6	90	Seaside	SW.	7-11	P S		U
5324001- 8000	18	83	P.S.B.	SW.	15	L S *	Htg.	A
5328001- 32000	18	83	P.S.B.	SW.	15	P S *	O.F.	A
5332001- 3000	18	83	No. 3	SW.	11	L S	Htg.	U
5333001- 4000	18	83	No. 3	SW.	11	P S	O.F.	U
5334001- 7000	18	83	No. 1	SW.	7	L S	Htg.	U
5337001- 40000	18	83	No. 1	SW.	7	P S	O.F.	U
5340001- 1000	18	83	P.S.B.	SW.	15	L S *	Htg.	A
5341001- 2000	18	83	P.S.B.	SW.	15	P S *	O.F.	A
5342001- 4000	18	83	Home	K W	7			U
5344001- 6000	16	88	No. 22	SW.	11-13	P S †	Htg.	U
5346001- 8000	16	88	No. 22	SW.	11-13	P S †	O.F.	U
5348001- 51000	16	88	No. 20	SW.	7	P S †	Htg.	U
5351001- 4000	16	88	No. 20	SW.	7	P S †	O.F.	U
5354001- 69000	6	90	Seaside	SW.	7-11	P S		U
5369001- 72000	18	83	No. 15	SW.	15	L S *	Htg.	A
5372001- 5000	18	83	P.S.B.	SW.	15	P S *	O.F.	A
5375001- 6500	18	83	No. 3	SW.	11	L S	Htg.	U
5376501- 8000	18	83	No. 3	SW.	11	P S	O.F.	U
5378001- 81000	18	83	No. 1	SW.	7	L S	Htg.	U
5381001- 5000	18	83	No. 1	SW.	7	P S	O.F.	U
5385001- 500	18	83	P.S.B.	SW.	15	L S *	Htg.	A
5385501- 6000	18	83	P.S.B.	SW.	15	P S *	O.F.	A
5386001- 8000	18	83	Home	K W	7			U
5388001- 90000	16	88	Royal	SW.	15	P S *	Htg.	A
5390001- 2000	16	88	Royal	SW.	15	P S *	O.F.	A
5392001- 3000	16	88	No. 24	SW.	11	P S †	Htg.	U
5393001- 4000	16	88	No. 24	SW.	11	P S †	O.F.	U
5394001- 6000	16	88	No. 22	SW.	11	P S †	Htg.	U
5396001- 8000	16	88	No. 22	SW.	11-13	P S †	O.F.	U
5398001- 9000	16	88	No. 20	SW.	7	P S †	Htg.	U
5399001-400000	16	88	No. 20	SW.	7	P S †	O.F.	U
5400001- 4000	14	84	Hillside	SW.	7	L S †	Htg.	U
5404001- 6000	14	84	Hillside	SW.	7	P S †	O.F.	U
5406001- 7000	14	84	A.W.Co.	SW.	11	L S	Htg.	U
5407001- 10000	18	83	No. 15	SW.	15	L S *	Htg.	A
5410001- 3000	18	83	No. 15	SW.	15	P S *	O.F.	A
5413001- 4000	18	83	No. 3	SW.	11	L S	Htg.	U
5414001- 6000	18	83	No. 3	SW.	11	P S	O.F.	U
5416001- 8000	18	83	No. 1	SW.	7	L S	Htg.	U
5418001- 23000	18	83	No. 1	SW.	7	P S	O.F.	U
5423001- 4000	18	83	P.S.B.	SW.	15	L S *	Htg.	A
5424001- 5000	18	83	P.S.B.	SW.	15	P S *	O.F.	A
5425001- 7000	18	83	No. 3	SW.	11	L S	Htg.	U
5427001- 9000	18	83	No. 3	SW.	11	P S	O.F.	U
5429001- 37000	6	90	Seaside	SW.	7-11	P S		U
5437001- 9000	0	91	Seaside	SW.	11	P S		U
5439001- 40000	14	84	Night C.	K W	7			U
5440001- 2000	6	90	Am.W.Co.	SW.	7	P S †		U
5442001- 3000	18	83	No. 3	SW.	11	L S	Htg.	U
5443001- 5000	18	83	No. 3	SW.	11	P S	O.F.	U
5445001- 8000	18	83	No. 1	SW.	7	L S	Htg.	U
5448001- 52500	18	83	Sterling	SW.	7-11	P S †	O.F.	U
5452501- 3000	18	83	Home	SW.	7	L S	Htg.	U
5453001- 9000	18	83	Am.W.Co.	K W	11-15	†		U-A
5459001- 60000	16	88	Royal	SW.	15	P S †	Htg.	A
5460001- 1000	16	88	Royal	SW.	15	P S *	O.F.	A
5461001- 2000	16	88	No. 24	SW.	11	P S †	Htg.	U
5462001- 3000	16	88	No. 24	SW.	11	P S †	O.F.	U
5463001- 5000	16	88	No. 22	SW.	11	P S †	Htg.	U
5465001- 7000	16	88	No. 22	SW.	11	P S †	O.F.	U
5467001- 71000	0	91	Seaside	SW.	11	P S †		U
5471001- 500	0	91	Riverside	SW.	15	P S †		P
5471501- 4000	0	91	A.W.Co.	SW.	11	P S †		U
5474001- 5000	18	83	No. 3	SW.	11	L S †	Htg.	U
5475001- 7000	18	83	No. 3	SW.	11	P S	O.F.	U
5477001- 80000	18	83	No. 1	SW.	7	L S	Htg.	U
5480001- 5000	18	83	Nos. 1-3	SW.	7-11	P S	O.F.	U
5485001- 90000	18	83	A.W.Co.	K W	11	†		U
5490001-500000	6	90	Seaside	SW.	7-11	P S		U
5500001- 2000	16	88	Riverside	SW.	15	P S *	Htg.	P
5502001- 500	6	90	"S"	SW.	17	P S †		P
5502501- 6000	6	90	"H"	SW.	11	P S †		U
5506001- 7000	6	90	"K"	SW.	15	P S †		A
5507001- 500	18	83	Cres.St.	SW.	15	L S *	Htg.	P
5507501- 8000	18	83	A.T.&Co.	SW.	15	P S *	O.F.	P
5508001- 11000	6	90	"H"	SW.	11	P S †		U
5511001- 200	16	88	Bd.St.	SW.	7	P S †	Htg.	U
5511201- 2000	00	OM.	A.W.W.Co.	SW.	16	†		P
5512001- 3000	18	83	Cres.St.	SW.	15	L S *	Htg.	P
5513001- 4000	18	83	Cres.St.	SW.	15	P S *	O.F.	P
5514001- 6000	18	83	A.T.&Co.	SW.	15	L S *	Htg.	P
5516001- 7000	6	90	"K"	SW.	15	P S †		A
5517001- 9000	6	90	"H"	SW.	11	P S †		U
5519001- 20000	14	84	Riverside	SW.	15	L S †	Htg.	P
5520001- 500	14	84	Am.W.Co.	SW.	13	L S †	Htg.	U
5520501- 1000	14	84	Am.W.Co.	SW.	13	P S †	O.F.	U
5521001- 2000	14	84	Am.W.Co.	SW.	11	L S †	Htg.	U
5522001- 3000	14	84	Am.W.Co.	SW.	11	P S †	O.F.	U
5523001- 4000	14	84	Am.W.Co.	K W	15	†		A
5524001- 7000	6	90	Am.W.Co.	SW.	11-15	P S †		U-A
5527001- 30000	6	89	Am.W.Co.	K W	7	†		U
5530001- 4000	18	83	P.S.B.	SW.	15	L S *	Htg.	A
5534001- 7000	18	83	P.S.B.	SW.	15	P S *	O.F.	A
5537001- 8000	18	83	No. 3	SW.	11	L S	Htg.	U
5538001- 9000	18	83	No. 3	SW.	11	P S	O.F.	U
5539001- 44000	18	83	No. 1	SW.	7	L S	Htg.	U
5544001- 50000	18	83	No. 1	SW.	7	P S	O.F.	U
5550001- 1000	18	83	P.S.B.	SW.	15	L S *	Htg.	A
5551001- 2000	18	83	P.S.B.	SW.	15	P S *	O.F.	A
5552001- 4000	18	83	Am.W.Co.	K W	11	†		U
5554001- 5000	16	88	Royal	SW.	15	P S *	Htg.	A
5555001- 6000	16	88	Royal	SW.	15	P S *	O.F.	A
5556001- 7000	16	88	No. 24	SW.	11	P S †	Htg.	U
5557001- 8000	16	88	No. 24	SW.	11	P S †	O.F.	U
5558001- 9000	16	88	No. 20	SW.	7	P S †	Htg.	U
5559001- 60000	16	88	No. 20	SW.	7	P S †	O.F.	U
5560001- 3000	14	84	Bd. St.	SW.	7	L S †	Htg.	U
5563001- 75000	0	91	Seaside	SW.	7-11	P S		U
5575001- 500	16	88	A.W.W.Co.	SW.	13	P S †	Htg.	A
5575501- 6000	16	88	A.W.W.Co.	SW.	13	P S †	O.F.	A
5576001- 8000	0	91	Am.W.Co.	SW.	7	P S †		U
5578001- 81000	18	83	No. 15	SW.	15	L S *	Htg.	A
5581001- 4000	18	83	No. 15	SW.	15	P S *	O.F.	A
5584001- 5000	18	83	No. 3	SW.	11	L S	Htg.	U
5585001- 93000	18	83	Nos. 1-3	SW.	7-11	P S	O.F.	U
5593001- 8000	18	83	No. 1	SW.	7	L S	Htg.	U
5598001- 9000	16	88	Royal	SW.	15	P S *	Htg.	A
5599001-600000	16	88	Royal	SW.	15	P S *	O.F.	A
5600001- 2000	16	88	No. 20	SW.	7	P S †	Htg.	U
5602001- 4000	16	88	No. 20	SW.	7	P S †	O.F.	U
5604001- 16000	6	90	Seaside	SW.	7-11	P S		U
5616001- 9000	18	83	P.S.B.	SW.	15	P S *	O.F.	A
5619001- 22000	18	83	P.S.B.	SW.	15	L S *	Htg.	A
5622001- 4000	18	83	No. 3	SW.	11	P S	O.F.	U
5624001- 6000	18	83	No. 3	SW.	11	L S	Htg.	U
5626001- 33000	18	83	No. 1	SW.	7	P S	O.F.	U
5633001- 8000	18	83	No. 1	SW.	7	L S	Htg.	U
5638001- 9000	18	83	No. 15	SW.	15	P S *	O.F.	A

* Patent Regulator–Breguet Spring. † Breguet Spring.

Serial Number.	Size.	Model.	Grade.	Wind.	Jewels.	Setting.	Style.	Grade of Material.
5639001- 40000	18	83	No. 15	SW.	15	L S •	Htg.	A
5640001- 1000	18	83	No. 3	SW.	11	L S	Htg.	U
5641001- 2000	16	88	Royal	SW.	15	P S •	O.F.	A
5642001- 3000	16	88	Royal	SW.	15	P S •	Htg.	A
5643001- 4000	16	88	No. 22	SW.	11	P S †	O.F.	U
5644001- 5000	16	88	No. 22	SW.	11	P S †	Htg.	U
5645001- 7000	16	88	No. 20	SW.	7	P S †	O.F.	U
5647001- 50000	16	88	No. 20	SW.	7	P S †	Htg.	U
5650001- 65000	0	91	Seaside	SW.	7-11	P S		U
5665001- 7000	18	83	No. 3	SW.	11	P S	O.F.	U
5667001- 74000	18	83	No. 1	SW.	7	L S	Htg.	U
5674001- 83000	18	83	No. 1	SW.	7	P S	O.F.	U
5683001- 5000	18	83	P.S.B.	SW.	15	L S •	Htg.	A
5685001- 7000	18	83	P.S.B.	SW.	15	P S •	O.F.	A
5687001- 8000	18	83	No. 3	SW.	11	L S	Htg.	U
5688001- 9000	18	83	No. 3	SW.	11	P S	O.F.	U
5689001- 92000	18	83	Am. W. Co.	K W	11			U
5692001- 3000	16	88	Royal	SW.	15	P S •	Htg.	A
5693001- 4000	16	88	No. 24	SW.	11	P S †	Htg.	U
5694001- 5000	16	88	No. 24	SW.	11	P S †	O.F.	U
5695001- 6000	16	88	No. 22	SW.	11	P S †	Htg.	U
5696001- 7000	16	88	No. 22	SW.	11	P S †	O.F.	U
5697001- 9000	16	88	No. 20	SW.	7	P S †	Htg.	U
5699001-700000	16	88	No. 20	SW.	7	P S †	O.F.	U
5700001- 500	18	83	Cres.St.	SW.	15	L S •	Htg.	P
5700501- 2000	18	83	No. 35	SW.	15	P S •	O.F.	P
5702001- 4000	6	90	"K"	SW.	15	P S †		A
5704001- 5000	18	83	A.T.& Co.	SW.	15	L S •	Htg.	P
5705001- 6000	18	83	A.T.& Co.	SW.	15	P S •	O.F.	P
5706001- 7000	18	83	No. 35	SW.	15	L S •	Htg.	P
5707001- 8000	18	83	A.T.& Co.	SW.	15	P S •	O.F.	P
5708001- 9000	18	83	P.S.B.	SW.	15	P S •	O.F.	A
5709001- 10000	6	90	"S"	SW.	17	P S †		P
5710001- 1000	6	90	"K"	SW.	15	P S †		A
5711001- 500	18	83	A.T.& Co.	SW.	15	L S •	Htg.	P
5711501- 3000	18	83	No. 35	SW.	15	P S •	O.F.	P
5713001- 4000	18	83	No. 35	SW.	15	L S •	Htg.	P
5714001- 500	18	83	No. 35	SW.	15	P S •	O.F.	P
5714501- 5000	18	83	P.S.B.	SW.	15	P S •	O.F.	A
5715001- 6000	18	83	P.S.B.	SW.	15	L S •	Htg.	A
5716001- 500	18	83	A.T.& Co.	SW.	15	L S •	Htg.	P
5716501- 7000	18	83	A.T.& Co.	SW.	15	P S •	O.F.	P
5717001- 500	18	83	Cres.St.	SW.	15	L S •	Htg.	P
5717501- 9000	18	83	No. 35	SW.	15	P S •	O.F.	P
5719001- 20000	16	88	Riverside	SW.	15	P S •	O.F.	P
5720001- 500	6	90	"S"	SW.	17	P S †		P
5720501- 2000	6	90	"K"	SW.	15	P S †		A
5722001- 4000	6	90	"H"	SW.	11	P S †		U
5724001- 6000	0	91	No. 66	SW.	11	P S †		U
5726001- 500	18	83	Cres.St.	SW.	15	L S •	Htg.	P
5726501- 7000	18	83	Cres.St.	SW.	15	P S •	O.F.	P
5727001- 8000	18	83	P.S.B.	SW.	15	L S •	Htg.	A
5728001- 9000	18	83	No. 35	SW.	15	P S •	O.F.	P
5729001- 34000	0	91	Lady Wal.	SW.	15-17	P S †		A
5734001- 7000	0	91	No. 66	SW.	11	P S †		U
5737001- 500	18	83	A.T.& Co.	SW.	15	L S •	Htg.	P
5737501- 8000	18	83	A.T.& Co.	SW.	15	P S •	O.F.	P
5738001- 9000	18	83	No. 40	SW.	15	L S •	Htg.	P
5739001- 40000	18	83	No. 40	SW.	15	P S •	O.F.	P
5740001- 500	18	83	Cres.St.	SW.	15	L S •	Htg.	P
5740501- 1000	18	83	Cres.St.	SW.	15	P S •	O.F.	P
5741001- 2000	18	83	No. 35	SW.	15	L S •	Htg.	P
5742001- 3000	18	83	No. 35	SW.	15	P S •	O.F.	P
5743001- 500	6	90	"S"	SW.	17	P S †		P
5743501- 5000	6	90	"K"	SW.	15	P S †		A
5745001- 7000	6	90	"H"	SW.	11	P S †		U
5747001- 500	18	83	Cres.St.	SW.	15	L S •	Htg.	P
5747501- 8000	18	83	Cres.St.	SW.	15	P S •	O.F.	P
5748001- 500	18	83	A.T.& Co.	SW.	15	L S •	Htg.	P
5748501- 9000	18	83	P.S.B.	SW.	15	P S •	O.F.	A
5749001- 50000	18	83	P.S.B.	SW.	15	L S •	Htg.	A
5750001- 500	0	91	Special	SW.	17	P S †		P
5750501- 2000	0	91	No. 68	SW.	15	P S †		A
5752001- 4000	0	91	Seaside	SW.	11	P S †		U
5754001- 5000	16	88	No. 20	SW.	7	P S †	O.F.	U
5755001- 67000	6	90	Seaside	SW.	7-11	P S		U
5767001- 9000	18	83	No. 3	SW.	11	L S	Htg.	U
5769001- 72000	18	83	No 3	SW.	11	P S	O.F.	U
5772001- 9000	18	83	No 1	SW.	7	L S	Htg.	U
5779001- 88000	18	83	No 1	SW.	7	P S	O.F.	U
5788001- 90000	18	83	No. 15	SW.	15	L S •	Htg.	A
5790001- 2000	18	83	No. 15	SW.	15	P S •	O.F.	A
5792001- 4000	16	88	Royal	SW.	15	P S •	Htg.	A
5794001- 6000	16	88	Royal	SW.	15	P S •	O.F.	A
5796001- 8000	16	88	No. 24	SW.	11	P S †	Htg.	U
5798001-800000	16	88	No. 24	SW.	16	P S †	O.F.	A
5800001- 4000	16	88	No. 20	SW.	7	P S †	Htg.	U
5804001- 8000	16	88	No. 20	SW.	7	P S †	O.F.	U
5808001- 10000	18	83	No. 3	SW.	11	P S	O.F.	U
5810001- 2000	18	83	No. 3	SW.	11	L S	Htg.	U
5812001- 21000	18	83	No. 1	SW.	7	P S	O.F.	U
5821001- 8000	18	83	No. 1	SW.	7	L S	Htg.	U
5828001- 9000	18	83	No. 15	SW.	15	L S •	Htg.	A
5829001- 30000	18	83	No. 15	SW.	15	P S •	O.F.	A
5830001- 1000	18	83	No. 3	SW.	11	L S	Htg.	U
5831001- 2000	18	83	No. 3	SW.	11	P S	O.F.	U
5832001- 3000	16	88	Royal	SW.	15	P •	Htg.	A
5833001- 4000	16	88	Royal	SW.	15	P S •	O.F.	A
5834001- 7000	16	88	No. 20	SW.	7	P S †	Htg.	U
5837001- 40000	16	88	No. 20	SW.	7	P S †	O.F.	U
5840001- 9000	0	91	Seaside	SW.	7-11	P S		U
5849001- 56000	18	83	No. 1	SW.	7	L S	Htg.	U
5856001- 64000	18	83	No. 1	SW.	7	P S	O.F.	U
5864001- 7000	18	83	No. 15	SW.	15	L S •	Htg.	A
5867001- 9000	18	83	No. 15	SW.	15	P S •	O.F.	A
5869001- 71000	16	88	No. 24	SW.	11	P S †	Htg.	U
5871001- 3000	16	88	No. 24	SW.	11	P S †	O.F.	U
5873001- 7000	16	88	No. 20	SW.	7	P S †	Htg.	U
5877001- 9000	16	88	No. 20	SW.	7	P S †	O.F.	U
5879001- 88000	0	91	Seaside	SW.	7-11	P S		U
5888001- 96000	18	83	No. 1	SW.	7	L S	Htg.	U
5896001-905000	18	83	No. 1	SW.	7	P S	O.F.	U
5905001- 6000	18	83	No. 15	SW.	15	L S •	Htg.	A
5906001- 8000	18	83	No. 3	SW.	11	L S	Htg.	U
5908001- 10000	18	83	No. 3	SW.	11	P S	O.F.	U
5910001- 2000	16	88	Royal	SW.	15	P S •	Htg.	A
5912001- 3000	16	88	Royal	SW.	15	P S •	O.F.	A
5913001- 4000	16	88	No. 24	SW.	11	P S †	Htg.	U
5914001- 5000	16	88	No. 24	SW.	11	P S †	O.F.	U
5915001- 9000	16	88	No. 20	SW.	7	P S †	Htg.	U
5919001- 22000	16	88	No. 20	SW.	7	P S †	O.F.	U
5922001- 5000	14	84	Bd. St.	SW.	7	P S †	O.F.	U
5925001- 35000	6	90	Seaside	SW.	7-11	P S		U
5935001- 42000	18	83	No. 1	SW.	7	L S	Htg.	U
5942001- 50000	18	83	No. 1	SW.	7	P S	O.F.	U
5950001- 3000	18	83	No. 15	SW.	15	L S •	Htg.	A
5953001- 6000	18	83	No. 15	SW.	15	P S •	O.F.	A
5956001- 7000	18	83	No. 3	SW.	11	L S	Htg.	U
5957001- 8000	18	83	No. 3	SW.	11	P S	O.F.	U
5958001- 9000	16	88	Royal	SW.	15	P S •	Htg.	A
5959001- 60000	16	88	No. 24	SW.	11	P S †	Htg.	U
5960001- 1000	16	88	No. 24	SW.	11	P S †	O.F.	U
5961001- 2000	16	88	No. 22	SW.	11	P S †	Htg.	U
5962001- 4000	16	88	No. 20	SW.	7	P S †	Htg.	U
5964001- 5000	16	88	No. 20	SW.	7	P S †	O.F.	U
5965001- 71000	6	90	Seaside	SW.	7-11	P S		U
5971001- 7000	0	91	Seaside	SW.	7-11	P S		U
5977001- 9000	14	84	Hillside	SW.	7-13	P S †	O.F.	U
5979001- 86000	18	83	No. 1	SW.	7	L S	Htg.	U
5986001- 94000	18	83	No. 1	SW.	7	P S	O.F.	U
5994001- 5000	18	83	No. 15	SW.	15	L S •	Htg.	A
5995001- 6000	18	83	No. 15	SW.	15	P S •	O.F.	A
5996001- 8000	18	83	No. 83	SW.	15	L S	Htg.	A
5998001- 9000	18	83	No. 83	SW.	15	P S	O.F.	A
5999001- 300	0	91	Seaside	SW.	11	P S		U
5999301- 13	16	88	No. 20	SW.	7	P S †	O.F.	U
5999314- 50	16	88	Riverside	SW.	15	P S •	O.F.	P
5999351- 400	16	88	No. 20	SW.	7	P S †	O.F.	U
5999401- 522	6	90	Seaside	SW.	7-11	P S		U
5999523- 30	6	90	"W"&"K"	SW.	11-15	P S †		U-A

• Patent Regulator-Breguet Spring. † Breguet Spring.

Serial Number.	Size.	Model.	Grade.	Jewels.	Setting.	Style.	Grade of Material.
5999531- 999	16	88	Special	15	P S †	Htg.	A
6000000- 1000	16	88	Amn W.Co.	17	P S •		P
6001001- 2000	18	83	A.T.&Co.	15	L S •	Htg.	P
6002001- 3000	18	83	A.T.&Co.	15	P S •	O.F.	P
6003001- 4000	18	83	Cres.St.	15	L S •	Htg.	P
6004001- 5000	18	83	Cres.St.	15	P S •	O.F.	P
6005001- 7000	18	83	A.T.&Co.	15	P S •	O.F.	P
6007001- 9000	18	83	A.T.&Co.	15	L S •	Htg.	P
6009001- 10000	16	88	Riverside	15	P S •	Htg.	P
6010001- 1000	16	88	Riverside	15	P S •	O.F.	P
6011001- 6000	6	90	Special	15–17	P S †		A
6016001- 7000	6	90	"H"	11	P S †		U
6017001- 9000	18	83	Cres.St. / A.T.&Co.	15	P S •	O.F.	P
6019001- 20000	18	83	Cres.St.	15	L S •	Htg.	P
6020001- 1000	0	91	Special	16–17	P S †		P
6021001- 2000	0	91	No. 68	15	P S †		A
6022001- 3000	0	91	No. 66	11	P S †		U
6023001- 4000	18	83	A.T.&Co.	15	L S •	Htg.	P
6024001- 5000	18	83	A.T.&Co.	15	P S •	O.F.	P
6025001- 500	18	83	Cres.St.	15	L S •	Htg.	P
6025501- 6000	18	83	Cres.St.	15	P S •	O.F.	P
6026001- 7000	18	92	Vanguard	17	L S •	Htg.	P
6027001- 8000	18	92	Vanguard	17	P S •	O.F.	P
6028001- 500	16	88	Am.W.Co.	17	P S •		P
6028501- 9000	16	88	Riverside	16	P S •	O.F.	P
6029001- 30500	16	88	Riverside	15	P S •	Htg.	P
6030501- 1000	16	88	Riverside	15	P S •	O.F.	P
6031001- 2000	6	90	Riverside	17	P S †		P
6032001- 4000	6	90	"H"	11	P S †		U
6034001- 5000	18	83	A.T.&Co.	15	P S •	O.F.	P
6035001- 500	18	83	Cres.St.	15–17	L S •	Htg.	P
6035501- 6000	18	83	Cres.St.	15	P S •	O.F.	P
6036001- 500	16	88	Riverside	15	P S •	Htg.	P
6036501- 7000	16	88	Riverside	15	P S •	O.F.	P
6037001- 8000	16	88	Riverside	15	P S •	Htg.	P
6038001- 500	18	83	Cres.St.	17	L S •	Htg.	P
6038501- 9000	18	83	Cres.St.	17	P S •	O.F.	P
6039001- 42000	0	91	Special	15–17	P S †		A
6042001- 3000	18	83	No. 83	15	P S	O.F.	A
6043001- 6000	14	F. P.	Home	7	K W†		U
6046001- 7000	16	88	No. 22	11	P S †	Htg.	U
6047001- 9000	16	88	No. 20	7	P S †	Htg.	U
6049001- 51000	16	88	No. 20	7	P S †	O.F.	U
6051001- 7000	6	90	Seaside	7–11	P S		U
6057001- 63000	0	90	Seaside	7–11	P S		U
6063001- 73000	18	83	No. 1	7	L S	Htg.	U
6073001- 81000	18	83	No. 1	7	P S	O.F.	U
6081001- 3000	18	83	P.S.B.	15	L S •	Htg.	A
6083001- 5000	18	83	No. 15 / P.S.B.	15	P S •	O.F.	A
6085001- 6000	18	83	No. 83	11	L S	Htg.	A
6086001- 7000	18	83	No. 83	11	P S	O.F.	A
6087001- 8000	16	88	No. 24	15	P S †	Htg.	A
6088001- 9000	16	88	No. 24	11	P S †	O.F.	A
6089001- 90000	16	88	No. 20	7	P S †	Htg.	U
6090001- 2000	16	88	No. 20	7	P S †	O.F.	U
6092001- 8000	6	90	Seaside	7–11	P S		U
6098001-105000	0	91	Seaside	7–11	P S		U
6105001- 6000	18	83	No. 81	15	L S	Htg.	U
6106001- 7000	18	83	No. 81	15	P S	O.F.	U
6107001- 13000	18	83	No. 1	7	L S	Htg.	U
6113001- 9000	18	83	No. 1	7	P S	O.F.	U
6119001- 20000	18	83	P.S.B.	15	L S •	Htg.	A
6120001- 1000	18	83	P.S.B.	15	P S •	O.F.	A
6121001- 3000	18	83	No. 83	15	L S	Htg.	A
6123001- 4000	18	83	No. 83	15	P S	O.F.	A
6124001- 5000	16	88	Royal	17	P S •	Htg.	A
6125001- 6000	16	88	Royal	17	P S •	O.F.	A
6126001- 7000	16	88	No. 24	15	P S †	Htg.	A
6127001- 8000	16	88	No. 24	15	P S †	O.F.	A
6128001- 31000	16	88	Nos. 20–22	7–11	P S †	Htg.	U
6131001- 3000	16	88	No. 20	7	P S †	O.F.	U
6133001- 42000	6	90	Seaside	7–11	P S		U
6142001- 6000	0	91	No. 60	7	P S		U

Serial Number.	Size.	Model.	Grade.	Jewels.	Setting.	Style.	Grade of Material.
6146001- 8000	18	83	No. 81	15	L S	Htg.	U
6148001- 56000	18	83	No. 1	7	L S	Htg.	U
6156001- 3000	18	83	No. 1	7	P S	O.F.	U
6163001- 5000	18	83	No. 83	15	L S	Htg.	A
6165001- 7000	18	83	No. 83	15	P S	O.F.	A
6167001- 8000	16	88	Royal	17	P S •	Htg.	A
6168001- 72000	16	88	Nos. 22–20	7–11	P S †	Htg.	U
6172001- 4000	16	88	No. 20	7	P S †	O.F.	U
6174001- 84000	6	90	Seaside	7–11	P S		U
6184001- 91000	0	91	Seaside	7–11	P S		U
6191001- 2000	18	83	No. 81	15	L S	Htg.	U
6192001- 3000	18	83	No. 81	15	P S	O.F.	U
6193001-200000	18	83	No. 1	7	L S	Htg.	U
6200001- 6000	18	83	No. 1	7	P S	O.F.	U
6206001- 8000	18	83	No. 83	15	L S	Htg.	A
6208001- 9000	18	83	No. 83	15	P S	O.F.	A
6209001- 12000	14	F. P.	Home	7	K W†		U
6212001- 4000	16	88	Royal	15–17	P S •	Htg.	A
6214001- 6000	16	88	No. 24	11	P S †	Htg.	U
6216001- 7000	16	88	No. 24	11	P S †	O.F:	U
6217001- 9000	16	88	No. 22	11	P S †	Htg.	U
6219001- 20000	16	88	No. 22	11	P S †	O.F.	U
6220001- 3000	16	88	No. 20	7	P S †	Htg.	U
6223001- 6000	16	88	No. 20	7	P S †	O.F.	U
6226001- 33000	6	90	Seaside	7–11	P S		U
6233001- 8000	0	91	Seaside	7–11	P S		U
6238001- 9000	18	83	No. 81	15	L S	Htg.	U
6239001- 40000	18	83	No. 81	15	P S	O.F.	U
6240001- 7000	18	83	No. 1	7	L S	Htg.	U
6247001- 54000	18	83	No. 1	7	P S	O.F.	U
6254001- 6000	18	83	Nos. 83–84	15	L S	Htg.	A
6256001- 8000	18	83	No. 83	15	P S	O.F.	A
6258001- 60000	16	88	Royal	15	P S •	Htg.	A
6260001- 4000	16	88	Nos. 20–24	7–11	P S †		U
6264001- 6000	16	88	No. 20	7	P S †	O.F.	U
6266001- 8000	14	84	Bd.St.	7	P S †	O.F.	U
6268001- 9000	6	90	Royal	16	P S		A
6269001- 75000	6	90	Seaside	7–11	P S		U
6275001- 81000	0	91	Seaside	7–11	P S		U
6281001- 6000	16	88	No. 20	7	P S †	Htg.	U
6286001- 91000	16	88	No. 20	7	P S †	O.F.	U
6291001- 6000	6	90	"J"	7	P S		U
6296001-299500	0	91	No. 60	7	P S		U
6299501-300000	14	84	Riverside	15	P S •	O.F.	P
6300001- 2000	14	84	Hillside	7–9	P S †	O.F.	U
6302001- 4000	0	91	Am.W.Co.	7	P S †		U
6304001- 9000	16	88	No. 20	7	P S †	Htg.	U
6309001- 14000	16	88	No. 20	7	P S †	O.F.	U
6314001- 6000	16	88	No. 23	15	P S †	O.F.	A
6316001- 9000	16	88	No. 21	15	P S †	Htg.	U
6319001- 23000	16	88	No. 21	15	P S †	O.F.	U
6323001- 5000	16	88	No. 23	15	P S †	Htg.	A
6325001- .7000	16	88	No. 23	15	P S †	O.F.	A
6327001- 8000	16	88	No. 21	15	P S †	Htg.	U
6328001- 33000	16	88	No. 20	7–13	P S †	Htg.	U
6333001- 8000	16	88	No. 20	7	P S †	O.F.	U
6338001- 44000	6	90	"J"	7	P S		U
6344001- 50000	0	91	No. 60	7	P S		U
6350001- 2000	18	83	No. 84	15	L S •	Htg.	A
6352001- 3000	18	83	No. 3	11	P S	O.F.	U
6353001- 5000	18	83	No. 84	15	P S •	O.F.	A
6355001- 60000	16	88	No. 20	7	P S †	Htg.	U
6360001- 5000	16	88	No. 20	7	P S †	O.F.	U
6365001- 70000	6	90	Seaside	7–11	P S		U
6370001- 8000	0	91	Seaside	7–11	P S		U
6378001- 81000	18	83	No. 1	7	L S	Htg.	U
6381001- 6000	18	83	Nos. 1–3	7–11	P S	O.F.	U
6386001- 7000	14	84	Hillside	11	†	O.F.	U
6387001- 92000	16	88	No. 20	7	P S †	Htg.	U
6392001- 7000	16	88	No. 20	7	P S †	O.F.	U
6397001-403000	6	90	Seaside	7–11	P S		U
6403001- 14000	0	91	Seaside	7–11	P S		U
6414001- 17000	18	83	No. 1	7	L S	Htg.	U
6417001- 22000	18	83	No. 1	7	P S	O.F.	U
6422001- 3000	6	90	A.W.Co.	7	P S †		U

• Patent Regulator–Breguet Spring. † Breguet Spring.

Serial Number.	Size.	Model.	Grade.	Jewels.	Setting.	Style.	Grade of Material.
6423001- 6000	16	88	No. 20	7	P S †	Htg.	U
6426001- 9000	16	88	No. 20	7	P S †	O.F.	U
6429001- 31000	14	84	A.W.Co.	7	L S †	Htg.	U
6431001- 2000	14	84	Bd. St.	7		O.F.	U
6432001- 41000	6	90	Seaside	7-11	P S		U
6441001- 9000	0	91	Seaside	7-11	P S		U
6449001- 50000	16	88	No. 22	11	P S †	Htg.	U
6450001- 1000	16	88	No. 22	11	P S †	O.F.	U
6451001- 4000	16	88	No. 20	7	P S †	Htg.	U
6454001- 7000	16	88	No. 20	7-11	P S †	O.F.	U
6457001- 64000	6	90	Seaside	7-11	P S		U
6464000- 71000	0	91	Seaside	7-11	P S		U
6471001- 2000	18	83	P.S.B.	15	L S *	Htg.	A
6472001- 3000	18	83	No. 84	15	L S *	Htg.	A
6473001- 4000	18	83	No. 84	15	P S *	O.F.	A
6474001- 7000	18	83	No. 1	7	L S	Htg.	U
6477001- 80000	18	83	No. 1	7	P S	O.F.	U
6480001- 1000	0	91	A.W.Co.	7	P S †		U
6481001- 2000	16	88	No. 22	11	P S †	O.F.	U
6482001- 6000	16	88	No. 20	7	P S †	Htg.	U
6486001- 9000	16	88	No. 20	7	P S †	O.F.	U
6489001- 95000	6	90	Seaside	7	P S †		U
6495001- 100	16	88	Riverside	15	P S *		P
6495101- 300	16	88	Royal	15	P S *		A
6495301- 400	16	88	Riverside	15-17	P S *	Htg.	P
6495401- 500	16	88	No. 24	11	P S †	Htg.	U
6495501- 600	16	88	No. 24	11	P S †	O.F.	U
6495601- 6300	6	90	Seaside	11-16	P S		U
6496301- 600	0	91	Special	11-15	P S		U
6496601- 7100	0	91	Seaside	7-11	P S		U
6497101- 200	16	88	Riverside	15-17	P S *	Htg.	P
6497201- 300	16	88	Riverside	15-17	P S *	O.F.	P
6497301- 500	16	88	Royal	15-17	P S *	Htg.	A
6497501- 700	16	88	Royal	15	P S *	O.F.	A
6497701- 900	16	88	No. 24	15	P S †	Htg.	A
6497901- 8000	16	88	No. 24	15	P S †	O.F.	A
6498001- 100	16	88	No. 20	7	P S †	Htg.	U
6498101- 200	6	90	"K"	15	P S †		A
6498201- 300	6	90	Seaside	11	P S		U
6498301-500000	0	91	Special	7-11	P S †		U
6500001- 500	16	88	A.W.Co.	17	P S *	O.F.	P
6500501- 1000	16	88	A.W.Co.	17	P S *	Htg.	P
6501001- 2000	18	83	No. 40	15	L S *	Htg.	A
6502001- 3000	18	83	No. 40	15	P S *	O.F.	A
6503001- 6000	0	91	Lady Wal.	11-17	P S †		A
6506001- 500	16	88	Riverside	17	P S *	Htg.	P
6506501- 7000	16	88	Riverside	17-21	P S *	O.F.	P
6507001- 8000	6	90	"K"	15	P S †		A
6508001- 9000	16	88	Riverside	15	P S *	Htg.	P
6509001- 10000	16	88	Riverside	15	P S *	O.F.	P
6510001- 1000	6	90	Seaside	11	P S †		U
6511001- 4000	0	91	Special	15-17	P S †		A
6514001- 500	18	83	C. St.	17	L S *	Htg.	P
6514501- 5000	18	83	C. St.	17	P S *	O.F.	P
6515001- 6000	16	88	Riverside	15	P S *	Htg.	P
6516001- 8000	16	88	Riverside	15	P S *	O.F.	P
6518001- 20000	6	90	"K"	15-16	P S †		A
6520001- 1000	6	90	"H"	11	P S †		U
6521001- 3000	0	91	Special	16-17	P S †		P
6523001- 4000	0	91	No. 65	15	P S †		A
6524001- 5000	0	91	No. 66	11	P S †		U
6525001- 500	16	88	No. 28	15	P S *	Htg.	A
6525501- 700	16	88	Maximus	21	P S *	O.F.	P
6525701- 6000	16	88	Special	11-16	P S *	O.F.	A
6526001- 7000	16	88	Riverside	15	P S *	Htg.	P
6527001- 8000	16	88	Riverside	15	P S *	O.F.	P
6528001- 31000	6	90	Royal	15	P S †		A
6531001- 2000	0	91	No. 65	15	P S †		A
6532001- 4000	0	91	Special	11-16	P S †		A
6534001- 7000	18	83	A.T.& Co.	15	L S *	Htg.	P
6537001- 9000	18	83	A.T.& Co.	15	P S *	O.F.	P
6539001- 40000	16	88	Riverside	15	P S *	Htg.	P
6540001- 1000	16	88	Riverside	15	P S *	O.F.	P
6541001- 5000	6	90	Special	11-16	P S †		A
6545001- 6000	0	91	Special	11-16	P S †		U

Serial Number.	Size.	Model.	Grade.	Jewels.	Setting.	Style.	Grade of Material.
6546001- 7000	18	83	P.S.B.	17	L S *	Htg.	A
6547001- 100	16	88	Riverside	17	P S *	Htg.	P
6547101- 900	16	88	No. 28	15	P S *	Htg.	A
6547901- 8000	16	88	Riverside	17	P S *	Htg.	P
6548001- 9000	0	91	Royal	16	P S †		A
6549001- 51500	18	83	A.T.& Co.	15	L S *	Htg.	P
6551501- 2000	18	83	A.T.& Co.	15	P S *	O.F.	P
6552001- 3000	16	88	Riverside	15	*	Htg.	P
6553001- 4000	6	90	Royal	11-16	†		A
6554001- 500	18	83	P.S.B.	17	L S *	Htg.	A
6554501- 5000	18	83	P.S.B.	17	P S *	O.F.	A
6555001- 7000	16	88	Riverside	17	P S *	Htg.	P
6557001- 8000	16	88	Riverside	15	P S *	O.F.	P
6558001- 9000	6	90	Seaside	11	P S †		U
6559001- 60000	0	91	Royal	16	P S †		A
6560001- 2000	16	88	Riverside	15	P S *	O.F.	P
6562001- 3000	16	88	Riverside	17	P S *	Htg.	P
6563001- 500	16	88	Riverside	17	P S *	O.F.	P
6563501- 4000	16	88	{Royal / Riverside}	15-17	P S *	O.F.	A-P
6564001- 70000	0	91	No. 60	7	P S		U
6570001- 2000	18	83	No. 1	7	L S	Htg.	U
6572001- 5000	18	83	No. 1	7	P S	O.F.	U
6575001- 7000	18	83	No. 1	7	K W	Htg.	U
6577001- 500	18	83	No. 81	15	†	O.F.	U
6577501- 81000	18	83	Am.W.Co.	11	K W†		U
6581001- 3000	16	88	No. 20	7	P S †	O.F.	U
6583001- 8000	14	84	B.St.	7	L S †	Htg.	U
6588001- 94000	6	90	"J"	7	P S		U
6594001-602000	0	91	Seaside	7-11	P S		U
6602001- 3000	18	83	P.S.B.	17	P S *	O.F.	A
6603001- 5500	18	83	No. 1	7	L S	Htg.	U
6605501- 7500	18	83	No. 1	7	P S	O.F.	U
6607501- 9000	18	83	Export	7-11	K W*		U
6609001- 12000	14	F.P.	Home	7	K W†		U
6612001- 4000	14	84	Hillside	7	P S †	O.F.	U
6614001- 5000	16	88	Riverside	17	P S †	O.F.	P
6615001- 8000	16	88	No. 20	7	P S †	Htg.	U
6618001- 22000	16	88	No. 20	7	P S †	O.F.	U
6622001- 4000	14	84	B.St.	7	P S †	O.F.	U
6624001- 30000	6	90	"J"	7	P S		U
6630001- 8000	0	91	No. 60	7	P S		U
6638001- 40000	14	F.P.	Export	7	K W†		U
6640001- 6000	6	90	"J"	7	P S		U
6646001- 9000	0	91	Seaside	7	P S		U
6649001- 50000	16	88	No. 28	15	P S †	O.F.	A
6650001- 1000	16	88	No. 20	7	P S †	Htg.	U
6651001- 5000	16	88	No. 20	13	P S †	O.F.	U
6655001- 63000	6	90	Seaside	7-11	P S		U
6663001- 9000	0	91	Seaside	7-11	P S		U
6669001- 70000	18	83	P.S.B.	17	L S *	Htg.	A
6670001- 2000	18	83	No. 84	15	P S *	O.F.	A
6672001- 5000	18	83	No. 1	7	L S	Htg.	U
6675001- 9000	18	83	No. 1	7	P S	O.F.	U
6679001- 82000	16	88	No. 20	7	P S †	Htg.	U
6682001- 6000	16	88	No. 20	7	P S †	O.F.	U
6686001- 94000	6	90	Seaside	7-11	P S		U
6694001-702000	0	91	Seaside	7-11	P S		U
6702001- 3000	18	83	P.S.B.	17	P S *	O.F.	A
6703001- 5000	18	83	No. 87	17	L S †	Htg.	A
6705001- 8000	18	83	No. 84	15	P S *	O.F.	A
6708001- 10000	18	83	No. 81	15	P S	O.F.	U
6710001- 3000	18	83	No. 1	7	L S	Htg.	U
6713001- 7000	18	83	Sterling	7	P S	O.F.	U
6717001- 8000	14	84	Hillside	11	†	O.F.	U
6718001- 9000	16	88	No. 28	15	P S †	O.F.	A
6719001- 20000	16	88	No. 20	7	P S †	Htg.	U
6720001- 2000	16	88	No. 20	7	P S †	O.F.	U
6722001- 3000	14	84	B.St.	7		O.F.	U
6723001- 4000	6	90	"K"	16	P S †		A
6724001- 8000	6	90	"L"&"W"	11	P S		U
6728001- 36000	6	90	Seaside	7	P S	Htg.	U
6736001- 45000	0	91	Seaside	7-11	P S	Htg.	U
6745001- 6000	18	83	P.S.B.	17	P S *	O.F.	A
6746001- 50000	18	83	Sterling	7	P S	O.F.	U

* Patent Regulator-Breguet Spring. † Breguet Spring.

Serial Number.	Size.	Model.	Grade.	Jewels.	Setting.	Style.	Grade of Material.
6750001- 6000	6	90	Seaside	7	P S	Htg.	U
6756001- 61000	0	91	Seaside	7	P S	Htg.	U
6761001- 76000	6	90	Seaside	7-15	P S	Htg.	U
6776001- 87000	0	91	Seaside	7-15	P S		U
6787001- 93000	18	83	Sterling	7	P S	O.F.	U
6793001- 8000	14	F.P.	Export	7	K W†		U
6798001- 9000	6	90	Export	7	†		U
6799001-809000	6	90	"J"	7	P S	Htg.	U
6809001- 18000	0	91	Seaside	7-11	P S		U
6818001- 23000	14	95	B.St.	7	P S †	O.F.	U
6823001- 8000	18	83	Sterling	7	P S	O.F.	U
6828001- 33000	14	84	Bd. St.	7	P S †	O.F.	U
6833001- 8000	14	95	B.St.	7	P S †	O.F.	U
6838001- 48000	6	90	Seaside	7-11	P S	Htg.	U
6848001- 53000	0	91	Seaside	7	P S		U
6853001- 5000	18	83	No. 84	15	L S *	Htg.	A
6855001- 8000	18	83	No. 84	15	P S *	O.F.	A
6858001- 63000	18	83	Sterling	7	P S	O.F.	U
6863001- 8000	18	83	Broadway	7	K W		U
6868001- 73000	14	95	B.St.	7	P S	O.F.	U
6873001- 81000	6	90	Seaside	7-15	P S		U
6881001- 6000	0	91	No. 60	7	P S		U
6886001- 9000	18	83	P.S.B.	17	P S †	O.F.	A
6889001- 91000	18	83	Nos. 83-84	15	L S *	Htg.	A
6891001- 5000	18	83	No. 1	7	P S	O.F.	U
6895001-900000	18	83	Broadway	7	K W		U
6900001- 5000	14	84	B.St.	7	L S †	Htg.	U
6905001- 6500	6	90	Export	7	P S †		U
6906501- 8000	0	91	Export	7-11	P S †		U
6908001- 9000	16	88	Riverside	17	P S *	Htg.	P
6909001- 10000	16	88	Riverside	17	P S *	O.F.	P
6910001- 4000	6	90	Seaside	11-15	P S		U
6914001- 5700	6	90	Seaside	15	P S †		U
6915701- 800	6	90	Riverside	19	P S †		P
6915801- 24000	6	90	"J"	7-15	P S	Htg.	U
6924001- 34000	0	91	Seaside	7-15	P S	Htg.	U
6934001- 5000	18	83	P.S.B.	17	L S *	Htg.	A
6935001- 6000	18	83	P.S.B.	17	P S *	O.F.	A
6936001- 7000	18	83	No. 81	15	P S	O.F.	U
6937001- 42000	18	83	No. 1	7	P S	O.F.	U
6942001- 6000	18	83	A.W.Co.	7	K W		U
6946001- 9000	14	F.P.	Export	7	K W†		U
6949001- 52000	16	88	Bond St.	7	P S †	O.F.	U
6952001- 4000	6	90	"N"	15	P S		U
6954001- 62000	6	90	Seaside	7	P S		U
6962001- 70000	0	91	Seaside	7	P S		U
6970001- 4000	18	83	Sterling	7	P S	O.F.	U
6974001- 8000	18	83	A.W.Co.	7	K W†		U
6978001- 83000	14	F.P.	Export	7	K W†		U
6983001- 4000	16	88	No. 22	13	P S †	Htg.	U
6984001- 5000	16	88	Riverside	17	P S *	Htg.	P
6985001- 6000	16	88	Riverside	17	P S *	O.F.	P
6986001- 7000	16	88	No. 28	15	P S *	O.F.	A
6987001- 9000	16	88	Bond St.	7	P S *	Htg.	U
6989001- 91000	16	88	No. 20	7	P S *	O.F.	U
6991001- 700	14	95	Am.W.Co.	7	P S †	Htg.	U
6991701- 800	14	95	Bd.St.	7	P S †	O.F.	U
6991801- 2100	14	95	Am.W.Co.	7	P S	Htg.	U
6992101- 3100	14	95	Bd.St.	7	P S †	Htg.	U
6993101- 4000	14	95	Bd.St.	7	P S †	O.F.	U
6994001- 600	14	95	Bd. St.	7	P S †	Htg.	U
6994601- 700	14	95	Bd.St.	7	P S †	O.F.	U
6994701- 5100	14	95	Bd.St.	7	P S †	Htg.	U
6995101- 800	16	88	No. 20	7	P S †	Htg.	U
6995801- 6000	16	88	Royal	15	P S *	Htg.	A
6996001-7000000	6	90	Seaside	7	P S		U
7000001- 500	16	88	Special	21	P S *	Htg.	P
7000501- 1000	16	88	Special	21	P S *	O.F.	P
7001001- 2000	18	92	Vanguard	21	L S *	Htg.	P
7002001- 3000	18	92	Vanguard	21	P S *	O.F.	P
7003001- 50	16	88	A.W.Co.	21	P S *	Htg.	P
7003051- 400	16	88	No. 28	15	P S †	Htg.	A
7003401- 600	16	88	Maximus	21	P S *	Htg.	P
7003601- 700	16	88	No. 28	15	P S †	Htg.	A
7003701- 4000	16	88	A.W.Co.	21	P S *	O.F.	P
7004001- 5000	18	92	Vanguard	21	L S *	Htg.	P
7005001- 6000	18	92	A.T.&Co.	17	P S *	O.F.	P
7006001- 7000	18	92	Special	17	L S *	Htg.	P
7007001- 8000	18	92	C. St.	21	P S *	O.F.	P
7008001- 9000	16	88	Riverside	17	P S *	Htg.	P
7009001- 10000	6	90	"K"	16	P S †		A
7010001- 1000	18	92	Vanguard	21	L S *	Htg.	P
7011001- 2000	18	92	Vanguard	21	P S *	O.F.	P
7012001- 3000	16	88	Riverside	17	P S *	O.F.	P
7013001- 100	18	92	Vanguard	21	L S *	Htg.	P
7013101- 4000	18	92	Riverside	17	L S *	Htg.	P
7014001- 500	18	92	C. St.	21	L S *	Htg.	P
7014501- 5000	18	92	C. St.	21	P S *	O.F.	P
7015001- 6000	16	88	Riverside	17	P S *	Htg.	P
7016001- 7000	6	90	"K"	16	P S †		A
7017001- 8000	18	92	C. St.	21	L S *	Htg.	P
7018001- 600	18	92	Vanguard	21	P S *	O.F.	P
7018601- 973	18	92	Special	17	P S *	O.F.	A
7018974- 9000	18	92	Vanguard	21	P S *	O.F.	P
7019001- 20000	6	90	Riverside	17	P S *		P
7020001- 1000	16	88	Riverside	17	P S *	O.F.	P
7021001- 2000	18	92	Vanguard	21	L S *	Htg.	P
7022001- 5000	18	92	Vanguard	21	P S *	O.F.	P
7025001- 500	18	92	Vanguard	21	L S *	Htg.	P
7025501- 6000	18	92	A.T.& Co.	17	L S *	Htg.	P
7026001- 7000	18	92	Vanguard	17	P S *	O.F.	P
7027001- 33000	6	90	Seaside	7	P S		U
7033001- 41000	0	91	No. 60	7	P S		U
7041001- 500	18	83	A.T.& Co.	17	P S †	O.F.	P
7041501- 2000	18	83	P.S.B.	17	P S †	O.F.	A
7042001- 8000	18	83	Sterling	7	P S	O.F.	U
7048001- 57000	18	83	Am.W.Co.	7	K W†		U
7057001- 62000	14	F.P.	Export	7	K W†		U
7062001- 7007	16	88	Royal	15-17	P S *	Htg.	A
7067008- 462	16	88	Royal	15	P S *	O.F.	A
7067462- 91	16	88	No. 640	15	P S *	O.F.	A
7067493- 70000	16	88	Royal Spec.	17	P S *	O.F.	A
7070001- 2000	16	88	Bd.St.	7	P S	Htg.	U
7072001- 3000	14	95	Night C.	7	K W		U
7073001- 4000	12	94	Riverside	17	P S *	Htg.	P
7074001- 5000	12	94	Riverside	17	P S *	O.F.	P
7075001- 6000	12	94	Royal	17	P S *	Htg.	A
7076001- 7000	12	94	Riverside	17	P S *	O.F.	P
7077001- 9800	6	90	"N"	11			U
7079801- 900	6	90	Special	7-17			U-A
7079901- 85000	6	90	Seaside	7-11	P S *	Htg.	U
7085001- 93000	0	91	Seaside	7	P S		U
7093001- 4000	18	83	P.S.B.	17	L S *	Htg.	A
7094001- 5000	18	83	P.S.B.	17	P S *	O.F.	A
7095001- 6000	18	83	No. 87	17	P S *	O.F.	A
7096001- 8000	18	83	No. 81	15	P S	O.F.	U
7098001- 100000	18	83	Sterling	7-11	P S	O.F.	U
7100001- 1000	14	95	Hillside	7	P S †	Htg.	U
7101001- 2000	6	90	Export	7	K W†		U
7102001- 3000	0	91	Export	7	P S †		U
7103001- 4000	16	88	Riverside	17	P S *	O.F.	P
7104001- 7000	16	88	No. 28	15	P S *	Htg.	A
7107001- 8000	16	88	No. 28	15	P S *	O.F.	A
7108001- 12000	16	88	Bd. St.	7	P S †	Htg.	U
7112001- 4000	16	88	Bd.St.	7	P S †	O.F.	U
7114001- 5000	12	94	Riverside	17	P S *	Htg.	P
7115001- 6000	12	94	Riverside	17	P S *	O.F.	P
7116001- 500	12	94	Riverside	17	P S *	Htg.	P
7116501- 700	12	94	Maximus	21	P S *	Htg.	P
7116701- 8000	12	94	Royal	17	P S *	Htg.	A
7118001- 20000	12	94	Royal	17	P S *	O.F.	A
7120001- 6000	6	90	Seaside	7	P S		U
7126001- 8300	0	91	Special	7-15	P S		U-A
7128301- 30100	0	91	No. 60	7	P S		U
7130101- 2000	0	91	Special	7-15	P S		U-A
7132001- 3000	18	83	P.S.B.	17	L S *	Htg.	A
7133001- 5000	18	83	P.S.B.	17	P S *	O.F.	A
7135001- 6000	18	83	P.S.B.	17	L S *	Htg.	A
7136001- 7000	18	83	Special	17	P S *	O.F.	A
7137001- 9000	18	83	No. 81	15	P S *	O.F.	U

* Patent Regulator–Breguet Spring. † Breguet Spring.

Serial Number.	Size.	Model.	Grade.	Jewels.	Setting.	Style.	Grade of Material
7139001– 43000	18	83	Sterling	7	P S	O.F.	U
7143001– 4000	14	95	Hillside	13	P S †	Htg.	U
7144001– 5000	14	95	Hillside	13	P S †	O.F.	U
7145001– 6000	14	95	Hillside	11	P S †	Htg.	U
7146001– 7000	14	95	Hillside	11	P S †	O.F.	U
7147001– 9000	16	88	No. 28	15	P S *	Htg.	A
7149001– 50000	16	88	No. 28	15	P S *	O.F.	A
7150001– 4000	16	88	Special	7–11	P S †	Htg.	U
7154001– 7000	16	88	No. 20	7	P S	O.F.	U
7157001– 8000	12	94	Maximus	21	P S *	Htg.	P
7158001– 200	12	94	Maximus	21	P S *	O.F.	P
7158201– 9000	12	94	Riverside	17	P S *	O.F.	P
7159001– 60000	12	94	No. 250	17	P S *	Htg.	P
7160001– 1000	12	94	Maximus	21	P S *	O.F.	P
7161001– 500	6	90	Maximus	19	P S *		P
7161501– 4000	6	90	{Lady W. Royal}	16–17	P S *		A
7164001– 5000	0	91	Riverside	17	P S *		P
7165001– 700	0	91	Maximus	19	P S *		P
7165701– 6000	0	91	Lady W.	16	P S *		A
7166001– 8000	0	91	Royal	16	P S *		A
7168001– 72700	0	91	No. 60	7	P S		U
7172701– 800	0	91	Special	15	P S †	Htg.	A
7172801– 4400	0	91	No. 60	7	P S		U
7174401– 500	0	91	Special	15	P S †	Htg.	A
7174501– 6000	0	91	No. 60	7	P S		U
7176001– 7000	18	83	No. 84	15	L S *	Htg.	A
7177001– 81000	18	83	A.W.Co.	7	K W†		U
7181001– 2000	14	F.P.	A.W.Co.	7	K W†		U
7182001– 5000	18	83	A.W.Co.	7	K W†		U
7185001– 8000	16	88	Bond St.	7	P S †	Htg.	U
7188001– 92000	16	88	Bond St.	7	P S †	O.F.	U
7192001– 5000	6	90	{Lady W. Royal}	16	P S *	Htg.	A
7195001– 6800	0	91	Lady Wal.	15–16	P S *		A
7196801– 7000	0	91	Maximus	19	P S *		P
7197001– 201000	0	91	{Lady Wal. Royal}	16	P S *		A
7201001– 3000	0	91	No. 65	15	P S †		A
7203001– 11000	0	91	Special	7–11	P S †		U
7211001– 1900	18	83	No. 84	15	P S *	O.F.	A
7211901– 2000	18	83	A.T.&Co.	15	P S *	O.F.	P
7212001– 500	18	83	No. 81	15	L S †	Htg.	U
7212501– 3000	18	83	P.S.B.	17	L S *	Htg.	A
7213001– 21000	18	83	No. 1	7	L S	Htg.	U
7221001– 3000	18	83	Nos. 1–3	7–11	P S	O.F.	U
7223001– 4000	6	90	A.W.Co.	7	K W†		U
7224001– 6000	6	90	Am.W.Co.	7	P S †		U
7226001– 8000	0	91	Am.W.Co.	7	P S †		U
7228001– 9800	16	88	Nos. 24–28	11–15	P S *	O.F.	A
7229801– 900	16	88	Special	16	P S *	O.F.	A
7229901– 30000	16	88	No. 28	15	†	O.F.	A
7230001– 2000	16	88	No. 20	7	P S †	Htg.	U
7232001– 4000	16	88	No. 20	7	P S †	O.F.	U
7234001– 6000	16	88	Special	7–11	P S †	Htg.	U
7236001– 8000	16	88	Traveler	7	P S †	O.F.	U
7238001– 100	6	90	"Y"	7	P S †		U
7238101– 200	6	90	"K"	16	P S †		A
7238201– 41000	6	90	Seaside	7–15	P S †		U
7241001– 4000	0	91	No. 61	7	P S †		U
7244001– 6000	18	83	P.S.B.	17	P S *	O.F.	A
7246001– 7000	18	83	P.S.B.	15	L S *	Htg.	A
7247001– 55000	18	83	Sterling	7	L S †	Htg.	U
7255001– 9000	18	83	Sterling	7	P S †	O.F.	U
7259001– 60000	16	88	Bd. St.	13	P S †	O.F.	U
7260001– 3000	14	95	Hillside	11–13	P S †		U
7263001– 6000	14	F.P.	Bd.St.	7	K W†		U
7266001– 8000	14	95	Bd.St.	7	P S †	Htg.	U
7268001– 70000	14	95	Bd. St.	7	P S †	O.F.	U
7270001– 1000	0	91	Am.W.Co.	11	P S †		U
7271001– 3000	16	88	Bd.St.	7–11	P S †	O.F.	U
7273001– 800	12	94	Royal	17	P S *	Htg.	A
7273801 – 5000	12	94	Riverside	17–19	P S *	Htg.	P
7275001 – 7000	12	94	Riverside	17–19	*	O.F.	P
7277001 – 9000	12	94	Royal	17	P S *	Htg.	A

Serial Number.	Size.	Model.	Grade.	Jewels.	Setting.	Style.	Grade of Material
7279001– 900	12	94	Royal	17	P S *	O.F.	A
7279901– 80000	12	94	Riverside	17	P S *	O.F.	P
7280001– 1000	12	94	Royal	17	P S *	O.F.	A
7281001– 2000	6	90	Seaside	11–15	P S †		U
7282001– 3000	0	91	Riverside	16–17	P S *		P
7283001– 4000	0	91	Special	15–19	P S *		A
7284001– 7000	0	91	Special	11–15	P S *		A
7287001– 92000	0	91	Seaside	7	P S		U
7292001– 4000	18	83	Sterling	7–15	L S †	Htg.	U
7294001– 304000	18	83	Sterling	7	P S	O.F.	U
7304001– 7000	16	88	Traveler	7	P S †	Htg.	U
7307001– 8000	16	88	Traveler	7	P S †	O.F.	U
7308001– 10000	16	88	Bd. St.	7–11	P S †	O.F.	U
7310001– 2000	12	94	Riverside	17	P S *	Htg.	P
7312001– 4000	12	94	Riverside	17–19	P S *	O.F.	P
7314001– 5000	12	94	Royal	17	P S *	Htg.	A
7315001– 6000	12	94	Royal	17	P S *	O.F.	A
7316001– 8000	6	90	Seaside	15	P S †		U
7318001– 25000	0	91	No. 61	7	P S †		U
7325001– 500	18	83	No. 81	15	L S	Htg.	U
7325501– 7000	18	83	No. 84	15–16	L S *	Htg.	A
7327001– 8000	18	83	No. 81	15	P S	O.F.	U
7328001– 31000	18	83	Nos. 1–3	7–11	L S	Htg.	U
7331001– 6300	18	83	No. 1	7	P S	O.F.	U
7336301– 600	18	83	A.T.&Co.	15	P S *	O.F.	P
7336601– 9000	18	83	Nos. 1–3	7–11	P S	O.F.	U
7339001– 42000	18	83	Sterling	7	K W†		U
7342001– 500	14	95	Riverside	15	P S †	Htg.	P
7342501– 3000	14	95	Riverside	15	P S †	O.F.	P
7343001– 4000	14	95	Night C.	7	K W†		U
7344001– 5000	18	83	No. 18	7	L S †	Htg.	U
7345001– 7000	18	83	No. 18	7	P S †	O.F.	U
7347001– 9000	18	83	No. 1	7	L S	Htg.	U
7349001– 55000	18	83	Sterling	7	P S	O.F.	U
7355001– 6500	18	83	Sterling	7	L S	Htg.	U
7356501– 7000	18	K W	Export	7		Htg.	U
7357001– 9000	18	83	Sterling	7	P S	O.F.	U
7359001– 62000	16	88	Bond St.	7	P S †	O.F.	U
7362001– 3000	14	95	Bond St.	7	†	Htg.	U
7363001– 300	12	94	Riverside	19	*	Htg.	P
7363301– 400	12	94	No. 210	7	†	Htg.	U
7363401– 30	12	94	No. 220	15	†	Htg.	U
7363431– 40	12	94	Riverside	18	*	Htg.	P
7363441– 80	12	94	No. 220	15	*	Htg.	U
7363481– 4000	12	94	Riverside	19	*	Htg.	P
7364001– 6400	12	94	Riverside	19	*	O.F.	P
7366401– 30	12	94	No. 220	15	*	O.F.	U
7366431– 40	12	94	Riverside	18	*	O.F.	P
7366441– 80	12	94	No. 220	15	*	O.F.	U
7366481– 7000	12	94	Riverside	19	*	O.F.	P
7367001– 8000	12	94	Royal	17	*	O.F.	A
7368001– 9000	6	90	Seaside	15	†	O.F.	U
7369001– 70000	0	91	Lady W	15–16	*		A
7370001– 5000	0	91	No. 61	7	†		U
7375001– 8000	0	91	No. 60	7			U
7378001– 9000	16	88	Traveler	7	†	Htg.	U
7379001– 81000	16	88	Traveler	7	†	O.F.	U
7381001– 6000	16	88	Bd.St.	7		Htg.	U
7386001– 9000	16	88	Bond St.	7–11	†	O.F.	U
7389001– 90000	12	94	No. 250	17	*	O.F.	P
7390001– 700	12	94	No. 240	17	*	O.F.	A
7390701– 1000	12	94	Riverside	19	*	O.F.	P
7391001– 2000	6	90	Lady W.	16	†		A
7392001– 4000	6	90	"V"	7	†		U
7394001– 401000	0	91	Special	7–15	†		U
7401001– 2000	18	83	Sterling	7	L S †	Htg.	U
7402001– 13000	18	83	Sterling	7		O.F.	U
7413001– 4000	16	88	Royal	17	*	Htg.	A
7414001– 5000	16	88	Royal	17	*	O.F.	A
7415001– 22000	16	88	Traveler	7	†	Htg.	U
7422001– 3000	16	88	Traveler	7	†	O.F.	U
7423001– 4000	12	94	Riverside	19	*	Htg.	P
7424001– 700	12	94	Bond St.	15	*	Htg.	U
7424701– 5000	12	94	Riverside	19	*	Htg.	P
7425001– 6000	12	94	No. 220	15	*	O.F.	U

* Patent Regulator-Breguet Spring. † Breguet Spring.

Serial Number.	Size.	Model.	Grade.	Jewels.	Setting.	Style.	Grade of Material.
7426001– 7000	12	94	Royal	17	*	O.F.	A
7427001– 9000	6	90	Seaside	7–15	†		U
7429001– 32000	0	91	Seaside	7	†		U
7432001– 4000	18	83	No. 84	15	*	O.F.	A
7434001– 5000	18	83	Sterling	7	†	Htg.	U
7435001– 45500	18	83	Sterling	7–15	†	O.F.	U
7445501– 6500	18	83	Sterling	7	L S	Htg.	U
7446501– 8000	18	83	Sterling	7	P S	O.F.	U
7448001– 500	18	92	A.T.&Co.	17	L S *	Htg.	P
7448501– 9000	18	92	Vanguard	21	L S *	Htg.	P
7449001– 50000	18	92	Vanguard	21	P S *	O.F.	P
7450001– 200	18	92	Cres.St.	21	L S *	Htg.	P
7450201– 500	18	92	A.T.&Co.	17	L S *	Htg.	P
7450501– 600	18	92	A.T.&Co.	17	P S *	O.F.	P
7450601– 1000	18	92	Cres.St.	21	L S *	O.F.	P.
7451001– 2000	18	83	A.T.&Co.	17	P S *	O.F.	P
7452001– 3000	18	83	C. St.	17	L S *	Htg.	P
7453001– 4000	18	83	A.T.&Co.	17	P S *	O.F.	P
7454001– 5000	18	83	C. St.	17	L S *	O.F.	P
7455001– 200	18	83	No. 3	11	L S	Htg.	U
7455201– 8000	18	83	No. 18	7	L S †	Htg.	U
7458001– 61000	18	83	Sterling	7	L S	Htg.	U
7461001– 5000	18	83	Sterling	7	P S	O.F.	U
7465001– 6000	18	83	A.T.&Co.	17	P S *	O.F.	P
7466001– 71000	18	83	Sterling	7	P S	O.F.	U
7471001– 8000	16	88	B. St.	7–11	P S †	Htg.	U
7478001– 80000	6	90	Seaside	7–11	P S †		U
7480001– 100	6	90	Special	16	P S †	Htg.	A
7480101– 1000	6	90	Seaside	11	P S †	Htg.	U
7481001– 3900	0	91	Seaside	15	P S †		U
7483901– 4000	0	91	Special	15–17	P S †		A
7484001– 6000	0	91	Seaside	15	P S †		U
7486001– 7000	18	83	Am.W.Co.	7	K W†		U
7487001– 8000	16	88	Am.W.Co.	13	P S †	Htg.	U
7488001– 500	18	92	Riverside	17	L S *	Htg.	P
7488501– 9000	18	92	C. St.	21	L S *	Htg.	P
7489001– 500	18	92	Riverside	17	P S *	O.F.	P
7489501– 800	18	92	C. St.	21	*	O.F.	P
7489801– 90000	18	92	A.T.&Co.	17	L S *	O.F.	P
7490001– 5000	18	83	Sterling	7	P S	O.F.	U
7495001– 6000	16	88	No. 650	17	P S *	Htg.	P
7496001– 7000	16	88	No. 650	17	P S *	O.F.	P
7497001– 8000	16	88	No. 640	17	P S *	Htg.	A
7498001– 9000	16	88	No. 640	17	P S *	O.F.	A
7499001– 500000	12	94	Riverside	17	P S *	O.F.	P
7500001– 2000	12	94	No. 220	15	P S *	Htg.	U
7502001– 3000	12	94	No. 220	15	P S *	O.F.	U
7503001– 4000	12	94	No. 240	17	P S *	Htg.	A
7504001– 800	12	94	No. 240	17	P S *	O.F.	A
7504801– 5000	12	94	Royal	17	P S *	O.F.	A
7505001– 6000	16	88	Bond St.	11–15	P S *	Htg.	U
7506001– 200	16	88	No. 24	11	P S	O.F.	A
7506201– 300	16	88	Special	16		O.F.	U
7506301– 7000	16	88	No. 28	15	P S	O.F.	A
7507001– 11000	16	88	Bond St.	7–11	P S †	Htg.	U
7511001– 3000	16	88	Bond St.	7	P S †	O.F.	U
7513001– 4000	16	88	Traveler	7	P S †	Htg.	U
7514001– 5000	6	90	Lady W.	16	P S *		A
7515001– 7000	6	90	Seaside	7	P S †		U
7517001– 8000	0	91	No. 68	16	P S †		A
7518001– 24000	18	83	Am.W.Co.	7	K W†		U
7524001– 5000	16	88	Am.W.Co.	13	P S †	Htg.	U
7525001– 6000	16	88	Am.W.Co.	13	P S †	O.F.	U
7526001– 8000	16	88	Bond St.	7	P S †	Htg.	U
7528001– 30000	16	88	Bd.St.	7	P S †	O.F.	U
7530001– 1000	12	94	Royal	15	P S *	Htg.	A
7531001– 2000	12	94	Royal	15	P S *	O.F.	A
7532001– 3000	12	94	Am.W. Co.	11	P S †	Htg.	U
7533001– 4000	12	94	Am.W.Co.	11	P S †	O.F.	U
7534001– 5000	6	90	Am.W.Co.	7–11	P S †	O.F.	U
7535001– 6000	0	91	Am.W.Co.	7–11	P S †	O.F.	U
7536001– 500	18	92	Cres.St.	21	L S *	Htg.	P
7536501– 7000	18	92	Cres.St.	21	P S *	O.F.	P
7537001– 8000	18	92	Royal	17	L S *	Htg.	A
7538001– 9000	18	92	Royal	17	P S *	O.F.	A
7539001– 41000	18	83	P.S.B.	17	L S *	Htg.	A
7541001– 4000	18	83	Sterling	7	L S	Htg.	U
7544001– 50000	18	83	Sterling	7–11	P S		U
7550001– 2000	16	88	No. 28	15	P S *	Htg.	A
7552001– 3000	16	88	Nos. 28–650	15–17	P S *	O.F.	A-P
7553001– 500	16	88	No. 28	15	P S *	Htg.	A
7553501– 4300	16	88	Royal	17	P S *	Htg.	A
7554301– 500	16	88	No. 28	15	P S *	Htg.	A
7554501– 5000	16	88	No. 640	17	P S *	O.F.	A
7555001– 6500	16	88	No. 20	7	P S †	Htg.	U
7556501– 900	16	88	Sol.	7	L S †	Htg.	U
7556901– 9000	16	88	No. 20	7	P S †	Htg.	U
7559001– 62000	16	88	Bd.St.	7–11	P S †	O.F.	U
7562001– 3000	16	88	Traveler	7	P S †	Htg.	U
7563001– 500	12	94	No. 210	7	P S †	O.F.	U
7563501– 5000	12	94	No. 210	7	P S †	Htg.	U
7565001– 200	12	94	Royal	17	P S *	O.F.	A
7565201– 300	12	94	Riverside	19	*	O.F.	P
7565301– 6000	12	94	No. 240	17	P S *	O.F.	A
7566001– 500	12	94	No. 250	17	P S *	Htg.	P
7566501– 7000	12	94	No. 250	17	P S *	O.F.	P
7567001– 9000	6	90	Seaside	7–15	P S †		U
7569001– 73000	0	91	Seaside	7–15	P S †		U
7573001– 6000	14	95	Bd.St.	7	P S †	Htg.	U
7576001– 7000	14	95	Bd.St.	7–13	P S †	O.F.	U
7577001– 8000	18	92	A.T.&Co.	17	L S *	Htg.	P
7578001– 9000	18	92	A.T.&Co.	17	P S *	O.F.	P
7579001– 500	18	92	Royal	17	L S *	Htg.	A
7579501– 80000	18	92	Royal	17	P S *	O.F.	A
7580001– 620	18	83	C. St.	17	L S *	Htg.	P
7580621– 1000	18	83	P.S.B.	17	L S *	Htg.	A
7581001– 500	18	83	P.S.B.	17	P S *	O.F.	A
7581501– 2000	18	83	C. St.	17	P S *	O.F.	P
7582001– 500	18	83	P.S.B.	17	P S *	Htg.	A
7582501– 3000	18	83	No. 85	17	P S *	O.F.	A
7583001– 500	18	83	No. 87	15	L S	Htg.	A
7583501– 5500	18	83	No. 1	7	L S	Htg.	U
7585501– 6000	18	83	No. 87	15	L S	Htg.	A
7586001– 650	18	83	Am.W.Co.	7	P S	O.F.	U
7586651– 7000	18	83	P.S.B.	15	P S †	O.F.	A
7587001– 9000	18	83	Sterling	7	P S	O.F.	U
7589001– 92500	18	83	Sterling	7	L S	Htg.	U
7592501– 6000	18	83	Sterling	7	P S	O.F.	U
7596001– 500	16	88	No. 640	17	P S *	Htg.	A
7596501– 7000	16	88	No. 640	17	P S *	O.F.	A
7597001– 9800	16	88	Traveler	7	P S †	Htg.	U
7599801– 602000	16	88	No. 20	7	P S †	Htg.	U
7602001– 3500	12	94	Royal	17	P S *	O.F.	A
7603501– 4000	12	94	No. 240	17	P S *	Htg.	A
7604001– 16000	6	90	Seaside	7	P S	Htg.	U
7616001– 8000	0	91	Seaside	7	P S †	Htg.	U
7618001– 26000	0	91	No. 60	7	P S	Htg.	U
7626001– 500	18	92	C. St.	21	L S *	Htg.	P
7626501– 7000	18	83	P.S.B.	17	P S *	O.F.	A
7627001– 500	18	83	P.S.B.	17	L S *	Htg.	A
7627501– 8000	18	83	Sterling	7–11	L S †	Htg.	U
7628001– 120	18	83	P.S.B.	15	L S †	Htg.	A
7628121– 30000	18	83	No. 1	7	L S	Htg.	U
7630001– 2000	18	83	No. 1	7	P S	O.F.	U
7632001– 4000	18	83	Sterling	7	L S	Htg.	U
7634001– 6000	18	83	Sterling	7	P S	O.F.	U
7636001– 200	16	88	Riverside	17	P S *	Htg.	P
7636201– 500	16	88	No. 28	15	P S *	Htg.	A
7636501– 7000	16	88	No. 28	15	P S *	O.F.	A
7637001– 9000	16	88	Sol.	7	L S †	Htg.	U
7639001– 500	16	88	No. 20	7	P S †	Htg.	U
7639501– 90	16	88	Riverside	17	P S †	O.F.	P
7639591– 700	16	88	B. St.	7–11	P S †	O.F.	U
7639701– 900	16	88	Riverside	15	P S *	O.F.	P
7639901– 41000	16	88	No. 20	7	P S †	O.F.	U
7641001– 2000	16	88	Traveler	7	P S †	Htg.	U
7642001– 3000	16	88	Traveler	7	P S †	O.F.	U
7643001– 4000	12	94	No. 250	17	P S *	Htg.	P
7644001– 5000	12	94	Royal	17	P S *	Htg.	A
7645001– 7000	12	94	Royal	17	P S *	O.F.	A

* Patent Regulator-Breguet Spring. † Breguet Spring.

Serial Number.	Size.	Model.	Grade.	Jewels.	Setting.	Style.	Grade of Material.
7647001- 8000	6	90	"Y"	7	P S †		U
7648001- 9000	0	91	No. 65	15	P S †		A
7649001- 55000	0	91	Seaside	7-15	P S		U
7655001- 60000	18	83	Sterling	7	K.W.†		U
7660001- 2000	16	88	A.W.Co.	7	P S †	Htg.	U
7662001- 4000	16	88	A.W.Co.	7	P S †	O.F.	U
7664001- 6000	14	95	Bond St.	7	P S †	Htg.	U
7666001- 8000	14	95	Bond St.	7	P S †	O.F.	U
7668001- 500	12	94	A.W.Co.	7-11	P S †	Htg.	U
7668501- 9000	12	94	A.W.Co.	11	P S †	O.F.	U
7669001- 70000	6	90	A.W.Co.	7	P S †		U
7670001- 1000	6	90	A.W.Co.	7	K.W.†		U
7671001- 2000	18	92	Cres.St.	21	•	O.F.	P
7672001- 3000	18	92	Royal	17	L S •	Htg.	A
7673001- 4000	18	83	P.S.B.	17	L S •	Htg.	A
7674001- 500	18	83	A.T.&Co.	17	P S •	O.F.	P
7674501- 5000	18	83	P.S.B.	15-17	P S •	O.F.	A
7675001- 7000	18	83	Sterling	7	L S	Htg.	U
7677001- 80000	18	83	Special	7-11	P S	O.F.	U
7680001- 2000	18	83	Sterling	7	L S	Htg.	U
7682001- 4000	18	83	Sterling	7	P S	O.F.	U
7684001- 800	16	88	Royal	15-17	L S •	Htg.	A
7684801- 6000	16	88	No. 28	16	P S	Htg.	A
7686001- 500	16	88	B. St.	11	P S †	Htg.	U
7686501- 7500	16	88	B. St.	11	P S †	O.F.	U
7687501- 9000	16	88	No. 20	7	†	O.F.	U
7689001- 92000	16	88	Traveler	7	†	Htg.	U
7692001- 500	12	94	No. 250	17	P S •	O.F.	P
7692501- 3000	12	94	No. 220	15	P S •	O.F.	U
7693001- 5000	12	94	Royal	17	P S •	Htg.	A
7695001- 6000	12	94	Royal	17	P S •	O.F.	A
7696001- 7000	12	94	No. 220	15	P S •	O.F.	U
7697001- 701000	6	90	Seaside	7-15	P S †		U
7701001- 3000	0	91	No. 64	11	P S †		U
7703001- 11000	0	91	No. 61	7	P S †		U
7711001- 2000	18	83	C. St.	17	P S •	O.F.	P
7712001- 3000	18	83	No. 87	17	L S •	Htg.	A
7713001- 4000	18	83	No. 81	15	L S	Htg.	U
7714001- 6000	18	83	No. 1	7	L S	Htg.	U
7716001- 500	18	83	Sol.	7	P S	O.F.	U
7716501- 21000	18	83	Sterling	7-15	P S	O.F.	U
7721001- 2000	18	83	Sterling	7	L S	Htg.	U
7722001- 4000	18	83	Sterling	7-15	P S	O.F.	U
7724001- 500	16	88	{No. 28 No. 640	15-17	P S •	Htg.	A
7724501- 5000	16	88	{No. 28 No. 640	15-17	P S •	O.F.	A
7725001- 6000	16	88	No. 28	15	P S •	Htg.	A
7726001- 33000	16	88	Traveler	7	P S †	Htg.	U
7733001- 4000	12	94	Royal	17	P S •	Htg.	A
7734001- 5000	12	94	No. 240	17	P S •	Htg.	A
7735001- 6000	12	94	No. 240	17	P S •	O.F.	A
7736001- 47000	0	91	Seaside	11	P S †		U
7747001- 9000	16	88	B.St.	7	P S †	Htg.	U
7749001- 50000	14	95	B.St.	7	P S †	Htg.	U
7750001- 2000	6	90	A.W.Co.	7	P S †		U
7752001- 500	18	92	C. St.	21	L S •	Htg.	P
7752501- 3000	18	92	Royal	17	P S •	O.F.	A
7753001- 500	18	83	P.S.B.	17	L S •	Htg.	A
7753501- 4000	18	83	No. 18	7	P S †	O.F.	U
7754001- 60	18	83	P.S.B.	15	L S †	Htg.	A
7754061- 5000	18	83	Sterling	7-11	L S	Htg.	U
7755001- 9000	18	83	Sterling	7-11	P S	O.F.	U
7759001- 60000	18	83	Sterling	7-11	L S	Htg.	U
7760001- 2800	18	83	Sterling	7-11	P S	O.F.	U
7762801- 3000	18	83	P.S.B.	15	P S	O.F.	A
7763001- 5000	18	83	Sol.	7	P S	O.F.	U
7765001- 500	16	88	Export	15	P S •	Htg.	U
7765501- 6000	16	88	Export	15	P S •	O.F.	U
7766001- 72000	16	88	B.St.	7	P S †	Htg.	U
7772001- 500	14	97	Export	7	P S †	Htg.	U
7772501- 3000	14	97	Export	7	P S †	O.F.	U
7773001- 500	14	97	Export	15	P S †	Htg.	U
7773501- 4000	14	97	Export	15	P S †	O.F.	U
7774001- 500	12	94	No. 210	7	P S †	Htg.	U
7774501- 5000	12	94	No. 210	7	P S †	O.F.	U
7775001- 6000	12	94	Royal	17	P S •	Htg.	A
7776001- 7000	6	90	Seaside	7	P S †		U
7777001- 500	0	91	Ball	16-17	P S †		A
7777501- 9000	0	91	Seaside	7-11	P S †		U
7779001- 84000	0	91	No. 60	7	P S		U
7784001- 5000	14	95	B.St.	7	P S †	Htg.	U
7785001- 500	18	92	A.T.&Co.	17	L S •	Htg.	P
7785501- 6000	18	92	A.T.&Co.	17	P S •	O.F.	P
7786001- 7000	18	83	C. St.	17	P S •	O.F.	P
7787001- 560	18	83	No. 87	17	P S •	O.F.	A
7787561- 8000	18	83	P.S.B.	17	P S •	O.F.	A
7788001- 200	18	83	P.S.B.	15	L S •	Htg.	A
7788201- 9000	18	83	Sterling	7	L S	Htg.	U
7789001- 90000	18	83	Sterling	7	P S	O.F.	U
7790001- 300	18	83	P.S.B.	15	P S	O.F.	A
7790301- 6000	18	83	Sterling	7-15	P S	O.F.	U
7796001- 300	16	88	Export	15	P S •	O.F.	U
7796300- 7000	16	88	Export	15	L S •	Htg.	U
7797001- 8000	16	88	No. 28	15	P S •	Htg.	A
7798001- 9000	16	88	No. 20	7	P S †	Htg.	U
7799001- 30	16	88	Riverside	17	P S •	Htg.	P
7799031- 802000	16	88	No. 20	7	P S †	Htg.	U
7802001- 3000	16	88	No. 20	7	P S †	O.F.	U
7803001- 5000	16	88	Traveler	7	P S †	Htg.	U
7805001- 7000	14	97	Export	7-11	P S †	Htg.	U
7807001- 8000	12	94	Royal	17	P S •	Htg.	A
7808001- 9000	6	90	"Y"	7	P S †		U
7809001- 17000	0	91	Seaside	7-15	P S †		U
7817001- 8000	18	92	C. St.	21	L S •	Htg.	P
7818001- 9000	18	92	C. St.	21	•	O.F.	P
7819001- 20000	18	92	C. St.	17-21	•	Htg.	P
7820001- 1000	18	92	C. St.	17-21	•	O.F.	P
7821001- 2000	18	83	{P.S.B. A.T.&Co.}	17	L S •	Htg.	A-P
7822001- 3000	18	83	A.T.&Co.	17	P S •	O.F.	P
7823001- 4000	18	83	P.S.B.	17	L S •	Htg.	A
7824001- 5000	18	83	P.S.B.	17	P S •	O.F.	A
7825001- 500	18	83	P.S.B.	17	L S •	Htg.	A
7825501- 6000	18	83	P.S.B.	17	P S •	O.F.	A
7826001- 500	18	83	No. 87	17	L S •	Htg.	A
7826501- 7000	18	83	No. 87	17	P S •	O.F.	A
7827001- 500	18	83	No. 84	15	L S •	Htg.	A
7827501- 8000	18	83	P.S.B.	17	L S •	Htg.	A
7828001- 9000	18	83	Special	15-16	P S •	O.F.	A
7829001- 30000	18	83	No. 18	7	L S †	Htg.	U
7830001- 4000	18	83	No. 18	7	P S †	O.F.	U
7834001- 5000	18	83	Sterling	7	L S †	Htg.	U
7835001- 8000	18	83	Sterling	7-11	P S	O.F.	U
7838001- 9000	16	88	No. 28	15	P S •	Htg.	A
7839001- 40000	16	88	No. 28	15	P S •	O.F.	A
7840001- 2000	16	88	Special	11-16	P S •	Htg.	A
7842001- 6000	16	88	No. 20	7	P S †	Htg.	U
7846001- 800	16	88	No. 20	7	P S †	O.F.	U
7846801- 7000	16	88	Export	7	P S †	O.F.	U
7847001- 9000	16	88	Traveler	7	P S †	Htg.	U
7849001- 51000	12	94	Royal	17	P S •	Htg.	A
7851001- 3000	6	90	"Y"	7	P S †		U
7853001- 500	0	91	Lady Wal.	16	P S •		A
7853501- 6000	0	91	No. 65	15	P S †		A
7856001- 9000	0	91	No. 61	7	P S †		U
7859001- 60000	6	90	A.W.Co.	7	K.W.†		U
7860001- 1000	0	91	Seaside	7	P S †		U
7861001- 500	18	92	Vanguard	21-23	L S •	Htg.	P
7861501- 2500	18	92	A.T.&Co.	17	L S •	Htg.	P
7862501- 3000	18	83	P.S.B.	17	P S •	O.F.	A
7863001- 4000	18	83	P.S.B.	17	L S •	Htg.	A
7864001- 5000	18	83	P.S.B.	17	P S •	O.F.	A
7865001- 6000	18	83	No. 84	15	L S •	Htg.	A
7866001- 8000	18	83	No. 84	15	P S •	O.F.	A
7868001- 9000	18	83	No. 18	7	L S †	Htg.	U
7869001- 72000	18	83	No. 18	7	P S †	O.F.	U
7872001- 3000	18	83	No. 1	7	L S †	Htg.	U
7873001- 5000	18	83	No. 1	7	P S †	O.F.	U
7875001- 6000	16	88	No. 28	15	P S •	Htg.	A

• Patent Regulator-Breguet Spring. † Breguet Spring.

Serial Number.	Size.	Model.	Grade.	Jewels.	Setting.	Style.	Grade of Material.
7876001– 7000	16	88	No. 28	15	PS •	O.F.	A
7877001– 9000	16	88	No. 28	15	PS •	Htg.	A
7879001– 84000	16	88	Traveler	7	PS †	Htg.	U
7884001– 500	12	94	No. 220	15	PS •	Htg.	U
7884501– 5000	12	94	No. 210	7	PS †	Htg.	U
7885001– 500	12	94	Royal	17	PS •	Htg.	A
7885501– 6000	12	94	No. 220	15	PS •	Htg.	U
7886001– 7000	12	94	No. 210	7	PS †	Htg.	U
7887001– 8000	12	94	No. 210	7	PS †	O.F.	U
7888001– 90000	6	90	"Y"	7	PS †		U
7890001– 6000	0	91	Seaside	7–15	PS †	Htg.	U
7896001– 900000	16	88	Am.W.Co.	7	PS †	Htg.	U
7900001– 1000	6	90	Am.W.Co.	7	K.W.†		U
7901001– 500	18	92	Vanguard	21	LS •	Htg.	P
7901501– 2000	18	92	Cres.St.	21	LS •	Htg.	P
7902001– 500	18	92	Cres.St.	21	LS •	O.F.	P
7902501– 3000	18	92	Special	21	LS •	O.F.	P
7903001– 200	18	92	Cres.St.	21	LS •	Htg.	P
7903201– 20	18	83	C.P.R.	17	LS •	O.F.	A
7903221– 4000	18	83	A.T.&Co.	17	PS •	O.F.	P
7904001– 5000	18	92	Cres.St.	21	LS •	O.F.	P
7905001– 6000	18	83	P.S.B.	17	LS •	Htg.	A
7906001– 350	18	83	A.T.&Co.	17	•	O.F.	P
7906351– 500	18	83	P.S.B.	17	PS •	O.F.	A
7906501– 8000	18	83	Sterling	15	PS	O.F.	U
7908001– 10000	18	83	Sterling	7	†	Htg.	U
7910001– 7000	18	83	Sterling	7–11	†	O.F.	U
7917001– 100	16	88	Riverside	17	PS •	Htg.	P
7917101– 8000	16	88	No. 28	15	PS •	Htg.	A
7918001– 9000	16	88	Export	15	PS •	O.F.	U
7919001– 20000	16	88	Royal	17	PS •	Htg.	A
7920001– 1000	16	88	No. 28	15	PS •	Htg.	A
7921001– 7000	16	88	Bd. St.	7	PS †	Htg.	U
7927001– 8000	14	97	Bd. St.	15	PS •	Htg.	U
7928001– 500	14	97	Bd. St.	15	PS •	O.F.	U
7928501– 30500	14	97	Envoy	15	PS †	Htg.	U
7930501– 1000	14	97	Envoy	11	PS †	O.F.	U
7931001– 3000	14	97	Export	7	PS †	Htg.	U
7933001– 4000	14	97	Export	7	PS †	O.F.	U
7934001– 5000	12	94	No. 220	15	PS •	Htg.	U
7935001– 6000	12	94	No. 210	7	PS †	O.F.	U
7936001– 500	12	94	No. 220	15	PS •	O.F.	U
7936501– 7000	12	94	No. 210	7	PS †	O.F.	U
7937001– 9000	6	90	Seaside	7–11	PS †		U
7939001– 45000	0	91	Seaside	7–15	PS †		U
7945001– 50000	18	83	Broadway	7–11	K.W.†		U
7950001– 2000	16	88	Bd. St.	7	PS †	Htg.	U
7952001– 3000	16	88	Bd. St.	7	PS †	O.F.	U
7953001– 4000	16	88	Bd. St.	7	PS †	Htg.	U
7954001– 6000	16	88	Bd. St.	7	PS †	O.F.	U
7956001– 7000	14	95	Bd. St.	7	PS †	O.F.	U
7957001– 500	18	92	A.T.&Co.	17	LS •	Htg.	P
7957501– 50	18	92	Special	15	PS •	O.F.	A
7957551– 8000	18	92	A.T.&Co.	17	PS •	O.F.	P
7958001– 9500	18	83	P.S.B.	17	LS •	Htg.	A
7959501– 60000	18	83	P.S.B.	17	PS •	O.F.	A
7960001– 75000	18	83	No. 18	7	LS †	Htg.	U
7975001– 85000	18	83	No. 18	7	PS †	O.F.	U
7985001– 7000	18	83	Sterling	7	PS	O.F.	U
7987001– 500	16	88	No. 28	15	PS •	Htg.	A
7987501– 8000	16	88	No. 28	15	PS •	O.F.	A
7988001– 9000	16	88	No. 28	15	PS •	Htg.	A
7989001– 91700	16	88	Bd. St.	7–11	PS †	Htg.	U
7991701– 900	16	88	Riverside	15	PS •	Htg.	P
7991901– 7000	16	88	Bd. St.	7	PS †	Htg.	U
7997001–8000000	14	97	Ensign	7	PS †	Htg.	U
8000001– 6000	6	90	"Y"	7	PS †		U
8006001– 10000	0	91	No. 61	7	PS †		U
8010001– 100	18	92	"Railroader"	17	LS •	O.F.	P
8010101– 1000	18	92	A.T.&Co.	17	PS •	O.F.	P
8011001– 6000	18	83	Sterling	7	PS	O.F.	U
8016001– 21000	16	88	Bd. St.	7–11		Htg.	U
8021001– 4000	12	94	No. 220	15	•	Htg.	U
8024001– 6000	12	94	No. 220	15		O.F.	U
8026001– 33000	12	94	No. 210	7		Htg.	U

Serial Number.	Size.	Model.	Grade.	Jewels.	Setting.	Style.	Grade of Material.
8033001– 6000	12	94	No. 210	7		O.F.	U
8036001– 45000	6	90	Seaside	7–11			U
8045001– 51000	0	91	Seaside	7–15			U
8051001– 6000	18	83	Sterling	7		O.F.	U
8056001– 7000	18	83	Export	7	LS	Htg.	U
8057001– 60500	18	83	Export	7		O.F.	U
8060501– 6000	18	83	Sterling	7–11		O.F.	U
8066001– 7000	16	88	Cron. Vic.	15	•	Htg.	U
8067001– 70900	16	88	Export	7–11		Htg.	U
8070901– 1000	16	88	Royal	15	•	Htg.	A
8071001– 5000	16	88	Export	7–11		Htg.	U
8075001– 500	14	97	Export	15–19		Htg.	A
8075501– 82500	6	90	"Y"	7			U
8082501– 7500	18	83	A.W.Co.	7		K.W.	U
8087501– 91500	14	F.P.	Export	7		K.W.	U
8091501– 3500	16	88	A.W.Co.	7		O.F.	U
8093501– 4500	16	88	Export	13		Htg.	U
8094501– 5500	16	88	Export	13		O.F.	U
8095501– 7500	14	95	Bd. St.	7		Htg.	U
8097501– 9500	14	95	Bd. St.	7		O.F.	U
8099501– 100000	6	90	A.W.Co.	11			U
8100001– 1500	6	90	A.W.Co.	7		K.W.	U
8101501– 2000	6	90	A.W.Co.	7			U
8102001– 3000	0	91	A.W.Co.	7			U
8103001– 4000	18	92	Export	17	LS •	Htg.	A
8104001– 5000	18	83	No. 81	15		O.F.	U
8105001– 15000	18	83	No. 18	7		O.F.	U
8115001– 6000	16	88	No. 28	15	•	Htg.	A
8116001– 7000	16	88	No. 28	15	•	O.F.	A
8117001– 9000	16	88	Traveler	7		Htg.	U
8119001– 27000	6	90	Seaside	7			U
8127001– 40000	0	91	Seaside	7–11			U
8140001– 3000	16	88	Export	7		O.F.	U
8143001– 8000	14	95	Bd. St.	7		Htg.	U
8148001– 51000	14	95	Bd. St.	7		O.F.	U
8151001– 2000	0	91	Export	7			U
8152001– 500	18	83	P.S.B.	17	LS •	Htg.	A
8152501– 3000	18	83	P.S.B.	17	•	O.F.	A
8153001– 5000	18	83	Sterling	7	LS	Htg.	U
8155001– 63000	18	83	Sterling	7		O.F.	U
8163001– 5000	16	88	No. 28	15	•	Htg.	A
8165001– 6000	16	88	No. 28	15	•	O.F.	A
8166001– 70000	16	88	Export	7–12		O.F.	U
8170001– 83000	6	90	Seaside	7–11			U
8183001– 91000	0	91	Seaside	7–11			U
8191001– 8000	18	83	A.W.Co.	7–11		K.W.	U
8198001– 200	6	90	A.W.Co.	7		K.W.	U
8198201– 200000	6	90	A.W.Co.	7			U
8200001– 500	18	92	Cres.St.	21	LS •	O.F.	P
8200501– 1000	18	92	A.T.&Co.	17	LS •	O.F.	P
8201001– 5000	18	83	No. 18	7	LS	Htg.	U
8205001– 11000	18	83	No. 18	7		O.F.	U
8211001– 250	18	83	No. 3	11		O.F.	U
8211251– 350	18	83	P.S.B.	15		O.F.	A
8211351– 3000	18	83	Sterling	7–11		O.F.	U
8213001– 900	16	88	Bd. St.	7–11		O.F.	U
8213901– 4000	16	88	Royal	15		O.F.	A
8214001– 5000	16	88	No. 20	7		O.F.	U
8215001– 6000	12	94	No. 220	15	•	Htg.	U
8216001– 7000	12	94	No. 210	7		Htg.	U
8217001– 8000	12	94	No. 220	15	•	O.F.	U
8218001– 21000	12	94	Special	7–15		Htg.	U
8221001– 4000	12	94	No. 210	7		O.F.	U
8224001– 34000	6	90	Seaside	7			U
8234001– 9000	0	91	Seaside	7–15			U
8239001– 41000	14	95	Bd. St.	7		O.F.	U
8241001– 500	18	92	A.T.&Co.	17	LS •	Htg.	P
8241501– 2000	18	92	A.T.&Co.	17	LS •	O.F.	P
8242001– 6000	18	83	No. 18	7	LS	Htg.	U
8246001– 52000	18	83	Sterling	7–11		O.F.	U
8252001– 3000	16	88	No. 28	15	•	O.F.	A
8253001– 5000	16	88	No. 28	15	•	Htg.	A
8255001– 7000	16	88	Nos. 24–28	11–15	•	O.F.	A
8257001– 65000	16	88	No. 20	7–11	•	O.F.	U
8265001– 75000	6	90	Seaside	7–11			U

• Patent Regulator–Breguet Spring. † Breguet Spring.

After 8,000,000 it is understood that watches are P. S. and are equipped with Breguet Hairspring; unless otherwise indicated.

Serial Number.	Size.	Model.	Grade.	Jewels.	Setting.	Style.	Grade of Material.
8275001- 82000	0	91	Seaside	7			U
8282001- 5000	14	95	Bd. St.	7		O.F.	U
8285001- 8000	0	91	Export	7			U
8288001- 400	18	83	P.S.B.	17	*	O.F.	A
8288401- 500	18	83	No. 85	17	*	O.F.	A
8288501- 9500	18	83	No. 84	15		O.F.	U
8289501- 95500	18	83	Sterling	7		O.F.	U
8295501- 6500	16	88	No. 20	7		Htg.	U
8296501- 7500	14	97	Export	15		Htg.	U
8297501- 8000	14	97	Export	15		O.F.	U
8298001- 9000	12	94	No. 210	7		O.F.	U
8299001- 311000	6	90	Seaside	7			U
8311001- 9000	0	91	Seaside	7-15			U
8319001- 20500	14	95	Bd. St.	7		O.F.	U
8320501- 2000	18	83	P.S.B.	17	*	O.F.	A
8322001- 4000	18	83	No. 18	7	L S	Htg.	U
8324001- 5100	18	83	No. 18	7		O.F.	U
8325101- 200	18	83	No. 820	15		O.F.	U
8325201- 300	18	83	No. 18	7		O.F.	U
8325301- 400	18	83	No. 820	15		O.F.	U
8325401- 500	18	83	No. 18	7		O.F.	U
8325501- 600	18	83	No. 820	15		O.F.	U
8325601- 9500	18	83	No. 18	7		O.F.	U
8329501- 30000	16	88	No. 20	7		Htg.	U
8330001- 1000	12	94	No 220	15	*	O.F.	U
8331001- 2000	14	94	Royal	15	*	O.F.	A
8332001- 3000	12	94	No. 210	7		O.F.	U
8333001- 44000	6	90	Seaside	7-11			U
8344001- 52000	0	91	Seaside	7			U
8352001- 4500	18	83	No. 18	7	L S	Htg.	U
8354501- 8000	18	83	No. 18	7		O.F.	U
8358001- 9000	18	83	Export	7	L S	Htg.	U
8359001- 63000	18	83	Export	7-11		O.F.	U
8363001- 5000	18	83	No. 820	15	L S	Htg.	U
8365001- 8000	18	83	No. 820	15		O.F.	U
8368001- 70000	16	99	No. 610	7		Htg.	U
8370001- 2000	16	99	No. 610	7		O.F.	U
8372001- 500	16	99	No. 620	15	*		U
8372501- 3000	12	94	No. 220	15	*	Htg.	U
8373001- 500	14	97	Royal	15	*	Htg.	A
8373501- 4000	12	94	Royal	17	*	O.F.	A
8374001- 5000	12	94	No. 220	15	*	O.F.	U
8375001- 500	12	94	No. 210	7		Htg.	U
8375501- 7000	12	94	No. 210	7		O.F.	U
8377001- 86000	6	90	Seaside	7-15			U
8386001- 91000	0	91	Seaside	7-15			U
8391001- 6000	16	88	A.W.Co.	7		O.F.	U
8396001- 7000	16	88	A.W.Co.	7		Htg.	U
8397001- 8000	16	88	A.W.Co.	7		O.F.	U
8398001- 403000	14	95	Bd. St.	7		Htg.	U
8403001- 4000	12	94	A. W.Co.	11		O.F.	U
8404001- 7000	6	90	Seaside	7			U
8407001- 9500	0	91	Seaside	7-11			U
8409501- 10500	18	83	P.S.B.	17	L S *	Htg.	A
8410501- 2500	18	83	No. 820	15	L S	Htg.	U
8412501- 6000	18	83	No. 820	15		O.F.	U
8416001- 9000	18	83	No. 18	7	L S	Htg.	U
8419001- 24000	18	83	No. 18	7		O.F.	U
8424001- 6000	16	88	Bd. St.	7-11		O.F.	U
8426001- 9000	16	99	No. 610	7		O.F.	U
8429001- 31000	12	94	No. 210	7		O.F.	U
8431001- 41000	6	90	Seaside	7-15			U
8441001- 8000	0	91	Seaside	7-15			U
8448001- 58000	18	K W	Export	7			U
8458001- 63000	16	88	Export	7		Htg.	U
8463001- 4000	18	83	P.S.B.	17	*	O.F.	A
8464001- 6000	18	83	No. 820	15	L S	Htg.	U
8466001- 9000	18	83	No. 820	15		O.F.	U
8469001- 72000	18	83	No. 18	7	L S	Htg.	U
8472001- 7000	18	83	No. 18	7		O.F.	U
8477001- 8000	16	88	Export	15	*	Htg.	U
8478001- 100	16	88	Export	21	*	O.F.	P
8478101- 50	16	88	Railroader	17	L S *		P
8478151- 81000	16	88	No. 28	15	*	O.F.	A
8481001- 5000	16	88	Bd. St.	7-11		Htg.	U
8485001- 9500	16	88	Bd. St.	7-11		O.F.	U
8489501- 90000	14	95	Bd. St.	7		O.F.	U
8490001- 501000	6	90	Seaside	7-15			U
8501001- 7000	0	91	Seaside	7			U
8507001- 500	18	83	P.S.B.	17	L S *	Htg.	A
8507501- 12000	18	83	P.S.B.	17	*	O.F.	A
8512001- 4000	18	83	A.T.& Co.	17	*	O.F.	P
8514001- 6000	18	83	No. 820	15	L S	Htg.	U
8516001- 9000	18	83	No. 820	15		O.F.	U
8519001- 20000	18	83	No. 18	7	L S	O.F.	U
8520001- 3000	18	83	No. 18	7		O.F.	U
8523001- 8000	18	83	Sol.	7-11		O.F.	U
8528001- 31500	16	88	No. 28	15	*	Htg.	A
8531501- 5000	16	88	No. 20	7		Htg.	U
8535001- 6000	12	94	No. 210	7		Htg.	U
8536001- 46000	6	90	Seaside	7-15			U
8546001- 53500	0	91	Seaside	7-15			U
8553501- 4500	14	95	Bd. St.	7		Htg.	U
8554501- 5000	18	83	P.S.B.	17	*	O.F.	A
8555001- 8000	18	83	P.S.B.	17	L S *	Htg.	A
8558001- 500	18	83	P.S.B.	15	*	O.F.	A
8558501- 60500	18	83	No. 820	15	L S	Htg.	U
8560501- 3500	18	83	No. 820	15		O.F.	U
8563501- 4500	18	83	No. 18	7	L S	Htg.	U
8564501- 68500	18	83	No. 18	7-11		O.F.	U
8568501- 650	18	83	P.S.B.	15	*	O.F.	A
8568651- 9500	18	83	Sterling	7		O.F.	U
8569501- 70000	16	88	Riverside	17	*	Htg.	P
8570001- 500	16	88	Riverside	17	*	O.F.	P
8570501- 1500	16	88	Royal	17	*	Htg.	A
8571501- 4000	16	88	No. 28	15	*	Htg.	A
8574001- 8500	16	88	Bd. St.	7		Htg.	U
8578501- 80500	16	88	Nos. 20-22	7-11		O.F.	U
8580501- 1500	12	94	No. 210	7		O.F.	U
8581501- 91000	6	90	Seaside	7-15			U
8591001- 500	0	91	Ball Spec.	16-17			A
8591501- 600000	0	91	Seaside	7-11			U
8600001- 3000	18	83	No. 18	7	L S	Htg.	U
8603001- 8000	18	83	No. 18	7		O.F.	U
8608001- 9000	18	83	No. 820	15	L S	Htg.	U
8609001- 12000	18	83	No. 820	15		O.F.	U
8612001- 200	16	99	No. 620	15	*	Htg.	U
8612201- 500	16	99	No. 620	15	*	O.F.	U
8612501- 3000	16	99	No. 620	15	*	Htg.	U
8613001- 500	16	99	No. 620	15	*	O.F.	U
8613501- 4500	16	99	No. 620	15	*	Htg.	U
8614501- 5500	16	99	No. 620	15	*	O.F.	U
8615501- 6500	16	99	No. 620	15	*	Htg.	U
8616501- 8500	16	99	No. 620	15	*	O.F.	U
8618501- 9500	16	99	No. 610	7		Htg.	U
8619501- 21500	16	99	No. 615	15		O.F.	U
8621501- 4500	16	88	No. 20	7		Htg.	U
8624501- 5000	12	94	No. 210	7		Htg.	U
8625001- 6000	12	94	No. 210	7		O.F.	U
8626001- 35500	6	90	Seaside	7-15			U
8635501- 46500	0	91	Seaside	7-15			U
8646501- 600	18	83	No. 25	17	*	O.F.	A
8646601- 60	18	83	No. 3	11	L S	Htg.	U
8646661- 900	18	83	No. 3	11		O.F.	U
8646901- 60	18	83	No. 3	11	L S	Htg.	U
8646961- 7200	18	83	No. 3	11		O.F.	U
8647201- 60	16	88	Royal	16	*	Htg.	A
8647261- 500	16	88	Royal	16	*	O.F.	A
8647501- 600	16	88	Royal	15	*	Htg.	A
8647601- 900	16	88	Royal	15	*	O.F.	A
8647901- 8000	16	88	No. 24	11		Htg.	U
8648001- 300	16	88	No. 24	11		O.F.	U
8648301- 400	16	88	No. 22	11		Htg.	U
8648401- 600	16	88	No. 22	11		O.F.	U
8648601- 700	16	88	No. 22	11		Htg.	U
8648701- 900	0	91	Special	12			U
8648901- 25	16	88	Riverside	15	*	Htg.	P
8648926- 9100	16	88	Riverside	15	*	O.F.	P
8649101- 50100	14	95	Bd. St.	7		O.F.	U
8650101- 75	16	88	Special	11		Htg.	U

* Patent Regulator-Breguet Spring.

Serial Number.	Size.	Model.	Grade.	Jewels.	Setting.	Style.	Grade of Material.
8650176– 600	16	88	Special	11		O.F.	U
8650601– 2000	18	83	P.S.B.	17	*	Htg.	A
8652001– 4000	18	83	P.S.B.	17	*	O.F.	A
8654001– 500	18	83	P.S.B.	17	L S *	Htg.	A
8654501– 5500	18	83	P.S.B.	17	*	O.F.	A
8655501– 7500	18	83	No. 820	15	L S	Htg.	U
8657501– 60500	18	83	No. 820	15		O.F.	U
8660501– 2000	18	83	No. 18	7	L S	Htg.	U
8662001– 4400	18	83	No. 18	7		O.F.	U
8664401– 500	18	83	No. 820	15		O.F.	U
8664501– 6500	18	83	Sterling	7–11		O.F.	U
8666501– 7000	18	83	Sterling	7	L S	Htg.	U
8667001– 8500	18	83	Sterling	7		O.F.	U
8668501– 70000	16	99	No. 620	15	*	Htg.	U
8670001– 1500	16	99	No. 620	15	*	O.F.	U
8671501– 2500	16	99	No. 615	15		Htg.	U
8672501– 3500	16	99	No. 610	7		O.F.	U
8673501– 5500	16	88	No. 20	7		Htg.	U
8675501– 80500	16	99	Traveler	7		Htg.	U
8680501– 1500	16	99	Traveler	7		O.F.	U
8681501– 3500	16	99	Sol.	7		Htg.	U
8683501– 5000	14	97	Sol.	7		Htg.	U
8685001– 500	14	97	Sol.	7		O.F.	U
8685501– 7000	14	97	Export	7		Htg.	U
8687001– 8000	12	94	No. 210	7		O.F.	U
8688001– 98000	6	90	Seaside	7–15			U
8698001– 708500	0	91	Seaside	7–15			U
8708501– 11500	18	83	A.W.Co.	7		K.W.	U
8711501– 4500	14	95	Bd. St.	7		Htg.	U
8714501– 650	18	92	Special	15	*	O.F.	A
8714651– 5150	18	83	Export	17	*	O.F.	A
8715151– 600	18	83	No. 3	11		O.F.	U
8715601– 700	16	99	Special	11		Htg.	U
8715701– 800	16	99	Special	11		O.F.	U
8715801– 6300	6	90	"V"	15			U
8716301– 800	6	90	Special	11			U
8716801– 7400	0	91	Nos. 60–62	7–11			U
8717401– 8500	18	83	P.S.B.	17	*	O.F.	A
8718501– 20000	18	83	No. 18	7	L S	Htg.	U
8720001– 2500	18	83	No. 18	7		O.F.	U
8722501– 4500	18	83	No. 820	15	L S	Htg.	U
8724501– 8600	18	83	Special	11–15		O.F.	U
8728601– 9500	18	83	Sterling	7		O.F.	U
8729501– 30500	16	99	No. 620	15	*	Htg.	U
8730501– 2500	16	99	No. 620	15	*	O.F.	U
8732501– 3500	16	99	No. 615	15		Htg.	U
8733501– 4500	16	99	No. 610	7		O.F.	U
8734501– 5000	12	94	No. 220	15	*	O.F.	U
8735001– 6000	12	94	No. 210	7		O.F.	U
8736001– 46000	6	90	Seaside	7–15			U
8746001– 56500	0	91	Seaside	7–15			U
8756501– 66500	18	83	A.W.Co.	7		K.W.	U
8766501– 600	16	88	Riverside	15	*		P
8766601– 40	18	83	A.T.&Co.	17	L S *	Htg.	P
8766641– 7000	15	83	A.T.&Co.	17	*	O.F.	P
8767001– 72000	16	88	No. 20	7		Htg.	U
8772001– 3500	14	95	Bd. St.	7		K.W.	U
8773501– 4000	18	83	P.S.B.	17	*	O.F.	A
8774001– 500	12	94	Bridge M.	21–23	*	Htg.	P
8774501– 5000	12	94	Bridge M.	21	*	O.F.	P
8775001– 6000	18	83	No. 820	15	L S	Htg.	U
8776001– 7000	18	83	No. 820	15		O.F.	U
8777001– 8000	18	83	No. 18	7	L S	Htg.	U
8778001– 9000	16	88	No. 22	11		Htg.	U
8779001– 85000	16	88	No. 22	7–11		O.F.	U
8785001– 7000	6	90	"V"	15			U
8787001– 9600	0	91	No. 65	15			U
8789601– 94000	0	91	Special	7–15			U
8794001– 100	18	92	Export	21	*	O.F.	P
8794101– 400	18	83	A.T.&Co.	17	*	O.F.	P
8794401– 500	18	83	P.S.B.	15		O.F.	A
8794501– 5700	18	83	No. 3	11		O.F.	U
8795701– 900	16	88	No. 22	11		Htg.	U
8795901– 6200	16	88	Special	11		O.F.	U
8796201– 801200	14	97	Export	7		Htg.	U
8801201– 3500	14	97	Export	7		O.F.	U
8803501– 4200	14	97	Export	7		Htg.	U
8804201– 6000	6	90	Special	11–12			U
8806001– 800	0	91	Special	11–15			U
8806801– 7700	18	83	P.S.B.	17	L S	Htg.	A
8807701– 8000	18	83	No. 820	15		O.F.	U
8808001– 9500	18	83	P.S.B.	17	*	O.F.	A
8809501– 12000	18	83	No. 820	15	L S	Htg.	U
8812001– 5000	18	83	No. 820	15		O.F.	U
8815001– 7500	18	83	No. 18	7	L S	Htg.	U
8817501– 22500	18	83	Sterling	7		O.F.	U
8822501– 4500	16	99	No. 620	15	*	O.F.	U
8824501– 5500	16	99	No. 610	7		Htg.	U
8825501– 8500	16	99	No. 610	7		O.F.	U
8828501– 9000	16	88	No. 22	11		Htg.	U
8829001– 30500	16	88	No. 22	11		O.F.	U
8830501– 1500	12	94	No. 210	7		O.F.	U
8831501– 43000	6	90	Seaside	7–15			U
8843001– 55000	0	91	Seaside	7–15			U
8855001– 300	14	95	Special	7	L S	Htg.	U
8855301– 550	16	88	Traveler	7		O.F.	U
8855551– 6050	14	97	Export	7		Htg.	U
8856051– 250	18	92	Vanguard	21	L S *	Htg.	P
8856251– 600	18	92	Vanguard	21	L S *	O.F.	P
8856601– 7000	18	92	C. St.	17	L S *	Htg.	P
8857001– 8500	18	92	A.T.&Co.	17	L S *	O.F.	P
8858501– 9500	18	83	A.T.&Co.	17	*	Htg.	P
8859501– 62500	18	83	A.T.&Co.	17	*	O.F.	P
8862501– 4000	18	83	No. 84	15	L S	Htg.	A
8864001– 5000	18	83	No. 87	17	*	O.F.	A
8865001– 6500	18	83	No. 84	15	*	O.F.	A
8866501– 9000	18	83	No. 81	15	L S	Htg.	U
8869001– 71500	18	83	No. 81	15		O.F.	U
8871501– 3500	18	83	No. 820	15	L S	Htg.	U
8873501– 6500	18	83	No. 820	15		O.F.	U
8876501– 9500	18	83	No. 18	7	L S	Htg.	U
8879501– 84500	18	83	No. 18	7		O.F.	U
8884501– 5500	18	83	No. 1	7		O.F.	U
8885501– 98500	6	90	Seaside	7–15			U
8898501– 907500	0	91	Seaside	7–15			U
8907501– 14500	18	83	A.W.Co.	7		K.W.	U
8914501– 5500	18	83	A.W.Co.	7		O.F.	U
8915501– 8000	18	83	A.W.Co.	7		Htg.	U
8918001– 22500	16	88	Export	7–13		Htg.	U
8922501– 4000	16	88	A.W.Co.	7		O.F.	U
8924001– 500	16	88	No. 28	15	*	O.F.	A
8924501– 26000	16	88	A.W.Co.	15		O.F.	A
8926001– 500	16	88	Bd. St.	11		O.F.	U
8026501– 7500	16	88	A.W.Co.	7–11		O.F.	U
8927501– 8000	16	99	Traveler	7		Htg.	U
8928001– 30500	16	88	Export	11–13		O.F.	U
8930501– 5500	14	95	Bd. St.	7		Htg.	U
8935501– 6500	16	88	Bd. St.	15		Htg.	U
8936501– 600	18	92	Special	19	*		P
8936601– 700	18	83	A.T.&Co.	17	*	O.F.	P
8936701– 7700	18	83	Sterling	7	L S	Htg.	U
8937701– 8700	18	83	Sterling	7		O.F.	U
8938701– 800	16	88	Special	17	*	Htg.	P
8938801– 900	16	88	Special	17	*	O.F.	P
8938901– 9000	16	99	Special	19	*		P
8939001– 500	16	88	Riverside	17	*		P
8939501– 700	16	88	Royal	17	*	O.F.	A
8939701– 40900	16	88	No. 28	15		Htg.	A
8940901– 1800	16	88	No. 28	15	*	O.F.	A
8941801– 2000	16	88	Special	17	*	O.F.	A
8942001– 3300	16	88	No. 28	15	*	O.F.	A
8943301– 800	16	88	No. 20	7		Htg.	U
8943801– 6300	16	88	No. 20	7		O.F.	U
8946301– 7800	16	99	Cron. Vic.	15	*	Htg.	U
8947801– 9300	16	99	Cron. Vic.	15	*	O.F.	U
8949301– 400	16	88	No. 22	11		O.F.	U
8949401– 50400	16	99	Sol.	7		Htg.	U
8950401– 1400	16	99	Sol.	7		O.F.	U
8951401– 700	16	88	No. 20	7		Htg.	U
8951701– 800	14	97	Export	7		Htg.	U

* Patent Regulator–Breguet Spring.

Numbers and Descriptions of Waltham Watch Movements.

Serial Number.	Size.	Model.	Grade.	Jewels.	Setting.	Style.	Grade of Material.
8951801–900	14	97	Export	15		O.F.	U
8951901–2000	0	91	No. 62	7			U
8952001–3000	18	83	P.S.B.	17	L S *	Htg.	A
8953001–500	18	83	P.S.B.	17	*	O.F.	A
8953501–4000	18	83	P.S.B.	17	L S *	Htg.	A
8954001–6000	18	83	P.S.B.	17	*	O.F.	A
8956001–8000	18	83	No. 84	15	L S	Htg.	U
8958001–61500	18	83	No. 84	15		O.F.	U
8961501–4000	18	83	No. 81	15	L S	Htg.	U
8964001–6500	18	83	No. 81	15		O.F.	U
8966501–70000	18	83	No. 820	15		O.F.	U
8970001–3000	18	83	No. 18	7	L S	Htg.	U
8973001–9000	18	83	Sterling	7		O.F.	U
8979001–200	16	88	Royal	17	*	O.F.	A
8979201–81000	16	88	No. 28	15	*	O.F.	A
8981001–500	12	94	No. 220	15	*	Htg.	U
8981501–92500	6	90	Seaside	7–15			U
8992501–9005500	0	91	Seaside	7–15			U
9005501–50	18	92	Special	15	*	O.F.	A
9005551–750	16	88	No. 20	7		Htg.	U
9005751–850	16	88	Traveler	7		O.F.	U
9005851–900	14	97	Special	7		Htg.	U
9005901–50	14	97	Special	15		O.F.	U
9005951–9000	18	92	Vanguard	21	L S *	O F.	P
9009001–11000	18	92	Cres.St.	21	L S *	O.F.	P
9011001–2000	18	83	P.S.B.	17	L S *	Htg.	A
9012001–3000	18	83	P.S.B.	17	*	O.F.	A
9013001–500	18	83	P.S.B.	17	L S *	Htg.	A
9013501–4500	18	83	P.S.B.	17	*	O.F.	A
9014501–5000	18	83	A.T.&Co.	17	*	O.F.	P
9015001–7000	18	83	No. 820	15	L S	Htg.	U
9017001–21000	18	83	No. 820	15		O.F.	U
9021001–4000	18	83	No. 18	7	L S	Htg.	U
9024001–9000	18	83	No. 18	7		O.F.	U
9029001–30000	12	94	No. 220	15	*	Htg.	U
9030001–1000	12	94	No. 220	15	*	O.F.	U
9031001–2000	12	94	No. 210	7		Htg.	U
9032001–4000	12	94	No. 210	7		O.F.	U
9034001–45000	6	90	Seaside	7–15			U
9045001–58000	0	91	Seaside	7–15			U
9058001–500	18	83	A.T.&Co.	17	*		P
9058501–750	18	83	No. 3	11			U
9058751–9100	16	88	No. 22	11			U
9059101–60700	0	91	Special	11–12			U
9060701–1100	16	Ball	Off. Std.	23	L S *	O.F.	P
9061101–200	16	Ball	Com. Std.	17		O.F.	A
9061201–3000	18	83	No. 820	15	L S	Htg.	U
9063001–7000	18	83	No. 820	15		O.F.	U
9067001–9500	18	83	No. 18	7	L S	Htg.	U
9069501–76500	18	83	Sterling	7		O.F.	U
9076501–7500	14	97	Bd. St.	7–11		O.F.	U
9077501–8500	12	94	No. 220	15	*	O.F.	U
9078501–9000	12	94	No. 210	7		Htg.	U
9079001–80000	12	94	No. 210	7		O.F.	U
9080001–6000	6	90	"Y"	7			U
9086001–99000	0	91	Seaside	7–15			U
9099001–300	18	83	No. 3	11			U
9099301–500	6	90	"L"	11			U
9099501–102000	18	83	No. 18	7	L S	Htg.	U
9102001–9000	18	83	Sterling	7		O.F.	U
9109001–16000	6	90	Seaside	7–15			U
9116001–33000	0	91	Seaside	7–15			U
9133001–400	18	83	A.T.&Co.	17	*	O.F.	P
9133401–600	18	83	Special	16	*		A
9133601–4000	18	83	No. 3	11			U
9134001–100	16	Ball	Off. Std.	17	*	Htg.	P
9134101–200	16	Ball	Com. Std.	17	*	Htg.	A
9134201–500	16	Ball	Off. Std.	17	*	O.F.	P
9134501–600	16	Ball	Com. Std.	15	*	Htg.	A
9134601–5000	16	Ball	Off. Std.	17	*	O.F.	P
9135001–100	16	99	No. 620	15	*	Htg.	U
9135101–350	16	99	No. 620	15	*	O.F.	U
9135351–500	16	99	No. 610–615	7–15			U
9135501–6100	16	99	Special	11			U
9136101–250	16	88	Riverside	15	*	Htg.	P
9136251–7850	16	88	Riverside	15	*	O.F.	P
9137851–950	16	99	Special	11		Htg.	U
9137951–8450	16	88	No. 22	11		O.F.	U
9138451–9050	6	90	Special	12			U
9139051–40000	18	83	No. 820	15	L S	Htg.	U
9140001–2000	18	83	No. 820	15		O.F.	U
9142001–500	18	83	No. 3	11		O.F.	U
9142501–4500	18	83	No. 18	7	L S	Htg.	U
9144501–7000	18	83	No. 18	7		O.F.	U
9147001–100	18	83	No. 820	15		O.F.	U
9147101–500	18	83	No. 18	7		O.F.	U
9147501–800	18	83	No. 3	7–11	L S †	Htg.	U
9147801–9000	18	83	No. 1	7	†	O.F.	U
9149001–50000	18	83	Sterling	7	L S	Htg.	U
9150001–2000	18	83	Export	7		O.F.	U
9152001–3000	12	94	No. 210	7		Htg.	U
9153001–500	6	90	Special	11			U
9153501–63000	6	90	Seaside	7–15			U
9163001–77500	0	91	Seaside	7–15			U
9177501–700	16	99	Special	16	*		A
9177701–800	16	88	Royal	15	*	Htg.	A
9177801–8200	16	88	Royal	15	*	O.F.	A
9178201–900	0	91	Seaside	7–12			U
9178901–81500	18	83	No. 820	15	L S	Htg.	U
9181501–2000	18	83	No. 3	11			U
9182001–200	18	83	No. 3	11	L S	Htg.	U
9182201–3850	18	83	No. 3	11		O.F.	U
9183851–6500	18	83	No. 18	7	L S	Htg.	U
9186501–9500	18	83	No. 18	7		O.F.	U
9189501–90000	18	83	No. 1	7	L S †	Htg.	U
9190001–1500	18	83	No. 1	7	†	O.F.	U
9191501–2500	18	83	Sterling	7	L S †	Htg.	U
9192501–3500	16	88	No. 22	11		O.F.	U
9193501–4000	14	95	Export	7		O.F.	U
9194001–6000	14	97	Export	7–15	*	Htg.	U
9196001–7000	14	97	Cron. Vic.	15	*	O.F.	U
9197001–700	14	97	Export	11		Htg.	U
9197701–8000	14	97	Export	11		O.F.	U
9198001–9000	14	97	Ensign	7		Htg.	U
9199001–208000	6	90	Seaside	7–11			U
9208001–16910	0	91	Seaside	7–15			U
9216911–20	16	99	No. 610	7		Htg.	U
9216921–17000	0	91	Seaside	15		Htg.	U
9217001–8000	0	91	Export	15			U
9218001–23000	0	91	No. 60	7			U
9223001–4000	14	95	Bd. St.	7		Htg.	U
9224001–8000	14	95	Bd. St.	7		O.F.	U
9228001–9000	16	88	A.W.W.Co.	15		O.F.	A
9229001–300	18	83	Special	16	*	O.F.	A
9229301–600	16	99	Special	11			U
9229601–30100	6	90	Seaside	11–12			U
9230101–2600	0	91	Special	11–12			U
9232601–4000	18	83	No. 820	15		O.F.	U
9234001–250	18	83	No. 3	11	L S	Htg.	U
9234251–6000	18	83	No. 18	7	L S	Htg.	U
9236001–7000	18	83	No. 18	7		O.F.	U
9237001–8000	16	88	No. 20	7		O.F.	U
9238001–40000	16	99	No. 620	15	*	Htg.	U
9240001–2000	16	99	No. 610	7		Htg.	U
9242001–50000	6	90	Seaside	7			U
9250001–60000	0	91	Seaside	7			U
9260001–500	16	88	A.W.Co.	13		Htg.	U
9260501–1000	16	88	Bd. St.	11		Htg.	U
9261001–2500	16	99	Traveler	7		Htg.	U
9262501–3000	18	83	America	7	L S	Htg.	U
9263001–5000	16	99	Traveler	7–11			U
9265001–6000	6	90	America	7			U
9266001–7000	14	97	Bd. St.	7		O.F.	U
9267001–9000	16	99	Traveler	7		O.F.	U
9269001–70000	16	99	Traveler	11		Htg.	U
9270001–500	16	99	Traveler	11		O.F.	U
9270501–1000	18	83	Export	7		O.F.	U
9271001–2000	16	88	Export	15		O.F.	U
9272001–500	12	94	A.W.Co.	11	*	Htg.	U
9272501–3000	16	88	A.W.Co.	15		O.F.	A

* Patent Regulator. † Flat Hairspring.

Serial	Number.	Size.	Model.	Grade.	Jewels.	Setting.	Style.	Grade of Material.
9273001-	500	16	88	A.W.Co.	15		Htg.	A
9273501-	800	16	88	No. 22	11			U
9273801-	6000	18	83	No. 820	15	L S	Htg.	U
9276001-	8000	18	83	No. 820	15		O.F.	U
9278001-	80000	18	83	No. 18	7	L S	Htg.	U
9280001-	3000	18	83	No. 18	7		O.F.	U
9283001-	4000	18	83	Sterling	7	LS †	Htg.	U
9284001-	500	18	83	Sterling	7	†	O.F.	U
9284501-	6000	16	99	No. 620	15	*	Htg.	U
9286001-	8000	16	99	No. 620	15	*	O.F.	U
9288001-	90000	16	99	No. 610	7		Htg.	U
9290001-	2000	16	99	No. 610	7		O.F.	U
9292001-	3000	16	88	No. 28	15	*	Htg.	A
9293001-	4000	16	88	No. 28	15	*	O.F.	A
9294001-	5000	16	88	No. 20	7		Htg.	U
9295001-	6000	16	88	No. 20	7		O.F.	U
9296001-	303000	6	90	Seaside	7-15			U
9303001-	17000	0	91	Seaside	7-15			U
9317001-	150	16	99	Export	15	*		U
9317151-	550	14	97	Export	15	*		U
9317551-	8050	14	97	Export	7			U
9318051-	150	0	91	Export	15			U
9318151-	20000	18	83	No. 820	15	L S	Htg.	U
9320001-	2000	18	83	No. 820	15		O.F.	U
9322001-	4500	18	83	No. 18	7	L S	Htg.	U
9324501-	7000	18	83	No. 18	7		O.F.	U
9327001-	8000	18	83	Sterling	7	†	O.F.	U
9328001-	9000	18	83	Sterling	7	L S †	Htg.	U
9329001-	30000	16	99	No. 620	15	*	Htg.	U
9330001-	2000	16	99	No. 620	15	*	O.F.	U
9332001-	4000	16	99	No. 610	7		Htg.	U
9334001-	6000	16	99	No. 610	7		O.F.	U
9336001-	43000	6	90	Seaside	7			U
9343001-	61000	0	91	Seaside	7-15			U
9361001-	2000	18	83	Export	7		O.F.	U
9362001-	72000	18	83	Sterling	7		K.W.	U
9372001-	82000	14	F.P.	Export	7		K.W.	U
9382001-	4500	16	99	A.W.Co.	7		Htg.	U
9384501-	6000	16	99	A.W.Co.	7		O.F.	U
9386001-	7000	14	95	Bd. St.	7		Htg.	U
9387001-	8000	16	88	A.W.Co.	15		Htg.	A
9388001-	500	14	97	Bd. St.	7		Htg.	U
9388501-	600	16	99	Special	11		Htg.	U
9388601-	9000	14	97	Export	11		Htg.	U
9389001-	90000	16	88	No. 28	15		O.F.	A
9390001-	1100	14	97	Export	7-11		O.F.	U
9391101-	2000	16	99	A.W.Co.	11		O.F.	U
9392001-	200	14	97	Export	15		Htg.	U
9392201-	3000	14	97	Export	7-15		O.F.	U
9393001-	500	12	94	Special	11		O.F.	U
9393501-	4000	14	97	Export	11		O.F.	U
9394001-	6000	6	90	Seaside	7-11			U
9396001-	8000	0	91	A.W.W.Co.	7-11			U
9398001-	500	16	99	Special	11		O.F.	U
9398501-	9500	14	95	A.W.Co.	7		O.F.	U
9399501-	400000	0	91	Sol.	7			U
9400001-	2000	18	83	No. 820	15	L S	Htg.	U
9402001-	4400	18	83	No. 820	15		O.F.	U
9404401-	500	18	83	No. 3	11	L S	Htg.	U
9404501-	5000	18	83	No. 3	11		O.F.	U
9405001-	7500	18	83	No. 18	7	L S	Htg.	U
9407501-	10000	18	83	No. 18	7		O.F.	U
9410001-	250	18	83	Sol.	11	L S	Htg.	U
9410251-	500	18	83	Sol.	11		O.F.	U
9410501-	5000	18	83	Sterling	7	*	O.F.	U
9415001-	6000	18	83	Sterling	7	L S	Htg.	U
9416001-	500	18	83	Sterling	7	†	O.F.	U
9416501-	7500	16	88	No. 28	15	*	Htg.	A
9417501-	8000	16	88	No. 20	7		Htg.	U
9418001-	9000	16	88	No. 20	7		O.F.	U
9419001-	22500	6	90	Seaside	7			U
9422501-	3000	0	91	Sol.	7			U
9423001-	300	16	88	No. 24	11			U
9423301-	5300	18	83	No. 81	15	L S	Htg.	U
9425301-	7300	18	83	No. 81	15		O.F.	U
9427301-	30000	18	83	No. 18	7	L S	Htg.	U
9430001-	3000	18	83	No. 18	7		O.F.	U
9433001-	500	18	83	Sterling	7	L S †	Htg.	U
9433501-	5300	18	83	Sterling	7	†	O.F.	U
9435301-	6000	18	83	Sol.	7-11	L S	Htg.	U
9436001-	7000	16	99	No. 620	15	*	Htg.	U
9437001-	8000	16	99	No. 620	15	*	O.F.	U
9438001-	40500	16	99	No. 610	7		Htg.	U
9440501-	3000	16	99	No. 610	7		O.F.	U
9443001-	54000	6	90	Seaside	7-15			U
9454001-	65000	0	91	Seaside	7-15			U
9465001-	7000	18	83	No. 820	15	L S	Htg.	U
9467001-	9000	18	83	No. 820	15		O.F.	U
9469001-	200	18	83	No. 81	15	L S	Htg.	U
9469201-	72000	18	83	No. 81	15		O.F.	U
9472001-	4000	18	83	No. 18	7	L S	Htg.	U
9474001-	7000	18	83	No. 18	7		O.F.	U
9477001-	8000	18	83	No. 1	7	L S †	Htg.	U
9478001-	80000	18	83	No. 1	7	†	O.F.	U
9480001-	1000	18	83	Sol.	7		O.F.	U
9481001-	2000	18	83	Sterling	7	L S †	Htg.	U
9482001-	3000	18	83	Sterling	7	†	O.F.	U
9483001-	5000	16	99	No. 610	7		Htg.	U
9485001-	7000	16	99	No. 610	7		O.F.	U
9487001-	500	16	99	Sol.	7		Htg.	U
9487501-	8000	16	99	Sol.	7		O.F.	U
9488001-	9000	16	99	Traveler	7		Htg.	U
9489001-	99999	6	90	Seaside	7-15			U
9500000-		12	94	Bdg. Mod.	21		O.F.	P
9500001-	500	16	99	Riverside	17	*	Htg.	P
9500501-	1000	16	99	Riverside	17	*	O.F.	P
9501001-	500	16	99	Royal	17	*	Htg.	A
9501501-	2000	16	99	Royal	17	*	O.F.	A
9502001-	200	16	99	Maximus	21	*	Htg.	P
9502201-	500	16	99	Maximus	21-23	*	O.F.	P
9502501-	3000	16	99	Riverside	17	*	Htg.	P
9503001-	500	16	99	Vanguard	23	L S *	O.F.	P
9503501-	10	16	99	Bdg. Mod.	21-23	*	Htg.	P
9503511-	50	16	99	Special	17-21	*	Htg.	P
9503551-	700	16	99	Bdg. Mod.	21-23	*	Htg.	P
9503701-	4000	16	99	Bdg. Mod.	17-23	*	O.F.	P
9504001-	680	16	99	Riverside	17	*	Htg.	P
9504681-	5000	16	99	Riverside	17	*	Htg.	P
9505001-	6000	16	99	Riverside	17	*	O.F.	P
9506001-	50	16	99	Export	15	*	Htg.	A
9506051-	500	16	99	Royal	17	*	Htg.	A
9506501-	7000	16	99	Royal	17	*	O.F.	A
9507001-	8000	16	99	Riverside	17-19	*	O.F.	P
9508001-	500	16	99	Royal	17	*	O.F.	A
9508501-	11000	18	92	Vanguard	21-23	*	O.F.	P
9511001-	3500	18	83	P.S.B.	17	L S *	Htg.	A
9513501-	4000	18	83	P.S.B.	17	*	O.F.	A
9514001-	500	18	83	P.S.B.	17	L S *	Htg.	A
9514501-	6500	18	83	P.S.B.	17	*	O.F.	A
9516501-	60	18	92	Railroader	17	L S *	O.F.	P
9516561-	7500	18	92	Vanguard	21	L S *	O.F.	P
9517501-	9000	18	92	C. St.	21	*	O.F.	P
9519001-	21500	18	83	No. 87	17	L S *	Htg.	A
9521501-	3500	18	83	No. 85	17	*	O.F.	A
9523501-	4000	18	83	No. 87	17	L S *	Htg.	A
9524001-	200	16	99	Maximus	21	*	O.F.	P
9524201-	700	16	99	No. 630	17	*	Htg.	A
9524701-	5200	16	99	No. 630	17	*	O.F.	A
9525201-	400	16	99	Special	17	*		A
9525401-	900	16	88	Riverside	17	*	O.F.	P
9525901-	7500	18	92	Vanguard	21-23	*	O.F.	P
9527501-	31000	18	83	No. 87	17	L S *	Htg.	A
9531001-	2500	18	83	No. 85	17	*	O.F.	A
9532501-	800	16	99	Maximus	21	*	Htg.	P
9532801-	3000	16	99	Maximus	21	*	O.F.	P
9533001-	35	16	99	Riverside	17	*	Htg.	P
9533036-		16	99	Crono.	21	*	Htg.	P
9533037-	50	16	99	Riverside	17	*	Htg.	P
9533051-	60	16	99	Vanguard	19	*	Htg.	P
9533061-	100	16	99	Riverside	17-19	*	Htg.	P

* Patent Regulator. † Flat Hairspring.

Serial Number.	Size.	Model.	Grade.	Jewels.	Setting.	Style.	Grade of Material.
9533101– 200	16	99	P.S.B.	17	*	Htg.	A
9533201– 500	16	99	No. 630	17	*	Htg.	A
9533501– 600	16	99	Riverside	17	*	O.F.	P
9533601– 4000	16	99	Special	17	*	O.F.	A
9534001– 5000	6	90	Lady W.	16	*		A
9535001– 6000	0	91	Lady W.	16	*		A
9536001– 200	18	83	Special	16–17	*	O.F.	A
9536201– 800	18	83	A.T.&Co.	17	L S *	O.F.	P
9536801– 7000	18	83	A.T.&Co.	17	*	O.F.	P
9537001– 200	18	83	A.T.&Co.	17	L S *	O.F.	P
9537201– 400	16	99	Special	17	*	O.F.	A
9537401– 8000	18	83	A.T.&Co.	17	*	O.F.	P
9538001– 40000	18	83	P.S.B.	17	L S *	Htg.	A
9540001– 500	18	83	No. 87	17	*	O.F.	A
9540501– 2500	18	83	P.S.B.	17	L S *	Htg.	A
9542501– 4500	18	83	P.S.B.	17	*	O.F.	A
9544501– 600	18	92	C. St.	21	L S *	Htg.	P
9544601– 700	18	92	C. St.	21	L S *	O.F.	P
9544701– 900	18	92	{C. St. / A.T.&Co.}	17–19	L S *	O.F.	P
9544901– 5000	16	99	Riverside	19	*	Htg.	P
9545001– 100	16	99	Riverside	19	*	O.F.	P
9545101– 200	0	91	Lady W.	16–17	*		A
9545201– 300	18	92	Non-Mag.	15	*	O.F.	A
9545301– 6300	18	83	A.T.&Co.	17	L S *	Htg.	P
9546301– 9300	18	83	A.T.&Co.	17	*	O.F.	P
9549301– 50000	18	83	P.S.B.	17	L S *	Htg.	A
9550001– 5000	0	1900	No. 115	15		O.F.	U
9555001– 67000	0	91	Seaside	7–15			U
9567001– 500	16	99	A.W. Co.	7		O.F.	U
9567501– 70000	18	83	No. 820	15	L S	Htg.	U
9570001– 2000	18	83	No. 820	15		O.F.	U
9572001– 5000	18	83	No. 18	7	L S	Htg.	U
9575001– 9000	18	83	No. 18	7		O.F.	U
9579001– 80000	18	83	Sterling	7	L S †	Htg.	U
9580001– 500	18	83	Sterling	7	†	O.F.	U
9580501– 1000	18	83	No. 1	7	L S †	Htg.	U
9581001– 2500	18	83	No. 1	7	†	O.F.	U
9582501– 4500	16	99	No. 620	15	*	Htg.	U
9584501– 6500	16	99	No. 620	15	*	O.F.	U
9586501– 7500	16	99	Traveler	7		O.F.	U
9587501– 8000	16	99	Sol.	7		Htg.	U
9588001– 500	16	99	Sol.	7		O.F.	U
9588501– 9000	14	97	Export	15	*	Htg.	U
9589001– 500	14	97	Export	15	*	O.F.	U
9589501– 90000	14	97	Export	11		O.F.	U
9590001– 1000	12	94	No. 220	15	*	Htg.	U
9591001– 3000	12	94	No. 210	7		Htg.	U
9593001– 603000	6	90	Seaside	7–15			U
9603001– 6000	0	1900	No. 115	15		Htg.	U
9606001– 15000	0	91	Seaside	7			U
9615001– 500	16	99	Export	7		Htg.	U
9615501– 8000	18	83	No. 820	15	L S	Htg.	U
9618001– 20500	18	83	No. 820	15		O.F.	U
9620501– 3500	18	83	No. 18	7	L S	Htg.	U
9623501– 6500	18	83	No. 18	7		O.F.	U
9626501– 600	18	83	No. 3	11	L S	Htg.	U
9626601– 7100	18	83	No. 3	7–11		O.F.	U
9627101– 9500	18	83	Sterling	7	†	O.F.	U
9629501– 31500	16	99	Special	11		Htg.	U
9631501– 2500	16	99	Special	11		O.F.	U
9632501– 3000	16	99	Traveler	7		O.F.	U
9633001– 5000	0	1900	No. 115	15		Htg.	U
9635001– 7500	18	83	No. 820	15	L S	Htg.	U
9637501– 9500	18	83	No. 820	15		O.F.	U
9639501– 42500	18	83	No. 18	7	L S	Htg.	U
9642501– 8500	18	83	No. 18	7		O.F.	U
9648501– 9000	18	83	No. 1	7	L S †	Htg.	U
9649001– 50000	18	83	No. 1	7	†	O.F.	U
9650001– 3000	16	99	No. 620	15	*	Htg.	U
9653001– 4000	16	99	No. 620	15	*	O.F.	U
9654001– 7000	16	99	No. 610	7		Htg.	U
9657001– 8000	16	99	No. 610	7		O.F.	U
9658001– 60000	16	99	Traveler	7		Htg.	U
9660001– 2000	12	94	No. 220	15		Htg.	U
9662001– 3000	12	94	No. 220	15	*	O.F.	U
9663001– 4000	12	94	No. 210	7		Htg.	U
9664001– 5000	12	94	No. 210	7		O.F.	U
9665001– 73000	6	90	Seaside	7–15			U
9673001– 83000	0	91	Seaside	7–15			U
9683001– 7000	18	83	No. 18	7	L S	Htg.	U
9687001– 92000	18	83	No. 18	7		O.F.	U
9692001– 3000	18	83	No. 1	7	†	O.F.	U
9693001– 4000	18	83	Sol.	7		O.F.	U
9694001– 500	18	83	Sterling	7	L S †	Htg.	U
9694501– 6500	18	83	Sterling	7	L S †	O.F.	U
9696501– 9000	16	99	No. 620	15	*	Htg.	U
9699001– 701000	16	99	No. 620	15	*	O.F.	U
9701001– 500	16	99	Export	15	*	Htg.	U
9701501– 2000	16	99	Export	15	*	O.F.	U
9702001– 5000	16	99	No. 610	7		Htg.	U
9705001– 8000	16	99	No. 610	7		O.F.	U
9708001– 10500	16	99	Traveler	7		Htg.	U
9710501– 1000	12	94	No. 220	15	*	Htg.	U
9711001– 3000	12	94	No. 210	7		Htg.	U
9713001– 4000	12	94	No. 210	7		O.F.	U
9714001– 24000	6	90	Seaside	7–15			U
9724001– 35000	0	91	Nos. 61–65	7–15			U
9735001– 7000	0	1900	No. 110	7		O.F.	U
9737001– 8000	16	99	A.W.Co.	7		Htg.	U
9738001– 500	16	99	A.W.Co.	7		O.F.	U
9738501– 9500	18	83	No. 820	15	L S	Htg.	U
9739501– 40500	18	83	No. 820	15		O.F.	U
9740501– 3500	18	83	No. 18	7	L S	Htg.	U
9743501– 8500	18	83	No. 18	7		O.F.	U
9748501– 50500	18	83	Sterling	7	†	O.F.	U
9750501– 1500	18	83	Sol.	7		O.F.	U
9751501– 3500	16	99	No. 620	15–16	*	Htg.	U
9753501– 4500	16	99	No. 620	15–16	*	O.F.	U
9754501– 6800	16	99	No. 610	7		Htg.	U
9756801– 7000	16	99	Special	11		Htg.	U
9757001– 850	16	99	No. 610	7		O.F.	U
9757851– 8000	16	99	Special	11		O.F.	U
9758001– 9000	16	99	Traveler	7		Htg.	U
9759001– 500	14	97	Bd. St.	7		O.F.	U
9759501– 60000	12	94	No. 220	15	*	Htg.	U
9760001– 2000	12	94	No. 210	7		Htg.	U
9762001– 3000	12	94	No. 210	7		O.F.	U
9763001– 70000	6	90	Seaside	7–15			U
9770001– 81000	0	91	Seaside	7–15			U
9781001– 500	16	99	A.W. Co.	7		O.F.	U
9781501– 4500	18	83	No. 18	7	L S	Htg.	U
9784501– 9500	18	83	Sterling	7		O.F.	U
9789501– 92000	18	83	Sterling	7	†	O.F.	U
9792001– 3000	18	83	Sol.	7		O.F.	U
9793001– 7000	16	99	No. 620	15	*	Htg.	U
9797001– 800000	16	99	No. 610	7		Htg.	U
9800001– 2000	16	99	No. 610	7		O.F.	U
9802001– 3500	16	99	Traveler	7		Htg.	U
9803501– 4000	16	99	Traveler	7		O.F.	U
9804001– 500	16	99	Sol.	7		Htg.	U
9804501– 5000	16	99	Bd. St.	7		O.F.	U
9805001– 500	16	99	No. 174	11		Htg.	U
9805501– 6000	14	97	Export	7		Htg.	U
9806001– 15000	6	90	Seaside	7–15			U
9815001– 29000	0	91	Seaside	7–15			U
9829001– 500	6	90	Special	11		Htg.	U
9829501– 31500	18	83	No. 18	7	L S	O.F.	U
9831501– 5500	18	83	No. 18	7		O.F.	U
9835501– 6500	18	83	No. 1	7	†	O.F.	U
9836501– 7000	18	83	Sol.	7		O.F.	U
9837001– 8000	18	83	Sterling	7	†	O.F.	U
9838001– 9000	18	83	Special	7	L S †	Htg.	U
9839001– 40000	18	83	Special	7	†	O.F.	U
9840001– 2000	16	99	No. 620	15	*	Htg.	U
9842001– 5000	16	99	No. 610	7		Htg.	U
9845001– 6000	16	99	No. 610	7		O.F.	U
9846001– 500	16	Ball	Com. Std.	15–17		O.F.	A
9846501– 7000	16	99	Export	15	*	Htg.	U
9847001– 9000	16	99	Traveler	7		Htg.	U

* Patent Regulator. † Flat Hairspring.

Serial Number.		Size.	Model.	Grade.	Jewels.	Setting.	Style.	Grade of Material
9849001–	50500	12	94	No. 220	15	*	Htg.	U
9850501–	1000	12	94	No. 220	15	*	O.F.	U
9851001–	3500	12	94	No. 210	7		Htg.	U
9853501–	61500	6	90	Seaside	7–15			U
9861501–	73500	0	91	Seaside	7–15			U
9873501–	4500	18	83	No. 81	15	-L S	Htg.	U
9874501–	6500	18	83	No. 81	15		O.F.	U
9876501–	7500	18	83	No. 18	7	L S	Htg.	U
9877501–	9500	18	83	No. 18	7		O.F.	U
9879501–	81500	18	83	Sterling	7	†	O.F.	U
9881501–	2500	16	99	No. 620	15	*	Htg.	U
9882501–	4500	16	99	No. 610	7		Htg.	U
9884501–	5500	12	94	No. 220	15	*	Htg.	U
9885501–	7500	12	94	No. 210	7		Htg.	U
9887501–	91500	6	90	Seaside	7–15			U
9891501–	6500	0	91	Seaside	7–15			U
9896501–	8500	18	83	No. 820	15		O.F.	U
9898501–	901500	18	83	No. 81	15	L S	Htg.	U
9901501–	5500	18	83	No. 81	15		O.F.	U
9905501–	6000	18	83	No. 3	11		O.F.	U
9906001–	7000	18	83	No. 18	7	L S	Htg.	U
9907001–	10500	18	83	No. 18	7		O.F.	U
9910501–	12000	18	83	No. 1	7		O.F.	U
9912001–	3000	18	83	Sterling	7	L S †	Htg.	U
9913001–	5000	18	83	Sterling	7	†	O.F.	U
9915001–	500	18	83	Sol.	7	L S	· Htg.	U
9915501–	7000	18	83	Sol.	7		O.F.	U
9917001–	9000	16	99	No. 620	15	*	Htg.	U
9919001–	20000	16	99	No. 620	15	*	O.F.	U
9920001–	2500	16	99	No. 610	7–11		Htg.	U
9922501–	3000	16	99	No. 610	7		O.F.	U
9923001–	500	14	97	Sol.	7		O.F.	U
9923501–	32500	6	90	Seaside	7–15			U
9932501–	43500	0	91	Seaside	7–15			U
9943501–	4000	0	91	Cron. Vic.	15		Htg.	U
9944001–	500	0	91	Sol.	7		Htg.	U
9944501–	5000	18	83	A.W.Co.	7	†	O.F.	U
9945001–	500	16	99	A.W.Co.	7		Htg.	U
9945501–	50	18	83	No. 3	11	L S	Htg.	U
9945551–	6200	18	83	No. 3	11		O.F.	U
9946201–	50	18	83	No. 3	11	L S	Htg.	U
9946251–	900	18	83	No. 3	11		O.F.	U
9946901–	9000	18	83	No. 820	15		O.F.	U
9949001–	51000	18	83	No. 18	7	L S	Htg.	U
9951001–	3000	18	83	No. 820	15		O.F.	U
9953001–	4515	18	83	No. 18	7		O.F.	U
9954516–	18	18	83	No. 87	17		O.F.	A
9954519–	5500	18	83	Sterling	7		O.F.	U
9955501–	6500	18	83	No. 1	7	†	O.F.	U
9956501–	7000	18	83	Sterling	11	L S †	Htg.	U
9957001–	8000	18	83	Sterling	7	†	O.F.	U
9958001–	9000	18	83	Sol.	7		O.F.	U
9959001–	62000	16	99	No. 620	15	*	Htg.	U
9962001–	3000	16	99	No. 620	15	*	O.F.	U
9963001–	6000	16	99	No. 610	7		Htg.	U
9966001–	7500	16	99	No. 610	7		O.F.	U
9967501–	8000	16	99	Traveler	7		O.F.	U
9968001–	300	16	99	Export	15	*	Htg.	U
9968301–	500	16	99	Export	15	*	O.F.	U
9968501–	9500	12	94	No. 210	7		Htg.	U
9969501–	70000	12	94	No. 210	7		O.F.	U
9970001–	9000	6	90	Seaside	7–15			U
9979001–	90500	0	91	Seaside	7–15			U
9990501–	2500	0	1900	No. 115	15		Htg.	U
9992501–	3500	18	83	A.W.Co.	7		K W	U
9993501–	25	18	83	Special	16	L S *	Htg.	A
9993526–	700	18	83	Special	16	*	O.F.	A
9993701–	4000	18	83	No. 3	11		O.F.	U
9994001–	5000	18	83	No. 820	15		O.F.	U
9995001–	7000	18	83	No. 81	15		O.F.	U
9997001–	9000	18	83	No. 18	7	L S	Htg.	U
9999001–	999	18	83	No. 18	7		O.F.	U
10000000–	1300	J S	98	Special	15		Htg.	A
10001301–	800	J S	98	Riverside	17		Htg.	P
10001801–	3500	J S	98	Special	15		Htg.	A

Serial Number.		Size.	Model.	Grade.	Jewels.	Setting.	Style.	Grade of Material.
10003501–	4000	J S	98	Riverside	17		Htg.	P
10004001–	7900	J S	98	Special	15		Htg.	A
10007901–	8000	J S	98	Special	17		Htg.	P
10008001–	9000	18	83	P.S.B.	17	L S *	Htg.	A
10009001–	10000	18	83	P.S.B.	17	*	O.F.	A
10010001–	2000	18	83	P.S.B.	17	L S *	Htg.	A
10012001–	4000	18	83	P.S.B.	17	*	O.F.	A
10014001–	5000	16	99	P.S.B.	17	*	Htg.	A
10015001–	500	0	91	Riverside	17	*		P
10015501–	6000	0	91	No. 68	16	*		A
10016001–	8000	J S	98	Special	15		Htg.	A
10018001–	50	16	99	Railroader	17	L S *	O.F.	P
10018051–	9000	18	92	Vanguard	21–23	L S *	O.F.	P
10019001–	20000	18	92	C. St.	21	L S *	O.F.	P
10020001–	500	18	83	A.T.&Co.	17	*	O.F.	P
10020501–	2000	18	83	P.S.B.	17	L S *	Htg.	A
10022001–	500	18	83	P.S.B.	17	*	O.F.	A
10022501–	4500	18	83	P.S.B.	17	L S *	Htg.	A
10024501–	6500	18	83	P.S.B.	17	*	O.F.	A
10026501–	7000	6	90	Lady W.	16	*		A
10027001–	8000	0	91	Lady W.	16	*		A
10028001–	100	18	92	Special	15		O.F.	A
10028101–	9000	18	92	Vanguard	21–23	L S *	O.F.	P
10029001–	500	18	92	A.T.& Co.	17	L S *	O.F.	P
10029501–	30000	6	90	Lady W.	16	*		A
10030001–	200	18	92	Special	15–17	L S *	O.F.	A
10030201–	300	18	83	P.S.B.	17	L S *	Htg.	A
10030301–	400	18	83	P.S.B.	17	*	O.F.	A
10030401–	500	14	97	Riverside	17	*	Htg.	P
10030501–	50	14	97	Riverside	17	*	O.F.	P
10030551–	600	14	97	Export	19	*		P
10030601–	850	14	97	Riverside	17	*	Htg.	P
10030851–	1500	18	92	C. St.	21	*	O.F.	P
10031501–	3500	18	92	A.T.& Co.	17	L S *	O.F.	P
10033501–	4000	18	83	A.T.& Co.	17	L S *	O.F.	P
10034001–	5000	18	83	P.S.B.	17	L S *	Htg.	A
10035001–	7500	18	83	P.S.B.	17	*	O.F.	A
10037501–	700	16	99	Maximus	21–23	*	O.F.	P
10037701–	8000	16	99	Royal	17	*	O.F.	A
10038001–	200	12	94	Maximus	21	*	O.F.	P
10038201–	9000	18	92	A.T.& Co.	17	L S *	O.F.	P
10039001–	500	18	83	Special	17	*	O.F.	P
10039501–	40500	18	83	P.S.B.	17	*	O.F.	A
10040501–	1000	18	83	No. 87	17	L S *	Htg.	A
10041001–	500	16	99	Riverside	17	*	Htg.	P
10041501–	2000	16	99	Riverside	17	*	O.F.	P
10042001–	500	16	99	Royal	17	*	Htg.	A
10042501–	900	18	92	C.P.R.	21	L S *	O.F.	P
10042901–	3500	18	92	C. St.	17–21	L S *	O.F.	P
10043501–	4500	18	83	Special	17	L S *	O.F.	P
10044501–	5500	18	83	P.S.B.	17	L S *	Htg.	A
10045501–	6500	18	83	P.S.B.	17	*	O.F.	A
10046501–	7500	18	83	P.S.B.	17	L S *	Htg.	A
10047501–	9500	18	83	P.S.B.	17	*	O.F.	A
10049501–	700	16	99	Maximus	21–23	*	Htg.	P
10049701–	50000	16	99	Maximus	21	*	O.F.	P
10050001–	500	16	99	Riverside	17–21	*	Htg.	P
10050501–	1000	16	99	Riverside	17–19	*	O.F.	P
10051001–	500	16	99	Royal	17	*	Htg.	A
10051501–	2000	16	99	Royal	17	*	O.F.	A
10052001–	500	12	94	Royal	17	*	O.F.	A
10052501–	3000	6	90	Lady W.	16	*		A
10053001–	500	0	1900	Maximus	19	*	Htg.	P
10053501–	4000	0	1900	Riverside	17	*	Htg.	P
10054001–	5000	0	1900	Lady W.	16	*	Htg.	A
10055001–	500	J S	98	Diamond	17	*	Htg.	P
10055501–	6500	J S	98	Sapphire	15	*	Htg.	A
10056501–	7000	16	Ball	Off. Std.	17–19	L S *	O.F.	P
10057001–	8000	18	92	A.T.&Co.	17	L S *	O.F.	P
10058001–	500	18	83	A.T.&Co.	17	*	O.F.	P
10058501–	9000	18	83	No. 87	17	L S *	Htg.	A
10059001–	500	18	83	No. 87	17	*	O.F.	A
10059501–	62500	18	83	P.S.B.	17	L S *	Htg.	A
10062501–	5000	18	83	P.S.B.	17	*	O.F.	A
10065001–	500	16	99	Riverside	17	*	Htg.	P

* Patent Regulator. † Flat Hairspring.

Serial Number.	Size.	Model.	Grade.	Jewels.	Setting.	Style.	Grade of Material.
10065501– 6000	16	99	Riverside	17	L S *	O.F.	P
10066001– 500	16	99	No. 630	17	*	Htg.	A
10066501– 7000	16	99	No. 630	17	*	O.F.	A
10067001– 500	12	94	Royal	17	*	Htg.	A
10067501– 8000	0	1900	Riverside	17	*	Htg.	P
10068001– 9000	0	1900	Lady W.	16	*	Htg.	A
10069001– 70000	18	92	Vanguard	21–23	L S *	O.F.	P
10070001– 300	16	99	Maximus	21	*	Htg.	P
10070301– 500	16	99	Maximus	21	*	O.F.	P
10070501– 1000	16	99	Riverside	17	*	Htg.	P
10071001– 500	16	99	Riverside	17	*	O.F.	P
10071501– 2000	J S	98	Riverside	17		Htg.	P
10072001– 3000	J S	98	Ruby	15		Htg.	A
10073001– 300	18	92	Vanguard	21	L S *	Htg.	P
10073301– 4000	18	92	Vanguard	21–23	L S *	O.F.	P
10074001– 5000	18	92	A.T.&Co.	17	L S *	O.F.	P
10075001– 500	18	83	P.S.B.	17	L S *	Htg.	A
10075501– 6000	18	83	P.S.B.	17	*	O.F.	A
10076001– 7500	18	83	P.S.B.	17	L S *	Htg.	A
10077501– 9000	18	83	P.S.B.	17	*	O.F.	A
10079001– 500	16	99	Riverside	17	*	Htg.	P
10079501– 80500	16	99	Riverside	17	*	O.F.	P
10080501– 1000	16	99	No. 630	17	*	Htg.	A
10081001– 1500	16	99	No. 630	17	*	O.F.	A
10081501– 2000	12	94	Riverside	19	*	O.F.	P
10082001– 500	6	90	Lady W.	16	*		A
10082501– 600	18	92	A.W.W.Co.	21	L S *	O.F.	P
10082601– 700	18	92	C.P.R.	21	L S *	Htg.	P
10082701– 800	18	92	Roadmaster	17	L S *	O.F.	A
10082801– 50	16	99	Roadmaster	17	L S *	O.F.	A
10082851– 4000	18	92	Vanguard	21	L S *	O.F.	P
10084001– 300	18	92	Cres. St.	21	L S *	O.F.	P
10084301– 6000	18	83	P.S.B.	17	*	O.F.	A
10086001– 500	16	99	Riverside	17	*	Htg.	P
10086501– 7000	16	99	Riverside	17	*	O.F.	P
10087001– 500	16	99	Royal	17	*	Htg.	A
10087501– 8000	16	99	No. 630	17	*	Htg.	A
10088001– 500	12	94	Riverside	19	*	Htg.	P
10088501– 9000	12	94	Royal	17	*	Htg.	A
10089001– 90500	J S	98	Special	15		Htg.	A
10090501– 1500	18	92	Vanguard	21–23	L S *	O.F.	P
10091501– 2000	18	92	Cres. St.	21	L S *	O.F.	P
10092001– 3000	18	92	A.T.&Co.	17	L S *	O.F.	P
10093001– 500	18	83	A.T.&Co.	17	*	O.F.	P
10093501– 4000	16	99	Riverside	17	*	Htg.	P
10094001– 500	16	99	Riverside	17	*	O.F.	P
10094501– 5500	16	99	No. 630	17	*	Htg.	A
10095501– 6000	16	99	No. 630	17	*	O.F.	A
10096001– 7000	16	99	P.S.B.	17	*	Htg.	A
10097001– 500	12	94	Royal	17	*	Htg.	A
10097501– 98000	6	90	Lady W.	16	*		A
10098001– 9500	J S	98	Special	15			A
10099501– 625	18	92	Special	19	L S *	O.F.	P
10099626– 700	18	92	A.W.Co.	21	L S *	O.F.	P
10099701– 800	18	92	Special	15	*	O.F.	A
10099801– 100000	16	99	Riverside	17	*	O.F.	P
10100001– 4000	18	83	No. 18	7		O.F.	U
10104001– 8000	18	83	Sterling	7	†	O.F.	U
10108001– 9000	18	83	Sol.	7		O.F.	U
10109001– 11000	16	99	No. 620	15		Htg.	U
10111001– 5000	16	99	No. 610	7		Htg.	U
10115001– 6000	16	99	No. 610	7		O.F.	U
10116001– 7500	16	99	Traveler	7		Htg.	U
10117501– 8500	16	99	Traveler	7		O.F.	U
10118501– 9500	14	97	Export	7		Htg.	U
10119501– 20000	14	97	Bd. St.	7		O.F.	U
10120001– 1000	12	94	No. 220	15		Htg.	U
10121001– 2000	12	94	No. 210	7		Htg.	U
10122001– 3000	12	94	No. 210	7		O.F.	U
10123001– 33000	6	90	Seaside	7–15			U
10133001– 44000	0	91	Seaside	7		Htg.	U
10144001– 8000	0	1900	No. 115	15		Htg.	U
10148001– 50000	18	83	A.W.Co.	7		K.W.	U
10150001– 500	16	99	A.W.Co.	7		Htg.	U
10150501– 1000	16	99	A.W.Co.	7		O.F.	U

Serial Number.	Size.	Model.	Grade.	Jewels.	Setting.	Style.	Grade of Material.
10151001– 2000	18	83	No. 820	15		O.F.	U
10152001– 500	18	83	No. 3	11		O.F.	U
10152501– 4500	18	83	No. 18	7	L S	Htg.	U
10154501– 9500	18	83	No. 18	7		O.F.	U
10159501– 60500	18	83	No. 1	7	†	O.F.	U
10160501– 1500	18	83	Sol.	7		O.F.	U
10161501– 3500	18	83	Sterling	7	†	O.F.	U
10163501– 800	16	Ball	Com. St.	17		O.F.	A
10163801– 5300	16	99	No. 174	11		Htg.	U
10165301– 800	16	99	No. 174	11		O.F.	U
10165801– 7000	16	99	Traveler	7		Htg.	U
10167001– 500	16	99	Sol.	7		Htg.	U
10167501– 8000	16	99	Sol.	7		O.F.	U
10168001– 9000	14	97	Export	7		Htg.	U
10169001– 71000	12	94	No. 220	15		Htg.	U
10171001– 500	12	94	No. 220	15		O.F.	U
10171501– 3500	12	94	No. 210	7		Htg.	U
10173501– 7500	10	1900	No. 1015	15		O.F.	A
10177501– 87500	6	90	Seaside	7–15			U
10187501– 99500	0	91	Seaside	7–15			U
10199501– 201500	18	83	A.W.Co.	7		K.W.	U
10201501– 2000	18	83	Sterling	15		O.F.	U
10202001– 500	16	99	Am.W.Co.	7		Htg.	U
10202501– 3000	16	99	Am.W.Co.	7		O.F.	U
10203001– 11000	18	83	No. 18–820	7–15		O.F.	U
10211001– 14500	18	83	Sterling	7	†	O.F.	U
10214501– 5500	18	83	Sol.	7		O.F.	U
10215501– 7500	16	99	No. 620	15	*	Htg.	U
10217501– 8000	16	99	No. 620	15	*	O.F.	U
10218001– 21000	16	99	No. 610	7		Htg.	U
10221001– 23000	16	99	No. 610	7		O.F.	U
10223001– 4000	16	99	Sol.	7		Htg.	U
10224001– 6000	16	99	Traveler	7		O.F.	U
10226001– 7000	12	94	No. 220	15	*	Htg.	U
10227001– 8000	12	94	No. 220	15	*	O.F.	U
10228001– 30000	12	94	No. 210	7		Htg.	U
10230001– 1000	12	94	No. 210	7		O.F.	U
10231001– 38000	6	90	Seaside	7–15			U
10238001– 46000	0	91	Seaside	7			U
10246001– 8000	18	83	Am.W.Co.	7		K.W.	U
10248001– 50000	18	83	No. 820	15		O.F.	U
10250001– 2000	18	83	No. 18	7	L S	Htg.	U
10252001– 9000	18	83	No. 18	7		O.F.	U
10259001– 60000	18	83	No. 1	7	†	O.F.	U
10260001– 1000	18	83	Sol.	7		O.F.	U
10261001– 500	16	Ball	Com. St.	15	*	O.F.	A
10261501– 2500	16	99	Export	15	*	O.F.	U
10262501– 5000	16	99	Traveler	7		O.F.	U
10265001– 7000	16	99	No. 610	7		O.F.	U
10267001– 9500	16	88	A.W.W.Co.	15		Htg.	A
10269501– 71000	14	97	Export	7		Htg.	U
10271001– 2000	12	94	No. 220	15		O.F.	U
10272001– 5000	12	94	No. 210	7		Htg.	U
10275001– 7000	12	94	No. 210	7		O.F.	U
10277001– 87500	6	90	Seaside	7–15			U
10287501– 96500	0	91	Seaside	7			U
10296501– 8500	0	1900	No. 115	15		Htg.	U
10298501– 302500	J S	98	Ruby	15		Htg.	A
10302501– 3500	J S	98	Riverside	17		Htg.	P
10303501– 5500	18	83	Am.W.Co.	7		K.W.	U
10305501– 6500	18	83	No. 820	15	L S	Htg.	U
10306501– 10500	18	83	No. 81–820	15		O.F.	U
10310501– 2500	18	83	No. 18	7	L S	Htg.	U
10312501– 7000	18	83	Sterling	7–11		O.F.	U
10317001– 9000	18	83	Sterling	7	†	O.F.	U
10319001– 500	18	83	Sol.	7		O.F.	U
10319501– 600	16	99	No. 620	15		Htg.	U
10319601– 700	16	99	No. 630	17	*	Htg.	A
10319701– 21500	16	99	No. 620	15		Htg.	U
10321501– 4000	16	99	No. 610	7		Htg.	U
10324001– 5000	16	99	No. 610	7		O.F.	U
10325001– 6000	16	99	Traveler	7		Htg.	U
10326001– 7500	16	99	Traveler	7		O.F.	U
10327501– 8000	14	97	Bd. St.	11		Htg.	U
10328001– 30000	14	97	Bd. St.	7–11		O.F.	U

* Patent Regulator. † Flat Hairspring.

Serial Number.		Size.	Model.	Grade.	Jewels.	Setting.	Style.	Grade of Material.
10330001-	2000	12	94	No. 210	7		Htg.	U
10332001-	3000	12	94	No. 210	7		O.F.	U
10333001-	40000	6	90	Seaside	7-15		Htg.	U
10340001-	2500	0	1900	Seaside	7-15		O.F.	U
10342501-	50500	0	91	Seaside	7-15			U
10350501-	1500	18	83	Am.W.Co.	7		K.W.	U
10351501-	2000	18	83	No. 820	15	L S	Htg.	U
10352001-	3500	18	83	No. 820	15		O.F.	U
10353501-	5500	18	83	No. 18	7	L S	Htg.	U
10355501-	60500	18	83	No. 18	7		O.F.	U
10360501-	1000	18	83	No. 1	7	L S †	Htg.	U
10361001-	2500	18	83	No. 1	7	†	O.F.	U
10362501-	3000	18	83	Sterling	7	L S	Htg.	U
10363001-	4500	18	83	Sol.	7		O.F.	U
10364501-	5000	18	83	Sterling	7	L S †	Htg.	U
10365001-	6500	18	83	Sterling	7	†	O.F.	U
10366501-	8000	16	99	No. 620	15	*	Htg.	U
10368001-	9000	16	99	No. 620	15	*	O.F.	U
10369001-	71500	16	99	No. 610	7		Htg.	U
10371501-	7300	16	99	No. 610	7		O.F.	U
10373001-	4500	16	99	Traveler	7		Htg.	U
10374501-	5000	16	88	No. 20	7		O.F.	U
10375001-	6000	12	94	No. 220	15	*	Htg.	U
10376001-	500	12	94	No. 220	15	*	O.F.	U
10376501-	8000	12	94	No. 210	7		Htg.	U
10378001-	9000	12	94	No. 210	7		O.F.	U
10379001-	88500	6	90	Seaside	7-15			U
10388501-	90000	0	1900	No. 115	15		Htg.	U
10390001-	400000	0	91	Seaside	7-15			U
10400001-	2000	18	83	Sterling	7		K.W.	U
10402001-	4000	14	95	Bd. St.	7		Htg.	U
10404001-	5000	14	95	Bd. St.	7		O.F.	U
10405001-	500	18	83	No. 820	15	L S	Htg.	U
10405501-	7500	18	83	No. 820	15		O.F.	U
10407501-	9500	18	83	No. 18	7	L S	Htg.	U
10409501-	13500	18	83	No. 18	7		O.F.	U
10413501-	6500	18	83	Sterling	7	†	O.F.	U
10416501-	7500	18	83	Sol.	7		O.F.	U
10417501-	9000	16	99	No. 620	15	*	Htg.	U
10419001-	21000	16	99	No. 615	15	†	Htg.	U
10421001-	4500	16	99	No. 610	7		Htg.	U
10424501-	6000	16	99	No. 610	7		O.F.	U
10426001-	8000	16	99	Traveler	7		Htg.	U
10428001-	500	16	99	Traveler	7		O.F.	U
10428501-	9500	14	97	Export	15	*	Htg.	U
10429501-	32000	14	97	Export	7-11		Htg.	U
10432001-	3000	12	94	No. 220	15	*	Htg.	U
10433001-	500	12	94	No. 220	15	*	O.F.	U
10433501-	5500	12	94	No. 210	7		Htg.	U
10435501-	6500	12	94	No. 210	7		O.F.	U
10436501-	45000	6	90	Seaside	7-15			U
10445001-	52000	0	91	Seaside	7			U
10452001-	4000	0	1900	No. 115	15		Htg.	U
10454001-	500	0	1900	No. 115	15		O.F.	U
10454501-	8500	J S	98	A.W.Co.	15		Htg.	A
10458501-	9500	18	83	No. 820	15	L S	Htg.	U
10459501-	62500	18	83	No. 820	15		O.F.	U
10462501-	4500	18	83	No. 18	7	L S	Htg.	U
10464501-	9500	18	83	No. 18	7		O.F.	U
10469501-	70000	18	83	Sterling	7	L S †	Htg.	U
10470001-	2000	18	83	Sterling	7	†	O.F.	U
10472001-	3000	18	83	Sol.	7		O.F.	U
10473001-	4000	16	99	No. 620	15	*	Htg.	U
10474001-	5000	16	99	No. 615	15		O.F.	U
10475001-	7500	16	99	No. 610	7		Htg.	U
10477501-	9000	16	99	No. 610	7		O.F.	U
10479001-	81000	16	99	Traveler	7		Htg.	U
10481001-	2000	16	99	Bd. St.	7		O.F.	U
10482001-	500	14	97	Beacon	15	*	Htg.	U
10482501-	5000	14	97	Ensign	7		Htg.	U
10485001-	6000	14	97	Ensign	7		O.F.	U
10486001-	500	14	97	Sol.	7		Htg.	U
10486501-	7000	14	97	Sol.	7		O.F.	U
10487001-	9000	14	95	Bd. St.	7		O.F.	U
10489001-	91000	12	94	No. 220	15	*	Htg.	U

Serial Number.		Size.	Model.	Grade.	Jewels.	Setting.	Style.	Grade of Material.
10491001-	3500	12	94	No. 210	7		Htg.	U
10493501-	5000	12	94	No. 210	7		O.F.	U
10495001-	500000	6	90	Seaside	7			U
10500001-	200	18	92	Vanguard	21-23	L S *	Htg.	P
10500201-	1000	18	92	Vanguard	21-23	L S *	O.F.	P
10501001-	200	18	92	Cres. St.	21	L S *	O.F.	P
10501201-	500	18	92	A.T.&Co.	17	L S *	O.F.	P
10501501-	2000	18	83	P.S.B.	17	L S *	Htg.	A
10502001-	4000	18	83	P.S.B.	17	*	O.F.	A
10504001-	500	16	99	Vanguard	23	L S *	O.F.	P
10504501-	5500	16	99	Riverside	17	*	O.F.	P
10505501-	6000	16	Ball	Off. Std.	17-19	L S *	O.F.	P
10506001-	7000	16	99	No. 630	17	*	Htg.	A
10507001-	8000	16	99	No. 630	17	*	O.F.	A
10508001-	300	12	94	Maximus	21	*	O.F.	P
10508301-	500	12	94	Royal	17	*	O.F.	A
10508501-	9000	12	94	Riverside	19	*	O.F.	P
10509001-	500	12	94	Royal	17	*	Htg.	A
10509501-	10000	12	94	Royal	17	*	O.F.	A
10510001-	1000	6	90	Lady W.	16	*		A
10511001-	2500	J S	98	Special	15		Htg.	A
10512501-	700	12	94	No. 240	17	*	O.F.	A
10512701-	4000	16	99	Riverside	17	*	O.F.	P
10514001-	500	16	Ball	Off. St.	17-19	L S *	O.F.	P
10514501-	5000	12	94	Riverside	19	*	O.F.	P
10515001-	500	12	94	Royal	17	*	Htg.	A
10515501-	7500	J S	98	Am. Wal.	15		Htg.	A
10517501-	20	18	92	Export	21	L S *	Htg.	P
10517521-	800	18	92	Vanguard	21	L S *	Htg.	P
10517801-	8500	18	92	Cres.,St.	21	L S *	O.F.	P
10518501-	9000	18	83	A.T.&Co.	17	*	O.F.	P
10519001-	500	18	83	P.S.B.	17	*	Htg.	A
10519501-	21500	18	83	P.S.B.	17	*	O.F.	A
10521501-	2000	16	99	Riverside	17	*	Htg.	P
10522001-	500	16	99	Riverside	17	*	O.F.	P
10522501-	800	16	99	Royal	17	*	Htg.	A
10522801-	3000	16	99	Royal	17	*	O.F.	A
10523001-	500	16	99	No. 630	17	*	O.F.	A
10523501-	4000	6	90	Lady W.	16	*		A
10524001-	5000	18	92	Vanguard	21	L S *	O.F.	P
10525001-	800	18	92	Cres. St.	21	L S *	O.F.	P
10525801-	6500	18	92	A.T.&Co.	17	L S *	O.F.	P
10526501-	30000	18	83	P.S.B.	17	*	O.F.	A
10530001-	500	16	99	Maximus	21	*	O.F.	P
10530501-	1000	16	99	Riverside	17	*	O.F.	P
10531001-	1500	16	99	Royal	17	*	Htg.	A
10531501-	32000	16	99	Royal	17	*	O.F.	A
10532001-	300	18	92	Vanguard	21	L S *	Htg.	P
10532301-	3500	18	92	Vanguard	21-23	L S *	O.F.	P
10533501-	4000	18	92	Cres. St.	21	L S *	O.F.	P
10534001-	500	18	92	A.T.&Co.	17	L S *	O.F.	P
10534501-	5000	18	83	A.T.&Co.	17	*	O.F.	P
10535001-	6500	18	83	P.S.B.	17	*	O.F.	A
10536501-	7000	16	99	Vanguard	23	L S *	O.F.	P
10537001-	500	16	99	Riverside	17	*	Htg.	P
10537501-	800	18	92	Vanguard	21	L S *	Htg.	P
10537801-	8600	18	92	Vanguard	21-23	L S *	O.F.	P
10538601-	9400	18	92	Cres. St.	21	L S *	O.F.	P
10539401-	600	18	92	A.T.&Co.	17	L S *	Htg.	P
10539601-	40000	18	92	A.T.&Co.	17	L S *	O.F.	P
10540001-	500	18	92	Cres. St.	21	L S *	O.F.	P
10540501-	2000	18	83	P.S.B.	17	*	O.F.	A
10542001-	500	16	Ball	Off. St.	17-19	L S *	O.F.	P
10542501-	3000	16	99	Riverside	17	*	Htg.	P
10543001-	500	16	99	No. 630	17	*	Htg.	A
10543501-	4000	16	99	No. 630	17	*	O.F.	A
10544001-	5000	16	99	P.S.B.	17	*	Htg.	A
10545001-	200	16	Ball	Com. St.	17		O.F.	A
10545201-	700	12	94	Royal	19	*	Htg.	A
10545701-	6000	18	92	Vanguard	23	L S *	Htg.	P
10546001-	7000	18	92	Vanguard	21	L S *	O.F.	P
10547001-	500	18	92	Cres. St.	21	L S *	Htg.	P
10547501-	8500	18	92	Cres. St.	21	L S *	O.F.	P
10548501-	700	18	92	A.T.&Co.	17	L S *	Htg.	P
10548701-	9500	18	92	A.T.&Co.	17	L S *	O.F.	P

* Patent Regulator. † Flat Hairspring.

Serial Number.	Size.	Model.	Grade.	Jewels.	Setting.	Style.	Grade of Material.
10549501- 50000	18	83	A.T.&Co.	17	*	O.F.	P
10550001-, 2000	18	83	P.S.B.	17	*	O.F.	A
10552001- 200	16	99	Bdg. Mod.	23	*	Htg.	P
10552201- 500	16	99	Bdg. Mod.	23	*	O.F.	P
10552501- 700	16	99	Maximus	23	*	Htg.	P
10552701- 3000	16	99	Maximus	23	*	O.F.	P
10553001- 500	16	99	Vanguard	23	L S *	O.F.	P
10553501- 4000	16	99	Riverside	17		O.F.	P
10554001- 500	16	Ball	Off. St.	19	L S	O.F.	P
10554501- 5000	16	Ball	Com. St.	17	L S	O.F.	A
10555001- 500	16	99	No. 630	17	*	Htg.	A
10555501- 6000	16	99	No. 630	17	*	O.F.	A
10556001- 500	16	99	P.S.B.	17	*	Htg.	A
10556501- 7000	12	94	Riverside	19	*	O.F.	P
10557001- 500	12	94	Royal	17	*	O.F.	A
10557501- 8000	0	1900	Lady W.	16	*	O.F.	A
10558001- 9000	0	1900	Seaside	15		O.F.	U
10559001- 60000	18	92	Cres. St.	21	L S *	O.F.	P
10560001- 500	16	99	Vanguard	23	L S *	O.F.	P
10560501- 1000	16	Ball	Off. St.	19	*	O.F.	P
10561001- 500	16	99	No. 630	17	*	O.F.	A
10561501- 2000	16	Ball	Com. St.	17	*	O.F.	A
10562001- 3500	6	90	Lady W.	16	*		A
10563501- 4000	0	1900	Maximus	19	*	Htg.	P
10564001- 500	0	1900	Riverside	17	*	Htg.	P
10564501- 5500	0	1900	Lady W.	16	*	Htg.	A
10565501- 6500	18	92	Vanguard	23	L S *	O.F.	P
10566501- 7500	18	92	Cres. St.	21	L S *	O.F.	P
10567501- 9000	18	83	{No. 87 P.S.B.}	17	*	O.F.	A
10569001- 500	16	99	Vanguard	23	L S *	O.F.	P
10569501- 70000	16	99	Riverside	17	*	O.F.	P
10570001- 500	16	99	Royal	17	*	O.F.	A
10570501- 1000	16	99	P.S.B.	17	*	O.F.	A
10571001- 500	12	94	Royal	17	*	O.F.	A
10571501- 2000	12	94	Royal	17	*	Htg.	A
10572001- 3000	6	90	Lady W.	16	*		A
10573001- 200	0	1900	Maximus	19	*	O.F.	P
10573201- 500	0	1900	Riverside	17	*	O.F.	P
10573501- 4500	0	1900	Lady W.	16	*	O.F.	A
10574501- 5000	18	92	Vanguard	21-23	L S *	O.F.	P
10575001- 500	18	92	A.T.&Co.	17	L S *	O.F.	P
10575501- 6000	18	83	P.S.B.	17	L S *	Htg.	A
10576001- 7500	18	83	P.S.B.	17	*	O.F.	A
10577501- 8000	16	99	Vanguard	23	L S *	O.F.	P
10578001- 500	16	99	Riverside	17	*	Htg.	P
10578501- 9400	16	99	Riverside	17	*	O.F.	P
10579401- 500	16	99	Amn.W.Co.	19	*	O.F.	P
10579501- 80000	16	99	Royal	17	*	Htg.	A
10580001- 500	16	99	No. 630	17	*	O.F.	A
10580501- 1000	6	90	Lady W.	16	*		A
10581001- 2500	0	1900	Maximus	17-19	*	Htg.	P
10582501- 3500	0	1900	Lady W.	16	*	Htg.	A
10583501- 800	18	92	Vanguard	23	L S *	Htg.	P
10583801- 4000	18	92	Vanguard	21	L S *	Htg.	P
10584001- 500	18	92	Vanguard	21-23	L S *	O.F.	P
10584501- 5000	18	92	Cres. St.	21	L S *	Htg.	P
10585001- 6000	18	92	Cres. St.	21	L S *	O.F.	P
10586001- 300	18	92	A.T.&Co.	17	L S *	Htg.	P
10586301- 500	18	83	Special	17	*	O.F.	A
10586501- 7000	18	83	P.S.B.	17	L S *	Htg.	A
10587001- 500	16	99	Vanguard	23	L S *	O.F.	P
10587501- 8000	16	99	Maximus	23	*	O.F.	P
10588001- 500	16	99	No. 630	17	*	Htg.	A
10588501- 9000	12	94	Riverside	19	*	O.F.	P
10589001- 500	6	90	Lady W.	16	*	Htg.	A
10589501- 800	0	1900	Riverside	17	*	Htg.	P
10589801- 90000	0	1900	Riverside	17	*	O.F.	P
10590001- 1000	0	1900	Lady W.	16	*	Htg.	A
10591001- 2000	J S	98.	Riverside	17		Htg.	P
10592001- 5000	6	90	Seaside	7			U
10595001- 607000	0	91	Seaside	7-15			U
10607001- 8500	18	83	Export	7		K.W.	U
10608501- 10500	18	83	No. 81	15	L S	Htg.	U
10610501- 2500	18	83	No. 81	15		O.F.	U

Serial Number.	Size.	Model.	Grade.	Jewels.	Setting.	Style.	Grade of Material.
10612501- 3500	18	83	No. 820	15		O.F.	U
10613501- 4000	18	83	No. 3	11		O.F.	U
10614001- 6000	18	83	No. 18	7	L S	Htg.	U
10616001- 7000	18	83	No. 820	15		O.F.	U
10617001- 20000	18	83	No. 18	7		O.F.	U
10620001- 500	18	83	No. 1	7	L S †	Htg.	U
10620501- 1500	18	83	No. 1	7	†	O.F.	U
10621501- 2000	18	83	No. 3	11		O.F.	U
10622001- 500	18	83	Sol.	7	L S	Htg.	U
10622501- 4000	18	83	Sol.	7		O.F.	U
10624001- 500	18	83	Sterling	7	L S †	Htg.	U
10624501- 7000	18	83	Sterling	7	†	O.F.	U
10627001- 9000	16	99	No. 620	15	*	Htg.	U
10629001- 30000	16	99	Export	15	*	Htg.	U
10630001- 2500	16	99	No. 610	7		Htg.	U
10632501- 4000	16	99	No. 610	7		O.F.	U
10634001- 5500	16	99	Traveler	7		Htg.	U
10635501- 6000	16	99	Traveler	7		O.F.	U
10636001- 7000	14	97	Export	7		Htg.	U
10637001- 9000	12	94	No. 220	15	*	Htg.	U
10639001- 40000	12	94	No. 220	15	*	O.F.	U
10640001- 2500	12	94	No. 210	7		Htg.	U
10642501- 4000	12	94	No. 210	7		O.F.	U
10644001- 52500	6	90	Seaside	7-15			U
10652501- 5500	0	1900	No. 115	15		Htg.	U
10655501- 65500	0	91	Seaside	7-15			U
10665501- 7000	18	83	Sterling	7		K.W.	U
10667001- 8000	16	99	Traveler	7		O.F.	U
10668001- 9000	18	83	No. 820	15	L S	Htg.	U
10669001- 74000	18	83	No. 81-820	15		O.F.	U
10674001- 5000	18	83	No. 18	7	L S	Htg.	U
10675001- 7500	18	83	No. 18	7		O.F.	U
10677501- 9500	18	83	No. 1	7		O.F.	U
10679501- 80500	18	83	Sterling	7	†	O.F.	U
10680501- 1000	18	83	Sol.	7		O.F.	U
10681001- 4000	16	99	A.W.W.Co.	15		Htg.	A
10684001- 6000	16	99	No. 610	7		Htg.	U
10686001- 7000	16	99	No. 610	7		O.F.	U
10687001- 500	16	99	Traveler	7		Htg.	U
10687501- 8000	16	99	Traveler	7		O.F.	U
10688001- 500	16	88	No. 28	15	*	O.F.	U
10688501- 9500	14	95	Bd. St.	7		O.F.	U
10689501- 93500	6	90	Seaside	7-15			U
10693501- 4500	0	1900	No. 110	7		O.F.	U
10694501- 700500	0	91	Seaside	7-11			U
10700501- 2000	18	83	No. 820	15	L S	Htg.	U
10702001- 4500	18	83	No. 820	15		O.F.	U
10704501- 5000	18	83	No. 81	15	L S	Htg.	U
10705001- 6000	18	83	No. 81	15		O.F.	U
10706001- 500	18	83	No. 3	11		O.F.	U
10706501- 8500	18	83	No. 18	7	L S	Htg.	U
10708501- 13000	18	83	No. 18	7		O.F.	U
10713001- 7500	18	83	Sterling	7	†	O.F.	U
10717501- 9000	18	83	Sol.	7		O.F.	U
10719001- 24000	16	99	No. 610	7		Htg.	U
10724001- 6000	16	99	No. 610	7		O.F.	U
10726001- 7000	16	99	Traveler	7		Htg.	U
10727001- 500	16	99	Traveler	7		O.F.	U
10727501- 30500	14	97	Export	7-11		Htg.	U
10730501- 1500	14	97	Export	11		O.F.	U
10731501- 2500	14	97	Sol.	7		Htg.	U
10732501- 5000	12	94	No. 220	15	*	Htg.	U
10735001- 6000	12	94	No. 220	15	*	O.F.	U
10736001- 9500	12	94	No. 210	7		Htg.	U
10739501- 48500	6	90	Seaside	7-15			U
10748501- 51500	0	1900	No. 115	15		Htg.	U
10751501- 2500	0	1900	No. 110	7		O.F.	U
10752501- 62500	0	91	Seaside	7			U
10762501- 4000	18	83	Sterling	7		O.F.	U
10764001- 5000	18	83	No. 81	15	L S	Htg.	U
10765001- 7000	18	83	No. 81	15		O.F.	U
10767001- 8500	18	83	No. 820	15	L S	Htg.	U
10768501- 71500	18	83	No. 820	15		O.F.	U
10771501- 4000	18	83	No. 18	7	L S	Htg.	U
10774001- 9000	18	83	Nos. 18-3	7-11		O.F.	U

* Patent Regulator. † Flat Hairspring.

Serial Number.	Size.	Model.	Grade.	Jewels.	Setting.	Style.	Grade of Material.
10779001- 80500	18	83	No. 1	7	†	O.F.	U
10780501- 2000	18	83	Sol.	7		O.F.	U
10782001- 4000	18	83	Sterling	7	†	O.F.	U
10784001- 500	18	83	Sterling	7	L S	Htg.	U
10784501- 5000	18	83	Sterling	7		O.F.	U
10785001- 8000	16	99	No. 610	7		Htg.	U
10788001- 9500	16	99	No. 610	7		O.F.	U
10789501- 90000	16	99	No. 174	11		Htg.	U
10790001- 500	16	99	No. 174	11		O.F.	U
10790501- 1500	16	99	Traveler	7		Htg.	U
10791501- 2500	16	99	Traveler	7		O.F.	U
10792501- 3000	14	97	Export	15	*	O.F.	U
10793001- 5500	14	97	Export	7-11		Htg.	U
10795501- 6500	14	97	Export	7		O.F.	U
10796501- 7500	14	97	Sol.	7		Htg.	U
10797501- 9000	12	94	No. 220	15	*	Htg.	U
10799001- 801500	12	94	No. 210	7		Htg.	U
10801501- 2500	12	94	No. 210	7		O.F.	U
10802501- 11000	6	90	Seaside	7-15			U
10811001- 4500	0	1900	No. 115	15		Htg.	U
10814501- 22500	0	91	Seaside	7			U
10822501- 4000	18	83	No. 820	15	L S	Htg.	U
10824001- 6500	18	83	Nos. 84-820	15		O.F.	U
10826501- 7500	18	83	No. 81	15	L S	Htg.	U
10827501- 9000	18	83	No. 81	15		O.F.	U
10829001- 30000	18	83	P.S.B.	17	*	O.F.	A
10830001- 500	18	83	No. 3	11		O.F.	U
10830501- 3500	18	83	No. 18	7	L S	Htg.	U
10833501- 40000	18	83	Sterling	7		O.F.	U
10840001- 500	18	83	Sterling	7	L S †	Htg.	U
10840501- 5000	18	83	Sterling	7	†	O.F.	U
10845001- 54000	6	90	Seaside	7-15			U
10854001- 66000	0	91	Seaside	7-15			U
10866001- 7000	18	83	No. 820	15	L S	Htg.	U
10867001- 70000	18	83	No. 820	15		O.F.	U
10870001- 4000	18	83	No. 18	7		O.F.	U
10874001- 9000	18	83	Sterling	7	†	O.F.	U
10879001- 80500	18	83	Sol.	7		O.F.	U
10880501- 1000	16	99	No. 620	15	*	Htg.	U
10881001- 2500	16	99	No. 620	15	*	O.F.	U
10882501- 4000	16	99	Export	15	*	Htg.	U
10884001- 7000	16	99	No. 610	7		Htg.	U
10887001- 8500	16	99	No. 610	7		O.F.	U
10888501- 90000	16	99	Traveler	7		Htg.	U
10890001- 1500	16	99	Traveler	7		O.F.	U
10891501- 2500	14	97	Export	15	*	Htg.	U
10892501- 4500	14	97	Export	7		Htg.	U
10894501- 5500	14	97	Export	7		O.F.	U
10895501- 7500	12	94	No. 220	15	*	Htg.	U
10897501- 9500	12	94	No. 220	15	*	O.F.	U
10899501- 900500	12	94	No. 210	7		Htg.	U
10900501- 2500	12	94	No. 210	7		O.F.	U
10902501- 10500	6	90	Seaside	7-15			U
10910501- 20500	0	91	Seaside	7			U
10920501- 1500	18	83	No. 820	15	L S	Htg.	U
10921501- 4500	18	83	No. 820	15		O.F.	U
10924501- 5000	18	83	No. 81	15	L S	Htg.	U
10925001- 6500	18	83	No. 81	15		O.F.	U
10926501- 7500	18	83	No. 18	7	L S	Htg.	U
10927501- 30500	18	83	No. 18	7		O.F.	U
10930501- 6000	18	83	Sterling	7	†	O.F.	U
10936001- 7000	18	83	Sol.	7		O.F.	U
10937001- 8000	16	99	No. 620	15	*	Htg.	U
10938001- 40000	16	99	No. 620	15	*	O.F.	U
10940001- 2000	16	99	No. 610	7		O.F.	U
10942001- 4000	16	99	Traveler	7		Htg.	U
10944001- 5000	16	99	Traveler	7		O.F.	U
10945001- 7500	14	97	Export	7		Htg.	U
10947501- 8500	14	97	Export	7		O.F.	U
10948501- 9000	14	97	Sol.	7		Htg.	U
10949001- 50000	12	94	No. 220	15	*	O.F.	U
10950001- 1000	12	94	No. 210	7		Htg.	U
10951001- 3000	12	94	No. 210	7		O.F.	U
10953001- 60000	6	90	Seaside	7-15			U
10960001- 3000	0	1900	Seaside	15		Htg.	U

Serial Number.	Size.	Model.	Grade.	Jewels.	Setting.	Style.	Grade of Material.
10963001- 72000	0	91	Seaside	7			U
10972001- 3000	18	83	No. 820	15	L S	Htg.	U
10973001- 5500	18	83	No. 820	15		O.F.	U
10975501- 6000	18	83	No. 81	15	L S	Htg.	U
10976001- 7000	18	83	No. 81	15		O.F.	U
10977001- 9000	18	83	No. 18	7	L S	Htg.	U
10979001- 83000	18	83	No. 18	7		O.F.	U
10983001- 5000	18	83	No. 1	7	†	O.F.	U
10985001- 500	18	83	Sterling	7	L S †	Htg.	U
10985501- 7500	18	83	Sterling	7	†	O.F.	U
10987501- 8500	18	83	Sol.	7		O.F.	U
10988501- 700	16	Ball	Com. Std.	15		O.F.	U
10988701- 90500	16	99	No. 620	15	*	Htg.	U
10990501- 2500	16	99	No. 620	15	*	O.F.	U
10992501- 5500	16	99	No. 610	7		Htg.	U
10995501- 9000	16	99	No. 610	7		O.F.	U
10999001- 11000000	16	99	Traveler	7		Htg.	U
11000001- 500	10 L		Special	16-17		Htg.	P
11000501- 800	18	92	Vanguard	23	L S *	Htg.	P
11000801- 1500	18	92	Vanguard	23	L S *	O.F.	P
11001501- 2800	18	92	Cres. St.	21	L S *	O.F.	P
11002801- 3000	18	92	A.T.&Co.	17	L S *	Htg.	P
11003001- 4000	18	83	P.S.B.	17	*	O.F.	A
11004001- 500	16	99	Vanguard	23	L S *	O.F.	P
11004501- 5000	16	Ball	Off. Std.	21	L S	O.F.	P
11005001- 500	16	99	Royal	17	*	Htg.	A
11005501- 6000	16	99	Royal	17	*	O.F.	A
11006001- 7000	16	99	No. 630	17	*	Htg.	A
11007001- 500	16	99	No. 630	17	*	O.F.	A
11007501- 8000	16	99	P.S.B.	17	*	Htg.	A
11008001- 500	12	94	Riverside	19	*	O.F.	P
11008501- 9000	12	94	Royal	17	*	O.F.	A
11009001- 500	6	90	Lady W.	16	*		A
11009501- 10000	18	92	Vanguard	21	L S *	O.F.	P
11010001- 300	18	92	Cres. St.	21	L S *	Htg.	P
11010301- 1500	18	92	Cres. St.	21	L S *	O.F.	P
11011501- 2500	18	83	P.S.B.	17	*	O.F.	A
11012501- 3000	16	99	Vanguard	23	L S *	O.F.	P
11013001- 5000	16	99	Royal	17	*	Htg.	A
11013501- 4000	16	99	Royal	17	*	O.F.	A
11014001- 5000	16	99	No. 630	17	*	Htg.	A
11015001- 500	16	99	No. 630	17	*	O.F.	A
11015501- 6000	12	94	Riverside	19	*	Htg.	P
11016001- 7000	0	1900	Lady W.	16	*	Htg.	A
11017001- 500	18	92	Cres. St.	21	L S *	Htg.	P
11017501- 8500	18	92	Cres. St.	21	L S *	O.F.	P
11018501- 20000	18	83	P.S.B.	17	L S *	Htg.	A
11020001- 2000	18	83	P.S.B.	17	*	O.F.	A
11022001- 500	16	99	P.S.B.	17	*	Htg.	A
11022501- 3000	16	99	P.S.B.	17	*	O.F.	A
11023001- 500	16	99	No. 630	17	*	Htg.	A
11023501- 4000	16	99	No. 630	17	*	O.F.	A
11024001- 330	16	Ball	Com. Std.	17		Htg.	A
11024331- 50	16	Ball	Off. Std.	17		O.F.	P
11024351- 490	16	Ball	Com. Std.	17		O.F.	A
11024491- 500	16	Ball	Off. Std.	17	L S	O.F.	P
11024501- 5000	16	Ball	Com. Std.	15		Htg.	A
11025001- 300	16	Ball	Com. Std.	15-17		O.F.	A
11025301- 600	18	92	Vanguard	23	L S *	Htg.	P
11025601- 6300	18	92	Vanguard	21-23	L S *	O.F.	P
11026301- 500	18	92	Vanguard	21-23	L S *	Htg.	P
11026501- 800	18	92	Cres. St.	21	L S *	Htg.	P
11026801- 8000	18	92	Cres. St.	21	L S *	O.F.	P
11028001- 500	18	83	P.S.B.	17	L S *	Htg.	A
11028501- 9500	18	83	P.S.B.	17	*	O.F.	A
11029501- 690	16	99	Bridge	17-19	L S	O.F.	P
11029691- 700	16	99	Bridge	23	*	O.F.	P
11029701- 800	16	99	Maximus	23	*	Htg.	P
11029801- 30000	16	99	Maximus	23	*	O.F.	P
11030001- 500	16	99	Royal	17	*	Htg.	A
11030501- 1000	16	99	Royal	17	*	O.F.	A
11031001- 500	16	99	No. 630	17	*	Htg.	A
11031501- 2000	16	99	No. 630	17	*	O.F.	A
11032001- 200	12	94	Maximus	21	*	Htg.	P

* Patent Regulator. † Flat Hairspring.

Serial Number.		Size.	Model.	Grade.	Jewels.	Setting.	Style.	Grade of Material.
11032201–	500	12	94	Maximus	21	*	O.F.	P
11032501–	3000	12	94	Royal	17	*	Htg.	A
11033001–	500	12	94	Royal	17	*	O.F.	A
11033501–	700	18	92	Vanguard	19	L S *	Htg.	P
11033701–	4500	18	92	Vanguard	19–23	L S *	O.F.	P
11034501–	5500	18	92	Cres. St.	19–21	L S *	O.F.	P
11035501–	6000	18	83	P.S.B.	17	L S *	Htg.	A
11036001–	500	18	83	P.S.B.	17	*	O.F.	A
11036501–	7000	18	83	P.S.B.	17	L S *	Htg.	A
11037001–	8500	18	83	P.S.B.	17	*	O.F.	A
11038501–	9000	16	99	Vanguard	23	*	O.F.	P
11039001–	500	16	99	Royal	17	*	Htg.	A
11039501–	40500	16	99	No. 630	17	*	O.F.	A
11040501–	1000	12	94	Royal	17	*	Htg.	A
11041001–	500	6	90	Lady W.	16	*		A
11041501–	200	0	1900	Lady W.	16	*	Htg.	A
11042001–	300	18	83	P.S.B.	17	L S *	Htg.	A
11043001–	4000	18	83	P.S.B.	17	*	O.F.	A
11044001–	500	18	92	Vanguard	21	L S *	Htg.	P
11044501–	5500	18	92	Vanguard	21	L S *	O.F.	P
11045501–	6500	18	92	Cres. St.	21	L S *	O.F.	P
11046501–	7000	18	92	A.T.&Co.	17	L S *	O.F.	P
11047001–	500	18	83	A.T.&Co.	17	*	O.F.	P
11047501–	8500	18	83	P.S.B.	17	L S *	Htg.	A
11048501–	50000	18	83	P.S.B.	17	*	O.F.	A
11050001–	500	18	83	P.S.B.	17	L S *	Htg.	A
11050501–	2000	18	83	P.S.B.	17	*	O.F.	A
11052001–	500	16	99	Vanguard	23	*	O.F.	P
11052501–	3000	16	99	Riverside	17	*	O.F.	P
11053001–	500	16	99	No. 630	17	*	Htg.	A
11053501–	4500	16	99	No. 630	17	*	O.F.	A
11054501–	5000	12	94	Riverside	19	*	Htg.	P
11055001–	500	12	94	Riverside	19	*	O.F.	P
11055501–	6000	12	94	Royal	17	*	Htg.	A
11056001–	500	12	94	Royal	17	*	O.F.	A
11056501–	7000	0	1900	Riverside	16–17	*	Htg.	P
11057001–	8500	18	92	Vanguard	19–23	*	O.F.	P
11058501–	9500	18	92	Cres. St.	19–21	L S *	O.F.	P
11059501–	800	18	92	Premier	17	L S *	Htg.	P
11059801–	60500	18	92	Premier	17	*	O.F.	P
11060501–	1000	18	83	P.S.B.	17	L S *	Htg.	A
11061001–	280	18	83	P.S.B.	17	*	O.F.	A
11061281–	3000	18	83	P.S.B.	17	*	O.F.	A
11063001–	500	18	83	P.S.B.	17	L S *	Htg.	A
11063501–	4500	18	83	No. 85	17	*	O.F.	A
11064501–	5000	16	99	Vanguard	23	L S *	O.F.	P
11065001–	500	16	99	Riverside	17	*	Htg.	P
11065501–	6000	16	99	Riverside	17	*	O.F.	P
11066001–	500	16	99	Royal	17	*	Htg.	A
11066501–	7000	16	99	Royal	17	*	O.F.	A
11067001–	500	12	94	Riverside	19	*	O.F.	P
11067501–	8500	12	94	Royal	17	*	O.F.	A
11068501–	9500	6	90	Lady W.	16	*		A
11069501–	70000	0	1900	Lady W.	16	*	Htg.	A
11070001–	300	18	92	Vanguard	21	L S *	Htg.	P
11070301–	1000	18	92	Vanguard	21–23	L S *	O.F.	P
11071001–	500	18	92	Cres. St.	21	L S *	O.F.	P
11071501–	800	18	92	Premier	17	L S *	Htg.	P
11071801–	2500	18	92	Premier	17	L S *	O.F.	P
11072501–	3000	18	83	C.P.R.	17	*	O.F.	A
11073001–	500	18	83	P.S.B.	17	L S *	Htg.	A
11073501–	5000	18	83	P.S.B.	17	*	O.F.	A
11075001–	500	18	83	P.S.B.	17	L S *	Htg.	A
11075501–	6500	18	83	P.S.B.	17	*	O.F.	A
11076501–	700	16	99	Maximus	23	*	Htg.	P
11076701–	7000	16	99	Maximus	23	*	O.F.	P
11077001–	500	16	99	Vanguard	23	L S *	O.F.	P
11077501–	600	16	99	Vangaurd	19	*	Htg.	P
11077601–	8000	16	99	Riverside	17	*	Htg.	P
11078001–	9000	16	99	No. 630	17	*	Htg.	A
11079001–	200	16	99	Vanguard	19	*	O.F.	P
11079201–	500	16	99	No. 630	17	*	O.F.	A
11079501–	80000	16	99	P.S.B.	17	*	Htg.	A
11080001–	1000	16	99	Traveler	7		Htg.	U
11081001–	2500	16	99	Traveler	7		O.F.	U

Serial Number.		Size.	Model.	Grade.	Jewels.	Setting.	Style.	Grade of Material.
11082501–	3000	14	97	Export	15	*	Htg.	U
11083001–	4500	14	97	Export	7		Htg.	U
11084501–	5500	14	97	Ensign	7		O.F.	U
11085501–	6000	14	97	Sol.	7		Htg.	U
11086001–	7500	12	94	No. 220	15	*	Htg.	U
11087501–	9000	12	94	No. 220	15	*	O.F.	U
11089001–	94500	6	90	Seaside	7–15		Htg.	U
11094501–	6500	0	1900	Seaside	15		O.F.	U
11096501–	8500	0	1900	No. 110	7		O.F.	U
11098501–	108500	0	91	No. 65	7–15		Htg.	U
11108501–	9500	18	83	No. 820	15	L S	Htg.	U
11109501–	11500	18	83	No. 820	15		O.F.	U
11111501–	2500	18	83	No. 81	15	L S	Htg.	U
11112501–	5000	18	83	No. 81	15		O.F.	U
11115001–	7000	18	83	No. 18	7	L S	Htg.	U
11117001–	21000	18	83	No. 18	7		O.F.	U
11121001–	500	18	83	Sol.	7	L S	Htg.	U
11121501–	2500	18	83	Sol.	7		O.F.	U
11122501–	6500	18	83	No. 1	7	†	O.F.	U
11126501–	9000	16	99	No. 620	15	*	Htg.	U
11129001–	32500	16	99	No. 620	15	*	O.F.	U
11132501–	3500	16	99	Export	15	*	Htg.	U
11133501–	6500	16	99	No. 610	7		Htg.	U
11136501–	40000	16	99	No. 610	7		O.F.	U
11140001–	1000	16	99	Traveler	11		Htg.	U
11141001–	500	16	99	Traveler	11		O.F.	U
11141501–	3500	16	99	Traveler	7		Htg.	U
11143501–	5500	16	99	Traveler	7		O.F.	U
11145501–	6500	14	97	Export	15	*	Htg.	U
11146501–	7000	14	97	Sol.	7		Htg.	U
11147001–	500	14	97	Sol.	7		O.F.	U
11147501–	9500	14	97	Export	7		Htg.	U
11149501–	51500	14	97	Export	7		O.F.	U
11151501–	2500	14	95	Bd. St.	7		O.F.	U
11152501–	3500	12	94	No. 220	15	*	Htg.	U
11153501–	5000	12	94	No. 220	15	*	O.F.	U
11155001–	500	12	94	No. 210	7		Htg.	U
11155501–	8000	12	94	No. 210	7		O.F.	U
11158001–	64000	6	90	Seaside	7–15			U
11164001–	5000	6	90	P.S.B.	15			A
11165001–	7000	6	90	"J"	7			U
11167001–	79000	0	91	Seaside	7			U
11179001–	81500	0	1900	Seaside	15		Htg.	U
11181501–	3000	18	83	No. 820	15	L S	Htg.	U
11183001–	5500	18	83	No. 820	15		O.F.	U
11185501–	6500	18	83	No. 81	15	L S	Htg.	U
11186501–	8500	18	83	No. 81	15		O.F.	U
11188501–	9000	18	83	No. 3	11		O.F.	U
11189001–	91000	18	83	No. 18	7	L S	Htg.	U
11191001–	4000	18	83	No. 18	7		O.F.	U
11194001–	7500	18	83	Sterling	7	†	O.F.	U
11197501–	8500	18	83	Sol.	7		O.F.	U
11198501–	200500	16	99	No. 620	15	*	Htg.	U
11200501–	3500	16	99	No. 620	15	*	O.F.	U
11203501–	5500	16	99	No. 610	7		Htg.	U
11205501–	8500	16	99	No. 610	7		O.F.	U
11208501–	9000	16	99	No. 174	11		Htg.	U
11209001–	500	16	99	No. 174	11		O.F.	U
11209501–	11000	16	99	Traveler	7		Htg.	U
11211001–	12000	16	99	Traveler	7		O.F.	U
11212001–	500	16	99	Bd. St.	7		O.F.	U
11212501–	3500	14	97	Export	7		Htg.	U
11213501–	4500	12	94	No. 220	15	*	O.F.	U
11214501–	7500	12	94	No. 210	7		O.F.	U
11217501–	27500	6	90	Seaside	7–15			U
11227501–	37500	0	91	Seaside	7–15			U
11237501–	9500	0	1900	No. 115	15		Htg.	U
11239501–	800	18	83	No. 84	15	*	O.F.	A
11239801–	40100	16	99	A.W.W.Co.	16	*	O.F.	U
11240101–	300	16	99	A.W.W.Co.	11		Htg.	U
11240301–	800	16	99	A.W.W.Co.	11		O.F.	U
11240801–	1100	6	90	Special	12			U
11241101–	200	6	90	L	11			U
11241201–	900	0	91	Seaside	11–12			U
11241901–	3000	18	83	No. 820	15	L S	Htg.	U

* Patent Regulator. † Flat Hairspring.

Serial Number.	Size.	Model.	Grade.	Jewels.	Setting.	Style.	Grade of Material
11243001– 5000	18	83	No. 820	15		O.F.	U
11245001– 6000	18	83	No. 81	15	L S	Htg.	U
11246001– 8000	18	83	No. 81	15		O.F.	U
11248001– 95000	18	83	No. 18	7	L S	Htg.	U
11249501– 53000	18	83	No. 18	7		O.F.	U
11253001– 4000	18	83	Sol.	7		O.F.	U
11254001– 7000	18	83	No. 1	7	†	O.F.	U
11257001– 8000	16	99	Export	15	*	Htg.	U
11258001– 60000	16	99	No. 620	15	*	Htg.	U
11260001– 3000	16	99	No. 620	15	*	O.F.	U
11263001– 6000	16	99	No. 610	7		Htg.	U
11266001– 9000	16	99	No. 610	7		O.F.	U
11269001– 70000	16	99	Traveler	7		Htg.	U
11270001– 2000	16	99	Traveler	7		O.F.	U
11272001– 500	16	99	Sol.	7		Htg.	U
11272501– 4000	14	97	Export	7–15		Htg.	U
11274001– 5000	14	97	Export	7		O.F.	U
11275001– 6000	12	94	No. 220	15	*	Htg.	U
11276001– 7000	12	94	No. 220	15		O.F.	U
11277001– 80000	12	94	No. 210	7		O.F.	U
11280001– 91000	6	90	Seaside	7–15			U
11291001– 301000	0	91	Seaside	7			U
11301001– 2500	0	1900	Seaside	15		O.F.	U
11302501– 4500	0	1900	No. 110	7		O.F.	U
11304501– 6500	18	83	No. 820	15	L S	Htg.	U
11306501– 10500	18	83	No. 820	15		O.F.	U
11310501– 2500	18	83	No. 81	15	L S	Htg.	U
11312501– 4500	18	83	No. 81	15		O.F.	U
11314501– 6500	18	83	No. 18	7	L S	Htg.	U
11316501– 20500	18	83	No. 18	7		O.F.	U
11320501– 3500	18	83	No. 1	7	†	O.F.	U
11323501– 4500	18	83	Sol.	7		O.F.	U
11324501– 5000	18	83	Pioneer	7	†	O.F.	U
11325001– 6500	16	99	No. 620	15	*	Htg.	U
11326501– 9000	16	99	No. 620	15	*	O.F.	U
11329001– 33000	16	99	No. 610	7		Htg.	U
11333001– 7000	16	99	No. 610	7		O.F.	U
11337001– 500	16	99	No. 174	11		Htg.	U
11337501– 8000	16	99	No. 174	11		O.F.	U
11338001– 9000	16	99	Traveler	7		Htg.	U
11339001– 41500	16	99	Traveler	7		O.F.	U
11341501– 2500	14	97	Export	7		Htg.	U
11342501– 3500	14	97	Export	7		O.F.	U
11343501– 4500	12	94	No. 220	15	*	Htg.	U
11344501– 5500	12	94	No. 220	15	*	O.F.	U
11345501– 6500	12	94	No. 210	7		Htg.	U
11346501– 8500	12	94	No. 210	7		O.F.	U
11348501– 57000	6	90	Seaside	7–15			U
11357001– 500	6	90	Pioneer	7			U
11357501– 67500	0	91	Seaside	7–15			U
11367501– 9500	0	1900	No. 115	15		O.F.	U
11369501– 71000	0	1900	No. 110	7		O.F.	U
11371001– 500	18	83	Am.W.Co.	7		K.W.	U
11371501– 2500	18	83	No. 820	15	L S	Htg.	U
11372501– 5500	18	83	No. 820	15		O.F.	U
11375501– 6000	18	83	No. 3	11		O.F.	U
11376001– 7000	18	83	No. 81	15	L S	Htg.	U
11377001– 9500	18	83	No. 81	15		O.F.	U
11379501– 81500	18	83	No. 18	7	L S	Htg.	U
11381501– 6500	18	83	Sterling	7		O.F.	U
11386501– 9000	18	83	No. 1	7	†	O.F.	U
11389001– 90500	16	99	No. 620	15	*	Htg.	U
11390501– 3000	16	99	No. 620	15	*	O.F.	U
11393001– 5500	16	99	No. 610	7		Htg.	U
11395501– 8000	16	99	No. 610	7		O.F.	U
11398001– 403000	16	99	Traveler	7		O.F.	U
11403001– 4000	14	97	Export	7		O.F.	U
11404001– 5000	12	94	No. 220	15	*	Htg.	U
11405001– 6000	12	94	No. 220	15	*	O.F.	U
11406001– 7000	12	94	No. 210	7		Htg.	U
11407001– 8500	12	94	No. 210	7		O.F.	U
11408501– 17000	6	90	Seaside	7–15			U
11417001– 9500	0	1900	No. 115	15		Htg.	U
11419501– 30500	0	91	Seaside	7–15			U
11430501– 1500	18	83	Am.W.Co.	7		K.W.	U
11431501– 3500	18	83	No. 820	15	L S	Htg.	U
11433501– 6500	18	83	No. 820	15		O.F.	U
11436501– 7500	18	83	No. 81	15	L S	Htg.	U
11437501– 40500	18	83	No. 81	15		O.F.	U
11440501– 3500	18	83	No. 18	7	L S	Htg.	U
11443501– 8500	18	83	No. 18	7		O.F.	U
11448501– 51000	18	83	No. 1	7	†	O.F.	U
11451001– 2000	18	83	Sol.	7		O.F.	U
11452001– 3500	16	99	No. 620	15	*	Htg.	U
11453501– 7500	16	99	No. 620	15	*	O.F.	U
11457501– 9500	16	99	No. 610	7		Htg.	U
11459501– 63500	16	99	No. 610	7		O.F.	U
11463501– 4500	16	99	Sol.	7		Htg.	U
11464501– 7500	16	99	Traveler	7		O.F.	U
11467501– 8500	14	97	Export	7		O.F.	U
11468501– 9500	12	94	No. 220	15	*	Htg.	U
11469501– 70500	12	94	No. 220	15	*	O.F.	U
11470501– 1500	12	94	No. 210	7		Htg.	U
11471501– 3500	12	94	No. 210	7		O.F.	U
11473501– 83500	6	90	Seaside	7–15			U
11483501– 4000	0	91	Export	15			U
11484001– 95000	0	91	Seaside	7–15			U
11495001– 8000	0	1900	No. 115	15		Htg.	U
11498001– 500000	18	83	No. 820	15	L S	Htg.	U
11500001– 100	16	99	Vanguard	19–23		Htg.	P
11500101– 300	16	99	Vanguard	19	*	O.F.	P
11500301– 500	18	92	Vanguard	19–23	L S *	Htg.	P
11500501– 1500	18	92	Vanguard	19–23	L S *	O.F.	P
11501501– 2000	18	92	Cres. St	21	L S *	Htg.	P
11502001– 3000	18	92	Cres. St.	19–21	L S *	O.F.	P
11503001– 300	18	92	A.T.&Co.	17	L S *	Htg.	P
11503301– 800	18	92	A.T.&Co.	17	L S *	O.F.	P
11503801– 4500	18	83	P.S.B.	17	L S *	Htg.	A
11504501– 7500	18	83	P.S.B.	17	*	O.F.	A
11507501– 8500	18	83	P.S.B.	17	L S *	Htg.	A
11508501– 10500	18	83	P.S.B.	17	*	O.F.	A
11510501– 600	16	99	Maximus	23	*	Htg.	P
11510601– 1000	16	99	Maximus	23	*	O.F.	P
11511001– 300	16	99	Vanguard	23		O.F.	P
11511301– 800	16	99	Riverside	17	*	Htg.	P
11511801– 2300	16	99	Riverside	17	*	O.F.	P
11512301– 800	16	99	Royal	17	*	Htg.	A
11512801– 3300	16	99	Royal	17	*	O.F.	A
11513301– 800	16	99	P.S.B.	17	*	Htg.	A
11513801– 4500	16	99	No. 630	17	*	Htg.	A
11514501– 5500	16	99	No. 630	17	*	O.F.	A
11515501– 710	16	Ball	Off. Std.	17		O.F.	P
11515711– 20	16	Ball	Com. Std.	17		O.F.	A
11515721– 830	16	Ball	Off. Std.	17		O.F.	P
11515831– 40	16	Ball	Com. Std.	17		O.F.	A
11515841– 6000	16	Ball	Off. Std.	17	L S	O.F.	P
11516001– 50	12	94	Riverside	19	*	Htg.	P
11516051– 110	12	94	Bridge	21	*	Htg.	P
11516111– 300	12	94	Riverside	19	*	Htg.	P
11516301– 90	12	94	Bridge	21	*	O.F.	P
11516391– 7000	12	94	Riverside	19	*	O.F.	P
11517001– 8000	6	90	Lady W.	16	*		A
11518001– 500	0	1900	Riverside	17	*	Htg.	P
11518501– 9500	0	1900	Lady W.	16	*	Htg.	A
11519501– 20500	J S	98	Riverside	17		Htg.	P
11520501– 4500	J S	98	Ruby	15		Htg.	P
11524501– 5500	10	Lig.	Lady W.	16		Htg.	A
11525501– 6000	18	92	Vanguard	21–23	L S *	O.F.	P
11526001– 300	18	92	Vanguard	19	L S *	O.F.	P
11526301– 7000	18	92	Cres. St.	19–21	L S *	O.F.	P
11527001– 8000	18	92	Premier	17	L S *	O.F.	P
11528001– 500	18	83	A.T.&Co.	17	*	O.F.	P
11528501– 9000	18	83	P.S.B.	17	L S *	Htg.	A
11529001– 500	18	83	P.S.B.	17	*	O.F.	A
11529501– 30000	18	83	P.S.B.	17	L S *	Htg.	A
11530001– 2000	18	83	P.S.B.	17	*	O.F.	A
11532001– 3000	18	83	P.S.B.	17	L S *	Htg.	A
11533001– 4000	18	83	P.S.B.	17	*	O.F.	A
11534001– 300	16	99	Bridge	21	*	Htg.	P
11534301– 500	16	99	Maximus	23	*	O.F.	P

* Patent Regulator. † Flat Hairspring.

Serial Number.	Size.	Model.	Grade.	Jewels.	Setting.	Style.	Grade of Material.
11534501– 5000	16	99	Riverside	17	*	Htg.	P
11535001– 500	16	Ball	Off. Std.	17		O.F.	P
11535501– 6000	16	99	Royal	17	*	Htg.	A
11536001– 500	16	99	Royal	17	*	O.F.	A
11536501– 7000	16	99	Royal	17	*	Htg.	A
11537001– 500	16	99	No. 630	17	*	O.F.	A
11537501– 8000	16	99	P.S.B.	17	*	O.F.	A
11538001– 200	12	94	Riverside	19	*	Htg.	P
11538201– 500	12	94	Riverside	19	*	O.F.	P
11538501– 9000	12	94	Royal	17	*	Htg.	A
11539001– 500	12	94	Royal	17	*	O.F.	A
11539501– 40000	6	90	Lady W.	16	*		A
11540001– 1000	0	1900	Lady W.	16	*	Htg.	A
11541001– 500	18	83	A.T.&Co.	17	*	O.F.	P
11541501– 900	16	99	Royal	17	*	O.F.	A
11541901– 5000	18	83	No. 820	15		O.F.	U
11545001– 7000	18	83	No. 81	15	L S	Htg.	U
11547001– 50000	18	83	No. 81	15		O.F.	U
11550001– 2000	18	83	No. 18	7	L S	Htg.	U
11552001– 5000	18	83	No. 18	7		O.F.	U
11555001– 7500	18	83	No. 1	7	†	O.F.	U
11557501– 8000	18	83	Sterling	7	L S †	Htg.	U
11558001– 60000	18	83	Sol.	7		O.F.	U
11560001– 1000	16	99	No. 620	15	*	Htg.	U
11561001– 4000	16	99	No. 620	15	*	O.F.	U
11564001– 6000	16	99	No. 610	7		Htg.	U
11566001– 70500	16	99	No. 610	7		O.F.	U
11570501– 3000	16	99	Traveler	7		O.F.	U
11573001– 500	16	99	Sol.	7		Htg.	U
11573501– 4500	14	97	Export	7		O.F.	U
11574501– 5000	14	97	Sol.	7		Htg.	U
11575001– 5500	12	94	No. 220	15	*	Htg.	U
11575501– 7000	12	94	No. 220	15	*	O.F.	U
11577001– 80000	12	94	No. 210	7		O.F.	U
11580001– 90000	6	90	Seaside	7–15			U
11590001– 602000	0	91	Seaside	7–15			U
11602001– 4500	0	1900	No. 115	15		Htg.	U
11604501– 7000	18	83	No. 820	15	L S	Htg.	U
11607001– 9500	18	83	No. 820	15		O.F.	U
11609501– 10500	18	83	No. 81	15	L S	Htg.	U
11610501– 2500	18	83	No. 81	15		O.F.	U
11612501– 4500	18	83	No. 18	7	L S	Htg.	U
11614501– 9500	18	83	No. 18	7		O.F.	U
11619501– 22500	18	83	No. 1	7	†	O.F.	U
11622501– 3500	18	83	Sol.	7		O.F.	U
11623501– 4000	18	83	Sterling	7		K.W.	U
11624001– 6000	16	99	No. 620	15	*	Htg.	U
11626001– 9000	16	99	No. 620	15	*	O.F.	U
11629001– 31000	16	99	No. 610	7		Htg.	U
11631001– 5000	16	99	No. 610	7		O.F.	U
11635001– 500	16	99	Traveler	7		Htg.	U
11635501– 8000	16	99	Traveler	7		O.F.	U
11638001– 500	16	99	Sol.	7		Htg.	U
11638501– 40500	14	97	Export	7		O.F.	U
11640501– 3000	12	94	No. 210	7		O.F.	U
11643001– 52000	6	90	Seaside	7–15			U
11652001– 64000	0	91	Seaside	7–15			U
11664001– 6000	0	1900	No. 115	15		Htg.	U
11666001– 8000	18	83	No. 820	15	L S	Htg.	U
11668001– 71000	18	83	No. 820	15		O.F.	U
11671001– 3000	18	83	No. 81	15	L S	Htg.	U
11673001– 6000	18	83	No. 81	15		O.F.	U
11676001– 8000	18	83	No. 18	7	L S	Htg.	U
11678001– 83000	18	83	Sterling	7–11		O.F.	U
11683001– 5500	18	83	Sterling	7	†	O.F.	U
11685501– 7500	18	83	Sol.	7		O.F.	U
11687501– 9000	16	99	No. 620	15	*	Htg.	U
11689001– 91500	16	99	No. 620	15	*	O.F.	U
11691501– 3500	16	99	No. 610	7		Htg.	U
11693501– 7500	16	99	No. 610	7		O.F.	U
11697501– 700000	16	99	Traveler	7		O.F.	U
11700001– 1500	16	99	Sol.	7		Htg.	U
11701501– 2000	14	97	Export	11		Htg.	U
11702001– 3000	14	97	Export	7		O.F.	U
11703001– 5000	12	94	No. 210	7		O.F.	U

Serial Number.	Size.	Model.	Grade.	Jewels.	Setting.	Style.	Grade of Material.
11705001– 14500	6	90	Seaside	7–15			U
11714501– 22500	0	91	Seaside	7			U
11722501– 4500	18	83	No. 820	15	L S	Htg.	U
11724501– 8500	18	83	No. 820	15		O.F.	U
11728501– 31500	18	83	No. 18	7	L S	Htg.	U
11731501– 7000	18	83	No. 18	7		O.F.	U
11737001– 8500	18	83	Sterling	7	†	O.F.	U
11738501– 9500	18	83	Sol.	7		O.F.	U
11739501– 40000	18	83	Sterling	7		K.W.	U
11740001– 1500	16	99	No. 620	15	*	Htg.	U
11741501– 4000	16	99	No. 620	15	*	O.F.	U
11744001– 6000	16	99	No. 610	7		Htg.	U
11746001– 50000	16	99	No. 610	7		O.F.	U
11750001– 2000	16	99	Traveler	7		Htg.	U
11752001– 500	16	99	A.W.W.Co.	7		O.F.	U
11752501– 3500	16	99	Sol.	7		Htg.	U
11753501– 5000	14	97	Export	7		O.F.	U
11755001– 6000	12	94	No. 220	15	*	Htg.	U
11756001– 7500	12	94	No. 220	15	*	O.F.	U
11757501– 8000	12	94	No. 210	7		Htg.	U
11758001– 60000	12	94	No. 210	7		O.F.	U
11760001– 8500	6	90	Seaside	7–15			U
11768501– 76500	0	91	Seaside	7			U
11776501– 81000	0	1900	No. 115	15		Htg.	U
11781001– 150	14	97	Special	11		O.F.	U
11781151– 250	14	97	Export	7		Htg.	U
11781251– 650	14	97	Export	7		O.F.	U
11781651– 3500	18	83	No. 820	15	L S	Htg.	U
11783501– 6500	18	83	No. 820	15		O.F.	U
11786501– 7500	18	83	No. 81	15		O.F.	U
11787501– 9500	18	83	No. 18	7	L S	Htg.	U
11789501– 92500	18	83	No. 18	7		O.F.	U
11792501– 4500	18	83	Sterling	7	†	O.F.	U
11794501– 5000	18	83	Sterling	7		K.W.	U
11795001– 7000	16	99	No. 620	15	*	Htg.	U
11797001– 800500	16	99	No. 620	15	*	O.F.	U
11800501– 3500	16	99	No. 610	7		Htg.	U
11803501– 8500	16	99	No. 610	7		O.F.	U
11808501– 11000	16	99	Traveler	7		O.F.	U
11811001– 2000	16	99	Sol.	7		Htg.	U
11812001– 3000	14	97	Export	7		O.F.	U
11813001– 4000	12	94	No. 220	15	*	Htg.	U
11814001– 5000	12	94	No. 220	15	*	O.F.	U
11815001– 7500	12	94	No. 210	7		O.F.	U
11817501– 26500	6	90	Seaside	7–15			U
11826501– 36500	0	91	Seaside	7			U
11836501– 9500	0	1900	No. 115	15		Htg.	U
11839501– 40500	0	1900	No. 110	7		O.F.	U
11840501– 2000	18	83	No. 820	15	L S	Htg.	U
11842001– 4500	18	83	No. 820	15		O.F.	U
11844501– 5500	18	83	Sol.	7		O.F.	U
11845501– 7000	18	83	No. 18	7	L S	Htg.	U
11847001– 9500	18	83	No. 18	7		O.F.	U
11849501– 51500	18	83	Sterling	7		O.F.	U
11851501– 3500	16	99	No. 620	15	*	Htg.	U
11853501– 7500	16	99	No. 610	7		Htg.	U
11857501– 62500	16	99	Traveler	7		Htg.	U
11862501– 4000	16	99	Sol.	7		Htg.	U
11864001– 5000	16	99	Sol.	7		O.F.	U
11865001– 8000	12	94	No. 210	7		Htg.	U
11868001– 76500	6	90	Seaside	7–15			U
11876501– 89500	0	91	Seaside	7			U
11889501– 92000	0	1900	No. 115	15		Htg.	U
11892001– 500	0	1900	No. 115	15		O.F.	U
11892501– 3500	0	1900	No. 110	7		O.F.	U
11893501– 650	14	97	Special	11		O.F.	U
11893651– 750	16	99	Special	11		O.F.	U
11893751– 5500	18	83	No. 820	15	L S	Htg.	U
11895501– 7500	18	83	No. 820	15		O.F.	U
11897501– 8500	18	83	No. 81	15	L S	Htg.	U
11898501– 9500	18	83	No. 81	15		O.F.	U
11899501– 901000	18	83	No. 18	7	L S	Htg.	U
11901001– 3500	18	83	Sterling	7		O.F.	U
11903501– 6500	18	83	Sterling	7	†	O.F.	U
11906501– 7500	18	83	Sterling	7		K.W.	U

* Patent Regulator. † Flat Hairspring.

Serial.	Number.	Size.	Model.	Grade.	Jewels.	Setting.	Style.	Grade of Material
11907501–	11500	16	99	No. 620	15	*	Htg.	U
11911501–	7500	16	99	No. 610	7		Htg.	U
11917501–	9500	16	99	Traveler	7		Htg.	U
11919501–	20000	16	99	Traveler	7		O.F.	U
11920001–	1500	16	88	No. 28	15	*	O.F.	U
11921501–	2000	14	97	Beacon	15	*	Htg.	U
11922001–	300	14	97	Beacon	15	*	O.F.	U
11922301–	500	14	97	Beacon	15		O.F.	U
11922501–	3000	14	97	Export	7		O.F.	U
11923001–	4000	14	95	Bd. St.	7		O.F.	U
11924001–	5000	12	94	No. 220	15	*	Htg.	U
11925001–	500	12	94	No. 220	15	*	O.F.	U
11925501–	6500	12	94	No. 210	7		Htg.	U
11926501–	36000	6	90	Seaside	7–15			U
11936001–	48000	0	91	Seaside	7–15			U
11948001–	51000	0	1900	No. 115	15		Htg.	U
11951001–	2000	0	1900	No. 110	7		O.F.	U
11952001–	3500	18	83	No. 820	15	L S	Htg.	U
11953501–	5000	18	83	No. 820	15		O.F.	U
11955001–	6500	18	83	No. 18	7	L S	Htg.	U
11956501–	9000	18	83	No. 18	7		O.F.	U
11959001–	62500	18	83	Sterling	7	†	O.F.	U
11962501–	3500	18	83	Sterling	7		K.W.	U
11963501–	7500	16	99	No. 620	15	*	Htg.	U
11967501–	72500	16	99	No. 610	7		Htg.	U
11972501–	3000	16	99	No. 174	11		Htg.	U
11973001–	5000	16	99	Traveler	7		Htg.	U
11975001–	500	14	97	Export	11		Htg.	U
11975501–	6000	14	97	Export	11		O.F.	U
11976001–	8000	14	95	Bd. St.	7		Htg.	U
11978001–	80000	14	95	Bond St.	7		O.F.	U
11980001–	1000	12	94	No. 220	15	*	Htg.	U
11981001–	3000	12	94	No. 210	7		Htg.	U
11983001–	93500	6	90	Seaside	7–15			U
11993501–	6000	0	1900	No. 115	15		Htg.	U
11996001–	7000	0	1900	No. 110	7		O.F.	U
11997001–	9999	0	91	No. 61	7			U
12000000–		12	94	Maximus	21.	*	O.F.	P
12000001–	500	18	92	Vanguard	21–23	L S *	Htg.	P
12000501–	1300	18	92	Vanguard	21–23	L S *	O.F.	P
12001301–	1500	18	92	Vanguard	19	L S *	O.F.	P
12001501–	2000	18	92	Cres. St.	19	L S *	Htg.	P
12002001–	300	18	92	A.T.&Co.	17–21	L S *	Htg.	P
12002301–	3500	18	92	A.T.&Co.	17	L S *	O.F.	P
12003501–	4000	18	83	A.T.&Co.	17	*	O.F.	P
12004001–	500	18	83	P.S.B.	17	L S *	Htg.	A
12004501–	6000	18	83	P.S.B.	17	*	O.F.	A
12006001–	7000	18	83	No. 85	17	L S *	Htg.	A
12007001–	8000	18	83	No. 85	17	*	O.F.	A
12008001–	500	16	99	Riverside	17	*	O.F.	P
12008501–	9000	16	99	Royal	17	*	Htg.	A
12009001–	300	12	94	Maximus	21	*	O.F.	P
12009301–	10000	12	94	Royal	17	*	Htg.	A
12010001–	500	0	1900	Lady W.	16	*	O.F.	A
12010501–	1000	18	92	Vanguard	19	L S *	Htg.	P
12011001–	2000	18	92	Vanguard	19	L S *	O.F.	P
12012001–	500	18	92	A.T.& Co.	17	L S *	O.F.	P
12012501–	3000	18	92	Cres. St.	21	L S *	O.F.	P
12013001–	500	18	83	A.T.& Co.	17	*	O.F.	P
12013501–	4000	16	99	Vanguard	23	L S *	O.F.	P
12014001–	500	16	99	Riverside	17	*	Htg.	P
12014501–	5000	16	99	Riverside	17	*	O.F.	P
12015001–	500	16	99	No. 630	17	*	Htg.	A
12015501–	6000	16	99	No. 630	17	*	O.F.	A
12016001–	500	6	90	Lady W.	16	*		A
12016501–	7000	0	1900	Lady W.	16	*	O.F.	A
12017001–	8000	18	92	Vanguard	19–23	L S *	O.F.	P
12018001–	500	18	92	Cres. St.	21	L S *	Htg.	P
12018501–	9000	18	92	P.S.B.	17	L S *	O.F.	A
12019001–	20300	18	92	A.T.&Co.	17	L S *	Htg.	P
12020301–	400	18	92	A.T.&Co.	21	L S *	Htg.	P
12020401–	500	18	92	A.T.&Co.	17	L S *	Htg.	P
12020501–	1000	18	92	C.P.R.	17	L S *	O.F.	A
12021001–	500	18	83	P.S.B.	17	L S *	Htg.	A
12021501–	600	18	83	Cron. Vic.	17	*	O.F.	A

Serial	Number.	Size.	Model.	Grade.	Jewels.	Setting.	Style.	Grade of Material.
12021601–	3000	18	83	P.S.B.	17	*	O.F.	A
12023001–	4000	18	83	No. 85	17	*	O.F.	A
12024001–	500	16	99	Riverside	17	*	O.F.	P
12024501–	5500	16	99	Royal	17	*	Htg.	A
12025501–	6000	16	99	Royal	17	*	O.F.	A
12026001–	500	12	94	Riverside	19	*	O.F.	P
12026501–	7000	0	1900	Lady W.	16	*	Htg.	A
12027001–	200	18	92	Vanguard	23	L S *	Htg.	P
12027201–	8000	18	92	Vanguard	21–23	L S *	O.F.	P
12028001–	500	18	92	Vanguard	19	L S *	O.F.	P
12028501–	9000	18	92	Cres. St.	21	L S *	O.F.	P
12029001–	500	18	92	A.T.&Co.	17	L S *	O.F.	P
12029501–	30500	18	83	P.S.B.	17	*	O.F.	A
12030501–	700	16	99	Bridge	23	*	Htg.	P
12030701–	1000	16	99	Maximus	23	*	O.F.	P
12031001–	300	16	99	Vanguard	23	L S *	O.F.	P
12031301–	500	16	99	Riverside	17	*	Htg.	P
12031501–	2000	16	99	Riverside	17	*	O.F.	P
12032001–	500	16	99	No. 630	17	*	O.F.	A
12032501–	3000	6	90	Lady W.	16	*		A
12033001–	500	18	92	Vanguard	21	L S *	Htg.	P
12033501–	4000	18	92	Vanguard	23	L S *	O.F.	P
12034001–	500	18	92	P.S.B.	17	L S *	Htg.	A
12034501–	5500	18	92	P.S.B.-	17		O.F.	A
12035501–	6000	18	83	A.T.&Co.	17	*	O.F.	P
12036001–	80	16	99	Cro. Sup.	21	*	Htg.	P
12036081–	500	16	99	Royal	17	*	Htg.	A
12036501–	20	16	99	Cro. Sup.	21	*		P
12036521–	7000	16	99	Royal	17	*	O.F.	A
12037001–	500	16	Ball	Off. Std.	19		O.F.	P
12037501–	.8000	16	Ball	Com. Std.	15–17		Htg.	A
12038001–	500	16	99	No. 630	17	*	Htg.	A
12038501–	9000	16	99	No. 630	17	*	O.F.	A
12039001–	500	12	94	Royal	17	*	Htg.	A
12039501–	40000	12	94	Royal	17	*	O.F.	A
12040001–	500	0	1900	Lady W.	16	*	Htg.	A
12040501–	1000	18	92	Vanguard	21	L S *	O.F.	P
12041001–	300	18	92	Vanguard	23	L S *	Htg.	P
12041301–	2000	18	92	Vanguard	21	L S *	O.F.	P
12042001–	500	18	92	Cres. St.	21	L S *	Htg.	P
12042501–	3000	18	92	Cres. St.	19	L S *	O.F.	P
12043001–	100	18	92	P.S.B.	17	L S *	Htg.	A
12043101–	200	18	92	Cres. St.	21	L S *	Htg.	P
12043201–	300	18	92	P.S.B.	17	L S *	Htg.	A
12043301–	400	18	92	Cres. St.	21	L S *	Htg.	P
12043401–	500	18	92	P.S.B.	17	L S *	Htg.	A
12043501–	4000	18	92	P.S.B.	17	L S *	O.F.	A
12044001–	500	18	83	P.S.B.	17	L S *	Htg.	A
12044501–	5000	18	83	P.S.B.	17	*	O.F.	A
12045001–	6000	18	83	No. 85	17	L S *	Htg.	A
12046001–	500	18	83	P.S.B.	17	*	O.F.	A
12046501–	800	16	99	Bridge	23	*	O.F.	P
12046801–	7000	16	99	Maximus	23	*	Htg.	P
12047001–	300	16	99	Riverside	17	*	Htg.	P
12047301–	8000	16	99	No. 630	17	*	Htg.	A
12048001–	500	16	99	No. 630	17	*	O.F.	A
12048501–	600	14	97	Riverside	17	*	Htg.	P
12048601–	800	14	97	Riverside	17	*	O.F.	P
12048801–	9300	12	94	Riverside	19	*	O.F.	P
12049301–	50000	12	94	Royal	17	*	O.F.	A
12050001–	200	0	1900	Maximus	19	*	O.F.	P
12050201–	500	0	1900	Riverside	17	*	Htg.	P
12050501–	1000	0	1900	Lady W.	16	*	Htg.	A
12051001–	2000	18	92	Vanguard	21	L S *	O.F.	P
12052001–	500	18	92	P.S.B.	17	L S *	Htg.	A
12052501–	3500	18	92	Cres. St.	21	L S *	O.F.	P
12053501–	4000	18	92	A.T &Co.	17	L S *	O.F.	P
12054001–	500	18	83	P.S.B.	17	L S *	Htg.	A
12054501–	5500	18	83	P.S.B.	17	*	O.F.	A
12055501–	6000	18	83	No. 87	17	L S *	Htg.	A
12056001–	500	18	83	No. 87	17	*	O.F.	A
12056501–	7000	18	83	No. 85	17	L S *	Htg.	A
12057001–	500	18	83	No. 85	17	*	O.F.	A
12057501–	8500	18	83	P.S.B.	17	*	O.F.	A
12058501–	700	16	99	Maximus	23	*	O.F.	P

* Patent Regulator. † Flat Hairspring.

Serial Number.	Size.	Model.	Grade.	Jewels.	Setting.	Style.	Grade of Material.
12058701– 9000	16	99	Vanguard	19–23	L S *	O.F.	P
12059001– 500	16	99	Royal	17	*	O.F.	A
12059501– 60000	16	99	No. 630	17	*	Htg.	A
12060001– 500	16	99	No. 630	17	*	O.F.	A
12060501– 800	16	99	P.S.B.	17	*	Htg.	A
12060801– 1000	16	99	P.S.B.	17	*	O.F.	A
12061001– 500	6	90	Lady W.	16	*		A
12061501– 2500	J S	98	Riverside	17		Htg.	P
12062501– 6500	J S	98	Ruby	15		Htg.	A
12066501– 620	16	99	Special	17		Htg.	A
12066621– 800	16	99	Special	17		O.F.	A
12066801– 920	12	94	Special	17		Htg.	A
12066921– 7100	12	94	Special	17		O.F.	A
12067101– 500	18	92	Vanguard	21–23	L S *	Htg.	P
12067501– 8000	18	92	Cres. St.	21	L S *	O.F.	P
12068001– 9000	18	92	A.T.&Co.	17	L S *	O.F.	P
12069001– 500	18	83	P.S.B.	17	L S *	Htg.	A
12069501– 71500	18	83	P.S.B.	17	*	O.F.	A
12071501– 2500	18	83	No. 85	17	*	O.F.	A
12072501– 800	16	99	Maximus	23	*	Htg.	P
12072801– 3300	16	99	Riverside	17	*	Htg.	P
12073301– 4000	16	99	Royal	17	*	Htg.	A
12074001– 500	16	99	Royal	17	*	O.F.	A
12074501– 5000	16	99	No. 630	17	*	O.F.	A
12075001– 500	16	99	P.S.B.	17	*	Htg.	A
12075501– 700	12	94	Maximus	21–23	*	Htg.	P
12075701– 6000	12	94	Maximus	21–23	*	O.F.	P
12076001– 500	12	94	Riverside	19	*	Htg.	P
12076501– 7000	12	94	Riverside	19	*	O.F.	P
12077001– 500	12	94	Royal	17	*	Htg.	A
12077501– 8000	12	94	Royal	17	*	O.F.	A
12078001– 500	0	1900	Maximus	19	*	Htg.	P
12078501– 9000	0	1900	Lady W.	16	*	Htg.	A
12079001– 250	14	97	Royal	17		Htg.	A
12079251– 500	14	97	Royal	17		O.F.	A
12079501– 700	18	92	Vanguard	23	L S *	Htg.	P
12079701– 80000	18	92	Vanguard	21–23	L S *	O.F.	P
12080001– 300	18	92	Vanguard	21–23	L S *	Htg.	P
12080301– 1500	18	92	Vanguard	21	*	O.F.	P
12081501– 2500	18	92	A.T.&Co.	17	L S *	O.F.	P
12082501– 3000	18	83	P.S.B.	17	L S *	Htg.	A
12083001– 5500	18	83	P.S.B.	17	*	O.F.	A
12085501– 6000	18	83	No. 85	17	L S *	Htg.	A
12086001– 500	18	83	No. 85	17	*	O.F.	A
12086501– 7000	16	99	Vanguard	23	L S *	O.F.	P
12087001– 200	16	99	Vanguard	19	*	Htg.	P
12087201– 500	16	99	Vanguard	19–23	L S *	O.F.	P
12087501– 8000	16	99	Riverside	17	*	O.F.	P
12088001– 500	12	94	Riverside	19	*	Htg.	P
12088501– 9000	12	94	Riverside	19	*	O.F.	P
12089001– 500	6	90	Lady W.	16	*		A
12089501– 90000	0	1900	Lady W.	16	*	Htg.	A
12090001– 99000	0	91	Seaside	7			U
12099001– 100	16	99	No. 620	15		Htg.	U
12099101– 200	16	99	No. 610	7		O.F.	U
12099201– 400	6	90	Seaside	7–15			U
12099401– 600	0	91	No. 61	7			U
12099601– 800	0	1900	No. 115	15		Htg.	U
12099801– 101500	18	83	No. 820	15	L S	Htg.	U
12101501– 4500	18	83	Nos. 820-825	15–17		O.F.	U
12104501– 5000	18	83	No. 81	15		O.F.	U
12105001– 6500	18	83	No. 18	7	L S	Htg.	U
12106501– 9500	18	83	No. 18	7–11		O.F.	U
12109501– 11000	18	83	No. 1	7	†	O.F.	U
12111001– 500	18	83	No. 3	11		O.F.	U
12111501– 2500	18	83	Sterling	7	†	O.F.	U
12112501– 5500	16	99	No. 620	15		Htg.	U
12115501– 6500	16	99	No. 620	15		O.F.	U
12116501– 20500	16	99	No. 610	7		Htg.	U
12120501– 1500	16	99	No. 610	7		O.F.	U
12121501– 2000	16	99	No. 174	11		Htg.	U
12122001– 500	16	99	No. 174	11		O.F.	U
12122501– 5500	16	99	Traveler	7		Htg.	U
12125501– 6500	12	94	No. 220	15		Htg.	U
12126501– 7500	12	94	No. 220	15		O.F.	U

Serial Number.	Size.	Model.	Grade.	Jewels.	Setting.	Style.	Grade of Material.
12127501– 9500	12	94	No. 210	7		Htg.	U
12129501– 30500	12	94	No. 210	7		O.F.	U
12130501– 41000	6	90	Seaside	7–15			U
12141001– 52000	0	91	Nos. 60–61	7			U
12152001– 4500	0	1900	No. 115	15		Htg.	U
12154501– 5000	0	1900	No. 115	15		O.F.	U
12155001– 200	16	99	No. 620	15		O.F.	U
12155201– 300	12	94	No. 220	15		Htg.	U
12155301– 400	12	94	No. 220	15		O.F.	U
12155401– 500	6	90	J	7		Htg.	U
12155501– 600	0	1900	No. 115	15		O.F.	U
12155601– 7500	18	83	No. 820	15	L S	Htg.	U
12157501– 9500	18	83	Nos. 820-825	15–17		O.F.	U
12159501– 61000	18	83	No. 18	7	L S	Htg.	U
12161001– 3500	18	83	No. 18	7		O.F.	U
12163501– 5000	18	83	No. 1	7	†	O.F.	U
12165001– 500	18	83	No. 1	7	†	Htg.	U
12165501– 7500	16	99	No. 620	15	*	Htg.	U
12167501– 70500	16	99	No. 610	7		Htg.	U
12170501– 1500	16	99	No. 610	7		O.F.	U
12171501– 4500	16	99	Traveler	7		Htg.	U
12174501– 5500	16	99	Traveler	7–15		O.F.	U
12175501– 6500	14	95	Bd. St.	7		O.F.	U
12176501– 80000	14	97	No. 420	15	*	Htg.	U
12180001– 2500	14	97	No. 420	15	*	O.F.	U
12182501– 5000	14	97	No. 410	7		Htg.	U
12185001– 6500	14	97	No. 410	7		O.F.	U
12186501– 7500	12	94	No. 220	15	*	Htg.	U
12187501– 8500	12	94	No. 220	15	*	O.F.	U
12188501– 90500	12	94	No. 210	7		Htg.	U
12190501– 6500	6	90	Seaside	7–15			U
12196501– 210500	0	91	Seaside	7–15			U
12210501– 1500	18	83	Sterling	7		K.W.	U
12211501– 2500	14	95	Bd. St.	7		Htg.	U
12212501– 650	12	94	Am.W.Co.	11		Htg.	U
12212651– 3000	12	94	Am.W.Co.	11		O.F.	U
12213001– 4500	18	83	No. 820	15	L S	Htg.	U
12214501– 6000	18	83	No. 825	17	L S	Htg.	U
12216001– 8000	18	83	Nos. 820-825	15–17		O.F.	U
12218001– 20000	18	83	No. 18	7	L S	Htg.	U
12220001– 5500	18	83	Sterling	7		O.F.	U
12225501– 8500	16	99	No. 620	15	*	Htg.	U
12228501– 31500	16	99	No. 610	7		Htg.	U
12231501– 2500	16	99	No. 610	7		O.F.	U
12232501– 5500	16	99	Traveler	7		Htg.	U
12235501– 6500	16	99	Traveler	7		O.F.	U
12236501– 7500	12	94	No. 220	15	*	Htg.	U
12237501– 8000	12	94	No. 220	15	*	O.F.	U
12238001– 9000	12	94	No. 210	7		Htg.	U
12239001– 46000	6	90	Seaside	7			U
12246001– 57000	0	91	Seaside	7			U
12257001– 60000	0	1900	No. 115	15		Htg.	U
12260001– 1000	0	1900	No. 110	7		O.F.	U
12261001– 2500	18	83	No. 825	17	L S	Htg.	U
12262501– 4500	18	83	No. 18	7	L S	Htg.	U
12264501– 9000	18	83	Sterling	7		O.F.	U
12269001– 72000	16	99	No. 620	15	*	Htg.	U
12272001– 6000	16	99	No. 610	7		Htg.	U
12276001– 8000	16	99	No. 610	7		O.F.	U
12278001– 80000	16	99	Traveler	7		Htg.	U
12280001– 1000	16	99	Traveler	7		O.F.	U
12281001– 2000	12	94	No. 220	15	*	Htg.	U
12282001– 4000	12	94	No. 210	7		Htg.	U
12284001– 92000	6	90	Seaside	7			U
12292001– 5000	0	1900	No. 115	15		Htg.	U
12295001– 6000	0	1900	No. 110	7		O.F.	U
12296001– 309000	0	91	Seaside	7			U
12309001– 11000	18	83	No. 825	17	L S	Htg.	U
12311001– 14000	18	83	No. 825	17		O.F.	U
12314001– 6500	18	83	No. 18	7	L S	Htg.	U
12316501– 22000	18	83	No. 18	7		O.F.	U
12322001– 500	18	83	Am.W.Co.	7		K.W.	U
12322501– 5500	16	99	No. 620	15	*	Htg.	U
12325501– 6500	16	99	No. 620	15	*	O.F.	U
12326501– 30500	16	99	No. 610	7		Htg.	U

* Patent Regulator. † Flat Hairspring.

Serial Number.	Size.	Model.	Grade.	Jewels.	Setting.	Style.	Grade of Material.
12330501- 2000	16	99	No. 610	7		O.F.	U
12332001- 5000	16	99	Traveler	7		Htg.	U
12335001- 6000	12	94	No. 220	15	*	Htg.	U
12336001- 500	12	94	No. 220	15	*	O.F.	U
12336501- 7500	12	94	No. 210	7		Htg.	U
12337501- 44500	6	90	Seaside	7			U
12344501- 57500	0	91	Seaside	7			U
12357501- 60000	0	1900	No. 115	15		Htg.	U
12360001- 500	0	1900	No. 115	15		O.F.	U
12360501- 2500	0	1900	No. 110	7		O.F.	U
12362501- 5000	18	83	No. 825	17	L S	Htg.	U
12365001- 7500	18	83	No. 825	17		O.F.	U
12367501- 9500	18	83	No. 18	7	L S	Htg.	U
12369501- 72500	18	83	No. 18	7		O.F.	U
12372501- 3500	18	83	No. 1	7	L S	Htg.	U
12373501- 7500	18	83	No. 1	7		O.F.	U
12377501- 81000	16	99	No. 620	15	*	Htg.	U
12381001- 5000	16	99	No. 610	7		Htg.	U
12385001- 200	16	99	Traveler	15		Htg.	U
12385201- 8000	16	99	Traveler	7		Htg.	U
12388001- 9500	16	88	No. 28	15	*	Htg.	A
12389501- 92500	16	88	No. 28	15	*	O.F.	A
12392501- 3500	12	94	No. 220	15	*	Htg.	U
12393501- 4000	12	94	No. 220	15	*	O.F.	U
12394001- 5000	12	94	No. 210	7		Htg.	U
12395001- 500	6	90	P.S.B.	15			A
12395501- 403500	6	90	J	7			U
12403501- 15500	0	91	No. 61	7			U
12415501- 8500	0	1900	No. 115	15		Htg.	U
12418501- 20500	0	1900	No. 110	7		O.F.	U
12420501- 1500	18	83	No. 825	17	L S	Htg.	U
12421501- 3000	18	83	No. 825	17		O.F.	U
12423001- 6000	18	83	No. 81	15	L S	Htg.	U
12426001- 30000	18	83	No. 81	15		O.F.	U
12430001- 1500	18	83	No. 18	7	L S	Htg.	U
12431501- 4000	18	83	No. 18	7		O.F.	U
12434001- 5000	18	83	No. 1	7	L S	Htg.	U
12435001- 9000	18	83	No. 1	7		O.F.	U
12439001- 42000	16	99	Nos. 620-625	15-17	*	Htg.	U
12442001- 7000	16	99	No. 610	7		Htg.	U
12447001- 9000	16	99	Traveler	7		Htg.	U
12449001- 57000	6	90	J	7			U
12457001- 71000	0	91	Seaside	7-11			U
12471001- 2000	0	1900	No. 110	7		O.F.	U
12472001- 3000	18	83	No. 825	17	L S	Htg.	U
12473001- 4000	18	83	No. 825	17		O.F.	U
12474001- 6000	18	83	No. 81	15	L S	Htg.	U
12476001- 8500	18	83	No. 81	15		O.F.	U
12478501- 80000	18	83	No. 18	7	L S	Htg.	U
12480001- 2500	18	83	No. 18	7		O.F.	U
12482501- 3500	18	83	No. 1	7	L S	Htg.	U
12483501- 6000	18	83	No. 1	7		O.F.	U
12486001- 90000	16	99	Nos. 620-625	15-17		Htg.	U
12490001- 1000	16	99	No. 610	7		Htg.	U
12491001- 4000	16	99	No. 610	7		O.F.	U
12494001- 6000	16	99	Traveler	7		Htg.	U
12496001- 7000	16	99	Traveler	7		O.F.	U
12497001- 8000	14	97	Export	7		Htg.	U
12498001- 9000	12	94	No. 220	15	*	Htg.	U
12499001- 500000	12	94	No. 220	15	*	O.F.	U
12500001- 2500	18	92	Vanguard	21-23	L S *	Htg.	P
12502501- 800	18	92	Cres. St.	21	L S *	Htg.	P
12502801- 4000	18	92	Cres. St.	21	L S *	O.F.	P
12504001- 5000	18	83	P.S.B.	17	L S *	Htg.	A
12505001- 6000	18	83	P.S.B.	17	*	O.F.	A
12506001- 500	18	83	No. 87	17	L S *	Htg.	A
12506501- 7000	18	83	No. 87	17	*	O.F.	A
12507001- 8500	18	83	P.S.B.	17	*	O.F.	A
12508501- 9000	18	83	No. 85	17	L S *	Htg.	A
12509001- 500	16	99	Maximus	23	*	Htg.	P
12509501- 10500	16	99	Vanguard	23	L S *	O.F.	P
12510501- 1000	16	99	Riverside	17	*	Htg.	P
12511001- 500	16	99	Riverside	17	*	O.F.	P
12511501- 2000	16	Ball	Off. Std.	19	L S	O.F.	P
12512001- 3000	16	99	Royal	17	*	Htg.	A
12513001- 4000	16	99	No. 630	17	*	Htg.	A
12514001- 5000	12	94	Riverside	19-21	*	Htg.	P
12515001- 6000	12	94	Royal	17	*	Htg.	A
12516001- 7500	6	90	Lady W.	16	*		A
12517501- 700	0	Ball	Riverside	17	*	Htg.	P
12517701- 8000	0	Ball	Riverside	16		Htg.	P
12518001- 800	0	1900	Riverside	17	*	Htg.	P
12518801- 9000	0	1900	Riverside	17	*	O.F.	P
12519001- 20000	0	1900	Lady W.	16	*	Htg.	A
12520001- 500	J S	98	Diamond	17	*	Htg.	P
12520501- 1500	J S	98	Riverside	17		Htg.	P
12521501- 5000	J S	98	Ruby	15		Htg.	A
12525001- 300	18	92	Vanguard	21-23	L S *	Htg.	P
12525301- 6500	18	92	Vanguard	21	*	O.F.	P
12526501- 700	18	92	Cres. St.	21	L S *	Htg.	P
12526701- 7500	18	92	Cres. St.	21	L S *	O.F.	P
12527501- 8000	18	92	A.T.&Co.	17	L S *	O.F.	P
12528001- 30000	18	83	P.S.B.	17	L S *	Htg.	A
12530001- 1000	18	83	P.S.B.	17	*	O.F.	A
12531001- 500	18	83	No. 85	17	L S *	Htg.	A
12531501- 2000	18	83	No. 85	17	*	O.F.	A
12532001- 500	16	99	Riverside	17	*	Htg.	P
12532501- 3000	16	99	Royal	17	*	Htg.	A
12533001- 4500	16	99	No. 630	17	*	Htg.	A
12534501- 5500	16	99	No. 630	17	*	O.F.	A
12535501- 6300	16	99	P.S.B.	17	*	Htg.	A
12536301- 500	16	99	P.S.B.	17	*	O.F.	A
12536501- 7500	12	94	Riverside	19	*	Htg.	P
12537501- 8000	12	94	Royal	17	*	Htg.	A
12538001- 500	6	90	Lady W.	16	*		A
12538501- 9000	0	1900	Lady W.	16	*	Htg.	A
12539001- 100	J S	98	Ruby	11-16		Htg.	A
12539101- 50	J S	98	Riverside	17		Htg.	P
12539151- 40000	J S	98	Ruby	15		Htg.	A
12540001- 200	18	92	Vanguard	23	L S *	O.F.	P
12540201- 500	18	92	Vanguard	23	L S *	Htg.	P
12540501- 1200	18	92	Vanguard	21-23	L S *	O.F.	P
12541201- 500	18	92	Cres. St.	21	L S *	O.F.	P
12541501- 700	18	92	Cres. St.	21	L S *	Htg.	P
12541701- 2000	18	92	Cres. St.	19	L S *	O.F.	P
12542001- 500	18	92	A.T.&Co.	17	L S *	O.F.	P
12542501- 3000	18	83	A.T.&Co.	17	*	O.F.	P
12543001- 500	18	83	P.S.B.	17	L S *	Htg.	A
12543501- 5000	18	83	P.S.B.	17	*	O.F.	A
12545001- 500	18	83	No. 85	17	L S *	Htg.	A
12545501- 6000	18	83	No. 85	17	*	O.F.	A
12546001- 200	16	99	Vanguard	19	*	Htg.	P
12546201- 500	16	99	Vanguard	19	*	O.F.	P
12546501- 7000	16	99	Royal	17	*	Htg.	A
12547001- 500	16	99	Royal	17	*	O.F.	A
12547501- 8000	16	99	P.S.B.	17	*	Htg.	A
12548001- 300	12	94	Bridge	23	*	Htg.	P
12548301- 500	12	94	Bridge	21-23	*	O.F.	P
12548501- 9000	12	94	Royal	17	*	O.F.	A
12549001- 500	6	90	Lady W.	16	*		A
12549501- 800	0	1900	Riverside	17	*	Htg.	P
12549801- 50500	0	1900	Lady W.	16	*	Htg.	A
12550501- 50	18	92	Special	21	L S	O.F.	P
12550551- 650	16	99	No. 630	17		O.F.	A
12550651- 800	18	92	Vanguard	23	L S *	Htg.	P
12550801- 1100	18	92	Vanguard	23	L S *	O.F.	P
12551101- 300	18	92	Vanguard	23	L S *	Htg.	P
12551301- 2100	18	92	Vanguard	21-23	*	O.F.	P
12552101- 200	18	92	Vanguard	19	L S *	Htg.	P
12552201- 30	18	92	Vanguard	19	L S *	O.F.	P
11552231- 40	18	92	Cres. St.	21	L S *	O.F.	P
12552241- 400	18	92	Vanguard	19	L S *	O.F.	P
12552401- 500	18	92	Cres. St.	21	L S *	Htg.	P
12552501- 3000	18	92	Cres. St.	21	L S *	O.F.	P
12553001- 200	18	92	Cres. St.	19	L S *	Htg.	P
12553201- 500	18	92	Cres. St.	19	L S *	O.F.	P
12553501- 700	18	92	A.T.&Co.	17	L S *	Htg.	P
12553701- 4500	18	83	A.T.&Co.	17	*	O.F.	P
12554501- 5500	18	83	P.S.B.	17	L S *	Htg.	A
12555501- 7000	18	83	P.S.B.	17	*	O.F.	A

* Patent Regulator.

Serial Number.		Size.	Model.	Grade.	Jewels.	Setting.	Style.	Grade of Material.
12557001–	500	18	83	No. 85	17	L S *	Htg.	A
12557501–	8000	18	83	No. 85	17	*	O.F.	A
12558001–	300	16	99	Vanguard	23	L S *	O.F.	P
12558301–	9300	16	99	No. 630	17	*	Htg.	A
12559301–	800	16	99	No. 630	17	*	O.F.	A
12559801–	60200	16	99	P.S.B.	17	*	Htg.	A
12560201–	300	16	99	P.S.B.	17	*	O.F.	A
12560301–	800	12	94	Riverside	19	*	O.F.	P
12560801–	1300	12	94	Royal	17	*	Htg.	A
12561301–	800	6	90	Lady W.	16	*	Htg.	A
12561801–	2600	0	1900	Lady W.	16	*	Htg.	A
12562601–	800	0	1900	Lady W.	16	*	O.F.	A
12562801–	50	18	92	Vanguard	21	L S *	Htg.	P
12562851–	3050	18	92	Vanguard	19–23	L S *	O.F.	P
12563051–	100	16	99	Maximus	23		Htg.	P
12563101–	50	16	99	Maximus	23		O.F.	P
12563151–	250	16	99	Riverside	19		O.F.	P
12563251–	350	12	94	Riverside	19		O.F.	P
12563351–	450	12	94	Royal	17–18		Htg.	A
12563451–	550	12	94	Royal	17–18		O.F.	A
12563551–	680	0	1900	Lady W.	17		O.F.	A
12563681–	722	0	1900	No. 115	15		Htg.	U
12563723–	58	J S	98	Riverside	17		Htg.	P
12563759–	806	J S	98	Ruby	15		Htg.	A
12563807–	900	12	94	No. 220	15		O.F.	U
12563901–	4050	0	1900	No. 115	15		Htg.	U
12564051–	100	0	91	No. 61	7		Htg.	U
12564101–	200	18	92	Vanguard	23	L S *	Htg.	P
12564201–	5500	18	92	Vanguard	23	L S *	O.F.	P
12565501–	6500	18	92	Cres. St.	19–21	L S *	O.F.	P
12566501–	7000	18	92	A.T.&Co.	17	L S *	O.F.	P
12567001–	8000	18	83	P.S.B.	17	L S *	Htg.	A
12568001–	9000	18	83	P.S.B.	17	*	O.F.	A
12569001–	500	18	83	P.S.B.	17	L S *	Htg.	A
12569501–	70500	18	83	P.S.B.	17	*	O.F.	A
12570501–	700	18	83	No. 87	17	L S *	Htg.	A
12570701–	1000	18	83	No. 87	17	*	O.F.	A
12571001–	500	18	83	No. 85	17	L S *	Htg.	A
12571501–	2000	18	83	No. 85	17	*	O.F.	A
12572001–	3500	16	99	Royal	17		Htg.	A
12573501–	4000	16	99	No. 630	17	*	O.F.	A
12574001–	500	16	99	P.S.B.	17	*	Htg.	A
12574501–	750	14	97	Riverside	19	*	Htg.	P
12574751–	5000	14	97	Riverside	19	*	O.F.	P
12975001–	150	18	92	Vanguard	23	L S *	Htg.	P
12575151–	600	18	92	Vanguard	23	L S *	O.F.	P
12575601–	800	18	92	Vanguard	23	L S *	Htg.	P
12575801–	6400	18	92	Vanguard	21–23	L S *	O.F.	P
12576401–	500	18	92	Cres. St	21	L S *	Htg.	P
12576501–	7500	18	92	Cres. St.	19–21	*	O.F.	P
12577501–	600	18	92	No. 845	21	L S *	Htg.	P
12577601–	8000	18	92	A.T.&Co.	17–21	L S *	O.F.	P
12578001–	500	18	83	Special	17	*	O.F.	A
12578501–	9500	18	83	P.S.B.	17	L S *	Htg.	A
12579501–	80100	18	83	P.S.B.	17	*	O.F.	A
12580101–	300	18	83	No. 87	17	L S *	Htg.	A
12580301–	500	18	83	No. 87	17	*	O.F.	A
12580501–	1000	18	83	No. 85	17	L S *	Htg.	A
12581001–	500	18	83	No. 85	17	*	O.F.	A
12581501–	3000	18	83	P.S.B.	17	*	O.F.	A
12583001–	300	16	99	Maximus	23	*	Htg.	P
12583301–	500	16	99	Vanguard	23	L S *	O.F.	P
12583501–	800	16	99	Royal	17	*	Htg.	A
12583801–	4000	16	99	Royal	17	*	O.F.	A
12584001–	5000	16	99	No. 630	17	*	Htg.	A
12585001–	500	16	99	No. 630	17	*	O.F.	A
12585501–	600	14	97	Riverside	19	*	O.F.	P
12585601–	6000	12	94	Riverside	19	*	O.F.	P
12586001–	500	12	94	Royal	17	*	Htg.	A
12586501–	7000	12	94	Royal	17	*	O.F.	A
12587001–	500	6	90	Lady W.	16	*		A
12587501–	8500	0	1900	Lady W.	16	*	Htg.	A
12588501–	600	18	83	Cro. Vic.	17	*	O.F.	A
12588601–	800	18	92	Vanguard	23	L S *	Htg.	P
12588801–	9200	18	92	Vanguard	23	L S *	O.F.	P
12589201–	300	18	92	Cres. St.	21	L S *	Htg.	P
12589301–	700	18	92	Cres. St.	21	L S *	O.F.	P
12589701–	90500	18	83	P.S.B.	17	L S *	Htg.	A
12590501–	1000	18	83	P.S.B.	17	*	O.F.	A
12591001–	500	18	83	No. 87	17	L S *	Htg.	A
12591501–	2500	18	83	P.S.B.	17	*	O.F.	A
12592501–	3000	18	83	No. 85	17	L S *	Htg.	A
12593001–	500	16	99	Vanguard	23	*	O.F.	P
12593501–	4500	16	99	Royal	19	*	Htg.	A
12594501–	5500	16	99	No. 630	17	*	O.F.	A
12595501–	800	16	99	Riverside	17	*	Htg.	P
12595801–	6000	16	99	Riverside	19	*	O.F.	P
12596001–	500	16	99	Royal	17	*	Htg.	A
12596501–	800	16	99	Royal	17	*	O.F.	A
12596801–	8000	16	99	No. 630	17	*	Htg.	A
12598001–	500	16	99	No. 630	17	*	O.F.	A
12598501–	9200	12	94	Riverside	19–21	*	O.F.	P
12599201–	500	12	94	Royal	17	*	Htg.	A
12599501–	600000	12	94	Royal	17	*	O.F.	A
12600001–	600	16	Bdg.	Special	23		Htg.	P
12600601–	5000	18	83	No. 1	7		O.F.	U
12605001–	400	16	Bdg.	Special	23		O.F.	P
12605401–	10000	18	83	No. 1	7		O.F.	U
12610001–	600	16	99	Special	19		Htg.	P
12610601–	1800	16	99	Riverside	19		Htg.	P
12611801–	5000	16	99	Traveler	7		Htg.	U
12615001–	400	16	99	Special	19		O.F.	P
12615401–	700	16	99	No. 625	17		O.F.	U
12615701–	20000	16	99	Traveler	7		Htg.	U
12620001–	250	12	94	Maximus	23		Htg.	P
12620251–	5100	16	99	Traveler	7		Htg.	U
12625101–	250	12	94	Bridge	21–23		O.F.	P
12625251–	30000	16	99	Traveler	7		Htg.	U
12630001–		12	94	Bridge	19		Htg.	P
12630002–	100	12	94	Riverside	19		Htg.	P
12630101–	200	12	94	Bridge	19		Htg.	P
12630201–	50	12	94	Riverside	19		Htg.	P
12630251–	3250	16	99	Traveler	7		Htg.	U
12633251–	5000	16	99	Traveler	7		O.F.	U
12635001–	100	12	94	Bridge	19		O.F.	P
12635101–	250	12	94	Riverside	19		O.F.	P
12635251–	40000	16	99	Traveler	7		O.F.	U
12640001–	800	16	Ball	Off. Std.	17–19	L S	O.F.	P
12640801–	1000	16	Ball	Com. Std.	17		O.F.	A
12641001–	700	16	Ball	Com. Std.	16–17		Htg.	A
12641701–	2000	16	Ball	Com. Std.	16		O.F.	A
12642001–	400	0	Ball	Riverside	17		Htg.	P
12642401–	500	0	Ball	Riverside	17		O.F.	P
12642501–	3500	0	Ball	Riverside	16–17		Htg.	P
12643501–	4000	6	90	Lady W.	16			A
12644001–	500	0	1900	Maximus	19	*	Htg.	P
12644501–	5000	0	1900	Riverside	17	*	Htg.	P
12645001–	6000	0	1900	Lady W.	16	*	Htg.	A
12646001–	51000	J S	98	Ruby	15		Htg.	A
12651001–	200	18	92	Vanguard	23	L S *	Htg.	P
12651201–	2000	18	92	Vanguard	23	L S *	O.F.	P
12652001–	200	18	92	No. 845	21	L S *	O.F.	P
12652201–	700	18	92	Cres. St.	21	L S *	O.F.	P
12652701–	3200	18	92	No. 845	21	L S *	O.F.	P
12653201–	500	18	83	A.T.&Co.	17	*	O.F.	P
12653501–	4500	18	83	P.S.B.	17	L S *	Htg.	A
12654501–	6000	18	83	P.S.B.	17	*	O.F.	A
12656001–	500	16	99	Bridge	23	*	Htg.	P
12656501–	700	16	99	Riverside	19	*	Htg.	P
12656701–	7000	16	99	Riverside	17–19	*	O.F.	P
12657001–	8000	16	99	Royal	17	*	Htg.	A
12658001–	500	16	99	No. 630	17	*	O.F.	A
12658501–	9500	16	99	Royal	17	*	Htg.	A
12659501–	60000	16	99	No. 630	17	*	O.F.	A
12660001–	300	12	94	Royal	17	*	Htg.	A
12660301–	500	12	94	Royal	17	*	O.F.	A
12660501–	1200	0	1900	Lady W.	16	*	Htg.	A
12661201–	500	0	1900	Lady W.	16	*	O.F.	A
12661501–	700	18	92	Vanguard	23	L S *	Htg.	P
12661701–	2500	18	92	Vanguard	23	L S *	O.F.	P

* Patent Regulator.

Serial Number.		Size.	Model.	Grade.	Jewels.	Setting.	Style.	Grade of Material.
12662501–	700	18	92	Cres. St.	21	L S *	Htg.	P
12662701–	3500	18	92	Cres. St.	21	L S *	O.F.	P
12663501–	700	18	83	A.T.&Co.	17	*	O.F.	P
12663701–	5500	18	83	P.S.B.	17	L S *	Htg.	A
12665501–	7000	18	83	P.S.B.	17	*	O.F.	A
12667001–	750	16	99	Royal	17	*	Htg.	A
12667751–	8250	16	99	No. 630	17	*	O.F.	A
12668251–	9750	16	99	No. 630	17	*	Htg.	A
12669751–	70000	16	99	No. 630	17	*	O.F.	A
12670001–	300	12	94	Riverside	19	*	O.F.	P
12670301–	600	12	94	Royal	17	*	Htg.	A
12670601–	1000	12	94	Royal	17	*	O.F.	A
12671001–	500	6	90	Lady W.	16	*		A
12671501–	2300	0	1900	Lady W.	16	*	Htg.	A
12672301–	500	0	1900	Lady W.	16	*	O.F.	A
12672501–	600	18	92	Vanguard	23	L S *	Htg.	P
12672601–	3000	18	92	Vanguard	23	L S *	O.F.	P
12673001–	100	18	92	Cres. St.	21		Htg.	P
12673101–	500	18	92	Cres. St.	21	L S *	O.F.	P
12673501–	800	18	92	A.T.&Co.	17	*	O.F.	P
12673801–	4000	18	92	No. 845	21	L S *	O.F.	P
12674001–	500	18	83	C.P.R.	17	*	O.F.	P
12674501–	6000	18	83	No. 87	17	L S *	Htg.	A
12676001–	7500	18	83	P.S.B.	17	*	O.F.	A
12677501–	8500	18	83	No. 85	17	L S *	Htg.	A
12678501–	80000	18	83	No. 85	17	*	O.F.	A
12680001–	200	16	99	Maximus	23	*	O.F.	P
12680201–	500	16	99	Vanguard	23	L S *	O.F.	P
12680501–	1200	16	99	Royal	17	*	Htg.	A
12681201–	500	16	99	Royal	17	*	O.F.	A
12681501–	3000	16	99	No. 630	17	*	Htg.	A
12683001–	500	16	99	No. 630	17	*	O.F.	A
12683501–	4000	12	94	Riverside	19	*	O.F.	P
12684001–	600	12	94	Royal	17	*	Htg.	A
12684601–	5000	12	94	Royal	17	*	O.F.	A
12685001–	500	6	90	Lady W.	16	*		A
12685501–	7500	12	94	No. 210	7		Htg.	U
12687501–	8000	12	94	No. 210	7		O.F.	U
12688001–	95000	6	90	Seaside	7			U
12695001–	708000	0	91	Seaside	7			U
12708001–	9000	0	1900	No. 115	15		O.F.	U
12709001–	10500	18	83	No. 825	17	L S	Htg.	U
12710501–	3000	18	83	No. 825	17		O.F.	U
12713001–	4000	18	83	No. 81	15	L S	Htg.	U
12714001–	5500	18	83	No. 81	15		O.F.	U
12715501–	7500	18	83	Sterling	7	L S	Htg.	U
12717501–	26500	18	83	Sterling	7		O.F.	U
12726501–	9500	16	99	Nos. 620-625	15–17	*	Htg.	U
12729501–	33500	16	99	No. 610	7		Htg.	U
12733501–	5500	16	99	No. 610	7		O.F.	U
12735501–	8500	16	99	Traveler	7		O.F.	U
12838501–	9000	14	97	Export	15	*	Htg.	U
12739001–	500	14	97	Export	15	*	O.F.	U
12739501–	40500	14	97	No. 410	7		Htg.	U
12740501–	1000	14	97	No. 410	7		O.F.	U
12741001–	500	14	97	No. 418	15		Htg.	U
12741501–	2000	14	97	Export	11		O.F.	U
12742001–	7000	14	97	Export	7		Htg.	U
12747001–	52000	14	97	Export	7		O.F.	U
12752001–	3000	12	94	No. 220	15	*	Htg.	U
12753001–	4000	12	94	No. 210	7		Htg.	U
12754001–	64000	6	90	Seaside	7–15			U
12764001–	76000	0	91	Seaside	7–15			U
12776001–	8500	0	1900	No. 115	15		Htg.	U
12778501–	9500	0	1900	No. 115	15		O.F.	U
12779501–	81500	0	1900	No. 110	7		O.F.	U
12781501–	750	16	99	Nos. 620-628	15–17	*	Htg.	U
12781751–	2000	16	99	Nos. 620-628	15–17	*	O.F.	U
12782001–	250	14	97	Nos. 420-428	15–17	*	Htg.	U
12782251–	500	14	97	Nos. 420-428	15–17	*	O.F.	U
12782501–	3500	14	97	A.W.W.Co.	15		O.F.	A
12783501–	6000	18	83	No. 825	17	L S	Htg.	U
12786001–	9500	18	83	No. 825	17		O.F.	U
12789501–	91000	18	83	No. 81	15	L S	Htg.	U
12791001–	3500	18	83	No. 81	15		O.F.	U
12793501–	5000	18	83	No. 18	7	L S	Htg.	U
12795001–	8000	18	83	No. 18	7		O.F.	U
12798001–	9000	18	83	No. 1	7	L S	Htg.	U
12799001–	802000	18	83	No. 1	7		O.F.	U
12802001–	4000	18	83	Sol.	7		O.F.	U
12804001–	5000	18	83	Sterling	7		O.F.	U
12805001–	8500	16	99	No. 620	15	*	Htg.	U
12808501–	12000	16	99	No. 610	7		Htg.	U
12812001–	4000	16	99	No. 610	7		O.F.	U
12814001–	6000	16	99	Traveler	7		O.F.	U
12816001–	7000	16	88	No. 28	15	*	O.F.	U
12817001–	20500	12	94	No. 220	15	*	Htg.	U
12820501–	30500	12	94	No. 210	7		Htg.	U
12830501–	7500	6	90	Seaside	7–15			U
12837501–	47500	0	91	Seaside	7–11			U
12847501–	8300	16	99	No. 618	15		Htg.	U
12848301–	50	16	99	No. 618	15		O.F.	U
12848351–	9300	16	99	Traveler	7		Htg.	U
12849301–	450	16	99	Traveler	7		O.F.	U
12849451–	50100	14	97	No. 418	15		Htg.	U
12850101–	3000	18	83	No. 825	17	L S	Htg.	U
12853001–	8000	18	83	No. 825	17		O.F.	U
12858001–	9000	18	83	No. 825	17	L S	Htg.	U
12859001–	60000	18	83	Nc. 825	17		O.F.	U
12860001–	2000	18	83	No. 81	15	L S	Htg.	U
12862001–	5000	18	83	No. 81	15		O.F.	U
12865001–	7000	18	83	No. 825	17	L S	Htg.	U
12867001–	70000	18	83	No. 825	17		O.F.	U
12870001–	2000	18	83	No. 1	7	L S	Htg.	U
12872001–	6000	18	83	No. 1	7		O.F.	U
12876001–	500	18	83	Sterling	7	L S	Htg.	U
12876501–	8000	18	83	Sterling	7		O.F.	U
12878001–	84500	16	99	No. 625	17	*	Htg.	U
12884501–	8000	16	99	No. 625	17	*	O.F.	U
12888001–	91000	16	99	No. 625	17	*	Htg.	U
12891001–	4000	16	99	No. 610	7		Htg.	U
12894001–	6000	16	99	No. 610	7		O.F.	U
12896001–	7000	16	99	Traveler	7		Htg.	U
12897001–	900000	16	99	Traveler	7		O.F.	U
12900001–	7000	14	97	Bd. St.	7–15		Htg.	U
12907001–	10000	14	97	Bd. St.	7–15		O.F.	U
12910001–	2500	12	94	No. 220	15	*	Htg.	U
12912501–	4000	12	94	No. 210	7		O.F.	U
12914001–	150	12	94	Bd. St.	11		Htg.	U
12914151–	500	12	94	Bd. St.	11		O.F.	U
12914501–	21500	6	90	Seaside	7			U
12921501–	4500	0	1900	No. 115	15		O.F.	U
12924501–	36500	0	91	Seaside	7			U
12936501–	8500	18	83	No. 825	17	L S	Htg.	U
12938501–	41500	18	83	No. 825	17		O.F.	U
12941501–	3000	18	83	No. 81	15	L S	Htg.	U
12943001–	5500	18	83	No. 81	15		O.F.	U
12945501–	6500	18	83	No. 1	7	L S	Htg.	U
12946501–	57500	18	83	Sterling	7		O.F.	U
12957501–	8500	18	83	Sterling	7		K.W.	U
12958501–	61500	16	99	No. 625	17	*	Htg.	U
12961501–	2500	16	99	Cro. Vic.	15	*	Htg.	U
12962501–	5500	16	99	No. 610	7		Htg.	U
12965501–	7500	16	99	No. 610	7		O.F.	U
12967501–	70500	16	99	Traveler	7		O.F.	U
12970501–	2000	16	99	Sol.	7		O.F.	U
12972001–	3000	14	97	Sol.	7		O.F.	U
12973001–	4500	12	94	No. 220	15	*	Htg.	U
12974501–	5000	12	94	No. 220	15	*	O.F.	U
12975001–	83500	6	90	Seaside	7–15			U
12983501–	4100	0	1900	Cron. Vic.	15		Htg.	U
12984101–	95500	0	91	Seaside	7			U
12995501–	8500	0	1900	No. 115	15		Htg.	U
12998501–	9999	0	1900	No. 115	15		O.F.	U
13000000–	1000	18	92	Vanguard	23	*	O.F.	P
13001001–	2000	18	83	P.S.B.	17	*	O.F.	A
13002001–	4000	18	83	No. 85	17	L S *	Htg.	A
13004001–	6000	18	83	No. 85	17	*	O.F.	A
13006001–	200	16	99	Maximus	23	*	Htg.	P
13006201–	500	16	99	Maximus	23	*	O.F.	P

* Patent Regulator.

Serial Number.		Size.	Model.	Grade.	Jewels.	Setting.	Style.	Grade of Material.
13006501–	7000	16	99	Vanguard	23	L S *	O.F.	P
13007001–	200	16	99	Riverside	19	*	Htg.	P
13007201–	500	16	99	Riverside	19	*	O.F.	P
13007501–	8000	16	99	Royal	17	*	Htg.	A
13008001–	300	16	99	Royal	17	*	O.F.	A
13008301–	9200	16	99	No. 630	17	*	Htg.	A
13009201–	10000	16	99	No. 630	17	*	O.F.	A
13010001–	700	16	99	P.S.B.	17	*	Htg.	A
13010701–	1000	16	99	P.S.B.	17	*	O.F.	A
13011001–	500	12	94	Royal	17	*	Htg.	A
13011501–	2000	12	94	Royal	17	*	O.F.	A
13012001–	500	6	90	Lady W.	16	*	Htg.	A
13012501–	900	0	1900	Riverside	17	*	Htg.	P
13012901–	3000	0	1900	Riverside	17	*	O.F.	P
13013001–	800	0	1900	Lady W.	16	*	Htg.	A
13013801–	4000	0	1900	Lady W.	16	*	O.F.	A
13014001–	9000	J S	98	Ruby	15		Htg.	A
13019001–	500	18	92	Vanguard	23	L S *	O.F.	P
13119501–	800	16	99	Vanguard	23	L S *	O.F.	P
13019801–	20300	16	99	Riverside	19	*	Htg.	P
13020301–	700	16	99	Riverside	19	*	O.F.	P
13020701–	1100	16	99	Royal	17	*	Htg.	A
13021101–	300	16	99	Royal	17	*	O.F.	A
13021301–	900	16	99	No. 630	17	*	Htg.	A
13021901–	2300	16	99	No. 630	17	*	O.F.	A
13022301–	800	16	99	P.S.B.	17	*	Htg.	A
13022801–	3000	16	99	P.S.B.	17	*	O.F.	A
13023001–	200	14	97	Riverside	19	*	Htg.	P
13023201–	600	14	97	Riverside	19	*	O.F.	P
13023601–	4000	12	94	Maximus	21	*	O.F.	P
13024001–	500	12	94	Riverside	19	*	O.F.	P
13024501–	5000	12	94	Royal	17	*	Htg.	A
13025001–	300	12	94	Royal	17	*	O.F.	A
13025301–	500	6	90	Lady W.	16	*		A
13025501–	800	0	1900	Maximus	19	*	Htg.	P
13025801–	6000	0	1900	Maximus	19	*	O.F.	P
13026001–	300	0	1900	Riverside	17	*	Htg.	P
13026301–	500	0	1900	Riverside	17	*	O.F.	P
13026501–	7300	0	1900	Lady W.	16	*	Htg.	A
13027301–	500	0	1900	Lady W.	16	*	O.F.	A
13027501–	8000	18	83	No. 87	17	L S *	Htg.	A
13028001–	500	18	83	No. 87	17	*	O.F.	A
13028501–	9000	18	83	P.S.B.	17	*	O.F.	A
13029001–	500	18	83	No. 85	17	L S *	Htg.	A
13029501–	30000	18	83	No. 85	17	*	O.F.	A
13030001–	300	16	99	Vanguard	23	L S *	O.F.	P
13030301–	550	16	99	Riverside	19	*	Htg.	P
13030551–	800	16	99	Riverside	19	*	O.F.	P
13030801–	1000	16	99	No. 625	17	*	Htg.	U
13031001–	200	16	99	Royal	17	*	Htg.	A
13031201–	400	16	99	Royal	17	*	O.F.	A
13031401–	2800	16	99	No. 630	17	*	Htg.	A
13032801–	3300	16	99	No. 630	17	*	O.F.	A
13033301–	4000	16	99	P.S.B.	17	*	Htg.	A
13034001–	500	16	99	P.S.B.	17	*	O.F.	A
13034501–	800	12	94	Maximus	21–23	*	O.F.	P
13034801–	5000	12	94	Riverside	19	*	O.F.	P
13035001–	6000	12	94	Royal	17	*	Htg.	A
13036001–	500	12	94	Royal	17	*	O.F.	A
13036501–	7000	6	90	Lady W.	16	*		A
13037001–	400	0	1900	Riverside	17	*	Htg.	P
13037401–	500	0	1900	Riverside	17	*	O.F.	P
13037501–	8700	0	1900	Lady W.	16	*	Htg.	A
13038701–	9000	0	1900	Lady W.	16	*	O.F.	A
13039001–	44000	J S	98	Sapphire / Ruby	11–15		Htg.	A
13044001–	50	18	92	Penn Spec.	21	L S *	O.F.	P
13044051–	80	12	94	Riverside	19	*		P
13044081–	110	12	94	Royal	17	*		A
13044111–	34	12	94	No. 220	15	*		U
13044135–	64	0	1900	Maximus	19	*		P
13044165–	94	0	1900	Lady W.	16	*		A
13044195–	236	0	1900	No. 115	15			U
13044237–	48	J S	98	Diamond	17		O.F.	P
13044249–	60	J S	98	Riverside	17			P
13044261–	302	J S	98	Ruby	15			A
13044303–	14	10	Ligne	Special	16		O.F.	A
13044315–	5000	18	92	Cres. St.	19	L S *	Htg.	P
13045001–	6500	18	92	Cres. St.	19	*	O.F.	P
13046501–	7000	18	83	No. 87	17	L S *	Htg.	A
13047001–	500	18	83	No. 87	17	L S *	O.F.	A
13047501–	8000	18	83	No. 85	17	L S *	Htg.	A
13048001–	500	18	83	No. 85	17	*	O.F.	A
13048501–	800	16	99	Cres. St.	21	L S *	O.F.	P
13048801–	9000	16	99	Cres. St.	19	L S *	O.F.	P
13049001–	500	16	99	Riverside	19	*	Htg.	P
13049501–	50000	16	99	Riverside	19	*	O.F.	P
13050001–	500	16	99	No. 630	17	*	Htg.	A
13050501–	1600	16	99	Nos. 625-628	17	*	Htg.	U
13051601–	2000	16	99	No. 630	17	*	O.F.	A
13052001–	700	16	99	P.S.B.	17	*	Htg.	A
13052701–	3000	16	99	P.S.B.	17	*	O.F.	A
13053001–	200	12	94	Riverside	19	*	Htg.	P
13053201–	500	12	94	Riverside	19–21	*	O.F.	P
13053501–	4200	12	94	Royal	17	*	Htg.	A
13054201–	500	12	94	Royal	17	*	O.F.	A
13054501–	5500	6	90	Lady W.	16	*		A
13055501–	800	0	1900	Maximus	19	*	O.F.	P
13055801–	6000	0	1900	Riverside	17	*	O.F.	P
13056001–	7000	0	1900	Lady W.	16	*	Htg.	A
13057001–	9000	0	1900	No. 110	7		O.F.	U
13059001–	60000	18	83	No. 825	17	L S	Htg.	U
13060001–	6000	18	83	No. 825	17		O.F.	U
13066001–	100	18	83	Cron. Vic.	17	L S *	Htg.	A
13066101–	7500	18	83	No. 81	15	L S	Htg.	U
13067501–	72500	18	83	No. 81–820	15		O.F.	U
13072501–	4500	18	83	No. 1	7	L S	Htg.	U
13074501–	9500	18	83	No. 1	7		O.F.	U
13079501–	83500	18	83	Sol.	7		O.F.	U
13083501–	8500	16	99	No. 625	17	*	Htg.	U
13088501–	90500	16	99	No. 625	17	*	O.F.	U
13090501–	2000	16	99	No. 610	7		Htg.	U
13092001–	4000	16	99	No. 610	7		O.F.	U
13094001–	8000	16	99	Traveler	7		O.F.	U
13098001–	9000	14	97	Export	7		Htg.	U
13099001–	101000	14	97	Export	7		O.F.	U
13101001–	2500	12	94	No. 220	15	*	Htg.	U
13102501–	3000	12	94	No. 220	15	*	O.F.	U
13103001–	500	12	94	No. 210	7		O.F.	U
13103501–	11500	6	90	J	7			U
13111501–	2000	6	90	Pioneer	7			U
13112001–	21000	0	91	No. 61	7		Htg.	U
13121001–	3000	14	95	Bd. St.	7		Htg.	U
13123001–	4000	14	95	Bd. St.	7		O.F.	U
13124001–	200	0	91	No. 61	7			U
13124201–	6500	18	83	No. 825	17	L S	Htg.	U
13126501–	31500	18	83	No. 825	17		O.F.	U
13131501–	4000	18	83	No. 81	15	L S	Htg.	U
13134001–	9000	18	83	No. 81	15		O.F.	U
13139001–	42500	18	83	No. 1	7	L S	Htg.	U
13142501–	51000	18	83	Sterling	7		O.F.	U
13151001–	5000	16	99	No. 625	17	*	Htg.	U
13155001–	6500	16	99	No. 625	17	*	O.F.	U
13156501–	7000	16	99	Traveler	7		O.F.	U
13157001–	8000	16	99	Special	15		O.F.	U
13158001–	9500	16	99	Traveler	7		O.F.	U
13159501–	61500	14	97	Export	7		Htg.	U
13161501–	3500	14	97	Export	7		O.F.	U
13163501–	4500	12	94	No. 220	15	*	Htg.	U
13164501–	9500	6	90	Seaside	7			U
13169501–	72500	0	1900	No. 115	15		Htg.	U
13172501–	3500	0	1900	No. 110	7		O.F.	U
13173501–	80500	0	91	No. 61	7			U
13180501–	1500	14	97	Bd. St.	7		O.F.	U
13181501–	2000	18	83	No. 85	17	L S	Htg.	A
13182001–	5000	18	83	No. 1	7	L S	Htg.	U
13185001–	90500	18	83	No. 1	7		O.F.	U
13190501–	600	16	99	No. 630	17		O.F.	A
13190601–	7000	18	83	No. 1	7		O.F.	U
13197001–	8000	18	83	Sterling	7		K.W.	U

* Patent Regulator.

Serial Number.	Size.	Model.	Grade.	Jewels.	Setting.	Style.	Grade of Material.
13198001- 9000	16	99	No. 620	15	*	Htg.	U
13199001- 202000	16	99	No. 610	7		O.F.	U
13202001- 500	16	Ball	Off. Std.	17	L S	O.F.	P
13202501- 800	16	Ball	Off. Std.	19	L S	Htg.	P
13202801- 3000	16	Ball	Off. Std.	19	L S	O.F.	P
13203001- 200	16	Ball	Off. Std.	17	L S	Htg.	P
13203201- 500	16	Ball	Off. Std.	17	L S	O.F.	P
13203501- 600	0	Ball	Riverside	17		O.F.	P
13203601- 4000	0	Ball		16		O.F.	A
13204001- 300	16	Ball	Off. Std.	17	L S	O.F.	P
13204301- 6000	16	Ball	Off. Std.	17-19	L S *	O.F.	P
13206001- 13200	16	Ball	Off. Std.	17-21	L S	O.F.	P
13213201- 4200	16	Ball	Com. Std.	16-17		Htg.	A
13214201- 5700	16	Ball	Off. Std.	17-19	L S	O.F.	P
13215701- 6200	16	Ball	Com. Std.	16		Htg.	A
13216201- 8000	16	Ball	Off. Std.	17-21	L S	O.F.	P
13218001- 600	16	Ball	Com. Std.	16-17		Htg.	A
13218601- 25000	16	Ball	Off. Std.	17-21	L S	O.F.	P
13225001- 6500	16	19	Nos. 610-625	7-17		O.F.	U
13226501- 8500	16	99	Traveler	7		O.F.	U
13228501- 9500	14	97	Export	7		O.F.	U
13229501- 30500	12	94	No. 220	15	*	Htg.	U
13230501- 1000	12	94	No. 220	15	*	O.F.	U
13231001- 2250	12	94	No. 210	7		Htg.	U
13232251- 3000	12	94	No. 210	7		O.F.	U
13233001- 7000	6	90	J	7			U
13237001- 40000	0	1900	No. 115	15		Htg.	U
13240001- 2000	0	1900	No. 110	7		O.F.	U
13242001- 52000	0	91	No. 61	7			U
13252001- 3000	18	83	No. 825	17	L S *	Htg.	U
13253001- 500	18	83	No. 825	17	*	O.F.	U
13253501- 4000	18	83	No. 820	15	L S	Htg.	U
13254001- 5000	18	83	No. 820	15		O.F.	U
13255001- 7000	18	83	No. 81	15	L S	Htg.	U
13257001- 61500	18	83	No. 81	15		O.F.	U
13261501- 2500	18	83	No. 18	7	L S	Htg.	U
13262501- 5000	18	83	No. 18	7		O.F.	U
13265001- 7000	18	83	No. 1	7	L S	Htg.	U
13267001- 8000	18	83	No. 3	11		O.F.	U
13268001- 9000	18	83	No. 85	17		O.F.	A
13269001- 75500	18	83	Sterling	7		O.F.	U
13275501- 8000	16	99	No. 625	17	*	Htg.	U
13278001- 9500	16	99	No. 625	17	*	O.F.	U
13279501- 80500	16	99	No. 620	15	*	Htg.	U
13280501- 5500	16	99	No. 620	15	*	O.F.	U
13285501- 8000	16	99	No. 610	7		Htg.	U
13288001- 90000	16	99	No. 610	7		O.F.	U
13290001- 2000	16	99	Traveler	7		Htg.	U
13292001- 500	16	99	Traveler	7		O.F.	U
13292501- 5000	12	94	No. 220	15	*	Htg.	U
13295001- 6000	12	94	No. 220	15	*	O.F.	U
13296001- 7200	12	94	No. 210	7		Htg.	U
13297201- 8000	12	94	No. 210	7		O.F.	U
13298001- 308000	0	91	No. 61	7			U
13308001- 11000	0	1900	No. 115	15		Htg.	U
13311001- 500	0	1900	No. 115	15		O.F.	U
13311501- 3500	0	1900	No. 110	7		O.F.	U
13313501- 4500	16	99	Traveler	7		O.F.	U
13314501- 50	16	99	No. 620	15		Htg.	U
13314551- 950	14	97	Cron. Vic.	15	*	O.F.	U
13314951- 6000	18	83	No. 820	15	L S *	Htg.	U
13316001- 8500	18	83	No. 820	15	*	O.F.	U
13318501- 21000	18	83	No. 81	15	L S	Htg.	U
13321001- 6000	18	83	No. 81	15		O.F.	U
13326001- 8000	18	83	No. 18	7	L S	Htg.	U
13328001- 34000	18	83	No. 18	7		O.F.	U
13334001- 8000	16	99	No. 625	17	*	O.F.	U
13338001- 41000	16	99	No. 620	15	*	Htg.	U
13341001- 4000	16	99	No. 620	15	*	O.F.	U
13344001- 7000	16	99	No. 610	7		O.F.	U
13347001- 500	16	99	No. 618	15		Htg.	U
13347501- 9000	16	99	Traveler	7		Htg.	U
13349001- 200	16	99	Traveler	7		O.F.	U
13349201- 400	16	99	No. 618	15		O.F.	U
13349401- 51000	16	99	Traveler	7		O.F.	U
13351001- 3000	14	97	Export	7		Htg.	U
13353001- 5000	14	97	Export	7		O.F.	U
13355001- 7500	12	94	No. 225	17	*	Htg.	U
13357501- 60000	12	94	No. 225	17	*	O.F.	U
13360001- 2000	12	94	No. 220	15	*	O.F.	U
13362001- 6000	12	94	No. 210	7		Htg.	U
13366001- 8000	12	94	No. 210	7		O.F.	U
13368001- 73500	6	90	Seaside	7-15			U
13373501- 5500	0	1900	No. 115	15		Htg.	U
13375501- 7500	0	1900	No. 115	15		O.F.	U
13377501- 80500	0	1900	No. 110	7		O.F.	U
13380501- 4000	18	83	No. 825	17	*	O.F.	U
13384001- 5500	18	83	No. 820	15	L S *	Htg.	U
13385501- 8000	18	83	No. 820	15	*	O.F.	U
13388001- 90000	18	83	No. 81	15	L S	Htg.	U
13390001- 3000	18	83	No. 81	15		O.F.	U
13393001- 500	18	83	No. 18	7	L S	Htg.	U
13393501- 700	18	83	No. 825	17	L S *	Htg.	U
13393701- 4600	18	83	No. 18	7	L S	Htg.	U
13394601- 700	18	83	No. 825	17	L S *	Htg.	U
13394701- 5000	18	83	No. 18	7	L S	Htg.	U
13395001- 404000	18	83	Sterling	7		O.F.	U
13404001- 6000	16	99	No. 625	17	*	Htg.	U
13406001- 8000	16	99	No. 625	17	*	O.F.	U
13408001- 10000	16	99	No. 620	15	*	Htg.	U
13410001- 2000	16	99	No. 620	15	*	O.F.	U
13412001- 4500	16	99	No. 618	15		Htg.	U
13414501- 5300	16	99	No. 618	15		O.F.	U
13415301- 6500	16	99	No. 610	7		Htg.	U
13416501- 9500	16	99	No. 610	7		O.F.	U
13419501- 21000	16	99	Traveler	7		Htg.	U
13421001- 500	16	99	Traveler	7		O.F.	U
13421501- 2000	16	99	Traveler	7		Htg.	U
13422001- 3000	16	99	Traveler	7		O.F.	U
13423001- 4000	14	97	No. 418	15		Htg.	U
13424001- 500	14	97	No. 418	15		O.F.	U
13424501- 5500	14	97	Export	7		Htg.	U
13425501- 6000	14	97	Export	7		O.F.	U
13426001- 7500	12	94	No. 225	17	*	Htg.	U
13427501- 8500	12	94	No. 225	17	*	O.F.	U
13428501- 30500	12	94	No. 220	15	*	Htg.	U
13430501- 1500	12	94	No. 220	15	*	O.F.	U
13431501- 3500	12	94	No. 210	7		Htg.	U
13433501- 5000	12	94	No. 210	7		O.F.	U
13435001- 8000	6	90	Seaside	7-15			U
13438001- 44000	0	91	No. 61	7			U
13444001- 6000	0	1900	No. 115	15		Htg.	U
13446001- 7000	0	1900	No. 115	15		O.F.	U
13447001- 9000	0	1900	No. 110	7		O.F.	U
13449001- 51500	18	83	No. 825	17	*	O.F.	U
13451501- 3000	18	83	No. 820	15	L S *	Htg.	U
13453001- 5500	18	83	No. 820-825	15-17	*	O.F.	U
13455501- 7000	18	83	No. 81	15	L S	Htg.	U
13457001- 60500	18	83	No. 81	15		O.F.	U
13460501- 2500	18	83	No. 18	7	L S	Htg.	U
13462501- 70500	18	83	Sterling	7		O.F.	U
13470501- 3000	16	99	No. 625-618	17	*	Htg.	U
13473001- 4500	16	99	No. 625	17	*	O.F.	U
13474501- 7000	16	99	No. 620	15	*	Htg.	U
13477001- 8500	16	99	No. 620	15	*	O.F.	U
13478501- 9500	16	99	No. 610	7		Htg.	U
13479501- 82500	16	99	No. 610	7		O.F.	U
13482501- 4000	16	99	Traveler	7		O.F.	U
13484001- 5000	12	94	No. 225	17	*	Htg.	U
13485001- 6000	12	94	No. 225	17	*	O.F.	U
13486001- 8000	12	94	No. 220	15	*	Htg.	U
13488001- 9000	12	94	No. 220	15	*	O.F.	U
13489001- 91000	12	94	No. 210	7		Htg.	U
13491001- 2500	12	94	No. 210	7		O.F.	U
13492501- 6500	6	90	Seaside	7-15			U
13496501- 7500	0	1900	No. 115	15		O.F.	U
13497501- 9500	0	1900	No. 110	7		O.F.	U
13499501- 505500	0	91	No. 61	7		Htg.	U
13505501- 6500	18	83	Sterling	7		K.W.	U
13506501- 7000	16	99	A.W.W.Co.	15		Htg.	A

* Patent Regulator.

Serial Number.	Size.	Model.	Grade.	Jewels.	Setting.	Style.	Grade of Material.
13507001- 8000	16	99	Special	15		O.F.	U
13508001- 10000	16	99	Export	7		Htg.	U
13510001- 5000	14	1904	Bd.St.	7		Htg.	U
13515001- 250	14	97	Export	15		Htg.	U
13515251- 6000	14	97	Export	15		O.F.	U
13516001- 250	12	94	Export	15		Htg.	U
13516251- 7000	12	94	Export	15		O.F.	U
13517001- 300	14	97	Export	15		O.F.	U
13517301- 600	14	97	Am.W.Co.	15		O.F.	U
13517601- 8600	16	99	No. 618	15		Htg.	U
13518601- 21500	18	83	No. 825	17	*	O.F.	U
13521501- 2500	18	83	No. 820	15	L S	Htg.	U
13522501- 5500	18	83	No. 820	15		O.F.	U
13525501- 6500	18	83	No. 81	15	L S	Htg.	U
13526501- 30500	18	83	No. 81	15		O.F.	U
13530501- 1500	18	83	No. 18	7	L S	Htg.	U
13531501- 5500	18	83	No. 18	7		O.F.	U
13535501- 6500	18	83	No. 1	7	L S	Htg.	U
13536501- 43000	18	83	Sterling	7		O.F.	U
13543001- 4000	18	83	Sterling	7		K.W.	U
13544001- 5000	16	99	No. 625	17	*	Htg.	U
13545001- 7500	16	99	No. 625	17	*	O.F.	U
13547501- 50000	16	99	No. 620	15	*	Htg.	U
13550001- 2000	16	99	No. 620	15	*	O.F.	U
13552001- 4500	16	99	No. 610	7		Htg.	U
13554501- 6500	16	99	No. 610	7		O.F.	U
13556501- 8000	16	99	Traveler	7		Htg.	U
13558001- 9500	16	99	Traveler	7		O.F.	U
13559501- 60500	14	97	Export	7		O.F.	U
13560501- 2000	12	94	No. 225	17	*	Htg.	U
13562001- 3500	12	94	No. 225	17	*	O.F.	U
13563501- 6000	12	94	No. 220	15	*	Htg.	U
13566001- 7500	12	94	No. 220	15	*	O.F.	U
13567501- 70500	12	94	No. 210	7		Htg.	U
13570501- 2000	12	94	No. 210	7		O.F.	U
13572001- 300	14	97	No. 418	15		O.F.	U
13572301- 500	12	94	No. 210	7		Htg.	U
13572501- 8000	6	90	Seaside	7-15			U
13578001- 84000	0	91	No. 61	7			U
13584001- 6000	0	1900	No. 115	15		Htg.	U
13586001- 7000	0	1900	No. 115	15		O.F.	U
13587001- 9000	0	1900	No. 110	7		O.F.	U
13589001- 96000	Col.	Ser.	No. 1425	17	*	O.F.	U
13596001- 604000	Col.	Ser.	No. 1420	15	*	O.F.	U
13604001- 5000	18	83	No. 825	17	L S *	Htg.	U
13605001- 6500	18	83	No. 81	15		O.F.	U
13606501- 8500	18	83	No. 820	15	L S	Htg.	U
13608501- 11500	18	83	No. 820	15		O.F.	U
13611501- 3000	18	83	No. 18	7	L S	Htg.	U
13613001- 6500	18	83	No. 18	7		O.F.	U
13616501- 7000	18	83	No. 1	7	L S	Htg.	U
13617001- 23500	18	83	Sterling	7		O.F.	U
13623501- 5500	16	99	No. 620	15	*	Htg.	U
13625501- 6500	16	99	No. 620	15	*	O.F.	U
13626501- 7500	16	99	No. 610	7		Htg.	U
13627501- 9500	16	99	No. 610	7		O.F.	U
13629501- 30500	16	99	Traveler	7		Htg.	U
13630501- 2000	16	99	Traveler	7		O.F.	U
13632001- 3000	12	94	No. 225	17	*	Htg.	U
13633001- 4000	12	94	No. 225	17	*	O.F.	U
13634001- 6000	12	94	No. 220	15	*	Htg.	U
13636001- 8000	12	94	No. 220	15	*	O.F.	U
13638001- 41000	12	94	No. 210	7		Htg.	U
13641001- 3000	12	94	No. 210	7		O.F.	U
13643001- 9500	6	90	Seaside	7-15			U
13649501- 50500	0	91	No. 60	7			U
13650501- 2500	0	1900	No. 110	7		O.F.	U
13652501- 800	16	99	No. 620	16	*	Htg.	U
13652801- 3000	16	99	No. 620	16	*	O.F.	U
13653001- 4000	18	83	No. 825	17	L S *	Htg.	U
13654001- 6000	18	83	No. 825	17	*	O.F.	U
13656001- 7000	18	83	No. 820	15	L S	Htg.	U
13657001- 60500	18	83	No. 820	15		O.F.	U
13660501- 1500	18	83	No. 81	15	L S	Htg.	U
13661501- 5000	18	83	No. 81	15		O.F.	U
13665001- 6000	18	83	No. 18	7	L S	Htg.	U
13666001- 71000	18	83	No. 18	7		O.F.	U
13671001- 2000	18	83	No. 1	7	L S	Htg.	U
13672001- 9000	18	83	No. 1	7		O.F.	U
13679001- 80000	16	99	No. 625	17	*	O.F.	U
13680001- 2500	16	99	No. 620	15	*	Htg.	U
13682501- 4500	16	99	No. 620	15	*	O.F.	U
13684501- 6500	16	99	No. 610	7		Htg.	U
13686501- 9000	16	99	No. 610	7		O.F.	U
13689001- 90500	16	99	Traveler	7		Htg.	U
13690501- 2000	16	99	Traveler	7		O.F.	U
13692001- 3500	12	94	No. 225	17	*	Htg.	U
13693501- 4500	12	94	No. 225	17	*	O.F.	U
13694501- 6500	12	94	No. 220	15	*	Htg.	U
13696501- 8000	12	94	No. 210	7		O.F.	U
13698001- 701000	12	94	No. 210	7		Htg.	U
13701001- 3000	12	94	No. 210	7		O.F.	U
13703001- 11000	6	90	Seaside	7-15			U
13711001- 7000	0	91	No. 61	7			U
13717001- 8000	0	1900	No. 115	15		Htg.	U
13718001- 9000	0	1900	No. 115	15	*	Htg.	U
13719001- 20000	0	1900	No. 115	15		Htg.	U
13720001- 500	0	1900	No. 115	15		O.F.	U
13720501- 2500	0	1900	No. 110	7		O.F.	U
13722501- 3000	14	97	Cron. Vic.	15	*	O.F.	U
13723001- 4000	14	97	Sol.	7		O.F.	U
13724001- 500	0	1900	Cron. Vic.	15		Htg.	U
13724501- 5600	0	91	Sol.	7			U
13725601- 7000	18	83	No. 820	15	L S	Htg.	U
13727001- 32000	18	83	No. 820	15		O.F.	U
13732001- 3000	18	83	No. 81	15	L S	Htg.	U
13733001- 7000	18	83	No. 81	15		O.F.	U
13737001- 9000	18	83	No. 18	7	L S	Htg.	U
13739001- 45000	18	83	No. 18	7		O.F.	U
13745001- 6000	18	83	No. 1	7	L S	Htg.	U
13746001- 52000	18	83	No. 1	7		O.F.	U
13752001- 4500	18	83	Sterling	7		O.F.	U
13754501- 6500	16	99	No. 620	15-16	*	Htg.	U
13756501- 8500	16	99	No. 620	15	*	O.F.	U
13758501- 60500	16	99	No. 610	7		Htg.	U
13760501- 2500	16	99	No. 610	7		O.F.	U
13762501- 4500	16	99	Traveler	7		Htg.	U
13764501- 6500	16	99	Traveler	7		O.F.	U
13766501- 7500	12	94	No. 225	17	*	Htg.	U
13767501- 8500	Col.	Ser.	Royal	17	*	O.F.	A
13768501- 70500	12	94	No. 220	15	*	Htg.	U
13770501- 1500	12	94	No. 220	15	*	O.F.	U
13771501- 4500	12	94	No. 210	7		Htg.	U
13774501- 6000	12	94	No. 210	7		O.F.	U
13776001- 85500	6	90	Seaside	7-15			U
13785501- 9500	0	91	No. 65	15			U
13789501- 90500	0	1900	No. 115	15		Htg.	U
13790501- 1500	0	1900	No. 115	15		O.F.	U
13791501- 3500	0	1900	No. 110	7		O.F.	U
13793501- 4500	0	91	No. 63	15			U
13794501- 5500	18	83	No. 820	15	L S	Htg.	U
13795501- 8500	18	83	No. 820	15		O.F.	U
13798501- 804500	18	83	No. 81	15		O.F.	U
13804501- 6000	18	83	No. 18	7	L S	Htg.	U
13806001- 19500	18	83	No. 18	7		O.F.	U
13819501- 21500	18	83	Sterling	7		K.W.	U
13821501- 2500	16	99	No. 620	15	*	O.F.	U
13822501- 4500	16	99	No. 610	7		Htg.	U
13824501- 7500	16	99	No. 610	7		O.F.	U
13827501- 8500	16	99	Traveler	7		O.F.	U
13828501- 9500	16	88	No. 28	15		O.F.	U
13829501- 34500	12	94	No. 220	15	*	O.F.	U
13834501- 9500	12	94	No. 210	7		O.F.	U
13839501- 50500	6	90	Seaside	7-15			U
13850501- 60500	0	91	Seaside	7-15		Htg.	U
13860501- 2500	0	1900	No. 115	15		Htg.	U
13862501- 3500	0	1900	No. 115	15		O.F.	U
13863501- 5500	0	1900	No. 110	7		O.F.	U
13865501- 6000	18	83	No. 818	15		O.F.	U
13866001- 500	18	83	Sterling	7		O.F.	U

* Patent Regulator.

Serial Number.	Size.	Model.	Grade.	Jewels.	Setting.	Style.	Grade of Material.
13866501– 600	16	99	No. 628	17		Htg.	U
13866601– 7850	16	99	No. 618	15		Htg.	U
13867851– 950	16	99	No. 618	15		O.F.	U
13867951– 8200	14	97	No. 418	15		Htg.	U
13868201– 300	14	97	No. 418	15		O.F.	U
13868301– 70050	14	97	No. 418	15.		Htg.	U
13870051– 300	14	97	Export	7		O.F.	U
13870301– 1300	14	97	Export	7		Htg.	U
13871301– 550	14	97	Export	7		O.F.	U
13871551– 2500	6	90	{P.S.B. N}	15			A
13872501– 5550	0	91	No. 63	15			U
13875551– 6500	18	83	No. 820	15	L S	Htg.	U
13876501– 80000	18	83	No. 820	15		O.F.	U
13880001– 5000	18	83	No. 81	15		O.F.	U
13885001– 94000	18	83	Sterling	7		O.F.	U
13894001– 6000	18	83	Sterling	7		K.W.	U
13896001– 7000	16	99	No. 610	7		Htg.	U
13897001– 900000	16	99	No. 610	7		O.F.	U
13900001– 1000	16	99	Traveler	7		Htg.	U
13901001– 2000	16	99	Traveler	7		O.F.	U
13902001– 4000	Col.	Ser.	No. 1420	15	*	O.F.	U
13904001– 5000	12	94	No. 225	17	*	O.F.	U
13905001– 7000	12	94	No. 220	15	*	O.F.	U
13907001– 10000	12	94	No. 210	7		O.F.	U
13910001– 8000	6	90	Seaside	7–15			U
13918001– 24000	0	91	Seaside	7–15			U
13924001– 7000	0	1900	No. 115	15		Htg.	U
13927001– 9000	0	1900	No. 110	7		O.F.	U
13929001– 37000	14	1904	Bd.St.	7		O.F.	U
13937001– 8000	18	83	No. 825	17	L S *	Htg.	U
13938001– 41000	18	83	No. 825	17	*	O.F.	U
13941001– 2000	18	83	No. 820	15	L S	Htg.	U
13942001– 6000	18	83	No. 820	15		O.F.	U
13946001– 7500	18	83	No. 81	15	L S	Htg.	U
13947501– 53500	18	83	No. 81	15		O.F.	U
13953501– 4500	18	83	No. 18	7	L S	Htg.	U
13954501– 9500	18	83	No. 18	7		O.F.	U
13959501– 61000	18	83	No. 1	7	L S	Htg.	U
13961001– 7000	18	83	Sterling	7		O.F.	U
13967001– 8500	16	99	No. 625	17	*	O.F.	U
13968501– 71500	16	99	No. 620	15	*	Htg.	U
13971501– 4000	16	99	No. 620	15	*	O.F.	U
13974001– 7500	16	99	No. 610	7		Htg.	U
13977501– 81500	16	99	No. 610	7		O.F.	U
13981501– 4000	16	99	Traveler	7		Htg.	U
13984001– 500	16	99	Traveler	7		O.F.	U
13984501– 5500	12	94	No. 225	17	*	Htg.	U
13985501– 6500	12	94	No. 225	17	*	O.F.	U
13986501– 8500	12	94	No. 220	15	*	Htg.	U
13988501– 90500	12	94	No. 220	15	*	O.F.	U
13990501– 3500	12	94	No. 210	7		Htg.	U
13993501– 5500	12	94	No. 210	7		O.F.	U
13995501– 9999	6	90	Seaside	7–15			U
14000000–	12	94	Bridge	23		O.F.	P
14000001– 1500	18	92	Vanguard	23	L S *	O.F.	P
14001501– 2000	18	92	Cres. St.	19	L S *	Htg.	P
14002001– 3000	18	92	Cres. St.	19	L S *	O.F.	P
14003001– 4000	18	92	No. 845	21	L S *	O.F.	P
14004001– 5000	18	83	P.S.B.	17	*	O.F.	A
14005001– 500	16	99	Vanguard	23	L S *	O.F.	P
14005501– 800	16	99	Cres. St.	21	L S *	O.F.	P
14005801– 6000	16	99	Cres. St.	19	L S *	O.F.	P
14006001– 500	16	99	Riverside	19	*	Htg.	P
14006501– 7000	16	99	Riverside	19	*	O.F.	P
14007001– 8000	16	99	No. 625	17	*	Htg.	U
14008001– 800	16	99	P.S.B.	17	*	Htg.	A
14008801– 9000	16	99	P.S.B.	17	*	O.F.	A
14009001– 500	12	94	Riverside	19	*	O.F.	P
14009501– 10000	6	90	Lady W.	16	*	Htg.	A
14010001– 500	0	1900	Riverside	17	*	Htg.	P
14010501– 700	0	1900	Riverside	17	*	O.F.	P
14010701– 1500	0	1900	Lady W.	16	*	Htg.	A
14011501– 800	J S	98	Diamond	17	*	Htg.	P
14011801– 2000	J S	98	Riverside	17		Htg.	P
14012001– 3000	J S	98	Ruby	15		Htg.	A
14013001– 500	18	83	P.S.B.	17	*	O.F.	A
14013501– 4500	16	99	Vanguard	23	L S‡*	O.F.	P
14014501– 5500	16	99	Cres. St.	21	L S‡*	O.F.	P
14015501– 800	16	99	Riverside	19	‡*	Htg.	P
14015801– 6000	16	99	Riverside	19	‡*	O.F.	P
14016001– 300	16	99	No. 625	17	*	Htg.	U
14016301– 500	16	99	Royal	17	*	O.F.	A
14016501– 7300	16	99	No. 630	17	*	O.F.	A
14017301– 800	16	99	P.S.B.	17	*	Htg.	A
14017801– 8000	16	99	P.S.B.	17	*	O.F.	A
14018001– 100	12	94	Maximus	21	*	O.F.	P
14018101– 300	12	94	Riverside	19	*	Htg.	P
14018301– 700	12	94	Riverside	19	*	O.F.	P
14018701– 9200	12	94	Royal	17	*	Htg.	A
14019201– 500	12	94	Royal	17	*	O.F.	A
14019501– 21500	18	92	P.S.B.	17	L S *	Htg.	A
14021501– 2500	18	83	P.S.B.	17	*	O.F.	A
14022501– 700	16	99	Maximus	23	*	O.F.	P
14022701– 3500	16	99	Vanguard	23	‡*	O.F.	P
14023501– 4500	16	99	Cres. St.	21	L S‡*	O.F.	P
14024501– 800	16	99	Riverside	19	‡*	Htg.	P
14024801– 5000	16	99	Riverside	19	‡*	O.F.	P
14025001– 300	16	99	No. 625	17	*	Htg.	U
14025301– 500	16	99	Royal	17	*	O.F.	A
14025501– 6500	16	99	P.S.B.	17	*	Htg.	A
14026501– 7000	16	99	P.S.B.	17	*	O.F.	A
14027001– 300	12	94	Riverside	19	*	Htg.	P
14027301– 8000	12	94	Riverside	19–20	*	O.F.	P
14028001– 30000	12	94	Royal	17	*	Htg.	A
14030001– 2000	12	94	Royal	17	*	O.F.	A
14032001– 500	0	1900	Maximus	19	*	Htg.	P
14032501– 3300	0	1900	Riverside	17	*	Htg.	P
14033301– 500	0	1900	Riverside	17	*	O.F.	P
14033501– 4300	0	1900	Lady W.	16	*	Htg.	A
14034301– 500	0	1900	Lady W.	16	*	O.F.	A
14034501– 5000	18	92	P.S.B.	17	L S *	Htg.	A
14035001– 300	18	92	P.S.B.	17	*	O.F.	A
14035301– 6500	18	83	P.S.B.	17	*	O.F.	A
14036501– 41500	18	83	No. 825	17		O.F.	U
14041501– 2500	18	83	No. 820	15		O.F.	U
14042501– 4500	18	83	No. 81	15	L S	Htg.	U
14044501– 7000	18	83	No. 81	15		O.F.	U
14047001– 500	18	83	No. 18	7	L S	Htg.	U
14047501– 9000	18	83	No. 18	7		O.F.	U
14049001– 500	16	99	Maximus	23	‡*	O.F.	P
14049501– 50000	16	99	Vanguard	23	‡*	O.F.	P
14050001– 500	16	99	Cres. St.	21	L S‡*	O.F.	P
14050501– 750	16	99	Riverside	19	‡*	Htg.	P
14050751– 1000	16	99	Riverside	19–21	‡*	O.F.	P
14051001– 2000	16	99	No. 630	17	*	O.F.	A
14052001– 500	16	99	P.S.B.	17	*	Htg.	A
14052501– 3000	16	99	P.S.B.	17	*	O.F.	A
14053001– 200	12	94	Riverside	19	*	Htg.	P
14053201– 500	12	94	Riverside	19	*	O.F.	P
14053501– 4000	12	94	Royal	17	*	Htg.	A
14054001– 500	12	94	Royal	17	*	O.F.	A
14054501– 5700	0	1900	Lady W.	16	*	Htg.	A
14055701– 6000	0	1900	Lady W.	16	*	O.F.	A
14056001– 200	18	92	Vanguard	21	L S *	Htg.	P
14056201– 7200	18	92	Vanguard	21	L S *	O.F.	P
14057201– 300	18	92	Vanguard	19	L S *	Htg.	P
14057301– 700	18	92	Vanguard	19	L S *	O.F.	P
14057701– 8200	18	92	P.S.B.	17	L S *	Htg.	A
14058201– 500	18	92	P.S.B.	17	*	O.F.	A
14058501– 9000	18	83	P.S.B.	17	*	O.F.	A
14059001– 100	16	99	Maximus	23	‡*	O.F.	P
14059101– 500	16	99	Vanguard	23	L S‡*	O.F.	P
14059501– 750	16	99	Riverside	19	‡*	Htg.	P
14059751– 60000	16	99	Riverside	19	‡*	O.F.	P
14060001– 200	16	99	Royal	17	*	O.F.	A
14060201– 1000	16	99	No. 630	17	*	O.F.	A
14061001– 700	16	99	P.S.B.	17	*	Htg.	A
14061701– 2000	16	99	P.S.B.	17	*	O.F.	A
14062001– 600	12	94	Royal	17	*	Htg.	A

* Patent Regulator. ‡ Jewelled Main Wheel.

Serial Number.	Size.	Model.	Grade.	Jewels.	Setting.	Style.	Grade of Material.
14062601– 3000	12	94	Royal	17	*	O.F.	A
14063001– 500	0	1900	Lady W.	16	*	Htg.	A
14063501– 4500	10	Ligne	A.W.Co.	16		Htg.	A
14064501– 50	16	99	No. 630	17	*	Htg.	A
14064551– 622	12	94	B.&K.	17			A
14064623– 5500	18	92	Vanguard	21	L S *	O.F.	P
14065501– 6000	18	92	Vanguard	19	L S *	O.F.	P
14066001– 8000	18	83	No. 87	17	*	O.F.	A
14068001– 9500	18	83	No. 85	17	L S *	Htg.	A
14069501– 72000	18	83	No. 85	17	*	O.F.	A
14072001– 200	16	99	Maximus	23	‡*	Htg.	P
14072201– 700	16	99	Vanguard	23	‡*	O.F.	P
14072701– 3000	16	99	Cres. St.	21	‡*	Htg.	P
14073001– 500	16	99	P.S.B.	17	*	Htg.	A
14073501– 4000	16	99	P.S.B.	17	*	O.F.	A
14074001– 100	12	94	Maximus	21–23	*	Htg.	P
14074101– 500	12	94	Maximus	21–23	*	O.F.	P
14074501– 700	12	94	Riverside	19	*	Htg.	P
14074701– 5000	12	94	Riverside	19	*	O.F.	P
14075001– 6000	12	94	Royal	17	*	Htg.	A
14076001– 7000	12	94	Royal	17	*	O.F.	A
14077001– 500	0	1900	Riverside	17	*	O.F.	P
14077501– 8000	0	1900	Lady W.	16	*	O.F.	A
14078001– 83000	J S	98	Ruby	15		Htg.	A
14083001– 300	18	92	Vanguard	21	L S *	O.F.	P
14083301– 4000	18	83	A.T.&Co.	17	*	O.F.	P
14084001– 5000	18	83	P.S.B.	17	*	O.F.	A
14085001– 100	16	99	Vanguard	19	L S‡*	Htg.	P
14085101– 300	16	99	Vanguard	19	‡*	O.F.	P
14085301– 600	16	99	Cres. St.	21	L S‡*	O.F.	P
14085601– 800	16	99	Riverside	19	‡*	Htg.	P
14085801– 6100	16	99	Riverside	19	‡*	O.F.	P
14086101– 400	16	99	Royal	17	*	O.F.	A
14086401– 700	16	99	P.S.B.	17	*	O.F.	A
14086701– 900	12	94	Riverside	19	*	Htg.	P
14086901– 7200	Col.	Ser.	Riverside	19	*	O.F.	P
14087201– 600	12	94	Royal	17	*	Htg.	A
14087601– 8000	12	94	Royal	17	*	O.F.	A
14088001– 300	0	1900	Maximus	19	*	Htg.	P
14088301– 500	0	1900	Maximus	19	*	O.F.	P
14088501– 9000	0	1900	Riverside	17	*	Htg.	P
14089001– 100	0	1900	Riverside	17	*	O.F.	P
14089101– 600	0	1900	Lady W.	16	*	O.F.	A
14089601– 800	18	92	No. 845	21	L S‡*	Htg.	P
14089801– 90500	18	92	No. 845	21	L S‡*	O.F.	P
14090501– 1200	18	92	P.S.B.	17	L S *	Htg.	A
14091201– 500	18	92	P.S.B.	17	*	O.F.	A
14091501– 2000	18	83	A.T.&Co.	17	*	O.F.	P
14092001– 3500	18	83	P.S.B.	17	*	O.F.	A
14093501– 4000	16	99	Vanguard	23	‡*	O.F.	P
14094001– 300	16	99	Cres. St.	21	L S‡*	O.F.	P
14094301– 500	16	99	Riverside	19	‡*	Htg.	P
14094501– 800	16	99	Riverside	19	‡*	O.F.	P
14094801– 5100	16	99	Royal	17	*	O.F.	A
14095101– 500	16	99	No. 630	17	*	O.F.	A
14095501– 800	16	99	P.S.B.	17	*	Htg.	A
14095801– 6000	16	99	P.S.B.	17	*	O.F.	A
14096001– 200	12	94	Riverside	19	*	Htg.	P
14096201– 500	Col.	Ser.	Riverside	19	*	O.F.	P
14096501– 7500	16	99	Traveler	7		Htg.	U
14097501– 850	16	99	Traveler	7		O.F.	U
14097851– 9350	16	99	No. 618	15		Htg.	U
14099351– 850	16	99	No. 618	15		O.F.	U
14099851– 100350	14	97	Export	7		Htg.	U
14100351– 600	14	97	Export	7		O.F.	U
14100601– 1200	14	97	No. 418	15		Htg.	U
14101201– 400	14	97	No. 418	15		O.F.	U
14101401– 600	0	1900	No. 115	15		Htg.	U
14101601– 700	18	92	Special	17	L S	O.F.	P
14101701– 2000	12	94	Royal	17	*	Htg.	A
14102001– 300	Col.	Ser.	Royal	17	*	O.F.	A
14102301– 700	0	1900	Maximus	19	*	Htg.	P
14102701– 800	0	1900	Maximus	19	*	O.F.	P
14102801– 3800	0	1900	Lady W.	16	*	Htg.	A
14103801– 4000	0	1900	Lady W.	16	*	O.F.	A

Serial Number.	Size.	Model.	Grade.	Jewels.	Setting.	Style.	Grade of Material.
14104001– 500	18	92	Vanguard	21	L S *	O.F.	P
14104501– 5000	18	92	Vanguard	19	L S *	O.F.	P
14105001– 500	18	92	No. 845	21	L S‡*	Htg.	P
14105501– 7000	18	92	No. 845	21	L S‡*	O.F.	P
14107001– 10000	18	83	P.S.B.	17	*	O.F.	A
14110001– 500	18	83	No. 85	17	L S *	Htg.	A
14110501– 1500	18	83	No. 85	17	*	O.F.	A
14111501– 2300	16	99	Vanguard	23	*	O.F.	P
14112301– 800	16	99	Cres. St.	21	L S *	O.F.	P
14112801– 3800	16	99	No. 630	17	*	O.F.	A
14113801– 4000	16	99	P.S.B.	17	*	O.F.	A
14114001– 500	6	90	Lady W.	16	*		A
14114501– 5000	0	1900	Maximus	19	*	O.F.	P
14115001– 500	0	1900	Riverside	17	*	O.F.	P
14115501– 6000	0	1900	Lady W.	16	*	O.F.	A
14116001– 21000	J S	98	Ruby	15–16		Htg.	A
14121001– 2400	Col.	Ser.	Riverside	19	*	O.F.	P
14122401– 5100	Col.	Ser.	Royal	17	*	O.F.	A
14125101– 25	18	92	Sidereal	19	‡*	O.F.	P
14125126– 300	18	92	A.T.&Co.	15		O.F.	P
14125301– 400	18	92	No. 845	21	L S ‡	O.F.	P
14125401– 600	18	92	P.S.B.	17		O.F.	A
14125601– 6500	18	92	Cres. St.	21	‡*	O.F.	P
14126501– 600	18	92	No. 845	21	L S‡*	Htg.	P
14126601– 7500	18	92	No. 845	21	L S‡*	O.F.	P
14127501– 9500	18	83	P.S.B.	17	L S *	Htg.	A
14129501– 32000	18	83	P.S.B.	17	*	O.F.	A
14132001– 500	18	83	No. 85	17	L S *	Htg.	A
14132501– 3500	18	83	No. 85	17	*	O.F.	A
14133501– 800	16	99	Vanguard	19	L S‡*	O.F.	P
14133801– 4500	16	99	Cres. St.	21	L S‡*	O.F.	P
14134501– 5000	16	99	No. 630	17	*	O.F.	A
14135001– 500	16	99	P.S.B.	17	*	O.F.	A
14135501– 6000	0	1900	Lady W.	16	*	Htg.	A
14136001– 500	0	1900	Lady W.	16	*	O.F.	A
14136501– 700	18	92	Vanguard	23	L S‡*	O.F.	P
14136701– 7000	18	92	Vanguard	21	L S‡*	O.F.	P
14137001– 200	18	92	Vanguard	19	L S‡*	O.F.	P
14137201– 500	18	92	Cres. St.	19–21	‡*	O.F.	P
14137501– 800	18	92	Cres. St.	19	L S‡*	O.F.	P
14137801– 8300	18	92	No. 845	21	L S‡*	O.F.	P
14138301– 500	18	92	A.T.&Co.	17	*	O.F.	P
14138501– 9500	18	83	P.S.B.	17	L S *	Htg.	A
14139501– 40500	18	83	P.S.B.	17	*	O.F.	A
14140501– 1000	18	83	No. 87	17	L S *	Htg.	A
14141001– 500	18	83	No. 87	17	*	O.F.	A
14141501– 2500	18	83	P.S.B.	17	*	O.F.	A
14142501– 3000	18	83	No. 85	17	L S *	Htg.	A
14143001– 4000	18	83	No. 85	17	*	O.F.	A
14144001– 100	16	99	Bridge	23	‡*	Htg.	P
14144101– 200	16	99	Bridge	23	‡*	O.F.	P
14144201– 300	16	99	Maximus	23	‡*	O.F.	P
14144301– 600	16	99	Vanguard	23	‡*	O.F.	P
14144601– 700	16	99	Vanguard	19	‡*	Htg.	P
14144701– 900	16	99	Vanguard	19	‡*	O.F.	P
14144901– 5200	16	99	Cres. St.	21	L S‡*	O.F.	P
14145201– 6200	16	99	Royal	17	*	O.F.	A
14146201– 500	16	99	No. 630	17	*	O.F.	A
14146501– 7000	16	99	P.S.B.	17	*	Htg.	A
14147001– 500	16	99	P.S.B.	17	*	O.F.	A
14147501– 650	12	94	Riverside	19	*	Htg.	P
14147651– 8000	12	94	Riverside	19	*	O.F.	P
14148001– 500	12	94	Royal	17	*	Htg.	A
14148501– 9000	12	94	Royal	17	*	O.F.	A
14149001– 50000	6	90	Lady W.	16	*		A
14150001– 500	0	1900	Maximus	19	*	Htg.	P
14150501– 1500	0	1900	Lady W.	16	*	Htg.	A
14151501– 2500	0	1900	Lady W.	16	*	O.F.	A
14152501– 24	12	94	Riverside	19	*	O.F.	P
14152525– 60	12	94	Royal	17	*	O.F.	A
14152561– 84	12	94	No. 225	17	*	O.F.	U
14152585– 620	12	94	No. 220	15	*	O.F.	U
14152621– 44	0	1900	Maximus	19	*	O.F.	P
14152645– 50	0	1900	Lady W.	16	*	Htg.	A
14152651– 62	0	1900	Lady W.	16	*	O.F.	A

* Patent Regulator. ‡ Jewelled Main Wheel.

Serial Number.	Size.	Model.	Grade.	Jewels.	Setting.	Style.	Grade of Material.
14152663- 68	0	1900	No. 115	15		Htg.	U
14152669- 704	0	1900	No. 115	15		O.F.	U
14152705- 28	J S	98	Diamond	17	*	O.F.	P
14152729- 40	J S	98	Riverside	17		O.F.	P
14152741- 800	J S	98	Ruby	15		O.F.	A
14152801- 24	10	Ligne	Special	16		O.F.	A
14152825- 4000	18	92	Vanguard	23	L S‡*	O.F.	P
14154001- 5000	18	92	No. 845	21	L S‡*	O.F.	P
14155001- 6000	18	83	P.S.B.	17	L S *	Htg.	A
14156001- 8000	18	83	P.S.B.	17	*	O.F.	A
14158001- 9000	18	83	No. 85	17	L S *	Htg.	A
14159001- 60000	18	83	No. 85	17	*	O.F.	A
14160001- 500	16	99	Vanguard	23	‡*	O.F.	P
14160501- 800	16	99	Cres. St.	21	‡*	Htg.	P
14160801- 1500	16	99	Cres. St.	21	L S‡*	O.F.	P
14161501- 2500	16	99	Royal	17	*	O.F.	A
14162501- 3000	16	99	No. 630	17	*	O.F.	A
14163001- 500	16	99	P.S.B.	17	*	O.F.	A
14163501- 4000	12	94	Royal	17	*	Htg.	A
14164001- 500	12	94	Royal	17	*	O.F.	A
14164501- 5500	6	90	Lady W.	16	*		A
14165501- 6500	0	1900	Lady W.	16	*	Htg.	A
14166501- 7000	0	1900	Lady W.	16	*	O.F.	A
14167001- 9000	J S	98	Ruby	15–17		Htg.	A
14169001- 72000	J S	98	Sapphire	13		Htg.	A
14172001- 300	18	92	Vanguard	23	L S‡*	O.F.	P
14172301- 500	18	92	Vanguard	21	L S‡*	O.F.	P
14172501- 3000	18	92	Cres. St.	21	L S‡*	O.F.	P
14173001- 200	18	92	A.T.&Co.	17	L S *	O.F.	P
14173201- 5500	18	92	No. 845	21	L S‡*	O.F.	P
14175501- 6000	18	83	P.S.B.	17	L S *	Htg.	A
14176001- 500	18	83	P.S.B.	17	*	O.F.	A
14176501- 7500	18	83	No. 85	17	*	O.F.	A
14177501- 8500	18	83	P.S.B.	17	*	O.F.	A
14178501- 80000	16	99	Cres. St.	21	‡*	O.F.	P
14180001- 500	16	99	Riverside	19	‡*	O.F.	P
14180501- 800	16	99	No. 630	17	*	O.F.	A
14180801- 1000	16	99	P.S.B.	17	*	O.F.	A
14181001- 3000	6	90	Lady W.	16	*		A
14183001- 500	0	1900	Lady W.	16	*	Htg.	A
14183501- 4000	10	Ligne	Maximus	17		Htg.	P
14184001- 700	10	Ligne	Patrician	16–17		Htg.	P
14184701- 5000	10	Ligne	Maximus	17		Htg.	P
14185001- 500	10	Ligne	Royal	16		Htg.	A
14185501- 6000	18	92	Cres. St.	21	‡*	O.F.	P
14186001- 7500	18	92	No. 845	21	L S‡*	O.F.	P
14187501- 8500	Col.	Ser.	Riverside	19	*	O.F.	P
14188501- 9500	12	94	No. 225	17	*	O.F.	U
14189501- 90500	6	90	Lady W.	16	*		A
14190501- 1500	0	1900	Lady W.	16	*	Htg.	A
14191501- 2000	18	92	Vanguard	23	L S‡*	O.F.	P
14192001- 200	18	92	C.P.R.	17	L S	O.F.	A
14192201- 3000	18	92	Cres. St.	21	L S‡*	O.F.	P
14193001- 4500	18	92	No. 845	21	‡*	O.F.	P
14194501- 5500	18	92	A.T.&Co.	17	*	O.F.	P
14195501- 6000	18	92	P.S.B.	17	*	O.F.	A
14196001- 700	18	83	P.S.B.	17	L S *	Htg.	A
14196701- 7500	18	83	P.S.B.	17	*	O.F.	A
14197501- 8000	:8	83	No. 85	17	L S *	Htg.	A
14198001- 9000	18	83	No. 85	17	*	O.F.	A
14199001- 200	16	99	Maximus	23	‡*	O.F.	P
14199201- 700	16	99	Vanguard	19	‡*	Htg.	P
14199701- 999	16	99	Vanguard	19	‡*	O.F.	P
14200000- 6000	6	90	Seaside	7			U
14206001- 16500	0	91	Seaside	7			U
14216501- 20000	0	1900	No. 115	15		Htg.	U
14220001- 1000	0	1900	No. 115	15		O.F.	U
14221001- 4000	0	1900	No. 110	7		O.F.	U
14224001- 50	16	99	No. 625	17	*	Htg.	U
14224051- 100	16	99	No. 625	17	*	O.F.	U
14224101- 50	16	99	No. 620	15	*	Htg.	U
14224151- 200	16	99	No. 620	15	*	O.F.	U
14224201- 50	16	99	No. 610	7		Htg.	U
14224251- 300	12	94	No. 225	17	*	Htg.	U
14224301- 50	12	94	No. 225	17	*	O.F.	U

Serial Number.	Size.	Model.	Grade.	Jewels.	Setting.	Style.	Grade of Material.
14224351- 400	12	94	No. 220	15	*	Htg.	U
14224401- 50	6	90	V	15		Htg.	U
14224451- 5500	18	83	No. 825	17	L S *	Htg.	U
14225501- 8500	18	83	No. 825	17	*	O.F.	U
14228501- 9500	18	83	No. 820	15	L S *	Htg.	U
14229501- 32500	18	83	No. 820	15	*	O.F.	U
14232501- 3500	18	83	No. 81	15	L S	Htg.	U
14233501- 8500	18	83	No. 81	15		O.F.	U
14238501- 9500	18	83	No. 18	7	L S	Htg.	U
14239501- 42500	18	83	No. 18	7		O.F.	U
14242501- 3500	18	83	No. 1	7	L S	Htg.	U
14243501- 9500	18	83	No. 1	7		O.F.	U
14249501- 50500	18	83	Sterling	7	L S	Htg.	U
14250501- 2000	18	83	Sterling	7		O.F.	U
14252001- 3000	16	99	No. 625	17	*	O.F.	U
14253001- 6000	16	99	No. 620	15	*	Htg.	U
14256001- 9000	16	99	No. 620	15	*	O.F.	U
14259001- 62500	16	99	No. 610	7		Htg.	U
14262501- 6000	16	99	No. 610	7		O.F.	U
14266001- 8500	16	99	Traveler	7		Htg.	U
14268501- 9500	16	99	Traveler	7		O.F.	U
14269501- 70500	12	94	No. 225	17	*	Htg.	U
14270501- 1500	12	94	No. 225	17	*	O.F.	U
14271501- 3500	12	94	No. 220	15	*	Htg.	U
14273501- 4500	12	94	No. 220	15	*	O.F.	U
14274501- 8000	12	94	No. 210	7		Htg.	U
14278001- 80500	12	94	No. 210	7		O.F.	U
14280501- 90000	6	90	Seaside	7-15			U
14290001- 8500	0	91	Seaside	7-15			U
14298501-301000	0	1900	No. 115	15		Htg.	U
14301001- 2000	0	1900	No. 115	15		O.F.	U
14302001- 4000	0	1900	No. 110	7		O.F.	U
14304001- 5000	18	83	Sterling	7		K.W.	U
14305001- 6500	18	83	No. 825	17	L S *	Htg.	U
14306501- 9500	18	83	No. 825	17	*	O.F.	U
14309501- 10500	18	83	No. 820	15	L S *	Htg.	U
14310501- 3500	18	83	No. 820	15	*	O.F.	U
14313501- 4500	18	83	No. 81	15	L S	Htg.	U
14314501- 7500	18	83	No. 81	15		O.F.	U
14317501- 8500	18	83	No. 18	7	L S	Htg.	U
14318501- 21500	18	83	No. 18	7		O.F.	U
14321501- 2500	18	83	No. 1	7	L S	Htg.	U
14322501- 7500	18	83	No. 1	7		O.F.	U
14327501- 8500	18	83	Sterling	7		O.F.	U
14328501- 9000	18	83	Sterling	7		K.W.	U
14329001- 31000	16	99	No. 620	15	*	Htg.	U
14331001- 3000	16	99	No. 620	15	*	O.F.	U
14333001- 6000	16	99	No. 610	7		Htg.	U
14336001- 9000	16	99	No. 610	7		O.F.	U
14339001- 41000	16	99	Traveler	7		Htg.	U
14341001- 500	16	99	Traveler	7		O.F.	U
14341501- 9500	6	90	Seaside	7–15			U
14349501- 60500	0	91	Seaside	7–15			U
14360501- 1500	0	1900	No. 115	15		O.F.	U
14361501- 3500	0	1900	No. 110	7		O.F.	U
14363501- 5000	18	83	No. 825	17	L S *	Htg.	U
14365001- 9500	18	83	No. 825	17	*	O.F.	U
14369501- 70500	18	83	No. 820	15	L S *	Htg.	U
14370501- 4000	18	83	No. 820	15	*	O.F.	U
14374001- 5000	18	83	No. 81	15	L S	Htg.	U
14375001- 80000	18	83	No. 81	15		O.F.	U
14380001- 1500	18	83	No. 18	7	L S	Htg.	U
14381501- 5500	18	83	No. 18	7		O.F.	U
14385501- 7000	18	83	No. 1	7	L S	Htg.	U
14387001- 94500	18	83	No. 1	7		O.F.	U
14394501- 5000	16	99	No. 625	17	*	O.F.	U
14395001- 6000	16	99	No. 620	15	*	Htg.	U
14396001- 7500	16	99	No. 620	15	*	O.F.	U
14397501-400000	16	99	No. 610	7		Htg.	U
14400001- 3500	16	99	No. 610	7		O.F.	U
14403501- 6000	16	99	Traveler	7		Htg.	U
14406001- 500	16	99	Traveler	7		O.F.	U
14406501- 7000	12	94	No. 225	17	*	Htg.	U
14407001- 500	12	94	No. 225	17	*	O.F.	U
14407501- 9500	12	94	No. 220	15	*	Htg.	U

* Patent Regulator. ‡ Jewelled Main Wheel.

Serial Number.	Size.	Model.	Grade.	Jewels.	Setting.	Style.	Grade of Material.
14409501- 10500	12	94	No. 220	15	•	O.F.	U
14410501- 3500	12	94	No. 210	7		Htg.	U
14413501- 5500	12	94	No. 210	7		O.F.	U
14415501- 23500	6	90	Seaside	7-15			U
14423501- 36500	0	91	Seaside	7-15			U
14436501- 8500	0	1900	No. 110	7		O.F.	U
14438501- 40000	18	83	No. 825	17	LS •	Htg.	U
14440001- 3000	18	83	No. 825	17	•	O.F.	U
14443001- 4500	18	83	No. 820	15	LS	Htg.	U
14444501- 7500	18	83	No. 820	15		O.F.	U
14447501- 9000	18	83	No. 81	15	LS	Htg.	U
14449001- 50450	18	83	No. 81	15		O.F.	U
14450451- 500	18	92	A.T.&Co.	17	LS	Htg.	P
14450501- 4000	18	83	No. 81	15		O.F.	U
14454001- 5500	18	83	No. 18	7	LS	Htg.	U
14455501- 60500	18	83	No. 18	7		O.F.	U
14460501- 1500	18	83	No. 1	7	LS	Htg.	U
14461501- 8000	18	83	No. 1	7		O.F.	U
14468001- 500	18	83	Sterling	7		K.W.	U
14468501- 70500	16	99	No. 620	15	•	Htg.	U
14470501- 2500	16	99	No. 620	15	•	O.F.	U
14472501- 5500	16	99	No. 610	7		Htg.	U
14475501- 8500	16	99	No. 610	7		O.F.	U
14478501- 81500	16	99	Traveler	7		Htg.	U
14481501- 2500	16	99	Traveler	7		O.F.	U
14482501- 3000	12	94	No. 225	17	•	Htg.	U
14483001- 500	12	94	No. 225	17	•	O.F.	U
14483501- 5500	12	94	No. 220	15	•	Htg.	U
14485501- 6500	12	94	No. 220	15	•	O.F.	U
14486501- 9500	12	94	No. 210	7		Htg.	U
14489501- 91500	12	94	No. 210	7		O.F.	U
14491501-501500	6	90	Seaside	7-15			U
14501501- 12500	0	91	Seaside	7-16			U
14512501- 3500	18	83	No. 825	17	LS •	Htg.	U
14513501- 7500	18	83	No. 825	17	•	O.F.	U
14517501- 9000	18	83	No. 820	15	LS •	Htg.	U
14519001- 23000	18	83	No. 820	15	•	O.F.	U
14523001- 4000	18.	83	No. 81	15	LS	Htg.	U
14524001- 7000	18	83	No. 81	15		O.F.	U
14527001- 8000	18	83	No. 18	7	LS	Htg.	U
14528001- 32000	18	83	No. 18	7		O.F.	U
14532001- 3000	18	83	No. 1	7	LS	Htg.	U
14533001- 9000	18	83	Sterling	7		O.F.	U
14539001- 41000	16	99	No. 620	15	•	Htg.	U
14541001- 3500	16	99	No. 620	15	•	O.F.	U
14543501- 6000	16	99	No. 610	7		Htg.	U
14546001- 50000	16	99	No. 610	7-15		O.F.	U
14550001- 2000	16	99	Traveler	7		Htg.	U
14552001- 4000	14	97	No. 418	15		Htg.	U
14554001- 5000	12	94	No. 225	17	•	Htg.	U
14555001- 6000	12	94	No. 225	17	•	O.F.	U
14556001- 8000	12	94	No. 220	15	•	Htg.	U
14558001- 9000	12	94	No. 220	15	•	O.F.	U
14559001- 61000	12	94	No. 210	7		Htg.	U
14561001- 2500	12	94	No. 210	7		O.F.	U
14562501- 3500	Col.	Ser.	No. 1420	15	•	O.F.	U
14563501- 72500	6	90	Seaside	7-15			U
14572501- 83500	0	91	Seaside	7-15			U
14583501- 700	14	97	No. 410	7		O.F.	U
14583701- 4500	18	83	No. 83	17	LS •	Htg.	U
14584501- 8500	18	83	No. 825	17	•	O.F.	U
14588501- 9500	18	83	No. 820	15	LS •	Htg.	U
14589501- 92000	18	83	No. 820	15	•	O.F.	U
14592001- 500	18	83	No. 81	15	LS	Htg.	U
14592501- 6500	18	83	No. 81	15		O.F.	U
14596501- 7500	18	83	No. 18	7	LS	Htg.	U
14597501-607500	18	83	Sterling	7		O.F.	U
14607501- 9500	16	99	No. 625	17	•	O.F.	U
14609501- 10500	16	99	No. 620	15	•	Htg.	U
14610501- 2500	16	99	No. 620	15	•	O.F.	U
14612501- 5500	16	99	No. 610	7		Htg.	U
14615501- 8500	16	99	No. 610	7		O.F.	U
14618501- 20500	16	99	Traveler	7		Htg.	U
14620501- 2000	16	99	Traveler	7		O.F.	U
14622001- 3000	14	97	Bd. St.	7		O.F.	U

Serial Number.	Size.	Model.	Grade.	Jewels.	Setting.	Style.	Grade of Material.
14623001- 4000	12	94	No. 225	17	•	Htg.	U
14624001- 5000	12	94	No. 225	17	•	O.F.	U
14625001- 6500	12	94	No. 220	15	•	Htg.	U
14626501- 7500	12	94	No. 220	15	•	O.F.	U
14627501- 30500	12	94	No. 210	7		Htg.	U
14630501- 2000	12	94	No. 210	7		O.F.	U
14632001- 44000	6	90	Seaside	7-16			U
14644001- 51500	0	91	Seaside	7-15			U
14651501- 3500	0	1900	No. 115	15	•	Htg.	U
14653501- 4500	0	1900	No. 110	7		O.F.	U
14654501- 600	16	99	No. 625	17	•	Htg.	U
14654601- 700	16	99	No. 625	17	•	O.F.	U
14654701- 900	16	99	No. 620	15	•	Htg.	U
14654901- 5100	16	99	No. 620	15	•	O.F.	U
14655101- 200	12	94	No. 225	17	•	Htg.	U
14655201- 300	12	94	No. 225	17	•	O.F.	U
14655301- 500	12	94	No. 220	15	•	Htg.	U
14655501- 700	12	94	No. 220	15	•	O.F.	U
14655701- 6500	18	83	No. 825	17	LS •	Htg.	U
14656501- 60500	18	83	No. 825	17	•	O.F.	U
14660501- 1500	18	83	No. 820	15	LS •	Htg.	U
14661501- 3500	18	83	No. 820	15	•	O.F.	U
14663501- 4500	18	83	No. 81	15	LS	Htg.	U
14664501- 8500	18	83	No. 81	15		O.F.	U
14668501- 70500	18	83	No. 18	7		O.F.	U
14670501- 1500	18	83	No. 1	7	LS	Htg.	U
14671501- 8500	18	83	No. 1	7		O.F.	U
14678501- 80000	16	99	Nos. 625-628	17	•	O.F.	U
14680001- 2000	16	99	No. 620	15	•	Htg.	U
14682001- 4500	16	99	No. 620	15	•	O.F.	U
14684501- 6500	16	99	No. 610	7		Htg.	U
14686501- 9500	16	99	No. 610	7		O.F.	U
14689501- 91500	16	99	Traveler	7		Htg.	U
14691501- 3000	16	99	Traveler	7		O.F.	U
14693001- 4000	Col.	Ser.	No. 1425	17	•	O.F.	U
14694001- 5000	Col.	Ser.	No. 1420	15	•	O.F.	U
14695001- 6000	12	94	No. 220	15	•	Htg.	U
14696001- 7000	12	94	No. 220	15	•	O.F.	U
14697001-700000	12	94	No. 210	7		Htg.	U
14700001- 2000	12	94	No. 210	7		O.F.	U
14702001- 12000	6	90	Seaside	7-15			U
14712001- 3500	0	91	Seaside	7		Htg.	U
14713501- 8500	0	1907	No. 165	15	•	Htg.	U
14718501- 28500	0	1907	No. 161	7		Htg.	U
14728501- 9500	0	1900	No. 115	15	•	O.F.	U
14729501- 31000	0	1900	Nos. 100-110	7		O.F.	U
14731001- 2000	18	83	No. 825	17	LS •	Htg.	U
14732001- 4000	18	83	No. 825	17	•	O.F.	U
14734001- 5000	18	83	No. 820	15	LS •	Htg.	U
14735001- 8000	18	83	No. 820	15		O.F.	U
14738001- 9000	18	83	No. 81	15	LS •	Htg.	U
14739001- 43000	18	83	No. 81	15		O.F.	U
14743001- 4500	18	83	No. 18	7	LS	Htg.	U
14744501- 8000	18	83	No. 18	7		O.F.	U
14748001- 9000	18	83	No. 1	7	LS	Htg.	U
14749001- 54000	18	83	No. 1	7		O.F.	U
14754001- 500	18	83	Sterling	7		K.W.	U
14754501- 5500	16	99	Nos. 625-628	17	•	O.F.	U
14755501- 7500	16	99	No. 620	15	•	Htg.	U
14757501- 9500	16	99	No. 620	15	•	O.F.	U
14759501- 61500	16	99	No. 610	7		Htg.	U
14761501- 4500	16	99	No. 610	7		O.F.	U
14764501- 6000	16	99	Traveler	7		Htg.	U
14766001- 500	16	99	Traveler	7		O.F.	U
14766501- 7000	Col.	Ser.	No. 1420	15	•	O.F.	U
14767001- 500	12	94	No. 225	17	•	Htg.	U
14767501- 8000	12	94	No. 225	17	•	O.F.	U
14768001- 9500	12	94	No. 220	15	•	Htg.	U
14769501- 70500	12	94	No. 220	15	•	O.F.	U
14770501- 4000	12	94	No. 210	7		Htg.	U
14774001- 6500	12	94	No. 210	7		O.F.	U
14776501- 84500	6	90	Seaside	7-15			U
14784501- 6000	0	91	Seaside	7-15			U
14786001- 9000	0	1907	No. 165	15	•	Htg.	U
14789001- 90000	0	1900	No. 115	15	•	O.F.	U

• Patent Regulator. ‡ Jewelled Main Wheel.

Serial Number.	Size.	Model.	Grade.	Jewels.	Setting.	Style.	Grade of Material.
14790001- 8000	0	1907	No. 161	7		Htg.	U
14798001- 9000	18	83	P.S.B.	17	*	O.F.	A
14799001-800000	18	83	No. 81S	15		O.F.	U
14800001- 1000	18	83	Sterling	7		O.F.	U
14801001- 3000	16	99	No. 618	15		Htg.	U
14803001- 4000	16	99	No. 618	15		O.F.	U
14804001- 7000	14	97	Export	7–15		Htg.	U
14807001- 8500	16	99	Marquis	15		Htg.	A
14808501- 9500	16	99	Marquis	15		O.F.	A
14809501- 10200	0	91	Sol.	7			U
14810201- 500	14	97	No. 410	7		Htg.	U
14810501- 1700	14	97	No. 410	7		O.F.	U
14811701- 2500	18	83	No. 825	17	L S *	Htg.	U
14812501- 7000	18	83	No. 825	17	*	O.F.	U
14817001- 8000	18	83	No. 820	15	L S *	Htg.	U
14818001- 22000	18	83	No. 820	15	*	O.F.	U
14822001- 3000	18	83	No. 81	15	L S	Htg.	U
14823001- 7000	18	83	No. 81	15		O.F.	U
14827001- 8000	18	83	No. 18	7	L S	Htg.	U
14828001- 32000	18	83	No. 18	7		O.F.	U
14832001- 3000	18	83	No. 1	7	L S	Htg.	U
14833001- 500	16	99	No. 625	17	*	O.F.	U
14833501- 5500	16	99	No. 620	15	*	Htg.	U
14835501- 8000	16	99	No. 620	15	*	O.F.	U
14838001- 40500	16	99	No. 610	7		Htg.	U
14840501- 3000	16	99	No. 610	7		O.F.	U
14843001- 5000	Col.	Ser.	No. 1420	15	*	O.F.	U
14845001- 6000	12	94	No. 220	15	*	O.F.	U
14846001- 50000	12	94	No. 210	7		Htg.	U
14850001- 2000	12	94	No. 210	7		O.F.	U
14852001- 62000	6	90	Seaside	7–15			U
14862001- 4000	0	91	Seaside	7–15			U
14864001- 7000	0	1907	No. 165	15	*	Htg.	U
14867001- 75000	0	1907	No. 161	7		Htg.	U
14875001- 86000	18	83	Sol.	7		O.F.	U
14886001- 500	12	94	Sol.	7		Htg.	U
14886501- 7500	12	94	Sol.	7		O.F.	U
14887501- 8000	12	94	Export	15	*	Htg.	U
14888001- 500	12	94	Export	15	*	O.F.	U
14888501- 93500	18	83	No. 825	17	*	O.F.	U
14893501- 8500	18	83	No. 820	15	*	O.F.	U
14898501-908500	18	83	Sterling	7–15		O.F.	U
14908501- 10000	16	99	No. 625	17	*	O.F.	U
14910001- 2000	16	99	No. 620	15	*	Htg.	U
14912001- 3000	16	99	No. 620	15	*	O.F.	U
14913001- 7000	16	99	No. 610	7		Htg.	U
14917001- 9000	16	99	No. 610	7		O.F.	U
14939001- 20500	Col.	Ser.	No. 1425	17	*	O.F.	U
14920501- 2500	Col.	Ser.	No. 1420	15	*	O.F.	U
14922501- 34500	6	90	Seaside	7–15			U
14934501- 7500	0	1907	No. 165	15	*	Htg.	U
14937501- 47500	0	1907	No. 161	7		Htg.	U
14947501- 8500	18	83	No. 825	17	L S *	Htg.	U
14948501- 52000	18	83	No. 820	15	*	O.F.	U
14952001- 4500	18	83	No. 825	17	*	O.F.	U
14954501- 5500	18	83	No. 820	15	L S *	Htg.	U
14955501- 9000	18	83	No. 825	17	*	O.F.	U
14959001- 60500	18	83	No. 820	15	*	O.F.	U
14960501- 1500	18	83	No. 81	15	L S	Htg.	U
14961501- 5500	18	83	No. 81	15		O.F.	U
14965501- 6500	18	83	No. 18	7	L S	Htg.	U
14966501- 9000	18	83	No. 18	7		O.F.	U
14969001- 70000	18	83	No. 1	7	L S	Htg.	U
14970001- 5000	16	99	No. 620	15	*	Htg.	U
14975001- 80000	16	99	No. 620	15	*	O.F.	U
14980001- 1500	16	99	No. 610	7		Htg.	U
14981501- 3000	16	99	No. 610	7		O.F.	U
14983001- 500	Col.	Ser.	No. 1425	17	*	O.F.	U
14983501- 4500	Col.	Ser.	No. 1420	15	*	O.F.	U
14984501- 5500	12	94	No. 210	7		O.F.	U
14985501- 93500	6	90	Seaside	7–15			U
14993501- 9999	0	91	Seaside	7		Htg.	U
15000000-	Col.	Ser.	Maximus	21	*	O.F.	P
15000001- 500	16	99	Cres. St.	21	L S‡*	O.F.	P
15000501- 900	16	99	Riverside	19	‡*	Htg.	P

Serial Number.	Size.	Model.	Grade.	Jewels.	Setting.	Style.	Grade of Material.
15000901- 1500	16	99	Riverside	19	‡*	O.F.	P
15001501- 2150	6	90	Lady W.	16	*		A
15002151- 4000	18	92	No. 845	21	L S‡*	O.F.	P
15004001- 500	18	92	A.T.& Co.	17	*	O.F.	P
15004501- 5500	18	92	P.S.B.	17	*	O.F.	A
15005501- 700	18	92	C.R.T.S.	17	L S *	O.F.	A
15005701- 900	18	83	A.T.& Co.	17	*	O.F.	P
15005901- 6700	18	83	P.S.B.	17	L S *	Htg.	A
15006701- 8500	18	83	P.S.B.	17	*	O.F.	A
15008501- 900	18	83	No. 85	17	L S *	Htg.	A
15008901- 9800	18	83	No. 85	17	*	O.F.	A
15009801- 10000	16	99	Maximus	23	‡*	Htg.	P
15010001- 1000	16	99	Cres. St.	21	‡*	Htg.	P
15011001- 2000	16	99	Cres. St.	21	‡*	O.F.	P
15012001- 300	16	99	Riverside	19	‡*	Htg.	P
15012301- 3000	16	99	Riverside	19	‡*	O.F.	P
15013001- 500	16	99	Royal	17	*	Htg.	A
15013501- 4000	16	99	Royal	17	*	O.F.	A
15014001- 5500	16	99	No. 630	17	*	O.F.	A
15015501- 6500	16	99	P.S.B.	17	*	O.F.	A
15016501- 7000	0	1900	Lady W.	16	*	Htg.	A
15017001- 500	0	1900	Lady W.	16	*	O.F.	A
15017501- 22500	J S	98	Sapphire	13		Htg.	A
15022501- 600	16	1908	Vanguard	23	L S‡*	O.F.	P
15022601- 4200	18	92	No. 845	21	L S‡*	O.F.	P
15024201- 700	18	92	A.T.& Co.	17	*	O.F.	P
15024701- 5000	18	92	C.P.R.	17	L S *	O.F.	A
15025001- 6500	18	83	P.S.B.	17	L S *	Htg.	A
15026501- 30000	18	83	P.S.B.	17	*	O.F.	A
15030001- 1000	18	83	No. 85	17	L S *	Htg.	A
15031001- 2000	18	83	No. 85	17	*	O.F.	A
15032001- 500	16	99	Vanguard	23	L S‡*	O.F.	P
15032501- 3000	16	99	Cres. St.	21	‡*	Htg.	P
15033001- 800	16	99	Cres. St.	21	L S‡*	O.F.	P
15033801- 4000	16	99	Riverside	19	‡*	Htg.	P
15034001- 500	16	99	Riverside	19	‡*	O.F.	P
15034501- 5000	16	99	Royal	17	*	O.F.	A
15035001- 500	16	99	No. 630	17	*	O.F.	A
15035501- 6000	16	99	P.S.B.	17	*	O.F.	A
15036001- 500	6	90	Lady W.	16	*		A
15036501- 7000	0	1900	Lady W.	16	*	Htg.	A
15037001- 8500	0	1900	Lady W.	16	*	O.F.	A
15038501- 900	18	92	Vanguard	21	L S‡*	O.F.	P
15038901- 40000	18	92	No. 845	21	L S‡*	O.F.	P
15040001- 1000	18	92	P.S.B.	17	*	O.F.	A
15041001- 500	18	83	P.S.B.	17	*	Htg.	A
15041501- 3000	18	83	P.S.B.	17	*	O.F.	A
15043001- 500	18	83	No. 85	17	L S *	Htg.	A
15043501- 4500	18	83	No. 85	17	*	O.F.	A
15044501- 800	16	99	Maximus	23	‡*	O.F.	P
15044801- 5300	16	99	Cres. St.	21	‡*	Htg.	P
15045301- 6000	16	99	Cres. St.	21	‡*	O.F.	P
15046001- 200	16	99	Riverside	19	‡*	O.F.	P
15046201- 700	16	99	Royal	17	‡*	O.F.	A
15046701- 7200	6	90	Lady W.	16	*		A
15047201- 400	0	1900	Maximus	19	*	O.F.	P
15047401- 900	0	1900	Riverside	17	*	Htg.	P
15047901- 8200	0	1900	Riverside	17	*	O.F.	P
15048201- 700	0	1900	Lady W.	16	*	Htg.	A
15048701- 850	0	91	Sol.	7			U
15048851- 50000	J S	98	Sapphire	13		Htg.	A
15050001- 700	J S	98	Ruby	17		Htg.	A
15050701- 900	18	92	Vanguard	21	L S‡*	O.F.	P
15050901- 1200	18	92	Cres. St.	19	L S‡*	Htg.	P
15051201- 2200	18	92	No. 845	21	L S‡*	O.F.	P
15052201- 700	18	92	A.T.& Co.	17	L S *	O.F.	P
15052701- 3700	18	92	P.S.B.	17	*	O.F.	A
15053701- 900	18	83	A.T.& Co.	17	*	O.F.	P
15053901- 4700	18	83	P.S.B.	17	L S *	Htg.	A
15054701- 7200	18	83	P.S.B.	17	*	O.F.	A
15057201- 8700	18	83	No. 85	17	S L *	Htg.	A
15058701- 61700	18	83	No. 85	17	*	O.F.	A
15061701- 900	16	99	Maximus	23	‡*	Htg.	P
15061901- 2200	16	99	Maximus	23	‡*	O.F.	P
15062201- 700	16	99	Vanguard	23	L S‡*	O.F.	P

* Patent Regulator. ‡. Jewelled Main Wheel.

Serial Number.	Size.	Model.	Grade.	Jewels.	Setting.	Style.	Grade of Material
15062701- 3700	16	99	Cres. St.	21	L S‡*	O.F.	P
15063701- 4200	16	99	Riverside	19	‡*	Htg.	P
15064201- 5000	16	99	Riverside	19	‡*	O.F.	P
15065001- 500	16	99	Royal	17	*	O.F.	A
15065501- 6000	16	99	No. 630	17	*	O.F.	A
15066001- 500	16	99	P.S.B.	17	*	O.F.	A
15066501- 7000	6	90	Lady W.	16	*		A
15067001- 71000	J S	98	Ruby	17		Htg.	A
15071001- 2000	0	91	Sol.	7			U
15072001- 50	18	92	P.S.B.	17	L S *	Htg.	A
15072051- 3000	16	99	No. 645	19	L S‡*	O.F.	P
15073001- 100	18	92	No. 845	21	L S‡*	Htg.	P
15073101- 4500	18	92	No. 845	21	L S‡*	O.F.	P
15074501- 5000	18	92	A.T.& Co.	17	L S *	O.F.	P
15075001- 6000	18	92	P.S.B.	17	*	O.F.	A
15076001- 7000	18	83	P.S.B.	17	L S *	Htg.	A
15077001- 8200	18	83	P.S.B.	17	*	O.F.	A
15078201- 300	18	83	No. 87	17	L S *	Htg.	A
15078301- 500	18	83	No. 87	17	*	O.F.	A
15078501- 9500	18	83	P.S.B.	17	*	O.F.	A
15079501- 81000	18	83	No. 85	17	*	O.F.	A
15081001- 500	16	99	Vanguard	23	L S‡*	O.F.	P
15081501- 2000	16	99	Riverside	19	‡*	Htg.	P
15082001- 3000	16	99	Riverside	19	‡*	O.F.	P
15083001- 4000	16	99	No. 645	19	L S‡*	O.F.	P
15084001- 500	6	90	Lady W.	16	*	Htg.	A
15084501- 6000	18	92	No. 845	21	L S‡*	O.F.	P
15086001- 100	18	92	A.T.& Co.	17	L S *	Htg.	P
15086101- 500	18	92	A.T.& Co.	17	*	O.F.	P
15086501- 7500	18	92	P.S.B.	17	*	O.F.	A
15087501- 8500	18	83	A.T.& Co.	17	*	O.F.	P
15088501- 9500	18	83	P.S.B.	17	L S *	Htg.	A
15089501- 700	18	83	No. 87	17	L S *	Htg.	A
15089701- 90000	18	83	No. 87	17	*	O.F.	A
15090001- 1000	18	83	P.S.B.	17	*	O.F.	A
15091001- 2500	18	83	No. 85	17	*	O.F.	A
15092501- 3000	16	99	Riverside	19	‡*	Htg.	P
15093001- 4000	16	99	Riverside	19	‡*	O.F.	P
15094001- 5000	16	99	No. 645	19–21	L S‡*	O.F.	P
15095001- 500	6	90	Lady W.	16	*		A
15095501- 6500	0	1900	Lady W.	16	*	Htg.	A
15096501- 8000	18	92	No. 845	21	L S‡*	O.F.	P
15098001- 500	18	92	A.T.& Co.	17	L S *	O.F.	P
15098501- 9500	18	92	P.S.B.	17	*	O.F.	A
15099501-100200	18	83	P.S.B.	17	L S *	Htg.	A
15100201- 2000	18	83	P.S.B.	17	*	O.F.	A
15102001- 3500	18	83	No. 85	17	*	O.F.	A
15103501- 4000	16	99	Vanguard	23	L S‡*	O.F.	P
15104001- 500	16	99	No. 645	19–21	L S‡*	O.F.	P
15104501- 5000	16	99	Riverside	19	‡*	Htg.	P
15105001- 6000	16	99	Riverside	19	‡*	O.F.	P
15106001- 200	16	99	Royal	17	*	Htg.	A
15106201- 500	16	99	P.S.B.	17	*	Htg.	A
15106501- 7000	16	99	P.S.B.	17	*	O.F.	A
15107001- 8000	Col.	Ser.	Royal	17	*	O.F.	A
15108001- 500	6	90	Lady W.	16	*		A
15108501- 9500	0	1900	Lady W.	16	*	Htg.	A
15109501- 10000	0	1900	Lady W.	16	*	O.F.	A
15110001- 12	12	94	Maximus	23	*	O.F.	P
15110013- 19	Col.	Ser.	Maximus	23	*	O.F.	P
15110020- 42	12	94	Riverside	19	*	O.F.	P
15110043- 66	12	94	Royal	17	*	O.F.	A
15110067- 90	12	94	No. 225	17	*	O.F.	U
15110091- 126	12	94	No. 220	15	*	O.F.	U
15110127- 38	Col.	Ser.	Riverside	19	*	O.F.	P
15110139- 50	Col.	Ser.	Royal	17	*	O.F.	A
15110151- 74	0	1900	Maximus	19	*	O.F.	P
15110175- 80	0	1900	Maximus	19	*	Htg.	P
15110181- 92	0	1900	Lady W.	16	*	O.F.	A
15110193- 98	0	1900	Lady W.	16	*	Htg.	A
15110199- 234	0	1900	No. 115	15		O.F.	U
15110235- 46	0	1900	No. 115	15		Htg.	U
15110247- 64	J S	98	Diamond	17	*	O.F.	P
15110265- 82	J S	98	Riverside	17		O.F.	P
15110283- 342	J S	98	Ruby	15		O.F.	A
15110343- 54	10	Ligne	Special	16		O.F.	P
15110355- 1000	18	92	Cres.St.	21	L S‡*	O.F.	P
15111001- 200	18	92	Cres.St.	19	L S‡*	O.F.	P
15111201- 2500	18	92	No. 845	21	L S‡*	O.F.	P
15112501- 700	18	92	C.R.T.S.	17	*	O.F.	A
15112701- 3500	18	92	P.S.B.	17	L S *	O.F.	A
15113501- 4200	18	83	P.S.B.	17	L S *	Htg.	A
15114201- 6500	18	83	P.S.B.	17	*	O.F.	A
15116501- 800	18	83	No. 85	17	*	Htg.	A
15116801- 8000	18	83	No. 85	17	*	O.F.	A
15118001- 200	16	99	Maximus	23	‡*	Htg.	P
15118201- 500	16	99	Maximus	23	‡*	O.F.	P
15118501- 800	16	99	Vanguard	23	L S‡*	O.F.	P
15118801- 9100	16	99	Cres.St.	21	L S‡*	O.F.	P
15119101- 200	16	99	Riverside	19	‡*	Htg.	P
15119201- 600	16	99	Riverside	19	‡*	O.F.	P
15119601- 20000	16	99	No. 645	21	L S‡*	O.F.	P
15120001- 600	16	99	Cres.St.	21	L S‡*	O.F.	P
15120601- 800	16	99	Royal	17	*	Htg.	A
15120801- 1100	16	99	Royal	17	*	O.F.	A
15121101- 300	16	99	No. 630	17	*	O.F.	A
15121301- 800	6	90	Lady W.	16	*		A
15121801- 2300	0	1900	Lady W.	16	*	Htg.	A
15122301- 400	18	83	Cron. Vic.	17	*	O.F.	A
15122401- 50	16	99	Supremo	21	*	Htg.	P
15122451- 500	16	99	Supremo	21	*	O.F.	P
15122501- 800	0	1900	Cron. Vic.	15		Htg.	U
15122801- 50	0	1900	Cron. Vic.	15		O.F.	U
15122851- 3250	18	92	Vanguard	23	L S‡*	O.F.	P
15123251- 500	18	92	Vanguard	21	L S‡*	O.F.	P
15123501- 4000	18	92	Cres. St.	21	L S‡*	O.F.	P
15124001- 300	18	92	No. 845	21	L S‡*	Htg.	P
15124301- 6000	18	92	No. 845	21	L S‡*	O.F.	P
15126001- 300	18	92	P.S.B.	17	L S *	Htg.	A
15126301- 7000	18	92	P.S.B.	17	*	O.F.	A
15127001- 500	18	83	P.S.B.	17	L S *	Htg.	A
15127501- 8500	18	83	No. 818	15		O.F.	U
15128501- 9500	18	83	P.S.B.	17	*	O.F.	A
15129501- 31500	18	83	No. 85	17	*	O.F.	A
15131501- 2000	16	99	Maximus	23	‡*	O.F.	P
15132001- 500	16	99	Vanguard	23	L S‡*	O.F.	P
15132501- 3000	16	99	Cres. St.	21	L S‡*	O.F.	P
15133001- 200	16	99	Riverside	19	‡*	Htg.	P
15133201- 4000	16	99	Riverside	19	‡*	O.F.	P
15134001- 5000	16	99	No. 645	19–21	‡*	O.F.	P
15135001- 500	16	99	P.S.B.	17	*	Htg.	A
15135501- 600	16	99	P.S.B.	17	*	O.F.	A
15135601- 6000	16	1908	P.S.B.	17	*	O.F.	A
15136001- 44500	0	91	Seaside	7			U
15144501- 7500	0	1907	No. 165	15	*	Htg.	U
15147501- 950	18	83	No. 3	11		O.F.	U
15147951- 50000	18	83	No. 825	17	L S *	Htg.	U
15150001- 6000	18	83	No. 825	17	*	O.F.	U
15156001- 7000	18	83	No. 820	15	L S *	Htg.	U
15157001- 61000	18	83	No. 820	15	*	O.F.	U
15161001- 2000	18	83	No. 81	15	L S	Htg.	U
15162001- 6000	18	83	No. 81	15		O.F.	U
15166001- 7000	18	83	No. 18	7	L S	Htg.	U
15167001- 70000	18	83	No. 18	7		O.F.	U
15170001- 2000	16	99	No. 625	17	*	Htg.	U
15172001- 4000	16	99	No. 625	17	*		U
15174001- 7000	16	99	No. 620	15	*		U
15177001- 9000	.16	99	No. 620	15	*		U
15179001- 500	12	94	No. 225	17	*		U
15179501- 80500	12	94	No. 220	15	*	Htg.	U
15180501- 2500	12	94	No. 220	15	*	O.F.	U
15182501- 3500	12	94	No. 210	7		Htg.	U
15183501- 5500	12	94	No. 210	7		O.F.	U
15185501- 93500	6	90	Seaside	7–15			U
15193501- 6500	0	1907	No. 165	15	*	Htg.	U
15196501-203500	0	1907	No. 161	7		Htg.	U
15203501- 4500	18	83	No. 825	17	L S *	Htg.	U
15204501- 10500	18	83	No. 825	17	*	O.F.	U
15210501- 1500	18	83	No. 820	15	L S *	Htg.	U
15211501- 4500	18	83	No. 820	15	*	O.F.	U

* Patent Regulator. ‡ Jewelled Main Wheel.

Serial Number.	Size.	Model.	Grade.	Jewels.	Setting.	Style.	Grade of Material.
15214501- 5000	18	83	No. 81	15	L S	Htg.	U
15215001- 8000	18	83	No. 81	15	•	O.F.	U
15218001- 9000	18	83	No. 18	7	L S	Htg.	U
15219001- 24000	18	83	No. 18	7	L S	O.F.	U
15224001- 5000	18	83	No. 1	7	L S	Htg.	U
15225001- 6200	16	Ball	Off. Std.	17	L S •	O.F.	P
15226201- 700	16	Ball	Com. Std.	17	•	Htg.	A
15226701- 7700	16	Ball	Com. Std.	16	•	O.F.	A
15227701- 8300	16	Ball	Off. Std.	17	L S •	O.F.	P
15228301- 600	16	Ball	Off. Std.	19	L S‡•	O.F.	P
15228601- 900	16	Ball	Off. Std.	17	L S •	O.F.	P
15228901- 9900	16	Ball	Com. Std.	17	•	O.F.	A
15229901- 30000	16	Ball	Off. Std.	19	L S‡•	Htg.	P
15230001- 1100	16	Ball	Off. Std.	19	L S‡•	O.F.	P
15231101- 2100	16	Ball	Com. Std.	17	•	O.F.	A
15232101- 600	16	Ball	Off. Std.	19	L S •	O.F.	P
15232601- 700	16	Ball	Off. Std.	19	L S •	Htg.	P
15232701- 40000	16	Ball	Off. Std.	19	L S •	O.F.	P
15240001- 7000	18	83	Sterling	7		O.F.	U
15247001- 8000	18	83	Sterling	7		K.W.	U
15248001- 500	16	99	No. 625	17	•	Htg.	U
15248501- 9000	16	99	No. 625	17	•	O.F.	U
15249001- 52000	16	99	No. 620	15	•	Htg.	U
15252001- 4000	16	99	No. 620	15	•	O.F.	U
15254001- 8000	16	99	No. 610	7		Htg.	U
15258001- 62000	16	99	No. 610	7		O.F.	U
15262001- 3000	16	99	Traveler	7		O.F.	U
15263001- 5000	Col.	Ser.	No. 1425	17	•	O.F.	U
15265001- 9000	Col.	Ser.	No. 1420	15	•	O.F.	U
15269001- 75000	6	90	Seaside	7-15			U
15275001- 80000	0	1907	No. 165	15	•	Htg.	U
15280001-300000	0	91	Seaside	7		Htg.	U
15300001- 1000	0	1900	No. 115	15	•	O.F.	U
15301001- 500	14	97	Earl	15		Htg.	U
15301501- 2000	14	97	Earl	15		O.F.	U
15302001- 500	14	97	Export	7-15		O.F.	U
15302501- 4500	16	99	No. 618	15		Htg.	U
15304501- 5500	16	99	No. 618	15		O.F.	U
15305501- 7500	14	97	No. 418	15		Htg.	U
15307501- 8500	18	83	No. 825	17	L S •	Htg.	U
15308501- 13500	18	83	No. 825	17	•	O.F.	U
15313501- 9500	18	83	No. 820	15	•	O.F.	U
15319501- 22500	18	83	Sterling	7		O.F.	U
15322501- 5500	16	99	No. 620	15	•	Htg.	U
15325501- 8500	16	99	No. 620	15	•	O.F.	U
15328501- 32500	16	99	No. 610	7		Htg.	U
15332501- 5500	16	99	No. 610	7		O.F.	U
15335501- 6500	16	99	Sol.	7		O.F.	U
15336501- 9500	16	99	Traveler	7		O.F.	U
15339501- 40000	Col.	Ser.	No. 1425	17	•	Htg.	U
15340001- 1000	Col.	Ser.	No. 1425	17	•	O.F.	U
15341001- 2500	Col.	Ser.	No. 1420	15		Htg.	U
15342501- 3500	Col.	Ser.	No. 1420	15	•	O.F.	U
15343501- 4500	12	94	No. 220	15	•	O.F.	U
15344501- 8500	12	94	No. 210	7		Htg	U
15348501- 50500	12	94	No. 210	7		O.F.	U
15350501- 1500	6	90	Seaside	16			U
15351501- 5500	6	90	V	15			U
15355501- 60500	0	1907	No. 165	15	•	Htg.	U
15360501- 1500	0	1900	No. 115	15	•	O.F.	U
15361501- 2000	18	83	No. 825	17	L S •	Htg.	U
15362001- 5000	18	83	No. 825	17	•	O.F.	U
15365001- 500	18	83	No. 820	15	L S •	Htg.	U
15365501- 7000	18	83	No. 81	7-15	L S	Htg.	U
15367001- 8500	18	83	No. 18	7		O.F.	U
15368501- 9500	18	83	No. 1	7	L S	Htg.	U
15369501- 74500	18	83	Sterling	7		O.F.	U
15374501- 7500	16	99	No. 620	15	•	Htg.	U
15377501- 8500	16	99	No. 620	15	•	O.F.	U
15378501- 81000	16	99	No. 610	7		Htg.	U
15381001- 3000	16	99	No. 610	7		O.F.	U
15383001- 6000	16	99	Traveler	7		O.F.	U
15386001- 7000	16	99	Export	7		Htg.	U
15387001- 92000	14	97	Bd. St.	7		Htg.	U
15392001- 7000	14	97	Bd. St.	7-15		O.F.	U
15397001- 500	12	94	No. 225	17	•	O.F.	U
15397501- 8000	12	94	No. 220	15	•	O.F.	U
15398001-400500	12	94	No. 210	7		O.F.	U
15400501- 2500	6	90	V	15			U
15402501- 7500	0	1907	No. 165	15	•	Htg.	U
15407501- 8000	0	1900	No. 115	15	•	O.F.	U
15408001- 500	0	1900	No. 110	7		O.F.	U
15408501- 9500	18	83	No. 825	17	L S •	Htg.	U
15409501- 11500	18	83	No. 825	17	•	O.F.	U
15411501- 2000	18	83	No. 820	15	L S •	Htg.	U
15412001- 3000	18	83	No. 18	7	L S	Htg.	U
15413001- 5000	18	83	No. 18	7		O.F.	U
15415001- 6000	18	83	No. 1	7	L S	Htg.	U
15416001- 23000	18	83	Sterling	7		O.F.	U
15423001- 8000	18	83	Sterling	7		K.W.	U
15428001- 31000	16	99	No. 620	15	•	Htg.	U
15431001- 3000	16	99	No. 620	15	•	O.F.	U
15433001- 5000	16	99	No. 610	7		Htg.	U
15435001- 7000	16	99	No. 610	7		O.F.	U
15437001- 8000	14	97	Export	7		O.F.	U
15438001- 500	14	97	Bd. St.	7		O.F.	U
15438501- 43500	12	94	No. 210	7		O.F.	U
15443501- 4000	0	1907	No. 165	15	•	Htg.	U
15444001- 5000	18	83	No. 825	17	L S •	Htg.	U
15445001- 8000	18	83	No. 825	17	•	O.F.	U
15448001- 500	18	83	No. 820	15	L S •	Htg.	U
15448501- 50500	18	83	No. 820	15	•	O.F.	U
15450501- 1000	18	83	No. 81	15	L S	Htg.	U
15451001- 2500	18	83	No. 81	15		O.F.	U
15452501- 3000	18	83	No. 18	7	L S	Htg.	U
15453001- 4500	18	83	No. 18	7		O.F.	U
15454501- 5500	18	83	No. 1	7	L S	Htg.	U
15455501- 61500	18	83	Sterling	7		O.F.	U
15461501- 3500	18	83	Sterling	7		K.W.	U
15463501- 5500	16	99	No. 628	17	•	Htg.	U
15465501- 7500	16	99	No. 625	17	•	O.F.	U
15467501- 8500	12	94	No. 225	17	•	Htg.	U
15468501- 9000	12	94	No. 220	15	•	Htg.	U
15469001- 70000	12	94	No. 220	15	•	O.F.	U
15470001- 7000	12	94	No. 210	7		O.F.	U
15477001- 500	12	94	Duke	15		Htg.	U
15477501- 8000	12	94	Duke	15		O.F.	U
15478001- 9000	0	1900	No. 115	15	•	O.F.	U
15479001- 80000	0	1900	No. 110	7		O.F.	U
15480001- 5000	0	1907	No. 165	15	•	Htg.	U
15485001- 95000	0	1907	No. 161	7		Htg.	U
15495001- 6000	18	83	No. 825	17	L S •	Htg.	U
15496001- 7000	18	83	No. 820	15	•	O.F.	U
15497001- 9000	18	83	No. 1	7	L S	Htg.	U
15499001-505000	18	83	No. 1	7		O.F.	U
15505001- 6000	16	99	No. 625	17	•	Htg.	U
15506001- 7000	16	99	No. 625	17	•	O.F.	U
15507001- 8500	16	99	No. 620	15	•	Htg.	U
15508501- 10000	16	99	No. 620	15	•	O.F.	U
15510001- 2500	16	99	No. 610	7		Htg.	U
15512501- 4500	16	99	No. 610	7		O.F.	U
15514501- 7500	16	99	Traveler	7		O.F.	U
15517501- 8500	14	97	Export	7		Htg.	U
15518501- 9500	14	97	Export	7		O.F.	U
15519501- 20500	12	94	No. 225	17	•	Htg.	U
15520501- 1500	12	94	No. 225	17	•	O.F.	U
15521501- 2500	12	94	No. 220	15	•	O.F.	U
15522501- 8500	12	94	No. 210	7		O.F.	U
15528501- 30500	6	90	V	15			U
15530501- 2500	0	1900	No. 115	15	•	O.F.	U
15532501- 4500	0	1900	No. 110	7		O.F.	U
15534501- 44506	0	1907	Nos. 161-165	7-15	•	Htg.	U
15544507- 10	18	92	Penn Spec.	21	L S •	Htg.	P
15544511- 9500	0	1907	Nos. 161-163	7-13		Htg.	U
15549501- 51500	18	83	No. 825	17	L S •	Htg.	U
15551501- 3500	18	83	No. 825	17	•	O.F.	U
15553501- 4500	18	83	No. 818	15		O.F.	U
15554501- 6000	18	83	No. 1	7	L S	Htg.	U
15556001- 62000	18	83	Sterling	7		O.F.	U
15562001- 3500	16	99	No. 620	15	•	Htg.	U

• Patent Regulator. ‡ Jewelled Main Wheel.

Serial Number.	Size.	Model.	Grade.	Jewels.	Setting.	Style.	Grade of Material.
15563501- 5000	16	99	No. 620	15	*	O.F.	U
15565001- 500	16	99	No. 618	15		Htg.	U
15565501- 6500	16	99	No. 618	15		O.F.	U
15566501- 8500	16	99	No. 618	15		Htg.	U
15568501- 9000	16	99	No. 618	15		O.F.	U
15569001- 70500	16	99	No. 620	15	*	Htg.	U
15570501- 2000	16	99	No. 620	15	*	O.F.	U
15572001- 3500	16	99	No. 610	7		Htg.	U
15573501- 5000	16	99	No. 610	7		O.F.	U
15575001- 80000	16	99	Traveler	7		O.F.	U
15580001- 500	14	97	No. 418	15		Htg.	U
15580501- 750	14	97	No. 418	15		O.F.	U
15580751- 2750	14	97	No. 418	15		Htg.	U
15582751- 3500	14	97	No. 418	15		O.F.	U
15583501- 7500	14	97	Export	7		Htg.	U
15587501- 9000	12	94	No. 220	15	*	O.F.	U
15589001- 500	12	94	No. 210	7		O.F.	U
15589501- 94500	0	1907	No. 165	15	*	Htg.	U
15594501-600500	0	1907	No. 161	7		Htg.	U
15600501- 2500	0	1900	No. 115	15	*	O.F.	U
15602501- 4500	0	1900	Nos. 110-115	7-15		O.F.	U
15604501- 5500	18	83	No. 825	17	LS *	Htg.	U
15605501- 8000	18	83	No. 825	17	*	O.F.	U
15608001- 500	18	83	No. 81	15	LS	Htg.	U
15608501- 10500	18	83	No. 81	15		O.F.	U
15610501- 1500	18	83	No. 18	7	LS	Htg.	U
15611501- 3500	18	83	No. 18	7		O.F.	U
15613501- 4500	18	83	No. 1	7	LS	Htg.	U
15614501- 9500	18	83	No. 1	7		O.F.	U
15619501- 20500	16	99	No. 625	17	*	Htg.	U
15620501- 1500	16	99	No. 625	17	*	O.F.	U
15621501- 4500	16	99	No. 620	15	*	Htg.	U
15624501- 6500	16	99	No. 620	15	*	O.F.	U
15626501- 9500	16	99	No. 610	7		Htg.	U
15629501- 31500	16	99	No. 610	7		O.F.	U
15631501- 4000	16	99	Traveler	7		O.F.	U
15634001- 5000	12	94	No. 225	17	*	O.F.	U
15635001- 8000	12	94	No. 210	7		O.F.	U
15638001- 9000	6	90	V	15			U
15639001- 44000	0	1907	No. 165	15	*	Htg.	U
15644001- 52000	0	1907	No. 161	7		Htg.	U
15652001- 3000	0	1900	No. 115	15	*	O.F.	U
15653001- 4000	0	1900	No. 110	7		O.F.	U
15654001- 5000	0	1900	No. 100	7		O.F.	U
15655001- 6000	18	83	Sterling	7		K.W.	U
15656001- 7000	14	F.P.	Time Clocks	7		K.W.	U
15657001- 200	14	97	Export	15		Htg.	U
15657201- 400	14	97	Gentlemen	7		O.F.	U
15657401- 8500	18	83	No. 825	17	LS *	Htg.	U
15658501- 61500	18	83	No. 825	17	*	O.F.	U
15661501- 2500	18	83	No. 820	15	LS *	Htg.	U
15662501- 4500	18	83	No. 820	15	*	O.F.	U
15664501- 5500	18	83	No. 81	15	LS	Htg.	U
15665501- 8500	18	83	No. 81	15		O.F.	U
15668501- 9500	18	83	No. 18	7	LS	Htg.	U
15669501- 71500	18	83	No. 18	7		O.F.	U
15671501- 2500	18	83	No. 1	7	LS	Htg.	U
15672501- 5500	18	83	No. 1	7		O.F.	U
15675501- 6500	16	99	No. 625	17	*	Htg.	U
15676501- 7500	16	99	No. 625	17	*	O.F.	U
15677501- 82500	16	99	No. 620	15	*	Htg.	U
15682501- 7500	16	99	No. 620	15	*	O.F.	U
15687501- 90500	16	99	No. 610	7		Htg.	U
15690501- 3500	16	99	No. 610	7		O.F.	U
15693501- 4500	Col.	Ser.	No. 1425	17	*	O.F.	U
15694501- 5500	Col.	Ser.	No. 1420	15	*	O.F.	U
15695501- 6000	12	94	No. 225	17	*	Htg.	U
15696001- 7000	12	94	No. 225	17	*	O.F.	U
15697001- 9000	12	94	No. 220	15	*	Htg.	U
15699001-701000	12	94	No. 220	15	*	O.F.	U
15701001- 3000	12	94	No. 210	7		O.F.	U
15703001- 4000	0	1900	No. 115	15	*	O.F.	U
15704001- 5000	0	1900	No. 110	7		O.F.	U
15705001- 500	0	1900	No. 103	13		O.F.	U
15705501- 6000	0	1900	No. 100	7		O.F.	U
15706001- 14000	0	1907	No. 165	15	*	Htg.	U
15714001- 300	0	1907	No. 165	15	*	Htg.	U
15714301- 5500	0	1907	No. 163	13		Htg.	U
15715501- 25500	0	1907	No. 161	7		Htg.	U
15725501- 8000	0	1907	No. 160	7		Htg.	U
15728001- 500	18	83	No. 818	15	*	O.F.	U
15728501- 9500	18	83	Sterling	7		O.F.	U
15729501- 30000	16	99	No. 618	15		Htg.	U
15730001- 500	16	99	No. 618	15		O.F.	U
15730501- 1000	16	99	No. 618	15		Htg.	U
15731001- 500	16	99	No. 618	15		O.F.	U
15731501- 3000	16	99	Traveler	7		Htg.	U
15733001- 500	16	99	Traveler	7		O.F.	U
15733501- 6500	14	97	No. 418	15			U
15736501- 7500	14	97	Export	7		Htg.	U
15737501- 9500	18	83	No. 825	17	LS *	Htg.	U
15739501- 40500	18	83	No. 81	15	LS	Htg.	U
15740501- 2500	18	83	No. 18	7	LS	Htg.	U
15742501- 5500	18	83	No. 1	7	LS	Htg.	U
15745501- 6500	18	83	No. 1	7		O.F.	U
15746501- 7000	18	83	No. 1	7	LS	Htg.	U
15747001- 8000	18	83	Sterling	7		O.F.	U
15748001- 9000	16	99	No. 625	17	*	O.F.	U
15749001- 52000	16	99	No. 620	15	*	Htg.	U
15752001- 7000	16	99	No. 620	15	*	O.F.	U
15757001- 60000	16	99	No. 610	7		Htg.	U
15760001- 5000	16	99	No. 610	7		O.F.	U
15765001- 6500	16	99	Traveler	7		Htg.	U
15766501- 8000	16	99	Traveler	7		O.F.	U
15768001- 500	16	99	Export	15		O.F.	U
15768501- 9500	14	97	Bd. St.	7		Htg.	U
15769501- 70000	12	94	No. 225	17	*	Htg.	U
15770001- 1000	12	94	No. 225	17	*	O.F.	U
15771001- 3000	12	94	No. 220	15	*	Htg.	U
15773001- 5000	12	94	No. 220	15	*	O.F.	U
15775001- 7000	12	94	No. 210	7		Htg.	U
15777001- 9500	12	94	No. 210	7		O.F.	U
15779501- 80500	0	1907	No. 160	7		Htg.	U
15780501- 1000	0	1900	No. 100	7		O.F.	U
15781001- 2000	0	1900	No. 115	15	*	O.F.	U
15782001- 3000	0	1900	No. 110	7		O.F.	U
15783001- 5000	18	83	No. 825	17	LS *	Htg.	U
15785001- 6000	18	83	No. 820	15	LS *	Htg.	U
15786001- 7000	18	83	No. 81	15	LS	Htg.	U
15787001- 9000	18	83	No. 81	15		O.F.	U
15789001- 91000	18	83	No. 18	7	LS	Htg.	U
15791001- 3000	18	83	No. 1	7	LS	Htg.	U
15793001- 6000	18	83	Sterling	7		O.F.	U
15796001- 7000	16	99	No. 625	17	*	Htg.	U
15797001- 8000	16	99	No. 625	17	*	O.F.	U
15798001-801000	16	99	No. 610	7		Htg.	U
15801001- 4000	16	99	No. 610	7		O.F.	U
15804001- 6000	16	99	Traveler	7		Htg.	U
15806001- 8000	16	99	Traveler	7		O.F.	U
15808001- 500	14	97	Bd. St.	7		O.F.	U
15808501- 9500	12	94	No. 225	17	*	Htg.	U
15809501- 11500	12	94	No. 225	17	*	O.F.	U
15811501- 3500	12	94	No. 220	15	*	Htg.	U
15813501- 5500	12	94	No. 220	15	*	O.F.	U
15815501- 6500	12	94	No. 210	7		Htg.	U
15816501- 9200	12	94	No. 210	7		O.F.	U
15819201- 20500	0	1907	No. 160	7		Htg.	U
15820501- 1500	0	1900	No. 115	15	*	O.F.	U
15821501- 3500	0	1900	No. 110	7		O.F.	U
15823501- 4000	16	99	Bd. St.	15		O.F.	U
15824001- 6000	18	83	No. 825	17	LS *	Htg.	U
15826001- 9000	18	83	Nos. 81-820	15	LS *	Htg.	U
15829001- 30000	18	83	Sterling	7		O.F.	U
15830001- 2000	16	99	No. 625	17	*	Htg.	U
15832001- 4000	16	99	No. 625	17	*	O.F.	U
15834001- 6000	16	99	No. 620	15	*	Htg.	U
15836001- 8000	16	99	No. 620	15	*	O.F.	U
15838001- 41000	16	99	No. 610	7		Htg.	U
15841001- 4000	16	99	No. 610	7		O.F.	U
15844001- 5000	16	99	Traveler	7		Htg.	U

* Patent Regulator.

Serial Number.	Size.	Model.	Grade.	Jewels.	Setting.	Style.	Grade of Material.
15845001- 6000	16	99	Traveler	7		O.F.	U
15846001- 7500	12	94	No. 225	17	*	Htg.	U
15847501- 9500	12	94	No. 225	17	*	O.F.	U
15849501- 51500	12	94	No. 220	15	*	Htg.	U
15851501- 3500	12	94	No. 220	15	*	O.F.	U
15853501- 6500	12	94	No. 210	7		Htg.	U
15856501- 7500	12	94	No. 210	7		O.F.	U
15857501- 60500	6	90	J	7			U
15860501- 70500	0	1907	No. 165	15	*	Htg.	U
15870501- 8500	0	1907	No. 161	7		Htg.	U
15878501- 9500	0	1907	No. 160	7		Htg.	U
15879501- 81000	0	1900	No. 115	15	*	O.F.	U
15881001- 3000	0	1900	Nos. 100-110	7		O.F.	U
15883001- 6000	18	83	Sterling	7		K.W.	U
15886001- 7000	18	83	No. 825	17	L S *	Htg.	U
15887001- 8000	18	83	No. 820	15	L S *	Htg.	U
15888001- 9500	18	83	No. 81	15	L S	Htg.	U
15889501- 90500	16	99	No. 625	17	*	Htg.	U
15890501- 2000	16	99	No. 625	17	*	O.F.	U
15892001- 4000	16	99	No. 620	15	*	Htg.	U
15894001- 6000	16	99	No. 620	15	*	O.F.	U
15896001- 500	12	94	No. 225	17	*	Htg.	U
15896501- 7500	12	94	No. 225	17	*	O.F.	U
15897501- 8500	12	94	No. 220	15	*	Htg.	U
15898501- 9500	12	94	No. 220	15	*	O.F.	U
15899501-901500	12	94	No. 210	7		Htg.	U
15901501- 3000	12	94	No. 210	7		O.F.	U
15903001- 6000	6	90	J	7			U
15906001- 11000	0	1907	No. 165	15	*	Htg.	U
15911001- 2000	0	1907	No. 163	13	*	Htg.	U
15912001- 7000	0	1907	No. 161	7		Htg.	U
15917001- 500	0	1900	No. 115	15	*	O.F.	U
15917501- 8500	0	1900	No. 103	13		O.F.	U
15918501- 9000	14	97	Earl	15		O.F.	U
15919001- 20000	18	83	No. 825	17	L S *	Htg.	U
15920001- 1000	18	83	No. 825	17	*	O.F.	U
15921001- 2000	18	83	No. 820	15	L S *	Htg.	U
15922001- 3000	18	83	No. 81	15	L S	Htg.	U
15923001- 25000	18	83	No. 81	15		O.F.	U
15925001- 6000	16	99	No. 625	17	*	Htg.	U
15926001- 7000	16	99	No. 625	17	*	O.F.	U
15927001- 9000	16	99	No. 610	7		O.F.	U
15929001- 30000	16	99	Traveler	7		Htg.	U
15930001- 1000	16	99	Traveler	7		O.F.	U
15931001- 500	12	94	No. 225	17	*	Htg.	U
15931501- 2500	12	94	No 225	17	*	O.F.	U
15932501- 3500	12	94	No. 220	15	*	O.F.	U
15933501- 4500	12	94	No. 210	7		Htg.	U
15934501- 5500	12	94	No. 210	7		O.F.	U
15935501- 7500	6	90	J	7			U
15937501- 8500	0	1907	No. 163	13		Htg.	U
15938501- 9500	0	1900	No. 115	15		O.F.	U
15939501- 40500	0	1900	No. 110	7		O.F.	U
15940501- 4000	18	83	No. 818	15	*	O.F.	U
15944001- 100	16	99	No. 628	17	*	Htg.	U
15944101- 200	16	99	No. 628	17	*	O.F.	U
15944201- 5200	16	99	No. 618	15		O.F.	U
15945201- 300	14	97	No. 428	17	*	Htg.	U
15945301- 52300	14	97	No. 418	15	*	Htg.	U
15952301- 4500	18	83	No. 825	17	L S *	Htg.	U
15954501- 6500	18	83	No. 825	17	*	O.F.	U
15956501- 8500	18	83	No. 81	15	L S	Htg.	U
15958501- 60500	18	83	No. 81	15		O.F.	U
15960501- 1500	18	83	No. 18	7	L S	Htg.	U
15961501- 2500	16	1908	No. 625	17	*	Htg.	U
15962501- 4000	16	1908	No. 625	17	*	O.F.	U
15964001- 6000	16	1908	No. 620	15	*	Htg.	U
15966001- 700	16	99	No. 620	15	*	O.F.	U
15966701- 8000	16	1908	No. 620	15	*	O.F.	U
15968001- 9000	16	99	Traveler	7		Htg.	U
15969001- 70000	16	99	Traveler	7		O.F.	U
15970001- 1000	12	94	No. 225	17	*	Htg.	U
15971001- 2000	12	94	No. 220	15	*	Htg.	U
15972001- 3000	12	94	No. 220	15	*	O.F.	U
15973001- 5000	12	94	No. 210	7		Htg.	U

Serial. Number.	Size.	Model.	Grade.	Jewels.	Setting.	Style.	Grade of Material.
15975001- 6500	12	94	No. 210	7		O.F.	U
15976501- 9500	6	90	J	7			U
15979501- 83500	0	1907	No. 165	15	*	Htg.	U
15983501- 4500	0	1907	No. 163	13		Htg.	U
15984501- 8500	0	1907	No. 161	7		Htg.	U
15988501- 9500	0	1907	No. 160	7		Htg.	U
15989501- 90400	0	1907	P.S.B.	16		Htg.	A
15990401- 500	0	1900	P.S.B.	16		O.F.	A
15990501- 2500	0	1900	No. 115	15	*	O.F.	U
15992501- 3500	0	1900	No. 110	7		O.F.	U
15993501- 4500	0	1900	No. 103	13		O.F.	U
15994501- 7500	18	83	No. 825	17	*	O.F.	U
15997501- 8500	18	83	No. 81	15	L S	Htg.	U
15998501- 9999	18	83	No. 81	15		O.F.	U
16000000- *	14	Special	Maximus	23	*	O.F.	P
16000001- 1000	14	1904	Bd. St.			Htg.	U
16001001- 500	6	90	P.S.B.	16		Htg.	A
16001501- 2500	Col.	Ser.	Royal	17	*	O.F.	A
16002501- 3000	6	90	Lady W.	16	*		A
16003001- 500	18	92	Vanguard	21	L S‡*	O.F.	P
16003501- 4500	18	92	Cres. St.	21	‡*	O.F.	P
16004501- 700	18	92	No. 845	21	L S‡*	Htg.	P
16004701- 6200	18	92	No. 845	21	L S‡*	O.F.	P
16006201- 500	18	92	A.T.& Co.	17	L S *	O.F.	P
16006501- 8500	18	92	P.S.B.	17	*	O.F.	A
16008501- 9500	18	83	P.S.B.	17	L S *	Htg.	A
16009501- 12000	18	83	P.S.B.	17	*	O.F.	A
16012001- 500	18	83	No. 85	17	L S *	Htg.	A
16012501- 5000	18	83	No. 85	17	*	O.F.	A
16015001- 200	16	99	Maximus	23	‡*	Htg.	P
16015201- 6200	16	99	Vanguard	23	L S‡*	O.F.	P
16016201- 400	16	99	Cres. St.	21	‡*	Htg.	P
16016401- 8000	16	99	Cres. St.	21	L S‡*	O.F.	P
16018001- 500	16	99	Riverside	19	‡*	Htg.	P
16018501- 9500	16	99	Riverside	19	‡*	O.F.	P
16019501- 20000	16	99	Royal	17	*	Htg.	A
16020001- 500	16	99	Royal	17	*	O.F.	A
16020501- 1500	16	99	No. 630	17	*	Htg.	A
16021501- 2000	16	99	No. 630	17	*	O.F.	A
16022001- 3500	16	99	P.S.B.	17	*	Htg.	A
16023501- 4500	16	99	P.S.B.	17	*	O.F.	A
16024501- 700	Col.	Ser.	Maximus	21-23	*	O.F.	P
16024701- 5000	Col.	Ser.	Riverside	19	*	O.F.	P
16025001- 500	Col.	Ser.	Maximus	23	*	O.F.	P
16025501- 6000	Col.	Ser.	Riverside	19	*	O.F.	P
16026001- 7500	Col.	Ser.	Royal	17	*	O.F.	A
16027501- 700	12	94	Maximus	23	‡*	Htg.	P
16027701- 30700	16	99	Vanguard	23	‡*	O.F.	P
16030701- 2700	12	94	No. 210	7		O.F.	U
16032701- 3700	6	90	Lady W.	16	*		A
16033701- 4200	0	1900	Maximus	19	*	Htg.	P
16034201- 700	0	1900	Riverside	17	*	Htg.	P
16034701- 5700	0	1900	Lady W.	16	*	Htg.	A
16035701- 6000	J S	98	Diamond	17	*	Htg.	P
16036001- 200	J S	98	Riverside	17		Htg.	P
16036201- 450	18	92	Vanguard	23	L S‡*	O.F.	P
16036451- 950	18	92	Cres. St.	21	L S‡*	O.F.	P
16036951- 7050	18	92	No. 845	21	L S‡*	Htg.	P
16037051- 950	18	92	No. 845	21	L S‡*	O.F.	P
16037951- 8200	18	92	A.T.& Co.	17	*	O.F.	P
16038201- 9700	18	92	P.S.B.	17	*	O.F.	A
16039701- 41200	18	83	P.S.B.	17	L S *	Htg.	A
16041201- 2700	18	83	P.S.B.	17	*	O.F.	A
16042701- 900	18	83	No. 87	17	L S *	Htg.	A
16042901- 3100	18	83	No. 87	17	*	O.F.	A
16043101- 4500	18	83	P.S.B.	17	*	O.F.	A
16044501- 5000	18	83	No. 85	17	L S *	Htg.	A
16045001- 6500	18	83	No. 85	17	*	O.F.	A
16046501- 800	16	99	Vanguard	23	L S‡*	O.F.	P
16046801- 8000	16	99	Cres. St.	21	‡*	O.F.	P
16048001- 200	16	99	Riverside	19	‡*	Htg.	P
16048201- 700	16	99	Riverside	19	‡*	O.F.	P
16048701- 9000	16	99	Cres. St.	21	L S‡*	O.F.	P
16049001- 200	16	99	Royal	17	*	Htg.	A
16049201- 500	16	99	Royal	17	*	O.F.	A

* Patent Regulator. ‡ Jeweled Main Wheel.

Serial Number.	Size.	Model.	Grade.	Jewels.	Setting.	Style.	Grade of Material.
16049501- 50000	16	99	No. 630	17	*	Htg.	A
16050001- 1000	16	99	No. 630	17	*	O.F.	A
16051001- 800	16	99	P.S.B.	17	*	Htg.	A
16051801- 2000	16	99	P.S.B.	17	*	O.F.	A
16052001- 500	Col.	Ser.	Royal	17	*	O.F.	A
16052501- 4000	6	90	Lady W.	16	*		A
16054001- 500	0	1900	Maximus	19	*	Htg.	P
16054501- 5500	0	1900	Lady W.	16	*	Htg.	A
16055501- 700	18	92	Vanguard	23	LS‡*	Htg.	P
16055701- 6700	18	92	Vanguard	21–23	LS‡*	O.F.	P
16056701- 7000	18	92	Cres. St.	21	LS‡*	O.F.	P
16057001- 300	18	92	No. 845	21	LS‡*	Htg.	P
16057301- 9500	18	92	No. 845	21	LS‡*	O.F.	P
16059501- 60000	18	92	A.T.&Co.	17	‡*	O.F.	P
16060001- 300	18	92	P.S.B.	17	LS *	Htg.	A
16060301- 2300	18	92	P.S.B.	17	*	O.F.	A
16062301- 400	18	83	A.T.&Co.	17	*	O.F.	P
16062401- 700	18	83	P.S.B.	17	LS *	Htg.	A
16062701- 7000	18	83	{No. 87 P.S.B.}	17	*	O.F.	A
16067001- 8000	18	83	No. 85	17	LS *	Htg.	A
16068001- 71000	18	83	No. 85	17	*	O.F.	A
16071001- 300	16	99	Maximus	23	‡*	Htg.	P
16071301- 500	16	99	Maximus	23	‡*	O.F.	P
16071501- 2000	16	99	Vanguard	23	‡*	O.F.	P
16072001- 100	16	99	Vanguard	19	‡*	Htg.	P
16072101- 500	16	99	Vanguard	19	‡*	O.F.	P
16072501- 600	16	99	Cres. St.	21	‡*	Htg.	P
16072601- 3000	16	99	Cres. St.	21	‡*	O.F.	P
16073001- 500	16	99	No. 630	17	*	Htg.	A
16073501- 4000	16	99	No. 630	17	*	O.F.	A
16074001- 500	16	99	P.S.B.	17	*	Htg.	A
16074501- 5500	Col.	Ser.	Royal	17	*	O.F.	A
16075501- 7500	6	90	Lady W.	16	*		A
16077501- 8500	0	1900	Lady W.	16	*	Htg.	A
16078501- 800	J S	98	Diamond	17	*	Htg.	P
16078801- 9000	J S	98	Riverside	17	*	Htg.	P
16079001- 3	Col.	Ser.	Maximus	23	*	O.F.	P
16079004- 700	18	92	Vanguard	21–23	LS‡*	O.F.	P
16079701- 81000	18	92	{Cres. St. No. 845}	21	‡*	O.F.	P
16081001- 500	18	92	A.T.&Co.	17	LS *	O.F.	P
16081501- 3500	18	92	P.S.B.	17	*	O.F.	A
16083501- 6500	18	83	P.S.B.	17	LS *	Htg.	A
16086501- 9000	18	83	P.S.B.	17	*	O.F.	A
16089001- 300	18	83	No. 85	17	*	Htg.	A
16089301- 91500	18	83	No. 85	17	*	O.F.	A
16091501- 900	16	99	Vanguard	23	LS‡*	O.F.	P
16091901- 2100	16	99	Vanguard	19	‡*	Htg.	P
16092101- 300	16	99	Vanguard	19	‡*	O.F.	P
16092301- 500	16	99	Cres. St.	21	‡*	Htg.	P
16092501- 800	16	99	Royal	17	*	Htg.	A
16092801- 3000	16	99	Royal	17	*	O.F.	A
16093001- 500	16	99	P.S.B.	17	*	Htg.	A
16093501- 4000	Col.	Ser.	Maximus	23	*	O.F.	P
16094001- 5000	Col.	Ser.	Royal	17	*	O.F.	A
16095001- 6000	6	90	Lady W.	16	*		A
16096001- 300	0	1900	Maximus	19	*	Htg.	P
16096301- 500	0	1900	Maximus	19	*	O.F.	P
16096501- 7000	0	1900	Riverside	17	*	Htg.	P
16097001- 800	0	1900	Lady W.	16	*	Htg.	A
16097801- 8000	0	1900	Lady W.	16	*	O.F.	A
16098001- 200	J S	98	Riverside	17	*	Htg.	P
16098201- 700	16	99	Riverside	17	*	Htg.	P
16098701- 950	16	99	Riverside	17	*	O.F.	P
16098951- 9200	18	92	Vanguard	23	LS‡*	Htg.	P
16099201- 700	18	92	Vanguard	23	LS‡*	O.F.	P
16099701-100700	18	92	No. 845	21	LS‡*	O.F.	P
16100701- 1000	18	92	P.S.B.	17	LS *	Htg.	A
16101001- 2500	18	92	P.S.B.	17	*	O.F.	A
16102501- 4500	18	83	P.S.B.	17	*	Htg.	A
16104501- 5500	18	83	P.S.B.	17	*	O.F.	A
16105501- 50	16	99	Cro. Sup.	21	*	Htg.	P
16105551- 600	16	99	Cro. Sup.	21	*	O.F.	P
16105601- 6000	16	99	Vanguard	23	LS‡*	O.F.	P
16106001- 100	16	99	Vanguard	19	‡*	Htg.	P
16106101- 300	16	99	Special	19–21	‡*	O.F.	P
16106301- 950	16	99	No. 630	17	*	Htg.	A
16106951- 60	Col.	Ser.	Riverside	19	*	Htg.	P
16106961- 7060	14	97	No. 428	17	*	Htg.	U
16107061- 8000	Col.	Ser.	Riverside	19	*	Htg.	P
16108001- 9000	Col.	Ser.	Royal	17	*	Htg.	A
16109001- 500	Col.	Ser.	Royal	17	*	O.F.	A
16109501- 10500	6	90	Lady W.	16	*		A
16110501- 600	18	92	Vanguard	23	LS‡*	Htg.	P
16110601- 1000	18	92	Vanguard	23	LS‡*	O.F.	P
16111001- 200	18	92	No. 845	21	LS‡*	Htg.	P
16111201- 2000	18	92	No. 845	21	LS‡*	O.F.	P
16112001- 500	18	92	P.S.B.	17	LS *	Htg.	A
16112501- 3500	18	92	P.S.B.	17	*	O.F.	A
16113501- 800	18	83	A.T.&Co.	17	*	O.F.	P
16113801- 4500	18	83	P.S.B.	17	LS *	Htg.	A
16114501- 6500	18	83	P.S.B.	17	*	O.F.	A
16116501- 7000	18	83	No. 87	17	LS *	Htg.	A
16117001- 500	18	83	No. 87	17	*	O.F.	A
16117501- 8500	18	83	No. 85	17	LS *	Htg.	A
16118501- 20500	18	83	No. 85	17	*	O.F.	A
16120501- 800	16	99	Vanguard	23	‡*	O.F.	P
16120801- 1000	16	99	Vanguard	19	‡*	Htg.	P
16121001- 500	16	99	Vanguard	19	‡*	O.F.	P
16121501- 2000	16	99	Royal	17	*	Htg.	A
16122001- 500	16	99	No. 630	17	*	Htg.	A
16122501- 3500	16	99	P.S.B.	17	*	Htg.	A
16123501- 600	12	94	Riverside	19	*	Htg.	P
16123601- 4000	6	90	Lady W.	16	*		A
16124001- 5000	0	1900	Lady W.	16	*	Htg.	A
16125001- 100			Ass't. Spec.				
16125101- 200	18	92	Vang., W I	23	LS‡*	Htg.	P
16125201- 6500	18	92	Vanguard	23	LS‡*	O.F.	P
16126501- 7000	18	92	Vanguard	21	LS‡*	O.F.	P
16127001- 800	18	92	Cres. St.	19–21	LS‡*	O.F.	P
16127801- 8000	18	92	No. 845	21	LS‡*	Htg.	P
16128001- 9000	18	92	No. 845	21	LS‡*	O.F.	P
16129001- 30000	18	92	P.S.B.	17	LS *	Htg.	A
16130001- 1000	18	92	P.S.B.	17	*	O.F.	A
16131001- 2500	18	83	P.S.B.	17	LS *	Htg.	A
16132501- 4000	18	83	P.S.B.	17	*	O.F.	A
16134001- 5000	18	83	No. 85	17	LS *	Htg.	A
16135001- 6000	18	83	No. 85	17	*	O.F.	A
16136001- 300	16	99	Vanguard	23	‡*	Htg.	P
16136301- 500	16	99	Vanguard	19	LS‡*	Htg.	P
16136501- 7500	16	99	Vanguard	19	‡*	O.F.	P
16137501- 8500	16	99	No. 630	17	*	Htg.	A
16138501- 9500	16	99	P.S.B.	17	*	Htg.	A
16139501- 40500	6	90	Lady W.	16	*		A
16140501- 700			Ass't. Spec.				
16140701- 25	18	92	No. 845	21	LS‡*	O.F.	P
16140726- 50	16	99	Cres. St.	21	LS‡*	O.F.	P
16140751- 1700	18	92	Vang., W I	21–23	LS‡*	O.F.	P
16141701- 2000	18	92	Cres. St.	19	LS‡*	O.F.	P
16142001- 500	18	92	P.S.B.	17	LS *	Htg.	A
16142501- 4500	18	83	No. 85	17	LS *	Htg.	A
16144501- 5500	18	83	No. 85	17	*	O.F.	A
16145501- 6000	16	99	Vanguard	19	‡*	O.F.	P
16146001- 7000	16	99	No. 630	17	*	Htg.	A
16147001- 8000	16	99	P.S.B.	17	*	Htg.	A
16148001- 500	16	99	P.S.B.	17	*	O.F.	A
16148501- 700	12	94	Maximus	23	‡*	Htg.	P
16148701- 9100	12	94	Riverside	19	‡*	Htg.	P
16149101- 500	12	94	Riverside	19	‡*	O.F.	P
16149501- 50500	0	1900	Lady W.	16	*	Htg.	A
16150501- 1300	18	92	Vanguard	23	LS‡*	Htg.	P
16151301- 500	18	92	No. 845	21	LS‡*	Htg.	P
16151501- 600	18	92	A.T.&Co.	17	LS *	O.F.	P
16151601- 800	18	92	C.P.R.	17	LS *	O.F.	A
16151801- 900	18	92	C.R.T.S.	17	LS *	O.F.	A
16151901- 2000	18	92	A.T.&Co.	17	LS *	O.F.	P
16152001- 500	18	92	P.S.B.	17	LS *	Htg.	A
16152501- 3500	18	83	P.S.B.	17	*	O.F.	A
16153501- 4000	18	83	No. 87	17	LS *	Htg.	A

* Patent Regulator. ‡ Jeweled Main Wheel.

Serial Number.	Size.	Model.	Grade.	Jewels.	Setting.	Style.	Grade of Material.
16154001- 500	18	83	No. 87	17	*	O.F.	A
16154501- 5500	18	83	No. 85	17	L S *	Htg.	A
16155501- 6500	6	90	Lady W.	16	*		A
16156501- 7500	0	1900	Lady W.	16	*	Htg.	A
16157501- 700	J S	98	Diamond	17	*	Htg.	P
16157701- 8000	J S	98	Riverside	17		Htg.	P
16158001- 300			Ass't. Spec.				
16158301- 9500	18	92	Vanguard	23	L S‡*	O.F.	P
16159501- 700	18	92	No. 845	21	L S‡*	Htg.	P
16159701- 60500	18	92	No. 845	21	L S‡*	O.F.	P
19160501- 600	18	92	A.T. & Co.	17	L S *	O.F.	P
16160601- 1000	18	92	No. 845	21	L S‡*	O.F.	P
16161001- 2000	18	92	P.S.B.	17	L S *	Htg.	A
16162001- 3000	18	83	P.S.B.	17	L S *	Htg.	A
16163001- 4000	18	83	P.S.B.	17	*	O.F.	A
16164001- 500	18	83	No. 87	17	L S *	Htg.	A
16164501- 5000	18	83	No. 87	17	*	O.F.	A
16165001- 6000	18	83	P.S.B.	17	*	O.F.	A
16166001- 7000	18	83	No. 85	17	L S *	Htg.	A
16167001- 400	16	99	Vang., W I	23	‡*	O.F.	P
16167401- 700			Ass't. Spec.				
16167701- 8500	18	92	Vang., W I	23	L S‡*	O.F.	P
16168501- 9000	18	92	Vang., W I	21	L S‡*	O.F.	P
16169001- 70000	18	92	Cres. St.	21	L S‡*	O.F.	P
16170001- 500	18	92	No. 845	21	L S‡*	O.F.	P
16170501- 1500	18	92	P.S.B.	17	L S *	Htg.	A
16171501- 2500	18	83	P.S.B.	17	L S *	Htg.	A
16172501- 3500	18	83	P.S.B.	17	*	O.F.	A
16173501- 4000	18	83	No. 87	17	*	Htg.	A
16174001- 500	18	83	No. 87	17	*	O.F.	A
16174501- 5500	18	83	P.S.B.	17	*	O.F.	A
16175501- 6500	18	83	No. 85	17	L S *	Htg.	A
16176501- 7500	18	83	No. 85	17	*	O.F.	A
16177501- 700	16	99	Maximus	23	‡*	Htg.	P
16177701- 8000	16	99	Maximus	23	‡*	O.F.	P
16178001- 500	16	99	Vanguard	23	‡*	O.F.	P
16178501- 600	16	99	Vanguard	19	‡*	Htg.	P
16178601- 800	16	99	Vanguard	19	‡*	O.F.	P
16178801- 9500	16	99	Cres. St.	21	‡*	O.F.	P
16179501- 80500	16	99	Royal	17	*	Htg.	A
16180501- 1000	16	99	Royal	17	*	O.F.	A
16181001- 2500	16	99	No. 630	17	*	Htg.	A
16182501- 3000	16	99	No. 630	17	*	O.F.	A
16183001- 5000	16	99	P.S.B.	17	*	Htg.	A
16185001- 6000	16	99	P.S.B.	17	*	O.F.	A
16186001- 300	12	94	Maximus	23	*		P
16186301- 600	12	94	Royal	17	*	O.F.	A
16186601- 700			Ass't. Spec.				
16186701- 7700	6	90	Lady W.	16	*		A
16187701- 8000	18	92	Vanguard	23	L S‡*	O.F.	P
16188001- 500	18	92	Vang., W I	21	L S‡*	O.F.	P
16188501- 700			Ass't. Spec.				
16188701- 9000	18	92	P.S.B.	17	*	Htg.	A
16189001- 90000	18	92	P.S.B.	17	*	O.F.	A
16190001- 500	18	83	P.S.B.	17	L S *	Htg.	A
16190501- 1000	18	83	P.S.B.	17	*	O.F.	A
16191001- 300	16	99	Vanguard	23	‡*	O.F.	P
16191301- 400	16	99	Vanguard	19	‡*	Htg.	P
16191401- 500	16	99	Vanguard	19	‡*	O.F.	P
16191501- 2000	16	99	Cres. St.	21	‡*	O.F.	P
16192001- 3000	16	99	Royal	17	*	Htg.	A
16193001- 4000	16	99	Royal	17	*	O.F.	A
16194001- 100	16	99	Maximus	23	‡*	Htg.	P
16194101- 200	16	99	Maximus	23	‡*	O.F.	P
16194201- 5000	16	99	No. 630	17	*	Htg.	A
16195001- 6000	16	99	No. 630	17	*	O.F.	A
16196001- 100	16	99	Maximus	23	‡*	Htg.	P
16196101- 500	16	99	P.S.B.	17	*	Htg.	A
16196501- 700	16	99	Maximus	23	‡*	O.F.	P
16196701- 7000			Ass't. Spec.				
16197001- 8000	16	99	P.S.B.	17	*	O.F.	A
16198001- 9000	12	94	Riverside	19	‡*	Htg.	P
16199001-200000	12	94	Riverside	19	‡*	O.F.	P
16200001- 1500	18	83	No. 81	15		O.F.	U
16201501- 2500	18	83	No. 18	7	L S	Htg.	U

Serial Number.	Size.	Model.	Grade.	Jewels.	Setting.	Style.	Grade of Material.
16202501- 4500	18	83	No. 1	7	L S	Htg.	U
16204501- 8500	18	83	No. 1	7		O.F.	U
16208501- 9500	16	1908	No. 625	17	*	Htg.	U
16209501- 10500	16	1908	No. 625	17	*	O.F.	U
16210501- 2500	16	1908	No. 620	15	*	Htg.	U
16212501- 4500	16	1908	No. 620	15	*	O.F.	U
16214501- 6000	16	1908	No. 610	7		Htg.	U
16216001- 7000	16	99	No. 610	7		Htg.	U
16217001- 9500	16	99	No. 610	7		O.F.	U
16219501- 22000	16	99	Traveler	7		Htg.	U
16222001- 4500	16	99	Traveler	7		O.F.	U
16224501- 5000	12	94	No. 225	17	*	Htg.	U
16225001- 500	12	94	No. 225	17	*	O.F.	U
16225501- 6500	12	94	No. 220	15	*	Htg.	U
16226501- 7500	12	94	No. 220	15	*	O.F.	U
16227501- 9500	12	94	No. 210	7		Htg.	U
16229501- 31500	12	94	No. 210	7		O.F.	U
16231501- 5500	6	90	J	7			U
16235501- 7000	0	1900	No. 115	15	*	O.F.	U
16237001- 8500	0	1900	No. 110	7		O.F.	U
16238501- 9500	0	1900	No. 103	13		O.F.	U
16239501- 40500	0	1900	No. 100	7		O.F.	U
16240501- 7500	0	1907	No. 165	15	*	Htg.	U
16247501- 8500	0	1907	No. 163	13		Htg.	U
16248501- 55500	0	1907	No. 161	7		Htg.	U
16255501- 6500	0	1907	No. 160	7		Htg.	U
16256501- 7500	18	83	Sterling	7		K.W.	U
16257501- 8500	18	83	No. 825	17	L S *	Htg.	U
16258501- 60500	18	83	No. 825	17	*	O.F.	U
16260501- 1500	18	83	No. 81	15	L S	Htg.	U
16261501- 3500	18	83	No. 81	15		O.F.	U
16263501- 5500	18	83	Nos. 1–18	7	L S	Htg.	U
16265501- 9500	18	83	No. 1	7		O.F.	U
16269501- 70500	16	1908	No. 625	17	*	Htg.	U
16270501- 2500	16	1908	No. 625	17	*	O.F.	U
16272501- 3500	16	1908	No. 620	15	*	Htg.	U
16273501- 6500	16	99	No. 620	15	*	O.F.	U
16276501- 8500	16	1908	No. 610	7		Htg.	U
16278501- 81500	16	99	No. 610	7		O.F.	U
16281501- 3500	16	99	Traveler	7		Htg.	U
16283501- 5500	16	99	Traveler	7		O.F.	U
16285501- 6500	14	1904	Bd. St.	7		Htg.	U
16286501- 7500	14	1904	Bd. St.	7		O.F.	U
16287501- 8500	12	94	No. 225	17	*	Htg.	U
16288501- 9500	12	94	No. 225	17	*	O.F.	U
16289501- 90500	12	94	No. 220	15	*	Htg.	U
16290501- 1500	12	94	No. 220	15	*	O.F.	U
16291501- 3500	12	94	No. 210	7		Htg.	U
16293501- 6500	12	94	No. 210	7		O.F.	U
16296501- 9500	6	90	J	7			U
16299501-300500	0	1900	No. 115	15	*	O.F.	U
16300501- 1500	0	1900	No. 110	7		O.F.	U
16301501- 5500	0	1907	No. 165	15	*	Htg.	U
16305501- 6000	16	99	Marquis	15		Htg.	U
16306001- 7000	14	1904	Bd. St.	7		Htg.	U
16307001- 8000	14	1904	Bd. St.	7		O.F.	U
16308001- 10000	18	83	No. 825	17	*	Htg.	U
16310001- 3000	18	83	No. 825	17	*	O.F.	U
16313001- 5000	18	83	Nos. 81-820	15	L S *	Htg.	U
16315001- 7000	18	83	No. 81	15		O.F.	U
16317001- 8000	18	83	No. 1	7	L S	Htg.	U
16318001- 21000	18	83	No. 1	7		O.F.	U
16321001- 2000	16	1908	No. 625	17	*	Htg.	U
16322001- 3000	16	1908	No. 625	17	*	O.F.	U
16323001- 6000	16	1908	No. 620	15	*	Htg.	U
16326001- 8000	16	99	No. 620	15	*	O.F.	U
16328001- 9000	16	1908	Nos. 618-620	15	*	O.F.	U
16329001- 32000	16	1908	No. 610	7		Htg.	U
16332001- 5000	16	99	No. 610	7		O.F.	U
16335001- 6000	14	1904	Bd. St.	7		Htg.	U
16336001- 8000	12	94	No. 225	17	*	Htg.	U
16338001- 40000	12	94	No. 225	17	*	O.F.	U
16340001- 3000	12	94	No. 220	15	*	Htg.	U
16343001- 6000	12	94	No. 220	15	*	O.F.	U
16346001- 9000	12	94	No. 210	7		Htg.	U

* Patent Regulator. ‡ Jeweled Main Wheel.

Serial Number.	Size.	Model.	Grade.	Jewels.	Setting.	Style.	Grade of Material.
16349001- 52000	12	94	No. 210	7		O.F.	U
16352001- 3000	0	1900	No. 115	15	*	O.F.	U
16353001- 4000	0	1900	No. 110	7		O.F.	U
16354001- 62000	0	1907	No. 165	15	*	Htg.	U
16362001- 71000	0	1907	Nos. 160-161	7		Htg.	U
16371001- 2000	18	83	No. 825	17	LS *	Htg.	U
16372001- 5000	18	83	No. 825	17	*	O.F.	U
16375001- 6000	18	83	No. 820	15	LS *	Htg.	U
16376001- 7000	18	83	No. 18	7	LS	Htg.	U
16377001- 80000	18	83	No. 18	7		O.F.	U
16380001- 1500	16	1908	No. 625	17	*	Htg.	U
16381501- 3000	16	1908	No. 625	17	*	O.F.	U
16383001- 5000	16	1908	No. 620	15	*	Htg.	U
16385001- 7000	16	1908	No. 620	15	*	O.F.	U
16387001- 9000	16	1908	No. 610	7		Htg.	U
16389001- 91000	16	99	No. 610	7		O.F.	U
16391001- 2000	16	99	Traveler	7		Htg.	U
16392001- 3000	16	99	Traveler	7		O.F.	U
16393001- 4000	12	94	No. 225	17	*	Htg.	U
16394001- 5000	12	94	No. 225	17	*	O.F.	U
16395001- 7000	12	94	No. 220	15	*	Htg.	U
16397001- 9000	12	94	No. 220	15	*	O.F.	U
16399001-401000	12	94	No. 210	7		Htg.	U
16401001- 3000	12	94	No. 210	7		O.F.	U
16403001- 6000	0	1900	Nos. 100-110	7		O.F.	U
16406001- 10000	0	1907	No. 165	15	*	Htg.	U
16410001- 1000	0	1907	No. 163	13		Htg.	U
16411001- 6000	0	1907	Nos. 160-161	7		Htg.	U
16416001- 7000	18	83	No. 825	17	LS *	Htg.	U
16417001- 20000	18	83	No. 825	17	*	O.F.	U
16420001- 1000	18	83	No. 820	15	LS *	Htg.	U
16421001- 2000	18	83	No. 820	15	*	O.F.	U
16422001- 3000	18	83	No. 81	15	*	Htg.	U
16423001- 5000	18	83	No. 81	15		O.F.	U
16425001- 6000	18	83	No. 18	7	LS	Htg.	U
16426001- 7000	18	83	No. 1	7	LS	Htg.	U
16427001- 9000	18	83	No. 1	7		O.F.	U
16429001- 30500	16	1908	No. 625	17	*	Htg.	U
16430501- 2000	16	1908	No. 625	17	*	O.F.	U
16432001- 4000	16	1908	No. 620	15	*	Htg.	U
16434001- 6000	16	1908	Nos. 618-620	15	*	O.F.	U
16436001- 8000	16	1908	No. 610	7		Htg.	U
16438001- 40000	16	99	No. 610	7		O.F.	U
16440001- 1000	16	99	Traveler	7		O.F.	U
16441001- 2000	12	94	No. 225	17	*	Htg.	U
16442001- 3000	12	94	No. 225	17	*	O.F.	U
16443001- 5000	12	94	No. 220	15	*	Htg.	U
16445001- 7000	12	94	No. 220	15	*	O.F.	U
16447001- 9000	12	94	No. 210	7		Htg.	U
16449001- 51000	12	94	No. 210	7		O.F.	U
16451001- 4000	6	90	Seaside	15			U
16454001- 5000	0	1900	No. 115	15	*	O.F.	U
16455001- 7000	0	1900	Nos. 100-110	7		O.F.	U
16457001- 60000	0	1907	No. 165	15	*	Htg.	U
16460001- 1000	0	1907	No. 163	13		Htg.	U
16461001- 5000	0	1907	Nos. 160-161	7		Htg.	U
16465001- 6000	14	97	Bd. St.	7		Htg.	U
16466001- 7000	14	97	Bd. St.	7		O.F.	U
16467001- 71000	18	83	No. 825	17	*	O.F.	U
16471001- 2000	18	83	No. 820	15	*	O.F.	U
16472001- 4000	18	83	No. 81	15		O.F.	U
16474001- 500	18	83	No. 18	7	LS	Htg.	U
16474501- 6500	18	83	No. 18	7		O.F.	U
16476501- 7500	18	83	No. 1	7	LS	Htg.	U
16477501- 80500	18	83	No. 1	7		O.F.	U
16480501- 2000	16	1908	No. 625	17	*	Htg.	U
16482001- 3500	16	1908	No. 625	17	*	O.F.	U
16483501- 5500	16	1908	No. 620	15	*	Htg.	U
16485501- 7500	16	1908	Nos. 618-620	15	*	O.F.	U
16487501- 9500	16	1908	No. 610	7		Htg.	U
16489501- 91500	16	1908	No. 610	7		O.F.	U
16491501- 2500	16	99	Traveler	7		Htg.	U
16492501- 3500	16	99	Traveler	7		O.F.	U
16493501- 4000	14	97	No. 418	15		O.F.	U
16494001- 5000	14	97	Export	7		Htg.	U

Serial Number.	Size.	Model.	Grade.	Jewels.	Setting.	Style.	Grade of Material.
16495001- 6000	12	94	No. 230	17	*	Htg.	A
16496001- 7000	12	94	No. 230	17	*	O.F.	A
16497001- 9000	12	94	No. 220	15	*	Htg.	U
16499001-501000	12	94	No. 220	15	*	O.F.	U
16501001- 3000	12	94	No. 210	7		Htg.	U
16503001- 5000	12	94	No. 210	7		O.F.	U
16505001- 6000	6	90	V	15			U
16506001- 7500	0	1900	No. 115	15	*	O.F.	U
16507501- 9000	0	1900	No. 110	7		O.F.	U
16509001- 13000	0	1907	No. 165	15	*	Htg.	U
16513001- 8000	0	1907	Nos. 160-161	7		Htg.	U
16518001- 9000	14	97	Bd. St.	7		Htg.	U
16519001- 20000	14	97	Bd. St.	7		O.F.	U
16520001- 3000	18	83	No. 825	17	*	O.F.	U
16523001- 8000	18	83	Nos. 81-820	15	*	O.F.	U
16528001- 38000	18	83	Nos. 1-18	7		O.F.	U
16538001- 9000	16	1908	No. 625	17	*	Htg.	U
16539001- 40000	16	1908	No. 625	17	*	O.F.	U
16540001- 2000	16	1908	No. 620	15	*	Htg.	U
16542001- 4000	16	1908	No. 620	15	*	O.F.	U
16544001- 6000	16	1908	No. 610	7		Htg.	U
16546001- 8000	16	1908	No. 610	7		O.F.	U
16548001- 9000	16	99	Traveler	7		Htg.	U
16549001- 50000	16	99	Traveler	7		O.F.	U
16550001- 1000	12	94	No. 225	17	*	Htg.	U
16551001- 2000	12	94	No. 225	17	*	O.F.	U
16552001- 4000	12	94	No. 220	15	*	Htg.	U
16554001- 6000	12	94	No. 220	15	*	O.F.	U
16556001- 8000	12	94	No. 210	7		Htg.	U
16558001- 60000	12	94	No. 210	7		O.F.	U
16560001- 1000	6	90	V	15			U
16561001- 3000	0	1900	No. 115	15	*	O.F.	U
16563001- 5000	0	1900	No. 110	7		O.F.	U
16565001- 8000	0	1907	No. 165	15	*	Htg.	U
16568001- 71000	0	1907	No. 161	7		Htg.	U
16571001- 2000	14	97	Bd. St.	7		Htg.	U
16572001- 3000	14	97	Bd. St.	7		O.F.	U
16573001- 6000	18	83	No. 820	15	*	O.F.	U
16576001- 80000	18	83	Nos. 81-818	15		O.F.	U
16580001- 5000	18	83	No. 1	7		O.F.	U
16585001- 6000	16	1908	No. 625	17	*	Htg.	U
16586001- 7000	16	1908	No. 625	17	*	O.F.	U
16587001- 8000	16	1908	No. 620	15	*	Htg.	U
16588001- 9000	16	1908	Nos. 614-620	15	*	O.F.	U
16589001- 90000	16	1908	No. 610	7		Htg.	U
16590001- 1000	16	1908	No. 610	7		O.F.	U
16591001- 2000	16	99	Traveler	7		Htg.	U
16592001- 3000	16	99	Traveler	7		O.F.	U
16593001- 700	16	99	Marquis	15		O.F.	U
16593701- 4000	14	97	Export	15		O.F.	U
16594001- 100	14	97	Export	7		Htg.	U
16594101- 500	14	97	Export	7		O.F.	U
16594501- 5500	12	94	No. 225	17	*	Htg.	U
16595501- 6500	12	94	No. 225	17	*	O.F.	U
16596501- 7500	12	94	No. 220	15	*	Htg.	U
16597501- 8500	12	94	No. 220	15	*	O.F.	U
16598501- 9500	12	94	No. 210	7		Htg.	U
16599501-600500	12	94	No. 210	7		O.F.	U
16600501- 2500	6	90	Seaside	15			U
16602501- 3500	0	1900	No. 115	15	*	O.F.	U
16603501- 4500	0	1900	No. 110	7		O.F.	U
16604501- 9500	0	1907	No. 165	15	*	Htg.	U
16609501- 15500	0	1907	Nos. 160-161	7		Htg.	U
16615501- 8500	18	83	No. 825	17	*	O.F.	U
16618501- 21500	16	1908	No. 625	17	*	Htg.	U
16621501- 4500	16	1908	No. 625	17	*	O.F.	U
16624501- 5500	16	1908	No. 620	15	*	Htg.	U
16625501- 6000	16	99	No. 620	15	*	O.F.	U
16626001- 500	16	1908	No. 620	15	*	O.F.	U
16626501- 7500	16	1908	No. 610	7		Htg.	U
16627501- 8500	16	1908	No. 610	7		O.F.	U
16628501- 31500		8 Day	Chron.	15		O.F.	A
16631501- 2500	12	94	No. 225	17	*	Htg.	U
16632501- 3500	12	94	No. 225	17	*	O.F.	U
16633501- 4500	12	94	No. 220	15	*	Htg.	U

* Patent Regulator.

Serial Number.	Size.	Model.	Grade.	Jewels.	Setting.	Style.	Grade of Material.
16634501- 5500	12	94	No. 220	15	*	O.F.	U
16635501- 6500	12	94	No. 210	7		Htg.	U
16636501- 7500	12	94	No. 210	7		O.F.	U
16637501- 8500	6	90	V	15			U
16638501- 40500	0	1900	No. 115	15	*	O.F.	U
16640501- 2500	0	1900	No. 110	7		O.F.	U
16642501- 7500	0	1907	No. 165	15	*	Htg.	U
16647501- 50500	0	1907	No. 161	7		Htg.	U
16650501- 1000	16	99	Marquis	15		Htg.	U
16651001- 100	12	94	Duke	15		Htg.	U
16651101- 200	12	94	Duke	15		O.F.	U
16651201- 2500	18	83	No. 820	15	*	O.F.	U
16652501- 7500	18	83	No. 81	15		O.F.	U
16657501- 8500	16	1908	No. 625	17	*	Htg.	U
16658501- 60500	16	1908	No. 625	17	*	O.F.	U
16660501- 1500	16	1908	No. 620	15	*	Htg.	U
16661501- 2500	16	1908	Nos. 614-620	15	*	O.F.	U
16662501- 7500	16	1908	No. 610	7		O.F.	U
16667501- 8500	12	94	No. 230	17	*	Htg.	A
16668501- 9500	12	94	No. 230	17	*	O.F.	A
16669501- 70500	12	94	No. 225	17	*	O.F.	U
16670501- 1500	12	94	No. 220	15	*	Htg.	U
16671501- 2500	12	94	No. 220	15	*	O.F.	U
16672501- 3500	12	94	No. 210	7		Htg.	U
16673501- 4500	12	94	No. 210	7		O.F.	U
16674501- 6500	6	90	Seaside	7-15			U
16676501- 8500	0	1900	No. 115	15	*	O.F.	U
16678501- 80500	0	1900	No. 110	7		O.F.	U
16680501- 4500	0	1907	No. 165	15	*	Htg.	U
16684501- 8250	0	1907	No. 161	7		Htg.	U
16688251- 500	6	90	P.S.B.	16			A
16688501- 91500	14	97	Bd. St.	7		Htg.	U
16691501- 3500	18	83	No. 825	17	*	O.F.	U
16693501-703500	18	83	Sterling	7			U
16703501- 5500	16	1908	No. 625	17	*	Htg.	U
16705501- 7500	16	1908	No. 625	17	*	O.F.	U
16707501- 11500	16	1908	No. 620	15	*	Htg.	U
16711501- 5500	16	1908	Nos. 614-620	15	*	O.F.	U
16715501- 9500	16	1908	No. 610	7		Htg.	U
16719501- 21500	16	1908	No. 610	7		O.F.	U
16721501- 2000	Col.	Ser.	No. 1425	17	*	O.F.	U
16722001- 500	12	94	No. 220	15	*	O.F.	U
16722501- 3500	12	94	No. 225	17	*	O.F.	U
16723501- 4500	12	94	No. 220	15	*	Htg.	U
16724501- 5500	12	94	No. 220	15	*	O.F.	U
16725501- 8500	12	94	No. 210	7		Htg.	U
16728501- 31500	12	94	No. 210	7		O.F.	U
16731501- 4500	6	90	Seaside	7-15			U
16734501- 6500	0	1900	No. 115	15	*	O.F.	U
16736501- 8500	0	1900	No. 110	7		O.F.	U
16738501- 43500	0	1907	No. 165	15	*	Htg.	U
16743501- 8500	0	1907	No. 161	7		Htg.	U
16748501- 9500	18	83	No. 825	17	*	O.F.	U
16749501- 57500	18	83	Sterling	7		O.F.	U
16757501- 9500	16	1908	No. 625	17	*	Htg.	U
16759501- 61500	16	1908	Nos. 625-628	17	*	O.F.	U
16761501- 2500	16	1908	No. 620	15	*	Htg.	U
16762501- 3500	16	1908	No. 620	15	*	O.F.	U
16763501- 5500	16	1908	No. 610	7		Htg.	U
16765501- 7500	16	1908	No. 610	7		O.F.	U
16767501- 8500	12	94	No. 225	17	*	O.F.	U
16768501- 70500	12	94	No. 220	15	*	Htg.	U
16770501- 2500	12	94	No. 220	15	*	O.F.	U
16772501- 4500	12	94	No. 210	7		Htg.	U
16774501- 6500	12	94	No. 210	7		O.F.	U
16776501- 9500	6	90	Seaside	7-15			U
16779501- 82500	0	1900	No. 115	15	*	O.F.	U
16782501- 5500	0	1900	No. 110	7		O.F.	U
16785501- 8500	0	1907	No. 165	15	*	Htg.	U
16788501- 94500	0	1907	No. 161	7		Htg.	U
16794501- 700	14	97	Earl	15		Htg.	U
16794701- 5700	18	83	No. 820	15	*	O.F.	U
16795701-801000	18	83	Sterling	7		O.F.	U
16801001- 3500	16	1908	No. 610	7		Htg.	U
16803501- 6000	16	1908	No. 610	7		O.F.	U

Serial Number.	Size.	Model.	Grade.	Jewels.	Setting.	Style.	Grade of Material.
16806001- 7000	16	99	Traveler	7		Htg.	U
16807001- 8000	16	99	Traveler	7		O.F.	U
16808001- 9500	12	94	No. 225	17	*	O.F.	U
16809501- 11000	12	94	No. 220	15	*	Htg.	U
16811001- 2500	12	94	No. 220	15	*	O.F.	U
16812501- 5000	12	94	No. 210	7		Htg.	U
16815001- 7000	12	94	No. 210	7		O.F.	U
16817001- 9500	6	90	Seaside	7-15			U
16819501- 21500	0	1900	No. 115	15	*	O.F.	U
16821501- 3500	0	1900	No. 110	7		O.F.	U
16823501- 5000	0	1907	No. 165	15	*	Htg.	U
16825001- 500	0	1907	P.S.B.	16		Htg.	A
16825501- 9000	0	1907	Nos. 160-161	7		Htg.	U
16829001- 100	16	1908	No. 628	17	*	Htg.	U
16829101- 30100	16	1908	No. 618	15		O.F.	U
16830101- 600	16	99	No. 618	15		O.F.	U
16830601- 700	14	97	No. 428	17	*	Htg.	U
16830701- 4800	14	97	No. 418	15		Htg.	U
16834801- 8300	14	97	Export	7		Htg.	U
16838301- 400	0	1907	No. 165	15	*	Htg.	U
16838401- 500	0	1900	No. 115	15		O.F.	U
16838501- 42500	18	83	Sterling	7-15		O.F.	U
16842501- 5000	16	1908	No. 625	17	*	Htg.	U
16845001- 7500	16	1908	No. 625	17	*	O.F.	U
16847501- 8000	14	97	Bd. St.	15		O.F.	U
16848001- 9000	12	94	No. 225	17	*	Htg.	U
16849001- 52000	12	94	No. 225	17	*	O.F.	U
16852001- 3500	12	94	No. 220	15	*	Htg.	U
16853501- 4500	12	94	No. 220	15	*	O.F.	U
16854501- 6500	12	94	No. 210	7		Htg.	U
16856501- 8500	12	94	No. 210	7		O.F.	U
16858501- 62000	6	90	Seaside	7-16		Htg.	U
16862001- 4000	0	1900	No. 115	15	*	O.F.	U
16864001- 6000	0	1900	No. 110	7		O.F.	U
16866001- 500	0	1907	No. 160	7		Htg.	U
16866501- 8500	18	83	No. 825	17	*	O.F.	U
16868501- 73500	18	83	Sterling	7		O.F.	U
16873501- 6500	16	1908	No. 625	17	*	Htg.	U
16876501- 9500	16	1908	Nos. 625-628	17	*	O.F.	U
16879501- 81300	16	1908	No. 610	7		Htg.	U
16881301- 500	16	99	Export	7		Htg.	U
16881501- 3500	16	1908	No. 610	7		O.F.	U
16883501- 4500	14	97	Bd. St.	7		O.F.	U
16884501- 6500	12	94	No. 225	17	*	O.F.	U
16886501- 7500	12	94	No. 220	15	*	Htg.	U
16887501- 9500	12	94	No. 220	15	*	O.F.	U
16889501- 91500	12	94	No. 210	7		Htg.	U
16891501- 5500	12	94	No. 210	7		O.F.	U
16895501- 7500	6	90	Seaside	7-15			U
16897501-900500	0	1900	No. 115	15	*	O.F.	U
16900501- 3500	0	1900	No. 110	7		O.F.	U
16903501- 8500	0	1907	No. 161	7		Htg.	U
16908501- 11000	18	83	No. 825	17	*	O.F.	U
16911001- 3000	18	83	No. 820	15	*	O.F.	U
16913001- 20000	18	83	Sterling	7-15		O.F.	U
16920001- 2000	16	1908	No. 625	17	*	Htg.	U
16922001- 4000	16	1908	No. 625	17	*	O.F.	U
16924001- 6000	16	1908	No. 620	15	*	Htg.	U
16926001- 8000	16	1908	No. 620	15	*	O.F.	U
16928001- 30000	16	1908	No. 610	7		Htg.	U
16930001- 2000	16	1908	No. 610	7		O.F.	U
16932001- 3000	16	99	Traveler	7		O.F.	U
16933001- 4000	14	97	Bd. St.	7		Htg.	U
16934001- 5000	14	97	Bd. St.	7		O.F.	U
16935001- 7000	12	94	No. 225	17	*	O.F.	U
16937001- 8000	12	94	No. 220	15	*	Htg.	U
16938001- 9000	12	94	No. 220	15	*	O.F.	U
16939001- 4300	12	94	No. 210	7		O.F.	U
16943001- 6000	6	90	Seaside	7-15			U
16946001- 54000	0	1900	No. 115	15	*	O.F.	U
16954001- 64000	0	1900	No. 110	7		O.F.	U
16964001- 74000	0	1907	No. 161	7		Htg.	U
16974001- 5000	0	1907	No. 160	7		Htg.	U
16975001- 7000	18	83	No. 825	17	*	O.F.	U
16977001- 81000	18	83	Sterling	7-15		O.F.	U

* Patent Regulator. † Thin Model. ‡ Jeweled Main Wheel.

Serial Number.	Size.	Model.	Grade.	Jewels.	Setting.	Style.	Grade of Material.
16981001- 2000	16	1908	No. 625	17	*	Htg.	U
16982001- 3000	16	1908	No. 625	17	*	O.F.	U
16983001- 5000	16	1908	No. 620	15	*	Htg.	U
16985001- 7000	16	1908	No. 620	15	*	O.F.	U
16987001- 9000	16	1908	No. 610	7		Htg.	U
16989001- 91600	16	1908	No. 610	7		O.F.	U
16991601- 800	14	97	No. 418	15		O.F.	U
16991801- 2000	14	97	Export	7		Htg.	U
16992001- 3000	12	94	No. 225	17	*	O.F.	U
16993001- 5000	12	94	No. 220	15	*	Htg.	U
16995001- 7000	12	94	No. 220	15	*	O.F.	U
16997001- 9000	12	94	No. 210	7		Htg.	U
16999001- 999	12	94	No. 210	7		O.F.	U
17000000- 200	16	1908	Premier	23	‡*	O.F.	P
17000201- 1000	12	94	Royal	17	*	O.F.	A
17001001- 2000	J S	98	Ruby	17		Htg.	A
17002001- 300	18	92	Vanguard	23	L S‡*	O.F.	P
17002301- 500	18	92	No. 845	21	L S‡*	Htg.	P
17002501- 3000	18	92	P.S.B.	17	L S *	Htg.	A
17003001- 500	18	92	P.S.B.	17	*	O.F.	A
17003501- 5500	18	83	P.S.B.	17	*	O.F.	A
17005501- 7500	18	83	No. 85	17	L S *	Htg.	A
17007501- 9500	18	83	No. 85	17	*	O.F.	A
17009501- 800	16	99	Maximus	23	‡*	O.F.	P
17009801- 900	16	99	Vanguard	19	‡*	Htg.	P
17009901- 10000	16	99	Vanguard	19	L S‡*	O.F.	P
17010001- 400	16	99	Cres. St.	21	‡*	Htg.	P
17010401- 900	16	99	Cres. St.	21	‡*	O.F.	P
17010901- 2000	16	99	Riverside	19	‡*	O.F.	P
17012001- 500	16	99	Royal	17	*	Htg.	A
17012501- 3500	16	99	Royal	17	*	O.F.	A
17013501- 4000	16	99	No. 630	17	*	Htg.	A
17014001- 500	16	99	No. 630	17	*	O.F.	A
17014501- 5000	16	99	P.S.B.	17	*	Htg.	A
17015001- 500	16	99	P.S.B.	17	*	O.F.	A
17015501- 700	12	94	Maximus	23	‡*	Htg.	P
17015701- 900	12	94	Maximus	23	‡*	O.F.	P
17015901- 6500	12	94	Royal	17	*	Htg.	A
17016501- 7500	12	94	Royal	17	*	O.F.	A
17017501- 8500	J S	98	Sapphire	13		Htg.	A
17018501- 800			Ass't Spec.				
17018801- 9000	18	92	No. 845	21	L S‡*	Htg.	P
17019001- 500	18	92	P.S.B.	17	L S *	Htg.	A
17019501- 21500	18	83	P.S.B.	17	*	O.F.	A
17021501- 2500	18	83	P.S.B.	17	L S *	Htg.	A
17022501- 3500	18	83	No. 85	17	*	O.F.	A
17023501- 600	16	99	Maximus	23	‡*	Htg.	P
17023601- 900	16	99	Maximus	23	‡*	O.F.	P
17023901- 4200	16	99	Cres. St.	21	‡*	Htg.	P
17024201- 500	16	99	Cres. St.	21	‡*	O.F.	P
17024501- 5500	16	99	Riverside	19	‡*	Htg.	P
17025501- 6000	16	99	Riverside	19	‡*	O.F.	P
17026001- 500	16	99	Royal	17	*	Htg.	A
17026501- 7500	16	99	Royal	17		O.F.	A
17027501- 8000	16	99	No. 630	17	*	Htg.	A
17028001- 9000	16	99	No. 630	17	*	O.F.	A
17029001- 500	16	99	P.S.B.	17	*	Htg.	A
17029501- 30000	16	99	P.S.B.	17	*	O.F.	A
17030001- 100	12	94	Maximus	23	‡*	Htg.	P
17030101- 200	12	94	Maximus	23	‡*	O.F.	P
17030201- 1000	12	94	Riverside	19	‡*	Htg.	P
17031001- 2000	12	94	Riverside	19	‡*	O.F.	P
17032001- 3000	12	94	Royal	17	*	Htg.	A
17033001- 4000	12	94	Royal	17	*	O.F.	A
17034001- 5000	J S	98	Sapphire	13		Htg.	A
17035001- 6000	18	92	No. 845	21	L S‡*	O.F.	P
17036001- 7000	18	83	P.S.B.	17	*	O.F.	A
17037001- 500	16	99	Royal	17	*	Htg.	A
17037501- 8000	16	99	No. 630	17	*	Htg.	A
17038001- 9000	16	99	No. 630	17	*	O.F.	A
17039001- 500	16	99	P.S.B.	17	*	Htg.	A
17039501- 40000	16	99	P.S.B.	17	*	O.F.	A
17040001- 100	Col.	Series	Maximus	23	‡*	Htg.	P
17040101- 1000	12	94	Royal	17	*	O.F.	A
17041001- 2000	0	1900	Lady W.	16	*	Htg.	A

Serial Number.	Size.	Model.	Grade.	Jewels.	Setting.	Style.	Grade of Material.
17042001- 200	18	92	No. 845	21	L S‡*	Htg.	P
17042201- 3000	18	92	No. 845	21	L S‡*	O.F.	P
17043001- 4000	18	92	P.S.B.	17	L S *	O.F.	A
17044001- 5000	18	83	P.S.B.	17	*	O.F.	A
17045001- 500	16	99	Cres. St.	21	‡*	Htg.	P
17045501- 6000	16	99	Riverside	19	‡*	O.F.	P
17046001- 500	16	99	Royal	17	*	Htg.	A
17046501- 7000	16	99	Royal	17	*	O.F.	A
17047001- 8000	16	99	No. 630	17	*	O.F.	A
17048001- 200	12	94	Maximus	23	‡*	O.F.	P
17048201- 500	12	94	Riverside	19	‡*	Htg.	P
17048501- 9000	12	94	Riverside	19	‡*	O.F.	P
17049001- 500	12	94	Royal	17	*	Htg.	A
17049501- 50500	12	94	Royal	17	*	O.F.	A
17050501- 1500	J S	98	Sapphire	13		Htg.	A
17051501- 2500			Ass't Spec.				
17052501- 3000	18	83	No. 87	17	*	O.F.	A
17053001- 4000	18	83	P.S.B.	17	*	O.F.	A
17054001- 5000	18	83	No. 85	17	L S *	Htg.	A
17055001- 7000	18	83	No. 85	17	*	O.F.	A
17057001- 8000	16	1908	Pre. Max.	23	‡*	O.F.	P
17058001- 200	16	99	Cres. St.	21	‡*	Htg.	P
17058201- 500	16	1908	Cres. St.	21	‡*	Htg.	P
17058501- 9000	16	99	Riverside	19	‡*	Htg.	P
17059001- 60000	16	99	Riverside	19	‡*	O.F.	P
17060001- 500	16	99	Royal	17	*	Htg.	A
17060501- 1000	16	99	Royal	17	*	O.F.	A
17061001- 500	12	94	Riverside	19	‡*	Htg.	P
17061501- 2500	12	94	Riverside	19	‡*	O.F.	P
17062501- 3500	12	94	Royal	17	*	O.F.	A
17063501- 4000	0	1900	Riverside	17	*	Htg.	P
17064001- 5000	J S	98	Sapphire	13		Htg.	A
17065001- 500	18	92	No. 845	21	L S‡*	O.F.	P
17065501- 7000	18	83	P.S.B.	17	*	O.F.	A
17067001- 8000	18	83	No. 85	17	L S *	Htg.	A
17068001- 70000	18	83	No. 85	17	*	O.F.	A
17070001- 500	16	1908	Riverside	19	‡*	Htg.	P
17070501- 1000	16	99	Riverside	19	‡*	O.F.	P
17071001- 500	16	1908	Royal	17	*	Htg.	A
17071501- 2000	16	99	Royal	17	*	O.F.	A
17072001- 3000	16	99	No. 630	17	*	O.F.	A
17073001- 100	16	1908	P.S.B.	17	*	Htg.	A
17073101-	18	92	Vanguard	21	L S‡*	Htg.	P
17073102- 500	16	1908	P.S.B.	17	*	Htg.	A
17073501- 4000	16	99	P.S.B.	17	*	O.F.	A
17074001- 500	12	94	Royal	17	*	Htg.	A
17074501- 5500	12	94	Royal	17	*	O.F.	A
17075501- 6500	0	1900	Lady W.	16	*	Htg.	A
17076501- 7000	18	92	Vanguard	23	L S‡*	O.F.	P
17077001- 500	18	92	Vanguard	21	L S‡*	O.F.	P
17077501- 8000	18	92	No. 845	21	L S‡*	O.F.	P
17078001- 80000	18	83	P.S.B.	17	*	O.F.	A
17080001- 1500	18	83	No. 85	17	L S *	Htg.	A
17081501- 3500	18	83	No. 85	17	L S *	O.F.	A
17083501- 700	16	1908	Maximus	23	‡*	Htg.	P
17083701- 4000	16	99	Vanguard	23	L S‡*	O.F.	P
17084001- 500	16	1908	Cres. St.	21	L S‡*	O.F.	P
17084501- 5000	16	1908	Riverside	19	‡*	Htg.	P
17085001- 500	16	1908	Riverside	19	‡*	O.F.	P
17085501- 6500	16	1908	No. 630	17	*	O.F.	A
17086501- 7000	16	1908	P.S.B.	17	*	Htg.	A
17087001- 500	0	1900	Riverside	17	*	Htg.	P
17087501- 8500	0	1900	Lady W.	16	*	Htg.	A
17088501- 9000	18	92	Vanguard	23	L S‡*	O.F.	P
17089001- 500	18	92	No. 845	21	L S‡*	Htg.	P
17089501- 90000	18	92	No. 845	21	L S‡*	O.F.	P
17090001- 100	18	92	A.T.&Co.	17	L S *	Htg.	P
17090101- 500	18	92	P.S.B.	17	*	O.F.	A
17090501- 2500	18	83	{P.S.B. No. 87}	17	*	O.F.	A
17092501- 3500	18	83	P.S.B.	17	*	O.F.	A
17093501- 4500	18	83	No. 85	17	L S *	Htg.	A
17094501- 5500	18	83	No. 85	17	*	O.F.	A
17095501- 800	16	1908	Vanguard	23	L S‡*	O.F.	P
17095801- 900	16	1908	Vanguard	19	‡*	Htg.	P

* Patent Regulator. ‡ Jeweled Main Wheel.

Serial Numbre.	Size.	Model.	Grade.	Jewels.	Setting.	Style.	Grade of Material.
17095901- 6000	16	1908	Vanguard	19	L S‡*	O.F.	P
17096001- 500	16	1908	Cres. St.	21	‡*	Htg.	P
17096501- 7000	16	1908	No. 645	21	L S‡*	O.F.	P
17097001- 500	16	1908	Riverside	19	‡*	O.F.	P
17097501- 800	16	1908	No. 630	17	*	O.F.	A
17097801- 8500	16	1908	No. 635	17	*	O.F.	A
17098501- 9000	16	1908	P.S.B.	17	*	Htg.	A
17099001- 100	16	1908	P.S.B.	17	L S *	O.F.	A
17099101- 500	16	1908	P.S.B.	17	*	O.F.	A
17099501-100000	12	94	Riverside	19	‡*	Htg.	P
17100001- 500	12	94	Riverside	19	‡*	O.F.	P
17100501- 1500	12	94	Royal	17	*	O.F.	A
17101501- 2500	J S	98	Ruby	17		Htg.	A
17102501- 4500	18	83	P.S.B.	17	*	O.F.	A
17104501- 5500	18	83	No. 85	17	L S *	Htg.	A
17105501- 7500	18	83	No. 85	17	*	O.F.	A
17107501- 8000	16	1908	No. 645	21	L S‡*	O.F.	P
17108001- 500	16	1908	Riverside	19	‡*	Htg.	P
17108501- 9500	16	1908	Royal	17	*	Htg.	A
17109501- 10500	16	1908	Royal	17	*	O.F.	A
17110501- 1500	16	1908	No. 635	17	*	O.F.	A
17111501- 2500	16	1908	P.S.B.	17	*	Htg.	A
17112501- 3500	16	1908	P.S.B.	17	*	O.F.	A
17113501- 4500	12	94	Riverside	19	*	O.F.	P
17114501- 5000	12	94	Royal	17	*	Htg.	A
17115001- 6000	12	94	Royal	17	*	O.F.	A
17116001- 500	0	1900	Riverside	17	*	Htg.	P
17116501- 7500	0	1900	Lady W.	16	*	Htg.	A
17117501- 8500	J S	98	Ruby	17		Htg.	A
17118501- 9000	18	92	No. 845	21	L S‡*	O.F.	P
17119001- 20000	18	92	P.S.B.	17	L S *	O.F.	A
17120001- 1000	18	83	P.S.B.	17	*	O.F.	A
17121001- 500	16	1908	Cres. St.	21	‡*	O.F.	P
17121501- 2000	16	1908	No. 645	21	L S‡*	O.F.	P
17122001- 500	16	1908	Riverside	19	‡*	O.F.	P
17122501- 3000	16	1908	Royal	17	*	O.F.	A
17123001- 500	16	1908	No. 635	17	*	O.F.	A
17123501- 4000	16	1908	P.S.B.	17	*	Htg.	A
17124001- 500	Col.	Ser.	Maximus	23	‡*	O.F.	P
17124501- 5000	Col.	Ser.	Riverside	19	‡*	O.F.	P
17125001- 200	12	94	Maximus	23	‡*	Htg.	P
17125201- 500	12	94	Maximus	23	‡*	O.F.	P
17125501- 6000	12	94	Royal	17	*	Htg.	A
17126001- 500	12	94	Royal	17	*	O.F.	A
17126501- 7500	J S	98	Ruby	17		Htg.	A
17127501- 8000	18	92	No. 845	21	L S‡*	O.F.	P
17128001- 500	18	83	P.S.B.	17	*	O.F.	A
17128501- 9500	18	83	No. 85	17	*	O.F.	A
17129501- 700	16	1908	Vanguard	19	L S‡*	O.F.	P
17129701- 800	16	1908	Cres. St.	21	L S‡*	Htg.	P
17129801- 30000	16	1908	Cres. St.	21	‡*	Htg.	P
17130001- 500	16	1908	Cres. St.	21	LS‡*	O.F.	P
17130501- 1000	16	1908	No. 645	21	L S‡*	O.F.	P
17131001- 500	16	1908	P.S.B.	17	*	Htg.	A
17131501- 2000	Col.	Ser.	Riverside	19	‡*	O.F.	P
17132001- 200	0	1900	Riverside	17	*	O.F.	P
17132201- 500	0	1900	Lady W.	16	*	O.F.	A
17132501- 700	J S	98	Riverside	17		Htg.	P
17132701- 3000	J S	98	Riverside	17	†	Htg.	P
17133001- 4000	18	83	No. 85	17	*	O.F.	A
17134001- 200	16	1908	Vanguard	23	‡*	Htg.	P
17134201- 500	16	1908	Vanguard	23	L S‡*	O.F.	P
17134501- 700	16	1908	Vanguard	19	‡*	Htg.	P
17134701- 5000	16	1908	Vanguard	19	L S‡*	O.F.	P
17135001- 200	16	1908	Cres. St.	21	‡*	Htg.	P
17135201- 500	16	1908	Cres. St.	21	‡*	O.F.	P
17135501- 6500	16	1908	No. 645	21	L S‡*	O.F.	P
17136501- 7200	16	1908	P.S.B.	17	*	Htg.	A
17137201- 500	16	1908	P.S.B.	17	*	O.F.	A
17137501- 8000	Col.	Ser.	Riverside	19	‡*	O.F.	P
17138001- 500	Col.	Ser.	Royal	17	*	O.F.	A
17138501- 800	3/0	1900	Maximus	19	*	Htg.	P
17138801- 9000	0	1900	Maximus	19	*	O.F.	P
17139001- 40000	0	1900	Lady W.	16	*	Htg.	A
17140001- 1000	J S	98	Ruby	17	†	{O.F. Htg.}	A

Serial Number.	Size.	Model.	Grade.	Jewels.	Setting.	Style.	Grade of Material.
17141001- 500	18	92	No. 845	21	L S‡*	O.F.	P
17141501- 3500	18	83	P.S.B.	17	*	O.F.	A
17143501- 4000	16	1908	Cres. St.	21	L S‡*	O.F.	P
17144001- 5000	16	1908	No. 645	21	L S‡*	O.F.	P
17145001- 6000	12	94	Riverside	19	*	O.F.	P
17146001- 500	Col.	Ser.	Royal	17	*	O.F.	A
17146501- 7000	12	94	No. 220	15	*	O.F.	U
17147001- 8000	12	94	No. 230	17	*	Htg.	A
17148001- 9000	12	94	No. 230	17	*	O.F.	A
17149001- 500	0	1900	Lady W.	16	*	O.F.	A
17149501- 51500	J S	98	Ruby	17	†	Htg.	A
17151501- 700	18	92	Vanguard	19	L S‡*	O.F.	P
17151701- 2000	18	92	Cres. St.	19	L S‡*	O.F.	P
17152001- 3000	18	92	No. 845	21	L S‡*	O.F.	P
17153001- 4000	18	83	No. 87	17	*	O.F.	A
17154001- 500	16	1908	Cres. St.	21	‡*	O.F.	P
17154501- 5500	16	1908	No. 645	21	L S‡*	O.F.	P
17155501- 6200	16	1908	P.S.B.	17	*	Htg.	A
17156201- 500	16	1908	P.S.B.	17	*	O.F.	A
17156501- 7000	12	94	No. 235	17	*	Htg.	A
17157001- 500	12	94	No. 235	17	*	O.F.	A
17157501- 8500	12	94	No. 220	15	*	O.F.	U
17158501- 9500	12	94	No. 230	17	*	Htg.	A
17159501- 60500	12	94	No. 230	17	*	O.F.	A
17160501- 1500	0	1900	Lady W.	16	*	Htg.	A
17161501- 2000	0	1900	Lady W.	16–17	*	O.F.	A
17162001- 500			Ass't Spec.				
17162501- 3500	18	92	No. 845	21	L S‡*	O.F.	P
17163501- 4500	18	83	P.S.B.	17	*	O.F.	A
17164501- 5000	16	1908	No. 630	17	*	Htg.	A
17165001- 200	16	1908	Vanguard	23	‡*	Htg.	P
17165201- 500	16	1908	Cres. St.	21	‡*	O.F.	P
17165501- 7500	16	1908	No. 645	21	L S‡*	O.F.	P
17167501- 9500	16	1908	{No. 630 P.S.B.}	17	*	Htg.	A
17169501- 70000	16	1908	P.S.B.	17	*	O.F.	A
17170001- 1000	0	1900	Lady W.	16	*	Htg.	A
17171001- 500	0	1900	Lady W.	16	*	O.F.	A
17171501- 2500	J S	98	Ruby	17	†	Htg.	A
17172501- 3500	18	83	P.S.B.	17	*	O.F.	A
17173501- 700	16	1908	Vanguard	23	‡*	Htg.	P
17173701- 5500	16	1908	No. 645	21	L S‡*	O.F.	P
17175501- 6500	16	1908	P.S.B.	17	*	Htg.	A
17176501- 700	0	1900	Riverside	17	*	O.F.	P
17176701- 7500	0	1900	Lady W.	16	*	Htg.	A
17177501- 8000	0	1900	Lady W.	16	*	O.F.	A
17178001- 80000	16	1908	No. 645	21	‡*	O.F.	P
17180001- 600	16	1908	No. 630	17	*	Htg.	A
17180601- 1000	16	1908	No. 635	17	*	Htg.	A
17181001- 2000	16	1908	P.S.B.	17	*	Htg.	A
17182001- 500	12	94	No. 230	17	*	Htg.	A
17182501- 3000	12	94	No. 235	17	*	Htg.	A
17183001- 4000	12	94	No. 230	17	*	O.F.	A
17184001- 200	0	1900	Riverside	17	*	O.F.	P
17184201- 5000	0	1900	Lady W.	16	*	Htg.	A
17185001- 500	0	1900	Lady W.	16	*	O.F.	A
17185501- 7500	J S	98	Ruby	17	†	Htg.	A
17187501- 8500			Ass't Spec.				
17188501- 91000	12	94	No. 210	7		O.F.	U
17191001- 5000	6	90	Seaside	7–15		Htg.	U
17195001- 7000	0	1900	No. 110	7		O.F.	U
17197001-202000	0	1907	No. 161	7		Htg.	U
17202001- 3000	18	83	No. 825	17	*	O.F.	U
17203001- 5000	18	83	No. 820	15	*	O.F.	U
17205001- 12000	18	83	Sterling	7–15		O.F.	U
17212001- 4000	16	1908	No. 620	15	*	Htg.	U
17214001- 6000	16	1908	No. 620	15	*	O.F.	U
17216001- 8000	16	1908	No. 610	7		Htg.	U
17218001- 20000	16	1908	No. 610	7		O.F.	U
17220001- 2000	16	1908	Traveler	7		Htg.	U
17222001- 500	16	99	Traveler	7		O.F.	U
17222501- 4000	16	1908	Traveler	7		O.F.	U
17224001- 5000	14	97	Bd. St.	7		Htg.	U
17225001- 6000	14	97	Bd. St.	7		O.F.	U
17226001- 8000	12	94	No. 220	15	*	Htg.	U

* Patent Regulator. † Thin Model. ‡ Jeweled Main Wheel.

Serial Number.	Size.	Model.	Grade.	Jewels.	Setting.	Style.	Grade of Material.
17228001- 30000	12	94	No. 220	15	*	O.F.	U
17230001- 8000	12	94	No. 210	7		O.F.	U
17238001- 47000	6	90	Seaside	7-15		Htg.	U
17247001- 57000	0	1900	No. 110	7		O.F.	U
17257001- 500	0	1900	No. 100	7		O.F.	U
17257501- 8000	0	1907	P.S.B.	16		Htg.	A
17258001- 71000	0	1907	Nos. 160-161	7		Htg.	U
17271001- 2000	18	83	No. 825	17	*	O.F.	U
17272001- 3000	18	83	No. 820	15	*	O.F.	U
17273001- 6000	18	83	No. 81	15		O.F.	U
17276001- 81000	18	83	Sterling	7		O.F.	U
17281001- 2000	16	1908	No. 625	17	*	Htg.	U
17282001- 3000	16	1908	No. 620	15	*	Htg.	U
17283001- 4000	16	1908	No. 620	15	*	O.F.	U
17284001- 5000	16	1908	No. 610	7		Htg.	U
17285001- 6000	16	1908	No. 610	7		O.F.	U
17286001- 200	16	1908	No. 623	17		Htg.	U
17286201- 7500	16	1908	No. 623	17		O.F.	U
17287501- 9000	16	1908	Traveler	7		Htg.	U
17289001- 500	16	1908	Marquis	15		Htg.	U
17289501- 90000	16	1908	Traveler	7		Htg.	U
17290001- 3000	16	1908	Traveler	7		O.F.	U
17293001- 300	16	1908	No. 613	15		Htg.	U
17293301- 5000	16	1908	No. 613	15		O.F.	U
17295001- 6000	14	97	Bd. St.	7		Htg.	U
17296001- 7000	14	97	Bd. St.	7-15		O.F.	U
17297001- 8000	12	94	No. 225	17	*	Htg.	U
17298001- 9000	12	94	No. 220	15	*	Htg.	U
17299001-300000	12	94	No. 220	15	*	O.F.	U
17300001- 1000	0	1907	No. 163	13		Htg.	U
17301001- 2000	0	1900	No. 100	7		O.F.	U
17302001- 4000	18	83	No. 820	15	*	O.F.	U
17304001- 6000	18	83	No. 81	15		O.F.	U
17306001- 11000	18	83	Sterling	7		O.F.	U
17311001- 2000	16	1908	No. 620	15	*	Htg.	U
17312001- 3000	16	1908	No. 620	15	*	O.F.	U
17313001- 5000	16	1908	No. 610	7		Htg.	U
17315001- 7000	16	1908	No. 610	7		O.F.	U
17317001- 8000	16	1908	Traveler	7		Htg.	U
17318001- 9000	16	1908	Traveler	7		O.F.	U
17319001- 20000	14	97	Bd. St.	7		Htg.	U
17320001- 2000	12	94	No. 220	15	*	Htg.	U
17322001- 4000	12	94	No. 220	15	*	O.F.	U
17324001- 8000	12	94	No. 210	7		O.F.	U
17328001- 32000	6	90	Seaside	7-15		Htg.	U
17332001- 3000	0	1900	No. 115	15	*	O.F.	U
17333001- 5000	0	1900	Nos. 100-110	7		O.F.	U
17335001- 40000	0	1907	Nos. 160-161	7		Htg.	U
17340001- 200	18	83	Special	21	*	O.F.	U
17340201- 1000	18	83	No. 820	15	*	O.F.	U
17341001- 8000	18	83	Sterling	7-15		O.F.	U
17348001- 50000	16	1908	No. 620	15	*	Htg.	U
17350001- 3000	16	1908	No. 620	15	*	O.F.	U
17353001- 5000	16	1908	No. 610	7		Htg.	U
17355001- 8000	16	1908	No. 610	7		O.F.	U
17358001- 9000	16	1908	Traveler	7		Htg.	U
17359001- 60000	16	1908	Traveler	7		O.F.	U
17360001- 5000	12	94	No. 220	15	*	Htg.	U
17365001- 70000	12	94	No. 220	15	*	O.F.	U
17370001- 5000	12	94	No. 210	7		O.F.	U
17375001- 9000	6	90	Seaside	7-15		Htg.	U
17379001- 84000	0	1900	No. 115	15	*	O.F.	U
17384001- 90000	0	1900	Nos. 100-110	7		O.F.	U
17390001- 1000	0	1907	No. 163	13		Htg.	U
17391001- 6000	0	1907	Nos. 160-161	7		Htg.	U
17396001- 7000	0	1907	No. 160	7		Htg.	U
17397001- 8000	18	83	No. 820	15	*	O.F.	U
17398001-402000	18	83	Sterling	7-15		O.F.	U
17402001- 500	18	83	No. 818	15		O.F.	U
17402501- 5000	18	83	No. 1	7		O.F.	U
17405001- 7000	8	Day	Chron.	15	W.I.	O.F.	P
17407001- 10000	16	1908	No. 620	15	*	Htg.	U
17410001- 3000	16	1908	No. 620	15	*	O.F.	U
17413001- 7000	16	1908	No. 610	7		Htg.	U
17417001- 21000	16	1908	No. 610	7		O.F.	U
17421001- 3000	16	1908	Export	7-15		Htg.	U
17423001- 4000	16	1908	Export	7		O.F.	U
17424001- 500	14	97	Bd. St.	7		Htg.	U
17424501- 800	14	97	Gentlemen	7		O.F.	U
17424801- 5200	14	97	Export	15		O.F.	U
17425201- 6000	14	97	Bd. St.	7		Htg.	U
17426001- 500	14	97	Bd. St.	7		O.F.	U
17426501- 7000	14	97	Bd. St.	15		O.F.	U
17427001- 9000	12	94	No. 220	15	*	Htg.	U
17429001- 34000	12	94	No. 210	7		O.F.	U
17434001- 8000	6	90	Seaside	7-16		Htg.	U
17438001- 43000	0	1900	No. 110 Seaside	7		O.F.	U
17443001- 4000	0	1900	No. 100	7		O.F.	U
17444001- 9000	0	1907	No. 161 Seaside	7		Htg.	U
17449001- 50000	0	1907	No. 160	7		Htg.	U
17450001- 1000	18	83	No. 820	15	*	O.F.	U
17451001- 2000	18	83	No. 18	7	LS	Htg.	U
17452001- 7000	18	83	No. 1	7		O.F.	U
17457001- 8000	16	1908	No. 625	17	*	Htg.	U
17458001- 60000	16	1908	No. 620	15	*	Htg.	U
17460001- 2000	16	1908	No. 620	15	*	O.F.	U
17462001- 500	16	1908	Traveler	7		Htg.	U
17462501- 4500	16	1908	No. 610	7		Htg.	U
17464501- 6500	16	1908	No. 610	7		O.F.	U
17466501- 8500	16	1908	Traveler	7		Htg.	U
17468501- 70500	16	1908	Traveler	7-15		O.F.	U
17470501- 1500	14	97	Bd. St.	7		Htg.	U
17471501- 2000	14	97	Bd. St.	7		O.F.	U
17472001- 300	14	97	Earl	15		Htg.	U
17472301- 600	14	97	Earl	15		O.F.	U
17472601- 700	12	94	Duke	15		O.F.	U
17472701- 4000	12	94	No. 220	15	*	Htg.	U
17474001- 6000	12	94	No. 220	15	*	O.F.	U
17476001- 8000	12	94	No. 210	7		Htg.	U
17478001- 83000	12	94	No. 210	7		O.F.	U
17483001- 6000	6	90	Seaside	7-15			U
17486001- 91000	0	1900	No. 110	7		O.F.	U
17491001- 2000	0	1907	No. 163	13		Htg.	U
17492001- 900	0	1907	P.S.B.	16		Htg.	A
17492901- 7000	0	1907	No. 161 Seaside	7		Htg.	U
17497001- 8000	0	1907	No. 160	7		Htg.	U
17498001- 9000	18	83	No. 820	15	*	O.F.	U
17499001-500000	18	83	No. 18	7	LS	Htg.	U
17500001- 4000	18	83	Sterling	7		O.F.	U
17504001- 5000	18	83	No. 1	7	LS	Htg.	U
17505001- 7000	16	1908	No. 620	15	*	Htg.	U
17507001- 9000	16	1908	No. 620	15	*	O.F.	U
17509001- 500	16	1908	Traveler	7		Htg.	U
17509501- 11500	16	1908	No. 610	7		Htg.	U
17511501- 3500	16	1908	No. 610	7		O.F.	U
17513501- 5500	16	1908	Traveler	7		Htg.	U
17515501- 7500	16	1908	Traveler	7		O.F.	U
17517501- 8500	14	97	Bd. St.	7		Htg.	U
17518501- 9000	14	97	Bd. St.	7		O.F.	U
17519001- 20000	12	94	No. 225	17	*	Htg.	U
17520001- 2000	12	94	No. 220	15	*	Htg.	U
17522001- 4000	12	94	No. 220	15	*	O.F.	U
17524001- 6000	12	94	No. 210	7		Htg.	U
17526001- 30000	12	94	No. 210	7		O.F.	U
17530001- 2000	6	90	Seaside	7			U
17532001- 7000	0	1900	Seaside	7		O.F.	U
17537001- 100	0	1900	P.S.B.	16		O.F.	A
17537101- 8000	0	1900	No. 100	7		O.F.	U
17538001- 43000	0	1907	No. 165	15	*	Htg.	U
17543001- 250	18	83	Sterling	7		O.F.	U
17543251- 350	16	1908	No. 628	17	*	Htg.	A
17543351- 4600	16	1908	No. 618	15		O.F.	U
17544601- 700	14	97	No. 428	17	*	Htg.	A
17544701- 51500	14	97	No. 418	15		Htg.	U
17551501- 3000	14	97	Ensign	7		Htg.	U
17553001- 4000	18	83	No. 825	17	LS *	Htg.	U
17554001- 6000	18	83	No. 825	17	*	O.F.	U

* Patent Regulator.

Serial Number.	Size.	Model.	Grade.	Jewels.	Setting.	Style.	Grade of Material.
17556001- 7000	18	83	No. 1	7	L S	Htg.	U
17557001- 60000	18	83	No. 1	7		O.F.	U
17560001- 2000	16	1908	No. 620	15	*	Htg.	U
17562001- 4000	16	1908	No. 620	15	*	O.F.	U
17564001- 7000	16	1908	No. 610	7		Htg.	U
17567001- 70000	16	1908	No. 610	7		O.F.	U
17570001- 1000	16	1908	Traveler	7		Htg.	U
17571001- 2000	16	1908	Traveler	7		O.F.	U
17572001- 3000	14	97	No. 418	15		Htg.	U
17573001- 5000	12	94	No. 220	15	*	O.F.	U
17575001- 7000	12	94	No. 210	7		Htg.	U
17577001- 82000	12	94	No. 210	7		O.F.	U
17582001- 5500	6	90	Seaside	7-15		Htg.	U
17585501- 90500	0	1900	No. 110	7		O.F.	U
17590501- 1000	0	1900	No. 103	13		O.F.	U
17591001- 2000	0	1900	No. 100	7		O.F.	U
17592001- 7000	0	1907	No. 165	15	*	Htg.	U
17597001- 8000	0	1907	No. 163	13		Htg.	U
17598001-603000	0	1907	Seaside	7		Htg.	U
17603001- 4000	0	1907	No. 160	7		Htg.	U
17604001- 5000	18	83	No. 825	17	*	O.F.	U
17605001- 6000	18	83	No. 18	7	L S	Htg.	U
17606001- 11000	18	83	No. 1	7		O.F.	U
17611001- 2000	18	83	A.W.W. Co.	7	K.W.		U
17612001- 4000	16	1908	No. 620	15	*	Htg.	U
17614001- 6000	16	1908	No. 620	15	*	O.F.	U
17616001- 7000	16	1908	No. 610	7		Htg.	U
17617001- 8000	16	1908	No. 610	7		O.F.	U
17618001- 9000	16	1908	Traveler	7		Htg.	U
17619001- 20000	16	1908	Traveler	7		O.F.	U
17620001- 1000	14	97	Bd. St.	7		Htg.	U
17621001- 500	14	97	Export	7		O.F.	U
17621501- 3500	12	94	No. 210	7		Htg.	U
17623501- 6500	12	94	No. 210	7		O.F.	U
17626501- 30500	6	90	Seaside	7-15		Htg.	U
17630501- 1500	0	1900	No. 100	7		O.F.	U
17631501- 5500	0	1907	No. 165	15	*	Htg.	U
17635501- 6500	0	1907	No. 163	13		Htg.	U
17636501- 42500	0	1907	No. 161	7		Htg.	U
17642501- 3500	18	83	No. 825	17	*	O.F.	U
17643501- 5500	18	83	No. 1	7		O.F.	U
17645501- 7500	16	1908	No. 620	15	*	Htg.	U
17647501- 9500	16	1908	No. 620	15	*	O.F.	U
17649501- 51500	16	1908	No. 610	7		Htg.	U
17651501- 3500	16	1908	No. 610	7		O.F.	U
17653501- 5500	16	1908	Traveler	7		Htg.	U
17655501- 7000	16	1908	Traveler	7		O.F.	U
17657001- 60000	14	1904	Bd. St.	7		Htg.	U
17660001- 400	14	97	Export	15		O.F.	U
17660401- 1400	14	97	Bd. St.	7		Htg.	U
17661401- 500	12	94	Duke	15		O.F.	U
17661501- 2000	14	97	Bd. St.	7		Htg.	U
17662001- 3000	14	97	Bd. St.	7.		O.F.	U
17663001- 5000	12	94	No. 210	7		Htg.	U
17665001- 8000	12	94	No. 210	7		O.F.	U
17668001- 70000	6	90	Seaside	7-15		Htg.	U
17670001- 1000	0	1900	No. 100	7		O.F.	U
17671001- 5000	0	1907	No. 165	15	*	Htg.	U
17675001- 80000	0	1907	No. 161	7		Htg.	U
17680001- 1000	18	83	No. 825	17	*	O.F.	U
17681001- 3000	18	83	No. 820	15	L S	Htg.	U
17683001- 5000	18	83	Sterling	7	L S	Htg.	U
17685001- 7000	18	83	No. 1	7		O.F.	U
17687001- 8000	16	1908	No. 625	17	*	Htg.	U
17688001- 91000	16	1908	No. 610	7		Htg.	U
17691001- 4000	16	1908	No. 610	7		O.F.	U
17694001- 7000	16	1908	Traveler	7		Htg.	U
17697001- 9000	16	1908	Traveler	7		O.F.	U
17699001-700000	14	97	Bd. St.	7		Htg.	U
17700001- 1000	14	97	Bd. St.	7		O.F.	U
17701001- 2000	12	94	No. 225	17	*	Htg.	U
17702001- 4000	12	94	No. 210	7		Htg.	U
17704001- 7000	12	94	No. 210	7		O.F.	U
17707001- 11000	6	90	Seaside	7		Htg.	U
17711001- 3000	0	1900	No. 100	7		O.F.	U

Serial Number.	Size.	Model.	Grade.	Jewels.	Setting.	Style.	Grade of Material.
17713001- 6000	0	1907	No. 165	15	*	Htg.	U
17716001- 24000	0	1907	No. 161	7		Htg.	U
17724001- 5000	18	83	No. 825	17	*	O.F.	U
17725001- 6000	18	83	No. 18	7	L S	Htg.	U
17726001- 36000	18	83	Sterling	7		O.F.	U
17736001- 7000	16	1908	No. 625	17	*	Htg.	U
17737001- 9000	16	1908	No. 620	15	*	O.F.	U
17739001- 41000	16	1908	No. 610	7		Htg.	U
17741001- 3000	16	1908	No. 610	7		O.F.	U
17743001- 8000	16	1908	Traveler	7			U
17748001- 9000	12	94	No. 225	17	*	Htg.	U
17749001- 50000	12	94	No. 220	15	*	O.F.	U
17750001- 2000	12	94	No. 210	7		Htg.	U
17752001- 5000	12	94	No. 210	7		O.F.	U
17755001- 6000	12	94	No. 225	17	*	O.F.	U
17756001- 9000	6	90	Seaside	7		Htg.	U
17759001- 62000	0	1907	No. 165	15	*	Htg.	U
17762001- 8000	0	1907	Seaside	7		Htg.	U
17768001- 9000	0	1907	No. 160	7		Htg.	U
17769001- 71500	18	83	Am.W.Co.	7	K.W.		U
17771501- 2000	16	1908	Marquis	15		Htg.	U
17772001- 500	16	1908	Marquis	15		O.F.	U
17772501- 3500	14	97	Special	7-15		Htg.	U
17773501- 4000	14	97	No. 418	15		O.F.	U
17774001- 5000	18	83	No. 825	17	*	O.F.	U
17775001- 7000	18	83	Sterling	7		Htg.	U
17777001- 82000	18	83	No. 1	7		O.F.	U
17782001- 3000	16	1908	No. 625	17	*	Htg.	U
17783001- 5000	16	1908	No. 610	7		Htg.	U
17785001- 7000	16	1908	No. 610	7		O.F.	U
17787001- 90000	16	1908	Traveler	7			U
17790001- 2000	16	1908	Traveler	7		O.F.	U
17792001- 4000	8	Day		15		O.F.	A
17794001- 5000	12	94	No. 225	17	*	Htg.	U
17795001- 7000	12	94	No. 210	7		Htg.	U
17797001- 9000	12	94	No. 210	7		O.F.	U
17799001-803000	6	90	Seaside	7		Htg.	U
17803001- 4000	0	1900	No. 100	7		O.F.	U
17804001- 6000	0	1907	No. 165	15	*	Htg.	U
17806001- 14000	0	1907	Seaside	7		Htg.	U
17814001- 250	18	83	Special	21	*	O.F.	A
17814251- 6000	18	83	No. 825	17	*	O.F.	U
17816001- 22000	18	83	Sterling	7-15		O.F.	U
17822001- 3000	16	1908	No. 625	17	*	Htg.	U
17823001- 4000	16	1908	No. 625	17	*	O.F.	U
17824001- 5000	16	1908	No. 620	15	*	O.F.	U
17825001- 7000	16	1908	No. 610	7		Htg.	U
17827001- 9000	16	1908	No. 610	7		O.F.	U
17829001- 32000	16	1908	Traveler	7			U
17832001- 4000	16	1908	Traveler	7		O.F.	U
17834001- 6000	8	Day		15		O.F.	A
17836001- 8000	12	94	No. 225	17	*	Htg.	U
17838001- 40000	12	94	No. 210	7		Htg.	U
17840001- 6000	12	94	No. 210	7		O.F.	U
17846001- 9000	6	90	Seaside	7		Htg.	U
17849001- 51000	0	1907	No. 165	15	*	Htg.	U
17851001- 7000	0	1907	No. 161	7		Htg.	U
17857001- 8750	18	83	No. 825	17	*	O.F.	U
17858751- 9000	18	83	Special	21	*	O.F.	A
17859001- 60000	18	83	No. 820	15	*	O.F.	U
17860001- 3000	18	83	Sterling	7-15		O.F.	U
17863001- 8000	18	83	No. 1	7		O.F.	U
17868001- 70000	16	1908	No. 620	15	*	O.F.	U
17870001- 2000	16	1908	No. 610	7		Htg.	U
17872001- 4000	16	1908	No. 610	7		O.F.	U
17874001- 9000	16	1908	Equity	7		O.F.	U
17879001- 81000	12	94	No. 225	17	*	Htg.	U
17881001- 7000	12	94	No. 210	7		Htg.	U
17887001- 91000	12	94	No. 210	7		O.F.	U
17891001-906000	6	90	Seaside	7			U
17906001- 9000	0	1907	No. 165	15	*	Htg.	U
17909001- 19000	0	1907	No. 161	7		Htg.	U
17919001- 600	18	83	No. 818	15		O.F.	U
17919601- 21000	18	83	No. 825	17	*	Htg.	U
17921001- 4000	18	83	No. 825	17	*	O.F.	U

* Patent Regulator.

Serial Number.	Size.	Model.	Grade.	Jewels.	Setting.	Style.	Grade of Material.
17924001- 5000	18	83	No. 820	15	*	O.F.	U
17925001- 6000	18	83	No. 81	15		O.F.	U
17926001- 7500	18	83	No. 18	7		Htg.	U
17927501- 35000	18	83	Sterling	7		O.F.	U
17935001- 7000	16	1908	No. 625	17	*	Htg.	U
17937001- 9000	16	1908	No. 625	17	*	O.F.	U
17939001- 40000	16	1908	No. 620	15	*	Htg.	U
17940001- 1000	16	1908	No. 620	15	*	O.F.	U
17941001- 4000	16	1908	No. 610	7		Htg.	U
17944001- 7000	16	1908	No. 610	7		O.F.	U
17947001- 50000	16	1908	Traveler	7			U
17950001- 3000	16	1908	Traveler	7		O.F.	U
17953001- 4000	12	94	No. 225	17	*	Htg.	U
17954001- 8000	12	94	No. 210	7		Htg.	U
17958001- 62000	12	94	No. 210	7		O.F.	U
17962001- 8000	6	90	Seaside	7		Htg.	U
17968001- 71000	0	1907	No. 165	15	*	Htg.	U
17971001- 3000	0	1907	No. 163	13		Htg.	U
17973001- 83000	0	1907	No. 161	7		Htg.	U
17983001- 4000	14	97	Bd. St.	7		O.F.	U
17984001- 5000	18	83	No. 825	17	*	Htg.	U
17985001- 8000	18	83	No. 825	17	*	O.F.	U
17988001- 90000	18	83	No. 81	15		O.F.	U
17990001- 1000	18	83	No. 18	7	L S	Htg.	U
17991001- 3000	18	83	No. 18	7		O.F.	U
17993001- 5000	18	83	No. 1	7		O.F.	U
17995001- 6000	16	1908	No. 625	17	*	Htg.	U
17996001- 7000	16	1908	No. 625	17	*	O.F.	U
17997001- 300	16	1908	No. 623	17		Htg.	U
17997301- 9000	16	1908	No. 623	17		O.F.	U
17999001- 999	16	1908	No. 620	15	*	O.F.	U
18000001- 2000	16	1908	No. 645	21	‡*	O.F.	P
18002001- 3500	16	1908	No. 635	17	*	Htg.	A
18003501- 4000	Col.	Ser.	Maximus	23	‡*	O.F.	P
18004001- 5000	12	94	No. 230	17	*	O.F.	A
18005001- 200	3/0	1900	Maximus	19	*	O.F.	P
18005201- 7000	0	1900	Lady W.	16–17	*	O.F.	A
18007001- 200	J S	98	Maximus	17	†*	Htg.	P
18007201- 500	J S	98	Riverside	17		Htg.	P
18007501- 9500	J S	98	Ruby	17		Htg.	A
18009501- 10000	10	Ligne	Maximus	17		Htg.	P
18010001- 100	16	1908	Vanguard	23	WI‡*	O.F.	P
18010101- 1600	16	1908	No. 645	21	L S‡*	O.F.	P
18011601- 2100	16	1908	No. 635	17	*	O.F.	A
18012101- 3100	12	94	No. 230	17	*	O.F.	A
18013101- 300	0	1900	Riverside	17	*	O.F.	P
18013301- 5100	0	1900	Lady W.	16–17	*	O.F.	A
18015101- 150	3/0	1900	Lady W.	16–17	*	O.F.	A
18015151- 6300	0	1900	Lady W.	16–17	*	O.F.	A
18016301- 7300	J S	98	Ruby	17		Htg.	A
18017301- 8500	16	1908	No. 645	21	L S‡*	O.F.	P
18018501- 9500	16	1908	No. 635	17	*	Htg.	A
18019501- 20000	12	94	No. 230	17	*	O.F.	A
18020001- 1000	12	94	No. 235	17	*	O.F.	A
18021001- 2000	3/0	1900	Lady W.	16–17	*	O.F.	A
18022001- 3000	J S	98	Ruby	17	†	Htg.	A
18023001- 800	16	1908	Vanguard	23	‡*	O.F.	P
18023801- 4000	18	92	Non.-Mag.	15	*	O.F.	A
18024001- 5000	16	1908	Vanguard	21	L S *	O.F.	P
18025001- 500	16	1908	Cres. St.	21	‡*	O.F.	P
18025501- 700	16	1908	Vanguard	23	‡*	Htg.	P
18025701- 6500	16	1908	Vanguard	23	‡*	O.F.	P
18026501- 7500	16	1908	Cres. St.	21	‡*	O.F.	P
18027501- 8500			Ass't Spec.				
18028501- 600	18	92	Astronom. Siderial	19	L S‡*	O.F.	P
18028601- 9500	18	83	P.S.B.	17	*	O F.	A
18029501- 31000	16	1908	P.S.B.	17	*	Htg.	A
18031001- 2000	16	1908	No. 635	17	*	Htg.	A
18032001- 3000	16	1908	No. 635	17	*	O.F.	A
18033001- 4000	12	94	No. 235	17	*	Htg.	A
18034001- 5000	12	94	No. 235	17	*	O.F.	A
18035001- 7000	J S	98	Sapphire	15	†	Htg.	A
18037001- 500	18	92	Cres. St.	19	L S‡*	O.F.	P
18037501- 8000	16	1908	Vanguard	23	‡*	O.F.	P

Serial Number.	Size.	Model.	Grade.	Jewels.	Setting.	Style.	Grade of Material.
18038001- 100	16	1908	Cres. St.	21	‡*	O.F.	P
18038101- 200	16	1908	C.R.T.S.	17	*	O.F.	A
18038201- 400	16	1908	C.P.R.	17	L S *	O.F.	A
18038401- 500	16	1908	Cres. St.	21	‡*	O.F.	P
18038501- 9500	16	1908	P.S.B.	17	*	Htg.	A
18039501- 40000	Col.	A	Maximus Riverside	21–19		O.F.	P
18040001- 2000	J S	98	Sapphire	15		Htg.	A
18042001- 500	16	1908	Vanguard	23	‡*	O.F.	P
18042501- 3000	16	1908	Cres. St.	21	‡*	O.F.	P
18043001- 4200	16	1908	P.S.B.	17	*	Htg.	A
18044201- 5500	16	1908	P.S.B.	17	*	O.F.	A
18045501- 6000	16	1908	No. 630	17	*	Htg.	A
18046001- 500	16	1908	No. 630	17	L S *	O.F.	A
18046501- 7000	12	94	No. 235	17	*	Htg.	A
18047001- 8000	12	94	No. 230	17	*	O.F.	A
18048001- 9000	6	90	Lady W.	16		Htg.	A
18049001- 500			Ass't. Spec.				
18049501- 51000	16	1908	No. 635 P.S.B.	17	*	Htg.	A
18051001- 500	16	1908	Nos. 637-635	17	*	O.F.	A
18051501- 2000	12	94	No. 235	17	*	Htg.	A
18052001- 500	12	94	Nos. 238-235	17	*	O.F.	A
18052501- 3500	J S	98	Sapphire	15	†	Htg.	A
18053501- 650	J S	98	Ruby Patrician	17		Htg.	A
18053651- 4000			Ass't. Spec.				
18054001- 200	16	1908	Vanguard	23	‡*	Htg.	P
18054201- 500	16	1908	Vanguard	23	‡*	O.F.	P
18054501- 7000	16	1908	No. 635 P.S.B.	17	*	Htg.	A
18057001- 500	16	1908	Nos. 637-635	17	L S *	O.F.	A
18057501- 8000	12	94	No. 235	17	*	O.F.	A
18058001- 9000	6	90	Lady W.	16	*	Htg.	A
18059001- 200	J S	Opera	Maximus Diamond	17	*	O.F.	P
18059201- 500	J S	1912	Riverside	17		O.F.	P
18059501- 61500	J S	1912	Ruby	17		O.F.	A
18061501- 3500	16	1908	P.S.B.	17	*	Htg.	A
18063501- 800	9	Ligne		17		Htg.	P
18063801- 4000	18	92	C.R.T.S.	17	L S	O.F.	A
18064001- 300	18	92	C.P.R.	17	L S	O.F.	A
18064301- 410	18	92	A.T.& Co.	15		O.F.	P
18064411- 500			Ass't. Spec.				
18064501- 5000	18	92	A.T.& Co.	17	L S *	O.F.	P
18065001- 500	16	1908	Vanguard	23	L S‡*	O.F.	P
18065501- 6000	16	1908	Cres. St.	21	‡*	Htg.	P
18066001- 7000	16	1908	No. 630	17	*	Htg.	A
18067001- 8000	16	1908	No. 630	17	*	O.F.	A
18068001- 70000	16	1908	P.S.B.	17	*	Htg.	A
18070001- 200	12	94	Maximus	23	‡*	Htg.	P
18070201- 500	12	94	Maximus	23	‡*	O.F.	P
18070501- 1000	12	94	Royal	17	*	Htg.	A
18071001- 500	6	90	Lady W.	16	*	Htg.	A
18071501- 2500	J S	98	Sapphire	15	†	Htg.	A
18072501- 4500	8	Day	Chron.	15		O.F.	P
18074501- 5000	16	1908	Vanguard	23	WI‡*	O.F.	P
18075001- 6000	16	1908	P.S.B. No. 635	17	*	Htg.	A
18076001- 7000	16	1908	Nos. 635-630	17	*	O.F.	A
18077001- 8000	16	1908	Nos. 635-630	17	*	Htg.	A
18078001- 9000	16	1908	No. 630	17	*	O.F.	A
18079001- 81000	16	1908	P.S.B.	17	*	Htg.	A
18081001- 500	12	94	Riverside	19	‡*	Htg.	P
18081501- 2000	12	94	Riverside	19	‡*	O.F.	P
18082001- 300	6	90	Lady W.	16	*	Htg.	A
18082301- 500	0	1900	Riverside	17	*	O.F.	P
18082501- 3000	18	92	No. 845	21	L S‡*	O.F.	P
18083001- 500	18	92	A.T.& Co.	17	*	O.F.	P
18083501- 4500	18	83	P.S.B.	17	*	O.F.	A
18084501- 5000	16	1908	Vanguard	23	‡*	Htg.	P
18085001- 500	16	1908	Vanguard	23	‡*	O.F.	P
18085501- 7500	16	1908	P.S.B.	17	*	Htg.	A
18087501- 8000	6	90	Lady W.	16	*	Htg.	A
18088001- 200	J S	98	Diamond	17	*	Htg.	P

* Patent Regulator. † Thin Model. ‡ Jeweled Main Wheel.

Serial Number.	Size.	Model.	Grade.	Jewels.	Setting.	Style.	Grade of Material
18088201- 500	J S	98	Riverside	17		Htg.	P
18088501- 9500	J S	98	Ruby	17		Htg.	A
18089501- 90500	J S	98	Sapphire	15	†	Htg.	A
18090501- 1000	18	92	No. 845	21	L S‡*	O.F.	P
18091001- 100	18	92	Astronom. Siderial	19	‡*	O.F.	P
18091101- 500	18	83	P.S.B.	17	*	O.F.	A
18091501- 2000	16	1908	Vanguard	23	‡*	O.F.	P
18092001- 500	16	1908	No. 635	17	*	Htg.	A
18092501- 3000	16	1908	No. 637	17	L S *	O.F.	A
18093001- 500	16	1908	No. 630	17	*	Htg.	A
18093501- 4000	16	1908	No. 630	17	*	O.F.	A
18094001- 500	12	94	Riverside	19	‡*	O.F.	P
18094501- 5000	12	94	No. 235	17	*	Htg.	A
18095001- 300	12	94	No. 238	17	*	O.F.	A
18095301- 500	12	94	No. 235	17	*	O.F.	A
18095501- 600	18	92	A.T.& Co.	17	L S *	Htg.	P
18095601- 6700	18	83	P.S.B.	17	*	O.F.	A
18096701- 7500	18	83	No. 836	17	L S	O.F.	A
18097501- 8500	8	Day		15		O.F.	A
18098501- 9500	16	1908	Vanguard	23	‡*	O.F.	P
18099501-101000	16	1908	No. 636	17	L S	O.F.	A
18101001- 500	16	1908	No. 635	17	*	O.F.	A
18101501- 2000	16	1908	No. 630	17	L S *	O.F.	A
18102001- 100	Col.	A	Maximus	21	‡	O.F.	P
18102101- 500	Col.	A	Riverside	19–21		O.F.	P
18102501- 700	12	94	Maximus	23	‡*	Htg.	P
18102701- 3000	12	94	Maximus	23	‡*	O.F.	P
18103001- 5000	J S	98	Sapphire	15		Htg.	A
18105001- 500	10	Ligne	Maximus	17		Htg.	P
18105501- 6500	18	92	Vanguard	23	L S‡*	O.F.	P
18106501- 7000	18	92	No. 845	21	L S‡*	O.F.	P
18107001- 500	18	92	A.T.& Co.	17	*	O.F.	P
18107501- 8500	16	1908	Vanguard	23	‡*	O.F.	P
18108501- 9000	16	1908	Riverside	19	‡*	O.F.	P
18109001- 10000	16	1908	P.S.B.	17	*	Htg.	A
18110001- 1000	8	Day		15		O.F.	A
18111001- 2000	J S	98	Riverside	17		Htg.	P
18112001- 500	J S	1912	Riverside	17		O.F.	P
18112501- 3500	J S	Opera	Ruby	17		O.F.	A
18113501- 9500	J S	98	Sapphire	15		Htg.	A
18119501- 800	9	Ligne	Patrician	17		Htg.	P
18119801- 20600	9	Ligne		17		Htg.	P
18120601- 700			Ass't. Spec.				
18120701- 1000	18	92	Vanguard	23	L S‡*	O.F.	P
18121001- 500	18	92	Vanguard	21	‡*	O.F.	P
18121501- 2000	18	92	A.T.& Co.	17	*	O.F.	P
18122001- 500	18	83	P.S.B.	17	*	O.F.	A
18122501- 3500	16	1908	Vanguard	23	‡*	O.F.	P
18123501- 4500	16	1908	P.S.B.	17	*	Htg.	A
18124501- 5500	16	1908	No. 630	17	*	O.F.	A
18125501- 6500	18	92	Vanguard	23	L S‡*	O.F.	P
18126501- 7000	18	92	No. 845	21	L S‡*	O.F.	P
18127001- 300	16	1908	Vanguard	23	‡*	Htg.	P
18127301- 8500	16	1908	No. 645	21	L S‡*	O.F.	P
18128501- 9500	16	1908	P.S.B.	17	*	Htg.	A
18129501- 30500	J S	1912	Ruby	17		O.F.	A
18130501- 1000	18	92	Vanguard	23	‡*	O.F.	P
18131001- 500	18	92	No. 845	21	L S‡*	O.F.	P
18131501- 2000	16	1908	Vanguard	23	WI‡*	O.F.	P
18132001- 500	16	1908	No. 645	21	L S‡*	O.F.	P
18132501- 3500	16	1908	P.S.B.	17	*	Htg.	A
18133501- 4000	12	94	Riverside	19	‡*	O.F.	P
18134001- 500	6	90	Lady W.	16	*	Htg.	A
18134501- 700	J S	Opera	Diamond	17	*	O.F.	P
18134701- 5000	J S	1912	Riverside	17		O.F.	P
18135001- 6000			Ass't. Spec.				
18136001- 500	18	92	No. 845	21	L S‡*	O.F.	P
18136501- 7000	18	92	A.T.& Co.	17	L S *	O.F.	P
18137001- 8000	16	1908	Vanguard	23	‡*	O.F.	P
18138001- 200	16	1908	Cres. St.	21	‡*	Htg.	P
18138201- 500	16	1908	Cres. St.	21	L S‡*	O.F.	P
18138501- 9000	16	1908	No. 645	21	L S‡*	O.F.	P
18139001- 500	16	1908	Riverside	19	‡*	O.F.	P
18139501- 40500	16	1908	P.S.B.	17	*	Htg.	A

Serial Number	Size.	Model.	Grade.	Jewels.	Setting.	Style.	Grade of Material.
18140501- 1500	16	1908	No. 630	17	*	O.F.	A
18141501- 2000	8	Day	Chron.	15		O.F.	P
18142001- 500	8	Day		15		O.F.	A
18142501- 4500	8	Day		15		O.F.	A
18144501- 700	12	94	Maximus	23	‡*	Htg.	P
18144701- 5000	12	94	Maximus	23	‡*	O.F.	P
18145001- 500	12	94	Riverside	19	‡*	Htg.	P
18145501- 6000	12	94	Riverside	19	‡*	O.F.	P
18146001- 500	12	94	Royal	17	*	Htg.	A
18146501- 7000	6	90	Lady W.	16	*	Htg.	A
18147001- 8000	J S	98	Sapphire	15		Htg.	A
18148001- 500	18	92	No. 845	21	L S‡*	O.F.	P
18148501- 9500	18	83	P.S.B.	17	*	O.F.	A
18149501- 50000	16	1908	Vanguard	23	‡*	Htg.	P
18150001- 500	16	1908	Vanguard	23	‡*	O.F.	P
18150501- 1000	16	1908	Vanguard	19	L S‡*	O.F.	P
18151001- 2000	16	1908	No. 645	21	L S‡*	O.F.	P
18152001- 500	16	1908	Riverside	19	‡*	O.F.	P
18152501- 4000	16	1908	P.S B.	17	*	Htg.	A
18154001- 5000	16	1908	P.S B.	17	*	O.F.	A
18155001- 8000	8	Day		15		O.F.	A
18158001- 500	0	1900	Maximus	19	*	O.F.	P
18158501- 9000	0	1900	Riverside	17	*	O.F.	P
18159001- 300	0	1900	No. 103	13		O.F.	U
18159301- 60500	J S	98	Ruby	17		Htg.	A
18160501- 1500	J S	98	Sapphire	15		Htg.	A
18161501- 2500	16	1908	No. 620	15	*	O.F.	U
18162501- 800	16	1908	No. 613	15		Htg.	U
18162801- 4500	16	1908	No. 613	15		O.F.	U
18164501- 6500	16	1908	Equity	7		Htg.	U
18166501- 7000	16	1908	No. 610	7		Htg.	U
18167001- 9000	16	1908	No. 610	7		O.F.	U
18169001- 70000	12	94	No. 225	17	*	Htg.	U
18170001- 3000	12	94	No. 210	7		Htg.	U
18173001- 6000	12	94	No. 210	7		O.F.	U
18176001- 9000	0 / 3/0	1907	Nos. 165-365	15	*	Htg.	U
18179001- 86000	0	1907	No. 161	7		Htg.	U
18186001- 750	18	83	No. 818	15	*	O.F.	U
18186751- 7000	18	83	No. 818	15		O.F.	U
18187001- 600	18	83	Sterling	7		O.F.	U
18187601- 700	16	1908	No. 628	17	*	Htg.	A
18187701- 50	16	1908	No. 628	17	*	O.F.	A
18187751- 8000	16	1908	No. 618	15		Htg.	U
18188001- 9250	16	1908	No. 618	15		O.F.	U
18189251- 750	16	1908	No. 618	15		Htg.	U
18189751- 90250	16	1908	No. 618	15		O.F.	U
18190251- 850	16	1908	Traveler	7		Htg.	U
18190851- 1450	16	1908	Traveler	7		O.F.	U
18191451- 550	14	97	No. 428	17	*	Htg.	A
18191551- 850	14	97	No. 418	15		O.F.	U
18191851- 9330	14	97	No. 418	15		Htg.	U
18199331- 650	14	97	No. 418	15		O.F.	U
18199651-202650	14	97	Export	7		Htg.	U
18202651- 4000	18	83	No. 825	17	*	O.F.	U
18204001- 5000	18	83	No. 820	15	*	Htg.	U
18205001- 6000	18	83	No. 820	15	*	O.F.	U
18206001- 8000	18	83	No. 81	15		O.F.	U
18208001- 9000	18	83	No. 18	7		Htg.	U
18209001- 15000	18	83	Sterling	7		O.F.	U
18215001- 7000	16	1908	No. 625	17	*	Htg.	U
18217001- 9000	16	1908	No. 625	17	*	O.F.	U
18219001- 21000	16	1908	No. 620	15	*	Htg.	U
18221001- 3000	16	1908	No. 620	15	*	O.F.	U
18223001- 6000	16	1908	No. 610	7		Htg.	U
18226001- 9000	16	1908	No. 610	7		O.F.	U
18229001- 31000	16	1908	Equity	7		Htg.	U
18231001- 3000	16	1908	Equity	7		O.F.	U
18233001- 500	14	97	No. 418	15	*	O.F.	U
18233501- 4000	Col.	Ser.	No. 1425	17	*	O.F.	U
18234001- 5000	12	94	No. 225	17	*	Htg.	U
18235001- 6000	12	94	No. 225	17	*	O.F.	U
18236001- 8000	12	94	No. 220	15	*	O.F.	U
18238001- 40000	12	94	No. 210	7		Htg.	U
18240001- 2200	16	Ball	Official	17–21	L S	O.F.	P

* Patent Regulator. † Thin Model. ‡ Jeweled Main Wheel.

Serial Number.	Size.	Model.	Grade.	Jewels.	Setting.	Style.	Grade of Material
18242201– 4200	16	Ball	Commercial	17		O.F.	A
18244201– 7200	16	Ball	Official	17–21	LS	O.F.	P
18247201– 8200	12	Ball	Commercial	17		O.F.	A
18248201– 9200	12	94	No. 220	15	*	O.F.	U
18249201– 53700	16	Ball	Official	21	LS	O.F.	P
18253701– 4700	12	Ball	Commercial	17–21		O.F.	A
18254701– 900	J S	1912	Ball	17		O.F.	A
18254901– 5500	16	Ball	Official	21		O.F.	P
18255501– 8000	12	94	No. 210	7		Htg.	U
18258001– 61000	12	94	No. 210	7		O.F.	U
18261001– 2000	6	90	V	15		Htg.	U
18262001– 7000	6	90	Seaside	7		Htg.	U
18267001– 70000	0	1900	No. 110	7		O.F.	U
18270001– 4000	3/0 / 0	1907	Nos. 365-165	15	*	Htg.	U
18274001– 81000	0	1907	No. 161	7		Htg.	U
18281001– 3000	0	1907	No. 160	7		Htg.	U
18283001– 6000	18	83	No. 825	17	*	O.F.	U
18286001– 7000	18	83	No. 820	15	*	O.F.	U
18287001– 8000	18	83	No. 81	15		O.F.	U
18288001– 9000	18	83	No. 18	7	LS	Htg.	U
18289001– 93000	18	83	No. 1	7		O.F.	U
18293001– 5000	16	1908	No. 625	17	*	Htg.	U
18295001– 7000	16	1908	No. 625	17	*	O.F.	U
18297001– 9000	16	1908	No. 620	15	*	Htg.	U
18299001–301000	16	1908	No. 620	15	*	O.F.	U
18301001– 4000	16	1908	No. 610	7		Htg.	U
18304001– 7000	16	1908	No. 610	7		O.F.	U
18307001– 9000	16	1908	Equity	7		Htg.	U
18309001– 11000	16	1908	Traveler	7		O.F.	U
18311001– 2000	12	94	No. 225	17	*	Htg.	U
18312001– 3000	12	94	No. 225	17	*	O.F.	U
18313001– 8000	12	94	No. 210	7		Htg.	U
18318001– 23000	12	94	No. 210	7		O.F.	U
18323001-- 4000	6	90	V	15		Htg.	U
18324001– 9000	6	90	J	7		Htg.	U
18329001– 30000	0	1900	No. 115	15	*	O.F.	U
18330001– 1000	0	1900	No. 110	7		O.F.	U
18331001– 3000	3/0	1900	Marsh	7		O.F.	U
18333001– 8000	3/0 / 0	1907	Nos. 365-165	15	*	Htg.	U
18338001– 48000	0	1907	No. 161	7		Htg.	U
18348001– 50000	18	83	No. 825	17	*	O.F.	U
18350001– 2000	18	83	No. 820	15	*	O.F.	U
18352001– 3000	18	83	No. 81	15		O.F.	U
18353001– 8000	18	83	Sterling	7		O.F.	U
18358001– 9000	16	1908	No. 625	17	*	Htg.	U
18359001– 60000	16	1908	No. 625	17	*	O.F.	U
18360001– 2000	16	1908	No. 620	15	*	Htg.	U
18362001– 4000	16	1908	No. 620	15	*	O.F.	U
18364001– 7000	16	1908	No. 610	7		Htg.	U
18367001– 70000	16	1908	No. 610	7		O.F.	U
18370001– 3000	16	1908	Traveler	7		Htg.	U
18373001– 6000	16	1908	Traveler	7		O.F.	U
18376001– 7000	12	94	No. 225	17	*	Htg.	U
18377001– 8000	12	94	No. 225	17	*	O.F.	U
18378001– 9000	12	94	No. 220	15	*	Htg.	U
18379001– 81000	12	94	No. 220	15	*	O.F.	U
18381001– 3000	12	94	No. 210	7		Htg	U
18383001– 5000	12	94	No. 210	7		O.F.	U
18385001– 7000	0	1900	No. 110	7		O.F.	U
18387001– 90000	3/0 / 0	1907	Nos. 365-165	15	*	Htg.	U
18390001– 7000	0	1907	Seaside	7		Htg.	U
18397001– 8000	0	1907	No. 160	7		Htg.	U
18398001–400000	18	83	P.S.B.	17	*	O.F.	A
18400001– 2000	18	83	No. 825	17	*	O.F.	U
18402001– 4000	18	83	No. 820	15	*	O.F.	U
18404001– 6000	18	83	No. 81	15		O.F.	U
18406001– 10000	18	83	No. 18 / Sterling	7		O.F.	U
18410001– 1000	16	1908	No. 625	17	*	Htg.	U
18411001– 2000	16	1908	No. 625	17	*	O.F.	U
18412001– 3000	16	1908	No. 620	15	*	Htg.	U
18413001– 5000	16	1908	No. 620	15	*	O.F.	U

Serial Number.	Size.	Model.	Grade.	Jewels.	Setting.	Style.	Grade of Material.
18415001– 7000	16	1908	No. 610	7		Htg.	U
18417001– 9000	16	1908	No. 610	7		O.F.	U
18419001– 21000	16	1908	Equity	7		Htg.	U
18421001– 3000	16	1908	Traveler	7		O.F.	U
18423001– 4000	12	94	No. 225	17	*	Htg.	U
18424001– 6000	12	94	No. 225	17	*	O.F.	U
18426001– 7000	12	94	No. 220	15	*	Htg.	U
18427001– 8000	12	94	No. 220	15	*	O.F.	U
18428001– 30000	12	94	No. 210	7		Htg.	U
18430001– 2000	12	94	No. 210	7		O.F.	U
18432001– 5000	0	1900	No. 110	7		O.F.	U
18435001– 600	0	1907	P.S.B.	16		Htg.	A
18435601– 9000	3/0 / 0	1907	Nos. 365-165	15		Htg.	U
18439001– 46000	0	1907	Seaside	7		Htg.	U
18446001– 8000	0	1907	No. 160	7		Htg.	U
18448001– 53000	18	83	Am. W. Co.	7	K.W.		U
18453001– 500	16	1908	Marquis	15		Htg.	U
18453501– 4000	16	1908	Marquis	15		O.F.	U
18454001– 7000	14	1904	Bd. St.	7		Htg.	U
18457001– 9000	18	83	No. 825	17	*	O.F.	U
18459001– 61000	18	83	No. 820	15	*	O.F.	U
18461001– 2000	18	83	No. 81	15		O.F.	U
18462001– 6000	18	83	Sterling	7		O.F.	U
18466001– 7000	16	1908	No. 625	17	*	Htg.	U
18467001– 8000	16	1908	No. 625	17	*	O.F.	U
18468001– 70000	16	1908	No. 620	15	*	Htg.	U
18470001– 2000	16	1908	No. 620	15	*	O.F.	U
18472001– 4000	16	1908	No. 610	7		Htg.	U
18474001– 6000	16	1908	No. 610	7		O.F.	U
18476001– 7000	16	1908	Traveler	7		Htg.	U
18477001– 8000	16	1908	Traveler	7		O.F.	U
18478001– 9000	12	94	No. 225	17	*	Htg.	U
18479001– 81000	12	94	No. 225	17	*	O.F.	U
18481001– 2000	12	94	No. 220	15	*	Htg.	U
18482001– 4000	12	94	No. 220	15	*	O.F.	U
18484001– 8000	6	90	J	7		Htg.	U
18488001– 9000	0	1900	No. 115	15	*	O.F.	U
18489001– 92000	0	1900	No. 110	7		O.F.	U
18492001– 4000	0 / 3/0		Nos. 165-365	15	*	Htg.	U
18494001–500000	0	1907	No. 161	7		Htg.	U
18500001– 1000	0	1907	No. 160	7		Htg.	U
18501001– 2000	18	83	No. 825	17	*	O.F.	U
18502001– 3000	18	83	No. 820	15	LS *	Htg.	U
18503001– 5000	18	83	No. 820	15	*	O.F.	U
18505001– 7000	18	83	No. 81	15		O.F.	U
18507001– 14000	18	83	Sterling	7		O.F.	U
18514001– 5000	16	1908	No. 625	17	*	Htg.	U
18515001– 6000	16	1908	No. 625	17	*	O.F.	U
18516001– 8000	16	1908	No. 620	15	*	Htg.	U
18518001– 20000	16	1908	No. 620	15	*	O.F.	U
18520001– 1000	16	1908	No. 610	7		Htg.	U
18521001– 2000	16	1908	No. 610	7		O.F.	U
18522001– 3000	16	1908	Traveler	7		Htg.	U
18523001– 5000	16	1908	Traveler	7		O.F.	U
18525001– 6000	Col.	Ser.	No. 1425	17	*	O.F.	U
18526001– 7000	12	94	No. 225	17	*	Htg.	U
18527001– 9000	12	94	No. 225	17	*	O.F.	U
18529001– 30000	12	94	No. 220	15	*	Htg.	U
18530001– 2000	12	94	No. 220	15	*	O.F.	U
18532001– 4000	12	94	No. 210	7		Htg.	U
18534001– 6000	12	94	No. 210	7		O.F.	U
18536001– 9000	6	90	J	7		Htg.	U
18539001– 40500	0	1900	No. 115	15		O.F.	U
18540501– 3500	0	1900	No. 110	7		O.F.	U
18543501– 4500	3/0	Special	No. 365	15	*	Htg.	U
18544501– 5500	0	1907	No. 165	15		Htg.	U
18545501– 8000	0	1907	No. 161	7		Htg.	U
18548001– 500	3/0	Special	No. 361	7		Htg.	U
18548501– 51500	0	1907	No. 161	7		Htg.	U
18551501– 3500	0	1907	No. 160	7		Htg.	U
18553501– 4500	14	97	Bd. St.	7		O.F.	U
18554501– 7000	18	83	No. 825	17	*	O.F.	U
18557001– 8000	18	83	No. 820	15	LS *	Htg.	U

* Patent Regulator.

Serial Number.	Size.	Model.	Grade.	Jewels.	Setting.	Style.	Grade of Material.
18558001- 9000	18	83	No. 820	15	*	O.F.	U
18559001- 61000	18	83	No. 81	15		O.F.	U
18561001- 2000	18	83	No. 18	7		Htg.	U
18562001- 70000	18	83	Sterling	7		O.F.	U
18570001- 1000	16	1908	No. 625	17	*	Htg.	U
18571001- 2000	16	1908	No. 625	17	*	O.F.	U
18572001- 4000	16	1908	No. 620	15	*	Htg.	U
18574001- 6000	16	1908	No. 620	15	*	O.F.	U
18576001- 8000	16	1908	Equity	7		Htg.	U
18578001- 80000	16	1908	Equity	7		O.F.	U
18580001- 1000	12	94	No. 225	17	*	Htg.	U
18581001- 3000	12	94	No. 225	17	*	O.F.	U
18583001- 4000	12	94	No. 220	15	*	Htg.	U
18584001- 7000	12	94	No. 220	15	*	O.F.	U
18587001- 9000	12	94	No. 210	7		Htg.	U
18589001- 91000	12	94	No. 210	7		O.F.	U
18591001- 3000	6	90	J	7		Htg.	U
18593001- 5000	3/0 0	1900	Nos. 315-115	15	*	O.F.	U
18595001- 8000	3/0 0	1900	Nos. 310-110	7		O.F.	U
18598001-600000	0	1900	No. 115	7		O.F.	U
18600001- 6000	0	1907	No. 161	7		Htg.	U
18606001- 8000	0	1907	No. 160	7		Htg.	U
18608001- 10000	18	83	No. 825	17	*	O.F.	U
18610001- 6000	18	83	Sterling	7-15		O.F.	U
18616001- 7000	16	1908	No. 625	17	*	Htg.	U
18617001- 8000	16	1908	No. 625	17	*	O.F.	U
18618001- 20000	16	1908	No. 620	15	*	Htg.	U
18620001- 1300	16	1908	No. 620	15	*	O.F.	U
18621301- 2000	16	1908	No. 614	15	*	O.F.	U
18622001- 4000	16	1908	No. 610	7		Htg.	U
18624001- 6000	16	1908	No. 610	7		O.F.	U
18626001- 8000	16	1908	Equity	7		Htg.	U
18628001- 30000	16	1908	Equity	7		O.F.	U
18630001- 1000	14	97	Bd. St.	7		O.F.	U
18631001- 2000	12	94	No. 225	17	*	Htg.	U
18632001- 3000	12	94	No. 225	17	*	O.F.	U
18633001- 5000	12	94	No. 220	15	*	Htg.	U
18635001- 7000	12	94	No. 220	15	*	O.F.	U
18637001- 9000	12	94	No. 210	7		Htg.	U
18639001- 41000	12	94	No. 210	7		O.F.	U
18641001- 500	6	90	P.S.B.	16		Htg.	A
18641501- 5000	6	90	J	7		Htg.	U
18645001- 6000	0	1900	No. 115	15	*	O.F.	U
18646001- 9000	3/0 0	1900	Nos. 310-110	7		O.F.	U
18649001- 55000	0	1907	No. 161	7		Htg.	U
18655001- 7000	3/0 0	1900	Nos. 310-110	7		O.F.	U
18657001- 9000	18	83	No. 825	17	*	O.F.	U
18659001- 65000	18	83	Sterling	7		O.F.	U
18665001- 6000	16	1908	No. 625	17	*	Htg.	U
18666001- 7000	16	1908	No. 625	17	*	O.F.	U
18667001- 9000	16	1908	No. 620	15	*	Htg.	U
18669001- 71000	16	1908	No. 620	15	*	O.F.	U
18671001- 4000	16	1908	No. 610	7		Htg.	U
18674001- 7000	16	1908	No. 610	7		O.F.	U
18677001- 9000	16	1908	Equity	7		Htg.	U
18679001- 81000	16	1908	Equity	7		O.F.	U
18681001- 500	14	97	Export	7		O.F.	U
18681501- 2000	14	97	No. 418	15		O.F.	U
18682001- 3000	12	94	No. 225	17	*	O.F.	U
18683001- 5000	12	94	No. 220	15	*	Htg.	U
18685001- 7000	12	94	No. 220	15	*	O.F.	U
18687001- 90000	12	94	No. 210	7		Htg.	U
18690001- 3000	12	94	No. 210	7		O.F.	U
18693001- 300	0	1907	P.S.B.	16		Htg.	A
18693301- 6500	0	1907	No. 165	15	*	Htg.	U
18696501-702500	0	1907	No. 161	7		Htg.	U
18702501- 900	14	97	Export	15		O.F.	U
18702901- 3900	14	97	Bd. St.	7		O.F.	U
18703901- 4100	14	97	Gentleman	7		Htg.	U
18704101- 500	14	97	Gentleman	7		O.F.	U
18704501- 5000	18	83	No. 825	17	L S *	Htg.	U
18705001- 7000	18	83	No. 825	17	*	O.F.	U
18707001- 8000	18	83	No. 820	15	*	O.F.	U
18708001- 9000	18	83	No. 18	7		O.F.	U
18709001- 10000	16	1908	No. 625	17	*	Htg.	U
18710001- 1000	16	1908	No. 625	17	*	O.F.	U
18711001- 3000	16	1908	No. 620	15	*	Htg.	U
18713001- 5000	16	1908	No. 620	15	*	O.F.	U
18715001- 8000	16	1908	No. 610	7		Htg.	U
18718001- 21000	16	1908	No. 610	7		O.F.	U
18721001- 3000	16	1908	Equity	7		O.F.	U
18723001- 4000	12	94	No. 225	17	*	O.F.	U
18724001- 5000	12	94	No. 220	15	*	O.F.	U
18725001- 7000	12	94	No. 210	7		Htg.	U
18727001- 30000	12	94	No. 210	7		O.F.	U
18730001- 1000	0	1900	No. 115	15	*	O.F.	U
18731001- 4000	3/0 0	1900	Nos. 310-110	7		O.F.	U
18734001- 6000	0 3/0	1907	Nos. 165-365	15	*	Htg.	U
18736001- 7000	0	1907	No. 160	7		Htg.	U
18737001- 500	16	1908	Marquis	15		Htg.	U
18737501- 8000	16	1908	Marquis	15		O.F.	U
18738001- 40000	14	97	Bd. St.	7		O.F.	U
18740001- 3000	14	1904	Bd. St.	7		Htg.	U
18743001- 6000	14	1904	Bd. St.	7		O.F.	U
18746001- 300	18	83	No. 818	15	*	O.F.	U
18746301- 800	18	83	Sterling	7		O.F.	U
18746801- 900	16	1908	No. 628	17	*	Htg.	A
18746901- 7000	16	1908	No. 628	17	*	O.F.	A
18747001- 250	16	1908	No. 618	15		Htg.	U
18747251- 8250	16	1908	No. 618	15		O.F.	U
18748251- 400	16	1908	Traveler	7		Htg.	U
18748401- 9000	16	1908	Traveler	7		O.F.	U
18749001- 100	14	97	No. 428	17	*	Htg.	A
18749101- 52600	14	97	No. 418	15		Htg.	U
18752601- 5600	14	97	Export	7		Htg.	U
18755601- 9000	18	83	No. 825	17	*	O.F.	U
18759001- 60000	18	83	No. 820	15	*	O.F.	U
18760001- 7000	18	83	Sterling	7		O.F.	U
18767001- 8000	16	1908	No. 625	17	*	Htg.	U
18768001- 9000	16	1908	No. 625	17	*	O.F.	U
18769001- 70000	16	1908	No. 620	15	*	Htg.	U
18770001- 1000	16	1908	No. 620	15	*	O.F.	U
18771001- 4000	16	1908	No. 610	7		Htg.	U
18774001- 7000	16	1908	No. 610	7		O.F.	U
18777001- 82000	16	1908	Equity	7		O.F.	U
18782001- 500	Col.	Ser.	No. 1425	17	*	O.F.	U
18782501- 5000	12	94	No. 220	15	*	O.F.	U
18785001- 7000	12	94	No. 210	7		Htg.	U
18787001- 90000	12	94	No. 210	7		O.F.	U
18790001- 1000	6	90	Y	7		Htg.	U
18791001- 3000	0	1900	No. 115	15	*	O.F.	U
18793001- 7000	3/0 0	1900	Nos. 310-110	7		O.F.	U
18797001-800000	0 3/0	1907	Nos. 165-365	15	*	Htg.	U
18800001- 6000	0	1907	Nos. 160-161	7		Htg.	U
18806001- 100	14	97	Earl	15		Htg.	U
18806101- 8100	14	97	Bd. St.	7		O.F.	U
18808101- 9100	14	1904	Bd. St.	7		Htg.	U
18809101- 10100	14	1904	Bd. St.	7		O.F.	U
18810101- 200	12	94	Duke	15		Htg.	U
18810201- 1000	18	83	No. 825	17	*	O.F.	U
18811001- 2000	18	83	No. 820	15	*	O.F.	U
18812001- 4000	18	83	No. 81	15		O.F.	U
18814001- 5000	16	1908	No. 625	17	*	Htg.	U
18815001- 6000	16	1908	No. 625	17	*	O.F.	U
18816001- 8000	16	1908	No. 620	15	*	Htg.	U
18818001- 20000	16	1908	No. 620	15	*	O.F.	U
18820001- 3000	16	1908	No. 610	7		Htg.	U
18823001- 6000	16	1908	No. 610	7		O.F.	U
18826001- 9000	16	1908	Traveler	7		O.F.	U
18829001- 34000	8	Day		7		O.F.	U
18834001- 5000	12	94	No. 225	17	*	O.F.	U
18835001- 6000	12	94	No. 220	15	*	Htg.	U

* Patent Regulator.

Serial Number.	Size.	Model.	Grade	Jewels.	Setting.	Style.	Grade of Material
18836001- 7000	12	94	No. 220	15	*	O.F.	U
18837001- 8000	12	94	No. 210	7		Htg.	U
18838001- 41000	12	94	No. 210	7		O.F.	U
18841001- 2000	3/0, 0	1900	Nos. 315-115	15	*	O.F.	U
18842001- 4000	3/0	1907	No. 365	15	*	Htg.	U
18844001- 5000	0	1907	No. 163	13		Htg.	U
18845001- 9000	3/0, 0	1907	Nos. 361-161	7		Htg.	U
18849001- 5000	0	1907	No. 160	7		Htg.	U
18850001- 500	16	1908	Marquis	15		O.F.	U
18850501- 1500	14	1807	Bd. St.	7		O.F.	U
18851501- 3500	18	83	No. 825	17	*	O.F.	U
18853501- 4500	18	83	No. 820	15	*	O.F.	U
18854501- 60500	18	83	No. 81	15		O.F.	U
18860501- 1500	16	1908	No. 625	17	*	Htg.	U
18861501- 2500	16	1908	No. 625	17	*	O.F.	U
18862501- 4500	16	1908	No. 610	7		Htg.	U
18864501- 6500	16	1908	No. 610	7		O.F.	U
18866501- 9500	16	1908	Traveler	7		O.F.	U
18869501- 72000	16	1908	Equity	7		O.F.	U
18872001- 3000	12	94	No. 220	15	*	Htg.	U
18873001- 4000	12	94	No. 220	15	*	O.F.	U
18874001- 8000	12	94	No. 210	7		O.F.	U
18878001- 80000	6	90	Y	7		Htg.	U
18880001- 1000	3/0, 0	1900	Nos. 315-115	15	*	O.F.	U
18880001- 3000	3/0, 0	1907	Nos. 365-165	15	*	Htg.	U
18883001- 4000	0	1907	No. 163	13		Htg.	U
18884001- 8000	3/0, 0	1907	Nos. 361-161	7		Htg.	U
18888001- 9000	0	1907	No. 160	7		Htg.	U
18889001- 90000	14	97	Bd. St.	7		O.F.	U
18890001- 2000	18	83	No. 825	17	*	O.F.	U
18892001- 7000	18	83	Sterling	7		O.F.	U
18887001- 8000	16	1908	No. 625	17	*	Htg.	U
18898001- 9000	16	1908	No. 625	17	*	O.F.	U
18899001-900000	16	1908	No. 620	15	*	Htg.	U
18900001- 1000	16	1908	No. 620	15	*	O.F.	U
18901001- 2000	16	1908	No. 610	7		Htg.	U
18902001- 3000	16	1908	No. 610	7		O.F.	U
18903001- 6000	16	1908	Traveler	7		Htg.	U
18906001- 8200	8	Day		7		O.F.	U
18908201- 9000	8	Day	W.I.	7		O.F.	U
18909001- 10000	12	94	No. 225	17	*	O.F.	U
18910001- 1000	12	94	No. 220	15	*	Htg.	U
18911001- 2000	12	94	No. 220	15	*	O.F.	U
18912001- 7000	12	94	No. 210	7		O.F.	U
18917001- 23000	6	90	J	7		Htg.	U
18923001- 7000	3/0, 0	1900	Nos. 315-115	15	*	O.F.	U
18927001- 9000	0, 3/0	1907	Nos. 165-365	15	*	Htg.	U
18929001- 30000	0	1907	No. 160	7		Htg.	U
18930001- 2000	14	97	Bd. St.	7		O.F.	U
18932001- 5000	18	83	No. 825	17	*	O.F.	U
18935001- 6000	18	83	No. 820	15	*	O.F.	U
18936001- 40000	18	83	Sterling	7		O.F.	U
18940001- 1000	16	1908	No. 625	17	*	Htg.	U
18941001- 2000	16	1908	No. 625	17	*	O.F.	U
18942001- 3000	16	1908	No. 620	15	*	Htg.	U
18943001- 4000	16	1908	No. 620	15	*	O.F.	U
18944001- 6000	16	1908	No. 610	7		Htg.	U
18946001- 8000	16	1908	No. 610	7		O.F.	U
18948001- 51000	16	1908	Traveler	7		Htg.	U
18951001- 4000	16	1908	Traveler	7		O.F.	U
18954001- 6000	12	94	No. 220	15	*	Htg.	U
18956001- 8000	12	94	No. 220	15	*	O.F.	U
18958001- 63000	12	94	No. 210	7		O.F.	U
18963001- 5000	3/0, 0	1900	Nos. 315-115	15	*	O.F.	U
18965001- 8000	3/0, 0	1900	Nos. 310-110	7		O.F.	U
18968001- 72000	3/0	1907	No. 361	7		Htg.	U

Serial Number.	Size.	Model.	Grade.	Jewels.	Setting.	Style.	Grade of Material.
18972001- 500	18	83	No. 825	17	L S *	Htg.	U
18972501- 5000	18	83	No. 825	17	*	O.F.	U
18975001- 6000	18	83	No. 820	15	*	O.F.	U
18976001- 82000	18	83	Sterling	7-15		O.F.	U
18982001- 3000	16	1908	No. 625	17	*	Htg.	U
18983001- 4000	16	1908	No. 625	17	*	O.F.	U
18984001- 5000	16	1908	No. 620	15	*	O.F.	U
18985001- 8000	16	1908	No. 610	7		Htg.	U
18988001- 91000	16	1908	No. 610	7		O.F.	U
18991001- 4000	16	1908	Traveler	7		Htg.	U
18994001- 7000	16	1908	Traveler	7		O.F.	U
18997001- 9000	8	Day		15	†	O.F.	A
18999001- 19000000	12	94	No. 225	17	*	O.F.	U
19000001- 1000	18	92	Vanguard	23	L S‡*	O.F.	P
19001001- 100	18	92	Astronom. Sidereal	19	L S‡*	O.F.	P
19001101- 2200	16	1908	Vanguard	23	‡*	O.F.	P
19002201- 400	16	1908	C.P.R.	17	L S *	O.F.	A
19002401- 500	16	1908	C.R.T.S.	17	L S *	O.F.	A
19002501- 3000	16	1908	No. 645	21	L S‡*	O.F.	P
19003001- 500	16	1908	Riverside	19	‡*	O.F.	P
19003501- 4600	16	1908	P.S.B.	17	*	Htg.	A
19004601- 5500	16	1908	P.S.B.	17	*	O.F.	A
19005501- 6000	12	94	Riverside	19	‡*	Htg.	P
19006001- 7000	12	94	Riverside	19	‡*	O.F.	P
19007001- 500	3/0, 0	1900	Riverside	17	*	Htg.	P
19007501- 8500	J S	98	Ruby	17		Htg.	A
19008501- 9500	J S	98	Sapphire	15		Htg.	A
19009501- 10500	18	83	P.S.B.	17	*	O.F.	A
19010501- 1000	16	1908	Vanguard	23	‡*	Htg.	P
19011001- 2000	16	1908	Vanguard	23	‡*	O.F.	P
19012001- 500	16	1908	Vanguard	19	L S‡*	O.F.	P
19012501- 3000	16	1908	Cres. St.	21	‡*	Htg.	P
19013001- 500	16	1908	Cres. St.	21	‡*	O.F.	P
19013501- 4000	16	1908	No. 645	21	‡*	O.F.	P
19014001- 5000	16	1908	Riverside	19	‡*	Htg.	P
19015001- 6000	16	1908	Riverside	19	‡*	O.F.	P
19016001- 500	16	1908	Royal	17	*	O.F.	A
19016501- 7500	16	1908	P.S.B.	17	*	Htg.	A
19017501- 8500	16	1908	No. 635	17	*	O.F.	A
19018501- 9500	16	1908	P.S.B.	17	*	Htg.	A
19019501- 20000	16	1908	No. 637	17	L S *	O.F.	A
19020001- 500	16	1908	No. 635	17	*	O.F.	A
19020501- 2000	8	Day		15	†	O.F.	A
19022001- 500	12	94	Riverside	19	‡*	Htg.	P
19022501- 3000	12	94	Riverside	19	‡*	O.F.	P
19023001- 4000	12	94	Royal	17	*	O.F.	A
19024001- 5000	6	90	Lady W.	16	*	Htg.	A
19025001- 500	0	1900	Riverside	17	*	O.F.	P
19025501- 6500	0	1900	Lady W.	16	*	Htg.	A
19026501- 7500	J S	98	Ruby	17		Htg.	A
19027501- 8500	J S	1912	Ruby	17		O.F.	A
19028501- 9000	16	1908	No. 645	21	L S‡*	O.F.	P
19029001- 30000	16	1908	P.S.B.	17	*	Htg.	A
19030001- 500	16	1908	No. 635	17	*	O.F.	A
19030501- 1000	16	1908	P.S.B.	17	*	Htg.	A
19031001- 500	16	1908	No. 635	17	*	O.F.	A
19031501- 2000	12	94	Royal	17	*	Htg.	A
19032001- 4000	J S	1912	Sapphire	15		O.F.	A
19034001- 500	16	1908	No. 645	21	L S‡*	O.F.	P
19034501- 5500	16	1908	P.S.B.	17	*	Htg.	A
19035501- 6000	8	Day		15	†	O.F.	A
19036001- 500	12	94	Riverside	19	L S‡*	O.F.	P
19036501- 7000	0	1900	Riverside	17	*	O.F.	P
19037001- 200	J S	98	Riverside	17		Htg.	P
19037201- 500	J S	1912	Riverside	17		O.F.	P
19037501- 8500	J S	98	Ruby	17		Htg.	A
19038501- 9500	J S	1912	Ruby	17		O.F.	A
19039501- 40500	J S	1912	Sapphire	15		O.F.	A
19040501- 600	16	1908	No. 628	17		O.F.	A
19040601- 1100	16	1908	Vanguard	23	L S‡*	O.F.	P
19041101- 2000	16	1908	No. 645	21	L S‡*	O.F.	P
19042001- 3000	8	Day	Chronom.	15	W I	O.F.	P

* Patent Regulator. ‡ Jeweled Main Wheel. † Part Winding Indicator.

Serial Number.	Size.	Model.	Grade.	Jewels.	Setting.	Style.	Grade of Material.
19043001– 500	12	94	Riverside	19	‡*	Htg.	P
19043501– 4500	12	94	Riverside	19	‡*	O.F.	P
19044501– 5000	6	1900	Lady W.	16	*	Htg.	A
19045001– 500	0	1900	Riverside	17	*	O.F.	P
19045501– 6000	0	1900	Lady W.	16	*	Htg.	A
19046001– 7000	J S	98	Ruby	17		Htg.	A
19047001– 500	10	Ligne	Maximus	17		Htg.	P
19047501– 8000	Wal	Brace't	Riverside	17			A
19048001– 52500	Wal	Brace't		15		Htg.	A
19052501– 4500	16	1908	No. 636	17	L S *	O.F.	A
19054501– 6500	18	83	P.S.B.	17	*	O.F.	A
19056501– 7000	16	1908	Vanguard	23	L S‡*	O.F.	P
19057001– 8000	16	1908	No. 645	21	L S‡§	O.F.	P
19058001– 500	16	1908	Riverside	19	‡§	O.F.	P
19058501– 9500	16	1908	No. 635	17	*	O.F.	A
19059501– 60000	12	94	Riverside	19	‡*	O.F.	P
19060001– 500	6	90	Lady W.	16	*	Htg.	A
19060501– 600	0	1900	Lady W.	16	*	Htg.	A
19060601– 700	3/0	1900	Lady W.	16	*	Htg.	A
19060701– 1000	0	1900	Lady W.	16	*	Htg.	A
19061001– 50	18	92	P.S.B.	17	L S §	Htg.	A
19061051– 100	18	92	P.S.B.	17	L S §	O.F.	A
19061101– 2000	18	83	P.S.B.	17	*	O.F.	A
19062001– 500	16	1908	Vanguard	23	L S‡§	O.F.	P
19062501– 4500	16	1908	Vanguard	23	WI ‡	O.F.	P
19064501– 5500	16	1908	No. 645	21	L S‡§	O.F.	P
19065501– 6000	16	1908	Royal	17	*	Htg.	A
19066001– 100	0	1900	Lady W.	16	*	Htg.	A
19066101– 500	3/0	1900	Lady W.	16	*	Htg.	A
19066501– 7500	J S	98	Ruby	17		Htg.	A
19067501– 8500	J S	1912	Ruby	17		O.F.	A
19068501– 9500	J S	1912	Sapphire	15		O.F.	A
19069501– 70000	Wal	Brace't	Riverside	17		Htg.	P
19070001– 4500	Wal	Brace't		15			P
19074501– 6500	18	83	P.S.B.	17	*	O.F.	A
19076501– 7000	16	1908	Vanguard	23	‡§	Htg.	P
19077001– 500	16	1908	Vanguard	23	L S‡§	O.F.	P
19077501– 8000	16	1908	Cres. St.	21	L S‡§	O.F.	P
19078001– 9000	16	1908	No. 645	21	L S‡§	O.F.	P
19079001– 500	12	94	Riverside	19	‡*	Htg.	P
19079501– 80500	12	94	Riverside	19	‡*	O.F.	P
19080501– 1500	J S	98	Ruby	17		Htg.	A
19081501– 2500	J S	1912	Ruby	17		O.F.	A
19082501– 4500	Wal	Brace't		15			A
19084501– 5000			Ass't. Spec.				
19085001– 500	18	92	Vanguard	21	L S‡§	O.F.	P
19085501– 6000	18	92	Vanguard	19	L S‡§	O.F.	P
19086001– 100	18	92	C.R.T.S.	17	L S §	O.F.	A
19086101– 300	18	92	C.P.R.	17	L S §	O.F.	A
19086301– 800	16	1908	Vanguard	23	‡§	Htg.	P
19086801– 7500	16	1908	Vanguard	23	L S‡§	O.F.	P
19087501– 8000	16	1908	Vanguard	19	L S‡§	O.F.	P
19088001– 500	16	1908	Cres. St.	21	L S‡§	O.F.	P
19088501– 9500	16	1908	No. 645	21	L S‡§	O.F.	P
19089501– 90000	16	1908	Royal	17	*	Htg.	A
19090001– 500	16	1908	Royal	17	*	O.F.	A
19090501– 1000	16	1908	P.S.B.	17	*	O.F.	A
19091001– 500	16	1908	No. 635	17	*	O.F.	A
19091501– 2000	12	94	Royal	17	*	Htg.	A
19092001– 500	12	94	Royal	17	*	O.F.	A
19092501– 600	0	1900	Lady W.	16	*	Htg.	A
19092601– 3000	3/0	1900	Lady W.	16	*	Htg.	A
19093001– 500	J S	1912	Ruby	17		O.F.	A
19093501– 800	Wal	Brace't		17		Htg.	A
19093801– 6000	Wal	Brace't		15		Htg.	A
19096001– 500	16	1908	Cres. St.	21	‡§	Htg.	P
19096501– 7000	16	1908	Cres. St.	21	L S‡§	O.F.	P
19097001– 8000	16	1908	No. 645	21	L S‡§	O.F.	P
19098001– 500	16	1908	No. 635	17	*	O.F.	A
19098501– 9000	12	94	Riverside	19	‡*	O.F.	P
19099001– 500	3/0	1900	Lady W.	16	*	Htg.	A
19099501–100500	Wal	Brace't		15			A
19100501– 1500	18	83	P.S.B.	17	*	O.F.	A
19101501– 2500	16	1908	No. 645	21	L S‡§	O.F.	P
19102501– 3500	J S	Opera	Ruby	17		O.F.	A

Serial Number	Size.	Model.	Grade.	Jewels.	Setting.	Style.	Grade of Material.
19103501– 4500	16	1908	Vanguard	23	‡§	O.F.	P
19104501– 5500	16	1908	Vanguard	23	WI‡§	O.F.	P
19105501– 6500	16	1908	No. 645	21	L S‡§	O.F.	P
19106501– 7000	18	92	A.T.&Co.	15	N-M*	O.F.	P
19107001– 500	16	1908	Vanguard	23	L S‡§	O.F.	P
19107501– 8000	16	1908	Cres. St.	21	L S‡§	O.F.	P
19108001– 500	16	1908	No. 645	21	L S‡§	O.F.	P
19108501– 9000	16	1908	Nos. 635-638	17	*	O.F.	A
19109001– 10000	J S	1912	Ruby	17		O.F.	A
19110001– 1000	J S	98	Sapphire	15		Htg.	A
19111001– 2000	J S	1912	Sapphire	15		O.F.	A
19112001– 500	16	1908	Cres. St.	21	L S‡§	O.F.	P
19112501– 3000	16	1908	Nos. 635-638	17	*	O.F.	A
19113001– 4000	J S	1912	Ruby	17		O.F.	A
19114001– 6000	J S	98	Sapphire	15		Htg.	A
19116001– 7000	18	92	No. 845	21	L S‡*	O.F.	P
19117001– 8000	16	1908	Cres. St.	21	L S‡§	O.F.	P
19118001– 500	16	1908	Royal	17	*	Htg.	A
19118501– 9500	16	1908	Nos. 635-638	17	*	O.F.	A
19119501– 20500	J S	98	Ruby	17		Htg.	A
19120501– 7000	18	92	No. 845	21	L S‡§	O.F.	P
19127001– 32000	12	94	No. 210	7		O.F.	U
19132001– 4000	0	1900	No. 115	15	*	O.F.	U
19134001– 7000	0, 3/0	1900	Nos. 115-315	15	*	O.F.	U
19137001– 42000	3/0, 0	1900	Nos. 310-110	7		O.F.	U
19142001– 500	0	1900	No. 103	13		O.F.	U
19142501– 3000	0	1907	P.S.B.	16		Htg.	A
19143001– 5000	0, 3/0	1907	Nos. 165-365	15	*	Htg.	U
19145001– 6000	0	1907	No. 163	13		Htg.	U
19146001– 50000	0, 3/0	1907	Nos. 161-361	7		Htg.	U
19150001– 2000	3/0, 0	1907	Nos. 360-160	7		Htg.	U
19152001– 5000	18	83	A.W.W.Co.	7		K.W.	U
19155001– 500	14	97	Bd. St.	7		O.F.	U
19155501– 6000	14	1904	Bd. St.	7		O.F.	U
19156001– 60000	18	83	Sterling	7		O.F.	U
19160001– 1000	16	1908	No. 625	17	*	Htg.	U
19161001– 2000	16	1908	No. 620	15	*	O.F.	U
19162001– 7000	16	1908	No. 610	7		Htg.	U
19167001– 8000	16	1908	No. 610	7		O.F.	U
19168001– 73000	16	1908	Traveler	7		Htg.	U
19173001– 5000	16	1908	Traveler	7		O.F.	U
19175001– 80000		8 Day		7–15	WI	O.F.	A
19180001– 2000	12	94	No. 220	15	*	Htg.	U
19182001– 4000	12	94	No. 220	15	*	O.F.	U
19184001– 8000	12	94	No. 210	7		O.F.	U
19188001– 92000	0, 3/0	1900	Nos. 115-315	15	*	O.F.	U
19192001– 6000	3/0	1900	No. 310	7		O.F.	U
19196001– 7000	0	1907	No. 163	13		Htg.	U
19197001– 200	14	1904	Bd. St.	7		O.F.	U
19197201–204000	18	83	Sterling	7		O.F.	U
19204001– 5000	16	1908	No. 620	15	*	O.F.	U
19205001– 7000	16	1908	No. 610	7		Htg.	U
19207001– 9000	16	1908	No. 610	7		O.F.	U
19209001– 11000	16	1908	Traveler	7		Htg.	U
19211001– 3000	16	1908	Traveler	7		O.F.	U
19213001– 4000	12	94	No. 225	17	*	O.F.	U
19214001– 6000	12	94	No. 220	15	*	O.F.	U
19216001– 8000	12	94	No. 210	7		O.F.	U
19218001– 9000	3/0	1900	No. 315	15	*	O.F.	U
19219001– 23000	3/0	1900	No. 310	7		O.F.	U
19223001– 9000	3/0	1907	No. 361	7		Htg.	U
19229001– 300	18	83	No. 818	15		O.F.	U
19229301– 800	18	83	Sterling	7		O.F.	U
19229801– 900	16	1908	No. 628	17	*	Htg.	A
19229901– 30000	16	1908	No. 628	17	*	O.F.	A
19230001– 300	16	1908	No. 618	15		Htg.	U
19230301– 300	16	1908	No. 618	15		O.F.	U
19231301– 800	16	1908	Traveler	7		Htg.	U
19231801– 2400	16	1908	Traveler	7		O.F.	U

* Patent Regulator. ‡ Jeweled Main Wheel. § Ohlson Patent Regulator.

Serial Number.	Size.	Model.	Grade.	Jewels.	Setting.	Style.	Grade of Material.
19232401- 500	14	97	No. 428	17	*	Htg.	A
19232501- 3000	14	97	No. 418	15		Htg.	U
19233001- 300	14	97	No. 418	15		O.F.	U
19233301- 9800	14	97	No. 418	15		Htg.	U
19239801- 42800	14	97	Export	7		Htg.	U
19242801- 900	14	97	Earl	15		Htg.	U
19242901- 3000	14	97	Earl	15		O.F.	U
19243001- 5000	18	83	No. 1	7		O.F.	U
19245001- 6000	16	1908	No. 625	17	*	O.F.	U
19246001- 7000	16	1908	No. 620	15	*	Htg.	U
19247001- 8000	16	1908	No. 620	15	*	O.F.	U
19248001- 50000	16	1908	No. 610	7		Htg.	U
19250001- 2000	16	1908	No. 610	7		O.F.	U
19252001- 3000	16	1908	Traveler	7		Htg.	U
19253001- 4000	16	1908	No. 636	17	L S	O.F.	A
19254001- 5000	12	94	No. 225	17	*	O.F.	U
19255001- 6000	12	94	No. 220	15	*	Htg.	U
19256001- 7000	12	94	No. 220	15	*	O.F.	U
19257001- 9000	12	94	No. 210	7		O.F.	U
19259001- 61000	3/0	1900	No. 315	15	*	O.F.	U
19261001- 4000	3/0	1900	No. 310	7		O.F.	U
19264001- 7000	3/0	1907	No. 361	7		Htg.	U
19267001- 500	16	1908	Marquis	15		Htg.	U
19267501- 8000	16	1908	Marquis	15		O.F.	U
19268001- 100	14	97	Perfection	15		Htg.	U
19268101- 700	14	97	Perfection	15		O.F.	U
19268701- 9100	14	97	Gentlemen	7		O.F.	U
19269101- 200	12	94	Duke	15		Htg.	U
19269201- 72000	18	83	Sterling	7		O.F.	U
19272001- 3000	16	1908	No. 625	17	*	Htg.	U
19273001- 4000	16	1908	No. 625	17	*	O.F.	U
19274001- 6000	16	1908	No. 610	7		Htg.	U
19276001- 8000	16	1908	No. 610	7		O.F.	U
19278001- 9000	16	1908	Traveler	7		Htg.	U
19279001- 80000	16	1908	Traveler	7		O.F.	U
19280001- 5000	12	94	No. 220	15	*	O.F.	U
19285001-300000	12	94	No. 210	7		O.F.	U
19300001- 2000	3/0	1900	No. 315	15	*	O.F.	U
19302001- 5000	3/0	1900	No. 310	7		O.F.	U
19305001- 8000	3/0	1907	No. 365	15	*	Htg.	U
19308001- 11000	3/0	1907	No. 361	7		Htg.	U
19311001- 2000	18	83	No. 825	17	*	O.F.	U
19312001- 3000	18	83	No. 820	15	*	O.F.	U
19313001- 4000	18	83	No. 81	15		O.F.	U
19314001- 9000	18	83	Sterling	7		O.F.	U
19319001- 20000	16	1908	No. 625	17	*	Htg.	U
19320001- 1000	16	1908	No. 625	17	*	O.F.	U
19321001- 2000	16	1908	No. 620	15	*	Htg.	U
19322001- 3000	16	1908	No. 620	15	*	O.F.	U
19323001- 500	16	1908	No. 618	15		Htg.	U
19323501- 5000	16	1908	No. 610	7		Htg.	U
19325001- 7000	16	1908	No. 610	7		O.F.	U
19327001- 32000	16	1908	Traveler	7		Htg.	U
19332001- 7000	16	1908	Traveler	7		O.F.	U
19337001- 9000	16	1908	Traveler	7		Htg.	U
19339001- 41000	16	1908	Traveler	7		O.F.	U
19341001- 2000	12	94	No. 220	15	*	O.F.	U
19342001- 3000	12	94	No. 210	7		O.F.	U
19343001- 4000	12	Equity		7		O.F.	U
19344001- 6000	3/0	1900	No. 315	15	*	O.F.	U
19346001- 9200	3/0	1900	No. 310	7		O.F.	U
19349201- 500	0	1900	No. 103	13		O.F.	U
19349501- 50000	0	1907	No. 165	15	*	Htg.	U
19350001- 2500	3/0	1907	No. 365	15	*	Htg.	U
19352501- 3000	0	1907	No. 163	13		Htg.	U
19353001- 7000	3/0	1907	No. 361	7		Htg.	U
19357001- 8000	0	1907	No. 161	7		Htg.	U
19358001- 9500	0	1907	No. 160	7		Htg.	U
19359501- 600	14	97	Earl	15		Htg.	U
19359601- 700	14	97	Earl	15		O.F.	U
19359701- 62000	18	83	No. 1	7		O.F.	U
19362001- 3000	16	1908	No. 620	15	*	Htg.	U
19363001- 4000	16	1908	No. 620	15	*	O.F.	U
19364001- 5000	16	1908	No. 610	7		Htg.	U
19365001- 6000	16	1908	No. 610	7		O.F.	U
19366001- 71000	16	1908	Traveler	7		Htg.	U
19371001- 6000	16	1908	Traveler	7		O.F.	U
19376001- 7000	8	Day		15		O.F.	A
19377001- 200	Col.	Ser.	No. 1425	17	*	Htg.	U
19377201- 9000	12	94	No. 220	15	*	O.F.	U
19379001- 80000	6	90	V	15		Htg.	U
19380001- 2000	3/0	1900	No. 315	15	*	O.F.	U
19382001- 5000	3/0	1900	No. 310	7		O.F.	U
19385001- 8000	0 3/0	1907	Nos. 165-365	15	*	Htg.	U
19388001- 93000	0	1907	No. 161	7		Htg.	U
19393001- 500	16	1908	Marquis	15		Htg.	U
19393501- 4000	16	1908	Marquis	15		O.F.	U
19394001- 500	14	97	Bd. St.	7		Htg.	U
19394501- 600	16	1908	No. 623	17		Htg.	U
19394601- 5500	16	1908	No. 623	17		O.F.	U
19395501- 700	16	1908	No. 613	15		Htg.	U
19395701- 7000	16	1908	No. 613	15		O.F.	U
19397001- 750	16½	Equity	Giant	17		Htg.	U
19397751- 98000	16½	Equity	Giant	17		O.F.	U
19398001- 9000	16½	Equity	Giant	15		Htg.	U
19399001-403000	16½	Equity	Giant	7		Htg.	U
19403001- 100	16	99	Maximus	23	WI	O.F.	P
19403101- 4000	16	1908	No. 625	17	*	Htg.	U
19404001- 5000	16	1908	No. 625	17	*	O.F.	U
19405001- 6000	16	1908	No. 620	15	*	Htg.	U
19406001- 7000	16	1908	No. 620	15	*	O.F.	U
19407001- 8000	16	1908	No. 610	7		Htg.	U
19408001- 9000	16	1908	No. 610	7		O.F.	U
19409001- 15000	16	1908	Traveler	7		O.F.	U
19415001- 7000	8	Day		7		O.F.	U
19417001- 9000	12	94	No. 225	17	*	O.F.	U
19419001- 20000	12	94	No. 220	15	*	O.F.	U
19420001- 1000	6	90	Y	7		Htg.	U
19421001- 4500	0	1900	Nos. 100-110	7		O.F.	U
19424501- 6000	3/0	1900	Nos. 300-310	7		O.F.	U
19426001- 500	0 3/0	1900	Nos. 110-310	7		O.F.	U
19426501- 8000	3/0	1907	No. 365	15	*	Htg.	U
19428001- 9500	3/0 0	1907	Nos. 365-165	15	*	Htg.	U
19429501- 34000	0	1907	No. 161	7		Htg.	U
19434001- 500	3/0	1907	No. 361	7		Htg.	U
19434501- 6500	0	1907	No. 160	7		Htg.	U
19436501- 7500	16	1908	No. 620	15	*	Htg.	U
19437501- 8500	16	1908	No. 620	15	*	O.F.	U
19438501- 9500	16	1908	No. 610	7		Htg.	U
19439501- 40500	16	1908	No. 610	7		O.F.	U
19440501- 2500	16	1908	Traveler	7		Htg.	U
19442501- 4500	16	1908	Traveler	7		O.F.	U
19444501- 5500	16	1908	Traveler	7		Htg.	U
19445501- 6500	16	1908	Traveler	7		O.F.	U
19446501- 7000	8	Day		7		O.F.	U
19447001- 8500	8	Day		7	WI	O.F.	U
19448501- 9500	12	94	No. 220	15	*	O.F.	U
19449501- 51500	12	94	No. 210	7		Htg.	U
19451501- 4500	12	Equity		7		O.F.	U
19454501- 5000	0	1900	No. 110	15		O.F.	U
19455001- 500	0	1900	No. 115	15	*	O.F.	U
19455501- 7500	0	1900	No. 110	7		O.F.	U
19457501- 9500	3/0	1900	No. 315	15	*	O.F.	U
19459501- 62500	3/0	1900	No. 310	7		O.F.	U
19462501- 5500	3/0	1907	No. 361	7		Htg.	U
19465501- 6000	16	1908	No. 625	17	*	Htg.	U
19466001- 7000	16	1908	No. 625	17	*	O.F.	U
19467001- 8000	16	1908	No. 620	15	*	Htg.	U
19468001- 9000	16	1908	No. 620	15	*	O.F.	U
19469001- 71000	16	1908	No. 610	7		Htg.	U
19471001- 3000	16	1908	No. 610	7		O.F.	U
19473001- 5000	16	1908	Traveler	7		Htg.	U
19475001- 7000	16	1908	Traveler	7		O.F.	U
19477001- 9000	16	1908	Traveler	7		Htg.	U
19479001- 83000	16	1908	Traveler	7		O.F.	U
19483001- 4000	12	94	No. 220	15	*	Htg.	U
19484001- 6000	12	94	No. 220	15	*	O.F.	U

* Patent Regulator.

Serial Number.	Size.	Model.	Grade.	Jewels.	Setting.	Style.	Grade of Material.
19486001- 8000	12	94	No. 210	7		Htg.	U
19488001- 92000	12	94	No. 210	7		O.F.	U
19492001- 3000	6	90	V	15		Htg.	U
19493001- 5000	3/0	1900	No. 315	15	*	O.F.	U
19495001- 9000	3/0	1900	No. 310	7		O.F.	U
19499001-501000	3/0	1907	Nos. 361-360	7		Htg.	U
19501001- 2000	0	1907	No. 160	7		Htg.	U
19502001- 3000	16	1908	No. 610	7		Htg.	U
19503001- 4000	16	1908	No. 610	7		O.F.	U
19504001- 6000	16	1908	Traveler	7		Htg.	U
19506001- 8000	16	1908	Traveler	7		O.F.	U
19508001- 9000	16	1908	Traveler	7		Htg.	U
19509001- 500	16	1908	Traveler	7		O.F.	U
19509501- 10000	16	1908	No. 626	17		O.F.	U
19510001- 1000	8	Day		7		O.F.	U
19511001- 2000	12	94	No. 220	15	*	Htg.	U
19512001- 4000	12	94	No. 220	15	*	O.F.	U
19514001- 6000	12	94	No. 210	7		Htg.	U
19516001- 9000	12	94	No. 210	7		O.F.	U
19519001- 20000	12	94	No. 210	7		Htg.	U
19520001- 2000	12	94	No. 210	7		O.F.	U
19522001- 3000	0	1900	No. 100	7		O.F.	U
19523001- 4000	3/0	1900	No. 315	15	*	O.F.	U
19524001- 8000	3/0	1900	No. 310	7		O.F.	U
19528001- 30000	0	1907	No. 160	7		Htg.	U
19530001- 200	16	1908	Marquis	15		Htg.	U
19530201- 1000	16	1908	No. 610	7		Htg.	U
19531001- 2000	16	1908	No. 610	7		O.F.	U
19532001- 3000	16	1908	Traveler	7		Htg.	U
19533001- 4000	16	1908	Traveler	7		O.F.	U
19534001- 5000	16	1908	Traveler	7		Htg.	U
19535001- 6000	16	1908	Traveler	7		O.F.	U
19536001- 9000	16½	Equity		7		O.F.	U
19539001- 40000	Col.	Ser.	No. 1425	17	*	O.F.	U
19540001- 1000	12	94	No. 210	7		Htg.	U
19541001- 3000	12	94	No. 210	7		O.F.	U
19543001- 4000	12	94	No. 210	7		Htg.	U
19544001- 6000	12	94	No. 210	7		O.F.	U
19546001- 7300	12	Equity		7		O.F.	U
19547301- 8000	12	94	No. 210	7		O.F.	U
19548001- 52000	0	1900	Nos. 110-100	7		O.F.	U
19552001- 6000	3/0	1900	Nos. 300-310	7		O.F.	U
19556001- 7000	0	1907	No. 160	7		Htg.	U
19557001- 61000	3/0	1907	Nos. 360-361	7		Htg.	U
19561001- 2000	16	1908	Traveler	7		Htg.	U
19562001- 3000	16	1908	Traveler	7		O.F.	U
19563001- 4000	16	1908	Traveler	7		Htg.	U
19564001- 5000	16	1908	Traveler	7		O.F.	U
19565001- 9000	16½	Equity		7		O.F.	U
19569001- 72000	8	Day		7	WI	O.F.	U
19572001- 3000	12	94	No. 225	17	*	Htg.	U
19573001- 4000	12	94	No. 225	17	*	O.F.	U
19574001- 5000	12	94	No. 210	7		Htg.	U
19575001- 7000	12	94	No. 210	7		O.F.	U
19577001- 8000	12	94	No. 210	7		Htg.	U
19578001- 82000	12	94	No. 210	7		O.F.	U
19582001- 3000	0	1900	No. 110	7		O.F.	U
19583001- 8000	3/0	1900	No. 315	15	*	O.F.	U
19588001- 94000	3/0	1900	Nos. 300-310	7		O.F.	U
19594001-600000	0	1907	Nos. 161-160	7		Htg.	U
19600001- 6000	3/0	1907	Nos. 361-360	7		Htg.	U
19606001- 7000	16	1908	Traveler	7		Htg.	U
19607001- 8000	16	1908	Traveler	7		O.F.	U
19608001- 500	16	1908	Marquis	7		Htg.	U
19608501- 9000	16	1908	Traveler	7		Htg.	U
19609001- 10000	16	1908	Traveler	7		O.F.	U
19610001- 4000	16½	Equity		7		O.F.	U
19614001- 5000	8	Day		7		O.F.	U
19615001- 6000	12	94	No. 210	7		Htg.	U
19616001- 7000	12	94	No. 210	7		O.F.	U
19617001- 8000	12	94	No. 210	7		Htg.	U
19618001- 21000	12	94	No. 210	7		O.F.	U
19621001- 3000	0	1900	No. 110	7		O.F.	U
19623001- 5000	3/0	1900	No. 315	15	*	O.F.	U
19625001- 250	3/0	1900	No. 314	15		O.F.	U

Serial Number.	Size.	Model.	Grade.	Jewels.	Setting.	Style.	Grade of Material.
19625251- 6000	0	1900	No. 100	7		O.F.	U
19626001- 8000	0	1907	No. 165	15	*	Htg.	U
19628001- 9000	0	1907	No. 161	7		Htg.	U
19629001- 31000	3/0	1907	No. 365	15	*	Htg.	U
19631001- 7000	3/0	1907	Nos. 361-360	7		Htg.	U
19637001- 8000	16	1908	Traveler	7		Htg.	U
19638001- 9000	16	1908	Traveler	7		O.F.	U
19639001- 43000	16½	Equity		7		O.F.	U
19643001- 6000	8	Day		7		O.F.	U
19646001- 7000	8	Day		7	WI	O.F.	U
19647001- 8000	12	94	No. 225	17	*	O.F.	U
19648001- 9000	12	94	No. 210	7		Htg.	U
19649001- 51000	12	94	No. 210	7		O.F.	U
19651001- 3000	12	94	No. 210	7		Htg.	U
19653001- 9000	12	94	{Equity No. 210}	7		O.F.	U
19659001- 63000	0	1900	Nos. 100-110	7		O.F.	U
19663001- 5000	3/0	1900	No. 315	15	*	O.F.	U
19665001- 72000	3/0	1900	No. 310	7		O.F.	U
19672001- 3000	0	1900	No. 100	7		O.F.	U
19673001- 4000	0	1907	No. 165	15	*	Htg.	U
19674001- 6000	0	1907	Nos. 160-161	7		Htg.	U
19676001- 8000	3/0	1907	No. 365	15	*	Htg.	U
19678001- 87000	3/0	1907	Nos. 361-360	7		Htg.	U
19687001- 300	16	1908	Marquis	15		O.F.	U
19687301- 9500	14	97	Bd. St.	7		Htg.	U
19689501- 91500	14	97	Bd. St.	7		O.F.	U
19691501- 2000	16	1908	No. 620	15	*	Htg.	U
19692001- 3000	16	1908	No. 620	15	*	O.F.	U
19693001- 4000	16	1908	No. 610	7		Htg.	U
19694001- 5000	16	1908	No. 610	7		O.F.	U
19695001- 6000	16	1908	Traveler	7		Htg.	U
19696001- 7000	16	1908	Traveler	7		O.F.	U
19697001- 8000	16	1908	Traveler	7		Htg.	U
19698001- 9000	16	1908	Traveler	7		O.F.	U
19699001- 200	16	1908	No. 611	15		O.F.	U
19699201-700000	16½	Equity		15		O.F.	U
19700001- 3000	16½	Equity		7		O.F.	U
19703001- 18000	8	Day		7		O.F.	U
19718001- 20000	8	Day		7	WI	O.F.	U
19720001- 1000	12	94	No. 210	7		Htg.	U
19721001- 5000	12	94	No. 210	7		O.F.	U
19725001- 6000	6	90	V	15		Htg.	U
19726001- 9000	0	1900	Nos. 110-100	7		O.F.	U
19729001- 30000	3/0	1900	No. 315	15	*	O.F.	U
19730001- 2000	3/0	1900	No. 310	7		O.F.	U
19732001- 3000	3/0	1907	No. 365	15	*	Htg.	U
19733001- 4000	0	1907	No. 161	7		Htg.	U
19734001- 5000	3/0	1907	No. 361	7		Htg.	U
19735001- 6000	0	1007	No. 160	7		Htg.	U
19736001- 7000	3/0	1907	No. 365	15	*	Htg.	U
19737001- 9000	3/0	1907	No. 361	7		Htg.	U
19739001- 300	16½	Equity		17	*	Htg.	U
19739301- 500	16½	Equity		17	*	O.F.	U
19739501- 40750	16½	Equity		15		Htg.	U
19740751- 1500	16½	Equity		15		O.F.	U
19741501- 3500	16½	Equity		7		Htg.	U
19743501- 5000	16½	Equity		7		O.F.	U
19745001- 6000	16	1908	No. 625	17	*	Htg.	U
19746001- 7000	16	1908	No. 625	17	*	O.F.	U
19747001- 8000	16	1908	No. 620	15	*	Htg.	U
19748001- 9000	16	1908	No. 620	15	*	O.F.	U
19749001- 50000	16	1908	Traveler	7		Htg.	U
19750001- 1000	16	1908	Traveler	7		O.F.	U
19751001- 2000	16	1908	Traveler	7		Htg.	U
19752001- 4000	16	1908	Traveler	7		O.F.	U
19754001- 9000	16½	Equity		7		O.F.	U
19759001- 71000	8	Day		7		O.F.	U
19771001- 3000	8	Day		7	WI	O.F.	U
19773001- 500	14	97	Bd. St.	15		O.F.	U
19773501- 4000	12	94	No. 225	17	*	Htg.	U
19774001- 5000	12	94	No. 225	17	*	O.F.	U
19775001- 6000	12	91	No. 220	15	*	Htg.	U
19776001- 7000	12	94	No. 220	15	*	O.F.	U
19777001- 8000	12	94	No. 210	7		Htg.	U

* Patent Regulator.

Serial Number.	Size.	Model.	Grade.	Jewels.	Setting.	Style.	Grade of Material.
19778001- 9000	12	94	No. 210	7		O.F.	U
19779001- 80000	12	94	No. 210	7		Htg.	U
19780001- 3000	12	94	No. 210	7		O.F.	U
19783001- 4000	12	Equity		7		O.F.	U
19784001- 5000	3/0	1900	No. 315	15	*	O.F.	U
19785001- 6000	0	1900	No. 110	7		O.F.	U
19786001- 7000	3/0	1907	No. 310	7		O.F.	U
19787001- 8000	0	1900	No. 110	7		O.F.	U
19788001- 91000	3/0	1900	No. 310	7		O.F.	U
19791001- 500	0	1907	P.S.B.	16		Htg.	A
19791501- 3000	3/0	1907	No. 361	7		Htg.	U
19793001- 4000	3/0	1907	No. 364	15		Htg.	U
19794001- 7000	3/0	1907	No. 361	7		Htg.	U
19797001- 100	14	97	Earl	15		Htg.	U
19797101- 200	14	97	Earl	15		O.F.	U
19797201- 8200	14	97	Bd. St.	7		Htg.	U
19798201- 9200	14	97	Bd. St.	7		O.F.	U
19799201- 300	12	94	Duke	15		O.F.	U
19799301- 50	0	1900	P.S.B.	16		O.F.	A
19799351-800000	16	1908	No. 625	17	*	Htg.	U
19800001- 1000	16	1908	No. 625	17	*	O.F.	U
19801001- 2000	16	1908	No. 620	15	*	Htg.	U
19802001- 3000	16	1908	No. 620	15	*	O.F.	U
19803001- 8000	16	1908	Traveler	7		Htg.	U
19808001- 12000	16	1908	Traveler	7		O.F.	U
19812001- 4000	16½	Equity		7		O.F.	U
19814001- 8000	8	Day		7		O.F.	U
19818001- 20000	8	Day		7	WI	O.F.	U
19820001- 1000	Col.	Ser.	No. 1425	17	*	O.F.	U
19821001- 2000	Col.	Ser.	No. 1420	15	*	O.F.	U
19822001- 500	12	94	No. 225	17	*	Htg.	U
19822501- 4000	12	94	No. 225	17	*	O.F.	U
19824001- 7000	12	94	No. 210	7		O.F.	U
19827001- 8000	12	94	No. 210	7		Htg.	U
19828001- 30000	12	94	No. 210	7		O.F.	U
19830001- 1400	12	Equity		7		O.F.	U
19831401- 2000	12	94	No. 210	7		O.F.	U
19832001- 3000	0	1900	No. 110	7		O.F.	U
19833001- 41000	3/0	1900	No. 310	7		O.F.	U
19841001- 3000	0	1907	No. 160	7		Htg.	U
19843001- 9000	3/0	1907	No. 361	7		Htg.	U
19849001- 500	16	1908	No. 625	17	*	Htg.	U
19849501- 50500	16	1908	No. 625	17	*	O.F.	U
19850501- 1000	16	1908	No. 623	17		O.F.	U
19851001- 2000	16	1908	No. 620	15	*	Htg.	U
19852001- 3000	16	1908	No. 620	15	*	O.F.	U
19853001- 4000	16	1908	No. 613	15		O.F.	U
19854001- 61000	16½	Equity	No. 611	15		Htg.	U
19861001- 9000	16½	Equity	No. 611	15		O.F.	U
19869001- 75000	16	1908	Traveler	7		O.F.	U
19875001- 7000	8	Day		7		O.F.	U
19877001- 80000	8	Day		7	WI	O.F.	U
19880001- 500	12	94	No. 225	17	*	Htg.	U
19880501- 1000	12	94	No. 225	17	*	O.F.	U
19881001- 2000	12	94	No. 220	15	*	Htg.	U
19882001- 3000	12	94	No. 220	15	*	O.F.	U
19883001- 8000	12	94	No. 210	7		O.F.	U
19888001- 90000	12	Equity		7		O.F.	U
19890001- 5000	3/0	1900	No. 310	7		O.F.	U
19895001-901500	3/0	1907	Nos. 360-361	7		Htg.	U
19901501- 3500	18	83	P.S.B.	17	*	O.F.	A
19903501- 4500	16	1908	No. 625	17	*	Htg.	U
19904501- 5500	16	1908	No. 625	17	*	O.F.	U
19905501- 6000	16	1908	Marquis	15	*	Htg.	U
19906001- 500	16	1908	No. 620	15	*	Htg.	U
19906501- 7500	16	1908	No. 620	15	*	O.F.	U
19907501- 15500	16	1908	Traveler	7		O.F.	U
19915501- 6000	16½	Equity	No. 611	15		Htg.	U
19916001- 8000	16½	Equity	No. 611	15		O.F.	U
19918001- 20000	8	Day		7		O.F.	U
19920001- 6000	8	Day		7	WI	O.F.	U
19926001- 7000	12	94	No. 225	17	*	Htg.	U
19927001- 9000	12	94	No. 225	17	*	O.F.	U
19929001- 30000	12	94	No. 220	15	*	Htg.	U
19930001- 2000	12	94	No. 220	15	*	O.F.	U

Serial Number.	Size.	Model.	Grade.	Jewels.	Setting.	Style.	Grade of Material.
19932001- 7000	12	94	No. 210	7		O.F.	U
19937001- 47000	3/0	1900	No. 310	7		O.F.	U
19947001- 55000	3/0	1907	No. 361	7		Htg.	U
19955001- 9000	0	1907	Nos. 160-161	7		Htg.	U
19959001- 60000	18	83	Sterling	7		O.F.	U
19960001- 1000	16	1908	No. 625	17	*	Htg.	U
19961001- 2000	16	1908	No. 625	17	*	O.F.	U
19962001- 3000	16	1908	No. 620	15	*	Htg.	U
19963001- 4000	16	1908	No. 620	15	*	O.F.	U
19964001- 6000	16	1908	Traveler	7		Htg.	U
19966001- 72000	16	1908	Traveler	7		O.F.	U
19972001- 5000	16½	Equity		7		O.F.	U
19975001- 7000	8	Day		7	WI	O.F.	U
19977001- 83000	8	Day		7		O.F.	U
19983001- 4000	Col.	Ser.	No. 1425	17	*	O.F.	U
19984001- 5000	Col.	Ser.	No. 1420	15	*	O.F.	U
19985001- 6000	12	94	No. 225	17	*	Htg.	U
19986001- 7000	12	94	No. 225	17	*	O.F.	U
19987001- 8000	12	94	No. 220	15	*	Htg.	U
19988001- 9000	12	94	No. 220	15	*	O.F.	U
19989001- 90000	12	94	No. 210	7		Htg.	U
19990001- 5000	12	94	No. 210	7		O.F.	U
19995001- 9000	6	90	Y-J	7		Htg.	U
19999001- 99	3/0	1900	No. 310	7		O.F.	U
20000000- 100	18	92	C.R.T.S.	17	L S §	O.F.	A
20000101- 300	18	92	C.P.R.	17	L S §	O.F.	A
20000301- 1300	18	83	P.S.B.	17	*	O.F.	A
20001301- 500	16	1908	Vanguard	19	‡§	Htg.	P
20001501- 800	16	1908	Vanguard	19	L S‡§	O.F.	P
20001801- 900	16	1908	C.R.T.S.	17	L S §	O.F.	A
20001901- 2100	16	1908	C.P.R.	17	L S §	O.F.	A
20002101- 3000	16	1908	Cres. St.	21	‡§	O.F.	P
20003001- 4000	16	1908	No. 645	21	L S‡§	O.F.	P
20004001- 500	16	1908	Royal	17	§	O.F.	A
20004501- 5500	12	94	Riverside	19	‡*	O.F.	P
20005501- 7500	J S	98	Ruby	17		Htg.	A
20007501- 8500	J S	1912	Ruby	17		O.F.	A
20008501- 10500	J S	98	Sapphire	15		Htg.	A
20010501- 1500	J S	1912	Sapphire	15		O.F.	A
20011501- 2200	14	97	Peer	17	*	Htg.	A
20012201- 500	14	97	Peer	17	*	O.F.	A
20012501- 800			Asst'. Spec.				
20012801- 5000	16	1908	Vanguard	23	WI‡§	O.F.	P
20015001- 500	16	1908	Cres. St.	21	‡§	Htg.	P
20015501- 6000	16	1908	Cres. St.	21	L S‡§	O.F.	P
20016001- 500	16	1908	Riverside	19	‡§	O.F.	P
20016501- 7000	16	1908	Royal	17	*	Htg.	A
20017001- 500	16	1908	Royal	17	*	O.F.	A
20017501- 8000	16	1908	No. 635	17	*	O.F.	A
20018001- 9000	Col.	A	Riverside	19–21		O.F.	P
20019001- 20000	J S	1912	Sapphire	15		O.F.	A
20020001- 500	16	1908	Cres. St.	21	‡§	O.F.	P
20020501- 1000	16	1908	No. 637	17	L S *	O.F.	A
20021001- 500	12	94	No. 235	17	*	O.F.	A
20021501- 2500	J S	1912	Ruby	17		O.F.	A
20022501- 3500	J S	98	Sapphire	15		Htg.	A
20023501- 4500	J S	1912	Sapphire	15		O.F.	A
20024501- 50	14	97	Peer	17		Htg.	A
20024551- 5100			Ass't. Spec.				
20025101- 6500	J S	98	Ruby	17		Htg.	A
20026501- 7500	J S	1912	Ruby	17		O.F.	A
20027501- 8500	J S	98	Sapphire	15		Htg.	A
20028501- 9500	J S	1912	Sapphire	15		O.F.	A
20029501- 30500	16	1908	Vanguard	23	WI‡§	O.F.	P
20030501- 1300	16	1908	Cres. St.	21	‡§	O.F.	P
20031301- 500	Col.	A	Maximus	21	‡	O.F.	P
20031501- 2500	J S	98	Ruby	17		Htg.	A
20032501- 3500	J S	1912	Ruby	17		O.F.	A
20033501- 4500	J S	98	Sapphire	15		Htg.	A
20034501- 5500	J S	1912	Sapphire	15		O.F.	A
20035501- 6000	18	92	Vanguard	21	L S‡§	O.F.	P
20036001- 500	18	92	Cres. St.	21	L S‡§	O.F.	P
20036501- 7500	18	83	P.S.B.	17	*	O.F.	A
20037501- 8500	16	1908	Vanguard	23	L S‡§	O.F.	P
20038501- 9500	16	1908	Cres. St.	21	L S‡§	O.F.	P

* Patent Regulator. ‡ Jeweled Main Wheel. § 1908 Patent Regulator.

Serial Number.	Size.	Model.	Grade	Jewels.	Setting.	Style.	Grade of Material.
20039501– 40500	16	1908	No. 645	21	L S‡§	O.F.	P
20040501– 1000	16	1908	P.S.B.	17	*	O.F.	A
20041001– 500	16	1908	No. 637	17	L S *	O.F.	A
20041501– 2500	16	1908	No. 635	17	*	O.F.	A
20042501– 3000	12	94	Riverside	19	‡*	O.F.	P
20043001– 4000	12	94	No. 235	17	*	O.F.	A
20044001– 5000	J S	98	Sapphire	15		Htg.	A
20045001– 7000	J S	1912	Sapphire	15		O.F.	A
20047001– 8000	16	1908	Vanguard	23	L S‡§	O.F.	P
20048001– 500	16	1908	Vanguard	19	L S‡§	O.F.	P
20048501– 9000	16	1908	Cres. St.	21	L S‡§	O.F.	P
20049001– 700	16	1908	No. 645	21	L S‡§	O.F.	P
20049701– 50000	Col.	A	Maximus	21	‡	O.F.	P
20050001– 500	12	94	Royal	17	*	O.F.	A
20050501– 50	12	94	No. 230	17	*	O.F.	A
20050551– 1500	12	94	No. 235	17	*	O.F.	A
20051501– 2500	J S	1912	Ruby	17		O.F.	A
20052501– 3500	J S	1912	Sapphire	15		O.F.	A
20053501– 4000	Wal	Brace't		17		Htg.	P
20054001– 6000	Wal	Brace't		15		Htg.	A
20056001– 100	16	1908	P.S.B.	17	*	Htg.	A
20056101– 600	16	1908	P.S.B.	17	*	O.F.	A
20056601– 794			Ass't. Spec.				
20056795– 994	12	94	No. 235	17	*	O.F.	A
20056995– 7000			Ass't. Spec.				
20057001– 500	18	92	A.T.&Co.	15	*	O.F.	P
20057501– 8500	16	1908	Vanguard	23	L S‡§	O.F.	P
20058501– 9000	16	1908	Cres. St.	21	L S‡§	O.F.	P
20059001– 500	16	1908	No. 645	21	L S‡§	O.F.	P
20059501– 60500	16	1908	No. 635	17	*	O.F.	A
20060501– 1500	12	94	No. 235	17	*	O.F.	A
20061501– 2000	6	90	Lady W.	16	*	Htg.	A
20062001– 3000	J S	1912	Ruby	17		O.F.	A
20063001– 5000	J S	1912	Sapphire	15		O.F.	A
20065001– 6000	Wal	Brace't		15		O.F.	A
20066001– 7000	16	1908	Vanguard	23	L S‡§	O.F.	P
20067001– 500	16	1908	Cres. St.	21	L S‡§	O.F.	P
20067501– 8000	16	1908	No. 645	21	L S‡§	O.F.	P
20068001– 9000	16	1908	P.S.B.	17	*	Htg.	A
20069001– 70000	Col.	A	Riverside	19		O.F.	P
20070001– 500	12	94	No. 235	17	*	Htg.	A
20070501– 2500	J S	98	Sapphire	15		Htg.	A
20072501– 4500	J S	1912	Sapphire	15		O.F.	A
20074501– 700	7½	Ligne	Patrician	17	†	Htg.	P
20074701– 5500	16	1908	Vanguard	23	L S‡§	O.F.	P
20075501– 6000	16	1908	Cres. St.	21	L S‡§	O.F.	P
20076001– 500	16	1908	No. 645	21	L S‡§	O.F.	P
20076501– 7000	12	94	Royal	17	*	O.F.	A
20077001– 8000	12	94	No. 235	17	*	O.F.	A
20078001– 9000	J S	98	Sapphire	15		Htg.	A
20079001– 80000	J S	1912	Sapphire	15		O.F.	A
20080001– 2000	J S	98	Sapphire	15		Htg.	A
20082001– 100	7½	Ligne		17	†		P
20082101– 3000	16	1908	Vanguard	23	L S‡§	O.F.	P
20083001– 500	16	1908	Cres. St.	21	L S‡§	O.F.	P
20083501– 4000	16	1908	No. 645	21	L S‡§	O.F.	P
20084001– 5000	Col.	A	Riverside	19		O.F.	P
20085001– 500	12	94	Royal	17	*	O.F.	A
20085501– 6000	12	94	No. 235	17	*	O.F.	A
20086001– 7000	J S	1912	Ruby	17		O.F.	A
20087001– 90000	J S	1912	Sapphire	15		O.F.	A
20090001– 1000	Wal	Brace't		15		Htg.	A
20091001– 2000	16	1912	Cres. St.	21	WI‡§	O.F.	P
20092001– 500	19	1908	Cres. St.	21	L S‡§	O.F.	P
20092501– 600			Ass't. Spec.				
20092601– 700	16	1908	No. 645	21	L S‡§	O.F.	P
20092701– 3000			Ass't. Spec.				
20093001– 4000	8	Day	Chronometer	15	WI	O.F.	P
20094001– 5000	Col.	A	Riverside	19		O.F.	P
20095001– 500	12	94	Royal	17	*	O.F.	A
20095501– 6000	12	94	No. 235	17	*	Htg.	A
20096001– 8000	12	94	Nos. 235-238	17	*	O.F.	A
20098001– 9000	J S	1912	Ruby	17		O.F.	A
20099001–100000	J S	1912	Sapphire	15		O.F.	A
20100001– 2000	Wal	Brace't		15		Htg.	A

Serial Number.	Size.	Model.	Grade	Jewels.	Setting.	Style.	Grade of Material.
20102001– 3000	16	1908	Cres. St.	21	WI‡§	O.F.	P
20103001– 500	16	1908	No .645	21	L S‡§	O.F.	P
20103501– 4000	16	1908	No. 635	17	*	O.F.	A
20104001– 5000	Col.	A	Riverside	19		O.F.	P
20105001– 6000	J S	1912	Sapphire	15		O.F.	A
20106001– 7000	J S	98	Sapphire	15		Htg.	A
20107001– 300	16	1908	No. 635	17		Htg.	A
20107301– 500	16	1908	No. 635	17		O.F.	A
20107501– 8000	12	94	Maximus	19	*	O.F.	P
20108001– 9000	3/0	1907	Lady W.	16		Htg.	A
20109001– 10000	Col.	Ser.	Royal	17	*	O.F.	A
20110001– 500	12	94	Royal	17	*	O.F.	A
20110501– 1500	12	94	No. 235	17	*	O.F.	A
20111501– 3000	J S	98	Ruby	17		Htg.	A
20113001– 500	J S	98	No. 561	7		Htg.	A
20113501– 8500	J S	1912	No. 510	7		O.F.	A
20118501– 23000	J S	98	Sapphire	15		Htg.	A
20123001– 500	J S	98	No. 561	7		Htg.	A
20123501– 8500	J S	1912	Sapphire	15		O.F.	A
20128501– 9500	Wal	Brace't		15			A
20129501– 30500	18	92	Vanguard	23	L S‡§	O.F.	P
20130501– 1500	16	1908	Cres. St.	21	WI‡§	O.F.	P
20131501– 2000	16	1908	Cres. St.	21	L S‡§	O.F.	P
20132001– 500	16	1908	No. 645	21	L S‡§	O.F.	P
20132501– 3000	16	1908	Royal	17	*	O.F.	A
20133001– 4000	16	1908	P.S.B.	17	*	O.F.	A
20134001– 500	12	94	Royal	17	*	O.F.	A
20134501– 5500	J S	98	No. 565	15		Htg.	A
20135501– 6500	J S	1912	Nos. 510-515	7–15		O.F.	A
20136501– 7500	J S	98	Nos. 561-565	7–15		Htg.	A
20137501– 9000	J S	1912	Sapphire	15		O.F.	A
20139001– 500	J S	1912	No. 510	7		O.F.	A
20139501– 40500	Wal	Brace't		15		Htg.	A
20140501– 800	7½	Ligne		17	†		P
20140801– 2000	16	1908	Vanguard	23	L S‡§	O.F.	P
20142001– 3000	16	1908	Cres. St.	21	WI‡§	O.F.	P
20143001– 4000	16	1908	Cres. St.	21	L S‡§	O.F.	P
20144001– 5000	16	1908	No. 645	21	L S‡§	O.F.	P
20145001– 6000	Col.	A	Riverside	19		O.F.	P
20146001– 500	12	94	Royal	17	*	O.F.	A
20146501– 7000	12	94	No. 235	17	*	Htg.	A
20147001– 300	12	94	No. 239	17	*	O.F.	A
20147301– 8000	12	94	No. 235	17	*	O.F.	A
20148001– 200	J S	98	Sapphire	15		Htg.	A
20148201– 9000	J S	98	No. 561	7		Htg.	A
20149001– 51000	J S	1912	Nos. 510-515	7–15		O.F.	A
20151001– 2000	J S	98	{No. 561 Sapphire}	7–15		Htg.	A
20152001– 5000	J S	1912	Nos. 510-515	7–15			A
20155001– 500	16	1908	Cres. St.	21	‡§	Htg.	P
20155501– 6500	16	1908	Cres. St.	21	WI‡§	O.F.	P
20156501– 7000	16	1908	No. 645	21	L S‡§	O.F.	P
20157001– 500	16	1908	Royal	17		Htg.	A
20157501– 8000	16	1908	Royal	17	*	O.F.	A
20158001– 9000	16	1908	P.S.B.	17	*	Htg.	A
20159001– 500	16	1908	No. 635	17	*	Htg.	A
20159501– 60000	16	1908	No. 635	17	*	O.F.	A
20160001– 1000	Col.	A	Riverside	19		O.F.	P
20161001– 500	12	94	Royal	17	*	O.F.	A
20161501– 4500	J S	1912	Nos. 510-515	7–15		O.F.	A
20164501– 5000	10	Ligne	Lady W.	15		Htg.	A
20165001– 500	7½	Ligne		17	†	Htg.	P
20165501– 6000	Col.	A	Maximus	21	‡	O.F.	P
20166001– 600	Col.	A	Riverside	19		O.F.	P
20166601– 7500	J S	98	Nos. 561-565	7–15		Htg.	A
20167501– 8500	J S	1912	No. 510	7		O.F.	A
20168501– 600	J S	1912	No. 515	15		O.F.	A
20168601– 9500	J S	1912	No. 510	7		O.F.	A
20169501– 71000	16	1908	P.S.B.	17	*	Htg.	A
20171001– 3000	J S	98	Nos. 561-565	7–15		Htg.	A
20173001– 6000	J S	1912	No. 510	7		O.F.	A
20176001– 7000	16	1908	P.S.B.	17	*	Htg.	A
20177001– 8000	16	1908	No. 635	17	*	Htg.	A
20178001– 100	16	1908	P.S.B.	17	*	Htg.	A
20178101– 500	16	1908	P.S.B.	17	*	O.F.	A

* Patent Regulator. † Matalene Pendant Setting. ‡ Jeweled Main Wheel. § 1908 Patent Regulator.

Serial Number.	Size.	Model.	Grade.	Jewels.	Setting.	Style.	Grade of Material.
20178501– 9000	12	94	Royal	17	*	O.F.	A
20179001– 80000	12	94	No. 235	17	*	O.F.	A
20180001– 500	3/0	1900	Lady W.	16	*	Htg.	A
20180501– 1000	3/0	1900	Lady W.	16–17	*	O.F.	A
20181001– 2000	J S	98	Nos. 561-565	7–15		Htg.	A
20182001– 4000	J S	1912	No. 510 Sapphire	7–15		O.F.	A
20184001– 5000	16	1908	No. 645	21	‡§	O.F.	P
20185001– 8000	16	1908	P.S.B.	17	*	Htg.	A
20188001– 9000	16	1908	P.S.B.	17	*	O.F.	A
20189001– 90000	Col.	A	Riverside	19		O.F.	P
20190001– 1000	12	94	Riverside	19	‡*	O.F.	P
20191001– 2000	12	94	No. 235	17	*	Htg.	A
20192001– 5000	12	94	No. 235	17	*	O.F.	A
20195001– 8000	J S	98	No. 561	7		Htg.	A
20198001–202000	3/0	1900	Nos. 300-310	7		O.F.	U
20202001– 9000	3/0	1907	Nos. 361-360	7		Htg.	U
20209001– 11000	0	1907	No. 160	7		Htg.	U
20211001– 500	16	1908	Marquis	15		Htg.	U
20211501– 2000	16	1908	Marquis	15		O.F.	U
20212001– 3000	14	97	Bd. St.	7		Htg.	U
20213001– 4000	14	97	Bd. St.	7		O.F.	U
20214001– 5000	16	1908	No. 625	17	*	Htg.	U
20215001– 6000	16	1908	No. 625	17	*	O.F.	U
20216001– 7000	16	1908	No. 620	15	*	Htg.	U
20217001– 9000	16	1908	No. 620	15	*	O.F.	U
20219001– 21000	16	1908	No. 610	7		Htg.	U
20221001– 3000	16	1908	No. 610	7		O.F.	U
20223001– 9000	16	1908	Traveler	7		O.F.	U
20229001– 31000	16½	Equity		7		O.F.	U
20231001– 9000	8	Day		7	WI	O.F.	U
20239001– 40000	Col.	Ser.	No. 1425	17	*	O.F.	U
20240001– 1000	Col.	Ser.	No. 1420	15	*	O.F.	U
20241001– 2000	12	94	No. 225	17	*	Htg.	U
20242001– 4000	12	94	No. 225	17	*	O.F.	U
20244001– 6000	12	94	No. 220	15	*	O.F.	U
20246001– 7000	12	94	No. 210	7		Htg.	U
20247001– 50000	12	94	No. 210	7		O.F.	U
20250001– 1000	12	94	No. 220	15		O.F.	U
20251001– 2000	12	94	No. 210	7		O.F.	U
20252001– 4000	6	90	J	7		Htg.	U
20254001– 5000	3/0	1000	No. 310	7		O.F.	U
20255001– 8900	16	Ball	Official	19–21	L S	O.F.	P
20258901– 9400	16	Ball	Commercial	17		O.F.	A
20259401– 60000	16	Ball	Official	19–21	L S	O.F.	P
20260001– 4000	3/0	1900	No. 310	7		O.F.	U
20264001– 500	0	1907	P.S.B.	16	L S	Htg.	A
20264501– 5000	0	1907	No. 165	15	*	Htg.	U
20265001– 73000	0	1907	Nos. 160-161	7		Htg.	U
20273001– 6000	3/0	1907	No. 361	7		Htg.	U
20276001– 8000	0	1907	No. 161	7		Htg.	U
20278001– 80000	3/0	1907	No. 360	7		Htg.	U
20280001– 1000	16	1908	No. 625	17	*	Htg.	U
20281001– 2000	16	1908	No. 625	17	*	O.F.	U
20282001– 3000	16	1908	No. 620	15	*	Htg.	U
20283001– 4000	16	1908	No. 620	15	*	O.F.	U
20284001– 500	16	1908	No. 613	15		O.F.	U
20284501– 9000	16	1908	No. 610	7		Htg.	U
20289001– 94000	16	1908	No. 610	7		O.F.	U
20294001– 6000	16	1908	Traveler	7		O.F.	U
20296001– 8000	16½	Equity		7		O.F.	U
20298001– 9000	8	Day		7	WI	O.F.	U
20299001–300000	8	Day		7		O.F.	U
20300001– 1000	18	83	P.S.B.	17	*	O.F.	A
20301001– 500	16	1908	Cres. St.	21	WI‡§	O.F.	P
20301501– 2500	16	1908	P.S.B.	17	*	Htg.	A
20302501– 4500	Col.	A	Riverside	19		O.F.	P
20304501– 5000	Col.	Ser.	Riverside	19	‡*	O.F.	P
20305001– 500	3/0	1900	Lady W.	16	*	Htg.	A
20305501– 6000	3/0	1900	Lady W.	16	*	O.F.	A
20306001– 9000	J S	98	Sapphire No. 561	15-7		Htg.	A
20309001– 500			Ass't. Spec.				
20309501– 11500	7½	Ligne		17	†	Htg.	P
20311501– 3500	18	83	P.S.B.	17	*	O.F.	A
20313501– 4000	16	1908	Cres. St.	21	L S‡§	O.F.	P
20314001– 500	16	1908	Cres. St.	21	WI‡§	O.F.	P
20314501– 5500	16	1908	No. 645	21	L S‡§	O.F.	P
20315501– 6000	16	1908	Riverside	19	‡§	O.F.	P
20316001– 7000	16	1908	P.S.B.	17	*	Htg.	A
20317001– 8000	Col.	A	Riverside	19		O.F.	P
20318001– 9000	12	94	Riverside	19	‡*	O.F.	P
20319001– 500	12	94	Royal	17	*	Htg.	A
20319501– 20000	12	94	Royal	17	*	O.F.	A
20320001– 1000	12	94	No. 235	17	*	O.F.	A
20321001– 500	3/0	1900	Lady W.	16	*	Htg.	A
20321501– 2000	3/0	1900	Lady W.	16–17	*	O.F.	A
20322001– 5000	J S	98	No. 561	7		Htg.	A
20325001– 7000	J S	1912	No. 510	7		O.F.	A
20327001– 33000	8	Day		7		O.F.	U
20333001– 4000	12	94	No. 225	17	*	O.F.	U
20334001– 6000	12	94	No. 220	15	*	O.F.	U
20336001– 7000	12	94	No. 210	7		Htg.	U
20337001– 42000	12	94	No. 210	7		O.F.	U
20342001– 6000	6	90	V-J	15–7		Htg.	U
20346001– 8000	3/0	1900	No. 310	7		O.F.	U
20348001– 850	3/0	1907	No. 364	15		Htg.	U
20348851– 9000	3/0	1900	No. 314	15		O.F.	U
20349001– 500	0	1907	No. 165	15	*	Htg.	U
20349501– 50000	0	1907	No. 161	7		Htg.	U
20350001– 1000	3/0	1907	No. 361	7		Htg.	U
20351001– 3000	0	1907	No. 161	7		Htg.	U
20353001– 6000	3/0	1907	Nos. 360-361	7		Htg.	U
20356001– 7000	14	97	Bd. St.	7		Htg.	U
20357001– 9000	18	83	No. 81	15		O.F.	U
20359001– 60000	16	1908	No. 625	17	*	Htg.	U
20360001– 1000	16	1908	No. 625	17	*	O.F.	U
20361001– 2000	16	1908	No. 620	15	*	Htg.	U
20362001– 3000	16	1908	No. 620	15	*	O.F.	U
20363001– 6000	16	1908	No. 610	7		Htg.	U
20366001– 9000	16	1908	No. 610	7		O.F.	U
20369001– 72000	16	1908	Traveler	7		Htg.	U
20372001– 4000	16½	Equity		7		O.F.	U
20374001– 82000	8	Day		7		O.F.	U
20382001– 3000	12	94	No. 225	17	*	O.F.	U
20383001– 4000	12	94	No. 220	15	*	Htg.	U
20384001– 5000	12	94	No. 220	15	*	O.F.	U
20385001– 90000	12	94	No. 210	7		O.F.	U
20390001– 2000	3/0	1907	No. 365	15	*	Htg.	U
20392001– 9000	3/0	1907	Nos. 360-361	7		Htg.	U
20399001–401000	3/0	1900	No. 315	15	*	O.F.	U
20401001– 2000	0	1900	No. 110	7		O.F.	U
20402001– 6000	3/0	1900	No. 310	7		O.F.	U
20406001– 8000	0	1907	No. 160	7		Htg.	U
20408001– 300	14	1897	Earl	15		Htg.	U
20408301– 600	14	1897	Earl	15		O.F.	U
20408601– 9600	14	97	Bd. St.	7		Htg.	U
20409601– 10600	14	97	Bd. St.	7		O.F.	U
20410601– 800	12	97	Duke	15		Htg.	U
20410801– 1000	12	97	Duke	15		O.F.	U
20411001– 8000	18	83	Sterling	15		O.F.	U
20418001– 9000	16	1908	No. 625	17	*	Htg.	U
20419001– 20000	16	1908	No. 625	17	*	O.F.	U
20420001– 2000	16	1908	No. 620	15	*	Htg.	U
20422001– 4000	16	1908	No. 620	15	*	O.F.	U
20424001– 7000	16	1908	No. 610	7		Htg.	U
20427001– 30000	16	1908	No. 610	7		O.F.	U
20430001– 3000	16½	Equity		7		O.F.	U
20433001– 6000	8	Day		7	WI	O.F.	U
20436001– 42000	8	Day		7		O.F.	U
20442001– 3000	12	94	No. 225	17	*	Htg.	U
20443001– 4000	12	94	No. 225	17	*	O.F.	U
20444001– 6000	12	94	No. 220	15	*	Htg.	U
20446001– 8000	12	94	No. 220	15	*	O.F.	U
20448001– 9000	12	94	No. 210	7		Htg.	U
20449001– 53000	12	94	No. 210	7		O.F.	U
20453001– 8000	3/0	1900	No. 310	7		O.F.	U
20458001– 61000	0	1907	Nos. 160-161	7		Htg.	U
20461001– 2000	3/0	1907	No. 365	15	*	Htg.	U
20462001– 3000	0	1907	No. 161	7		Htg.	U

* Patent Regulator. † Matalene Pendant Setting ‡ Jeweled Main Wheel. § 1908 Patent Regulator.

Serial Number.	Size.	Model.	Grade.	Jewels.	Setting.	Style.	Grade of Material
20463001– 7000	3/0	1907	Nos. 360-361	7		Htg.	U
20467001– 100	14	97	Perfect	15		Htg.	U
20467101– 700	14	97	Perfect	15		O.F.	U
20467701– 8000	14	97	Gentleman	7		O.F.	U
20468001– 9000	18	83	No. 820	15	•	O.F.	U
20469001– 70000	18	83	No. 81	15		O.F.	U
20470001– 1000	18	83	No. 18	7		O.F.	U
20471001– 2000	16	1908	No. 625	17	•	Htg.	U
20472001– 3000	16	1908	No. 625	17	•	O.F.	U
20473001– 4000	16	1908	No. 620	15	•	Htg.	U
20474001– 6000	16	1908	No. 620	15	•	O.F.	U
20476001– 8000	16	1908	No. 610	7		Htg.	U
20478001– 80000	16	1908	No. 610	7		O.F.	U
20480001– 1000	16	1908	Traveler	7		Htg.	U
20481001– 3000	16½	Equity		7		O.F.	U
20483001– 4000	8	Day		15	WI	O.F.	A
20484001– 7000	8	Day		7	WI	O.F.	U
20487001– 92000	8	Day		7		O.F.	U
20492001– 500	12	94	No. 225	17	•	Htg.	U
20492501– 3500	12	94	No. 225	17	•	O.F.	U
20493501– 4500	12	94	No. 220	15	•	Htg.	U
20494501– 6500	12	94	No. 220	15	•	O.F.	U
20496501– 7500	12	94	No. 210	7		Htg.	U
20497501–501500	12	94	No. 210	7		O.F.	U
20501501– 2000	6	90	V	15		Htg.	U
20502001– 5000	0	1900	Nos. 100-110	7		O.F.	U
20505001– 9000	3/0	1900	Nos. 300-310	7		O.F.	U
20509001– 11000	0	1907	Nos. 160-161	7		Htg.	U
20511001– 2000	3/0	1907	No. 365	15	•	Htg.	U
20512001– 6000	3/0	1907	Nos. 360-361	7		Htg.	U
20516001– 7000	14	97	Bd. St.	7		Htg.	U
20517001– 8000	14	97	Bd. St.	7		O.F.	U
20518001– 9000	18	83	No. 820	15	•	O.F.	U
20519001– 21000	18	83	No. 81	15		O.F.	U
20521001– 7000	18	83	Nos. 1-18	7		O.F.	U
20527001– 9050	16	1908	Nos. 623-625	17	•	Htg.	U
20529051– 500	16	1908	No. 623	17		O.F.	U
20529501– 31500	16	1908	No. 620	15	•	Htg.	U
20531501– 600	16	1908	No. 613	15		Htg.	U
20531601– 3000	16	1908	No. 613	15.		O.F.	U
20533001– 9000	16	1908	{Traveler No. 610}	7		Htg.	U
20539001– 40000	16	1908	Traveler	7		O.F.	U
20540001– 4000	16	1908	Traveler	7		Htg.	U
20544001– 5000	16½	Equity		15		O.F.	U
20545001– 9000	16½	Equity		7		O.F.	U
20549001– 53000	8	Day		7	WI	O.F.	U
20553001– 61000	8	Day		7		O.F.	U
20561001– 500	12	94	No. 225	17	•	Htg.	U
20561501– 2500	12	94	No. 225	17	•	O.F.	U
20562501– 3000	12	94	No. 220	15	•	Htg.	U
20563001– 4000	12	94	No. 220	15	•	O.F.	U
20564001– 5000	12	94	No. 210	7		Htg.	U
20565001– 9000	12	94	No. 210	7		O.F.	U
20569001– 70000	0	1900	No. 115	15	•	O.F.	U
20570001– 5000	3/0	1900	No. 310	7		O.F.	U
20575001– 9000	0	1907	Nos. 160-161	7		Htg.	U
20579001– 80000	3/0	1907	No. 365	15	•	Htg.	U
20580001– 1000	3/0	1907	No. 361	7		Htg.	U
20581001– 6000	0	1907	Nos. 160-165	7		Htg.	U
20586001– 500	16	1908	Marquis	15		Htg.	U
20586501– 7000	16	1908	Marquis	15		O.F.	U
20587001– 8000	14	97	Bd. St.	7		Htg.	U
20588001– 9000	14	97	Bd. St.	7		O.F.	U
20589001– 90000	18	83	No. 825	17	•	O.F.	U
20590001– 3000	18	83	No. 1	7		O.F.	U
20593001– 5000	16	1908	No. 625	17	•	Htg.	U
20595001– 7000	16	1908	No. 620	15	•	O.F.	U
20597001– 9000	16	1908	No. 610	7		Htg.	U
20599001–600000	16	1908	Traveler	7		Htg.	U
20600001– 5000	16	1908	Traveler	7		O.F.	U
20605001– 6000	8	Day		15	WI	O.F.	A
20606001– 17500	8	Day		7		O.F.	U
20617501– 8000	14	97	Bd. St.	15		O.F.	U
20618001– 9000	12	94	No. 225	17	•	Htg.	U

Serial Number.	Size.	Model.	Grade.	Jewels.	Setting.	Style.	Grade of Material
20619001– 20000	12	94	No. 225	17	•	O.F.	U
20620001– 1000	12	94	No. 220	15	•	O.F.	U
20621001– 5000	12	94	No. 210	7		O.F.	U
20625001– 9000	3/0	1900	No. 310	7		O.F.	U
20629001– 30000	0	1900	No. 110	7		O.F.	U
20630001– 3000	0	1907	Nos. 160-161	7		Htg.	U
20633001– 5000	3/0	1907	No. 365	15	•	Htg.	U
20635001– 9000	0	1907	No. 161	7		Htg.	U
20639001– 40000	3/0	1907	No. 361	7		Htg.	U
20640001– 1000	18	83	Am.W.Co.	7	K.W.		U
20641001– 2000	14	97	Bd. St.	7		Htg.	U
20642001– 3000	14	97	Bd. St.	7		O.F.	U
20643001– 4000	18	83	No. 825	17	•	O.F.	U
20644001– 5000	18	83	No. 820	15	•	O.F.	U
20645001– 6000	18	83	No. 18	7		O.F.	U
20646001– 7000	16	1908	No. 625	17	•	Htg.	U
20647001– 8000	16	1908	No. 625	17	•	O.F.	U
20648001– 9000	16	1908	No. 620	15	•	Htg.	U
20649001– 50000	16	1908	No. 620	15	•	O.F.	U
20650001– 1000	16	1908	No. 610	7		Htg.	U
20651001– 3000	16	1908	No. 610	7		O.F.	U
20653001– 8000	16½	Equity		7		O.F.	U
20658001– 9000	8	Day		15	WI	O.F.	A
20659001– 79000	8	Day		7		O.F.	U
20679001– 80000	12	94	No. 225	17	•	Htg.	U
20680001– 1000	12	94	No. 225	17	•	O.F.	U
20681001– 2000	12	94	No. 220	15	•	Htg.	U
20682001– 3000	12	94	No. 220	15	•	O.F.	U
20683001– 4000	12	94	No. 210	7		Htg.	U
20684001– 8000	12	94	No. 210	7		O.F.	U
20688001– 9000	0	1900	No. 115	15	•	O.F.	U
20689001– 91000	0	1900	Nos. 100-110	7		O.F.	U
20691001– 2000	3/0	1900	No. 315	15	•	O.F.	U
20692001– 4000	0	1900	No. 110	7		O.F.	U
20694001– 6000	3/0	1900	No. 310	7		O.F.	U
20696001– 7000	0	1907	No. 165	15	•	Htg.	U
20697001– 8000	0	1907	No. 160	7		Htg.	U
20698001– 9000	3/0	1907	No. 365	15	•	Htg.	U
20699001–704000	3/0	1907	Nos. 360-361	7		Htg.	U
20704001– 5000	18	83	No. 825	17	•	O.F.	U
20705001– 6000	18	83	No. 820	15	•	O.F.	U
20706001– 7000	18	83	No. 18	7		O.F.	U
20707001– 8000	16	1908	No. 625	17	•	Htg.	U
20708001– 9000	16	1908	No. 625	17	•	O.F.	U
20709001– 10000	16	1908	No. 620	15	•	Htg.	U
20710001– 1000	16	1908	No. 620	15	•	O.F.	U
20711001– 7000	16½	Equity		7		O.F.	U
20717001– 28000	8	Day		7	§	O.F.	U
20728001– 9000	12	94	No. 225	17	•	Htg.	U
20729001– 30000	12	94	No. 225	17	•	O.F.	U
20730001– 1000	12	94	No. 220	15	•	Htg.	U
20731001– 2000	12	94	No. 220	15	•	O.F.	U
20732001– 3000	12	94	No. 210	7		Htg.	U
20733001– 9000	12	94	No. 210	7		O.F.	U
20739001– 40000	3/0	1900	No. 315	15	•	O.F.	U
20740001– 5000	3/0	1900	No. 310	7		O.F.	U
20745001– 6000	0	1907	No. 160	7		Htg.	U
20746001– 7000	3/0	1907	No. 365	15	•	Htg.	U
20747001– 54000	3/0	1907	Nos. 360-361	7		Htg.	U
20754001– 5000	18	83	Am.W.Co.	7	K.W.		U
20755001– 6000	18	83	No. 825	17	•	O.F.	U
20756001– 7000	18	83	No. 820	15	•	O.F.	U
20757001– 9000	18	83	No. 1	7		O.F.	U
20759001– 60000	16	1908	No. 625	17	•	Htg.	U
20760001– 1000	16	1908	No. 625	17	•	O.F.	U
20761001– 3000	16	1908	No. 620	15	•	O.F.	U
20763001– 5000	16	1908	Traveler	7		Htg.	U
20765001– 7000	16	1908	Traveler	7		O.F.	U
20767001– 73000	16½	Equity		7		O.F.	U
20773001– 5000	8	Day		15	WI	O.F.	A
20775001– 80000	8	Day		7	§	O.F.	U
20780001– 5000	8	Day		7		O.F.	U
20785001– 6000	Col.	Ser.	No. 1425	17	•	O.F.	U
20786001– 7000	Col.	Ser.	No. 1420	15	•	O.F.	U
20787001– 500	14	97	Am.W.Co.	15		O.F.	U

• Patent Regulator. § Part Winding Indicator.

Serial Number.	Size.	Model.	Grade.	Jewels.	Setting.	Style.	Grade of Material.
20787501- 8000	12	94	No. 225	17	*	Htg.	U
20788001- 9000	12	94	No. 225	17	*	O.F.	U
20789001- 90000	12	94	No. 220	15	*	Htg.	U
20790001- 1000	12	94	No. 220	15	*	O.F.	U
20791001- 2000	12	94	No. 210	7		Htg.	U
20792001- 7000	12	94	No. 210	7		O.F.	U
20797001- 8000	0	1900	No. 110	7		O.F.	U
20798001- 50	3/0	1900	P.S.B.	16		O.F.	A
20798051- 9000	3/0	1900	No. 315	15	*	O.F.	U
20799001-804000	3/0	1900	No. 310	7		O.F.	U
20804001- 6000	0	1907	No. 161	7		Htg.	U
20806001- 7000	0	1907	No. 160	7		Htg.	U
20807001- 450	3/0	1907	P.S.B.	16		Htg.	A
20807451- 8000	3/0	1907	No. 365	15	*	Htg.	U
20808001- 9000	0	1907	No. 165	15	*	Htg.	U
20809001- 15000	3/0	1907	Nos. 360-361	7		Htg.	U
20815001- 6000	18	83	No. 825	17	*	O.F.	U
20816001- 7000	18	83	No. 820	15	*	O.F.	U
20817001- 8000	18	83	No. 81	15		O.F.	U
20818001- 22000	18	83	Sterling	7		O.F.	U
20822001- 3000	16	1908	No. 625	17	*	Htg.	U
20823001- 4000	16	1908	No. 625	17	*	O.F.	U
20824001- 300	16	1908	No. 623	17		Htg.	U
20824301- 6500	16	1908	No. 623	17		O.F.	U
20826501- 8500	16	1908	No. 620	15	*	O.F.	U
20828501- 900	16	1908	No. 613	15		Htg.	U
20828901- 32500	16	1908	No. 613	15		O.F.	U
20832501- 40000	16	1908	Traveler	7		O.F.	U
20840001- 4000	16½	Equity		7		O.F.	U
20844001- 5000	8	Day		15	WI	O.F.	A
20845001- 7000	8	Day		7	WI	O.F.	U
20847001- 53000	8	Day		7		O.F.	U
20853001- 500	14	97	Am.W.Co.	15		O.F.	U
20853501- 4000	12	94	No. 225	17	*	Htg.	U
20854001- 5000	12	94	No. 225	17	*	O.F.	U
20855001- 6000	12	94	No. 220	15	*	Htg.	U
20856001- 7000	12	94	No. 220	15	*	O.F.	U
20857001- 8000	12	94	No. 210	7		Htg.	U
20858001- 62000	12	94	No. 210	7		O.F.	U
20862001- 3000	0	1900	No. 110	7		O.F.	U
20863001- 4000	3/0	1900	No. 315	15	*	O.F.	U
20864001- 8000	0	1900	No. 110	7		O.F.	U
20868001- 71000	3/0	1907	No. 361	7		Htg.	U
20871001- 2000	0	1907	No. 160	7		Htg.	U
20872001- 3000	3/0	1907	Nos. 365-366	15	*	Htg.	U
20873001- 6000	3/0	1907	No. 361	7		Htg.	U
20876001- 7000	14	97	Bd. St.	7		O.F.	U
20877001- 8000	18	83	No. 825	17	*	O.F.	U
20878001- 9000	18	83	No. 820	15	*	O.F.	U
20879001- 80000	18	83	No. 81	15		O.F.	U
20880001- 5000	18	83	Sterling	7		O.F.	U
20885001- 6000	16	1908	No. 625	17	*	Htg.	U
20886001- 7000	16	1908	No. 625	17	*	O.F.	U
20887001- 8000	16	1908	No. 620	15	*	Htg.	U
20888001- 9000	16	1908	No. 620	15	*	O.F.	U
20889001- 92000	16	1908	Traveler	7		Htg.	U
20892001- 7000	16	1908	Traveler	7		O.F.	U
20897001-903000	16½	Equity		7		O.F.	U
20903001- 5000	8	Day		15	WI	O.F.	A
20905001- 9000	8	Day		7		O.F.	U
20909001- 10000	8	Day		15		O.F.	A
20910001- 23000	8	Day		7		O.F.	U
20923001- 4000	12	94	No. 225	17	*	Htg.	U
20924001- 5000	12	94	No. 225	17	*	O.F.	U
20925001- 6000	12	94	No. 220	15	*	Htg.	U
20926001- 7000	12	94	No. 220	15	*	O.F.	U
20927001- 30000	12	94	No. 210	7		Htg.	U
20930001- 3000	12	94	No. 210	7		O.F.	U
20933001- 4000	12	94	No. 220	15		O.F.	U
20934001- 5000	3/0	1900	No. 315	15	*	O.F.	U
20935001- 6000	0	1900	No. 110	7		O.F.	U
20936001- 8000	3/0	1900	No. 315	15	*	O.F.	U
20938001- 43000	3/0	1900	No. 310	7		O.F.	U
20943001- 5000	0	1900	No. 110	7		O.F.	U
20945001- 6000	3/0	1900	No. 310	7		O.F.	U

Serial Number.	Size.	Model.	Grade.	Jewels.	Setting.	Style.	Grade of Material.
20946001- 50000	0	1907	Nos. 160-161	7		Htg.	U
20950001- 2000	3/0	1907	Nos. 365-366	15	*	Htg.	U
20952001- 61000	3/0	1907	No. 361	7		Htg.	U
20961001- 500	16	1908	Marquis	15		Htg.	U
20961501- 2000	16	1908	Marquis	15		O.F.	U
20962001- 3000	18	83	No. 825	17	*	O.F.	U
20963001- 4000	18	83	No. 820	15	*	O.F.	U
20964001- 5000	18	83	No. 81	15		O.F.	U
20965001- 8000	18	83	No. 18	7		O.F.	U
20968001- 9000	16	1908	No. 625	17	*	Htg.	U
20969001- 70000	16	1908	No. 620	15	*	Htg.	U
20970001- 1000	16	1908	No. 620	15	*	O.F.	U
20971001- 4000	16	1908	Traveler	7		Htg.	U
20974001- 7000	16	1908	Traveler	7		O.F.	U
20977001- 81000	16½	Equity		7		O.F.	U
20981001- 8500	8	Day		7-15		O.F.	U-A
20988501- 9000	8	Day	Watchmans Clocks	15			A
20989001- 90000	Col.	Ser.	No. 1425	17	*	O.F.	U
20990001- 1000	Col.	Ser.	No. 1420	15	*	O.F.	U
20991001- 500	14	97	Am. W. Co.	15		O.F.	U
20991501- 2500	12	94	No. 225	17	*	Htg.	U
20992501- 3500	12	94	No. 225	17	*	O.F.	U
20993501- 4500	12	94	No. 220	15	*	Htg.	U
20994501- 5500	12	94	No. 220	15	*	O.F.	U
20995501- 6500	12	94	No. 210	7		Htg.	U
20996501- 21000500	12	94	No. 210	7		O.F.	U
21000501- 1500	3/0	1900	No. 315	15	*	O.F.	U
21001501- 5500	3/0	1900	No. 310	7		O.F.	U
21005501- 6500	0	1907	No. 161	7		Htg.	U
21006501- 12500	3/0	1907	Nos. 360-361	7		Htg.	U
21012501- 3500	18	83	No. 825	17	L S *	Htg.	U
21013501- 5000	18	83	No. 81	15		O.F.	U
21015001- 6000	18	83	No. 18	7		O.F.	U
21016001- 8000	16	1908	Traveler	7		O.F.	U
21018001- 20000	16	1908	Traveler	7		Htg.	U
21020001- 4000	16	1908	Traveler	7		O.F.	U
21024001- 6000	8	Day		7-15		O.F.	U-A
21026001- 7000	12	94	No. 225	17	*	Htg.	U
21027001- 9000	12	94	No. 225	17	*	O.F.	U
21029001- 31000	12	94	No. 220	15	*	Htg.	U
21031001- 5000	12	94	No. 220	15	*	O.F.	U
21035001- 7000	12	94	No. 210	7		Htg.	U
21037001- 40000	12	94	No. 210	7		O.F.	U
21040001- 1000	3/0	1900	No. 315	15	*	O.F.	U
21041001- 5000	3/0	1900	No. 310	7		O.F.	U
21045001- 8000	0	1907	Nos. 160-161	7		Htg.	U
21048001- 9000	3/0	1907	No. 365	15	*	Htg.	U
21049001- 58000	3/0	1907	Nos. 360-361	7		Htg.	U
21058001- 9000	18	83	No. 81	15		O.F.	U
21059001- 63000	18	83	No. 18	7		O.F.	U
21063001- 5000	16	1908	Traveler	7		Htg.	U
21065001- 9000	16	1908	Traveler	7		O.F.	U
21069001- 70000	8	Day		15	WI	O.F.	A
21070001- 1000	Col.	Ser.	No. 1425	17	*	O.F.	U
21071001- 2000	12	94	No. 225	17	*	Htg.	U
21072001- 4000	12	94	No. 225	17	*	O.F.	U
21074001- 5000	12	94	No. 220	15	*	Htg.	U
21075001- 9000	12	94	No. 220	15	*	O.F.	U
21079001- 81000	12	94	No. 210	7		O.F.	U
21081001- 4000	6		J-V	7-15			U
21084001- 5000	0	1900	No. 110	7		O.F.	U
21085001- 6000	3/0	1900	No. 315	15	*	O.F.	U
21086001- 90000	0	1900	No. 110	7		O.F.	U
21090001- 1000	3/0	1900	No. 310	7		O.F.	U
21091001- 4000	3/0	1907	No. 365	15	*	Htg.	U
21094001- 9000	3/0	1907	No. 360	7		Htg.	U
21099001-100000	18	83	No. 825	17	*	O.F.	U
21100001- 2000	18	83	No. 81	15		O.F.	U
21102001- 3000	18	83	No. 18	7		O.F.	U
21103001- 4000	18	83	No. 81	15		O.F.	U
21104001- 5000	16	1908	No. 625	17	*	O.F.	U
21105001- 6000	16	1908	No. 620	15	*	Htg.	U
21106001- 8000	16	1908	No. 620	15	*	O.F.	U

* Patent Regulator.

Serial Number.	Size.	Model.	Grade.	Jewels.	Setting.	Style.	Grade of Material.
21108001- 9000	16	1908	No. 610	7		Htg.	U
21109001- 11000	16	1908	No. 610	7		O.F.	U
21111001- 4000	16	1908	Traveler	7		Htg.	U
21114001- 9000	16	1908	Traveler	7		O.F.	U
21119001- 700	16½	Equity		15		O.F.	U
21119701- 21000	16½	Equity		7		O.F.	U
21121001- 2000	Col.	Ser.	No. 1425	17	*	O.F.	U
21122001- 3000	Col.	Ser.	No. 1420	15	*	O.F.	U
21123001- 500	14	97	Am.W.Co.	15		O.F.	U
21123501- 4000	12	94	No. 225	17	*	Htg.	U
21124001- 6000	12	94	No. 225	17	*	O.F.	U
21126001- 7000	12	94	No. 220	15	*	Htg.	U
21127001- 30000	12	94	No. 220	15	*	O.F.	U
21130001- 2000	12	94	No. 210	7		Htg.	U
21132001- 8000	12	94	No. 210	7		O.F.	U
21138001- 40000	0	1900	No. 115	15	*	O.F.	U
21140001- 5000	3/0	1907	No. 365	15	*	Htg.	U
21145001- 55000	3/0	1907	No. 361	7		Htg.	U
21155001- 60000	3/0	1907	No. 366	15	*	Htg.	U
21160001- 5000	3/0	1907	No. 361	7		Htg.	U
21165001- 6000	18	83	No. 81	15		O.F.	U
21166001- 70000	18	83	No. 18	7		O.F.	U
21170001- 1000	16	1908	No. 625	17	*	Htg.	U
21171001- 2000	16	1908	No. 625	17	*	O.F.	U
21172001- 4000	16	1908	No. 620	15	*	O.F.	U
21174001- 5000	16	1908	No. 610	7		Htg.	U
21175001- 9000	16	1908	No. 610	7		O.F.	U
21179001- 82000	16	1908	Traveler	7		O.F.	U
21182001- 4000	16½	Equity		7		O.F.	U
21184001- 5000	Col.	Ser.	No. 1420	15	*	O.F.	U
21185001- 7000	12	94	No. 225	17	*	Htg.	U
21187001- 9000	12	94	No. 225	17	*	O.F.	U
21189001- 91000	12	94	No. 220	15	*	Htg.	U
21191001- 4000	12	94	No. 220	15	*	O.F.	U
21194001- 6000	12	94	No. 210	7		Htg.	U
21196001-202000	12	94	No. 210	7		O.F.	U
21202001- 100	3/0	1900	P.S.B.	16		O.F.	A
21202101- 400	3/0	1900	No. 314	15		O.F.	U
21202401- 800	3/0	1907	P.S.B.	16		Htg.	A
21202801- 11000	3/0	1907	Nos. 364-365	15	*	Htg.	U
21211001- 6000	3/0	1907	No. 361	7		Htg.	U
21216001- 500	16	1908	Marquis	15		Htg.	U
21216501- 900	14	1904	Bd. St.	7		Htg.	U
21216901- 7250	14	1904	Bd. St.	7		O.F.	U
21217251- 9000	18	83	No. 81	15		O.F.	U
21219001- 23000	18	83	No. 18	7		O.F.	U
21223001- 4000	16	1908	No. 625	17	*	Htg.	U
21224001- 6000	16	1908	No. 625	17	*	O.F.	U
21226001- 8000	16	1908	No. 620	15	*	Htg.	U
21228001- 32000	16	1908	No. 620	15	*	O.F.	U
21232001- 4000	16	1908	No. 610	7		Htg.	U
21234001- 8000	16	1908	No. 610	7		O.F.	U
21238001- 40000	16½	Equity		7		O.F.	U
21240001- 1000	Col.	Ser.	No. 1425	17	*	O.F.	U
21241001- 2000	Col.	Ser.	No. 1420	15	*	O.F.	U
21242001- 4000	12	94	No. 225	17	*	Htg.	U
21244001- 7000	12	94	No. 225	17	*	O.F.	U
21247001- 9000	12	94	No. 220	15	*	Htg.	U
21249001- 53000	12	94	No. 220	15	*	O.F.	U
21253001- 5000	12	94	No. 210	7		Htg.	U
21255001- 63000	12	94	No. 210	7		O.F.	U
21263001- 73000	3/0	1907	No. 365	15	*	Htg.	U
21273001- 8000	3/0	1907	No. 361	7		Htg.	U
21278001- 9000	18	83	No. 81	15		O.F.	U
21279001- 83000	18	83	No. 18	7		O.F.	U
21283001- 4000	16	1908	No. 625	17	*	Htg.	U
21284001- 5000	16	1908	No. 625	17	*	O.F.	U
21285001- 7000	16	1908	No. 620	15	*	O.F.	U
21287001- 90000	16	1908	Traveler	7		Htg.	U
21290001- 2000	16½	Equity		7		O.F.	U
21292001- 9000	8	Day		7		O.F.	U
21299001-301000	12	94	No. 225	17	*	Htg.	U
21301001- 4000	12	94	No. 225	17	*	O.F.	U
21304001- 6000	12	94	No. 220	15	*	Htg.	U
21306001- 10000	12	94	No. 220	15	*	O.F.	U

Serial Number.	Size.	Model.	Grade.	Jewels.	Setting.	Style.	Grade of Material.
21310001- 2000	12	94	No. 210	7		Htg.	U
21312001- 8000	12	94	No. 210	7		O.F.	U
21318001- 24000	3/0	1907	No. 365	15	*	Htg.	U
21324001- 7000	0	1907	No. 161	7		Htg.	U
21327001- 9000	3/0	1907	No. 361	7		Htg.	U
21329001- 500	16	1908	Marquis	15		Htg.	U
21329501- 30000	16	1908	Marquis	15		O.F.	U
21330001- 1000	18	83	No. 81	15		O.F.	U
21331001- 3000	18	83	No. 18	7		O.F.	U
21333001- 4000	16	1908	No. 625	17	*	Htg.	U
21334001- 5000	16	1908	No. 625	17	*	O.F.	U
21335001- 6000	16	1908	No. 620	15	*	O.F.	U
21336001- 7000	16	1908	No. 610	7		Htg.	U
21337001- 9000	16	1908	No. 610	7		O.F.	U
21339001- 40000	16½	Equity		7		O.F.	U
21340001- 7000	8	Day		7		O.F.	U
21347001- 8000	12	94	No. 225	17	*	Htg.	U
21348001- 51000	12	94	No. 225	17	*	O.F.	U
21351001- 2000	12	94	No. 220	15	*	Htg.	U
21352001- 4000	12	94	No. 220	15	*	O.F.	U
21354001- 5000	12	94	No. 210	7		Htg.	U
21355001- 60000	12	94	No. 210	7		O.F.	U
21360001- 6000	3/0	1907	Nos. 365-366	15	*	Htg.	U
21366001- 9000	3/0	1907	No. 361	7		Htg.	U
21369001- 71000	0	1907	No. 161	7		Htg.	U
21371001- 3000	18	83	No. 18	7		O.F.	U
21373001- 4000	16	1908	No. 625	17	*	O.F.	U
21374001- 6000	16	1908	No. 620	15	*	O.F.	U
21376001- 84000	8	Day		7		O.F.	U
21384001- 6000	12	94	No. 225	17	*	Htg.	U
21386001- 91000	12	94	No. 225	17	*	O.F.	U
21391001- 3000	12	94	No. 220	15	*	Htg.	U
21393001- 7000	12	94	No. 220	15	*	O.F.	U
21397001-402000	0	1900	No. 110	7		O.F.	U
21402001- 7000	3/0	1900	Nos. 300-310	7		O.F.	U
21407001- 12000	0	1907	No. 161	7		Htg.	U
21412001- 8000	3/0	1907	Nos. 365-366	15	*	Htg.	U
21418001- 9000	3/0	1907	No. 361	7		Htg.	U
21419001- 22000	0	1907	No. 161	7		Htg.	U
21422001- 3000	3/0	1907	No. 361	7		Htg.	U
21423001- 4000	16	1908	No. 625	17	*	Htg.	U
21424001- 5000	16	1908	No. 625	17	*	O.F.	U
21425001- 6000	16	1908	No. 620	15	*	Htg.	U
21426001- 8000	16	1908	No. 620	15	*	O.F.	U
21428001- 34000	8	Day		7	‡	O.F.	U
21434001- 5000	Col.	Ser.	No 1425	17	*	O.F.	U
21435001- 6000	Col.	Ser.	No. 1420	15	*	O.F.	U
21436001- 8000	12	94	No. 225	17	*	Htg.	U
21438001- 41000	12	94	No. 225	17	*	O.F.	U
21441001- 5000	12	94	No. 210	7		O.F.	U
21445001- 6000	0	1900	No. 115	15	*	O.F.	U
21446001- 9000	0	1900	Nos. 100-110	7		O.F.	U
21449001- 52000	3/0	1900	No. 315	15	*	O.F.	U
21452001- 7000	3/0	1900	No. 310	7		O.F.	U
21457001- 8000	0	1907	No. 165	15	*	Htg.	U
21458001- 9000	0	1907	No. 160	7		Htg.	U
21459001- 63000	3/0	1907	No. 365	15	*	Htg.	U
21463001- 8000	3/0	1907	No. 361	7		Htg.	U
21468001- 70000	18	83	No. 825	17	*	O.F.	U
21470001- 2000	18	83	No. 820	15	*	O.F.	U
21472001- 6000	18	83	No. 18	7		O.F.	U
21476001- 7000	16	1908	No. 625	17	*	O.F.	U
21477001- 8000	16	1908	No. 620	15	*	Htg.	U
21478001- 80000	16	1908	No. 620	15	*	O.F.	U
21480001- 1000	16	1908	No. 610	7		Htg.	U
21481001- 5000	16	Equity		7		O.F.	U
21485001- 7000	16½	Equity		7		O.F.	U
21487001- 93000	8	Day		7	‡	O.F.	U
21493001- 4000	12	94	No. 225	17	*	Htg.	U
21494001- 6000	12	94	No. 225	17	*	O.F.	U
21496001- 7000	12	94	No. 220	15	*	Htg.	U
21497001- 9000	12	94	No. 220	15	*	O.F.	U
21499001-500000	12	94	No. 210	7		Htg.	U
21500001- 3000	12	94	No. 210	7		O.F.	U
21503001- 5000	3/0	1900	No. 310	7		O.F.	U

* Patent Regulator. ‡ Jeweled Main Wheel.

Serial Number.	Size.	Model.	Grade.	Jewels.	Setting.	Style.	Grade of Material.
21505001- 6000	3/0	1900	No. 315	15	*	O.F.	U
21506001- 10000	3/0	1900	No. 310	7		O.F.	U
21510001- 6000	0	1907	Nos. 160-161	7		Htg.	U
21516001- 21000	3/0	1907	Nos. 360-361	7		Htg.	U
21521001- 8000	8	Day		7	§	O.F.	U
21528001- 9000	12	94	No. 225	17	*	Htg.	U
21529001- 31000	12	94	No. 225	17	*	O.F.	U
21531001- 3000	12	94	No. 220	15	*	Htg.	U
21533001- 6000	12	94	No. 220	15	*	O.F.	U
21536001- 8000	12	94	No. 210	7		Htg.	U
21538001- 43000	12	94	No. 210	7		O.F.	U
21543001- 4000	0	1900	No. 115	15	*	O.F.	U
21544001- 6000	0	1900	No. 110	7		O.F.	U
21546001- 7000	3/0	1900	No. 315	15	*	O.F.	U
21547001- 51000	3/0	1900	No. 310	7		O.F.	U
21551001- 2000	3/0	1907	No. 365	15	*	Htg.	U
21552001- 7000	0	1907	No. 161	7		Htg.	U
21557001- 61000	3/0	1907	No. 361	7		Htg.	U
21561001- 3000	16	1908	No. 620	15	*	Htg.	U
21563001- 4000	16	1908	No. 610	7		Htg.	U
21564001- 5000	16	Equity		7		O.F.	U
21565001- 71000	8	Day		7		O.F.	U
21571001- 2000	12	94	No. 225	17	*	Htg.	U
21572001- 3000	12	94	No. 225	17	*	O.F.	U
21573001- 4000	12	94	No. 220	15	*	Htg.	U
21574001- 6000	12	94	No. 220	15	*	O.F.	U
21576001- 8000	12	94	No. 210	7		Htg.	U
21578001- 83000	12	94	No. 210	7		O.F.	U
21583001- 4000	3/0	1900	No. 315	15	*	O.F.	U
21584001- 6000	0	1900	No. 110	7		O.F.	U
21686001- 7000	3/0	1907	No. 365	15	*	Htg.	U
21587001- 92000	3/0	1907	No. 361	7		Htg.	U
21592001- 3000	18	83	No. 825	17	L S *	Htg.	U
21593001- 4000	18	83	No. 825	17	*	O.F.	U
21594001- 8000	18	83	No. 820	15	*	O.F.	U
21598001- 9000	18	83	No. 18	7	L S	Htg.	U
21599001-603000	18	83	Nos. 1-18	7		O.F.	U
21603001- 4000	16	1908	No. 625	17	*	Htg.	U
21604001- 5000	16	1908	No. 625	17	*	O.F.	U
21605001- 9000	16	1908	No. 620	15	*	Htg.	U
21609001- 11000	16	1908	No. 620	15	*	O.F.	U
21611001- 4000	16⅛	Equity		7		O.F.	U
21614001- 8000	16	Equity		7		Htg.	U
21618001- 23000	16	Equity		7		O.F.	U
21623001- 4000	Col.	Ser.	No. 1425	17	*	O.F.	U
21624001- 5000	Col.	Ser.	No. 1420	15	*	O.F.	U
21625001- 6000	12	94	No. 225	17	*	Htg.	U
21626001- 8000	12	94	No. 225	17	*	O.F.	U
21628001- 9000	12	94	No. 220	15	*	Htg.	U
21629001- 32000	12	94	No. 220	15	*	O.F.	U
21632001- 5000	12	94	No. 210	7		Htg.	U
21635001- 9000	12	94	No. 210	7		O.F.	U
21639001- 41000	3/0	1900	No. 315	15	*	O.F.	U
21641001- 7000	3/0	1900	No. 310	7		O.F.	U
21647001- 50000	3/0	1900	Nos. 360-361	7		Htg.	U
21650001- 1000	0	1907	No. 160	7		Htg.	U
21651001- 2000	18	83	No. 825	17	*	O.F.	U
21652001- 4000	18	83	No. 820	15	*	O.F.	U
21654001- 5000	18	83	No. 18	7	L S	Htg.	U
21655001- 7000	18	83	No. 1	7		O.F.	U
21657001- 9000	16	1908	No. 620	15	*	Htg.	U
21659001- 61000	16	1908	No. 620	15	*	O.F.	U
21661001- 5000	16	Equity		7		Htg.	U
21665001- 6000	16	1908	No. 610	7		Htg.	U
21666001- 72000	16	1908	No. 610	7		O.F.	U
21672001- 8000	8	Day		7	§	O.F.	U
21678001- 9000	14	97	No. 418	15		O.F.	U
21679001- 500	14	97	No. 410	7		O.F.	U
21679501- 80000	14	97	P.S.B.	17		O.F.	A
21680001- 500	14	97	No. 410	7		O.F.	U
21680501- 2000	12	94	No. 225	17	*	Htg.	U
21682001- 4000	12	94	No. 225	17	*	O.F.	U
21684001- 6000	12	94	No. 220	15	*	Htg.	U
21686001- 90000	12	94	No. 220	15	*	O.F.	U
21690001- 3000	12	Equity		7		Htg.	U
21693001- 7000	12	Equity		7		O.F.	U
21697001- 9000	3/0	1900	No. 315	15	*	O.F.	U
21699001-700000	3/0	1900	Equity	7		O.F.	U
21700001- 1000	3/0	1900	No. 310	7		O.F.	U
21701001- 5000	3/0	1907	Equity	7		O.F.	U
21705001- 6000	3/0	1907	Fquity	7		Htg.	U
21706001- 7000	3/0	1907	No. 360	7		Htg.	U
21707001- 8000	8	Day	Watchmans Clocks	15		O.F.	A
21708001- 9000	18	83	No. 825	17	*	O.F.	U
21709001- 11000	18	83	No. 820	15	*	O.F.	U
21711001- 3000	18	83	No. 18	7		O.F.	U
21713001- 5000	18	83	No. 1	7		O.F.	U
21715001- 7000	16	1908	No. 625	17	*	Htg.	U
21717001- 9000	16	1908	No. 625	17	*	O.F.	U
21719001- 21000	16	1908	No. 620	15	*	Htg.	U
21721001- 3000	16	1908	No. 620	15	*	O.F.	U
21723001- 6000	16	1908	Traveler	7		Htg.	U
21726001- 9000	16	1908	Traveler	7		O.F.	U
21729001- 31000	16	Equity		7		Htg.	U
21731001- 4000	16	1908	No. 610	7		O.F.	U
21734001- 40000	8	Day		7	§	O.F.	U
21740001- 1000	Col.	Ser.	No. 1425	17	*	O.F.	U
21741001- 2000	Col.	Ser.	No. 1420	15	*	O.F.	U
21742001- 200	14	97	No. 410	7		O.F.	U
21742201- 3000	12	94	No. 225	17	*	Htg.	U
21743001- 5000	12	94	No. 225	17	*	O.F.	U
21745001- 7000	12	94	No. 220	15	*	Htg.	U
21747001- 51000	12	94	No. 220	15	*	O.F.	U
21751001- 4000	12	94	Equity	7		Htg.	U
21754001- 8000	12	94	No. 210	7		O.F.	U
21758001- 60000	3/0	1900	No. 315	15	*	O.F.	U
21760001- 3000	3/0	1900	Equity	7		O.F.	U
21763001- 6000	3/0	1900	No. 310	7		O.F.	U
21766001- 7000	3/0	1907	Equity	7		Htg.	U
21767001- 8000	3/0	1907	No. 360	7		Htg.	U
21768001- 9000	18	83	Sterling	7		K.W.	U
21769001- 77000	16	1908	Export	7-15		Htg.	U
21777001- 8000	18	83	No. 825	17	*	O.F.	U
21778001- 9000	18	83	No. 820	15	*	O.F.	U
21779001- 80000	18	83	No. 18	7		O.F.	U
21780001- 1000	18	83	No. 1	7		O.F.	U
21781001- 2000	16	1908	No. 625	17	*	Htg.	U
21782001- 3000	16	1908	No. 625	17	*	O.F.	U
21783001- 5000	16	1908	No. 620	15	*	Htg.	U
21785001- 7000	16	1908	No. 620	15	*	O.F.	U
21787001- 9000	16	1908	Traveler	7		Htg.	U
21789001- 92000	16	1908	Traveler	7		O.F.	U
21792001- 6000	16	1908	Equity	7		Htg.	U
21796001-801000	16	1908	Equity	7		O.F.	U
21801001- 11000	8	Day		7	§	O.F.	U
21811001- 2000	12	94	No. 225	17	*	Htg.	U
21812001- 4000	12	94	No. 225	17	*	O.F.	U
21814001- 6000	12	94	No. 220	15	*	Htg.	U
21816001- 20000	12	94	No. 220	15	*	O.F.	U
21820001- 2000	12	94	No. 210	7		Htg.	U
21822001- 6000	12	94	No: 210	7		O.F.	U
21826001- 8000	3/0	1900	No. 315	15	*	O.F.	U
21828001- 34000	3/0	1900	No. 310	7		O.F.	U
21834001- 5000	0	1907	No. 160	7		Htg.	U
21835001- 6000	18	83	No. 825	17	*	O.F.	U
21836001- 7000	18	83	No. 820	15	*	O.F.	U
21837001- 9000	18	83	Nos. 1-18	7		O.F.	U
21839001- 40000	16	1908	No. 625	17	*	Htg.	U
21840001- 1000	16	1908	No. 625	17	*	O.F.	U
21841001- 2000	16	1908	No. 620	15	*	Htg.	U
21842001- 3000	16	1908	No. 620	15	*	O.F.	U
21843001- 7000	16	1908	No. 610	7		Htg.	U
21847001- 52000	16	1908	No. 610	7		O.F.	U
21852001- 4000	16	1908	Traveler	7		Htg.	U
21854001- 7000	16	1908	Traveler	7		O.F.	U
21857001- 63000	8	Day		7		O.F.	U
21863001- 7000	8	Day		7	§	O.F.	U
21867001- 8000	12	94	No. 225	17	*	Htg.	U
21868001- 70000	12	94	No. 225	17	*	O.F.	U

* Patent Regulator. § Part Winding Indicator.

Serial Number.	Size.	Model.	Grade.	Jewels.	Setting.	Style.	Grade of Material
21870001– 2000	12	94	No. 220	15	*	Htg.	U
21872001– 6000	12	94	No. 220	15	*	O.F.	U
21876001– 8000	12	94	No. 210	7		Htg.	U
21878001– 82000	12	94	No. 210	7		O.F.	U
21882001– 4000	3/0	1900	No. 315	15	*	O.F.	U
21884001– 90000	3/0	1900	No. 310	7		O.F.	U
21890001–900000	3/0	1907	Nos. 360-361	7		Htg.	U
21900001– 2000	16	1908	No. 625	17	*	Htg.	U
21902001– 4000	16	1908	No. 625	17	*	O.F.	U
21904001– 6000	16	1908	No. 620	15	*	Htg.	U
21906001– 8000	16	1908	No. 620	15	*	O.F.	U
21908001– 12000	16	1908	No. 620	15	*	Htg.	U
21912001– 8000	16	1908	No. 610	7		O.F.	U
21918001– 9000	16	1908	Traveler	7		Htg.	U
21919001– 23000	16	1908	Traveler	7		O.F.	U
21923001– 31000	8	Day		7	§	O.F.	U
21931001– 9000	8	Day		7		O.F.	U
21939001– 41000	12	94	No. 225	17	*	Htg.	U
21941001– 4000	12	94	No. 225	17	*	O.F.	U
21944001– 7000	12	94	No. 220	15	*	Htg.	U
21947001– 53000	12	94	No. 220	15	*	O.F.	U
21953001– 6000	12	94	No. 210	7		Htg.	U
21956001– 62000	12	94	No. 210	7		O.F.	U
21962001– 5000	3/0	1907	No. 361	7		Htg.	U
21965001– 71000	3/0	1900	No. 310	7		O.F.	U
21971001– 2000	18	83	No. 820	15	*	O.F.	U
21972001– 3000	18	83	No. 18	7		O.F.	U
21973001– 4000	16	1908	No. 625	17	*	Htg.	U
21974001– 5000	16	1908	No. 625	17	*	O.F.	U
21975001– 7000	16	1908	No. 620	15	*	Htg.	U
21977001– 9000	16	1908	No. 620	15	*	O.F.	U
21979001– 82000	16	1908	No. 620	15	*	Htg.	U
21982001– 5000	16	1908	No. 620	15	*	O.F.	U
21985001– 90000	16	1908	Equity	7		O.F.	U
21990001– 22000000	8	Day		7		O.F.	U

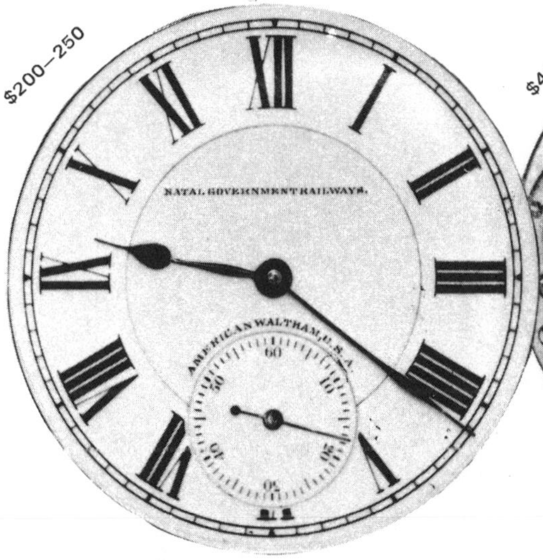

Natal Government Railways

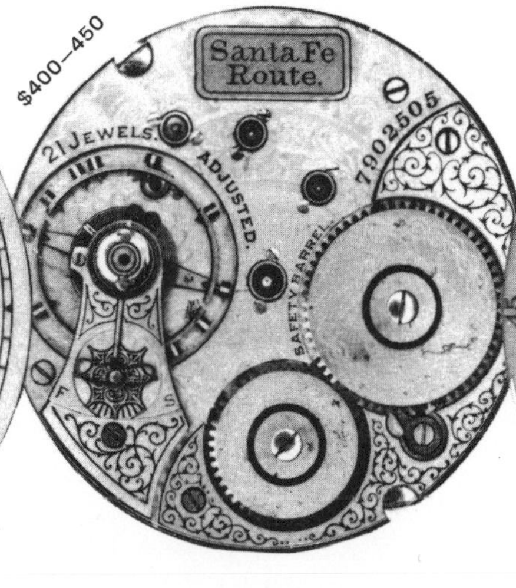

Santa Fe Route
18S–21J–ON92L–A–"Special"
7,902,505 Miles Sandler

Mermod, Jaccard & Kings

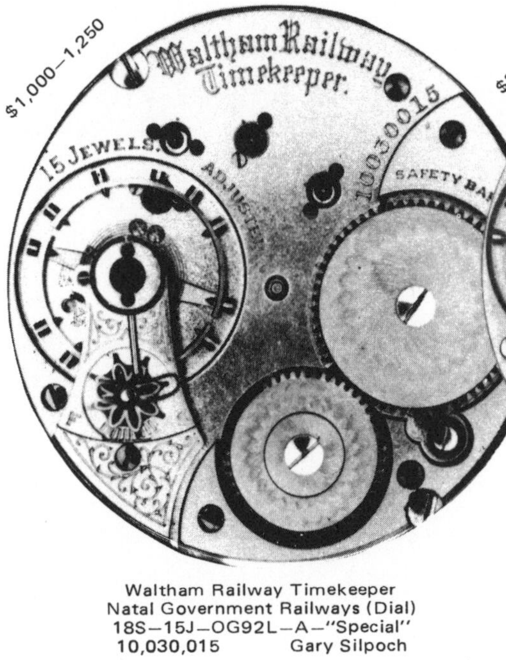

Waltham Railway Timekeeper
Natal Government Railways (Dial)
18S–15J–OG92L–A–"Special"
10,030,015 Gary Silpoch

Waltham Railroad Standard
18S–19J–ON92L–A–"Vanguard"
8,938,591 Bob Wood

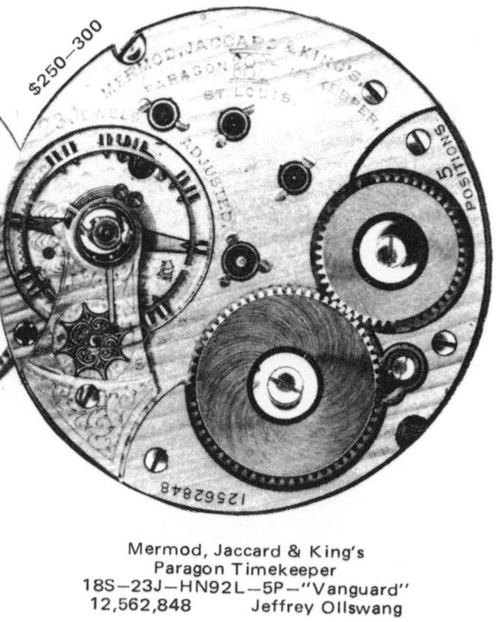

Mermod, Jaccard & King's
Paragon Timekeeper
18S–23J–HN92L–5P–"Vanguard"
12,562,848 Jeffrey Ollswang

Waltham-Eisenbahner-Taschenuhren, die die Signatur des Kunden tragen.

Serial Number.		Size.	Model.	Grade.	Jewels.	Setting.	Style.	Grade of Material.
22000001–	1000	18	1883	P.S.B.	17	PS * May 1916	O.F.	A
22001001–	1500	16	1908	Cres. St.	21	WI ¶‡ LS	O.F.	P
22001501–	2500	16	1908	No. 645	21	LS ¶‡	O.F.	P
22002501–	3500	16	1908	P.S.B.	17	P&LS *	Htg.	A
22003501–	3600	16	1908	P.S.B.	17	*	Htg.	A
22003601–	4000	16	1908	P.S.B.	17	*	O.F.	A
22004001–	5000	12	1894	Riverside	19	*‡	O.F.	P
22005001–	7000	6/0	1898	No. 561	7		Htg.	A
22007001–	7500	6/0	1912	Sapphire	15		O.F.	A
22007501–	7660	6/0	1912	No. 510	7		O.F.	A
22007661–	7680	6/0	1912	Sapphire	7		O.F.	A
22007681–	9000	6/0	1912	No. 510	7		O.F.	A
22009001–	10000	18	1883	P.S.B.	17	*	O.F.	A
22010001–	10500	16	1908	Cres. St.	21	LS ¶‡	O.F.	P
22010501–	11000	16	1908	No. 645	21	¶‡	O.F.	P
22011001–	12000	16	1908	P.S.B.	17	P&LS *	Htg.	A
22012001–	12500	16	1908	No. 635	17	PS *	Htg.	A
22012501–	13500	16	1908	No. 635	17	P&LS *	O.F.	A
22013501–	14000	12	1894	Riverside	19	*‡	O.F.	P
22014001–	15000	12	1894	No. 235	17	*	O.F.	A
22015001–	17000	10	L	Lady W.	17		O.F.	A
22017001–	7225	16	1908	No. 635	17	*	Htg.	A
22017226–	300	16	1908	No. 635	17	P&LS *	O.F.	A
22017301–	425	12	1894	No. 235	17	*	Htg.	A
22017426–	500	12	1894	No. 235	17	*	O.F.	A
22017501–	600	18	1892	C.R.T.S.	17	LS ¶	O.F.	A
22017601–	7700	18	1892	C.P.R.	17	¶	O.F.	A
22017701–	19000	18	1883	P.S.B.	17	*	O.F.	A
22019001–	20000	16	1908	Vanguard	23	LS ¶‡	O.F.	P
22020001–	500	16	1908	Vanguard	23	WI LS ¶‡§	O.F.	P
22020501–	1500	16	1908	Cres. St.	21	LS ¶‡	O.F.	P
22021501–	2000	16	1908	Cres. St.	21	WI LS ¶‡	O.F.	P
22022001–	3000	16	1908	No. 645	21	LS ¶‡	O.F.	P
22023001–	3100	16	1908	C.R.T.S.	17	¶	O.F.	A
22023101–	3200	16	1908	C.P.R.	17	¶	O.F.	A
22023201–	400	16	1908	Royal	17	*	Htg.	A
22024001–	4500	16	1908	Royal	17	*	O.F.	A
22024501–	5500	16	1908	P.S.B.	17	P&LS *	Htg.	A
22025501–	6500	16	1908	No. 635	17	*	Htg.	A
22026501–	7500	16	1908	No. 635	17	*	O.F.	A
22027501–	8500	14	C'lA	Riverside	19	*‡	O.F.	P
22028501–	900	12	94	Riverside	19	*‡	O.F.	P
22029001–	9500	12	94	Royal	17	*	Htg.	A
22029501–	30000	12	94	Royal	17	*	O.F.	A
22030001–	500	12	94	No. 235	17	*	Htg.	A
22030501–	1500	12	94	No. 235	17	*	O.F.	A
22031501–	4500	6/0	98	No. 561	7		Htg.	A
22034501–	5000	16	1908	Cres. St.	21	P&LS ¶‡	Htg.	P
22035001–	6000	16	1908	No. 645	21	LS ¶‡	O.F.	P
22036001–	500	16	1908	Royal	17	*	O.F.	A
22036501–	7350	16	1908	P.S.B.	17	P&LS *	Htg.	A
22037351–	7500	16	1908	P.S.B.	17	*	Htg.	A
22037501–	8000	16	1908	P.S.B.	17	*	O.F.	A
22038001–	500	14	Col.	Ser. Rivers'e	19	*‡	O.F.	P
22038501–	9000	12	94	Royal	17	*	O.F.	A
22039001–	40000	18	1883	P.S.B.	17	PS LS *	O.F.	A
22040001–	500	16	1908	Vanguard	23	LS ¶‡	O.F.	P
22030501–	1500	16	1908	Cres. St.	21	¶‡	O.F.	P
22041501–	2500	16	1908	No. 645	21	¶‡	O.F.	P
22042501–	4500	16	1908	P.S.B.	17	P&LS *	Htg.	A
22044501–	5500	16	1908	P.S.B.	17	PS *	O.F.	A
22045501–	6500	16	1908	No. 635	17	L&PS *	O.F.	A
22046501–	600	16	1908	P.S.B.	17	*	Htg.	A
22046601–	7000	16	1908	P.S.B.	17	*	O.F.	A
22047001–	7900	14	C'lA	Riverside	19	*‡	O.F.	P
22047901–	8000	14	C'lA	Riverside	19	*‡	O.F.	P
22048001–	50000	12	94	Riverside	19	*‡	O.F.	P
22050001–	500	12	94	Royal	17	*	Htg.	A
22050501–	1500	12	94	Royal	17	*	O.F.	A
22051501–	2500	18	1883	P.S.B.	17	PS & LS *	O.F.	A
22052501–	3500	16	1908	Vanguard	23	LS ¶‡	O.F.	P
22053501–	4000	16	1908	Vanguard	23	WI LS ¶‡	O.F.	P
22054001–	500	16	1908	Cres. St.	21	¶‡	O.F.	P
22054501–	5000	16	1908	No. 645	21	LS ¶‡	O.F.	P
22055001–	5500	16	1908	Riverside	19	L&PS ¶‡	Htg.	P
22055501–	6500	16	1908	Riverside	19	L&PS ¶‡	O.F.	P
22056501–	7000	16	1908	Royal	17	*	O.F.	A
22057001–	8000	16	1908	P.S.B.	17	P&LS *	Htg.	A
22058001–	9000	16	1908	No. 642	17	PS *	O.F.	A
22059001–	500	16	1908	No. 625	17	*	Htg.	U
22059501–	60500	16	1908	No. 635	17	L&PS *	O.F.	A
22060501–	1500	12	94	Riverside	19	*‡	O.F.	P
22061501–	2000	12	94	Royal	17	*	Htg.	A
22062001–	2500	12	94	Royal	17	*	O.F.	A
22062501–	3500	12	94	No. 235	17	*	O.F.	A
22063501–	64500	10	L	Lady W.	15	†	Htg.	A
22064501–	5300	16	1908	Vanguard	23	LS ¶‡ WI	O.F.	P
22065301–	500	16	1908	Vanguard	23	LS ¶‡	O.F.	P
22065501–	6000	16	1908	Cres. St.	21	¶‡	O.F.	P
22066001–	500	16	1908	No. 645	21	LS ¶‡	O.F.	P
22066501–	650	16	1908	C.P.R.	17	¶	O.F.	A
22066651–	700	16	1908	C.R.T.S.	17	¶	O.F.	A
22066701–	7000	16	1908	Royal	17	*	Htg.	A
22067001–	500	16	1908	Royal	17	*	O.F.	A
22067501–	8500	16	1908	P.S.B.	17	P&LS *	Htg.	A
22068501–	9500	16	1908	P.S.B.	17	PS *	O.F.	A
22069501–	70000	16	1908	No. 625	17	P&LS *	Htg.	U
22070001–	500	16	1908	No. 635	17	P&LS *	O.F.	A
22070501–	1500	14	C'lA	Riv. A.	19	*‡	O.F.	P
22071501–	2000	12	1894	Royal	17	*	Htg.	A
22072001–	2500	12	1894	Royal	17	*	O.F.	A
22072501–	3000	12	94	No. 235	17	*	Htg.	A
22073001–	4000	12	94	No. 235	17	*	O.F.	A
22074001–	4300	6/0	98	No. 561	17		Htg.	A
22074301–	400	6/0	98	No. 565	15		Htg.	A
22074401–	6000	6/0s	98	No. 561	17		Htg.	A
22076001–	9000	6/0	1912	No. 510	7		O.F.	A
22079001–	400	10	L	Bracelet Lady W.	15		Htg.	A
22079401–	80000	10	L	Bracelet Lady W.	15		Htg.	A
22080001–	2000	7½	L	Bracelet Lady W.	17	Pat.	Htg.	A
22082001–	2500	Ass't. Sizes & Grades: Special Orders:					Write	Fac.
22082501–	3000	16	1908	Cres. St.	21	LS ¶‡	O.F.	P
22083001–	4000	16	1908	No. 645	21	LS ¶‡	O.F.	P
22084001–	500	16	1908	No. 625	17	*	Htg.	U
22084501–	5000	16	1908	No. 625	17	*	O.F.	U
22085001–	500	12	1894	Riverside	19	*‡	Htg.	P
22085501–	6000	12	1894	No. 235	17	*	Htg.	A
22086001–	8000	6/0	1898	No. 561	7		Htg.	A
22088001–	400	6/0	1912	No. 510	7		O.F.	A
22088401–	600	6/0	1912	No. 515	15		O.F.	A
22088601–	9000	6/0	1912	No. 510	7		O.F.	A
22089001–	91000	6/0	1912	Sapphire	15		O.F.	A
22091001–	2000	10	L	Lady W.	15		Htg.	A
22092001–	3000	18	1883	P.S.B.	17	*	O.F.	A
22093001–	4000	16	1908	Cres. St.	21	LS ¶‡	O.F.	P
22094001–	5000	16	1908	No. 645	21	¶‡	O.F.	P
22095001–	6000	16	1908	P.S.B.	17	P&LS *	Htg.	A
22096001–	7000	16	1908	P.S.B.	17	*	O.F.	A
22097001–	9000	16	1908	No. 642	17	LS ¶	O.F.	P
22099001–	100000	12	1894	Riverside	19	*‡	O.F.	P
22100001–	500	12	1894	No. 235	17	*	Htg.	A
22100501–	1000	12	1894	No. 235	17	*	O.F.	A
22101001–	500	6/0	1898	No. 565	15		Htg.	A
22101501–	2000	6/0	1898	No. 561	7		Htg.	A
22102001–	500	6/0	1912	No. 510	7		O.F.	A
22102501–	600	6/0	1912	No. 515	15		O.F.	A
22102601–	700	6/0	1912	No. 510	7		O.F.	A

* Patent Regulator. † Part Waltham Bracelet. ‡ Jeweled Main Wheel. § Part Innerterminal, 6 Pos. W. I. ¶ 1908 Patent Regulator.

Serial Number.	Size.	Model.	Grade.	Jewels.	Setting.	Style.	Grade of Material.
22102701- 3000	6/0	1912	No. 515	15		O.F.	A
22103001- 4000	10	L	Lady W.	15		Htg.	A
22104001- 300	16	1908	No. 635	17	P&LS *	Htg.	A
22104301- 400	16	1908	No. 635	17	P&LS *	O.F.	A
22104401- 50	12	1894	No. 235	17	*	Htg.	A
22104451- 500	12	1894	No. 235	17	*	O.F.	A
22104501- 5000	16	1908	Cres. St.	21	LS ¶‡	O.F.	P
22105001- 6000	16	1908	No. 645	21	¶‡	O.F.	P
22106001- 500	16	1908	Riverside	19	P&LS¶‡	Htg.	P
22106501- 7000	16	1908	Riverside	19	¶‡	O.F.	P
22107001- 8500	16	1908	Royal	17	*	O.F.	A
22108501- 9000	16	1908	No. 635	17	*	Htg.	A
22109001- 10000	16	1908	No. 625	17	*	O.F.	U
22110001- 1000	12	1894	Riverside	19	*‡	Htg.	P
22111001- 2000	12	1894	Royal	17	*	Htg.	A
22112001- 4500	12	1894	Special	17–19	*	O.F.	A&P
22114501- 5500	18	1883	P.S.B.	17	*	O.F.	A
22115501- 6500	8	Day	Chronom. 1912 W I	15	*	O.F.	P
22116501- 8500	6/0	1898	Sapphire	15		Htg.	A
22118501- 20500	6/0	1912	Sapphire	15		O.F.	A
22120501- 2000	16	1908	No. 645	21	LS ‡	O.F.	P
22122001- 3000	8	Day	Chronom. 1912 W I	15		O.F.	P
22123001- 500	14	C'lA	Max.	21	*‡	O.F.	P
22123501- 4500	6/0	1898	Sapphire	15		Htg.	A
22124501- 5500	6/0	1912	Sapphire	15		O.F.	A
22125501- 6500	6/0	1912	Ruby	17		O.F.	A
22126501- 7500	6/0	1898	Sapphire	15		Htg.	A
22127501- 9500	6/0	1898	No. 561	7		Htg.	A
22129501- 30500	6/0	1912	No. 510	7		O.F.	A
22130501- 1500	18	1883	P.S.B.	17	*	O.F.	A
22131501- 2500	8	Day	Chronom. 1912 W I	15		O.F.	P
22132501- 4500	6/0	1912	No. 510	7		O.F.	A
22134501- 6500	10	L	Lady W.	15	+	Htg.	A
22136501- 7500	18	1883	P.S.B.	17	*	O.F.	A
22137501- 600	16	1908	Vanguard	23	P&LS¶‡	Htg.	P
22137601- 800	16	1908	Cres. St.	21	¶‡	Htg.	P
22137801- 8500	16	1908	No. 645	21	LS ¶‡	O.F.	P
22138501- 9200	14	Col.	Ser. Rivers.	19	*‡	O.F.	P
22139201- 500	12	1894	Royal	17	*	Htg.	A
22139501- 41500	12	1894	Royal	17	*	O.F.	A
22141501- 2500	12	1894	No. 235	17	*	Htg.	A
22142501- 4500	12	1894	No. 235	17	*	O.F.	A
22144501- 6000	6/0	1898	Ruby	17		Htg.	A
22146001- 7000	6/0	1912	Ruby	17		O.F.	A
22147001- 8000	6/0	1912	Sapphire	15		O.F.	A
22148001- 50000	6/0	1898	No. 561	7		Htg.	A
22150001- 3000	6/0	1912	No. 510	7		O.F.	A
22153001- 4000	18	1883	P.S.B.	17	*	O.F.	A
22154001- 5800	16	1908	No. 645	21	LS ¶‡	O.F.	P
22155801- 6000	16	1908	C.P.R.	17	¶	O.F.	P
22156001- 100	16	1908	P.S.B.	17	L&PS *	Htg.	A
22156101- 600	16	1908	P.S.B.	17	*	O.F.	A
22156601- 8000	12	1894	No. 235	17	*	O.F.	A
22158001- 9000	6/0	1898	Ruby	17		Htg.	A
22159001- 60000	6/0	1912	Ruby	17		O.F.	A
22160001- 2000	6/0	1898	Sapphire	15		Htg.	A
22162001- 5000	6/0	1898	No. 561	7		Htg.	A
22165001- 7000	7½	L	Waltham	17	Patent	Htg.	P
22167001- 8500	16	1908	No. 645	21	LS ¶‡	O.F.	P
22168501- 600	16	1908	C.R.T.S.	17	¶	O.F.	A
22168601- 800	16	1908	Royal	17	*	Htg.	A
22168801- 9000	16	1908	P.S.B.	17	*	O.F.	A
22169001- 70000	12	1894	No. 235	17	*	O.F.	A
22170001- 1000	6/0	1898	Ruby	17		Htg.	A
22171001- 3000	6/0	1898	Sapphire	15		Htg.	A
22173001- 4000	6/0	1898	No. 565	15		Htg.	A
22174001- 7000	6/0	1898	No. 561	7		Htg.	A
22177001- 8000	6/0	1912	No. 510	7		O.F.	A
22178001- 83000	10	L	Lady W.	15		Htg.	A
22183001- 4000	16	1908	No. 645	21	¶‡	O.F.	P
22184001- 5000	12	1894	Royal	17		O.F.	A

Serial Number.	Size.	Model.	Grade.	Jewels.	Setting.	Style.	Grade of Material.
22185001- 6000	6/0	1898	Ruby	17		Htg.	A
22186001- 9000	6/0	1898	No. 561	7		Htg.	A
22189001- 90000	6/0	1912	510–515	7–17		O.F.	A
22190001- 500	Special orders: Assorted Sizes and grades: Write Factory						
22190501- 1500	16	1908	No. 645	21	LS ¶‡	O.F.	P
22191501- 2500	8	Day	Chronom.	15	WIPS §	O.F.	P
22192501- 3000	12	1894	No. 235	17	*	Htg.	A
22193001- 4000	12	1894	No. 235	17	*	O.F.	A
22194001- 6000	6/0	1898	No. 561	7		Htg.	A
22196001- 7000	18	1883	P.S.B.	17	*	O.F.	A
22197001- 8000	16	1908	No. 645	21	LS ¶‡	O.F.	P
22198001- 9000	6/0	1912	Ruby	17		O.F.	A
22199001-200000	6/0	1912	No. 515	15		O.F.	A
22200001- 1000	16	1908	No. 645	21	LS ¶‡	O.F.	P
22201001- 2000	16	1908	Riverside	19	P&LS¶‡	O.F.	P
22202001- 3000	8	Day	Chronom.	15	WIPS §	O.F.	P
22203001- 4000	12	1894	No. 235	17	*	O.F.	A
22204001- 5000	6/0	1898	Sapphire	15		Htg.	A
22205001- 6000	6/0	1912	Sapphire	15		O.F.	A
22206001- 8000	6/0	1898	No. 561	7		Htg.	A
22208001- 9000	16	1908	No. 645	21	LS ¶‡	O.F.	P
22209001- 11000	16	1908	Riverside	19	P&LS¶‡	O.F.	P
22211001- 2000	8	Day	Desk and Auto	7		O.F.	U
22212001- 3000	12	1894	No. 235	17	*	Htg.	A
22213001- 4000	3/0	1907	Riverside	17	*	Htg.	A
22214001- 9000	0	1907	No. 166	15	*	Htg.	U
22219001- 20000	6/0	1898	Sapphire	15		Htg.	A
22220001- 1000	6/0	1912	Sapphire	18		O.F.	A
22221001- 3000	6/0	1898	No. 561	7		Htg.	A
22223001- 3850	6/0	1912	No. 515	15		O.F.	A
22223851- 4000	6/0	1912	No. 510	7		O.F.	A
22224001- 500	10	L	Max.	17		Htg.	A
22224501- 5500	10	L	Lady W.	15		Htg.	A
22225501- 700	16	1908	Vanguard	23	P&LS¶‡	Htg.	P
22225701- 6500	16	1908	No. 645	21	LS ¶‡	O.F.	P
22226501- 7000	16	1908	Royal	17	*	Htg.	A
22227001- 500	16	1908	Royal	17	P&LS *	O.F.	A
22227501- 8500	16	1908	P.S.B.	17	*	O.F.	A
22228501- 9500	8	Day	Chronom.	15	§	O.F.	P
22229501- 30500	12	1894	Royal	17	*	O.F.	A
22230501- 1500	12	1894	No. 235	17	*	Htg.	A
22231501- 2500	12	1894	No. 235	17	*	O.F.	A
22232501- 4500	0	1907	No. 166	15		Htg.	U
22234501- 5500	6/0	1898	Sapphire	15		Htg.	A
22235501- 6500	6/0	1912	Sapphire	15		Htg.	A
22236501- 9500	6/0	1898	No. 561	7	**	Htg.	A
22239501- 41500	6/0	1912	No. 510	7		O.F.	A
22241501- 2000	10	L	Maximus	17		Htg.	P
22242001- 3000	10		Lady W.	15		Htg.	A
22243001- 4000	16	1908	No. 645	21	LS ¶‡	O.F.	P
22244001- 5000	16	1908	P.S.B.	17	P&LS*	Htg.	A
22245001- 6000	16	1908	P.S.B.	17	*	O.F.	A
22246001- 7000	12	1894	No. 235	17	*	Htg.	A
22247001- 8000	12	1894	No. 235	17		O.F.	A
22248001- 51000	6/0	1898	Equity	7		Htg.	A
22251001- 3000	6/0	1912	No. 510	7		O.F.	A
22253001- 5000	10	L	Lady W.	15		Htg.	A
22255001- 300	16	1908	Vanguard	23	P&LS¶‡	Htg.	P
22255301- 6000	16	1908	Vanguard	23	LS ¶‡	O.F.	P
22256001- 7000	16	1908	Royal	17	*	Htg.	A
22257001- 8000	16	1908	Royal	17	P&LS*	O.F.	A
22258001- 9000	16	1908	P.S.B.	17	*	Htg.	A
22259001- 60000	16	1908	P.S.B.	17	*	O.F.	A
22260001- 1400	16	Ball	Official	21	LS *	O.F.	P
22261401- 1900	16	Ball	Official	19	‡†	O.F.	P
22261901- 2400	16	Ball	Official	19	†	O.F.	P
22262401- 900	16	Ball	Official	19	‡†	O.F.	P
22262901- 3400	16	Ball	Commercial	17	†	O.F.	A
22263401- 4400	16	Ball	Official	21	LS †	O.F.	P
22264401- 5000	16	Ball	Official	19	‡†	O.F.	P
22265001- 6000	16	1908	P.S.B.	17	*	O.F.	A
22266001- 200	14	Col.	Series Max.	23	*‡	O.F.	P
22266201- 7000	14	Col.	Series Riv.	19	*‡	O.F.	P

* Patent Regulator. ‡ Jeweled Main Wheel. ¶ 1908 Patent Regulator. + Part Maximus 17J.
§ Up and Down Style Winding Indicator. ** Part No. 565 15-Jewel in this Lot. † Reed Regulator.

Serial Number.	Size.	Model.	Grade.	Jewels.	Setting.	Style.	Grade of Material.
22267001– 8000	12	1894	Riverside	19	*‡	O.F.	P
22268001– 9000	12	1894	Royal	17	*	Htg.	A
22269001– 70000	3/0	1900	Lady W.	16	*	O.F.	A
22270001– 2000	6/0	1912	Sapphire	15		O.F.	A
22272001– 5000	6/0	1912	No. 510	7		O.F.	A
22275001– 8000	10	L	Lady W.	15		Htg.	A
22278001– 9000	18	1883	P.S.B.	17	*	O.F.	A
22279001– 80000	16	1908	No. 637	17	*	O.F.	A
22280001– 200	10	C'lA	Maximus	21	*‡	O.F.	P
22280201– 1000	10	C'lA	Riverside	19	*‡	O.F.	P
22281001– 2000	12	1894	Riverside	19	*‡	Htg.	P
22282001– 3000	12	1894	Riverside	19	*‡	O.F.	P
22283001– 4000	12	1894	Royal	17	*	Htg.	A
22284001– 5000	12	1894	Royal	17	*	O.F.	A
22285001– 7000	6/0	1912	Sapphire	15		O.F.	A
22287001– 9000	6/0	1912	Equity	7		O.F.	A
22289001– 92000	10	L	Lady W.	15	†	Htg.	A
22292001– 3000	5¼	L	Rect.	17	Patent	Htg.	P
22293001– 4000	16	1908	Vanguard	23	L S ¶‡	O.F.	P
22294001– 200	16	1908	C.P.R.	17	¶	O.F.	A
22294201– 6000	16	1908	P.S.B.	17	*	O.F.	A
22296001– 7000	6/0	1898	Sapphire	15		Hgt.	A
22297001– 9000	6/0	1912	Sapphire	15		O.F.	A
22299001–300000	6/0	1912	Equity	7		O.F.	A
22300001– 1000	6/0	1912	510–515	7–15		O.F.	A
22301001– 4000	10	L	Lady W.	15		Htg.	A
22304001– 100	16	1908	No. 645	21	L S ¶‡	O.F.	P
22304101– 5000	14	Col.	Series Riv.	19	*‡	O.F.	P
22305001– 6000	12	1894	Riverside	19	*‡	O.F.	P
22306001– 7000	12	1894	Royal	17	*	Htg.	A
22307001– 8000	12	1894	Royal	17	*	O.F.	A
22308001– 9000	12	1894	No. 235	17	*	O.F.	A
22309001– 11000	6/0	1912	No. 510	7		O.F.	A
22311001– 4000	10	L	Lady W.	15		Htg.	A
22314001– 5000	12	1894	No. 235	17	*	O.F.	A
22315001– 7000	6/0	1912	Sapphire	15		O.F.	A
22317001– 9000	6/0	1912	510–515	7–15		O.F.	A
22319001– 22000	10	L	Lady W. 461	7–15		Htg.	A
22322001– 3000	7½	L	Waltham	17	Patent	Htg.	P
22323001– 350	16	1908	No. 641	17	*	Htg.	A
22323351– 500	16	1908	No. 641	17	*	O.F.	A
22323501– 4000	16	1908	No. 621	15	*	Htg.	A
22324001– 250	16	1908	No. 621	15	*	O.F.	A
22324251– 6000	16	1908	Vanguard	23	L S ‡¶	O.F.	P
22326001– 8000	16	1908	Cres. St.	21	¶‡	O.F.	P
22328001– 9000	16	1908	Riverside	19	P & L S *‡	O.F.	P
22329001– 31000	16	1908	Riverside	19	L S ¶‡	O.F.	P
22331001– 2000	3/0	1900	Lady W.	16	*	Htg.	A
22332001– 3000	6/0	1912	Ruby	17		O.F.	A
22333001– 4000	6/0	1898	Sapphire	15		Htg.	A
22334001– 7000	6/0	1912	Sapphire	15		O.F.	A
22337001– 9000	16	1908	Cres. St.	21	L S ¶‡	O.F.	P
22339001– 40000	8	Day		7		O.F.	U
22340001– 1000	14	Col.	Ser. 1425	17	*	O.F.	U
22341001– 2000	14	Col.	Ser. 1420	15	*	O.F.	U
22342001– 4000	12	1894	No. 225	17	*	Htg.	U
22344001– 6000	12	1894	No. 225	17	*	O.F.	U
22346001– 7000	12	1894	No. 220	15	*	Htg.	U
22347001– 51000	12	1894	No. 220	15	*	O.F.	U
22351001– 4000	12	1894	No. 210	7		Htg.	U
22354001– 8000	12	1894	No. 210	7		O.F.	U
22358001– 73000	3/0	1907	No. 361	7		Htg.	U
22373001– 5000	3/0	1900	No. 315	15	*	O.F.	U
22375001– 90000	3/0	1900	No. 310	7		O.F.	U
22390001– 1000	18	1883	No. 825	17	*	O.F.	U
22391001– 3000	18	1883		7–15		O.F.	U
22393001– 4000	16	1908	No. 625	17	*	Htg.	U
22394001– 5000	16	1908	No. 625	17	*	O.F.	U
22395001– 7000	16	1908	No. 620	15	*	O.F.	U
22397001– 9000	16	1908	No. 620	15	*	O.F.	U
22399001–400000	16	1908	No. 620	15		Htg.	U
22400001– 1000	16	1908	No. 620	15		O.F.	U
22401001– 5000	16		Equity	7		O.F.	U

Serial Number.	Size.	Model.	Grade.	Jewels.	Setting.	Style.	Grade of Material.
22405001– 15001	8	Day		7		O.F.	U
22415001– 7000	14	Col.	Series No. 1425	17	*	O.F.	U
22417001– 9000	14	Col.	Series No. 1420	15	*	O.F.	U
22419001– 20000	12	1894	No. 220	15	*	Htg.	U
22420001 4000	12	1894	No. 220	15	*	O.F.	U
22424001– 7000	12	1894	No. 210	7		Htg.	U
22427001– 31000	12	1894	No. 210	7		O.F.	U
22431001– 3000	3/0	1907	No. 365	15	*	Htg.	U
22433001– 8000	3/0	1907	No. 361	7		Htg.	U
22438001– 40000	3/0	1900	No. 315	7–15	*	O.F.	U
22440001– 5000	3/0	1900	No. 310	7		O.F.	U
22445001– 7000	16	1908	No. 625	17	*	Htg.	U
22447001– 9000	16	1908	No. 625	17	*	O.F.	U
22449001– 51000	16	1908	No. 620	15	*	Htg.	U
22451001– 3000	16	1908	No. 620	15	*	O.F.	U
22453001– 63000	8	Day		7		O.F.	U
22463001– 500	14	1897	P.S.B.	17		O.F.	U
22463501– 5000	12	1894	No. 225	17	*	Htg.	U
22465001– 6000	12	1894	No. 225	17	*	O.F.	U
22466001– 7000	12	1894	No. 220	15	*	Htg.	U
22467001– 72000	3/0	1907	No. 365	15	*	Htg.	U
22472001– 7000	3/0	1900	No. 315	15	*	O.F.	U
22477001– 80000	18	1883	No. 825	17	*	O.F.	U
22480001– 3000	18	1883	No. 820	15	*	O.F.	U
22483001– 5000	16	1908	No. 620	15	*	O.F.	U
22485001– 95000	8	Day		7		O.F.	U
22495001– 6000	14	Col.	Series No. 1425	17	*	O.F.	U U
22496001– 7000	14	Col.	Series No. 1420	15	*	O.F.	U
22497001–507000	12	1894	No. 225	17	*	O.F.	U
22507001– 15000	12	1894	No. 220	15	*	O.F.	U
22515001– 22000	12	1894	No. 210	7		O.F.	U
22522001– 8000	18	1883	Nos. 825–820	15–17	*	O.F.	U
22528001– 30000	16	1908	No. 625	17	*	Htg.	U
22530001– 3000	16	1908	No. 625	17	*	O.F.	U
22533001– 6000	16	1908	No. 620	15	*	Htg.	U
22536001– 41000	16	1908	No. 620	15	*	O.F.	A
22541001– 52000	8	Day		7	§	O.F.	U
22552001– 3000	14	Col.	Series No. 1425	17	*	O.F.	U
22553001– 5000	14	Col.	Series No. 1420	15	*	O.F.	U
22555001– 6000	12	1894	No. 225	17	*	Htg.	U
22556001– 8000	12	1894	No. 225	17	*	O.F.	U
22558001– 62000	12	1894	No. 220	15	*	Htg.	U
22562001– 5000	12	1894	No. 210	7		O.F.	U
22565001– 7000	12	1894	No. 220	15	*	O.F.	U
22567001– 72000	3/0	1907	No. 365	15	*	Htg.	U
22572001– 5000	3/0	1900	No. 315	15		O.F.	U
22575001– 7000	18	1883	Sterling	7	K W	Spec. Order	U U
22577001 600	14	1897	Boul. St.	15		O.F.	U
22577601– 8000	16	1908	No. 625	17	*	Htg.	U
22578001– 81000	16	1908	No. 625	17	*	O.F.	U
22581001– 4000	16	1908	No. 610	7		Htg.	U
22584001– 9000	16	1908	No. 620	15	*	O.F.	U
22589001–600000	8	Day	Asst.	7		O.F.	U
22600001– 1000	14	Col.	Series No. 1425	17	*	O.F.	U
22601001– 3000	14	Col.	Series No. 1420	15	*	O.F.	U
22603001– 4000	12	1894	No. 225	17	*	Htg.	U
22604001– 6000	12	1894	No. 225	17	*	O.F.	U
22606001– 9000	12	1894	No. 220	15	*	Htg.	U
22609001– 14000	12	1894	No. 220	15	*	O.F.	U
22614001– 24000	12	1894	No. 210	7			
22624001– 9000	3/0	1907	No. 365	15	*	Htg.	U
22629001– 32000	3/0	1900	No. 315	15	*	O.F.	U
22612001– 6000	18	1883	Nos. 825–820	17–15		O.F.	U

* Patent Regulator. ‡ Jeweled Main Wheel. § Bushings started with this group. ¶ 1908 Patent Regulator. † Part Made 7-Jewel.

Serial Number.	Size.	Model.	Grade.	Jewels.	Setting.	Style.	Grade of Material.
22636001- 8000	16	1908	No. 625	17	*	Htg.	U
22638001- 40000	16	1908	No. 625	17	*	O.F.	U
22640001- 1000	16	1908	No. 610	7		Htg.	U
22641001- 3000	16	1908	No. 620	15	*	Htg.	U
22643001- 8000	16	1908	No. 610	7		O.F.	U
22648001- 58000	8	Day	Assorted	7		O.F.	U
22658001- 9000	14	Col.	Series No. 1425	17	*	O.F.	U
22659001- 61000	14	Col.	Series No. 1420	15	*	O.F.	U
22661001- 4000	12	1894	No. 220	15	*	Htg.	U
22664001- 9000	12	1894	No. 220	15	*	O.F.	U
22669001- 72000	3/0 x10		No. 315	15	*	O.F.	U
22672001- 7000	3/0	1907	No. 365	15	*	Htg.	U
22677001- 80000	16	1908	No. 625	17	*	Htg.	U
22680001- 3000	16	1908	No. 625	17	*	O.F.	U
22683001- 6000	16	1908	No. 620	15	*	Htg.	U
22686001- 91000	16	1908	No. 620	15	*	O.F.	U
22691001- 9000	8	Day		7-15		O.F.	U
22699001- 72000	8	Day		7		O.F.	U
22720001- 3000	14s	Col.	Series No. 1425	17	*	O.F.	U
22723001- 6000	14s	Col.	Series No. 1420	15	*	O.F.	U
22726001- 9000	12	1894	No. 225	17	*	O.F.	U
22729001- 32000	12	1894	No. 220	15	*	Htg.	U
22732001- 7000	12	1894	No. 220	15	*	O.F.	U
22737001- 40000	16	1908	No. 625	17	*	O.F.	U
22740001- 3000	16	1908	No. 620	15	*	Htg.	U
22743001- 8000	16	1908	No. 620	15	*	O.F.	U
22748001- 54000	8	Day		7-15		O.F.	U
22754001- 64000	8	Day		7		O.F.	U
22764001- 5000	8	Day	C.W.C. Co.	15		O.F.	U
22765001- 6000	14	Col.	Series No. 1425	17	*	O.F.	U
22766001- 8000	14	Col.	Series No. 1420	15	*	O.F.	U
22768001- 71000	12	1894	No. 225	17	*	O.F.	U
22771001- 4000	12	1894	No. 220	15	*	Htg.	U
22774001- 9000	12	1894	No. 220	15	*	O.F.	U
22779001- 82000	16	1908	No. 620	15	*	Htg.	U
22782001- 5000	16	1908	No. 620	15	*	O.F.	U
22785001- 8000	16	1908	No. 610	7		Htg.	U
22788001-802000	8	Day		7		O.F.	U
22802001- 3000	12	1894	No. 225	17	*	Htg.	U
22803001- 6000	12	1894	No. 225	17	*	O.F.	U
22806001- 9000	12	1894	No. 220	15	*	Htg.	U
22809001- 14000	12	1894	No. 220	15	*	O.F.	U
22814001- 9000	12	1894	No. 210	7		O.F.	U
22819001- 22000	16	1908	No. 625	17	*	Htg.	U
22822001- 5000	16	1908	No. 625	17	*	O.F.	U
22825001- 8000	16	1908	No. 620	15	*	Htg.	U
22828001- 31000	16	1908	No. 610	7		O.F.	U
22831001- 3000	16	1908	No. 610	7		Htg.	U
22833001- 48000	8	Day		7		O.F.	U
22848001- 50000	Col.		Series No. 1425	17	*	O.F.	U
22850001- 2000	12	1894	No. 220	15	*	O.F.	U
22852001- 3000	12	1894	No. 225	17	*	Htg.	U
22853001- 5000	12	1894	No. 225	17	*	O.F.	U
22855001- 8000	12	1894	No. 220	15	*	Htg.	U
22858001- 63000	12	1894	No. 220	15	*	O.F.	U
22863001- 6000	16	1908	No. 625	17	*	O.F.	U
22866001- 9000	16	1908	No. 620	15	*	O.F.	U
22869001- 83000	8	Day		7		O.F.	U
22883001- 5000	12	1894	No. 210	7		Htg.	U
22885001- 7000	12	1894	No. 220	15	*	O.F.	U
22887001- 9000	12	1894	No. 225	17	*	Htg.	U
22889001- 92000	12	1894	No. 225	17	*	O.F.	U
22892001- 4000	12	1894	No. 225	17	*	Htg.	U
22894001- 5000	12	1894	No. 210	7		Htg.	U
22895001-900000	12	1894	No. 220	15	*	O.F.	U
22900001- 5000	3/0	1900	No. 315	15	*	O.F.	U

Serial Number.	Size.	Model.	Grade.	Jewels.	Setting.	Style.	Grade of Material.
22905001- 9000	16	1908	Nos. 625-620	17-15	*	Htg.	U
22909001- 12000	16	1908	No. 620	15	*	O.F.	U
22912001- 3000	12	1894	No. 225	17	*	O.F.	U
22913001- 5000	12	1894	No. 220	15	*	O.F.	U
22915001- 20000	12	1894	No. 210	7		Htg.	U
22920001- 40000	12	1894	No. 210	7		O.F.	U
22940000- 50000	16	1908	No. 620	15	*	O.F.	U
22950001- 8000	16	1908	No. 610	7		Htg.	U
22958001- 65000	16	1908	No. 610	7		O.F.	U
22965001- 71000	12	1894	No. 220	15	*	O.F.	U
22971001- 6000	12	1894	No. 210	7		Htg.	U
22976001- 86000	12	1894	No. 210	7		O.F.	U
22986001- 96000	16	1908	No. 610	7		O.F.	U
22996001-300000	12	1894	No. 225	17	*	O.F.	U
23000001- 1000	6/0	1912	Ruby	17		O.F.	A
23001001- 2000	6/0	1898	Sapphire	15		Htg.	A
23002001- 3000	6/0	1912	Sapphire	15		O.F.	A
23003001- 4000	10	L	Lady W. & 461	7-15		Htg.	A
23004001- 500	Spe	cial	orders: for I	nforma	tion apply	to fact	ory
23004501- 800	16	1908	Cres. St.	21	P & L S ¶‡	Htg.	P
23004801- 5500	16	1908	Cres. St.	21	L S ¶‡	O.F.	P
23005501- 6500	16	1908	Riverside	19	L S ¶‡	O.F.	P
23006501- 7500	12	1894	Riverside	19	*‡	Htg.	P
23007501- 8500	6/0	1898	Sapphire	15		Htg.	P
23008501- 10500	6/0	1912	Sapphire	15		O.F.	P
23010501- 1500	6/0	1898	Sapphire	15		Htg.	P
23011501- 3500	6/0	1912	Sapphire	15		O.F.	P
23013501- 4000	12	Spec	ial Orders: a	pply at	factory.		
23014001- 6500	16	1908	Cres. St.	21	L S ¶‡	O.F.	P
23016500- 7000	16	1908	Royal	17	*	Htg.	A
23017001- 8000	16	1908	Royal	17	P & L S *	O.F.	A
23018001- 9000	16	1908	P.S.B.	17	*	O.F.	A
23019001- 20000	14	Col.	Series Riverside	19	*‡	O.F.	P
23020001- 2000	14	Col.	Series Royal	17	*	O.F.	A
23022001- 3000	12	1894	Royal	17	*	O.F.	A
23023001- 4000	6/0	1912	Sapphire	15		O.F.	A
23024001- 5000	6/0	1898	Sapphire	15		Htg.	A
23025001- 6000	6/0	1912	Sapphire	15		O.F.	A
23026001- 8000	18	1883	P.S.B.	17	*	O.F.	A
23028001- 300	16	1908	Vanguard	23	P & L S ¶‡	Htg.	P
23028301- 9000	16	1908	Vanguard	23	L S ¶‡	O.F.	P
23029001- 500	16	1908	Cres. St.	21	P & L S ¶‡	Htg.	P
23029501- 31000	16	1908	Cres. St.	21	L S ¶‡	O.F.	P
23031001- 2000	16	1908	Royal	16	*	O.F.	A
23032001- 4000	16	1908	P.S.B.	17	P & L S *	Htg.	A
23034001- 6000	16	1908	P.S.B.	17	*	O.F.	A
23036001- 7000	16	1908	No. 637	17	L S *	O.F.	A
23037001- 9000	16	1908	No. 625	17	*	O.F.	A
23039001- 40000	14	C'lA	Riv. A.	19	*‡	O.F.	P
23040001- 1000	12	1894	Riverside	19	*‡	O.F.	P
23041001- 2000	12	1894	No. 225	15	*	Htg.	A
23042001- 4000	12	1894	No. 235	17	*	O.F.	A
23044001- 6000	6/0	1898	Sapphire	15		Htg.	A
23046001- 9000	6/0	1912	Sapphire	15		O.F.	A
23049001- 500	10	C'lA	Riv. A.	19	*‡	O.F.	P
23049501- 51500	18	1883	Assorted	15-17		O.F.	A U
23051500- 2200	16	1908	Vanguard	23	P & L S ¶‡	Htg.	P
23052201- 3000	16	1908	Vanguard	23	L S ¶‡	O.F.	P
23053001- 200	16	1908	Cres. St.	21	L & P S ¶‡	Htg.	P
23053201- 4500	16	1908	Cres. St.	21	L S ¶‡	O.F.	P
23054501- 5500	16	1908	Riverside	19	P & L S ¶‡	O.F.	P
23055501- 6000	16	1908	Royal	17	*	Htg.	A
23056001- 7000	16	1908	Royal	17	P & L S *	O.F.	A
23057001- 60000	16	1908	P.S.B.	17	*	Htg.	A
23060001- 3000	16	1908	P.S.B.	17	P & L S *	O.F.	
23063001- 4000	14	C'lA	Riv. A.	19	*‡	O.F.	P
23064001- 5000	14	Col.	Series Riv.	19	*‡	O.F.	P
23065001- 6000	14	Col.	Series Royal	17	*	O.F.	A
23066001- 7000	12	1894	Maximus	23	*‡	O.F.	P

* Patent Regulator. ‡ Jeweled Main Wheel. ¶ 1908 Patent Regulator.

Serial Number.	Size	Model.	Grade.	Jewels	Setting.	Style.	Grade of Material.
23067001- 500	12	1894	Riverside	19	*‡	Htg.	P
23067501- 9000	12	1894	Riverside	19	*‡	O.F.	P
23069001- 70000	12	1894	Royal	17	*	Htg.	A
23070001- 1000	12	1894	Royal	17	*	O.F.	A
23071001- 2000	12	1894	No. 235	17	*	Htg.	A
23072001- 4000	12	1894	No. 235	17	*	O.F.	A
23074001- 5000	6/0	1912	Ruby	17		O.F.	A
23075001- 6000	6/0	1898	Sapphire	15		Htg.	A
23076001- 9000	6/0	1912	Sapphire	15		O.F.	A
23079001- 80000	16	1908	Cres. St.	21	L S ¶‡	O.F.	P
23080001- 2000	16	1908	Riverside	19	P & L S ¶‡	O.F.	P
23082001- 500	16	1908	Royal	17	*	Htg.	A
23082501- 3000	16	1908	Royal	17	P & L S *	O.F.	A
23083001- 5000	16	1908	P.S.B.	17	*	Htg.	A
23085001- 6000	16	1908	P.S.B.	17	P & L S *	O.F.	A
23086001- 7000	14	C'lA	Riv. A.	19	*‡	O.F.	P
23087001- 8000	14	Col.	Series Royal	17	*	O.F.	A
23088001- 500	12	1894	Maximus	23	*‡	O.F.	P
23088501- 90000	12	1894	Riverside	19	*‡	O.F.	P
23090001- 1000	12	1894	Royal	17	*	O.F.	P
23091001- 3000	12	1894	Royal	17	*	O.F.	A
23093001- 4000	12	1894	Royal	17.	*	Htg.	A
23094001- 5000	6/0	1912	Riverside	17		O.F.	P
23095001- 6000	6/0	1898	Sapphire	15		Htg.	A
23096001- 9000	10	L	Lady W.	7–15		Htg.	A
23099001-100000	18	1883	P.S.B.	17	*	O.F.	A
23100001- 200	16	1908	Maximus	23	1912 WIPS*‡	O.F.	P
23100201- 1000	16	1908	Vanguard	23	L S ¶‡	O.F.	P
23101001- 2000	16	1908	Riverside	19	P & L S ¶‡	O.F.	P
23102001- 3000	16	1908	P.S.B.	17	*	Htg.	A
23103001- 4000	16	1908	P.S.B.	17	*	O.F.	A
23104001- 5000	12	1894	No. 235	17	*	Htg.	A
23105001- 7000	12	1894	No. 235	17	*	O.F.	A
23107001- 14000	10	L	Lady W.	7–15		Htg.	A
23114001- 6000	16	1908	Cres. St.	21	L S ¶‡	O.F.	P
23116001- 8000	16	1908	P.S.B.	17	*	Htg.	A
23118001- 20000	16	1908	P.S.B.	17	*	O.F.	A
23120001- 1000	14	Col.	Series Royal	17	*	O.F.	A
23121001- 3000	12	1894	No. 235	17	*	O.F.	A
23123001- 5000	6/0	1898	Sapphire	15		Htg.	A
23125001- 33000	6/0	1912	Sapphire	15		O.F.	A
23133001- 4000	16	1908	Cres. St.	21	L S ¶‡	O.F.	P
23134001- 200	14	C'lA	Max. A.	21	*‡	O.F.	P
23134201- 5000	14	C'lA	Riv. A.	19	*‡	O.F.	P
23135001- 6000	14	Col.	Series Royal	17	*	O.F.	A
23136001- 7000	12	1894	No. 235	17	*	O.F.	A
23137001- 9000	6/0	1898	Sapphire	15		Htg.	A
23139001- 42000	6/0	1912	Sapphire	15		O.F.	A
23142001- 7000	6/0	1898	No. 561	7		Htg.	A
23147001- 52000	6/0	1912	No. 510	7		O.F.	A
23152001- 3000	16	1908	Vanguard	23	WI- LS ¶‡	O.F.	P
23153001- 4000	16	1908	Cres. St.	21	L S ¶‡		P
23154001- 6000	6/0	1898	No. 561	7		Htg.	A
23156001- 8000	6/0	1912	No. 510	7		O.F.	A
23158001- 9000	7½	L	Rectangular	17	Patent.		P
23159001- 62000	Col.		Series Riv. No. 1425	17		O.F.	UP
23162000- 4000	12	1894	No. 235	17	*	O.F. Htg.	A
22164001- 6000	6/0	1898	Sapphire	15		Htg.	A
23166001- 8000	6/0	1912	Sapphire	15		O.F.	A
23168001- 70000	10	L	Maximus	17		Htg.	P
23170001- 2000	16	1908	Vanguard	23	W I *‡ L S	O.F.	P
23172001- 3000	12	1894	Royal	17	*	Htg.	A
23173001- 4000	12	1894	Royal	17	*	O.F.	
23174001- 5000	6/0	1912	Riverside	17			P
23175001- 7000	6/0	1912	No. 510	17			A

Serial Number.	Size.	Model.	Grade.	Jewels.	Setting.	Style.	Grade of Material.
23177001- 8300	16	1908	Vanguard	23	L S ¶‡	O.F.	P
23178301- 500	16	1908	Cres. St.	21	L & P S ¶‡	Htg.	P
23178501- 9500	16	1908	Riverside	19	P & L S ¶‡	O.F.	P
23179501- 82000	16	1908	Roy.-P.S.B.	17	*	O.F. Htg.	A
23182001- 5000	16	1908	No. 637	17	L S *	O.F.	A
23185001- 6500	12	1894	No. 220	15	*	O.F.	U
23186501- 8000	12	1894	Riverside	19	*‡	O.F.	P
23188001- 500	12	1894	Royal	17	*	Htg.	A
23188501- 90000	12	1894	Royal	17	*	O.F.	A
23190001- 2000	6/0	1912	Sapphire	15		O.F.	A
23192001- 4000	6/0	1898	Sapphire	15		Htg.	A
23194001- 5000	6/0	1898	No. 561	7		Htg.	A
23195001- 6000	6/0	1912	No. 510	7		O.F.	A
23196001- 7000	10	L	No. 461	7		Htg.	A
23197001- 8000	16	1908	Vanguard	23	L S ¶‡	O.F.	P
23198001-200000	6/0	1898	Sapphire	15		Htg.	A
23200001- 1000	6/0	1898	No. 561	7		Htg.	A
23201001- 2000	6/0	1912	No. 510	7		O.F.	A
23202001- 500	14s	Col.	Series	21	*‡	O.F.	A
23202501- 3500	12	1894	No. 220	15	*	O.F.	U
23203501- 900	Spec	orde	rs assorted si	zesand	grades: wr	ite fact	ory.
23203901- 5000	12	1894	No. 225	17	*	O.F.	U
23205001- 15000	12	1894	No. 210	7		O.F.	U
23215001- 31000	8	Day		7	§	O.F.	U
23231001- 3000	12	1894	No. 210	7		O.F.	U
23233001- 41000	12	1894	No. 210	7		Htg.	U
23241001- 3000	12	1894	No. 210	7		O.F.	U
23243001- 5000	12	1894	No. 210	7		Htg.	U
23245001- 65000	12	1894	No. 210	7		O.F.	U
23265001- 400	16	Ball	Official	19	L S ‡†	O.F.	P
23265401- 900	16	Ball	Commercial	17	†	O.F.	A
23265901- 7900	16	Ball	Official	21	L S †	O.F.	P
23267901- 9900	16	Ball	Official	19–21	L S †‡	O.F.	P
23269901- 70000	16	Ball	Official	21	†‡	O.F.	P
23270001- 1000	16	1908	Vanguard	23	¶‡	O.F.	P
23271001- 500	16	1908	C.P.R.	17	¶	O.F.	P
23271501- 2000	10	C'lA	Riverside	19	*‡	O.F.	P
23272001- 3000	9	L	Patrician	17		O.F.	P
23273001- 5000	6/0	1898	Sapphire	15		Htg.	A
23275001- 9000	6/0	1898	No. 561	7		Htg.	A
23279001- 82000	16	1908	Traveler	7		Htg.	U
23282001- 5000	16	1908	Traveler	7		O.F.	U
23285001- 8000	C'lB		No. 1225	17	*	O.F.	U
23288001- 90000	16	1908	Traveler	7		Htg.	U
23290001- 2000	16	1908	Traveler	7		O.F.	U
23292001- 3000	8	Day	C.W.C.	7–15	W I **	O.F.	U
23293001- 8000	8	Day		7	W I **	O.F.	U
23298001-300000	12	1894	No. 225	17	*	O.F.	U
23300001- 19000	12	1894	No. 210	7		O.F.	U
23319001- 26000	3/0	1900	No. 310	7		O.F.	U
23326001- 7500	8	Day	W I	7		O.F.	U
23327501- 34000	8	Day		7		O.F.	U
23334001- 40500	12	1894	No. 225	17	*	O.F.	U
23340501- 8000	12	1894	No. 220	15	*	O.F.	U
23348001- 68000	12	1894	No. 210	7		O.F.	U
23368001- 96000	8	Day		7		O.F.	U
23396001- 9000	8	Day	W I	7		O.F.	U
23399001-401000	16	1908	Traveler	7		Htg.	U
23401001- 3000	16	1908	Traveler	7		O.F.	U
23403001- 11000	12	1894	No. 220	15	*	O.F.	U
23411001- 2000	12	1894	No. 210	7		O.F.	U
23412001- 5000	3/0	1907	No. 361	7		Htg.	U
23415001- 20000	8	Day	W I	7		O.F.	U
23420001- 35000	8	Day		7		O.F.	U
23435001- 6000	16	1908	Traveler	7		Htg.	U
23436001- 7000	16	1908	Traveler	7		O.F.	U
23437001- 49000	12	1894	No. 210	7		O.F.	U
23449001- 51000	3/0	1907	No. 361	7		Htg.	U
23451001- 61000	8	Day		7		O.F.	U
23461001- 3000	16	1908	No. 610	7		Htg.	U
23463001- 8000	C'lB	1924	No. 1225	17	*	O.F.	U

* Patent Regulator. ‡ Jeweled Main Wheel. ¶ 1908 Patent Regulator. § Part W. I. † Reed Regulator.
**Part 7-Jewel. No Indicator.

Serial Number.	Size.	Model.	Grade.	Jewels.	Setting.	Style.	Grade of Material.
23468001– 76000	12	1894	No. 220	15	*	O.F.	U
23476001– 86000	8	Day		7		O.F.	U
23486001– 8000	16	1908	No. 610	7		Htg.	U
23488001– 93000	12	1894	No. 220	15	*	O.F.	U
23493001–503000	12	1894	No. 210	7		O.F.	U
23503001– 8000	3/0	1900	No. 310	7		O.F.	U
23508001– 13000	3/0	1907	No. 361	7		Htg.	U
23513001– 23000	8	Day		7		O.F.	U
23523001– 5000	16	1908	Traveler	7		Htg.	U
23525001– 7000	16	1908	Traveler	7		O.F.	U
23527001– 32000	C'lB	1924	No. 1225	17	*	O.F.	U
23532001– 7000	12	1894	No. 220	15	*	O.F.	U
23537001– 52000	12	1894	No. 210	7		O.F.	U
23552001– 62000	8	Day		7		O.F.	U
23562001– 4000	8	Day	C.W.C.Co.	15		O.F.	U
23564001– 9000	C'lB	1924	No. 1225	17	*	O.F.	U
23569001– 74000	12	1894	No. 220	15	*	O.F.	U
23574001– 84000	12	1894	No. 210	7		O.F.	U
23584001– 89000	12	1894	No. 225	17	*	O.F.	U
23589001– 94000	8	Day	WI	7		O.F.	U
23594001–604000	8	Day		7		O.F.	U
23604001– 7000	16	1908	Traveler	7		Htg.	U
23607001– 12000	12	1894	No. 225	17	*	O.F.	U
23612001– 7000	12	1894	No. 210	7		O.F.	U
23617001– 22000	8	Day	WI	7		O.F.	U
23622001– 32000	8	Day		7		O.F.	U
23632001– 7000	16	1908	No. 610	7		O.F.	U
23637001– 47000	12	1894	No. 210	7		O.F.	U
23647001– 57000	8	Day		7		O.F.	U
23657001– 65000	12	1894	No. 220	15	*	O.F.	U
23665001– 75000	12	1894	No. 210	7		O.F.	U
23675001– 80000	8	Day	WI	7		O.F.	U
23680001– 95000	8	Day		7		O.F.	U
23695001–705000	C'lB	1924	No. 1225	17	*	O.F.	U
23705001– 15000	12	1894	No. 220	15	*	O.F.	U
23715001– 30000	8	Day		7–15		O.F.	U
23730001– 5000	16	1908	No. 610	7		O.F.	U
23735001– 42000	C'lB	1924	No. 1225	17	*	O.F.	U
23742001– 5000	C'lB	1924	No. 1235	17	†	O.F.	U
23745001– 55000	12	1894	No. 220	15	*	O.F.	U
23755001– 70000	12	1894	No. 210	7		O.F.	U
23770001– 2000	8	Day	WI	7		O.F.	U
23772001– 5000	8	Day		15	§	O.F.	U
23775001– 92000	8	Day		7		O.F.	U
23792001–800000	Col.	1924	No. 1235	17	*	O.F.	U
23800001– 10000	12	1894	No. 225	17	*	O.F.	U
23810001– 20000	12	1894	No. 220	15	*	O.F.	U
23820001– 8000	12	1894	No. 210	7		O.F.	U
23828001– 9500	3/0	1907	No. 361	7		Htg.	U
23829501– 31000	3/0	1900	No. 310	7		O.F.	U
23831001– 3000	8	Day	WI	7		O.F.	U
23833001– 43000	8	Day		7		O.F.	U
23843001– 4000	16	1908	No. 610	7		Htg.	U
23844001– 54000	16	1908	No. 610	7		O.F.	U
23854001– 64000	12	1894	No. 225	17	*	O.F.	U
23864001– 8000	12	1894	No. 220	15	*	O.F.	U
23868001– 74000	12	1894	No. 210	7		O.F.	U
23874001– 6000	3/0	1907	No. 365	15	*	Htg.	U
23876001– 9000	3/0	1907	No. 361	7		Htg.	U
23879001– 82000	3/0	1900	No. 310	7		O.F.	U
23882001– 3000	8	Day	WI	7		O.F.	U
23883001–906000	8	Day		7		O.F.	U
23906001– 11000	16	1908	No. 610	7		O.F.	U
23911001– 9000	12	1894	No. 220	15	*	O.F.	U
23919001– 25000	12	1894	No. 210	7		O.F.	U
23925001– 500	3/0	1907	No. 365	15	*	Htg.	U
23925501– 8500	3/0	1907	No. 361	7		Htg.	U
23928501– 40500	8	Day		7		O.F.	U
23940501– 4500	16	1908	No. 610	7		O.F.	U
23944501– 9500	12	1894	No. 225	17	*	O.F.	U
23949501– 55500	12	1894	No. 220	15	*	O.F.	U
23955501– 72500	12	1894	No. 210	7		O.F.	U
23972501– 3500	3/0	1907	No. 361	7		Htg.	U
23973501– 4500	3/0	1900	No. 310	7		O.F.	U

Serial Number.	Size.	Model.	Grade.	Jewels.	Setting.	Style.	Grade of Material.
23974501– 5500	16	1908	No. 610	7		Htg.	U
23975501– 7000	12	1894	No. 225	17	*	Htg.	U
23977001– 86000	12	1894	No. 225	17	*	O.F.	U
23986001– 93000	12	1894	No. 220	15		O.F.	U
23993001– 5000	12	1894	No. 210	7		Htg.	U
23995001–4005000	12	1894	No. 210	7	PS Jan. '24	O.F.	U
24005001– 6000	3/0	1907	No. 361	7		Htg.	U
24006001– 7000	16	1908	No. 610	7		Htg.	U
24007001– 12000	16	1908	No. 610	7		O.F.	U
24012001– 3000	12	1894	No. 225	17	*	Htg.	U
24013001– 6000	12	1894	No. 225	17	*	O.F.	U
24016001– 21000	12	1894	No. 220	15	*	O.F.	U
24021001– 31000	12	1894	No. 210	7		O.F.	U
24031001– 3000	3/0	1907	No. 361	7		Htg.	U
24033001– 4000	3/0	1907	No. 365	15	*	Htg.	U
24034001– 9000	8	Day		7		O.F.	U
24039001– 40000	16	1908	No. 610	7		Htg.	U
24040001– 5000	16	1908	No. 610	7		O.F.	U
24045001– 50000	12	1894	No. 225	17	*	O.F.	U
24050001– 6000	12	1894	No. 220	15	*	O.F.	U
24056001– 7000	12	1894	No. 210	7		Htg.	U
24057001– 67000	12	1894	No. 210	7		O.F.	U
24067001– 8000	3/0	1907	No. 365	15	*	Htg.	U
24068001– 71000	3/0	1907	No. 361	7		Htg.	U
24071001– 81000	8	Day		7		O.F.	U
24081001– 7000	16	1908	No. 610	7		O.F.	U
24087001– 8000	12	1894	No. 225	17	*	Htg.	U
24088001– 95000	12	1894	No. 225	17	*	O.F.	U
24095001–105000	12	1894	No. 220	15		O.F.	U
24105001– 25000	12	1894	No. 210	7		O.F.	U
24125001– 8000	8	Day		7		O.F.	U
24128001– 34000	16	1908	No. 610	7		Htg.	U
24134001– 41000	16	1908	No. 610	7		O.F.	U
24141001– 2000	12	1894	No. 225	17	*	Htg.	U
24142001– 64000	12	1894	No. 225	17	*	O.F.	U
24164001– 9000	12	1894	No. 220	15	*	O.F.	U
24169001– 70000	12	1894	No. 210	7		Htg.	U
24170001– 7000	12	1894	No. 210	7		O.F.	U
24177001– 9000	3/0	1907	No. 365	15	*	Htg.	U
24179001– 84000	3/0	1907	No. 361	7		Htg.	U
24184001– 8000	16	1908	No. 610	7		Htg.	U
24188001– 92000	12	1894	No. 225	17	*	Htg.	U
24192001–204000	12	1894	No. 225	17	*	O.F.	U
24204001– 1100	12	1894	No. 220	15	*	O.F.	U
24211001– 2000	12	1894	No. 210	7		Htg.	U
24212001– 22000	12	1894	No. 210	7		O.F.	U
24222001– 3000	3/0	1907	No. 365	15	*	Htg.	U
24223001– 5000	3/0	1907	No. 361	7		Htg.	U
24225001– 8000	16	1908	No. 610	7		Htg.	U
24228001– 32000	16	1908	No. 610	7		O.F.	U
24232001– 5000	12	1894	No. 225	17	*	Htg.	U
24235001– 47000	12	1894	No. 225	17	*	O.F.	U
24247001– 54000	12	1894	No. 220	15	*	O.F.	U
24254001– 6000	12	1894	No. 210	7		Htg.	U
24256001– 69000	12	1894	No. 210	7		O.F.	U
24269001– 70000	3/0	1907	No. 365	15	*	Htg.	U
24270001– 1000	16	Ball	Official	21	LS *‡	Htg.	U
24271001– 3000	3/0	1907	No. 361	7		Htg.	U
24273001– 5000	6/0	1898	Sapphire	15		Htg.	A
24275001– 8000	10	L	Lady W.	15		Htg.	A
24278001– 80000	10	L	No. 461	7		Htg.	A
24280001– 1000	C'lB		Riverside	19	*‡	O.F.	P
24281001– 2500	C'lB		Royal	17	*	O.F.	P
24282501– 9500	6/0	1912	No. 510	7		O.F.	A
24289501– 94500	6/0	1912	No. 510	7		O.F.	A
24294501– 7500	10	L	No. 461	7		Htg.	A
24297501– 9500	12	1894	Riverside	19	*‡	O.F.	P
24299501–302000	12	1894	Royal	17	*	O.F.	A
24302001– 3000	14	C'lA	Riverside	19	*‡	O.F.	P
24303001– 6000	6/0	1898	Sapphire	15		Htg.	A
24306001– 9000	6/0	1898	No. 561	7		O.F.	A
24309001– 12000	6/0	1912	No. 510	7		O.F.	A
24312001– 8000	10	L	No. 461	7		Htg.	A

* Patent Regulator. ‡ Jeweled Main Wheel. † Whip Lash Regulator. § Part Chicago Watchman's Clock Co.

Serial Number.	Size.	Model.	Grade.	Jewels.	Setting.	Style.	Grade of Material.
24318001– 23000	C'lB	1924	Riverside	19	*‡§	O.F.	P
24323001– 8000	C'lB	1924	Royal	17	*†	O.F.	A
24328001– 30000	10	C'lA	Riverside	19		O.F.	P
24330001– 5000	6/0	1898	Sapphire	15		Htg.	A
24335001– 40000	6/0	1898	No. 561	7		Htg.	A
24340001– 5000	6/0	1912	No. 510	7		O.F.	A
24345001– 7000	6/0	1898	Sapphire	15		Htg.	A
24347001– 9000	10	L	No. 461	7		Htg.	A
24349001– 52000	6/0	1898	No. 561	7		Htg.	A
24352001– 5000	10	L	No. 461 & Lady W.	7–15		Htg.	A
24355001– 7000	10	C'lA	Riverside	19	*‡	O.F.	P
24357001– 6200	6/0	1898	No. 561	7		Htg.	A
24362001– 7000	7¼	L	Rect.	15		W-3	A
24367001– 72000	C'lB	1924	Royal	17	*†	O.F.	A
24372001– 7000	6/0	1898	No. 561	7		Htg.	A
24377001– 82000	10	L	No. 461 & Lady W.	7–15		Htg.	A
24382001– 7000	C'lB	1924	Riverside	19	*‡§	O.F.	P
24387001– 92000	6/0	1898	Sapphire	15		Htg.	A
24392001– 7000	10	L	No. 461 & Lady W.	7–15		Htg.	A
24397001–402000	C'lB	1924	Royal No. 1235	17	*†	O.F.	A
24402001– 3000	8	Day	Chronom.	15	W I–P S	O.F.	P
24403001– 4000	16	1908	Vanguard	23	W I ¶ L S ‡	O.F.	P
24404001– 14000	6/0	1898	No. 561	7		Htg.	A
24414001– 9000	10	L	No. 461 & Lady W.	7–15		Htg.	A
24419001– 25000	C'lB	1924	No. 1235	17	+	O.F.	A
24425001– 7000	10	L	Lady W.	15		Htg.	A
24427001– 30000	10	L	No. 461	7		Htg.	A
24430001– 1000	5¼	L	Rect.	17	Patent Setting		P
24431001– 5000	Col.	1924	No. 1235	17	*	O.F.	A
24435001– 7000	6/0	1898	No. 561	7		Htg.	A
24437001– 8000	16	1908	No. 640	17	L S ¶	O.F.	P
24438001– 9000	14	C'lA	Riv. A.	19	*‡	O.F.	P
24439001– 41000	6/0	1898	Sapphire	15		Htg.	A
24441001– 4000	6/0	1898	No. 561	7		Htg.	A
24444001– 7000	10	L	Lady W.	15		Htg.	A
24447001– 50000	10	L	No. 461	7		Htg.	A
24450001– 2000	7¼		Rect.	15		W-3	A
24452001– 3000	16	1908	No. 640	17	L S ¶	O.F.	A
24453001– 500	14	C'lA	Riv. A.	19	*‡	O.F.	P
24453501– 6500	Col.	1924	No. 1235	17	+	O.F.	A
24456501– 7500	6/0	1898	Sapphire	15		Htg.	A
24457501– 60500	6/0	1898	No. 561	7		Htg.	A
24460501– 2500	10	L	Lady W.	15		Htg.	A
24462501– 5500	10	L	No. 461	7		Htg.	A
24465501– 6500	5¼		Rect.	17	Pat. S	W-3	P
24466501– 7500	Col.	1924	Riverside	19	+‡§	O.F.	P
24467501– 72500	Col.	1924	No. 1235	17	+		A
24472501– 7500	6/0	1898	No. 561	7		Htg.	A
24477501– 9500	10	L	No. 461	7		Htg.	A
24479501– 85000	Col.	1924	No. 1235	17	+	O.F.	A
24485001– 7000	6/0	1898	Sapphire	15		Htg.	A
24487001– 93000	6/0	1898	No. 561	7		Htg.	A
24493001–501000	10	L	Lady W.	15		Htg.	A
24501000– 8000	10	L	No. 461	7		Htg.	A
24508001– 9000	Col.	1924	Riverside	19	+‡	O.F.	P
24509001– 19000	Col.	1924	No. 1235	17	+	O.F.	A
24519001– 20000	6/0	1898	Sapphire	15		Htg.	A
24520001– 3000	6/0	1898	No. 561	7		Htg.	A
24523001– 5000	10	L	Lady W.	15		Htg.	A
24525001– 8000	10	L	No. 461	7		Htg.	A
24528001– 9000	Col.	1924	Riverside	19	+‡	O.F.	P
24529001– 31000	6/0	1898	Sapphire	15		Htg.	A
24531001– 5000	6/0	1898	No. 561	7		Htg.	A
24535001– 7000	10	L	Lady W.	15		Htg.	A
24537001– 41000	10	L	No. 461	7		Htg.	A
24541001– 2000	Col.	1924	Riverside	19	+‡	O.F.	P
24542001– 8000	Col.	1924	No. 1235	17	+	O.F.	A
24548001– 51000	6/0	1898	Sapphire	15		Htg.	A

Serial Number.	Size.	Model.	Grade.	Jewels.	Setting.	Style.	Grade of Material.
24551001– 7000	6/0	1898	No. 561	7		Htg.	A
24557001– 61000	10	L	Lady W.	15		Htg.	A
24561001– 6000	10	L	No. 461	7		Htg.	A
24566001– 8000	7¼	L	Rect.	15		W-3	A
24568001– 71000	16	1908	Vanguard	23	W I ¶ L S ‡	O.F.	6 P
24571001– 5000	16	1908	Cres. St.	21	L S ¶‡	O.F.	5 P
24575001– 6000	16	1908	No. 640	17	¶	O.F.	P
24576001– 7000	14	C'lA	Riv. A.	19	*‡	O.F.	P
24577001– 81000	6/0	1898	Sapphire	15		Htg.	A
24581001– 3000	6/0	1898	No. 561	7		Htg.	A
24583001– 5000	10	L	Lady W.	15		Htg.	A
24585001– 8000	10	L	No. 461	7		Htg.	A
24588001– 90000	7¼	L	Rect.	15		Htg.	A
24590001– 2000	6/0	1898	Sapphire	15		Htg.	A
24592001– 7000	6/0	1898	No. 561	7		Htg.	A
24597001– 9000	10	L	Lady W.	15		Htg.	A
24599001–603000	10	L	No. 461	7		Htg.	A
24603001– 4000	7¼	L	Rect.	15		W-3	A
24604001– 5000	16	1908	Vanguard	23	W I ¶ L S ‡	O.F.	6 P
24605001– 6000	16	1908	Cres. St.	21	L S ¶‡	O.F.	5 P
24606001– 7000	16	1908	Riverside	19	*‡	Htg.	P
24607001– 8000	10	L	No. 461	7		Htg.	A
24608001– 10000	10	L	Lady W.	15		Htg.	A
24610001– 1500	16	1908	P.S.B.	17	*	Htg.	A
24611501– 2500	16	1908	P.S.B.	17	*	O.F.	A
24612501– 5500	16	1908	No. 620	15		O.F.	U
24615501– 30000	16	1908	No. 610	7		O.F.	U
24630001– 2000	12	1894	P.S.B.	19	*‡	O.F.	A
24632001– 5000	12	1894	No. 220	15		O.F.	U
24635001– 9000	12	1894	No. 210	7	**	Htg.	U
24639001– 42000	3/0	1907	No. 361	7		Htg.	U
24642001– 5000	6/0	1898	Sapphire	15		Htg.	A
24645001– 8000	6/0	1898	No. 561	7		Htg.	A
24648001– 53000	10	L	Lady W.	15		Htg.	A
24653001– 8000	8	Day		7		O.F.	U
24658001– 67000	16	1908	No. 610	7		Htg.	U
24667001– 75000	12	1894	P.S.B.	19	*‡	O.F.	A
24675001– 85000	12	1894	No. 225	17		O.F.	U
24685001– 8000	12	1894	No. 220	15		O.F.	U
24688001– 93000	3/0	1907	No. 365	15		Htg.	U
24693001– 70300	6/0	1898	Sapphire	15		Htg.	A
24703001– 4000	6/0	1898	No. 561	7		Htg.	A
24704001– 6000	10	L	Lady W.	15		Htg.	A
24706001– 21000	8	Day		7		O.F.	U
24721001– 6000	8 Dy	1926		7		O.F.	U
24726001– 31000	16	1908	No. 610	7		Htg.	U
24731001– 46000	16	1908	No. 610	7		O.F.	U
24746001– 9000	12	1894	No. 225	17		Htg.	U
24749001– 71000	12	1894	No. 225	17		O.F.	U
24771001– 4000	12	1894	No. 220	15		O.F.	U
24774001– 81000	12	1894	No. 210	7		O.F.	U
24781001– 4000	3/0	1907	No. 315	15		Htg.	U
24784001– 8000	3/0	1907	No. 361	7		Htg.	U
24788001– 94000	6/0	1898	Sapphire	15		Htg.	A
24794001– 8000	6/0	1898	No. 561	7		Htg.	A
24798001–803000	10	L	Lady W.	15		Htg.	A
24803001– 23000	8 Dy	1926		7		O.F.	A
24823001– 44000	16	1908	Traveler & 610	7		O.F.	U
24844001– 9000	12	1894	P.S.B.	19	‡	O.F.	A
24849001– 50000	12	1894	No. 225	17		Htg.	U
24850001– 7000	12	1894	No. 225	17		O.F.	U
24857001– 62000	12	1894	No. 220	15		O.F.	U
24862001– 6000	12	1894	No. 210	7		O.F.	U
24866001– 88000	3/0	1907	No. 361	7		Htg.	U
24888001– 90000	6/0	1898	Sapphire	15		Htg.	A
24890001– 6000	6/0	1898	No. 561	7		Htg.	A
24896001– 7000	10	L	Lady W.	15		Htg.	A
24897001– 8000	10	L	No. 461	7		Htg.	A
24898001– 9000	10		Lady W.	15		Htg.	A
24899001–919000	8 Dy	1926	Mod.	7		O.F.	U
24919001– 20000	16	1908	Riverside	19	L S ¶‡	O.F.	P

* Patent Regulator. ‡ Jeweled Main Wheel. ¶ 1908 Patent Regulator. ** Part 15-Jewel No. 220 Htg.
† Part 19 Jewel. Jeweled Main Wheel. § Part 21 Jewel. + Whip Lash Regulator.

Serial Number.	Size.	Model.	Grade.	Jewels.	Setting.	Style.	Grade of Material.
24920001– 1000	16	1908	P.S.B.	17		Htg.	A
24921001– 2000	16	1908	P.S.B.	17		O.F.	A
24922001– 32000	16	1908	No. 610	7		O.F.	U
24932001– 4000	12	1894	P.S.B. No. 239–Premier	19	‡	O.F.	P
24934001– 54000	12	1894	No. 225	17		O.F.	U
24954001– 7000	12	1894	No. 220	15		O.F.	U
24957001– 63000	12	1894	No. 220	7		O.F.	U
24963001– 5000	3/0	1907	No. 365	15		Htg.	U
24965001– 70000	3/0	1907	No. 361	7		Htg.	U
24970001– 2000	6/0	1898	Sapphire	15		Htg.	A
24972001– 80000	6/0	1898	No. 561	7		Htg.	A
24980001– 2000	10	L	Lady W.	15		Htg.	A
24982001– 91000	10	L	No. 461	7		Htg.	A
24991001– 5021000	8 Dy	1926	Mod.	7		O.F.	U
25021001– 7000	16	1908	Traveler & No. 610	7		O.F.	U
25027001– 34000	12	1894	Premier & No. 239	19	‡	O.F.	P
25034001– 49100	12	1894	No. 225	17		O.F.	U
25049101– 52000	12	1894	Premier & No. 235	17	§	O.F.	A
25052001– 4000	16	1908	No. 620	15		O.F.	U
25054001– 61000	12	1894	No. 220	15		O.F.	U
25061001– 3000	12	1894	No. 210	7		O.F.	U
25063001– 6000	3/0	1907	No. 365	15		Htg.	U
25066001– 74000	3/0	1907	No. 361	7		Htg.	U
25074001– 80000	6/0	1898	Ruby	17		Htg.	A
25080001– 6000	6/0	1898	Sapphire	15		Htg.	A
25086001– 8000	6/0	1898	No. 561	7		Htg.	U
25088001– 9000	16	1908	No. 625	17		O.F.	U
25089001– 91000	16	1908	No. 620	15		O.F.	U
25091001–101000	8 Dy	1926	Mod.	7		O.F.	U
25101001– 4000	16	1908	Cres. St.	21	L S ¶‡	O.F.	5 P
25104001– 5000	12	1894	No. 225	17		Htg.	A
25105001– 6000	16	1908	No. 620	15		Htg.	U
25106001– 8000	12	1894	No. 220	15		O.F.	U
25108001– 18000	12	1894	No. 210	7		O.F.	U
25118001– 29000	3/0	1907	No. 365	15		Htg.	U
25129001– 42000	3/0	1907	No. 361	7		Htg.	U
25142001– 6000	6/0	1898	Ruby	17		Htg.	A
25146001– 51000	6/0	1898	Sapphire	15		Htg.	A
25151001– 6000	10	L	Lady W.	15		Htg.	A
25156001– 7000	7¼	L	Rect.	15		Rect.	A
25157001– 72000	8 Dy	1926	Mod.	7		O.F.	U
25172001– 7000	16	1908	No. 610	7		O.F.	U
25177001– 9000	16	1908	Cres. St.	21	L S ¶‡	O.F.	5 P
25179001– 80000	16	1908	P.S.B.	17		Htg.	A
25180001– 1000	16	1908	P.S.B.	17		O.F.	A
25181001– 3000	12	1894	No. 239	19	‡	O.F.	P
25183001– 5000	12	1894	Premier No. 235	17		O.F.	A
25185001– 9000	12	1894	No. 220	15		O.F.	U
25189001–209000	12	1894	No. 210	7		O.F.	U
25209001– 14000	3/0	1907	No. 365	15		Htg.	U
25214001– 9000	3/0	1907	No. 361	7		Htg.	U
25219001– 20000	6/0	1898	Sapphire	15		Htg.	A
25220001– 5000	6/0	1898	No. 561	7		Htg.	A
25225001– 30000	10	L	Lady W.	15		Htg.	A
25230001– 49000	8 Dy	1926	Mod.	7		O.F.	U
25249001– 50000	8 Dy	1926	C.W.C.Co. Mod.	15		O.F.	U
25250001– 5000	8 Dy	1926	Mod.	7		O.F.	U
25255001– 6000	16	1908	Vanguard	23	WI LS¶‡	O.F.	6 P
25256001– 8000	16	1908	No. 625	17		O.F.	U
25258001– 74000	12	1894	No. 210	7		O.F.	U
25274001– 82000	3/0	1907	No. 365	15		Htg.	U
25282001– 92000	3/0	1907	No. 361	7		Htg.	U
25292001– 5000	6/0	1898	Ruby	17		Htg.	A
25295001–301000	6/0	1898	Sapphire	15		Htg.	A
25301001– 6000	6/0	1898	No. 561	7		Htg.	A

Serial Number.	Size.	Model.	Grade.	Jewels.	Setting.	Style.	Grade of Material.
25306001– 10000	10	L	Lady W.	15		Htg.	A
25310001– 5000	10	L	No. 461	7		Htg.	A
25315001– 20000	7¼	L	Rect.	15		W-3	A
25320001– 40000	8 Dy	1926	Mod.	7		O.F.	U
25340001– 5000	16	1908	Vanguard	23	1912 ¶ W I L S ‡	O.F.	6 P
25345001– 6000	16	1908	No. 625	17		Htg.	U
25346001– 9000	16	1908	No. 625	17		O.F.	U
25349001– 52000	16	1908	No. 620	15		O.F.	U
25352001– 500	12	1894	Premier	17		O.F.	A
25352501– 5000	12	1894	No. 235	17		O.F.	A
25355001– 60000	12	1894	No. 220	15		O.F.	U
25360001– 5000	3/0	1907	No. 365	15		Htg.	U
25365001– 73000	3/0	1907	No. 361	7		Htg.	U
25373001– 5000	6/0	1898	Sapphire	15		Htg.	A
25375001– 9000	6/0	1898	No. 561	7		Htg.	A
25379001– 83000	10	L	Lady W.	15		Htg.	A
25383001– 6000	10	L	No. 461	7		Htg.	A
25386001– 7000	8 Dy	1926		7		O.F.	U
25387001– 8000	8 Dy	1926	C.W.C. Co.	15		O.F.	A
25388001– 99000	8 Dy	1926		7		O.F.	U
25399001–400000	8 Dy	1926	C.W.C. Co.	15		O.F.	A
25400001– 1000	8 Dy	1926		7		O.F.	U
25401001– 3000	16	1908	Vanguard	23	1912 WI LS ¶‡	O.F.	6 P
25403001– 6000	16	1908	Cres. St.	21	L S ¶‡	O.F.	5 P
25406001– 13000	16	1908	No. 610	7		O.F.	U
25413001– 500	12	1894	No. 235	17		O.F.	A
25413501– 5000	12	1894	Premier	17		O.F.	A
25415001– 6000	3/0	1907	No. 361	7		Htg.	U
25416001– 500	12	1894	Premier	19	‡†	O.F.	P
25416501– 8000	12	1894	Premier	17		O.F.	A
25418001– 22000	12	1894	No. 220	15		O.F.	U
25422001– 47000	12	1894	No. 210	7		O.F.	U
25447001– 55000	3/0	1907	No. 365	15		Htg.	U
25455001– 65000	3/0	1907	No. 361	7		Htg.	U
25465001– 8000	6/0	1898	Ruby	17		Htg.	A
25468001– 71000	6/0	1898	Sapphire	15		Htg.	A
25471001– 7000	6/0	1898	No. 561	7		Htg.	A
25477001– 81000	10	L	Lady W.	15		Htg.	A
25481001– 9000	10	L	No. 461	7		Htg.	A
25489001– 91000	7¼	L	Rect.	15		W-3	A
25491001–503000	8 Dy	1926		7		O.F.	U
25503001– 5000	8 Dy	1926	Duralum.	7		O.F.	U
25505001– 8000	8 Dy	1926	Plain	7		O.F.	U
25508001– 10300	8 Dy	1926	Duralum.	7		O.F.	U
25510301– 1000	8 Dy	1926	Plain	7	+	O.F.	U
25511001– 2000	16	1908	Vanguard	23	1912 WI LS¶‡	O.F.	6 P
25512001– 9000	16	1908	Cres. St.	21	L S ¶‡	O.F.	5 P
25519001– 20000	16	1908	No. 610	7		Htg.	U
25520001– 2000	10	L	Lady W.	15		Htg.	A
25522001– 8000	12	1894	No. 220	15		O.F.	U
25528001– 40000	12	1894	No. 210	7		O.F.	U
25540001– 3000	10	L	Lady W.	15		Htg.	A
25543001– 8000	3/0	1907	No. 365	15		Htg.	U
25548001– 56000	3/0	1907	No. 361	7		Htg.	U
25556001– 7000	6/0	1898	Ruby	17		Htg.	A
25557001– 61000	6/0	1898	Sapphire	15		Htg.	A
25561001– 7000	6/0	1898	No. 561	7		Htg.	A
25567001– 70000	10	L	No. 465	15		Htg.	A
25570001– 5000	10	L	No. 461	7		Htg.	A
25575001– 8000	7¼	L	Rect.	15		Htg.	A
25578001– 83000	8 Dy	1926		7		O.F.	U
25583001– 5000	16	1908	No. 640	17	LS	O.F.	3 P
25585001– 8000	16	1908	No. 610	7		Htg.	U
25588001– 93000	16	1908	No. 610	7		O.F.	U
25593001– 8000	12	1894	Premier & No. 250	21	‡	O.F.	5 P
25598001–604000	12	1894	No. 210	7		O.F.	U
25604001– 10000	3/0	1907	No. 365	15		Htg.	U
25610001– 33000	3/0	1907	No. 361	7		Htg.	U
25633001– 6000	6/0	1898	Ruby	17		Htg.	A
25636001– 46000	6/0	1898	Sapphire	15		Htg.	A

‡ Jeweled Main Wheel. ¶ 1908 Patent Regulator. § Part No. 225 Grade in this Group. † Part changed to 17-Jewel.
+ Part made Front Wind Hand Set.

Serial Number.	Size.	Model.	Grade.	Jewels.	Setting.	Style.	Grade of Material.
25646001– 52000	6/0	1898	No. 561	7		Htg.	A
25652001– 3000	10	L	No. 461	7		Htg.	A
25653001– 5000	10	L	No. 465	15		Htg.	A
25655001– 8000	10	L	No. 461	7		Htg.	A
25658001– 63000	7¼	L	Rect.	15		Htg.	A
25663001– 78000	8 Dy	1926	Clock	7		O.F.	U
25678001– 9000	16	1908	Vanguard	23	{1912 WI LS ¶‡}	O.F.	6 P
25679001– 80500	16	1908	Cres. St.	21	LS ¶‡	O.F.	5 P
25680501– 1000	16	1908	Riverside	19	LS ‡	O.F.	P
25681001– 2000	16	1908	P.S.B.	17		O.F.	A
25682001– 3000	16	1908	No. 625	17		Htg.	U
25683001– 4000	16	1908	No. 625	17		O.F.	U
25684001– 5000	16	1908	No. 620	15		Htg.	U
25685001– 9000	16	1908	No. 620	15		O.F.	U
25689001– 91000	16	1908	No. 610	7		Htg.	U
25691001–706000	12	1894	No. 220	15		O.F.	U
25706001– 12000	12	1894	No. 210	7		O.F.	U
25712001– 21000	3/0	1907	No. 365	15		Htg.	U
25721001– 41000	3/0	1907	No. 361	7		Htg.	U
25741001– 2000	6/0	1898	Ruby	17		Htg.	A
25742001– 50000	6/0	1898	Sapphire	15		Htg.	A
25750001– 7000	6/0	1898	No. 561	7		Htg.	A
25757001– 9000	10	L	No. 465	15		Htg.	A
25759001– 63000	10	L	No. 461	7		Htg.	A
25763001– 4000	7¼	L	Rect.	15		Htg.	A
25764001– 89000	8 Dy	1926		7	†	O.F.	U
25789001– 92000	16	1908	No. 610	7		Htg.	U
25792001– 7000	12	1894	No. 220	15		O.F.	U
25797001– 8000	10	C'l A	Maximus A	23	‡	O.F.	5 P
25798001–803000	3/0	1907	No. 365	15		Htg.	U
25803001– 28000	3/0	1907	No. 361	7		Htg.	U
25828001– 30000	6/0	1898	Ruby	17		Htg.	A
25830001– 8000	6/0	1898	Sapphire	15		Htg.	A
25838001– 46000	6/0	1898	No. 561	7		Htg.	A
25846001– 9000	10	L	No. 465	15		Htg.	A
25849001– 54000	10	L	No. 461	7		Htg.	A
25854001– 7000	7¼	L	Rect.	15		Htg.	A
25857001– 95000	8 Dy	1926		7	†	O.F.	U
25895001– 7000	16	1908	Vanguard	23	{1912 WI LS ¶‡}	O.F.	6 P
25897001– 9000	16	1908	Cres. St.	21	LS ¶‡	O.F.	5 P
25899001–901000	16	1908	No. 610	7		Htg.	U
25901001– 2000	12	1894	No. 220	15		Htg.	U
25902001– 8000	12	1894	No. 220	15		O.F.	U
25908001– 11000	12	1894	No. 225	17		O.F.	U
25911001– 6000	3/0	1907	No. 365	15		Htg.	U
25916001– 31000	3/0	1907	No. 361	7		Htg.	U
25931001– 3000	6/0	1898	Ruby	17		Htg.	A
25933001– 5000	6/0	1898	Sapphire	15		Htg.	A
25935001– 42000	6/0	1898	No. 561	7		Htg.	A
25942001– 4000	10	L	No. 465	15		Htg.	A
25944001– 7000	7¼	L	Rect.	15		Htg.	A
25947001– 8000	8 Dy	1926		15		O.F.	U
25948001– 87000	8 Dy	1926		7	†	O.F.	U
25987001– 8000	16	1908	Vanguard	23	{1912 WI LS ¶‡}	O.F.	6 P
25988001– 93000	16	1908	No. 610	7		Htg.	U
25993001– 8000	16	1908	No. 610	7		O.F.	U
25998001– 6018000	3/0	1907	No. 361	7		Htg.	U
26018001– 25000	6/0	1898	Sapphire	15		Htg.	A
26025001– 31000	6/0	1898	No. 561	7		Htg.	A
26031001– 5000	8 Dy	1926		7	†	O.F.	U
26035001– 500	8 Dy	1926	{Direct W back}	7	B S	O.F.	U
26035501– 44000	8 Dy	1926		7	†	O.F.	U
26044001– 7000	8 Dy	1926	{Direct W back}	7	B S	O.F.	U
26047001– 500	8 Dy	1926	{Direct W front}	7	H S	O.F.	U
26047501– 57000	8 Dy	1926		7	†	O.F.	U
26057001– 8000	8 Dy	1926	D B Wind	7	B S	O.F.	U
26058001– 500	8 Dy	1926	D F Wind	7	H S	O.F.	U
26058501– 71000	8 Dy	1926		7		O.F.	U
26071001– 3000	16	1908	Cres. St.	21	LS ¶‡	O.F.	5 P
26073001– 4000	16	1908	No. 610	7		Htg.	U
26074001– 7000	16	1908	No. 610	7		O.F.	U
26077001– 83000	12	1894	No. 225	17		O.F.	U
26083001– 7000	3/0	1907	No. 365	15		Htg.	U
26087001–107000	3/0	1907	No. 361	7		Htg.	U
26107001– 8000	6/0	1898	Ruby	17		Htg.	A
26108001– 16000	6/0	1898	Sapphire	15		Htg.	A
26116001– 25000	6/0	1898	No. 561	7		Htg.	A
26125001– 8000	7¼	L	Rect.	15		Htg.	A
26128001– 30000	16	1908	Vanguard	23	{1912 WI LS ¶‡}	O.F.	6 P
26130001– 3000	16	1908	Cres. St.	21	LS ¶‡	O.F.	5 P
26133001– 5000	16	1908	No. 610	7		Htg.	U
26135001– 8000	16	1908	No. 610	7		O.F.	U
26138001– 40000	3/0	1907	No. 365	15		Htg.	U
26140001– 70000	3/0	1907	No. 361	7		Htg.	U
26170001– 3000	6/0	1898	Ruby	17		Htg.	A
26173001– 83000	6/0	1898	Sapphire	15		Htg.	A
26183001– 98000	6/0	1898	No. 561	7		Htg.	A
26198001–203000	7¼	L	Rect.	15		Htg.	A
26203001– 23000	8 Dy	1926		7		O.F.	U
26223001– 4000	16	1908	P.S.B.	17		O.F.	A
26224001– 7000	16	1908	No. 625	17		O.F.	U
26227001– 8000	16	1908	No. 620	15		Htg.	U
26228001– 9000	16	1908	No. 620	15		O.F.	U
26229001– 31000	16	1908	Traveler	7		Htg.	U
26231001– 3000	16	1908	Traveler	7		O.F.	U
26233001– 8000	16	1908	No. 610	7		O.F.	U
26238001– 40000	C'l B	1924	No. 1235	17		O.F.	A
26240001– 2000	12	1894	No. 225	17		O.F.	U
26242001– 56000	12	1894	No. 210	7		O.F.	U
26256001– 60000	3/0	1907	No. 365	15		Htg.	U
26260001– 5000	3/0	1907	No. 361	7		Htg.	U
26265001– 75000	6/0	1898	No. 561	7		Htg.	A
26275001– 7000	7¼	L	Rect.	15		Htg.	A
26277001– 88000	8 Dy	1926		7		O.F.	U
26288001– 9000	8 Dy	1926		15		O.F.	U
26289001– 92000	8 Dy	1926	Back Wind	7		O.F.	U
26292001– 4000	16	1908	No. 610	7		O.F.	U
26294001– 6000	16	1908	Traveler	7		Htg.	U
26296001– 7000	10	C'l A	Maximus	23	‡	O.F.	5 P
26297001– 8000	12	94	No. 220	15		O.F.	U
26298001– 9000	12	94	No. 210	7		O.F.	U
26299001–307000	3/0	1907	No. 367	17		Htg.	A
26307001– 12000	3/0	1907	No. 365	15		Htg.	U
26312001– 37000	3/0	1907	No. 361	7		Htg.	U
26337001– 8000	6/0	1898	Sapphire	15		Htg.	A
26338001– 48000	6/0	1898	No. 561	7		Htg.	A
26348001– 51000	7¼	L	Rect.	15		Htg.	A
26351001– 5100	8 Dy			7		O.F.	U
26355101– 6000	8 Dy		Front Wind	7	H S	O.F.	U
26356001– 9000	8 Dy		Back Wind	7	B S	O.F.	U
26359001– 60000	16	1908	No. 610	7		O.F.	U
26360001– 1000	16	1908	Traveler	7		O.F.	U
26361001– 2000	Col.		No. 1235	17		O.F.	A
26362001– 8000	12	1894	No. 225	17		O.F.	U
26368001– 9000	12	1894	No. 220	15		O.F.	U
26369001– 73000	12	1894	No. 210	7		O.F.	U
26373001– 4000	3/0	1907	No. 367	17		Htg.	A
26374001– 6000	3/0	1907	No. 365	15		Htg.	U
26376001– 96000	3/0	1907	No. 361	7		Htg.	U
26396001–401000	6/0	1898	Sapphire	15		Htg.	A
26401001– 9000	6/0	1898	No. 561	7		Htg.	A
26409001– 10200	7¼	L	Rect.	15		Htg.	A
26410201– 300	7¼	L	Rect.	17		Htg.	A
26410301– 6000	7¼	L	Rect.	15		Htg.	A
26416001– 25000	8 Dy	1926		7		O.F.	U
26425001– 6000	8 Dy	1926	Back Wind	7	B S	O.F.	U
26426001– 8000	16	1908	No. 610	7		O.F.	U
26428001– 9000	16	1908	Traveler	7		Htg.	U
26429001– 30000	16	1908	Traveler	7		O.F.	U
26430001– 2000	Col.	1924	No. 1235	17		O.F.	A

‡ Jeweled Main Wheel. ¶ 1908 Patent Regulator. † Part made Front Wind Hand Set.

Serial Number.	Size.	Model.	Grade.	Jewels.	Setting.	Style.	Grade of Material.
26432001– 4000	12	1894	No. 220	15		O.F.	U
26434001– 9000	12	1894	No. 210	7		O.F.	U
26439001– 41000	3/0	1907	No. 367	17		Htg.	Adj
26441001– 4000	3/0	1907	No. 365	15		Htg.	U
26444001– 9000	3/0	1907	No. 361	7		Htg.	U
26449001– 51000	6/0	1898	Ruby	17		Htg.	Adj
26451001– 7000	6/0	1898	No. 561	7		Htg.	A
26457001– 9000	10	L	No. 465	15		Htg.	A
26459001– 68000	7¼	L	Rect.	15–17	§	Htg.	A
26468001– 9000	7¼	L	Rect.	7		Htg.	A
26469001– 71000	6½	L	Oval	17	*†	W-3	P
26471001– 5000	8	Day	Back Wind	7	B S	O.F.	U
26475001– 6000	8	Day	Front Wind	7	H S	O.F.	U
26476001– 7000	16	1908	Traveler	7		Htg.	U
26477001– 9000	16	1908	No. 610	7		O.F.	U
26479001– 80000	Col.	1924	No. 1235	17		O.F.	Adj
26480001– 1000	12	1894	No. 235	17		O.F.	Adj
26481001– 2000	12	1894	Premier	17		O.F.	Adj
26482001– 5000	12	1894	No. 225	17		O.F.	U
26485001– 6000	12	1894	No. 220	15		O.F.	U
26486001– 8000	12	1894	No. 210	7		O.F.	U
26488001– 93000	7¼	L	Rect.	15		Htg.	A
26493001– 94000	7¼	L	Rect.	7		Htg.	A
26494001– 96000	7¼	L	Rect.	15		Htg.	A
26496001– 8000	6/0	1898	Ruby	17		Htg.	Adj
26498001–503000	6/0	1898	Sapphire	15		Htg.	A
26503001– 8000	6/0	1898	No. 561	7		Htg.	A
26508001– 9000	10	L	No. 465	15		Htg.	A
26509001– 11000	10	L	No. 461	7		Htg.	A
26511001– 20000	7¼	L	Rect.	15		Htg.	A
26520001– 1000	7¼	L	Rect.	7		Htg.	A
26521001– 2000	16	1908	No. 610	7		O.F.	U
26522001– 3000	16	1908	Traveler	7		Htg.	U
26523001– 4000	Col.	1924	No. 1235	17		O.F.	A
26524001– 5000	12	1894	Premier	21	‡	O.F.	P
26525001– 6000	12	1894	No. 235	17		O.F.	A
26526001– 31000	12	1894	No. 225	17		O.F.	U
26531001– 5000	12	1894	No. 220	15		O.F.	U
26535001– 40000	12	1894	No. 210	7		O.F.	U
26540001– 4000	3/0	1907	No. 367	17		Htg.	A
26544001– 5000	3/0	1907	No. 365	15		Htg.	U
26545001– 50000	6/0	1898	Ruby	17		Htg.	A
26550001– 3000	7¼	L	Rect.	15		Htg.	A
26553001– 60000	7¼	L	Rect.	7		Htg.	A
26560001– 2000	16	1908	Vanguard	23	WI / LS ¶‡	O.F.	P
26562001– 4000	16	1908	Cres. St.	21	LS ¶‡	O.F.	P
26564001– 6000	16	1908	No. 610	7		O.F.	U
26566001– 7000	16	1908	Traveler	7		Htg.	U
26567001– 8000	Col.	1924	Royal	19	‡	O.F.	A
26568001– 9000	12	1894	No. 235	17		O.F.	A
26569001– 70000	12	1894	No. 220	15		O.F.	U
26570001– 5000	12	1894	No. 210	7		O.F.	U
26575001– 7000	3/0	1907	No. 365	15		Htg.	U
26577001– 84000	3/0	1907	No. 361	7		Htg.	U
26584001– 7000	10	L	No. 465	15		Htg.	U
26587001– 8000	10	L	No. 461	7		Htg.	U
26588001– 92000	7¼	L	Rect.	15		Htg.	A
26592001– 7000	7¼	L	Rect.	7		Htg.	A
26597001–600000	6½	L	Oval	17		Htg.	A
26600001– 15000	8 Dy	1926		7		O.F.	U
26615001– 6000	16	1908	Vanguard	23	WI / LS ¶‡	O.F.	6 P
26616001– 7000	16	1908	Cres. St.	21	LS ¶‡	O.F.	5 P
26617001– 8000	16	1908	Traveler	7		O.F.	U
26618001– 9000	16	1908	Traveler	7		Htg.	U
26619001– 22000	16	1908	No. 610	7		O.F.	U
26622001– 4000	Col.	1924	No. 1235	17		O.F.	A
26624001– 5000	12	1894	No. 239	19	‡	O.F.	P
26625001– 6000	12	1894	No. 235	17		O.F.	A
26626001– 9000	12	1894	No. 225	17		O.F.	U
26629001– 32000	12	1894	No. 220	15		O.F.	U
26632001– 4000	12	1894	No. 210	7		O.F.	U
26636001– 43000	3/0	1907	No. 361	7		Htg.	U

Serial Number.	Size.	Model.	Grade.	Jewels.	Setting.	Style.	Grade of Material.
26643001– 4000	10	L	No. 465	15		Htg.	A
26644001– 6000	10	L	No. 461	7		Htg.	A
26646001– 9000	7¼	L	Rect.	15		Htg.	A
26649001– 54000	7¼	L	Rect.	7		Htg.	A
26654001– 7000	6½	L	Oval	15		Htg.	A
26657001– 9000	6½	L	Oval	17		Htg.	A
26659001– 65000	8 Dy	1926		7		O.F.	U
26665001– 6000	16	1908	Vanguard	23	WI / LS ¶‡	O.F.	6 P
26666001– 7000	16	1908	Cres. St.	21	LS ¶‡	O.F.	6 P
26667001– 8000	16	1908	P.S.B.	17		O.F.	A
26668001– 9000	16	1908	No. 625	17		O.F.	U
26669001– 70000	16	1908	No. 620	15		Htg.	U
26670001– 1000	16	1908	No. 620	15		O.F.	U
26671001– 3000	16	1908	No. 610	7		O.F.	U
26673001– 4000	16	1908	Traveler	7		O.F.	U
26674001– 5000	12	1894	Premier	19	‡	O.F.	P
26675001– 81000	12	1894	No. 225	17		O.F.	U
26681001– 4000	12	1894	No. 220	15		O.F.	U
26684001– 8000	12	1894	No. 210	7		O.F.	U
26688001– 9000	3/0	1907	No. 367	17		Htg.	A
26689001– 93000	3/0	1907	No. 365	15		Htg.	U
26693001–708000	3/0	1907	No. 361	7		Htg.	U
26708001– 10000	6/0	1898	Ruby	17		Htg.	A
26710001– 6000	6/0	1898	Sapphire	15		Htg.	A
26716001– 9000	6/0	1898	No. 561	7		Htg.	A
26719001– 21000	10	L	No. 465	15		Htg.	A
26721001– 2000	10	L	No. 461	7		Htg.	A
26722001– 3000	7¼	L	Rect.	17		Htg.	A
26723001– 8000	7¼	L	Rect.	15		Htg.	A
26728001– 33000	7¼	L	Rect.	7		Htg.	A
26733001– 8000	6½	L	Oval	17		Htg.	A
26738001– 40000	6½	L	Oval	15		Htg.	A
26740001– 5000	8 Dy	1926		7		O.F.	U
26745001– 6000	16	1908	Vanguard	23	WI / LS ¶‡	O.F.	6 P
26746001– 9000	Col.	1924	No. 1235	17		O.F.	A
26749001– 50000	12	1894	No. 235	17		O.F.	A
26750001– 3000	12	1894	No. 225	17		O.F.	U
26753001– 4000	12	1894	No. 220	15		O.F.	U
26754001– 60000	12	1894	No. 210	7		O.F.	U
26760001– 3000	3/0	1907	No. 367	17		Htg.	A
26763001– 79000	3/0	1907	No. 361	7		Htg.	U
26779001– 81000	10	L	No. 465	15		Htg.	A
26781001– 6000	10	L	No. 461	7		Htg.	A
26786001– 9000	7¼	L	Rect.	15		Htg.	A
26789001– 94000	7¼	L	Rect.	7		Htg.	A
26794001– 6000	6½	L	Oval	17		Htg.	P
26796001– 7000	12	1894	No. 250	21	‡	O.F.	P
26797001–806000	8 Dy	1926		7		O.F.	U
26806001– 7000	16	1908	No. 610	7		O.F.	U
26807001– 8000	12	1894	No. 239	19	‡	O.F.	P
26808001– 9000	12	1894	No. 235	17		O.F.	A
26809001– 11000	12	1894	No. 225	17		O.F.	U
26811001– 6000	12	1894	No. 220	15		O.F.	U
26816001– 24000	12	1894	No. 210	7		O.F.	U
26824001– 7000	3/0	1907	No. 367	17		Htg.	U
26827001– 9000	3/0	1907	No. 365	15		Htg.	U
26829001– 31000	6/0	1898	Ruby	17		Htg.	A
26831001– 5000	6/0	1898	Sapphire	15		Htg.	A
26835001– 7000	6/0	1898	No. 561	7		Htg.	A
26837001– 9000	7¼	L	Rect.	15		Htg.	P
26839001– 46000	8 Dy	1926		7		O.F.	U
26846001– 7000	16	1908	Cres. St.	21	LS ¶‡	O.F.	6 P
26847001– 9000	16	1908	P.S.B.	17		O.F.	A
26849001– 51000	16	1908	No. 625	17		O.F.	U
26851001– 52000	16		Elec. Clock	7			U
26852001– 3000	16	1908	No. 625	17		O.F.	U
26853001– 500	16	1908	No. 620	15	P S	Htg.	U
26853501– 5000	7¼	L	No. 761	7	P S	Rect.	A
26855001– 60000	16	1908	No. 620	15		O.F.	U
26860001– 1000	16	1908	Premier	15		O.F.	P
26861001– 3000	8	Day	Back W.	7	B S	O.F.	U

‡ Jeweled Main Wheel. ¶ 1908 Patent Regulator. § Part made 17-Jewel. † Part made 15-Jewel. * May, 1928

Serial Number.	Size.	Model.	Grade.	Jewels.	Setting.	Style.	Grade of Material.
26863001- 4000	3/0	1907	Riverside	21	*	Htg.	P
26864001- 6000	16	1908	No. 610	7		O.F.	U
26866001- 70000	12	1894	No. 225	17		O.F.	U
26870001- 1000	12	1894	No. 220	15		O.F.	U
26871001- 2000	12	1894	No. 210	7		O.F.	U
26872001- 3000	3/0	1907	No. 365	15		Htg.	U
26873001- 9000	3/0	1907	No. 361	7		Htg.	U
26879001- 81000	6/0	1898	Sapphire	15		Htg.	A
26881001- 2000	6/0	1898	No. 561	7		Htg.	A
26882001- 3000	10	L	No. 465	15		Htg.	A
26883001- 4000	7¼	L	Rect.	15		Htg.	A
26884001- 5000	7¼	L	Rect.	7		Htg.	A
26885001- 6000	8	Day	Watchmans Clock	15		O.F.	A
26886001- 7000	16	1908	Cres. St.	21	L S¶‡†	O.F.	P
26887001- 9000	16	1908	Traveler	7		Htg.	U
26889001- 90000	16	1908	Traveler	7		O.F.	U
26890001- 2000	16	1908	No. 610	7		O.F.	U
26892001- 3000	Col.	1924	Royal	19	‡	O.F.	A
26893001- 4000	Col.	1924	No. 1235	17	*	O.F.	A
26894001- 6000	12	1894	No. 225	17		O.F.	U
26896001- 9000	12	1894	No. 220	15		O.F.	U
26899001-904000	12	1894	No. 210	7		O.F.	U
26904001- 9000	3/0	1907	No. 365	15		Htg.	U
26909001- 19000	3/0	1907	No. 361	7		Htg.	U
26919001- 20000	6/0	1898	No. 561	7		Htg.	U
26920001- 1000	8 Dy	1926	Clock	7		O.F.	U
26921001- 2000	16	1908	Vanguard	23	¶‡	O.F.	P
26922001- 3000	16	1908	Traveler	7		Htg.	U
26923001- 4000	10	L	No. 465	15		Htg.	A
26924001- 6000	Col.	1924	No. 1235	17	*	O.F.	A
26926001- 7000	7¼	L	No. 761	7		Rect.	A
26927001- 8000	12	1894	No. 235	17	*	O.F.	A
26928001- 33000	12	1894	No. 225	17		O.F.	U
26933001- 4000	12	1894	No. 220	15		Htg.	U
26934001- 6000	12	1894	No. 220	15		O.F.	U
26936001- 40000	12	1894	No. 210	7		O.F.	U
26940001- 2000	3/0	1907	No. 365	15		Htg.	U
26942001- 51000	3/0	1907	No. 361	7		Htg.	U
26951001- 2000	6/0	1898	Ruby	17	*	Htg.	A
26952001- 4000	6/0	1898	Sapphire	15		Htg.	A
26954001- 8000	6/0	1898	No. 561	7		Htg.	A
26958001- 9000	7¼	L	Rect.	17		Htg.	A
26959001- 60000	8 Dy	1926	Front W.	7	H S	O.F.	U
26960001- 4000	8 Dy	1926		7		O.F.	U
26964001- 6000	16	1908	Vanguard	23	L S¶‡+	O.F.	P
26966001- 8000	16	1908	Cres. St.	21	L S ¶‡	O.F.	P
26968001- 500	3/0	1907	Riverside	21	*	Htg.	P
26968501- 9000	16	1908	No. 620	15		O.F.	U
26969001- 70000	16	1908	Traveler	7		O.F.	U
26970001- 2000	16	1908	No. 610	7		O.F.	U
26972001- 3000	Col.	1924	Royal	19	‡	O.F.	Adj
26973001- 4000	12	1894	No. 239	19	‡	O.F.	Adj
26974001- 5000	7¼	L	No. 761	7		Rect.	A
26975001- 9000	12	1894	No. 225	17		O.F.	U
26979001- 82000	12	1894	No. 220	15		O.F.	U
26982001- 5000	12	1894	No. 210	7		O.F.	U
26985001- 6000	3/0	1907	No. 367	17		Htg.	Adj
26986001- 8000	3/0	1907	No. 365	15		Htg.	U
26988001- 95000	3/0	1907	No. 361	7		Htg.	U
26995001- 6000	6/0	1898	Ruby	17		Htg.	Adj
26996001- 8000	6/0	1898	Sapphire	15		Htg.	A
26998001-700200	6/0	1898	No. 561	7	July '29	Htg.	A
27002001- 4000	10	L	No. 465	15		Htg.	A
27004001- 6000	10	L	No. 461	7		Htg.	A
27006001- 7000	7¼	L	Rect.	15		Htg.	A
27007001- 9000	7¼	L	Rect.	7		Htg.	A
27009001- 16000	16	1908	No. 610	7		O.F.	U
27016001- 8000	Col.	1924	No. 1235	17		O.F.	Adj
27018001- 9000	12	1894	No. 239	19		O.F.	P
27019001- 22000	12	1894	No. 225	17	‡	O.F.	A
27022001- 4000	12	1894	No. 220	15		O.F.	U
27024001- 31000	12	1894	No. 210	7		O.F.	U
27031001- 3000	3/0	1907	No. 367	17		Htg.	Adj
27033001- 40000	3/0	1907	No. 365	15		Htg.	U
27040001- 8000	3/0	1907	No. 361	7		Htg.	U
27048001- 50000	6/0	1898	Ruby	17		Htg.	Adj
27050001- 1000	6/0	1898	No. 561	7		Htg.	A
27051001- 4000	10	L	No. 465	15		Htg.	A
27054001- 5000	10	L	No. 461	7		Htg.	A
27055001- 6000	7¼	L	Rect.	17		Rect.	A
27056001- 60000	7¼	L	Rect.	15		Rect.	A
27060001- 4000	7¼	L	No. 761	7		Rect.	A
27064001- 5000	6½	L	No. 667	17		Oval	A
27065001- 9000	6½	L	No. 665	15		Oval	A
27069001- 72000	6/0	1898	Sapphire	15		Htg.	A
27072001- 5000	6/0	1898	No. 561	7		Htg.	A
27075001- 8000	Col.	1924	No. 1235	17		O.F.	Adj
27078001- 81000	12	1894	No. 225	17		O.F.	U
27081001- 2000	10	L	No. 465	15		Htg.	A
27082001- 3000	6/0	1898	Sapphire	15		Htg.	A
27083001- 7000	12s	1894	No. 220	15		O.F.	U
27087001- 8000	6½	L	No. 665	15		Oval	A
27088001- 92000	12	1894	No. 210	7		O.F.	U
27092001- 5000	3/0	1907	No. 361	7		Htg.	U
27095001- 7000	3/0	1907	No. 365	15		Htg.	U
27097001-102000	3/0	1907	No. 361	7		Htg.	U
27102001- 3000	6/0	1898	Ruby	17		Htg.	Adj
27103001- 6000	6/0	1898	Sapphire	15		Htg.	A
27106001- 8000	6/0	1898	No. 561	7		Htg.	A
27108001- 9000	16	1908	No. 620	15		O.F.	U
27109001- 12000	10	L	No. 465	15		Htg.	A
27112001- 5000	10	L	No. 461	7		Htg.	A
27115001- 6000	7¼	L	No. 767	17		Rect.	A
27116001- 21000	7¼	L	No. 765	15		Rect.	A
27121001- 6000	7¼	L	No. 761	7		Rect.	A
27126001- 8000	6½	L	No. 665	15		Oval	A
27128001- 9000	16	1908	Vanguard	23	L S¶‡+	O.F.	P
27129001- 3100	7¼	L	Rect. No. 761	7		Htg.	A
27131001- 3000	16	1908	Traveler	7		Htg.	U
27133001- 5000	16	1908	Traveler	7		O.F.	U
27135001- 7000	16	1908	No. 610	7		Htg.	U
27137001- 40000	16	1908	No. 610	7		O.F.	U
27140001- 41000	Col.	1924	Royal	19	‡	O.F.	P
27141001- 6000	Col.	1924	No. 1235	17		O.F.	Adj
27146001- 7000	3/0	1907	Riverside	21		Htg.	P
27147001- 9000	6½	L	No. 665	15		Oval	A
27149001- 5200	6½	L	No. 665	15		Oval	A
27152001- 5000	3/0	1907	No. 361	7		Htg.	U
27155001- 8000	3/0	1907	No. 365	15		Htg.	U
27158001- 68000	3/0	1907	No. 361	7		Htg.	U
27168001- 70000	6/0	1898	Ruby	17		Htg.	Adj
27170001- 3000	6/0	1898	Sapphire	15		Htg.	A
27173001- 4000	16s	Elec	tric Clock	7	B S		U
27174001- 6000	3/0	1907	No. 367	17		Htg.	U
27176001- 8000	16s	1908	No. 610	7		O.F.	U
27178001- 9000	10	L	No. 465	15		Htg.	A
27179001- 83000	10	L	No. 461	7		Htg.	A
27183001- 4000	16	1908	No. 610	7		O.F.	U
27184001- 5000	7¼	L	No. 767	17		Rect.	A
27185001- 8000	7¼	L	No. 765	15		Rect.	A
27188001- 91000	7¼	L	No. 761	7		Rect.	A
27191001- 4000	6½	L	No. 667	17		Oval	A
27194001- 7000	6½	L	No. 665	15		Oval	A
27197001-203000	6½	L	No. 665	15		Oval	A
27203001- 7000	7¼	L	No. 767	17		Rect.	A
27207001- 17000	7¼	L	No. 765	15		Rect.	A
27217001- 9000	7¼	L	No. 761	7		Rect.	A
27219001- 20000	3/0	1907	Riverside	21	*	Htg.	P
27220001- 3000	3/0	1907	No. 367	17		Htg.	A
27223001- 8000	3/0	1907	No. 365	15		Htg.	U
27228001- 48000	3/0	1907	No. 361	7		Htg.	U
27248001- 50000	Col.	1924	No. 1235	17		O.F.	A

‡ Jeweled Main Wheel. ¶ 1908 Patent Regulator. +Innerterminal, 6 pos. W. I.
† Adjusted to 6 Positions. * Adjusted to Temperature.
In 16 and 12 sizes from 25,000,000 all movements having 17 Jewels are fitted with Patent Regulators, Breguet Hairsprings and 19-Jewel movements have Jeweled Main Wheels. Later groups of numbers subject to change.-

Serial Number.	Size.	Model.	Grade.	Jewels.	Setting.	Style.	Grade of Material.
March 1930							
27250001- 3000	6½	L	No. 667	17	PS	Oval	A
27253001- 63000	6½	L	No. 665	15	PS	Oval	A
27263001- 7000	6½	L	No. 667	17	PS	Oval	A
27267001- 79000	7¼	L	No. 765	15	PS	Rect.	A
27279001- 81000	7¼	L	No. 761	7	PS	Rect.	A
27281001- 4000	10	L	No. 465	15	PS	Htg.	A
27284001- 9000	6/0	1898	Sapphire	15	PS	Htg.	A
27289001- 90000	3/0	1907	Riverside	21	PS	Htg.	P
27290001- 2000	3/0	1907	No. 367	17	PS	Htg.	A
27292001- 9000	3/0	1907	No. 365	15	PS	Htg.	U
27299001-319001	3/0	1907	No. 361	7	PS	Htg.	U
27319001- 22000	Col.	1924	No. 1235	17	PS	O.F.	A
27322001- 3000	16s	1908	Vanguard	23	LS¶‡§	O.F.	P
27323001- 4000	16s	1908	Traveler	7	PS	O.F.	U
27324001- 7000	16s	1908	No. 610	7	PS	O.F.	U
27327001- 9000	Elec	16E	Clock	7	PS	Dir. Cur.	
27329001- 30000	16s	1908	No. 620	15	PS	O.F.	U
27330001- 1000	3/0	1900	No. 315	15	PS	O.F.	U
27331001- 2000	16s	1908	No. 625	17	PS	O.F.	U
27332001- 3000	12s	1894	No. 225	17	PS	O.F.	U
27333001- 7000	6½	L	No. 667	17	PS	Oval	A
27337001- 49000	6½	L	No. 665	15	PS	Oval	A
27349001- 50000	7¼	L	No. 767	17	PS	Rect.	A
27350001- 5000	7¼	L	No. 765	15	PS	Rect.	A
27355001- 6000	7¼	L	No. 761	7	PS	Rect.	A
27356001- 8000	6/0	1898	Sapphire	15	PS	Htg.	A
27358001- 9000	3/0	1907	Riverside	21	PS	Htg.	P
27359001- 61000	3/0	1907	No. 367	17	PS	Htg.	A
27361001- 8000	3/0	1907	No. 365	15	PS	Htg.	U
27368001- 82000	3/0	1907	No. 361	7	PS	Htg.	U
27382001- 5000	Col.	1924	No. 1235	17	PS	O.F.	A
27385001- 7000	12s	1894	No. 225	17	PS	O.F.	U
27387001- 8000	12s	1894	No. 210	7	PS	O.F.	U
27388001- 9000	16	1908	No. 610	7	PS	O.F.	U
27389001- 90000	Elec	16E	Clock	7	PS	O.F.	Dir. Cur.
27390001- 2000	12	1894	No. 220	15	PS	O.F.	U
27392001- 3000	Elec	16E	Clock	7	PS	O.F.	Dir. Cur.
27393001- 4000	Col.	1924	Royal	19	PS ‖‡	O.F.	U
27394001-404000	6½	L	No. 665	15	PS	Oval	A
27404001- 7000	3/0	1907	No. 361	7	PS	Htg.*	U
27407001- 8000	7¼	L	No. 761	7	PS	Rect.	A
27408001- 9000	12	1894	No. 220	15	PS	Htg.	U
27409001- 10000	6/0	1898	Sapphire	15	PS	Htg.	A
27410001- 1000	3/0	1907	Riverside	21	PS	Htg.	P
27411001- 3000	3/0	1907	No. 367	17	PS	Htg.	A
27413001- 6000	3/0	1907	No. 365	15	PS	Htg.	U
27416001- 36000	3/0	1907	No. 361	7	PS	Htg.	U
27436001- 7000	Col.	1924	Royal	19	PS ‡	O.F.	A
27437001- 8000	Col.	1924	No. 1235	17	PS	O.F.	A
27438001- 9000	12	1894	No. 225	17	PS	O.F.	U
27439001- 40000	12s	1894	No. 239 Premier	19	PS ‡	O.F.	P
27440001- 1000	12	1894	No. 220	15	PS	O.F.	U
27441001- 3000	12	1894	No. 210	7	PS	O.F.	U
27443001- 4000	16	1908	Vanguard	23	LS¶‡§	O.F.	P
27444001- 6000	16	1908	No. 610	7	PS	O.F.	U
27446001- 7000	16	1908	No. 625	17	PS	O.F.	U
27447001- 57000	6½	L	No. 665	15	PS	Oval	A
27457001- 60000	3/0	1907	No. 367	17	PS	Htg.	A
27460001- 5000	3/0	1907	No. 361	7	PS	Htg.	U
27465001- 70000	3/0	1907	No. 365	15	PS	Htg.	U
27470001- 1000	6½	L	No. 665	15	PS	Oval	A
27471001- 2000	7¼	L	No. 761	7	PS	Rect.	A
27472001- 7000	6½	L	No. 665	15	PS	Oval	A
27477001- 83000	6/0	1898	Sapphire	15	PS	Htg.	A
27483001- 4000	3/0	1907	Riverside	21	PS	Htg.	P
27484001- 7000	3/0	1907	No. 367	17	PS	Htg.	A
27487001- 94000	3/0	1907	No. 365	15	PS	Htg.	U
June 1930							
27494001-509000	3/0	1907	No. 361	7	PS	Htg.	U
27509001- 10000	Col.	1924	No. 1235	17	PS	O.F.	A
27510001- 1000	12	1894	No. 235	17	PS	O.F.	A

Serial Number.	Size.	Model.	Grade.	Jewels.	Setting.	Style.	Grade of Material.
27511001- 2000	12	1894	No. 210	7	PS	O.F.	U
27512001- 3000	12	1894	Premier	19	PS ‡	O.F.	A
27513001- 6000	12	1894	No. 225	17	PS	O.F.	U
27516001- 20000	12	1894	No. 220	15	PS	O.F.	U
27520001- 7000	12	1894	No. 210	7	PS	O.F.	U
27527001- 8000	16	1908	No. 625	17	PS	O.F.	U
27528001- 9000	16	1908	No. 620	15	PS	O.F.	U
27529001- 30000	16	1908	Traveler	7	PS	O.F.	U
27530001- 4000	16	1908	No. 610	7	PS	O.F.	U
27534001- 7000	Elec	16E	Clock		PS	Dir. Cur.	
27537001- 9000	16	1908	Vanguard	23	LS¶‡§	O.F.	P
27539001- 40000	16	1908	No. 620	15	PS	Htg.	U
27540001- 4000	6½	L	No. 667	17	PS	Oval	A
27544001- 64000	6½	L	No. 665	15	PS	Oval	A
27564001- 5000	6/0	1898	Sapphire	15	PS	Htg.	A
27565001- 7000	3/0	1907	Riverside	21	PS	Htg.	P
27567001- 71000	3/0	1907	No. 367	17	PS	Htg.	A
27571001- 8000	3/0	1907	No. 365	15	PS	Htg.	U
27578001- 98000	3/0	1907	No. 361	7	PS	Htg.	U
27598001- 9000	12	1894	No. 220	15	PS	O.F.	U
27599001-604000	12	1894	No. 210	7	PS	O.F.	U
27604001- 5000	16	1908	No. 625	17	PS	O.F.	U
27605001- 7000	Elec	16E	Clock		PS	Dir. Cur.	
April 1931							
27607001- 17000	8 D.	1926	Clock	7	PS	O.F.	U
27617001- 27000	7¼	L	No. 761	7	PS	Rect.	U
27627001- 8000	8 D.	1926	Clock	15	PS	O.F.	U
27628001- 9000	8 D.	1926	Watchman Clock	15	PS	O.F.	U
27629001- 30000	8 D.	1926	Clock	15	PS	O.F.	U
27630001- 1000	16	1908	No. 620	15	PS	Htg.	U
27631001- 3000	16	1908	No. 625	17	PS	O.F.	U
27633001- 4000	16	1908	P.S.B.	17	PS	Htg.	A
27634001- 200	16	1908	Riverside	21	PS ‡	Htg.	P
27634201- 5000	7¼	L	No. 761	7	PS	Rect.	A
27635001- 45000	8 D.	1926	Clock	7	PS	O.F.	U
May 1931							
27645001- 7000	M'l.	#400	No. 417	17	PS	Rect.	P
27647001- 57000	7¼	L	No. 761	7	PS	Rect.	A
27657001- 62000	16	1908	No. 625	17	PS	O.F.	U
27662001- 4000	16	1908	Traveler	7	PS	Htg.	U
27664001- 74000	8 D.	1926	Clock	7	PS	O.F.	U
27674001- 84000	7¼	L	No. 761	7	PS	Rect.	A
⊙							

*Patent Regulator. ¶1908 Patent Regulator. ‡Jeweled Main Wheel. §Part Innerterminal, 6 Pos. W.I.
†Part Waltham Bracelet. ‖Adjusted 3 Positions. ⊙Later Groups of Numbers Subject to Change.

Serial Number.	Model.	Size.	Grade.	Jewels.	Setting.	Style.	Grade of Material.
27684001– 7000	L	7¼	No. 765	15	P S	Rect.	A
27687001– 8000	L	7¼	No. 767	17	P S	Rect.	A
27688001– 94000	L	7¼	No. 765	15	P S	Rect.	A
27694001– 6000	1908	16	Traveler	7	P S	Htg.	A
27696001–701000	#400	M'l.	No. 417	17	P S	Rect.	P
27701001– 6000	1894	12	No. 210	7	P S	O.F.	U
27706001– 8000	1908	16	Traveler	7	P S	Htg.	U
27708001– 9000	1908	16	Vanguard	23	L S⌽	O.F.	P
27709001– 11000	1908	16	Vanguard	23	L S	O.F.	P
27711001– 21000	1894	12	No. 210	7	P S	O.F.	U
27721001– 4000	#400	M'l.	No. 417	17	P S	Rect.	P
27724001– 7000	1898	6/0	Ruby	17	P S	Htg.	A
27727001– 31000	Elec	16E	Clock	7	P S	Dir. C	ur.
27731001– 6000	1908	16	No. 610	7	P S	O.F.	U
27736001– 41000	Elec	16E	Clock	7	P S	Dir. C	ur.
27741001– 51000	1907	3/0	No. 361	7	P S	Htg.	U
27751001– 2000	L	7¼	No. 767	17	P S	Rect.	A
27752001– 62000	L	7¼	No. 761	7	P S	Rect.	A
27762001– 9000	1898	6/0	Ruby	17	P S	Htg.	A
27769001– 79000	L	7¼	No. 761	7	P S	Rect.	A
27779001– 81000	L	7¼	No. 767	17	P S	Rect.	A
27781001– 3000	#400	M'l.	No. 417	17	P S	Rect.	A
27783001– 6000	L	7¼	No. 767	17	P S	Rect.	A
27786001– 9000	1898	6/0	Ruby	17	P S	Htg.	A
27789001– 92000	#400	M'l.	No. 417	17	P S	Rect.	A
27792001– 8000	1898	6/0	Sapphire	15	P S	Htg.	A
27798001–803000	#400	M'l.	No. 417	17	P S	Rect.	A
27803001– 8000	1898	6/0	Ruby	17	P S	Htg.	A
27808001– 13000	450	4½	No. 455	15	P S	Rect.	A
27813001– 8000	L	7¼	No. 767	17	P S	Rect.	A
27818001– 28000	L	7¼	No. 761	7	P S	Rect.	A
27828001– 33000	L	7¼	No. 767	17	P S	Rect.	A
27833001– 8000	#400	4L	No. 417	17	P S	Rect.	A
27838001– 43000	1898	6/0	No. 561	7	P S	Htg.	A
27843001– 8000	#400	4L	No. 417	17	P S	Rect.	A
27848001– 63000	L	7¼	No. 761	7	P S	Rect.	A
27863001– 73000	#400	4L	No. 417	17	P S	Rect.	A
27873001– 83000	1907	3/0	No. 361	7	P S	Htg.	U
27883001– 93000	1898	6/0	No. 561	7	P S	Htg.	A
27893001–903000	L	7¼	No. 761	7	P S	Rect.	A
27903001– 8000	#400	4L	No. 417	17	P S	Rect.	A
27908001– 18000	1926	8D	Clock	15	P S	O.F.	A
27918001– 28000	1898	6/0	No. 561	7	P S	Htg.	A
27928001– 43000	450	4½	No. 455	15	P S	Rect.	A
27943001– 4000	750	7½L	No. 755	15	S W	Rect.	A
27944001– 9000	L	7¼	No. 767	17	P S	Rect.	A
27949001– 59000	L	6½	No. 665	15	P S	Oval	A
27959001– 79000	L	7¼	No. 761	7	P S	Rect.	A
27979001– 27999000	1898	6/0	No. 561	7	P S	Htg.	A
27999001– 28009000	1898	6/0	No. 567	17	P S	Htg.	A
28009001– 28013000	1926	8D	Clock	7	P S	O.F.	U
28013001– 28018000	1926	8D	Clock	7	B.W.	O.F.	U
28018001– 21000	1926	8D	Clock	7	P S	O.F.	U
28021001– 21500	1926	8D	Clock	15	P S	O.F.	A
28021501– 24000	1926	8D	Clock	7	P S	O.F.	U
28024001– 29000	1926	8D	Clock	7	B.W.&S.	O.F.	U
28029001– 49000	1894	12	No. 210	7	P S	O.F.	U
28049001– 59000	1924	Col.	No. 1235	17	P S	O.F.	U
28059001– 69000	650	6½	No. 665	15	P S	Oval	A
28069001– 79000	L	7¼	No. 767	17	P S	Rect.	A
28079001– 89000	1898	6/0	No. 565	15	P S	Htg.	A
28089001–109000	1907	3/0	No. 361	7	P S	Htg.	U
28109001– 14000	650	6½	No. 667	17	P S	Oval	A
June 1934							
28114001– 5000	1894	12	No. 225	17	P S	O.F.	U
28115001– 35000	1898	6/0	No. 567	17	P S	Htg.	A
28135001– 40000	1908	16	No. 610	7	P S	O.F.	U
28140001– 50000	650	6½	No. 661	7	P S	Oval	A
28150001– 5000	L	7¼	No. 765	15	P S	Rect.	A
28155001– 65000	#400	4L	No. 417	17	P S	Rect.	P
28165001– 85000	1907	3/0	No. 361	7	P S	Htg.	U

Serial Number.	Model.	Size.	Grade.	Jewels.	Setting.	Style.	Grade of Material.
28185001–205000	650	6½	No. 665	15	P S	Oval	A
28205001– 25000	L	7¼	No. 761	7	P S	Rect.	A
28225001– 45000	L	7¼	No. 767	17	P S	Rect.	A
28245001– 64500	1898	6/0	No. 561	7	P S	Htg.	A
28264501– 64650	Sw	6/0	No. 562	9	P S	Htg.	A
28264651– 65000	1898	6/0	No. 561	7	P S	Htg.	A
28265001– 85000	1898	6/0	No. 567	17	P S	Htg.	A
28285001–305000	1907	3/0	No. 361	7	P S	Htg.	U
28305001– 10000	1894	12	No. 225	17	P S	O.F.	U
28310001– 80000	450	4½L	No. 455	15	P S	Rect.	A
28380001–400000	650	6½	No. 065	15	P S	Oval	A
28381001– 500	1907	3/0	No. 367	17	P S**	Htg.	U
28381501– 28400000	650	6½	No. 665	15	POS	Oval	A
28400001–401000	1907	3/0	No. 367	17	P S	Htg.	U
January 1935							
28401001– 11000	#400	4L	No. 417	17	P S	Rect.	A
28411001– 31000	L	7¼	No. 727	7	P S	Rect.	A
28431001– 61000	L	7¼	No. 737	17	P S	Rect.	A
28461001– 6000	1898	6/0	No. 621	21	P S	Htg.	P
28466001– 7000	#400	4L	No. 417	17	P S	Rect.	A
28466001– 7000	1907	3/0	No. 365	15	P S⊕	Htg.	U
28467001– 81000	#400	4L	No. 417	17	P S	Rect.	A
28481001–500000	650	6½	No. 665	15	P S	Oval	A
28500001– 10000	650	6½	No. 659	9	P S	Oval	A
28510001– 45000	650	6½	No. 665	15	P S	Oval	A
28545001– 52500	L	7¼	No. 727	7	P S	Rect.	A
28552501– 700	L	7¼	No. 737	17	P S	Rect.	A
28552701– 61000	L	7¼	No. 727	7	P S	Rect.	A
28561001– 80000	L	7¼	No. 729	9	P S	Rect.	A
28580001–665000	L	7¼	No. 737	17	P S	Rect.	A
28665001– 70000	L	7¼	No. 741	21	P S	Rect.	P
28670001– 93000	1898	6/0	No. 607	7	P S	Htg.	A
28693001–731000	1898	6/0	No. 617	17	P S	Htg.	A
28731001– 2000	1898	6/0	No. 621	21	P S	Htg.	A
28732001– 9000	1898	6/0	No. 617	17	P S	Htg.	A
28739001– 41000	1912	16	Vanguard	23	L S¶‡§	O.F.	P
28741001– 3000	1894	12	No. 1215	15	P S	O.F.	U
28743001– 8000	1894	12	No. 1217	17	P S	O.F.	U
28748001– 53000	1907	3/0	Riverside	21	P S	Htg.	P
28753001– 61000	L	7¼	No. 741	21	P S	Rect.	P
28761001– 6000	650	6½	No. 659	9	P S	Oval	A
28766001– 71000	L	7¼	No. 735	15	P S	Rect.	A
28771001– 6000	L	7¼	No. 741	21	P S	Rect.	P
28776001– 81000	1898	6/0	No. 615	15	P S	Htg.	A
28781001– 6000	1898	6/0	No. 621	21	P S	Htg.	P
28786001– 91000	1907	3/0	No. 367	17	P S	Htg.	U
28791001– 6000	1907	3/0	No. 371	21	P S	Htg.	P
28796001–801000	1894	12	No. 1215	15	P S	O.F.	U
28801001– 6000	1894	12	No. 1217	17	P S	O.F.	U
February 1936							
28806001– 11000	1907	3/0	No. 371	21	P S	Htg.	P
28811001– 41000	1907	3/0	No. 359	9	P S	Htg.	U
28841001– 6000	1907	3/0	No. 365	15	P S	Htg.	U
28846001– 56000	1894	12	No. 1217	17	P S	O.F.	U
28856001– 9000	1924	Col.	No. 221	21	P S	O.F.	P
28859001– 69000	650	6½	No. 667	17	P S	Oval	A
28869001– 500	L	7¼	No. 735	15	P S	Rect.	A
28869501– 70000	L	7¼	No. 729	9	P S	Rect.	A
28870001– 5000	L	7¼	No. 735	15	P S	Rect.	A
28875001– 9000	1907	3/0	No. 367	17	P S	Htg.	U
28879001– 83000	1912	16	Vanguard	23		O.F.	P
28883001– 5000	1907	3/0	No. 365	15	P S	Htg.	U
28885001– 8000	1924	Col.	No. 221	21	P S	O.F.	P
28888001– 9000	1894	12	No. 1215	15	P S	O.F.	U
28889001– 96000	1894	12	No. 1217	17	P S	O.F.	U
28896001–901000	1912	16	No. 1621	21	P S	O.F.	P
28901001– 21000	650	6½	No. 659	9	P S	Oval	A
28921001– 2000	1907	3/0	No. 371	21	P S	Htg.	P
28922001– 4000	1912	16	Vanguard	23		O.F.	P
28924001– 500	1926	8D	Chronom.	15	P S		A
28924501– 7000	1907	3/0	No. 371	21	P S	Htg.	P
28927001– 8000	1912	16	No. 1621	21	P S	O.F.	P
28928001– 30000	1907	3/0	No. 367	17	P S	Htg.	U

** 500 numbers used in duplicate were No. 665.

¶ 1908 Patent Regulator. ‡Jeweled Main Wheel. § Innerterminal, 6 Pos. W.I.

⌽ Part W.I. ⊕ 1000 Numbers Duplicated.

Some small movements are numbered with a Letter representing first 3 or 4 Digits, as in 450 Model *D08001* (27808001)

Serial Number.	Model.	Size.	Grade.	Jewels.	Setting.	Style.	Grade of Material.
28930001– 2000	1907	3/0	No. 362	9	P S	Htg.	U
28932001– 3000	1912	16	No. 1621	21	P S	O.F.	P
28933001– 46000	L	7¼	No. 729	9	P S	Rect.	A
28946001– 66001	650	6½	No. 665	15	P S	Oval	A
28966001– 74000	870	8¾	No. 887	17	P S	Round	A
28974001– 8000	1908	16	No. 1609	9	POS	W 3 O.F.	U
28978001– 83000	1924	Col.	No. 217	17	P S	O.F.	U
28983001– 91000	1924	Col.	No. 209	9	P S	O.F.	U
28991001– 7000	1924	Col.	No. 221	21	P S	O.F.	P
November 1936							
28997001– 29007000	650	6½	No. 259	9	P S	Oval	A
29007001– 12000	#400	4L	No. 417	17	P S	Rect.	A
29012001– 7000	650	6½	No. 667	17	P S	Oval	A
29017001– 20000	1907	3/0	No. 359	9	P S	Htg.	U
29020001– 4000	1898	6/0	No. 621	21	P S	Htg.	P
29024001– 34000	L	7¼	No. 729	9	P S	Rect.	A
29034001– 7000	1907	3/0	No. 359	9	P S	Htg.	U
December 1936							
29037001– 68300	650	6½	No. 665	15	P S	Oval	A
29068301– 9000	650	6½	No. 659	9	P S	Oval	A
29069001–101000	650	6½	No. 665	15	P S	Oval	A
29101001– 2000	1907	3/0	No. 365	15	P S	Htg.	U
29102001– 12000	1924	Col.	No. 209	9	P S	O.F.	U
January 1937							
29112001– 62000	650	6½	No. 659	9	POS	Oval	A
29162001– 8000	1924	Col.	No. 217	17	P.S.	O.F.	U
29168001– 98000	L	7¼	No. 729	9	POS	Rect.	A
29198001–233000	1898	6/0	No. 609	9	POS	Htg.	A
29233001– 35400	1908	16s	No. 1621	21	L.S.	O.F.	P
29235401– 29236400	1908	16s	No. 1621	21	POS	O.F.	P
29236401– 29237500	1908	16s	No. 1621	21	P.S.	O.F.	P
29237501– 47000	1908	16s	No. 1621	21	P.S.	O.F.	P
29247001– 57000	650	6½	No. 667	17	POS	Oval	A
29257001– 62000	1908	16s	No. 1609	9	P.S.	O.F.	U
29262001– 77000	#400	4L	No. 417	17	POS	Rect.	A
29277001– 90000	L	7¼	No. 741	21	POS	Rect.	A
29290001– 2000	1926	8D	No. 815B	15	Bw/s	O.F.	U
29292001– 7000	1924	Col.	No. 221	21	P.S.	O.F.	P
29297001–302000	870	8¾	No. 887	17	POS	Htg.	A
29302001– 5000	450	4½L	No. 467	17	POS	Rect.	A
29305001– 10000	Van	16s	No. 1623	23	L.S.	O.F.	P
29310001– 2000	1926	8D	No. 809B	9	Bw/s	O.F.	U
29312001– 22000	870	8¾	No. 887	17	POS	Htg.	A
June 1937							
29322001– 5000	870	8¾	No. 879	9	POS	Htg.	A
29325001– 30000	1926	8D	No. 809	9	P.S.	O.F.	U
29330001– 50000	L	7¼	No. 737	17	POS	Rect.	U
29350001– 70000	870	8¾	No. 887	17	POS	Htg.	A
29370001– 5000	870	8¾	No. 879	9	POS	Htg.	A
August 1937							
29375001– 80000	Van	16s	No. 1623	23	L.S.	O.F.	P
29380001– 90000	650	6½	No. 667	17	POS	Oval	A
29390001– 5000	1924	Col.	No. 221	21	P.S.	O.F.	P
29395001–405000	L	7½L	No. 741	21	POS	Rect.	P
29405001– 10000	1908	16	No. 1609	9	P.S.	O.F.	U
29410001– 5000	1924	Col.	No. 217	17	P.S.	O.F.	U
29415001– 6200	1908	16	No. 1621	21	L.S.	O.F.	U
29416201– 7000	1908	16	No. 1621	21	P.S.	O.F.	U
29417001– 20000	1908	16	No. 1621	21	P.S.	O.F.	U
29420001– 5000	400	4L	No. 417	17	POS	Rect.	A
29425001– 45000	650	6½	No. 665	15	POS	Oval	A
29445001– 6000	1898	6/0	No. 621	21	POS	Htg.	A
29446001– 51000	1926	8D	No. 809B	9	Bw/s	O.F.	U
29451001– 6000	Van	16s	No. 1623	23	L.S.	O.F.	P
29456001– 61000	870	8¾	No. 879	9	POS	Htg.	A
29461001– 71000	400	4L	No. 417	17	POS	Rect.	A
29471001– 81000	650	6½	No. 667	17	POS	Oval	A
29481001– 1700	1908	16s	No. 1621	21	P.S.	O.F.	P
29481701– 6000	1908	16s	No. 1621	21	L.S.	O.F.	P
29486001– 7000	1898	6/0	No. 621	21	POS	Htg.	P

Serial Number.	Model.	Size.	Grade.	Jewels.	Setting.	Style.	Grade of Material.
29487001– 92000	1926	8D	No. 809	9	P.S.	O.F.	U
29492001– 7000	1898	6/0	No. 609	9	POS	Htg.	A
29497001–502000	1924	Col.	No. 221	21	P.S.	O.F.	P
29502001–512000	870	8¾	No. 887	17	POS	Htg.	A
29512001– 7000	L	7¼	No. 737	17	POS	Rect.	A
November 1937							
L 00001–L99999	750	7½L	No. 767	17	POS	Bbl.	A
29517001– 8000	1908	16	No. 1617	17	P.S.	O.F.	U
29518001– 38000	650	6½	No. 667	17	POS	Oval	A
29538001– 40000	L	7¼	No. 737	17	POS	Rect.	A
29540000– 50000	1924	Col.	No. 217	17	P.S.	O.F.	A
29550001– 1000	870	8¾	No. 891	21	POS	Htg.	A
29551001– 3000	L	7¼	No. 741	21	POS	Rect.	P
29553001– 8000	1924	Col.	No. 209	9	P.S.	O.F.	U
29558001– 68000	1898	6/0	No. 609	9	POS	Htg.	A
29568001– 88000	650	6½	No. 665	15	POS	Oval	A
29588001–608000	870	8¾	No. 887	17	POS	Htg.	A
29608001– 18000	1908	16	No. 1609	9	P.S.	O.F.	U
29618001– 9000	870	8¾	No. 891	21	POS	Htg.	A
January 1938							
29619001– 29000	650	6½	No. 659	9	POS	Oval	A
29629001– 34000	1898	6/0	No. 621	21	POS	Htg.	P
29634001– 9000	Van	16	No. 1623	23	L.S.	O.F.	P
29639001– 44000	1926	8D	No. 809	9	P.S.	O.F.	U
29644001– 9000	400	4L	No. 417	17	POS	Rect.	A
29649001– 51000	L	7¼	No. 737	17	POS	Rect.	A
29651001– 2000	870	8¾L	No. 891	21	POS	Round	A
May 1938							
*296/52001– 3000	670	6¾L	No. 687	17	POS	Round	A*
29653001– 4000	870	8¾L	No. 879	9	POS	Round	A
29654001– 64000	870	8¾L	No. 887	17	POS	Round	A
29664001– 74000	670	6¾L	No. 687	17	POS	Round	A
29674001– 9000	#400	4L	No. 417	17	POS	Rect.	A
January 1939							
29679001– 89000	1898	6/0s	No. 609	9	POS	Htg.	A
29689001– 94000	1898	6/0s	No. 617	17	POS	Htg.	A
29694001–704000	670	6¾L	No. 687	17	POS	Round	A
29704001– 9000	#400	4L	No. 417	17	POS	Rect.	A
29709001–19000	670	6¾L	No. 687	17	POS	Round	A
29719000– 29000	#400	4L	No. 417	17	POS	Rect.	A
29729001– 39000	870	8¾L	No. 887	17	POS	Round	A
29739001– 49000	670	6¾L	No. 687	17	POS	Round	A
29749001– 59000	1898	6/0s	No. 609	9	POS	Htg.	A
29759001– 69000	870	8¾L	No. 887	17	POS	Round	A
29769001– 79000	670	6¾L	No. 687	17	POS	Round	A
29779001– 89000	870	8¾L	No. 879	9	POS	Round	A
June 1939							
29789001– 99000	650	6½L	No. 667	17	POS	Oval	A
29799001–809000	1898	6/0s	No. 621	21	POS	Htg.	A
29809001– 19000	870	8¾L	No. 887	17	POS	Round	A
29819001– 29000	670	6¾L	No. 687	17	POS	Round	A
29829001–929000	870	8¾L	No. 887	17	POS	Round	A
29929001– 39000	400	4L	No. 417	17	POS	Rect.	A
29939001– 49000	650	6½L	No. 667	17	POS	Oval	A
29949001– 59000	670	6¾L	No. 687	17	POS	Round	A
29959001– 69000	1908	16s	No. 1617	17	PS	O.F.	U
29969001– 79000	670	6¾L	No. 687	17	POS	Round	A
29979001– 89000	1924	Col.	No. 217	17	PS	O.F.	U
29989001– 99000	870	8¾L	No. 879	9	POS	Round	A
29999001– 30009000	1924	Col.	No. 209	9	PS	O.F.	U
October 4, 1939							
30009001– 19000	650	6½L	No. 659	9	POS	Oval	A
30019001– 29000	670	6¾L	No. 687	17	POS	Round	A
30029001– 39000	650	6½L	No. 667	17	POS	Oval	A
30039001– 49000	650	6½L	No. 659	9	POS	Oval	A
30049001– 59000	870	8¾L	No. 879	9	POS	Round	A
30059001– 69000	650	6½L	No. 659	9	POS	Oval	A
30069001– 79000	670	6¾L	No. 687	17	POS	Round	A
30079001– 89000	870	8¾L	No. 891	21	POS	Round	A
30089001– 99000	670	6¾L	No. 687	17	POS	Round	A
30099001–109000	1924	Col.	No. 209	9	PS	O.F.	U
30109001–119000	650	6½L	No. 659	9	POS	Oval	A

* These movements marked with last five digits only.

Serial Number.	Size.	Model.	Grade.	Jewels.	Setting.	Style.	Grade of Material.
January 8, 1940							
30119001-219000	7½	750	No. 767-759	17-9	POS	Bbl.	A
February 8, 1940							
30190001-252500	6¾	670	No. 685	15	POS	Round	A
30252501-259101	6¾	670	No. 687	17	POS	Round	A
30259102-261600	6¾	670	No. 691	21	POS	Round	A
30261601-263300	6¾	670	No. 687	17	POS	Round	A
30263301-268601	6¾	670	No. 691	21	POS	Round	A
30268602-285700	6¾	670	No. 687	17	POS	Round	A
30285701-310300	6¾	670	No. 685	15	POS	Round	A
30310301-319000	6¾	670			POS	Round	A
30319001-369000	8¾	870	No. 888S S	18	POS	Round	A
(B00001-B50000)							
April 25, 1940							
30369001-419000	8¾	870	No. 880S S	10	POS	Round	A
(B50001-B99999)							
February 6, 1940							
30419001-429000	6½	650	No. 665	15	POS	Oval	A
March 5, 1940							
30429001-439000	6½	650	No. 665	15	POS	Oval	A
March 21, 1940							
30439001-449000	8¾	870	No. 879	9	POS	Round	A
April, 1940							
30449001-459000	6½	650	No. 665	15	POS	Oval	A
30459001-469000	16s	1908	No. 1617	17	P S	O.F.	U
30469001-479000	8D	1926	Clock	9	B.W.	O.F.	U
30479001- 87300	Col.	1924	No. 209N S	9	P S	O.F.	U
30487301- 403	Col.	1924	No. 217N S	17	P S	O.F.	U
30487404- 9000	Col.	1924	No. 209N S	9	P S	O.F.	
30489001- 96690	16	1908	No. 1621	21	L S	O.F.	P
30496691- 903	16	1908	No. 1609	9	L S	O.F.	U
30496904- 99000	16	1908	No. 1621	21	L S	O.F.	P
30499001-500000	Col.	1924	No. 221	21	P S	O.F.	P
30500001-510000	Col.	1924	No. 217	17	P S	O.F.	U
May, 1940							
30510001-520000	6½	650	No. 665	15	POS	Oval	A
June, 1940							
30520001-530000	6½	650	No. 659	9-15	POS	Oval	A
30530001-540000	8¾	870	No. 887	17	POS	Round	A
30540001-550000	6½	650	No. 667	17	POS	Oval	A
July, 1940							
30550001-560000	16	1908	No. 1609	9	P S	O.F.	U
July, 1940							
30560001-566000	16	1908	No. 1623	23	L S	O.F.	P
July, 1941							
30566001-570000	16	1908	No. 1623	23	L S	O.F.	P
August, 1940							
30570001-580000	8¾	870	No. 879	9	POS	Round	A
30580001-590000	Col.	1924	No. 217	17	P S	O.F.	U
September, 1940							
30590001-600000	8¾	870	No. 879	9	POS	Round	A
October, 1940-41							
30600001-610000	Col.	1924	No. 223	23	P S	O.F.	P
30610001-620000	Col.	1924	No 221	21	P S	O.F.	P
November, 1940							
30620001-630000	8D	1926	No. 809	9	P S		U
30630001-640000	8¾	870	No. 879	9	POS	Round	A
January, 1941							
30640001-650000	8¾	870	No. 887	17	POS	Htg.	A
February, 1941							
30650001-660000	16	08	No. 1621	21	P S	O.F.	P
March, 1941							
30660001-670000	8¾	870	No. 887	17	POS	Htg.	A
30670001-680000	8¾	870	No. 879	9	POS	Htg.	A
D-00001-99999	6¾	670	No. 685	15	POS	Htg.	A
May, 1941							
30680001-690000	8D	1926	No. 809	9	P S	O.F.	U
June, 1941							
30690001-700000	8¾	870	No. 887	17	POS	Htg.	A
July, 1941							
30700001-710000	16	08	No. 1621	21	P S	O.F.	P

Serial Number.	Size.	Model.	Grade.	Jewels.	Setting.	Style.	Grade of Material.
1941-1942							
30710001-713311	Col.	1924	No. 217	17	P S	O.F.	U
30713312-714833	Col.	1924	No. 209	9	P S	O.F.	U
30714834-715000	Col.	1924	No. 217	17	P S	O.F.	U
1942							
30715001- 275	Col.	1924	No. 217	17	P S	O.F.	U
30715276- 400	Col.	1924	No. 221	21	P S	O.F.	P
30715401- 526	Col.	1924	No. 209	9	P S	O.F.	U
30715527- 20000	Col.	1924	No. 217	17	P S	O.F.	U
30720001-730000	8¾	870	No. 879	9	POS	Htg.	A
30730001-740000	8¾	870	No. 887	17	POS	Htg.	A
September, 1941							
30740001-750000	8¾	870	No. 887	17	POS	Htg.	A
30750001-760000	16	08	Vanguard	23	L S	O.F.	P
30760001-770000	8D		CDIA	15	POS	P.F.	U
October, 1941							
30770001-780000	8¾	870	No. 887	17	POS	Htg.	A
30780001-790000	6½	650	No. 659	9	POS	Oval	A
30790001-800000	8¾	870	No. 879	9	POS	Htg.	A
30800001-810000	8¾	870	No. 891	21	POS	Htg.	A
30810001-820000	16	08	No. 1617	17	P S	O.F.	U
January, 1942							
30820001-830000	8¾	870	No. 887	17	POS	Htg.	A
30830001-840000	6½	650	No. 659	9	POS	Oval	A
30840001-850000	16	08	Vanguard	23	L S	O.F.	P
February, 1942							
30850001-860000	8¾	870	No. 887	17	POS	Htg.	A
March, 1942							
30860001-870000	6½	650	No. 659	9	POS	Oval	A
30870001-880000	8¾	870	No. 887	17	POS	Oval	A
April, 1942							
30880001-890000	Col.	1924	No. 217	17	P S	O.F.	U
May, 1942							
30890001-900000	16	08	No. 1609	9	P S	O.F.	U
30900001-910000	8D	A F	CDIA	15	P S	O.F.	U
30910001-31010000	6/0	42	No. 10609	9	POS	Htg.	U
June, 1942							
31101001-31020000	8D	A F	CDIA	15	POS	O.F.	U
August, 1942							
31020001- 30000	8¾	870	No. 879	9	POS	Htg.	A
31030001- 40000	6½	650	No. 659	9	POS	Oval	A
31040001-140000	7½	750			POS	Barrel	A
31140001-150000	8D	A F	CDIA	15	POS	O.F.	U
31150001-160000	8D	A F	CDIA	15	POS	O.F.	U
31160001-210000	6/0	42	No. 10616	16	POS	Htg.	A
October, 1942							
31210001-220000	8D	Air	CDIA	15	POS	O.F.	U
December, 1942							
31220001-230000	8D	Air	No. 22809	9	POS	O.F.	U
31230001-240000	16	1608	No. 1609	9	P S	O.F.	U
January, 1943							
31240001-250000	16	08	Vanguard	23	L S	O.F.	P
February, 1943							
31250001-260000	8D		CDIA	15	POS	O.F.	U
31260001-270000	8D		TANK	9	POS	O.F.	U
31270001-280000	16	A O	No. 1609	9	P S	O.F.	U
March, 1943							
31280001-290000	8D	Air	No. 22809	9	POS	O.F.	U
31290001-300000	6/0	42	No. 10616	16	POS	Htg.	U
31300001-301000	16	A O	No. 1617	17	P S	O.F.	U
April, 1943							
31301001-311000	6/0	42	No. 10616	16	POS	Htg.	U
May, 1943							
31311001-321000	6/0	42	No. 10609	9	POS	Htg.	U
31321001-331000	16	1908	Vanguard	23	L S	O.F.	P
31331001-341000	8D	A F	CDIA	15	POS	O.F.	U
31341001-351000	6/0	42	No. 10609	9	POS	Htg.	A
31351001-361000	8D	Air	No. 22809	9	POS	O.F.	U

Serial Number.	Size.	Model.	Grade.	Jewels.	Setting.	Style.	Grade of Material.
June, 1943							
31361001–371000	16s	A O	No. 1609	9	P S	O.F.	U
31371001–381000	16	43	Timer	9	POS	O.F.	
31381001–391000	6/0	42s s	No. 10616	16	POS	Htg.	A
31391001–401000	6/0	42s s	No. 10616	16	POS	Htg.	A
July, 1943							
31401001–411000	6/0	42	No. 10616	16	POS	Htg.	A
31411001–416000	6/0	42	No. 10617	17	POS	Htg.	A
31416001–426000	22	8D	No. 22809	9	POS	O.F.	U
31426001–436000	37	8D	CDIA	15	POS	Htg.	U
August, 1943							
31436001–446000	6/0	42	No. 10616	16	POS	Htg.	A
31446001–451000	6/0	42	No. 10617	17	POS	Htg.	A
31451001–461000	16s		Timer	9	POS	O.F.	
September, 1943							
31461001–471000	6/0	42	No. 10616	16	POS	Htg.	A
31471001–481000	16	A O	No. 1609	9	P S	O.F.	U
31481001–491000	6/0	42	No. 10609	9	POS	Htg.	A
31491001–501000	37	8D	CDIA	15	POS	O.F.	U
31501001–511000	6/0	1942	No. 10616	16	POS	Htg.	A
31511001–521000	16	1943	Timer	9	POS	O.F.	
31521001–531000	6/0	1942	No. 10609	9	POS	Htg.	A
November, 1943							
31531001–541000	16	A O	No. 1609	9	P S	O.F.	U
31541001–551000	6/0	Sw.	No. 10616	16	POS	Htg.	A
31551001–561000	6/0	A O	No. 10609	9	POS	Htg.	A
31561001–571000	22	8D	No. 22809	9	POS	O.F.	U
31571001–581000	16		Timer	9	POS	O.F.	
December, 1943							
31581001–591000	6/0	A O	No. 10609	9	POS	Htg.	A
31591001–601000	16	A O	No. 1609	9	P S	O.F.	U
January, 1944							
31601001–611000	16		Timer	9	POS	O.F.	
31611001–621000	6/0	A F	No. 10616	16	POS	Htg.	A
31621001–631000	37	8D	CIDA	15	POS	O.F.	U
31631001–641000	22	8D	No. 22809	9	POS	O.F.	U
February, 1944							
31641001–651000	16	A O	No. 1609	9	P S	O.F.	U
31651001–661000	6/0	42	No. 10609	9	POS	Htg.	A
31661001–671000	16		Timer	9	POS	O.F.	
March, 1944							
31671001–681000	6/0	42	No. 10616	16	POS	Htg.	A
31681001–691000	22	8D	No. 22809	9	POS	O.F.	U
31691001–701000	16	A O	No. 1609	9	P S	O.F.	U
April, 1944							
31701001–711000	6/0	42	No. 10617	17	POS	Htg.	A
31711001–721000	16		Timer	9	POS	O.F.	
31721001–731000	37	8D	CDIA	15	POS	O.F.	U
31731001–741000	6/0	42	No. 10617	17	POS	Htg.	A
May, 1944							
31741001–743000	Col.	1924		23–9	*		
31743001–763000	6/0	42	No. 10616	16	POS	Htg.	A
31763001–788000	6/0	42	No. 10617	17	POS	Htg.	A
31788001–793000	16	deck	No. 1622	22	POS	O.F.	P
31793001–803000	16	43	Timer	9	POS	O.F.	
July, 1944							
31803001–813000	16	A O	No. 1609	9	P S	O.F.	U
31813001–823000	6/0	42s s	No. 10616	16	POS	Htg.	A
August, 1944							
31823001–824000	37	8D	Desk	15			
31824001–834000	16		Timer	9	POS	O.F.	
31834001–844000	22	8D	No. 22809	9	POS	O.F.	U
31844001–854000	6/0	42s s	No. 10616	16	POS	Htg.	A
September, 1944							
31854001–859000	16	A O	No. 1609	9	P S	O.F.	U
31859001–864000	16	A O	No. 1617	17	P S	O.F.	U
31864001–884000	6/0	42s s	No. 10616	16	POS	Htg.	A
31884001–889000	6/0	A O	No. 10609	9	POS	Htg.	A
October, 1944							
31889001–894000	37	8D	CDIA	15	POS	O.F.	U
31894001–899000	16	08	No. 1617	17	P S	O.F.	U
31899001–904000	22	8D	No. 22809	9	POS	O.F.	U
31904001–909000	Col.	1924			P S	O.F.	U*
31909001–919000	6/0	42s s	No. 10616	16	POS	Htg.	A

Serial Number.	Size.	Model.	Grade.	Jewels.	Setting.	Style.	Grade of Material.
November, 1944							
31919001–929000	16	43	Timer	9	POS	O.F.	
31929001–934000	Col.	1924		9–23	P S	O.F.	U*
December, 1944							
31934001–939000	16	A O	No. 1617	17	P S	O.F.	U
31939001–949000	6/0	42	No. 10617	17	POS	Htg.	A
31949001–959000	16	43	Timer	9	POS	O.F.	
January, 1945							
31959001–32009000	6/0	42	No. 10617	17	POS	Htg.	A
February, 1945							
32009001–019000	16	43	Timer	9	POS	O.F.	
32019001–029000	6/0	42s s	No. 10616	16	POS	Htg.	A
March, 1945							
32029001–054000	16	1945	No. 1617	17	L S	O.F.	U
32054001–059000	16	1908	Vanguard	23	L S	O.F.	P
32059001–084000	6/0	42s s	No. 10616	16	POS	Htg.	A
April, 1945							
32084001–114000	6/0	42	No. 10617	17	POS	Htg.	A
May, 1945							
32114001–164000	22	8D	No. 22809	9	POS	O.F.	U
32164001–169000	16	1908	Vanguard	23	L S	O.F.	P
June, 1945							
32169001–194000	6/0	42s s	No. 10616	16	POS	Htg.	A
32194001–204000	6¾	675a	No. 677	17	POS	R.B.	A
32204001–214001	6¾	675b	No. 681	21	POS	R.B.	P
32214001–234000	6/0	42	No. 10617	17	POS	Htg.	A
September, 1945							
32234001–244000	6/0	45	No. 10617	17	POS	R.B.	A
32244001–249000	16	43	Timer	9	POS	O.F.	
October, 1945							
32249001–254000	6/0	45	No. 10616		POS	R.B.	A
November, 1945							
32254001–32264000	675a						
32264001–32274000	6/oc			17			
32274001–32279000	6/0			21			
December, 1945							
32279001–32284000	6/0			16			
32284001–32289000	675			17			
January, 1946							
32289001–32294000	675			17			
32294001–32299000	Col.			21			
32299001–32304000	Col.			17			
February, 1946							
32304001–32314000	675			17			
32314001–32319000	6/0			21			
March, 1946							
32319001–32329000	750b						
32329001–32339000	Col.			21			
32339001–32344000	6/0			16			
32344001–32354000	675			21			
April, 1946							
32354001–32364000	750b						
32364001–32374000	6/oc			21			
32374001–32384000	6/oc			17			
32384001–32394000	675			17			
May, 1946							
32394001–32399000	Col.			17			
32399001–32404000	16s			23			
32404001–32414000	750b			21			
32414001–32419000	678a			21			
June, 1946							
32419001–32429000	750b						
32429001–32434000	6/oc			17			
32434001–32439000	675			17			
32439001–32444000	Col.			17			
32444001–32449000	675			21			
July, 1946							
32449001–32454000	750b			17			
32454001–32464000	6/oc			21			
32464001–32474000	750b						

* This group is assorted. Necessary to state number of jewels when ordering material.

R.B. in style column refers to Running Barrel. 675 movements are barrel-shaped.

Serial Number.	Size.	Model.	Grade.	Jewels.	Setting.	Style.	Prefix.
August, 1946							
32474001-32479000	6/0	C	No. 617	17	POS	R.B.	
32479001-32484000	675		No. 681	21	POS	R.B.	
32484001-32489000	675		No. 677	17	POS	R.B.	
32489001-32494000	750	B			POS	R.B.	
September, 1946							
32494001-32499000	6/0	C	No. 621	21	POS	R.B.	
32499001-32504000	750	B			POS	R.B.	
32504001-32509000	675		No. 677	17	POS	R.B.	
32509001-32514000	750	B			POS	R.B.	
32514001-32519000	675		No. 681	21	POS	R.B.	
32519001-32524000	6/0	C	No. 617	17	POS	R.B.	
32524001-32529000	6/0	C	No. 621	21	POS	R.B.	
October, 1946							
32529001-32534000	750	B			POS	R.B.	
32534001-32544000	750	B			POS	R.B.	
32544001-32554000	675		No. 677	17	POS	R.B.	
32554001-32564000	675		No. 681	21	POS	R.B.	
November, 1946							
32564001-32574000	678		No. 6817	17	POS	R.B.	
32574001-32584000	750	B	No. 767	17	POS	R.B.	
December, 1946							
32584001-32594000	675		No. 677	17	POS	R.B.	
32594001-32604000	750	B	No. 767	17	POS	R.B.	
32604001-32609000	870	R	No. 887	17	POS	R.B.	
January, 1947							
32609001-32619000	750	B	No. 767	17	POS	R.B.	
32619001-32629000	6/0	C	No. 617	17	POS	R.B.	
32629001-32639000	675		No. 677	17	POS	R.B.	
February, 1947							
32639001-32649000	678		No. 6817	17	POS	R.B.	
32649001-32654000	Col.	R	No. 217	17	P.S.	R.B.	
32654001-32664000	750	B	No. 767	17	POS	R.B.	A
32664001-32674000	675		No. 677	17	POS	R.B.	
March, 1947							
32674001-32684000	750	B	No. 767	17	POS	R.B.	A
32684001-32689000	870	R	887-891	17-21	POS	R.B.	A
32689001-32699000	678		No. 6817	17	POS	R.B.	A
April, 1947							
32699001-32704000	675		677-681	17-21	POS	R.B.	A
32704001-32714000	750	B	No. 767	17	POS	R.B.	
32714001-32719000	675		No. 677	17	POS	R.B.	H
32719001-32724000	678		No. 6817	17	POS	R.B.	H
May, 1947							
32724001-32734000	678		No. 6817	17	POS	R.B.	H
32734001-32739000	675		No. 677	17	POS	R.B.	H
32739001-32749000	750	B	No. 767	17	POS	R.B.	H
32749001-32754000	675		No. 677	17	POS	R.B.	H
June, 1947							
32754001-32759000	678		No. 6817	17	POS	R.B.	H
32759001-32764000	675		No. 677	17	POS	R.B.	H
32764001-32769000	750	B	No. 767	17	POS	R.B.	H
32769001-32779000	678		No. 6817	17	POS	R.B.	H
32779001-32784000	870	R	No. 891	21	POS	R.B.	H
July, 1947							
32784001-32789000	675		No. 677	17	POS	R.B.	H
32789001-32794000	750	B	No. 767	17	POS	R.B.	I
32794001-32804000	6/0	C	No. 617	17	POS	R.B.	I
32804001-32814000	678		No. 6817	17	POS	R.B.	I
32814001-32824000	750	B	No. 767	17	POS	R.B.	I
August, 1947							
32824001-32834000	675		No. 677	17	POS	R.B.	I
32834001-32844000	678		No. 6817	17	POS	R.B.	I
September, 1947							
32844001-32854000	750	B	No. 767	17	POS	R.B.	I
32854001-32864000	870	R	No. 891	21	POS	R.B.	I
32864001-32874000	678		No. 6817	17	POS	R.B.	I
32874001-32884000	675		No. 677	17	POS	R.B.	I
32884001-32894000	750	B	No. 767	17	POS	R.B.	I
October, 1947							
32894001-32904000	678		No. 6817	17	POS	R.B.	I
32904001-32909000	Col.	R	No. 217	17	P S	R.B.	
32909001-32914000	16	1623	Vanguard	23	L S	J.M.W.	
32914001-32924000	6/0	C	No. 617	17	POS	R.B.	J
32924001-32934000	678		No. 6817	17	POS	R.B.	J
32934001-32944000	750	B	No. 767	17	POS	R.B.	J
November, 1947							
32944001-32954000	678		No. 6817	17	POS	R.B.	J
32954001-32964000	750	B	No. 767	17	POS	R.B.	J
December, 1947							
32964001-32974000	678		No. 6817	17	POS	R.B.	J
32974001-32984000	750	B	No. 767	17	POS	R.B.	J
32984001-32989000	6/0	C	No. 617	17	POS	R.B.	J
32989001-32999000	678		No. 6817	17	POS	R.B.	J
32999001-32999996	6/0	C	Regular	21J	POS	R.B.	
January, 1948							
32999997-33000010	6/0	C	Regular	21	POS	R.B.	
33000011-33009000 (K00011-K09000)	750	B	No. 767	17	POS	Tonneau	
33009001-33019000 (K09001-K19000)	678		No. 6817	17	POS	Tonneau	
33019001-33029000 (K19001-K29000)	6/0	C	Regular	17	POS	R.B.	
February, 1948							
33570001-33580000 (K70001-80000)	678		No. 6817	17	POS	Tonneau	
33580001-33590000 (P80001-P90000)	750	B	No. 767	17	POS	Tonneau	
March, 1948							
33029001-33049000 (K29001-K49000)	750	B	No. 767	17	POS	Tonneau	
33049001-33069000 (K49001-K69000)	678		No. 6817	17	POS	Tonneau	
33069001-33089000 (K69001-89000)	6/0	C	Regular	17	POS	R.B.	
April, 1948							
33089001-33109000 (K89001-L00001)	678		No. 6817	17	POS	Tonneau	
33109001-33129000 (L09001-L29000)	750	B	No. 767	17	POS	Tonneau	
33129001-33134000	16	A	No. 1617	17	P.S.	O.F.	
May, 1948							
33134001-33146090 (L34001-L46090-L50000)	678		No. 6817	17	POS	R.B.	
September, 1948							
33146091-33149999 (L46091-L49999)	6/0	C	Regular	17	POS	R.B.	
May, 1948							
33150001-33154000 (L50001-L54000)	678		No. 6817	17	POS	R.B.	
33154001-33174000 (L54001-L74001)	750	B	No. 767	17	POS	R.B.	
June, 1948							
33174001-33184000 (L74001-L84000)	678		No. 6817	17	POS	R.B.	
33184001-33184400 (L84001-L84400)	675		No. 677	17	POS	R.B.	
33184401-33189400	16	A	No. 1617	17	P S	O.F.	
33189401-33190100 (L89401-L90100)	675		No. 677	17	POS	R.B.	
33190101-33200100 (L90101-M00100)	678		No. 6817	17	POS	R.B.	
33200101-33205000 (M00101-M05000)	6/0	C	No. 617	17	POS	R.B.	
August, 1948							
33205001-33210000	16	1623	Vanguard	23	L S	O.F.	
September, 1948							
33210001-33226100 (M10001-M26100)	6/0	C	No. 617	17	POS	R.B.	
33226101-33246100 (M26101-M46100)	678		No. 6817	17	POS	R.B.	

Serial Number.	Size.	Model.	Grade.	Jewels.	Setting.	Style.	Prefix.
October, 1948							
33246101-33251100	22	8 day	Aircraft	9	At 7	A-11	
33251101-33256100	750	B	No. 767	17	POS	Tonneau	
(M51101-M56100)							
33256101-33261100	16	1623	Vanguard	23	L S	O.F.	
November, 1948							
33261101-33281100	678		No. 6817	17	POS	R.B.	
(M61101-M81100)							
33281101-33301100	6/0	C	Regular	17	POS	R.B.	
(M81101-M99999)							
(N00000-N01100)							
December, 1948							
33301101-33306100	750	B	No. 767	17	POS	Tonneau	
(N01101-N06100)							
33306101-33311100	16	1623	Vanguard	23	L S	O.F.	
33311101-33313100	16	A	No. 1621	21	P S	O.F.	
33313101-33319000	6/0	C	617 S.S.-S.R.	17	POS	R.B.	
(N13101-N19000)							
33318101-33338100	678		No. 6817	17	POS	R.B.	
(N18101-N38100)							
April, 1949							
33338101-33339300	22	Chcgo Watch Clock		9	At Rear	Sparton	
May, 1949							
33339301-33349300	6/0	617	Regular	17	POS	R.B.	
(N39301-N49300)							
June, 1949							
33349301-33359300	678		No. 6817	17	POS	R.B.	
(N49301-N59300)							
33359301-33369300	6/0	C	Regular	17	POS	R.B.	
(N59301-N69300)							
33369301-33374300	16	1623	Vanguard	23	L S	O.F.	
33374301-33394300	678		No. 6817	17	POS	R.B.	
(N74301-N94300)							
July, 1949							
33394301-33400000	750	B	No. 767	17	POS	Tonneau	
(N94301-N00000)							
33400001-33404300	750	B	No. 767	17	POS	Tonneau	
(O00001-O04300)							
July, 1949							
33404301-33414300	679	1950	No. 679	19	POS	R.B.	
(O04301-O14300)							
33414301-33421300	22	A-11	8 day	9	At 7	Aircraft	
33421301-33426300	6/0	C	617 S.S.-S.R.	17	POS	R.B.	
(O21301-O26300)							
August, 1949							
33426301-33428300	16	A	No. 1621	21	P S	O.F.	
33428301-33448300	678		No. 6817	17	POS	R.B.	
(O28301-O48300)							
33448301-33457800	6/0	D	617 S.S.-S.R.	17	POS	R.B.	
(O48301-O57800)							
33457801-33462800	750	B	No. 767	17	POS	Tonneau	
(O57801-O62800)							
33462801-33472800	750	B	No. 769	19	POS	Tonneau	
(O62801-O72800)							
33472801-33476300	6/0	D	621 S.S.-S.R.	21	POS	R.B.	
(O72801-O76300)							
September, 1949							
33476301-33485800	6/0	D	619 S.R.	19	POS	Regular	
(O76301-O85800)							
33485801-33495800	750	B	No. 769	9	POS	Tonneau	
(O85801-O95800)							
October, 1949							
33495801-33500000	679	1950	No. 679	19	POS	R.B.	
(O95801-O00000)							
33500001-33505800	679	1950	No. 679	19	POS	R.B.	
(P00001-P05800)							
33505801-33515800	22	A-11	8 Day	9	At 7	Aircraft	
November, 1949							
33515801-33525800	679	1950	No. 679	19	POS	R.B.	
(P15801-P25800)							
33525801-33535800	750	B	No. 769	19	POS	Tonneau	
(P25801-P35800)							
January, 1950							
33535801-33537800	16	A	No. 1621	21	P S	O.F.	
33537801-33547800	750	B	No. 769	19	POS	Tonneau	
(P37801-P47800)							
33547801-33557800	679		No. 679	19	POS	R.B.	
(P47801-P57800)							
August, 1950							
33557801-33558800	16	Mosler Lock		17		Special	
September, 1950							
33558801-33559800	22	8 day Watch-clock		9	At Rear	Chicago	
January, 1951							
33559801-33569800	22	A-11	8 day	9	At 7	Aircraft	
May, 1951							
33569801-33570800	16	Mosler Lock		17		Special	
February, 1948							
33570001-33580000	678		No. 6817	17	POS	R.B.	
(K70001-K80000)							
33580001-33590000	750	B	No. 767	17	POS	Tonneau	
(P80001-P90000)							
June, 1951							
33570801-33585800	22	A-11	8 day	9	At 7	Aircraft	
33585801-33586800	16	Mosler Lock		17		Special	
33586801-33594246	6/0	D	621 S.S.-S.R.	21	POS	R.B.*	
(P86801-P94246)							
33594247-33616459	6/0	D	Regular	17	POS	R.B.*	
(P94247-P99999)							
(Q00000-Q16459)							
33616460-33637660	750	B	No. 771	21	POS	R.B.	
(Q16460-Q37660)							
33637661-33642160	22	A-11	8 day	9	At 7	Aircraft	
November, 1951							
33642161-33654385	6/0	A O	Regular-D	17	POS	R.B.	
(Q42161-Q54385)							
March, 1952							
33654386-33655385	6/0	A O	Regular-D	17	POS	R.B.	
(Q54386-Q55385)							
33655386-33696385	6/0	A O	S.S.-D	17	POS	R.B.	
(Q55386-Q96385)							
33696386-33726385	22	8 day	A-11	9	At 7	Aircraft	
April, 1952							
33726386-33729885	678		No. 6817	17	POS	R.B.	
(R26386-R29885)							
33729886-33739885	22	A-11	8 day	9	At 7	Aircraft	
August, 1952							
33739886-33743036	16	A	No. 1621	21	P S	O.F.	
33743037-33749336	16	A	No. 1617	17	P S	O.F.	
October, 1952							
33749337-33755337	16	A O	A-8 Timer	9	Crown	130	
November, 1952							
33755338-33765837	6/0	A O	S.S.-D	17	POS	R.B.	
(S55338-S65837)							
January, 1953							
33765838-33780900	16	Van	No. 1623	23	L S	O.F.	
March, 1953							
33780901-33795900	750	B	No. 769	19	POS	Tonneau	
(S80901-S95900)							
33795901-33820900	22	A-11	8 day	9	At 7	Aircraft	

* Round Stud
** Pendant operated

SEE PAGE 115

114 Numbers and Descriptions of Waltham Watch Movements

Serial Number.	Size.	Model.	Grade.	Jewels.	Setting.	Style.	Grade of Material
April, 1953							
33820901-33822900	16	A O**	A-8 Timer	9	Crown	130	
May, 1953							
33822901-33824400 (T22901-T24400)	6/0	D	S.S.-S.R.	21	POS	R.B.	
June, 1953							
33824401-33825400	16	A	No. 1621	21	POS	O.F.	
July, 1953							

Serial Number.	Size.	Model.	Grade.	Jewels.	Setting.	Style.	Grade of Material
33825401-33826500	16	Mosler Lock		17		Special	
August, 1953							
33826501-33826800 (T26501-T26800)	6/0	D	S.S.-S.R.	21	POS	R.B. 2 pc. Top plate	
November, 1953							
33826801-33843800	22	A-13A	8 day Aircraft	11	Special	Elapsed time	

$200–300

Hand Painted Dial

$150–200

Santa Fe Route

$150–200

Empire Railway

$350–500

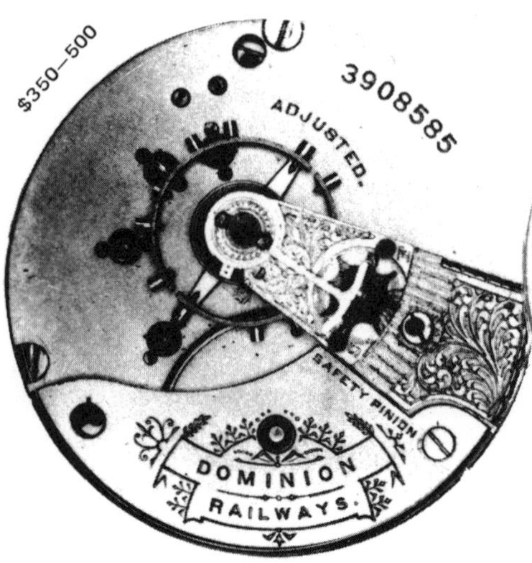

Dominion Railway (Special dial)
18S–15J–OG83P–A–"AT&Co."
3,908,585 Peter Planes

$300–400

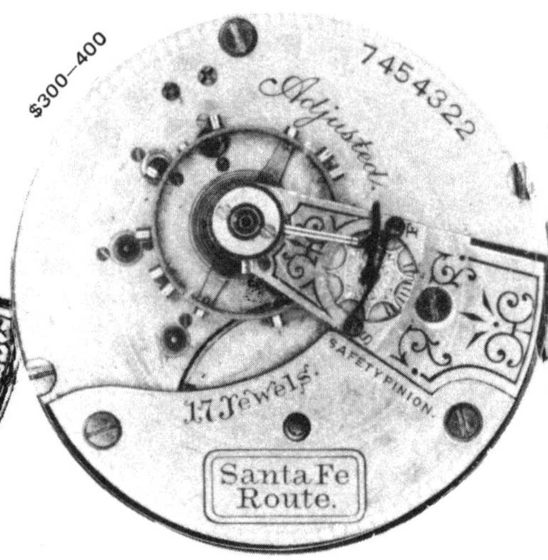

Santa Fe Route (Special dial)
18S–17J–ON83P–A–"Crescent St."
7,454,322

$400–500

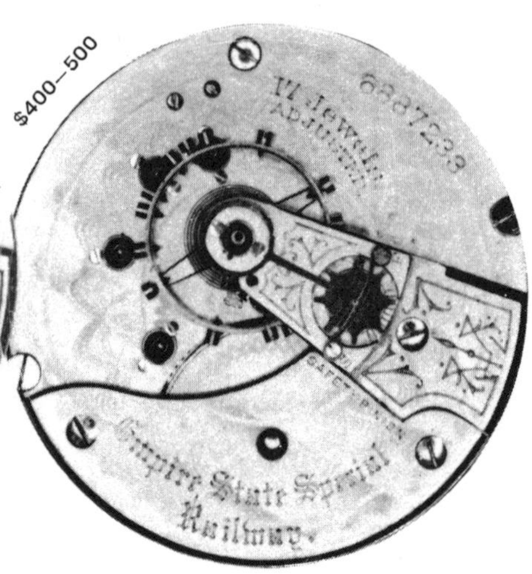

Empire State Special Railway
(Special dial)
18S–15J–ON83L–A–"AT&Co."
8,887,233 Bill Meggers

Waltham-Eisenbahner-Taschenuhren, die die Signatur des Kunden tragen.

SUPPLEMENTARY INFORMATION

ABBREVIATED NUMBERS WITH LETTER (SMALL WATCHES)

670 Model - 1941

C–18388–18890	670	6¾	687	17	Pos.	Round	Mar. '41
D–00001–31605	670	6¾	685–687	15–17	"	Round	Mar. 27, '41-Dec.
D–31606–33872	670	6¾	685–687	15–17	"	Round	Jan. '42

750 Model

V–00001–19423 V	750	7½	767–759	17–9	"	Tonneau	1941
V–19424–37360	750	7½	767	17	"	Tonneau	May '41
V–37361–37824	750	7½	771	21	"	Tonneau	
V–37825–49679	750	7½	767–759	17–9	"	Tonneau	
V–49680–61357	750	7½	767	17	"	Tonneau	August '41
V–61358–67494 V	750	7½	767–759	17–9	"	Tonneau	
V–67495–67593	750	7½	771	21	"	Tonneau	
V–67594–68211	750	7½	759	9	"	Tonneau	'41 - '42

8¾ Sweep Second

S–00001–26219	870SS	8¾	888SS	18	"	Round	1940
S–26220–39385	870SS	8¾	888SS	18	"	Round	1941
S–69000–73918	870SS	8¾	880SS	10	"	Round	1941

LETTERS IDENTIFYING THE VARIOUS SMALL MODELS OF MOVEMENTS

A	750 model
S or B	8¾ L sweep second
C or D	670 model
D	450 model
I	450 model
J	450 model
L	750 model
V	750 model

THE FOLLOWING INDICATES FIRST MANUFACTURE:

SIZE	MOVEMENT NO.	DATE
1st CDIA 8 day 15 Jewel	30,760,001	September '41
1st 6/0 '42, 10609 9 Jewel	30,910,001	May '42
1st 6/0 '42ss, 10616, 16 Jewel	31,160,001	August '42
1st 22s 8 day, 9 Jewel	31,220,001	December '42
1st 8 day tank, 9 Jewel	31,260,001	February '43
1st 6/0 '42, 10617, 17 Jewel	31,411,001	July '43
1st 16s timer, 9 Jewel	31,451,001	August '43
1st 16s deck, 22 Jewel	31,788,001	May '44
1st 675 model, 17 Jewel	32,194,001	June '45
1st 675 model, 21 Jewel	32,204,001	June '45

WALTHAM TECHNICAL SPECIFICATIONS

W-T-S-23	A-11 (22s 8-day) — Corner wind	22809-S-12
W-T-S-23	A-7 (22s 8-day) — Wind at 6 bottom	22809-S-12
W-T-S-30	A-7 or A-11 (22s 8-day)	22809-S-TT-12
W-T-S-12	8-day (37s CDIA)	12815-S-12
W-T-S-19	8-day (37s CDIA)	12815-S-TT-12
W-T-S-21	8-day (37s tank)	12809-TD-12 (no bit)
W-T-S-27	16s 1943 timer or stop watch	
W-T-S-16	16s 1943, 22 jewel — Deck Watch — center second 24 hour (12 hour dial train — 13 to 24 inside circle)	

FRICTION JEWELS (1935)

Friction-type unset jeweling adopted with 450 model in 1935 and shortly thereafter used in all models, thus starting at about 29 million will be found largely friction type.

GOING TYPE BARRELS (1944)

The "Running type" barrel first used in 16s 1944 model (No. 31859001, Sept., 1944) all civilian watches manufactured after May, 1945, which include 750 and 675 models (32194001) have running type barrels which require mainsprings with tongue brace; all 6/0 size Government-issue watches, manufactured between 1941 and 1945 used steel barrels.

Literaturnachweis:

ROY EHRHARDT: Waltham Pocket Watch. Identification and Price Guide. Kansas City 1976

ROY EHRHARDT: American Pocket Watch. Encyclopedia and Price Guide. Volume One. Kansas City 1982

COOKSEY SHUGART/TOM ENGLE: The Complete Guide to American Pocket Watches. Edited by Walter Presswood. Cleveland 1983

ERIC BRUTON: Uhren. Geschichte, Schönheit und Technik. Eltville am Rhein 1982

ORVILLE R. HAGANS: Amerikanische Taschenuhren in der Zeit von 1854–1951. In: Alte Uhren 1/1978

REINHARD MEIS: Die alte Uhr. Zwei Bände. Braunschweig 1978

SHERRY EHRHARDT/PETER PLANES: Vintage American & European Wristwatch. Price Guide. Kansas City 1984

GEORGE E. TOWNSEND: Almost Everything You Wanted To Know About American Watches And Didn't Know Who To Ask. Vienna 1971

LUKAS STOLBERG: Lexikon der Taschenuhr. Klagenfurt 1983

Abbildungsnachweis:

Die Abbildungen dieses Bandes wurden folgenden Publikationen von Roy Ehrhardt entnommen:

American Pocket Watch. Encyclopedia and Price Guide. Volume One. Kansas City 1982

Waltham Pocket Watch. Identification and Price Guide using Serial Numbers and Pictures of Waltham Watch Movements. Kansas City 1976

American Pocket Watch. Identification and Price Guide. Book 2. Kansas City 1974

Trade Marks, Watch Cases, Pocket Watches, Precious Stones, Diamonds. Kansas City 1976

Inhalt:

CLOCK BOOKS

CLOCK IDENTIFICATION & PRICE GUIDE, BOOK 1. Ehrhardt & Rabeneck. 1977.
(Prices revised in 1979). 198, 8½x11 pages. 1 lb. 12oz. $15.00
CLOCK IDENTIFICATION & PRICE GUIDE, BOOK 2. Ehrhardt & Rabeneck. 1979.
192, 8½x11 perfect bound pages. 1 lb. 10 oz $15.00
CLOCK IDENTIFICATION & PRICE GUIDE, BOOK 3. Ehrhardt & Rabeneck. 1983.
203, 8½x11, perfect bound pages. 1 lb. 8 oz. $15.00
(All three clock books contain different clocks. You need all three to have a complete library.)

F. KROEBER CLOCK CO. IDENTIFICATION & PRICE GUIDE. Ehrhardt &
Rabeneck. 1983. 36, 8½x11 pages. 8 oz $8.00

VIOLIN BOOKS

VIOLIN IDENTIFICATION & PRICE GUIDE, BOOK 1. Ehrhardt & Atchley, 1977.
192, 8½x11 pages. 1 lb. 10 oz. $25.00
VIOLIN IDENTIFICATION & PRICE GUIDE, BOOK 2. Ehrhardt & Atchley, 1978.
206, 8½x11 pages. 1 lb. 10 oz. $25.00

MISCELLANEOUS BOOKS

AMERICAN COLLECTOR DOLLS PRICE GUIDE, BOOK 1.
S. Ehrhardt & D. Westbrook, 1975. 128, 8½x11 pages. 1 lb. 2 oz $9.00
AMERICAN CUT GLASS PRICE GUIDE. (Revised 1977). Alpha Ehrhardt.
120, 8½x11 pages. 1 lb. 2 oz $7.00
POCKET KNIFE BOOK 1 & 2 PRICE GUIDE. (Revised 1977).
J. Ferrell & R. Ehrhardt. 128, 8½x11 pages. 1 lb. 2 oz. $7.00

The books listed on these two pages are sold on a satisfaction guarantee. If you are not sure about the books you want, send a self-addressed, stamped envelope and we will send you detailed brochures on all of the publications. For orders in the U.S. send the price of the book plus $2.00 UPS (United Parcel Service) for the first book and 50 cents for each additional.

Foreign countries—Check with your post office for rate, your choice, Air or Sea Mail, Book Rate. Book and carton weights listed.

Foreign Postage Sea Mail (2 lbs. $4.00 US)
Foreign Postage Air Mail (2 lbs. $10.00 US)
Canada & Mexico (2 lbs. Land $3.75)
United States of North America (2 lbs $2.00)
Send your Check or Money Order (US Funds)

Send orders to:
HEART OF AMERICA PRESS
10101 Blue Ridge Blvd.
Kansas City, MO 64134
(816) 761-0080
We sell reliable information

Amerikanische Taschenuhren

Diese Buchreihe des Carinthia-Verlages in Klagenfurt stellt eine unentbehrliche Orientierungshilfe auf dem Gebiet der Kleinuhrenindustrie der Vereinigten Staaten in den letzten 130 Jahren dar. Die Fabrikanten setzten ja ab 1860 neue Maßstäbe und drängten die europäischen Uhrenhersteller für sieben Jahrzehnte ins Eck. Die Herausgeber der Buchreihe AMERIKANISCHE TASCHENUHREN sind Roy Ehrhardt und Anton Kreuzer. Roy Ehrhardt ist Amerikaner und handelt mit antiken Uhren. Daneben ist er Verleger und Autor vieler Publikationen über amerikanische Uhrenmarken. Anton Kreuzer hat das umfangreiche Material für den europäischen Uhrenfreund aufbereitet und in mehrere Bände zusammengefaßt. Sie zeichnen sich durch eine klare Konzeption, durch eine große Informationsfülle und einen interessanten Bildteil aus.

BAND 1

Die Uhr aus der Fabrik

Die American Waltham Watch Company. Die Geschichte der ältesten amerikanischen Kleinuhrenfabrik (1850–1957).

BAND 2

Zeit aus zarter Hand

Die frühen Fabriksgründungen und deren Nachfolgefirmen. Die Uhrenmarken Howard, Dueber, Hampden, Elgin, Illinois u. a.

Auslieferung: Herbst 1987

BAND 3

Jedem seine Uhr

Firmengründungen ab 1870. Die Uhrenmarken Rockford, Ball, Columbus, Aurora, Seth Thomas, Hamilton u. a.

Auslieferung: Frühjahr 1988

BAND 4

Die One-Dollar-Watch

Die Geschichte der Billigst-Taschenuhr.

Auslieferung: Herbst 1988

Uhrenbücher aus dem Carinthia-Verlag

Reinhard Meis:

IWC-Uhren

Die „Schaffhauser" und ihre Geschichte

Das Buch gliedert sich in einen Text- und in einen Bildteil, wobei ersterer die Anfänge der Uhrmacherei in Schaffhausen, die Gründung der International Watch Company und ihre Entwicklung bis in unsere Tage behandelt. Der Bildteil enthält eine fast lückenlose Zusammenstellung aller von IWC seit der Firmengründung produzierten Taschenuhren.

Anton Kreuzer:

Faszinierende Welt der alten Armbanduhren – Vintage Wrist Watches

Die Armbanduhr vor 1950

Einleitend gibt der Autor einen historischen Rückblick, in dessen Mittelpunkt Wasserdichtheit, Stoßsicherung und Selbstaufzug stehen, hierauf wird in einem eigenen Kapitel der Werdegang der Damen-Armbanduhr behandelt. Den Hauptteil des Buches nimmt der Abschnitt über Kataloge, Inserate und Werksucher ein. Beginnend mit dem Jahr 1906, wird in chronologischer Reihenfolge die Entwicklung der Armbanduhr anhand einer Unmenge von Abbildungen vermittelt.

Anton Kreuzer:

Die Uhr am Handgelenk

Die Geschichte der Armbanduhr

Der Band vermittelt einleitend eine Chronik dieses Uhrentyps und behandelt dann auf fast 100 Seiten bekannte und weniger bekannte Manufakturen, Etablisseure und Rohwerke-Hersteller in der Schweiz, Deutschland, den USA, Japan und anderen Ländern, so auch von Firmen, die längst nicht mehr existieren. Anhand Dutzender Firmengeschichten wird der Entwicklung der Armbanduhr-Produktion nachgespürt.

Anton Kreuzer:

Die Armbanduhr

Spezialuhren, Extravaganzen am Handgelenk und technische Steckbriefe

Der Band bietet eine Fülle an Informationen über Gebrauchs- und Spezial-Armbanduhren sowie Extravaganzen und technische Details. Er stellt mit rund 500 beschriebenen Modellen einen reich bebilderten Führer durch die Welt dieses kleinen Zeitmessers dar.

Lukas Stolberg:

Ich trage, wo ich gehe, stets eine Uhr bei mir

Die Taschenuhr im Wandel der Zeit

Dieser Bildband eines Uhrenfachmannes vermittelt in Wort und Bild einen faszinierenden Überblick von den Anfängen der Taschenuhr bis herauf zu dem Zeitpunkt, wo dieser Zeitmesser zur industriellen Massenware wurde. Der Betrachter des Buches wird erstaunt und verwundert sein ob der Pracht und Vielfalt, die ihm hier entgegentritt. Neben antiken Stücken von klassischer Schönheit und wahren Meisterwerken präsentiert Stolbergs Bilddokumentation viele Uhren, die Eltern und Großeltern getragen haben und als Erbstück noch vielfach vorhanden sind.

Lukas Stolberg:

Lexikon der Taschenuhr

Die Taschenuhr von A–Z

Der Benützer dieses Speziallexikons wird schnell erkennen, daß er nun endlich in Händen hat, was er seit langem suchte: ein praktisches Gebrauchsbuch ohne schwerfällige Gelehrsamkeit, das mit über 4000 Stichwörtern alles Wichtige und Wissenswerte über dieses Fachgebiet enthält.